普通高等学校"十四五"规划生命科学类特色教材

附数字资源增值服务

特种园艺植物栽培技术

主　编　戴希刚　陈伟达　曾长立
副主编　兰　红　徐小玉　李小靖
编　者　戴希刚　江汉大学
陈伟达　江汉大学
曾长立　江汉大学
兰　红　江汉大学
徐小玉　江汉大学
李小靖　西北农林科技大学
董元火　江汉大学
万何平　江汉大学
黄文俊　中国科学院武汉植物园

華中科技大學出版社
http://www.hustp.com
中国·武汉

内 容 简 介

本书是普通高等学校"十四五"规划生命科学类特色教材。

本书共分为十章，内容包括绪论、特种根茎类蔬菜栽培、特种瓜果类蔬菜栽培、特种水生蔬菜栽培、特种叶菜类蔬菜栽培、特种落叶果树栽培、特种常绿果树栽培、食药用花卉栽培、香料花卉栽培、特色观赏花卉栽培。

本书对82种特种园艺植物的形态特征、生态习性、品种选择、栽培季节、繁殖技术、田间管理、病虫害防治、采收及加工利用等进行阐述，紧密结合我国特种园艺植物生产实际情况，力求反映特种经济植物生产的前沿动态，本着科学性、实用性、实践性的原则，突出理论与实践相结合的特点。

本书可供普通高等院校植物、园艺、园林专业及相近专业的学生使用，也可供广大从事园艺、园林的工作者学习参考。

图书在版编目(CIP)数据

特种园艺植物栽培技术/戴希刚，陈伟达，曾长立主编. —武汉：华中科技大学出版社，2022.3
ISBN 978-7-5680-7952-5

Ⅰ. ①特… Ⅱ. ①戴… ②陈… ③曾… Ⅲ. ①园艺作物-栽培技术 Ⅳ. ①S6

中国版本图书馆CIP数据核字(2022)第031276号

特种园艺植物栽培技术 戴希刚 陈伟达 曾长立 主编
Tezhong Yuanyi Zhiwu Zaipei Jishu

策划编辑：罗 伟
责任编辑：李 佩 马梦雪
封面设计：原色设计
责任校对：刘 竣
责任监印：周治超
出版发行：华中科技大学出版社(中国·武汉) 电话：(027)81321913
武汉市东湖新技术开发区华工科技园 邮编：430223
录 排：华中科技大学惠友文印中心
印 刷：武汉开心印印刷有限公司
开 本：889mm×1194mm 1/16
印 张：18.5
字 数：580千字
版 次：2022年3月第1版第1次印刷
定 价：59.80元

网络增值服务

使用说明

欢迎使用华中科技大学出版社医学资源网

教师使用流程

（1）登录网址：http://yixue.hustp.com（注册时请选择教师用户）

注册 › 登录 › 完善个人信息 › 等待审核

（2）审核通过后，您可以在网站使用以下功能：

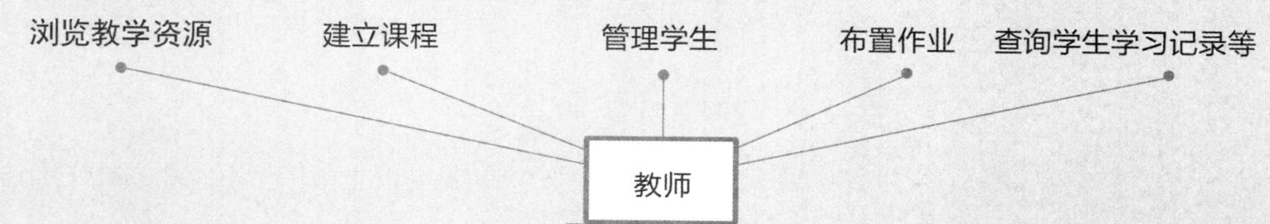

学员使用流程

（建议学员在PC端完成注册、登录、完善个人信息的操作）

（1）PC端学员操作步骤

①登录网址：http://yixue.hustp.com（注册时请选择普通用户）

注册 › 登录 › 完善个人信息

②查看课程资源：（如有学习码，请在"个人中心—学习码验证"中先通过验证，再进行操作）

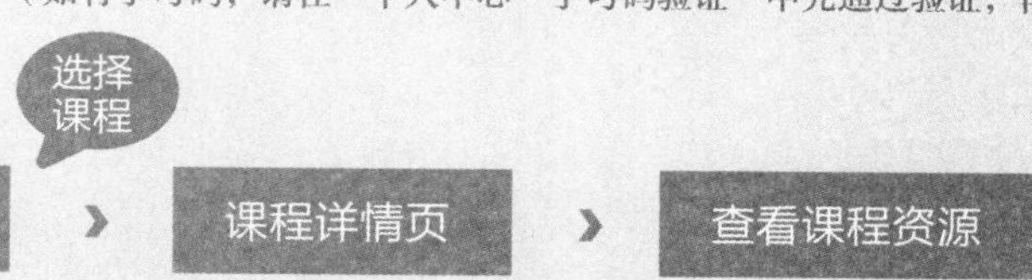

（2）手机端扫码操作步骤

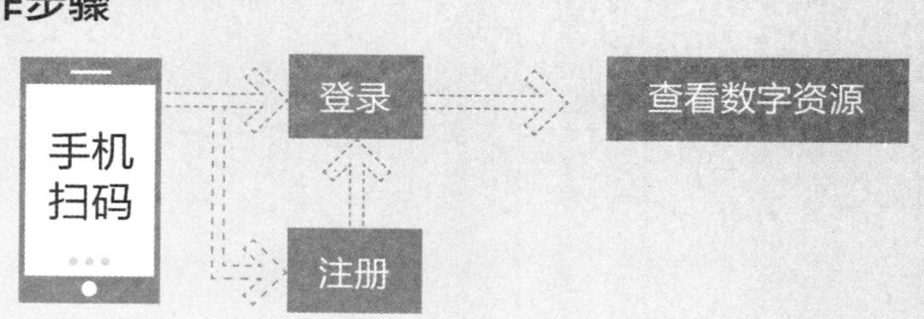

Preface 前 言

园艺生产是一个国家或地区农业乃至整个国民经济的重要组成部分，园艺产品已经成为人们日常生活中不可缺少的重要食品或装饰品。随着社会经济不断发展，人民生活水平不断提高，消费观念不断变化，人们已不仅仅满足于园艺产品的数量充足，开始注重其外形、色泽，追求产品的营养品质、保健食疗以及清洁、无污染等更高层次的品质目标。特种园艺植物正因其风味独特、营养丰富，具有良好的药用保健功效，成为特色餐饮的必备佳品，休闲观光的宠儿，重要的出口创汇产品，受到生产者、经营者和消费者的青睐。

近年来，随着特种园艺植物新品种、新技术、新成果在生产上不断的应用，特种园艺植物生产在农业生产中的地位不断提高，为了紧跟特种园艺产业发展步伐，适应社会经济发展，我们编写了这本书。本书对 82 种特种园艺植物的形态特征、生态习性、品种选择、栽培季节、繁殖技术、田间管理、病虫害防治、采收及加工利用等做了有重点、有选择的阐述。本书紧密结合我国特种园艺植物生产实际情况，力求反映特种经济植物生产的前沿动态，本着科学性、实用性、实践性的原则，突出理论与实践相结合的特点。

本书由戴希刚、陈伟达、曾长立任主编，兰红、徐小玉、李小靖任副主编，董元火、万何平、黄文俊参加编写。全书编写分工如下：戴希刚、陈伟达、曾长立编写第一章；陈伟达、李小靖、万何平编写第二章；陈伟达、李小靖编写第三章；陈伟达、董元火编写第四章；陈伟达、曾长立编写第五章；兰红、黄文俊编写第六章；兰红、戴希刚编写第七章；戴希刚、徐小玉、董元火编写第八章；戴希刚、徐小玉、曾长立编写第九章；戴希刚、徐小玉编写第十章。

本书的出版得到了湖北省汉江流域特色生物资源保护开发与利用工程技术研究中心出版基金的大力资助，同时被纳入中国汉江流域生物资源研究系列丛书。在本书的编写过程中，引用了国内外一些专家学者的研究成果，在此一并表示感谢。

由于编写时间仓促，编者水平有限，书中难免存在不妥与错误之处，敬请同行专家和广大读者批评指正。

编　者

目 录

MULU

第一章 绪 论

一、特种园艺植物的概念

特种园艺植物是指在国民经济中占据重要地位、自身具有独特性状或具有独特利用价值的蔬菜、果树和花卉，它们大都处于野生或半野生状态，或者是从原产地引入国内时间较短的栽培品种。

特种蔬菜最早出现在20世纪80年代，为了适应改革开放形势下我国外事、外贸以及旅游业发展的需要，从国外引进“西菜”品种进行种植，以满足涉外宾馆饭店、旅游产业的需要。后来，特种蔬菜的范围逐渐扩大，除引进的“西菜”品种外，还包括我国具有地域特色的名、特、优、新蔬菜种类，这些蔬菜往往风味独特，营养价值丰富，部分品种还具有良好的保健功能，经济价值普遍较高。

我国具有悠久的果树栽培历史，与传统果树种类相比，特种果树往往人工栽培时间较短，主要包括从国外引进的新品种，以及将传统的野生果树资源进行扩大种植或者经过一定驯化和改良后进行规模化种植的果树。这类果树往往营养价值高，部分还具有很好的观赏性，因此开发利用前景广阔，在我国脱贫攻坚中发挥了较为重要的作用。

花卉产业的发展水平与一个国家的经济发展水平和社会文明程度密切相关，经济发展水平高、社会文明程度高的国家往往花卉产业较为发达。改革开放四十多年以来，我国花卉产业得到了长足的发展，但随着经济的发展和社会的进步，人们已经不满足于传统花卉的种植。近年来，一些从世界各地引进的特色花卉品种、珍奇且具地域特色的野生花卉资源，以及通过各种生物技术方法选育的奇异花卉品种开始吸引人们的目光，这类形态上具有一定特异性、观赏和经济价值高、部分具有特殊栽培方式的花卉称为特种花卉。

二、特种园艺植物生产的重要意义

1. 丰富食品种类，提供特殊营养

随着我国特种园艺植物栽培规模的不断扩大，在消费市场上购买到的相关园艺产品也越来越多，特种蔬菜、特种水果和特种食用花卉在我们的餐桌上也越来越常见。

我国传统的蔬菜种类主要包括：叶菜类，如大白菜、小白菜、菠菜、包菜、苋菜等；根茎类，如马铃薯、洋葱和大蒜等；水生类，如莲藕、茭白等，而现在的蔬菜消费市场由于特种蔬菜的加入而显得更加丰富多样，比如根茎类的葛根、芦笋、魔芋、牛蒡、山药、食用仙人掌和樱桃萝卜等，特种瓜果类的佛手瓜、荷兰豆、黄花菜、黄秋葵、蛇瓜、四棱豆和樱桃番茄等，特种水生类的荸荠、莼菜、慈姑、豆瓣菜、芡实和水芹等，特种叶菜类的荠菜、藜蒿、马齿苋、球茎茴香、羽衣甘蓝、紫背天葵、紫菜薹、紫苏和菊花脑等，这些特种蔬菜扩大了人们可选蔬菜种类的范围，尤其是在常规蔬菜生产的淡季，一些种植方式比较特别、可以周年生产的蔬菜更是填补了蔬菜市场的缺口。

我国常规的水果种类不多，主要包括苹果、梨、香蕉、葡萄、杏、西瓜和枣等，而目前特种水果在水果中所占的比例越来越高，其中主要包括蓝莓、桑葚、树莓、木瓜、无花果、榛子、榅桲、醋栗、红毛丹、人心果和番荔枝等，尤其是在一些重要的节日假期，这些特种水果使我们的餐桌更加丰盛，使我们的生活更有滋味。与常规果树品种相比，特种果树人工大规模栽种的历史较短，从长远看开发利用前景广阔，在调整传统农业结构、促进农民增收脱贫中发挥着重要作用。

一般来说，花卉主要用于观赏，可食用花卉比较少。目前种植的特种花卉可用于食用或药用的较多，包括用于茶饮的食用菊花、栀子花、茉莉花和金花茶品种等，用于食用的百合、黄花菜和铁皮石斛等，这些特种花卉对我们的饮食具有重要的调节作用，尤其是各种花茶类产品，各自具有独特的芳香特性，与传统的茶类形成互补。

特种园艺植物所产出的可食用产品往往含有特殊营养成分，营养价值高。

近年来，在我国推广的特种蔬菜芦笋，营养价值很高，具有“蔬菜之王”的美誉，其富含多种蛋白质、维生素以及人体所必需的各种氨基酸，其硒含量可与海水鱼类媲美，锌元素和叶酸水平也远高于普通蔬菜；特种蔬菜牛蒡中蛋白质和钙的含量高于其他根茎类蔬菜，胡萝卜素含量远高于大部分蔬菜；佛手瓜富含锌元素，其嫩瓜中钙和铁的含量显著高于常见瓜类；黄花菜中胡萝卜素含量远超番茄，卵磷脂含量明显高于其他蔬菜；黄秋葵果实黏性汁液含有多种糖类、蛋白质以及黄酮类等多种营养成分；四棱豆嫩荚和种子富含不饱和脂肪酸以及多种重要的维生素（维生素 D 和维生素 E 等）和矿物质元素（钙和钾等）；莼菜中锌元素含量丰富；豆瓣菜中多种萜类物质含量丰富，其茎叶中超氧化物歧化酶（SOD）的含量也很高；芡实中核黄素（维生素 B_2）、烟酸、硫胺素（维生素 B_1）含量丰富；荠菜蛋白质含量显著高于一般叶菜；藜蒿中黄酮类物质含量丰富；球茎茴香含有茴香脑，此外黄酮苷、茴香苷等生物活性物质含量丰富；羽衣甘蓝维生素 C 含量是绿叶蔬菜中较高的，微量元素硒的含量为甘蓝类蔬菜之首；紫背天葵中氨基酸、多糖、花青素、生物碱和黄酮等物质含量丰富。

与传统水果相比，特种水果往往营养价值更高或具有某些特殊营养成分。刺梨中维生素 C 含量远远高于其他水果和蔬菜，维生素 E 和铁的含量也明显高于一般水果；蓝莓中花青素等抗氧化物质含量显著高于一般水果；桑葚中含有大量游离酸和多种氨基酸，微量元素钼的含量为百果之首；沙棘因维生素含量丰富，有“世界维生素 C 之王”的美誉；木瓜果实中含有丰富的有机酸、黄酮类物质及苷类化合物等营养成分，被誉为“百益果王”；无花果中氨基酸含量极为丰富，鲜果含量约为 1.0%，干果约为 5.3%，并且无花果是富硒果品，其含硒量高于大多数水果；榛仁富含 8 种人体必需氨基酸，含有的矿物质元素（如铁、钙、磷）也高于一般的坚果；醋栗中维生素 C 的含量显著高于大多数水果，并且富含黄酮类物质；人心果钙含量很高，每 100 g 鲜果含钙 910 mg，是我们常吃的番茄的 114 倍；番荔枝中脂肪含量显著高于一般果蔬。

2. 具有保健功能

很多特种园艺植物属于药食同源植物，它们的产物往往具有很好的保健功能。

在特种蔬菜中，葛根粉可以改善人体血液循环，有调节血压、排毒养颜的功效；魔芋具有降血糖、降血脂、润肠通便、开胃等多种功效；牛蒡具有健脾胃、降血压、提高免疫力和延缓人体衰老的功效；干燥山药根茎为常用中药，具有益肾气、健脾胃、止泻痢、化痰涎、润皮毛等功效；黄花菜性凉味甘，有消炎止血、清热利湿、明目安神等功效；黄秋葵具有保肝强肾、抗衰老、提高免疫力等保健功能；莼菜具有清热解毒、杀菌消炎的保健功效；慈姑在清热利尿、解毒、止咳、消食等方面有一定的保健功效；豆瓣菜全草可入药，具有清热润肺、化痰止咳、通经利尿等多种功效；芡实为药食两用品，具有健脾胃、补肾安神、固精、止泻、止带等功效；水芹具有清热利尿、平肝降压、镇静安神的保健功能；荠菜具有和脾、利尿、明目、止血的功能；马齿苋具有清热解毒、利尿通淋、消肿止血等功效；干燥的紫苏叶有解表散寒、行气和胃的功效，苏子油富含 α-亚麻酸，对心脑血管疾病具有很好的保健作用；菊花脑具有消暑解渴、清热凉血、润喉化痰、增进食欲的功能。

特种水果往往也具有较好的保健功能。刺梨中含多种保健成分，对于防止胆固醇过高有明显的作用，对心血管也具有较好的保健功能；枸杞具有明目养肝、抗菌消炎以及延缓衰老等多种功效；拐枣可舒经活络，对左瘫右痪和风湿麻木有一定的疗效；蓝莓果实中含有较高的花青苷，具有较好的抗氧化能力，对预防心血管疾病和延缓衰老有一定的作用；桑葚具有滋肝补肾、延缓衰老、降糖、降血脂、润肠通便等多种保健功能，被誉为“保健圣果”；树莓具有抗癌、抗氧化、抗菌消炎、降“三高”等多种功效，被誉为“天然的阿司匹林”和“抗癌明星”；余甘子果实中超氧化物歧化酶活力很高，能增强人体免疫力，延缓人体衰老；无花果富含硒元素，有提高免疫力、延缓衰老的特殊功效；榛子油可以软化血管，防治心脑血管疾病；

NOTE

榅桲有祛湿、解暑、舒筋活络、消食及治疗中暑吐泻、腹胀、关节疼痛、痉挛、气管炎、消化不良等症的作用；黄皮有止渴生津、消肿利尿、行气止痛的功效，可以促进消化功能的恢复；人心果果实、树皮、叶片和种子均有药用价值，其制品对肺部、心脏和血管硬化等疾病有辅助疗效。

食药用花卉的保健功能受到广泛的关注。菊花有很好的清热解毒和扩张冠状动脉血管的作用；百合具有润肺止咳、健胃利脾、安神宁心、镇静助眠、清热利尿、止血解表等功能；芦荟具有提高免疫力、抗辐射、抗感染、降血糖等作用；芍药性凉味苦酸，有平抑肝阳、养血通经、镇痉止痛的功效；茉莉花具有抗菌消炎、降血糖、安神及提高免疫力的作用；铁皮石斛具有提高免疫力、抗衰老、抗肿瘤、降血压、降血脂等功效；蒲公英具有抑菌消炎、清热解毒、清除自由基、抗氧化和抗肿瘤等多种药理价值；栀子具有泻火除烦、清热利尿、凉血解毒等功效；金银花具有很好的清热解毒功效，还可增强免疫力、护肝、抗肿瘤；连翘具有清热解毒、抗菌消炎、消肿散结、镇痛止吐等功效；金雀花性平，味甘，可健脾补胃、滋阴润燥、祛风活血、舒筋活络。

3. 为工业提供原料

特种园艺植物的产品为相关的工业提供了大量的工业原料，尤其是食品加工行业，医药保健品行业和化妆品行业。

葛根营养丰富，由葛根加工而成的葛根粉的营养价值和保健功效已经为大家所熟知，目前葛根粉的市场已经初具规模；魔芋精粉在工业领域应用广泛，因其具有渗溶性、黏结性、高膨胀系数以及稳定的抗冲击性能，在石油钻探开采领域应用很多，此外魔芋精粉在精细化工、纺织工业、造纸工业和电镀工业中也得到广泛的应用；藜蒿富含黄酮类物质，而黄酮类物质具有很好的保健功能，因此利用藜蒿进行黄酮类物质的提取也是目前研究的一个热点领域；芦荟中含有的多糖和多种维生素对人体皮肤有良好的营养、滋润、增白作用，因此芦荟在化妆品行业中得到广泛的应用；连翘具有非常好的清热解毒的功效，是相关药品的重要原料，如双黄连口服液、清热解毒口服液、银翘解毒颗粒等；九里香是著名胃药“三九胃泰颗粒”的主要原料之一，同时也是某些妇科洗液的重要原料。

特种水果在食品加工领域应用广泛，如沙棘、蓝莓等在饮料加工行业中得到广泛的应用，山葡萄在酿酒工业中应用广泛。很多特种花卉由于其本身所具有的某些特殊芳香物质而在食品、日化和保健品行业具有广泛用途。香荚兰在食品加工中应用广泛，尤其是在冰激凌、饮料和巧克力的生产中；薄荷是提取薄荷香油的重要原料，薄荷精油在医药保健领域应用广泛；迷迭香、薰衣草和玫瑰由于自身所具有的独特香味，因此在日用化工和化妆品行业中应用广泛。

4. 有利于观光休闲农业的建设

我国是一个农业大国，传统农业在国民经济中占据较大的比重。随着我国工业化进程的逐渐加快，社会发展水平的不断提升，农业的发展也出现了新的变化。传统农业主要为人们提供粮食、棉花、油料、蔬菜、水果和肉、禽、蛋大宗农牧产品，而随着社会经济的发展，观光休闲农业也逐渐发展起来。

特种园艺植物在观光休闲农业中发挥着重要作用。目前我国的观光休闲园艺主要包括以下四种经营模式。

(1) 传统农艺模式：以展示园艺植物产品的生产或耕作过程为主，尤其是一些特种园艺产品的生产过程，由农民进行相关的示范或者表演，供游客观赏；也可在农民的指导下由游客参与一些简单的生产协作过程，比如采摘果实等。目前我国各地类似的特种园艺植物采摘园非常多，尤其是特种果树类，常见的包括桑葚采摘园、蓝莓采摘园、树莓采摘园等。

(2) 乡村文化利用模式：可利用的主要有两种文化模式，一是地域文化模式，二是历史文化模式。“地域文化”即具有地区特色的农业文化和农家生活文化。我国宁夏具有非常有地域特色的枸杞文化，素有“宁夏枸杞甲天下”的美誉。宁夏也是国家中医药管理局指定的药用枸杞生产基地，目前宁夏借助于这种枸杞文化底蕴，大力发展观光休闲旅游农业，让游客到田间去采收、品尝枸杞，提升了经济效益和社会效益。

(3) 科技型模式：科技型休闲农业的种类比较多。例如，利用现代分子技术的育种体系；园艺植物的无土栽培技术；园艺作物产期调节；温室设施栽培及周年生产技术等。一些特种园艺植物的栽培方式

NOTE

比较特别，有的利用设施栽培技术可以进行周年生产，比如水芹等一些蔬菜，这些可以让人们对最新的园艺生产技术有更直观的了解。

(4) 奇异型模式：利用各地独特的园艺植物种类而建立起来的休闲农业，用以满足人们的好奇心理。很多特种园艺植物由于某些原因普通人很少能见到，因此利用人们这种好奇的心理进行栽培进而吸引人们来休闲观赏，往往可以取得很好的经济效益和社会效益。目前一些特种园艺植物的观光休闲已经取得了不错发展，比如一些特殊的蔬菜瓜果，包括蛇瓜、五彩甘蓝等。

5. 有利于种植结构的调整、提高农民收入

2021 年 2 月 25 日上午，全国脱贫攻坚总结表彰大会在北京人民大会堂隆重举行，中共中央总书记、国家主席、中央军委主席习近平向全国脱贫攻坚楷模荣誉称号获得者等颁奖并发表重要讲话，这意味着在中国共产党的领导下，我们取得了脱贫攻坚战的全面胜利。在这场战役中，各地因地制宜，充分发挥各自的地域特色，调整种植结构，使农民的收入不断提高。在这个过程中，特种园艺植物功不可没。2020 年 5 月 11 日习近平总书记赴山西考察调研，当天下午，他来到大同市云州区有机黄花标准化种植基地，了解巩固脱贫攻坚成果工作情况。在种植基地，习近平总书记走进田间地头，与正在劳作的村民亲切交流。习近平说："黄花菜大产业啊！这个产业还真有发展前途。一定要保护好、发展好这个产业，让它作为人民群众致富的好门路。"河南省因地制宜，大力发展山药种植产业，帮助很多农民提高收入，脱贫致富；甘肃省永靖县是国家扶贫开发重点县，当地利用地理优势大力发展有机百合种植，农民的收入稳定增加，实现了脱贫摘帽。

三、特种园艺植物的分类与分布

1. 根据特种园艺植物产品归属进行分类

特种园艺植物根据产品归属可分为特种蔬菜、特种果树和特种花卉。特种蔬菜又可分为特种根茎类蔬菜、特种瓜果类蔬菜、特种水生蔬菜和特种叶菜类蔬菜，本书主要介绍的特种蔬菜包括根茎类的葛根、芦笋、魔芋、牛蒡、山药、食用仙人掌和樱桃萝卜，瓜果类的佛手瓜、荷兰豆、黄花菜、黄秋葵、蛇瓜、四棱豆和樱桃番茄，水生类的荸荠、莼菜、慈姑、豆瓣菜、芡实和水芹，叶菜类的荠菜、藜蒿、马齿苋、球茎茴香、羽衣甘蓝、紫背天葵、紫菜薹、紫苏和菊花脑。特种果树包括特种落叶果树和特种常绿果树。本书主要介绍的特种落叶果树包括刺梨、枸杞、拐枣、蓝莓、桑葚、沙棘、树莓、山葡萄、余甘子、木瓜、无花果、榛子、榅桲和醋栗；特种常绿果树包括黄皮、红毛丹、人心果和番荔枝。特种花卉包括食药用花卉、香料花卉和特色观赏花卉。本书介绍的食药用花卉包括菊花、百合、芦荟、芍药、茉莉花、万寿菊、铁皮石斛、凤仙花、蒲公英、霸王花、栀子、金银花、连翘、金花茶和金雀花，香料花卉包括薄荷、天竺葵、薰衣草、香荚兰、玫瑰、白兰花、丁香花、迷迭香、九里香和百里香；特色观赏花卉包括观赏凤梨、兰科花卉、多肉植物、红掌、铁线莲、风信子、火炬花、姜荷花、花菱草和金钱树。

2. 根据特种园艺植物的原产地进行分类

特种蔬菜中，中国作为原产地或者原产地之一的包括葛根、魔芋、牛蒡、山药、樱桃萝卜、黄花菜、莼菜、慈姑、芡实、荠菜、藜蒿、马齿苋、紫背天葵、紫菜薹、紫苏、菊花脑；原产于印度的包括黄秋葵、蛇瓜和荸荠；原产于欧洲的包括芦笋、豆瓣菜、水芹、球茎茴香和羽衣甘蓝，它们主要来自地中海沿岸和小亚细亚地区；原产于美洲的包括食用仙人掌、佛手瓜和樱桃番茄；四棱豆起源于亚洲热带及附近地区；荷兰豆起源于亚洲西部、地中海地区和埃塞俄比亚、小亚细亚西部。

特种果树中，以中国作为原产地或者原产地之一的包括刺梨、枸杞、拐枣、桑葚、沙棘、山葡萄、余甘子、榛子、醋栗和黄皮；原产于美洲的包括蓝莓、树莓、木瓜、人心果和番荔枝；原产于中亚的有榅桲；原产于中东地区的有无花果；原产于东南亚地区的为红毛丹。

特种花卉中，以中国作为原产地或者原产地之一的包括菊花、百合、芍药、铁皮石斛、凤仙花、蒲公英、栀子、金银花、连翘、金花茶、金雀花、薄荷、九里香和铁线莲；原产于非洲的包括芦荟、天竺葵、香荚兰、火炬花和金钱树；原产于美洲的包括霸王花、观赏凤梨、红掌和花菱草；原产于南亚的有茉莉花；原产于泰国的有姜荷花；原产于印度尼西亚的有白兰花、丁香花；原产于欧洲的有玫瑰和百里香；此外薰衣草

NOTE

原产于地中海沿岸、欧洲各地及大洋洲列岛；迷迭香原产于欧洲地区和非洲北部地中海沿岸；风信子原产于地中海沿岸及小亚细亚一带。

四、我国特种园艺植物生产的现状

1. 发展历程与成就

改革开放之前，我国特种园艺植物的栽培以地方名、特、优品种为主，国外引进的特种园艺植物很少，整体表现为栽培规模较小，市场空间不大，同时在种质资源利用和栽培技术的研究上还比较落后。改革开放以后，我国对特种园艺植物产品的需求越来越大，一方面，我国与国外交流更多，为了满足外事、外贸以及旅游业发展的需求，我国开始从国外引进多种特种园艺植物进行栽培试种，以满足相关需求；另一方面，随着我国经济的快速增长，人们生活水平的不断提高，人们对于生活品质的追求意识越来越强，一些营养丰富、具有很好保健功能的特种园艺植物产品的市场需求越来越大。在此背景下，特种园艺植物产品的生产和消费得到很大的提升。

我国特种园艺植物生产的发展成就主要体现在以下几个方面：①生产和消费规模大幅提升。经过改革开放数十年的发展，我国特种园艺产品的市场供应规模不断扩大，一些特种园艺植物已经成为某些地区的支柱产业，原来很少见的一些特种园艺产品现在在很多大型超市已经属于常见的消费品，普通老百姓对这类商品的消费大幅度提高。②特种园艺产品种类不断丰富。随着特种园艺植物产品的市场规模不断扩大，推动了新品种的选育和开发；同时我国从国外引进了大量的特种园艺植物，对于国内的园艺植物品种进行了很好的补充，园艺产品的组成结构得到不断的优化。③集约化栽培水平不断提升。传统的特种园艺植物大多处于野生状态或半野生栽培状态，集约化栽培推广较少。近年来各地因地制宜，对于一些特种园艺植物制定了科学的栽培技术规程，使相关产品品质得到改善，经济效益得到提升。④栽培技术不断改进。由于特种园艺植物往往经济价值较高，因此人们也越来越重视相关的栽培技术，包括组织培养脱毒技术、病虫害综合防治技术、水肥一体化技术等均得到广泛的应用，使得特种园艺产品的经济效益得到明显的提升。⑤设施栽培取得长足进步。为了改善特种园艺植物的生产条件，设施栽培技术发展很快，对于一些特殊品种，设施栽培已经实现了周年生产，大大改善了相关产品的市场供给水平。⑥产业集群逐渐形成。近年来国家为了扶持地方名、特、优园艺产品的开发，尤其是开展脱贫攻坚以来，各地相继建成了一批优质特种园艺产品生产基地，相关的储藏、加工、运输、销售条件也得到很大的改善，相关产业的综合体系得到不断完善。

2. 发展优势与挑战

我国特种园艺植物的生产有以下优势：①我国国土主要处在亚热带和温带地区，很适合进行农业生产，为特种园艺植物的种植提供了很好的自然环境；②我国劳动力资源比较丰富，而特种园艺植物的生产往往机械化程度较低，对劳动力的需求比较大，因此充足的劳动力是相关产业发展的保障；③特种园艺植物种质资源丰富，各地特色的特种园艺植物品种较多，为后续新品种的选育提供了物质保障；④国内经济不断发展，人民生活水平不断提高，国内市场消费潜力大；⑤我国海岸线很长，沿海深水码头较多，同时沿海省份也比较适合进行相关特种园艺产品的生产，有利于特种园艺产品的出口。

但是，我国特种园艺植物产品的生产也面临着不小的挑战：①特种园艺植物的种植虽然已经形成了一些特色的产业集群，但总体而言种植缺乏整体的规划，局部发展特色不突出；②管理较为粗放，整体生产效率不高，产品质量参差不齐，在国际市场竞争力不强；③品种选育与创新投入不够，优良品种比例不高；④栽培种植技术相对比较落后，相关先进的栽培、管理技术应用较少；⑤市场信息体系不健全，产销脱节；⑥产业链建设有待加强，尤其是一些不耐储藏的特种园艺产品，采后损耗严重。

NOTE

第二章　特种根茎类蔬菜栽培

葛根

第一节　葛　　根

一、概述

葛根（*Pueraria edulis* Pampan.）为豆科植物葛的块根，又名甜葛、甘葛、粉葛、野扁葛、葛麻藤，为多年生落叶藤本植物。我国是葛根的原产地，其在我国大部分地区均有分布。葛根营养丰富，其富含淀粉和多种生物活性物质，此外蛋白质及人体必需的多种矿物质元素和微量元素含量也较高。葛根主要用于葛根粉的加工，其可加工成葛全粉，还可以进一步加工成葛糕点、葛粉果冻、葛饮料等产品。葛根是一种药食同源的食品，《本草纲目》对其也有记载：本草十剂云，轻可去实，麻黄、葛根之属。盖麻黄乃太阳经药，兼入肺经，肺主皮毛；葛根乃阳明经药，兼入脾经，脾主肌肉。所以二味药皆轻扬发散，而所入迥然不同也。现代医学研究表明，葛根可改善人体血液循环、调节血压，同时具有排毒、养颜的功效，食用葛粉可强身健体、延年益寿。此外葛根的地上藤蔓也可制作成多种生活用品和工艺品，具有一定的经济价值。最近几年，随着人们生活水平的不断提高，人们越来越注重生活品质，葛根的消费量也显著增加，这也直接促进了葛根种植产业的发展。

二、生物学特性

1. 植物学特征

葛属于藤本，具块根，茎被稀疏的棕色长硬毛。羽状复叶具 3 小叶；托叶背着，箭形，上部裂片长5～11 mm，基部 2 裂片长 3～8 mm，具条纹及长缘毛；小托叶披针形，长 5～7 mm；顶生小叶卵形，长 9～15 cm，宽 6～10 cm，3 裂，侧生的斜宽卵形，稍小，多少 2 裂，先端短渐尖，基部截形或圆形，两面被短柔毛；小叶柄及总叶柄均密被长硬毛，总叶柄长 3.5～16 cm。总状花序腋生，长达 30 cm，不分枝或具 1 分枝；花 3 朵生于花序轴的每节上；苞片卵形，长 4～6 mm，无毛或具缘毛；小苞片每花 2 枚，卵形，长 2～3 mm，无毛或被很少的长硬毛；花梗纤细，长达 7 mm，无毛。花紫色或粉红色；花萼钟状，内外被毛或外面无毛，萼管长 3～5 mm，萼裂片 4，披针形，长 4～7 mm，近等长，上方一片较宽；旗瓣近圆形，长 14～18 mm，顶端微缺，基部有 2 耳及痂状体，具长约 3.5 mm 的瓣柄，翼瓣倒卵形，长约 16 mm，具瓣柄及耳，龙骨瓣偏斜，腹面贴生；雄蕊单体，花药同型；子房被短硬毛，几无柄。荚果带形，长 5.5～6.5(9) cm，宽约1 cm，被极稀疏的黄色长硬毛，缝线增粗，被稍密的毛，有种子 9～12 颗；种子卵形扁平，长约 4 mm，宽约 2.5 mm，红棕色。花期 9 月，果期 10 月。

2. 品种与类型

目前我国作为商品种植的主要种类是野葛和甘葛，野葛主要生长于山坡草丛及较为潮湿的地方，可用于人工栽培。目前对葛根优良品种的要求包括丰产性好、淀粉含量高、口感佳、适应性广等。目前主产区的主要栽培品种有木生葛、黄金葛、铂金粉葛、紫葛、大叶粉葛和细叶粉葛等。

NOTE

3. 栽培环境条件

葛根对生长环境要求不高，具有较好的耐逆性，但是相对不耐涝。野葛大多分布在向阳湿润的山坡或者林地，喜温喜湿，对土壤没有特别要求，但在栽培过程中尽量选择肥沃疏松、排水良好的壤土或沙壤土。葛根对酸性土壤具有一定的耐受性，在 pH 4.5 左右的土壤中能够生长，在 pH 6～8 的土壤中生长良好，其中以微酸性沙壤土为最好。葛根的种子对萌发条件要求不高，一般在气温 15～30 ℃时均可发芽，在适宜的温湿条件下一般播种 4 天后便可发芽。生长过程中可耐一定低温，25～30 ℃条件适宜块根的形成，15～20 ℃适宜块根中淀粉积累。

三、栽培技术

1. 繁殖方式与育苗

葛根可采用种子育苗或压条繁殖、扦插繁殖等方法育苗。

(1) 种子育苗：根据各栽培地的温度条件在春季适时播种育苗。选择活力高的种子进行播种。播种前需要将种子进行催芽处理，方法是将种子在 30～35 ℃的温水中浸泡 1 天，结束后稍晾再播种。播种时控制株行距 15 cm×10 cm 进行开穴，深度约 2 cm，每穴播种 2～3 粒后覆土。播种时如气温较低，需在播种后盖膜保温保湿。

(2) 压条繁殖：可采用波状或连续压条法，具体方法是选取状态良好的葛藤条，拉直后分段埋入土中，待茎节生根后将藤条切断，分开种植。

(3) 扦插繁殖：以一个芽段为一根扦插条，芽段剪成长约 8 cm 的小段后斜排在苗床上，然后盖 2～3 cm的细土，在此基础上再撒一些农家肥，总体以芽尖若隐若现为宜。在育苗过程中应保持苗床湿润，温度较低时应在苗床上搭小拱棚进行保温。种条萌芽后应适时浇水保湿，同时控制苗床温度在 20 ℃左右，但不宜超过 30 ℃，温度超过 30 ℃时，应及时采取降温措施。萌芽初期要避免太阳直晒，进行适当遮阴，随着嫩芽的生长，遮阴可逐步减少，当新苗长度约为 5 cm 时，便可进行带土移栽。

2. 选地整地

尽管葛根适应力较强，但为了提高葛根种植的经济效益，还是应该科学选地。葛根高产栽培应该选择排灌良好、土层深厚、土质疏松多孔、富含有机质、光照充足、无污染的缓坡耕地、山地或零星空地作为种植地。如果种植地土壤比较贫瘠，在种植之前需要进行改良。方法是在冬季每 667 m^2 施入农家肥 2000～2500 kg、复合肥和磷肥各 40～50 kg，然后将土壤进行深翻，一般以深度 30 cm 左右为宜，使肥、土充分混合；进入春季后进行浅翻，耙细整平，随后做龟背状高畦，畦面宽高维持在 100 cm×40 cm，沟宽深 30 cm×30 cm。根据地形，开好围沟和十字沟，确保田间排水顺畅。

3. 移栽

葛根移栽一般要求气温稳定在 17 ℃以上，我国各地区的葛根移栽时间一般在每年的 2 月底到 4 月。移栽前确保种植地块耕作层土壤湿润，这样有利于提高葛根的产量。移栽后根据土壤湿度及天气状况，适量浇定根水。对于爬地栽培的葛根品种，一般栽培密度为每 667 m^2 400 株左右；篱架栽培的葛根品种，栽培密度应该控制在每 667 m^2 800 株左右。在移栽时，幼苗应与畦面成 30°角插入，这样有利于葛根根系膨大，同时为以后的采收提供便利。

4. 田间管理

(1) 适时追肥：葛根一般生长周期为两年，在这两年中要适时追肥。在第一年的生长中一般要追肥 3 次，第一次是在葛根幼苗移栽约一个月后，幼苗藤蔓生长到约 20 cm 时，每 667 m^2 追施尿素 3 kg、氯化钾 5 kg 以及复合肥 3 kg，或者施用清粪水 600～800 kg；施肥可与灌溉同时进行，以提高肥料利用效率；第二次追肥一般在 6—7 月进行，每 667 m^2 施用氮磷钾复合肥 10～15 kg，或者清粪水 600 kg 左右；第三次追肥在 9 月进行，施用模式可与第二次相同。有条件的地方建议施用叶面肥以提高施用效果。生长的第二年可稍微降低肥料施用量。

(2) 搭架：对于篱架栽培的葛根品种，生长到一定阶段之后需要及时进行搭架引蔓，否则会严重影响葛根的正常生长。一般在葛根生长到约 50 cm 时，就要及时搭架引蔓。

(3) 中耕除草与修剪：葛根幼苗定植之后，要及时进行中耕除草。一般栽培的第一年需要中耕除草3次。在葛根幼苗定植约半个月后，应该进行第一次中耕除草，中耕深度不宜过深；第二次中耕除草一般在6—7月进行，中耕深度保持在10～15 cm，此次中耕可与追肥同时进行，并结合培土，以促进根系生长；第三次中耕一般在冬季落叶后进行。葛根生长过程中还需要做好修枝整蔓，避免葛根地上部分过分生长而影响产量。在种植过程中每株葛苗保留1～2条葛藤作为后期生长的主蔓，在葛藤生长长度不足1 m时，不留分支侧蔓以促进主蔓长粗长壮。后期侧蔓生长点距根部达到3 m左右时，要及时摘心，以促进藤蔓生长和腋芽发育。每年5—7月除有计划地留花留种之外，应及时摘除花序。

5. 病虫害防治

葛根抵御生物胁迫的能力较强，一般很少发生病虫害。可能出现的病害包括黄粉病、霜霉病、炭疽病，虫害包括蚜虫、金龟子、蟋蟀等。病害一般危害不大，但是当田间发病率增加时，要及时进行药物防治。对于黄粉病、霜霉病和炭疽病，可以选择使用50%多菌灵可湿性粉剂600倍液，或70%甲基托布津可湿性粉剂800倍液进行防治。蚜虫可以使用50%马拉硫磷乳油1000倍液，50%杀螟松乳剂1000倍液，40%吡虫啉水溶剂1500～2000倍液或者50%抗蚜威可湿性粉剂3000倍液进行防治；金龟子、蟋蟀可以选择使用80%敌百虫粉剂1000倍液进行防治。对病虫害进行化学防治时，应严格遵守采收安全间隔期要求。

6. 采收

葛根可当年采挖，也可第二年采挖，部分种植3年的地区也可第三年采挖。采挖一般在11—12月进行，此时采挖的葛根淀粉含量最高。采挖时要保持葛根完整，尽量避免块茎损伤，因为外皮损伤容易导致葛根块茎在储存和运输过程中霉烂而失去商品价值。为提高经济效益，收获的葛根块茎可在除净泥土、葛头须根和杂物后进行分级销售。葛根块茎采收后，一定不能用水清洗，否则会加快葛根溃烂，缩短葛根的保存期。一般种植2～3年收获的葛根品质好、产量高，综合效益较高。

四、营养与加工利用

在我国，葛根的食用和药用历史较为悠久，其中早在汉代就有关于葛根入药的记载，张仲景在《伤寒论》里就有关于葛根汤的记载。葛根的主要成分是淀粉，另外还富含黄酮类物质，具有较强的保健功能。此外葛根中还含有多种蛋白质、氨基酸，以及铁、铜、硒等多种矿物质元素，适合不同年龄段人群食用，素有“千年人参”的称号。目前对葛根的利用主要包括四个方面：入中药、作为菜肴佐料并加工成保健食品、用于提取淀粉和提取异黄酮类化合物。

第二节　芦　笋

芦笋

一、概述

芦笋(*Asparagus officinalis* L.)学名石刁柏，又称龙须菜，百合科天门冬属多年生宿根草本植物，以嫩茎供食用。由于其嫩茎与芦苇的嫩芽和竹笋在形态上具有相似性，故得名芦笋。芦笋原产于地中海东岸以及小亚细亚一带，目前在欧洲、亚洲大陆以及北非均发现了野生种的存在，我国东北、华北等地均发现有野生芦笋生长。芦笋在欧洲大约有2000年的栽培史，17世纪传入美洲，18世纪传入日本，20世纪初传入我国。芦笋对环境的适应能力较强，在世界范围内广泛栽培。从20世纪80年代开始，我国开始芦笋规模化的种植，其中以山东、河南、福建、江苏等省种植规模较大。目前，我国芦笋栽培面积和总产量稳居世界第一位，2018年统计数据显示我国芦笋种植面积占全球芦笋种植总面积的90%左右，总产量占全球芦笋总产量的88%左右。我国是世界上最大的芦笋出口国，国内生产的芦笋主要以出口为主，出口地包括欧美、日本等国家。芦笋嫩茎可作蔬菜食用，也可制成罐头食品。芦笋口感爽脆，富含

NOTE

蛋白质、氨基酸和多种维生素，具有抗衰老、抗疲劳和提高免疫力的功效，有“蔬菜之王”的美誉，是一种十分畅销的特色蔬菜。

二、生物学特性

1. 植物学特征

芦笋为百合科天门冬属多年生宿根草本植物，雌雄异株，生长期在 15 年以上，采收期一般在 10 年以上。直立草本，高可达 1 m，根粗 2～3 mm。茎平滑，上部在后期常俯垂，分枝较柔弱。叶状枝每 3～6 枚成簇，近扁的圆柱形，略有钝棱，纤细，常稍弧曲，长 5～30 mm，粗 0.3～0.5 mm；鳞片状叶基部有刺状短距或近无距。花每 1～4 朵腋生，绿黄色；花梗长 8～12（14）mm，关节位于上部或近中部；雄花花被长 5～6 mm；花丝中部以下贴生于花被片上；雌花较小，花被长约 3 mm。浆果直径 7～8 mm，熟时红色，有 2～3 颗种子。花期 5—6 月，果期 9—10 月。

2. 品种与类型

目前种植的芦笋包括常规种和一代杂交种。与常规种相比，一代杂交种在产量和抗病性上具有明显的优势，并且出笋质量高，一级笋率一般可达 90%以上，而且价格较低，较受笋农欢迎。目前推广较多的品种有国产的鲁芦笋一号、芦笋王子 F_1 和 2000-3 F_1，国外引进的有荷兰的弗兰克林（Franklin）、日本的杂交一号、美国的改良帝王、阿特拉斯（Atlas）、阿波罗（Apollo）、格兰德（Grande）、佛罗里达、伊诺斯、泽西奈特（Jersey Knight）等。根据品种和栽培条件的不同，市场上的商品芦笋嫩茎颜色有绿色、白色、紫绿色、紫蓝色、粉红色等。

3. 栽培环境条件

芦笋在生长过程中对温度较为敏感。芦笋种子萌芽适宜温度为 25～30 ℃，适宜生长的温度为20～30 ℃，一般 15～30 ℃较为适宜嫩茎的生长。当生长温度低于 15 ℃时，芦笋生长缓慢，嫩茎发生减少，产量降低；当气温高于 30 ℃时，会导致嫩茎基部与外皮纤维化，从而降低嫩茎的商品品质；当土壤环境温度降至 10 ℃以下时，芦笋根状茎和储藏茎进入休眠。芦笋根系发达，耐逆性较强，适宜种植在排灌良好、土层深厚肥沃、土质疏松、保水保肥性好、富含有机质的沙壤土中。

三、栽培技术

1. 繁殖方式与育苗

芦笋的繁殖方法有分株繁殖和种子繁殖两种，其中生产上一般采用种子繁殖。

（1）分株繁殖：挖出优良丰产种株的根株，对地下茎进行切割分株后栽于大田。这种繁殖方法的优点是植株间的表型较为一致，但定植后的长势一般比较弱，产量较低，寿命较短，同时分株工作费力费时，并且运输较为麻烦，不利于大规模种植。分株繁殖一般只用于良种繁育。

（2）种子繁殖：生产上多采用此法种植，优点是调运方便，繁殖系数高，长出的植株长势较强，产量比分株繁殖高，并且采收期较长。种子繁殖应选择活力高的种子进行。种子繁殖一般有直播和育苗移栽两种方法，其中直播法出苗率低，用种量大，不易管理，综合成本较高，并且种子出苗后根系分布较浅，植株容易倒伏，影响植株的经济寿命。育苗移栽法苗期出苗率高，用种量较少，同时缩短大田的根株养育期，有利于快速进入丰产期，目前育苗移栽法是生产中广泛采用的方法。苗圃地一般以富含有机质，土质疏松，排灌方便，微酸性土壤为宜；同时要注意地块中的病菌情况，要选择无立枯病和紫纹羽病等病菌的土壤，因此果园、桑园和近几年种过胡萝卜、番茄、棉花、苎麻等的地块均不宜作为育苗地，更不宜与芦笋连作。芦笋按其苗龄长短分小苗及大苗两种。若按育苗场所和方法可分露地直播育苗、保护地播种育苗、保护地营养钵育苗等。

（3）小拱棚育苗：小拱棚育苗一般在 3 月上中旬进行。由于芦笋种子皮厚坚硬，不易萌发，因此播种前必须进行催芽。具体方法是先将种子用清水漂洗，除去干瘪种和虫蛀种，之后用 50%多菌灵可湿性粉剂 300 倍液浸泡 1 h 进行消毒，再放入 30～50 ℃的温水中浸种 2 天，浸种期间每天换水 1～2 次，待种子充分吸胀后，将种子滤出用湿纱布包裹，于 25～28 ℃的条件下进行催芽，催芽过程中每天用清水洗

NOTE

2 次，当有 10%左右种子根露白时，即可进行播种。播种前先将畦面浇透底水，按株行距 10 cm×10 cm 划线，将种子单粒点播在方格中央，然后在畦面上盖上 2 cm 左右厚的细土即可。播种后应立即搭棚覆膜，拱棚内的温度白天控制在 25～30 ℃，夜间控制在 15～18 ℃。待苗出齐后，棚内温度超过 32 ℃时，中午要通风炼苗，并逐渐去掉薄膜。当芦笋幼苗长出 3 根以上地上茎时，即可进行定植。

(4) 露地育苗：方法是在温度适宜时，将催好芽的种子直接播种在田间。我国南方地区春、夏、秋三季均可露地育苗，北方地区要在谷雨后地温稳定在 15 ℃以上时，才可进行露地育苗。露地育苗方法及苗期管理与前述的小拱棚育苗相同。露地育苗操作简单，并且省工、省料，成本低，但是不能做到当年定植。

2. 整地做畦

由于芦笋不耐涝，并且采收期较长，因此应选择地势较高的地块，确保排灌方便。土质要求疏松肥沃，土层深厚，以富含有机质的沙壤土为宜。为防治立枯病和紫纹羽病等病菌，所选地块前茬不能栽种胡萝卜、番茄、棉花、苎麻等作物。所选地块每 667 m^2施农家肥 3000 kg、氮磷钾复合肥 25 kg，然后深翻 30 cm，耙平后开好排水沟，南北向起垄 1.5 m 宽，在垄上挖上宽 60 cm、底宽 40 cm、沟深 60 cm 的定植沟，每 667 m^2施氮磷钾复合肥 50 kg、饼肥 40 kg、腐熟有机肥 2～3 m^3、生石灰 25 kg(调节土壤酸碱度)并与回填土壤充分混合均匀，一起施入沟内，填充深度以离地面 10 cm 为宜，填土后浇水充分沉实，以防定植后浇水引起壤面下沉，影响采收。

3. 移栽与定植

芦笋幼苗定植以 6 月为最佳。苗龄在 60～70 天，嫩茎数 3～5 个，苗高 25 cm 以上时，可对芦笋幼苗进行移栽定植。取苗后将幼苗按大小进行分级，同一级的幼苗种在一起。定植时按 28～30 cm 株距进行，密度控制在每 667 m^2 1500～1800 株。移栽时一手扶住苗身，另一手先盖少量土并压实，使幼苗根群与土壤紧密接触，之后再盖 4～5 cm 厚的细土，浇透定根水，水渗下后再盖上 1～2 cm 的细土。定植 3～4 天后，及时查苗和补栽。

4. 田间管理

(1) 定植后当年的管理。

定植缓苗后应追肥一次，主要以施用尿素等速效氮肥为主，施肥量为尿素 7～10 kg/667 m^2，根据田间情况及时松土除草，并适当培土 1～2 cm，随着松土次数的增多，逐步增加覆土厚度至 10 cm。移栽存活约 50 天应追施秋发肥一次，以促进抽发新笋芽，同时促使植株生长健壮，盘根扩大。追肥以复合肥为主，氮肥为辅，每 667 m^2施用氮磷钾复合肥 30～40 kg、尿素 10 kg，确保芦笋停止生长之前的肥料所需。施肥时不能直接撒施或者距离植物根部太近，以免灼伤植物。施肥时应在距离芦笋基部 25 cm 处顺垄开深约 10 cm 的施肥沟，将肥施入沟内后填土耙平，施肥后可及时灌水以促进肥料的溶解和植物的吸收。立冬后，芦笋茎秆已全部枯死，此时要彻底清园，除去枯茎，落叶杂草集中处理以避免植物病虫害的残留，浇 1 次封冻水，可保墒保温，保护幼笋安全越冬。

(2) 定植后第 2 年的管理。

芦笋定植后第 2 年春季就有少量芦笋可以采收，为保证植物的生长春季也可不采收。在生产和生长期间，要根据田间情况及时松土除草。芦笋采收期间施肥一般以腐熟的农家肥为主，适当混施少量优质氮磷钾复合肥。一般在采笋前结合培土做垄施入总肥量的 30%左右，采笋结束后再施入总施肥量的 70%。而采笋期内尽量不施肥或追施少量复合肥作为补充。在生长过程中如果是在大棚中种植，还需根据大棚高度进行打顶。生长两年以上的芦笋需要进行母茎留养，3 月下旬至 4 月上旬留养春母茎，留养数控制在 2～3 年生芦笋 3～5 根，4 年生以上芦笋 6～8 根；8 月上中旬留养秋母茎，2～3 年生芦笋留养 8～10 根，4 年生以上芦笋留养 10～15 根。在采收结束入冬后，应该进行彻底的清园，割除枯黄植株，彻底清理植株的茎、叶、枯枝及四周杂草等，搬离田间后集中处理。清园后重施越冬肥，一般在 12 月中下旬进行，施肥以有机肥为主，每次每 667 m^2施用农家肥 2000～3000 kg，钙镁磷肥 100～200 kg，碳酸氢铵 20～30 kg，施肥后浇 1 次水。

NOTE

5. 病虫害防治

芦笋病害主要有褐斑病、茎枯病和灰霉病等。褐斑病发病初期用50%多菌灵、70%甲基托布津、75%百菌清药剂防治;茎枯病可用50%扑海因可湿性粉剂1500倍液、50%苯菌灵可湿性粉剂1000倍液、70%甲基托布津可湿性粉剂600倍液、50%混杀硫悬浮剂500倍液进行防治;灰霉病以母茎留养期喷药预防为主,发病初期可用10%苯醚甲环唑、75%百菌清、99%恶霉灵等农药喷雾防治。芦笋虫害主要有斜纹夜蛾、甜菜夜蛾、蚜虫和蓟马等。对于斜纹夜蛾和甜菜夜蛾优先采用杀虫灯、黏虫板等物理措施,化学防治应选用高效低毒农药,如5%氯虫苯甲酰胺、5%虱螨脲、0.5%依维菌素、50%丁醚脲、20%氟苯虫酰胺、150g/L茚虫威等,在傍晚喷药防治;防治蚜虫、蓟马选用25%噻虫嗪水分散粒剂4000倍液、3%啶虫脒乳油1500倍液或10%吡虫啉可湿性粉剂2000倍液。对病虫害进行化学防治时,应严格遵守采收安全间隔期要求。

6. 采收

定植后第2年开始采收期,当芦笋嫩茎长到高度为15~20 cm时,早上或傍晚在嫩茎离土1~2 cm处用利刀割下,放入采笋箱内,用湿布覆盖进行保湿。为确保嫩笋质量,收获的芦笋要及时进行冷藏或销售。芦笋以全株形状正直,笋尖花苞紧密,不开花未长腋芽,没有水伤腐臭味,表皮鲜亮不萎缩,幼嫩粗大者为上品。芦笋采收的年限一般为10年左右,此后芦笋进入衰老期,产量逐渐降低,应该淘汰更新。

四、营养与加工利用

芦笋以幼茎为食,是一种口感爽脆、营养丰富的名贵蔬菜,可鲜食,也可加工成罐头。芦笋幼茎中富含多种蛋白质、维生素以及人体所必需的各种氨基酸,对高血压、癌症、心脏病有一定预防作用。此外芦笋含硒量高于一般蔬菜,与蘑菇含硒量接近,可与海鱼、海虾等的含硒量媲美。除鲜食和加工成罐头外,目前已经开发出一系列芦笋相关产品,包括芦笋茶、芦笋酒、芦笋饮料、芦笋面、芦笋果脯、芦笋粉等,此外还可制成芦笋酱、芦笋泡菜、芦笋化妆品等。

第三节 魔 芋

魔芋

一、概述

魔芋(*Amorphophallus* sp.)又名蒟蒻、鬼芋、妖芋、蛇头草、雷公枪、莨蒟等,属于天南星科魔芋属。魔芋原产于中国和越南。我国从20世纪80年代开始进行规模化种植,主要种植地包括西南地区及长江中游海拔适宜的山区。魔芋块茎富含膳食纤维,研究结果显示,部分品种每100 g魔芋粉中膳食纤维含量超过70 g。魔芋膳食纤维以可溶性的葡甘聚糖为主,其具有较高的膨胀系数和较低的热量,食用相关食品容易产生饱腹感但总体热量很低,因此魔芋葡甘聚糖大量用于减肥食品的生产。此外魔芋还具有降血糖、降血脂、润肠通便、开胃等多种功效,是一种重要的保健食品。由于葡甘聚糖具有高吸水性和高膨胀系数,同时理化性能优异,因此其在医药、食品、化工等领域均有应用,具有较好的市场潜力。魔芋具有良好的适应性,栽培技术简单易学,同时可以与果树、玉米等间作,在山区种植业发展中具有较好的前景。

二、生物学特性

1. 植物学特征

魔芋是天南星科魔芋属植物的总称,栽培学上属于薯芋类作物。多年生草本。芽萌发后,首先出少数鳞叶,然后幼株出单叶,老株则抽出三裂叶,叶枯后,翌年再出鳞叶和花序。成年植物块茎常呈扁球

NOTE

形，稀萝卜状或长圆柱形，顶部中央下凹，叶 1；叶柄光滑或粗糙具疣，粗壮，具各样斑块；叶片通常 3 全裂，裂片羽状分裂或二次羽状分裂，或二歧分裂后再羽状分裂，最后小裂片多少长圆形，锐尖。花序 1，通常具长柄，稀为短柄。佛焰苞宽卵形或长圆形，基部漏斗形或钟形，席卷，内面下部常多疣或具线形突起；檐部多少展开，凋萎脱落或缩存。肉穗花序直立，长于或短于佛焰苞，下部为雌花序，上接能育雄花序，最后为附属器，附属器增粗或延长。花单性，无花被。雄花雄蕊短，花药近无柄或生长于长宽相等的(比药室长)花丝上，药室倒卵圆形或长圆形，室孔顶生，常两孔汇合成横裂缝，花粉粉末状。雌花有心皮 1～4，子房近球形或倒卵形，1～4 室，每室有胚珠 1 颗；胚珠倒生，从直立于基底的珠柄上或从直立于隔膜中部的珠柄上下垂，或珠柄极短，着生于基底胎座或靠近侧壁胎座上，珠孔朝向基底；花柱延长或不存在；柱头多样，头状，2～4 裂，微凹或全缘。浆果具 1 个或少数种子；种子无胚乳，表皮透明，种皮光滑，单一者椭圆形，2 个者平突，胚同型，外面淡绿色。

2. 品种与类型

目前我国主要栽培的魔芋种类包括白魔芋和花魔芋。花魔芋目前种植规模最大，主栽品种包括富魔 1 号、云芋 1 号、楚魔花 1 号等；白魔芋产量较花魔芋低，但其葡甘聚糖含量高于花魔芋。珠芽魔芋在魔芋产区也有一定的栽培。

3. 栽培环境条件

魔芋喜温喜湿，但怕渍怕晒，适宜生长温度为 20～30 ℃，25 ℃为最佳温度，适宜相对湿度为 80%～90%。种植时宜选择周围森林覆盖率高、阳光直射时间短、空气湿度较高的山区小环境，并且以北坡种植最好。地块应该选择土壤深厚肥沃、排灌条件良好的微酸性壤土或沙壤土。由于连作会加重软腐病、白绢病的发生率，因此种植中应该进行轮作，轮作间隔期约 3 年。种植中还要注意不选用前茬为薯芋类、茄果类作物的地块，适宜选择前茬为玉米或小麦等禾本科作物的地块。

三、栽培技术

1. 种芋繁殖方式

魔芋生产种植一般选用 250～500 g 的魔芋球茎作为种芋。生产上种芋的繁殖方式包括种子繁殖、小块茎繁殖和根状茎繁殖。种子繁殖时母株选择 5～6 年生健壮魔芋植株，每年 8—9 月收获种子后筛选成熟饱满的种子进行晾干，后与适量湿沙混合拌匀，于地窖中保存。第二年 3 月下旬至 4 月中旬将上年收获的种子播种，到收获期后挖出球茎按大小进行分类，一般种子繁殖的块茎需生长 3 年才能作为种芋使用。在收获商品芋时会得到一些小球茎，根据这些小球茎的大小进行适当年限的繁殖就可作为种芋使用，一般 100～150 g 的小球茎需要生长 1 年，60～100 g 的则需要 2 年。在收获商品芋时还可以得到一些根状茎，也称边芋，这些根状茎经过一定年限的种植长到一定大小后也可作为种芋使用。

2. 整地

魔芋种植应该进行轮作，轮作间隔期为 3 年左右。选择地块时，应选择前茬为禾本科作物(如玉米或小麦)的地块，不要选择前茬为薯芋类或茄果类的地块。收获前茬作物后，深翻土地并结合整地施入充足的农家肥。种植前，每 667 m^2 按生石灰 25～40 kg、草木灰 50 kg、硫黄粉 1 kg 拌匀后撒入田块表面翻耙。修整田埂，开沟起垄做畦，垄宽 1～1.2 m，垄高 30～50 cm，沟宽 20～30 cm，以备播种。

3. 播种与栽植

我国西南地区和长江中游地区最佳播种期一般为 3 月下旬至 4 月上旬。种芋应该选择形态典型、顶芽饱满、没有损伤和病虫害、芋窝浅的球茎。选好的种芋在播种前应在太阳下晾晒 1～2 天，播种时应对种芋表面进行消毒处理，以防治病虫害，常用的消毒药剂包括多元消毒粉、多菌灵、甲基托布津可湿性粉剂等。根据种芋大小，选取不同的株行距，使用 500 g 规格的种芋时，株行距应选择 35 cm×45 cm；使用 200～300 g 规格的种芋时，株行距控制在 30 cm×40 cm。下种时要注意斜起斜落，种芋按 45°角倾斜摆放，以防积水烂芽，覆土厚度为 4～6 cm。在海拔低于 1900 m 的地方应该进行套种，在垄沟两侧各套种一行晚熟玉米，株距 20～25 cm，这样可以遮阴形成小气候，避免强光照射。

4. 田间管理

魔芋种植过程中的田间管理是提高其产量的关键。魔芋喜温喜湿，但怕渍怕晒。雨季是魔芋生长的重要时期，正常年份魔芋种植过程中不需要大量浇水，但雨季来临时应根据降水情况做好排水工作。在 5—6 月气候干旱、雨水较少的年份，需要及时浇水。魔芋出苗后的田间管理应避免损伤植株，以免提高病害发生率。在保证底肥施入充足的基础上，魔芋生长至展叶封行之前，每 667 m^2 追施 15 kg 氮磷钾复合肥；魔芋生长 3 个月后，每 667 m^2 追施 20 kg 硫酸钾肥。在魔芋播种过程中，可将作物秸秆和松毛覆盖其上，以减少杂草生长。在生长期如果出现杂草，可进行人工除草或喷施低毒除草剂。

5. 病虫害防治

魔芋生长过程中的主要病害包括软腐病、白绢病、根腐病和叶枯病等，尤其以号称“魔芋癌症”的软腐病对魔芋生长危害最大。应提前对魔芋进行病害防治，可以利用链霉素可湿性粉剂 1000 倍液和 70% 甲基托布津可湿性粉剂 800 倍液在魔芋出苗达到 70% 后进行喷施，间隔 15 天用 20% 龙克菌乳剂 500 倍液进行第 2 次喷施。田间发现软腐病病株后，应及时拔除并集中处理，并对拔出病株的病窝用生石灰进行消毒，以减少和控制病害蔓延。魔芋的虫害包括豆天蛾、甘薯天蛾、蛴螬和蝼蛄等，预防措施是在整地时连同肥料施入杀虫剂，每 667 m^2 施入 1～2 kg 甲敌粉来杀灭地下害虫；对于豆天蛾和甘薯天蛾，可利用黑光灯配合糖醋液诱杀，在虫害较为严重时可用溴氰菊酯 800 倍液进行防治，也可用 40% 氧化乐果乳油 800 倍液进行喷施防治。对病虫害进行化学防治时，应严格遵守采收安全间隔期要求。

6. 采收

魔芋地上部植株自然倒伏 7～10 天后可以开始采挖，一般选择在寒露、霜降前后，日平均最低气温不低于 5 ℃时。采挖应选择土壤干燥时进行，采挖过程中要剔除损伤和带病魔芋，边挖边晒，晾干表面的水分以利于储藏。500 g 以上的魔芋作为商品芋出售；500 g 以下的作为种芋，按大小分级后摊放在泥地上晾晒 10 天左右，表面用 500 倍多菌灵浓液喷雾消毒，然后进行储藏，储藏可采取窖藏、沙藏、筐藏等方式进行，储藏温度应控制在 5～10 ℃。

四、营养与加工利用

魔芋球茎中多糖类物质含量丰富，如葡甘聚糖（glucomannan）、甘露聚糖（mannan）等，此外可溶性糖、有机酸、氨基酸和粗蛋白含量也较为丰富。以 100 g 干重计，一般葡甘聚糖占 30～60 g，淀粉占 10～50 g，可溶性糖占 1.5～10 g。凝胶类食品是魔芋加工中较广泛的一类食品，其中魔芋豆腐、魔芋粉丝、魔芋蛋糕是我们餐桌上常见的食品；此外，还开发出了魔芋软糖、魔芋果脯、魔芋酸奶、魔芋冰激凌、魔芋珍珠奶茶等一系列特色休闲食品。利用魔芋精粉的凝胶性，通过加工可制成弹性好、咀嚼性强、外观晶莹剔透的仿生果肉制品。此外，魔芋粉还被添加到年糕、挂面、拉面、刀削面等传统食品中，以增强食品的韧性，也使口感更加柔滑。

第四节 牛　蒡

牛蒡

一、概述

牛蒡（*Arctium lappa* L.）又名东洋参、大力子、恶实根、牛鞭菜、鼠粘根等，属于菊科 2～3 年生草本植物。牛蒡原产于北欧、俄罗斯西伯利亚地区和中国，是一种营养价值很高的特种蔬菜，被誉为“蔬菜之王”。牛蒡肉质根具有特殊的芳香气味，味道鲜美，口感细嫩香脆，富含蛋白质、多糖和多种维生素及矿物质，在根类植物中，其蛋白质和钙及植物纤维含量最多。牛蒡还是一种药食同源的食品，具有健脾胃、降血压和改善体质的功效，同时能提高免疫力、延缓人体衰老，并对高血压和糖尿病具有一定的预防作用。根据《现代中药学大辞典》的记载，牛蒡具有促进生长发育、抑制肿瘤、提高人体免疫力的作用。牛

NOTE

蒡在日本是一种十分受欢迎的高档保健食品，在我国已逐渐成为人们喜爱的保健食品。

二、生物学特性

1. 植物学特征

牛蒡，二年生草本，具粗大的肉质直根，长达 15 cm，直径可达 2 cm，有分枝支根。茎直立，高达 2 m，粗壮，基部直径达 2 cm，通常带紫红色或淡紫红色，有多数高起的条棱，分枝斜生，多数，全部茎枝被稀疏的乳突状短毛及长蛛丝毛并混杂以棕黄色的小腺点。基生叶宽卵形，长达 30 cm，宽达 21 cm，边缘具稀疏的浅波状凹齿或齿尖，基部心形，有长达 32 cm 的叶柄，两面异色，上面为绿色，有稀疏的短糙毛及黄色小腺点，下面为灰白色或淡绿色，被薄茸毛或茸毛稀疏，有黄色小腺点，叶柄为灰白色，被稠密的蛛丝状茸毛及黄色小腺点，但中下部常脱毛。茎生叶与基生叶同型或近同型，具等样的及等量的毛被，接花序下部的叶小，基部平截或浅心形。头状花序多数或少数在茎枝顶端排成疏松的伞房花序或圆锥状伞房花序，花序梗粗壮。总苞卵形或卵球形，直径 1.5～2 cm。总苞片多层，多数，外层三角状或披针状钻形，宽约1 mm，中内层披针状或线状钻形，宽 1.5～3 mm；全部苞近等长，长约 1.5 cm，顶端有软骨质钩刺。小花紫红色，花冠长 1.4 cm，细管部长 8 mm，檐部长 6 mm，外面无腺点，花冠裂片长约 2 mm。瘦果倒长卵形或偏斜倒长卵形，长 5～7 mm，宽 2～3 mm，两侧压扁，浅褐色，有多数细脉纹，有深褐色的色斑或无色斑。冠毛多层，浅褐色；冠毛刚毛糙毛状，不等长，长达 3.8 mm，基部不连合成环，分散脱落。花果期 6—9 月。

2. 品种与类型

一般要求牛蒡品种具有抗寒性好、产量高、品质好的特点，目前主栽品种多为从日本引进，包括柳川理想、东北理想、新林 1 号、白肌大长、渡边早生、泷野川等。

3. 栽培环境条件

牛蒡适宜温暖湿润气候，一般要求栽培品种具有较好的耐寒性和耐热性。牛蒡生长的适宜温度范围为 20～25 ℃，一般也能耐高温，冬季气温较低时上部叶子枯死，但 20 cm 以上主根在 −15 ℃的条件下在田间也能安全越冬。牛蒡为长日照植物，在生长过程中需要较强的光照条件。牛蒡在生长周期中对水分需求较大，在秋冬季节也需要保持一定的土壤湿度条件，但牛蒡不耐涝，夏季积水超过 12 h，直根将发生腐烂。牛蒡栽培宜选择土层疏松深厚、富含有机质、排水良好的中性土壤。

三、栽培技术

1. 繁殖方式

牛蒡种植一般采用种子直播法。播种时选择活力高的种子。为了促进种子萌发，播种前需要对种子进行烫种处理，一般可在 55～60 ℃的水中浸泡 10～15 min，后在 30 ℃左右的温水浸种 24 h。浸种后将种子用 0.5%～0.8%的高锰酸钾溶液处理 1 h 进行表面消毒，用清水冲洗干净后即可播种。

2. 整地做畦

牛蒡种植宜选择前茬为禾谷类、十字花科类作物的地块，而不宜选择种植过花生、茄果类、甘薯、菊科类作物的地块。由于牛蒡肉质根较长，因此选择的地块以土层深厚（土壤深为 100～120 cm）的中性壤土为宜。土壤中含沙量不宜过高，否则会导致肉质根不紧密，外皮粗糙，易空心，影响牛蒡品质，降低商品价值。为提高牛蒡商品品质，播种前 1 个月进行深翻，使土壤疏松。开沟前种植地块应施足底肥，每 667 m^2 施入腐熟鸡粪 3000 kg、尿素 25 kg、磷酸氢二铵 25 kg、硫酸钾 10 kg，顺开沟线撒施。开沟时将肥料翻入土内并混匀，使肥料深入地下。按行距 70～80 cm，垄距 25 cm，垄高 15 cm 在种植带上起垄。

3. 播种与栽植

一般分为春播和秋播，各地可根据实际气温确定时间。播种方法有条播和穴播两种。条播是在垄中央开浅沟，沟深 2～3 cm，将种子均匀撒播于沟内，覆土 1～2 cm；穴播可在垄中间按株距 8～10 cm 开穴，穴深 2～3 cm，每穴播 2～3 粒，覆土 2 cm 左右。播后均要稍加按压，使种子与土壤密切接触，播种后

NOTE

可通过盖草来保持土壤湿润。每 667 m^2 用种量为 0.5～0.75 kg。

4. 肥水管理

（1）间苗定苗：牛蒡播种后一周左右出苗，出苗至长到 5～6 片真叶期间一般间苗 2～3 次，间除弱小、畸形和过旺的幼苗。待长至 5～6 片真叶后，拔除发育不良、畸形、生长过旺、根系伸出地面和叶面下垂的植株，按行距 70～80 cm、株距 8～10 cm 进行定苗，每 667 m^2 留苗 9000 株左右。

（2）中耕除草：由于牛蒡生育期比较长，杂草的生长对其影响较大，生育期应该做好除草工作。苗期应该结合间苗定苗进行中耕除草，植物封垄前应该进行 2 次中耕培土以促进根系向深层土壤中生长，直到植株封行。全生育期应保持中耕除草 4～5 次，同时对根部进行培土，培土时要保持生长点不被埋入土壤。对杂草偏重的地块可用除草剂除草。

（3）追肥：在施足底肥的基础上，每 667 m^2 按尿素 15～20 kg、磷酸氢二铵 10～15 kg、硫酸钾 10～15 kg 的比例追肥，春节播种时，一般在 6 月下旬至 7 月上旬分 3 次开浅沟施入。另外，在生长的中后期可叶面喷施 0.3%磷酸二氢钾，5～7 天喷 1 次，连喷 3 次，以促进营养物质向根部输送，促进肉质根膨大。

（4）浇水：牛蒡适宜湿润土壤，但既不耐涝又不耐旱。生长后期，保持土壤有一定的湿度，雨季须及时排出积水，以免引起根部腐烂。

5. 病虫害防治

牛蒡的主要病害包括黑斑病、花叶病和白粉病。其中黑斑病在秋季危害较重，花叶病常见于雨季，而高温有利于白粉病的发病。田间发现病叶应及时摘除烧毁。黑粉病可用 75% 百菌清可湿性粉剂 500～600 倍液，或 70%代森锰锌可湿性粉剂 600～800 倍液进行防治；白粉病可用 15%三唑酮可湿性粉剂 1000～1500 倍液，或 30%固体石硫合剂 150 倍液进行防治；花叶病可用代森铵、代森锌 500～800 倍液喷雾防治。危害牛蒡的主要虫害有蚜虫、红蜘蛛、黄条跳甲和斜纹夜蛾等。可用 50%抗蚜威可湿性粉剂 2000～3000 倍液或菊酯类农药在田间喷雾防治，每 7～10 天喷 1 次，连续喷施 2～3 次。对于地下害虫可用 50%辛硫磷乳油进行土壤处理或用敌百虫进行毒饵诱杀。对病虫害进行化学防治时，应严格遵守采收安全间隔期要求。

6. 采收

牛蒡生长期一般为 120～140 天，应该根据不同品种的生育期适时收获。一般肉质根长 70～85 cm，直径 2～4 cm 时进行采收。收获不宜过早或过晚，收获过早则根茎产量低；收获过晚，肉质根停止膨大，易出现空心纤维化，降低牛蒡品质。采收时用药叉或锄头，在种植行侧面挖 40～50 cm 的深沟，逐株采挖，尽量去除泥土，轻收轻放，牛蒡根收回加工包装。

四、营养与加工利用

牛蒡肉质根中含菊糖、维生素、蛋白质、钙、磷、铁等人体所需的多种营养元素及矿物质元素，其中蛋白质和钙的含量为根茎类作物之首，胡萝卜素含量也很高。牛蒡肉质根中含多种生物活性物质，包括菊糖、挥发油、牛蒡酸、多种多酚类物质及醛类，这使得牛蒡具有很好的保健功效。牛蒡肉质根中含有丰富的过氧化物酶，能帮助人体清除体内的氧自由基，减少脂褐质色素在人体内的沉积，延缓防老。牛蒡肉质根富含人体必需的各种氨基酸，尤其是具有健脑作用的天冬氨酸和精氨酸。牛蒡以鲜食为主，烹饪方法很多，可采用炒、煮、涮，还可煲汤和做馅，常见菜品包括牛蒡根炖鸡、牛蒡根炖排骨、牛蒡猪肚丝和牛蒡粥等。

第五节　山　　药

山药

一、概述

山药（*Dioscorea oppositifolia* L.）别名薯蓣、长芋、土薯和大薯等，是薯蓣科多年生藤本植物，据记

栽是人类早期作为食物的植物之一。山药原产于中国，除中国外其主要分布于东北亚地区的朝鲜半岛和日本。目前，山药在中国种植比较广泛，种植的省份超过 15 个，主产区包括河南、安徽、广西、河北、江苏、湖北、湖南等地。野生山药一般生长于山坡、山谷林下，溪边、路旁的灌丛中或杂草中。山药以地下块茎为食，一般为圆柱状，少数品种为块状。山药块茎肥厚多汁，口感绵软香甜，富含淀粉、蛋白质、多种维生素和糖类，以及多种矿物质元素和人类所需的多种氨基酸。干燥山药根茎为常用中药，中医认为其具有益肾气、健脾胃、止泻痢、化痰涎、润皮毛等功效。因此山药既是营养丰富的菜用作物，又可作为滋补功能较强的中药材，深受食客的喜爱，销量十分稳定。

二、生物学特性

1. 植物学特征

山药是薯蓣科薯蓣属植物，缠绕草质藤本。块茎为长圆柱状，垂直生长，长约可达 1 m，断面干时呈白色。茎通常带紫红色，右旋，无毛。单叶，在茎下部的互生，中部以上的对生，很少 3 叶轮生；叶片变异大，卵状三角形至宽卵形或戟形，长 3～9（16）cm，宽 2～7（14）cm，顶端渐尖，基部深心形、宽心形或近截形，边缘常 3 浅裂至 3 深裂，中裂片卵状椭圆形至披针形，侧裂片耳状，圆形、近方形至长圆形；幼苗时一般叶片为宽卵形或卵圆形，基部深心形。叶腋内常有珠芽。雌雄异株。雄花序为穗状花序，长 2～8 cm，近直立，2～8 个着生于叶腋，偶尔呈圆锥状排列；花序轴明显地呈“之”字状曲折；苞片和花被片有紫褐色斑点；雄花的外轮花被片为宽卵形，内轮卵形，较小；雄蕊 6。雌花序为穗状花序，1～3 个着生于叶腋。蒴果不反折，三棱状扁圆形或三棱状圆形，长 1.2～2 cm，宽 1.5～3 cm，外面有白粉；种子着生于每室中轴中部，四周有膜质翅。花期为 6—9 月，果期为 7—11 月。

2. 品种与类型

目前我国种植的山药主要包括 7 种，分别是普通山药、细毛山药、铁棍山药、大和山药、灵芝山药、淮山药和麻山药。其中栽培面积较大的是铁棍山药和淮山药。铁棍山药黏度大，汁少粉多，体质坚重，久煮不散，品质优良，但是产量不高。淮山药又名水山药，主要栽培省份包括河南、江苏、安徽等，它的茎通常带紫红色，比铁棍山药粗，口感较脆，肉质虚。大和山药是我国从日本引进的高产山药品种，山药茎为圆柱状，呈紫色，有时带绿色条纹。

3. 栽培环境条件

山药属于短日照喜温作物。苗期最适生长温度为 15～20 ℃，夏季生长盛期最适温度为 25～28 ℃，一般在 20 ℃以下生长缓慢。由于山药是一种深根性植物，因此栽培时应该选择土质疏松、肥沃、土层深厚的土壤，一些扁形种或块状种在土层较浅的土壤中也可生长。土壤酸碱度以中性最好；酸性土壤中易生支根和根瘤，从而影响山药的产量和品质；碱性土壤则会影响块茎向下生长。山药比较耐旱，但不耐涝，不宜种植在地下水位过浅或水分含量过高的土壤中，沙土和壤土含水量以 18%左右为宜。山药不能重茬种植，尤其是种过蔬菜及线虫严重的地块不能种植，否则易受虫害威胁，严重影响种植效益。

三、栽培技术

1. 繁殖方式

山药一般有两种繁殖方式，分别为芦头繁殖和珠芽（山药豆）繁殖，商品种植时一般采用芦头作种，但连续用芦头作种 2～3 年后品种会退化。珠芽繁殖一般被用来生产商品种植块茎。

芦头繁殖：每年 10 月收获时将山药的地下根挖出，将上部 15～25 cm 长的芦头折下，折下的芦头日晒 2～3 天，待伤口愈合后放入室内或室外已经挖好的储藏坑储藏。坑的深度及盖土厚度应根据不同区域的气候进行调整，以使芦头在越冬时不受冻为度。储藏过程中保持芦头有一定的湿度。翌年 4 月（清明至谷雨）取出用于播种。

珠芽繁殖：每年霜降前后，山药地上茎叶将黄萎时，从叶腋间收获珠芽，如有珠芽提前脱落，可在田间拾拣健康饱满的珠芽。收获的珠芽晾 2～3 天使其干燥，后放在竹篮内，盖好或装入木箱储藏。珠芽在储藏过程中要注意鼠害，并保持通气。用珠芽进行繁殖时，当年收获的块茎一般达不到上市的要求，而

NOTE

是作为第二年商品种植的种块。每年 4 月中旬将上一年秋天收珠获得的珠芽取出，稍晒，即可进行播种。

2. 整地做畦

山药种植一般采用轮作，周期为 2～3 年。选地时应选择土层肥沃深厚、排灌条件好、地下水位低、富含有机质的中性壤土。在秋茬作物收获后进行整地，要求施足底肥，以有机肥为最佳，每 667 m^2 施优质腐熟有机肥 4000～5000 kg，均匀撒施，机械翻耕 30 cm 以上，使肥土混合均匀。土壤细碎、平整后，做 1.3 m 宽的畦面，两边开 30 cm 宽的排水沟。整地时，每 667 m^2 均匀撒施 5%辛硫磷颗粒剂 2～3 kg，以预防小地老虎、蛴螬等害虫。

3. 播种与栽植

以芦头作种种植时，在畦内按行距 30～45 cm，株距 18～20 cm，开沟种植，将芦头按顺序平放于沟内，覆土。以珠芽作种种植时，按行距 25～30 cm，株距 10～15 cm，开深 6 cm 的播种沟，将珠芽放入沟内，覆土 6 cm，一般播种后一个月左右出芽。

4. 田间管理

(1) 肥水管理：在山药生长前期以茎蔓的营养生长为主，此时应以施用速效氮肥为主。在茎蔓已上半架时，应及时追施氮肥 1 次。在山药生长中期，要注意施肥的种类。6—7 月茎蔓满架时，根据生长情况追肥 1～2 次，此时应改为施用复合肥，每 667 m^2 施用复合肥 2～3 kg。进入块茎生长旺期，要重视钾肥的施用，以促进块茎的膨大和干物质的积累。8 月上中旬，可根据实际情况追施硫酸钾 1～2 次，每 667 m^2 4～5 kg。追肥可在雨天进行撒施，晴天浇施时要避开高温，以免对植物造成伤害。山药浇水可根据实际情况进行，一般需要浇水的次数较少。在山药种植中后期，要注意田间排水工作。

(2) 及时搭架：当山药茎蔓长至约 30 cm 时，需要及时进行搭架，一般采用“人”字架，架高 1.5～2.0 m，“人”字架要牢固，以免茎蔓上架后被风刮倒。搭架后要及时引蔓上架，一般不摘除侧枝，但要及时摘除不作留种用的气生茎。山药上架时，应进行一定的理蔓整枝。在生长后期应根据山药豆的发生情况进行及时的处理，如果山药豆过多，应当及时摘除以避免其消耗过多的养分而影响地下块茎的产量和质量，一般每株山药留 20～30 个山药豆即可。

5. 病虫害防治

山药的病害主要有炭疽病、茎腐病、白涩病等，虫害主要是地下害虫和叶蜂。病虫害防治以预防为主，结合农业措施和化学防治。防治炭疽病，用 70%代森锰锌可湿性粉剂 500～600 倍液或 75%百菌清可湿性粉剂 600～700 倍液喷雾，喷洒 2～3 次，交叉用药，每次间隔一周左右，兼治白涩病。防治茎腐病，可用 40%菌核净可湿性粉剂 500～800 倍液喷洒茎叶，结合 50%多菌灵可湿性粉剂 400～500 倍液灌根，共灌 2～3 次，每次间隔 10 天。防治叶蜂，应在 1～2 龄幼虫盛发期，选用除虫菊素喷洒灭虫。防治地下害虫一般在播种前整地时加入抗虫药物进行预防，每 667 m^2 均匀撒施 5%辛硫磷颗粒剂 2～3 kg，可以对小地老虎、蛴螬等害虫进行有效预防。采收前 30 天，禁止使用农药。对病虫害进行化学防治时，应严格遵守采收安全间隔期要求。

6. 采收

每年 10 月下旬至 11 月，山药地上茎叶全部枯萎时，块茎停止生长，可以开始收获。山药收获一般采用人工采挖。在温暖的中国南方地区和长江流域，可随收随上市。气温较低的地方块茎收获后要注意保温防冻，适宜储藏的温度为 2～4 ℃，相对湿度为 80%～85%。可采用堆藏、埋藏或窖藏等方式。

四、营养与加工利用

山药含水量一般为 75%左右，糖含量为 14.4%～19.9%，蛋白质含量为 1.5%～2.2%，此外富含维生素和多种矿物质元素。山药中的黏性物质为甘露聚糖与球蛋白结合而成的黏蛋白，黏蛋白能保持血管弹性，还有润肺止咳的功效。除了一般的营养物质外，山药还含有丰富的保健因子，如山药素、尿囊素、皂苷和胆碱等。山药是滋补脾胃的重要食物，同时也是入肺、健脾、补肾的佳品。山药一般以鲜食为主，可以蒸煮后直接食用，也可切片进行烹炒，也可与其他食材进行炖煮煲汤。除鲜食外，山药也可加工成其他产品，目前已经开发出了山药粉、山药果脯、山药酸奶、山药挂面等多种加工品。

NOTE

食用仙人掌

第六节　食用仙人掌

一、概述

食用仙人掌（*Opuntia vilpa alta* Haw.）原产于美洲大陆，一般生长在干旱的环境条件下，距今已有三万年的历史。中北美国家墨西哥是食用仙人掌的集中分布区，该国食用仙人掌种质资源非常丰富，被誉为食用仙人掌王国。食用仙人掌是经过多年的驯化与选育得到的可供食用的仙人掌新品种，一般作为蔬菜食用，在墨西哥食用仙人掌的产量在蔬菜中排名前五，是当地的主要蔬菜种类之一。食用仙人掌营养价值较高，其肉质茎片中含有的营养物质种类丰富，包括纤维素、维生素、蛋白质等，其中钾、钙、铁等矿物质元素含量很高，此外食用仙人掌中具有保健功能的黄酮类物质和多糖的含量也很高。研究发现，食用仙人掌中钠离子含量少，不含草酸，具有清热解毒、活血化瘀、促进新陈代谢的功效，此外其还具有较好的降血压、降血糖、降血脂的作用，是一种很好的保健食品。除鲜食外，食用仙人掌还可以加工成各类其他产品，包括饮料、原液、胶囊、果泥、果冻、速溶茶、干粉、面条、年糕、酱菜、果脯、罐头等。1997年，农业部优质农产品开发服务中心从墨西哥引进米邦塔食用仙人掌品种，经过多点试验后，现已在全国多地推广种植。

二、生物学特性

1. 植物学特征

食用仙人掌属于仙人掌科仙人掌属多年生植物。茎基部木质化，上部有分枝。肉质茎为手掌状，扁平，掌片一般长 10～40 cm，宽 10～20 cm，肉质，绿色，有短刺或无刺。食用仙人掌喜干燥，喜光热，耐旱，耐贫瘠，但不耐寒，忌水涝。生长期为 10～15 年，一次种植，可连续采摘多年，具有省时、省工、省成本等优点。

2. 品种与类型

我国 1997 年从墨西哥引进食用仙人掌进行试种，引进的品种主要为米邦塔，目前已在全国多地进行推广种植，北方由于冬季气温较低，需要进行大棚种植，南方一般进行露地栽培。

3. 栽培环境条件

食用仙人掌是一种喜温植物，但不耐高温，最适生长温度为 20～35 ℃，20 ℃以下或者 35 ℃以上时生长缓慢，低于 10 ℃则基本停止生长，5 ℃以下可能被冻伤或冻死，因此国内很多地方不能露天种植。当夏季气温超过 35 ℃时，食用仙人掌生长缓慢呈半休眠状态，此时应及时搭遮阳网降温。食用仙人掌对土壤的要求不高，但以沙壤土为最佳。选地时应选择背风向阳、排灌良好、土质疏松、透气性好的酸性或中性土壤。对于黏性较强的地块，可通过向土中掺入沙土或河沙进行改良，具体方法是将沙土或河沙均匀地覆盖地表 3～5 cm，深翻后充分混匀耙细、耙平，再做畦床。苗床以南北向较好，有利于透光。苗床宽一般为 1.2 m 左右，床间沟宽 0.3 m 左右。

三、栽培技术

1. 繁殖方式

虽然食用仙人掌可以开花结籽，但是周期太长并且繁殖系数低，因此在商品种植过程中食用仙人掌一般以种苗扦插繁殖。

2. 整地做畦

在播种前，要深翻整平，深耕 20～30 cm，每 667 m^2 施腐熟的优质有机肥 2000～3000 kg，结合耕翻将肥料施于地下。苗床以南北方向为好，宽度 1.2 m 左右，床间沟宽 30 cm 左右，并要做到苗床畦沟与

NOTE

地头沟等相通以增强田间排水能力，以防田间积水发生渍害。

3. 播种与栽植

一般选取生长6个月左右的掌片，以长25 cm以上、宽12 cm和厚1 cm以上的掌片为宜，此时掌片端一般已经半木质化，用利刃沿掌片与母株连接处基部割下，切口用50%多菌灵可湿性粉剂800倍液或70%甲基托布津可湿性粉剂600倍液浸泡1 min消毒后，放在干燥的地方晾晒5～7天，待伤口稍干愈合后扦插即可。一般掌片插入深度为掌片高度的2/5，插入时应让掌片一面朝东，另一面朝西，这样有利于提高光合作用的效率，提高产量。栽植时，若土壤比较潮湿可不浇水，若干燥可适量浇水，但不能积水。日均气温在20 ℃时，7～10天即可生根，生根后转入正常管理。

4. 田间管理

(1) 种片护理：种片扦插后，需要每天检查1次，发现根部有腐烂时，及时拔除，在发病部位1 cm以上的位置将下面的部分切除，以保证发病部位彻底清除。切除病部的种片重新按前述播种前处理一样进行消毒和伤口愈合，然后进行栽植。拔除病片的种植穴也要及时进行消毒处理，以彻底消除病害。移栽时种片上的嫩芽应清除，栽种后几天长出的嫩芽也应全部切除，这样可以促进移栽的种片生根。

(2) 肥水管理：食用仙人掌虽然对土壤要求不高，但是疏松、肥沃的土壤可以提高其产量和品质。施肥以完全腐熟的有机肥为宜，可搭配一定的化肥，总体以氮肥为主、磷钾肥为辅。春秋两季是食用仙人掌生长旺盛期，可适当提高施肥频率，每15～20天施肥1次，但是注意遵循薄肥勤施的原则；夏季食用仙人掌处于半休眠状态，可暂停施肥；秋冬季天气转凉后，食用仙人掌生长基本停止，此时仅可少量施以淡薄肥水。食用仙人掌可生长多年，随着种植年限的增长应逐年增大施肥量，施用种类可以用有机肥搭配无机复合肥进行，施用量根据田间生长情况和土地肥瘦等因素综合考虑，总体保持淡施的原则。栽植时，若土壤比较潮湿可不浇水，若干燥可适量浇水，但不能积水。食用仙人掌虽然比较耐旱，但是不耐渍，平时不宜多浇水，当地表15 cm以下的土不能捏成团时，应及时浇水。

(3) 植株固定与修剪：食用仙人掌是浅根植物，随着种植时间的增长，地上分枝逐渐增多，同时掌片逐渐增大，使得地上部分重量增加，遇风很容易倒伏，因此在风季应利用竹竿等材料对地上部分进行适当固定，以增强防风抗倒伏能力。种片生根后不断有新芽长出，要适时对重叠过密的芽片进行修剪和间除，保留壮芽、大芽，间除过密芽、重叠芽和弱小、畸形芽，这样有利于通风采光和掌片逐级分层生长，有利于新种片的形成和商品掌片的稳产高产。

5. 病虫害防治

食用仙人掌病虫害较少。常见的虫害包括红蜘蛛、蜗牛、线虫等，一旦发现虫害，要及时杀灭，同时结合化学农药进行防治，一般可喷施2.5%敌杀死乳油300～400倍液，或用40%乐果乳油1000倍液。加强田间除草等管理可以减少蜗牛对掌片的危害。食用仙人掌的病害有根腐病、金黄斑点病、凹斑病及赤霉病等，可定期用75%百菌清可湿性粉剂800倍液，或70%甲基托布津可湿性粉剂600倍液喷雾预防。对病虫害进行化学防治时，应严格遵守采收安全间隔期要求。

6. 采收

食用仙人掌在适宜的种植条件下一般可连续采收10～15年。商品掌片选择时，以萌芽后25～30天，无明显伤痕和病虫害，第二节或第三节刺座脱落的掌片为佳，掌片越老酸度越高，影响品质。采摘时用利刃沿底部切下。在生长旺季，每7～10天采收1次。采收一般在下午进行，收获的商品嫩片一般常温下可保存15天左右。采收种片时，要求选择生长期达到6个月以上、生长饱满健壮、无伤痕和病斑、刺座全部脱落的茎片。一般每年商品掌片可采收8次左右，种片可采收2～3次。

四、营养与加工利用

食用仙人掌营养丰富，富含钾、钙、铁、铜等多种矿物质元素，维生素含量高于大部分蔬菜，其高钾低钠的成分构成对预防高血压有一定作用。此外，其多糖、黄酮类物质等含量较高，有良好的保健功能，长期食用能有效降低血糖、血脂和胆固醇，并能活血、化瘀、消炎、润肠，具有良好的美容功效。食用仙人掌一般进行鲜食，它的嫩茎可作为蔬菜食用，目前已经开发出50多种相关的菜肴，包括凉拌仙人掌、仙人

NOTE

掌烧鸡、仙人掌炖牛肉等。除了鲜食，食用仙人掌还被加工成多种产品，包括仙人掌绿茶、仙人掌啤酒、仙人掌果脯等，此外它还被广泛应用于面膜、面乳、洗发水、香皂等多种化妆用品中。

第七节　樱 桃 萝 卜

樱桃萝卜

一、概述

樱桃萝卜(*Raphanus sativus* L. var. *radculus pers*)是一种小型化的萝卜，属于十字花科，因其体型较小且与樱桃相似而得名，又称为袖珍萝卜、迷你萝卜。由于其生长迅速，播种后30～40天就可收获，因此又被称为"30天萝卜"。樱桃萝卜属于四季萝卜的一种，其肉质根呈圆球状或者扁圆球状，直径2～3 cm，单颗重15～20 g，皮有红、白和上红下白3种颜色，果肉一般为白色。樱桃萝卜品质细嫩，营养丰富，富含维生素C、多种矿物质元素、芥子油、木质素等，生食可促进肠胃蠕动、促进消化。除生食外，还可炒食、腌渍、配菜等，深受消费者喜爱。樱桃萝卜比较耐寒，并且生育期短，北方秋冬季种植又适逢蔬菜生产淡季，因此价格较高，经济效益好，受到种植户的欢迎。

二、生物学特性

1. 植物学特征

樱桃萝卜为十字花科萝卜属中能形成肉质根的一年或二年生作物，属于四季萝卜类群。樱桃萝卜为直根系，肉质根是营养的储藏器官，多为圆球状，或扁圆球状，皮有红、白和上红下白3种颜色，果肉为白色。其下胚轴与主根上部膨大形成肉质根。肉质根肉色多为白色，单根重一般15～20 g。樱桃萝卜的叶在营养生长时期丛生于短缩茎上，叶形有板叶型和花叶型，呈深绿色或绿色。叶柄与叶脉多为绿色，少数为紫红色，上有茸毛。樱桃萝卜为总状花序，花瓣4片呈"十"字形排列。花色有白色和淡紫色。果实为角果，内含种子3～8粒，成熟时不开裂，种子为不规则圆球状，浅黄色或暗褐色。种子发芽力可保持5年，但生长势会因长时间的保存而有所下降，所以生产上宜用1～2年的种子作种。

2. 品种与类型

栽培樱桃萝卜要选择丰产、抗病性好、易管理、肉质根色泽艳丽、口感甜润爽脆、商品性好的品种。目前主栽品种有美国樱桃萝卜，法国18天早熟樱桃萝卜，北京四缨萝卜，日本的二十日大根和四十日大根以及德国的早红等。

3. 栽培环境条件

樱桃萝卜对栽培土壤要求不高，一般以土层深厚肥沃、疏松透气、保水好、排灌方便的沙壤土为宜。樱桃萝卜忌连茬种植。一般种子发芽的适温为20～25 ℃，适宜生长温度为5～25 ℃，肉质根膨大期最适温度为15 ℃左右，5 ℃以下生长缓慢，0 ℃以下肉质根遭受冻害。樱桃萝卜喜钾肥，增施钾肥另外配合好氮、磷肥的施用，可提高肉质根品质和产量。土壤水分含量是影响樱桃萝卜产量和品质的重要因素之一，一般土壤含水量以80%为宜。如在肉质根膨大期缺水，将导致须根增加，表皮粗糙，肉质根宜空心，同时影响糖类和维生素C的积累，辣味增加，口感下降。种植过程中如土壤含水量偏高，肉质根表皮也会变得粗糙。在樱桃萝卜生长过程中如果水分供应不均匀，易导致肉质根裂开。

三、栽培技术

1. 繁殖方式

在生产上樱桃萝卜采用种子直播法进行种植，一般采用条播，价格较贵的品种可以采用穴播。播种前应确认种子活力。

NOTE

2. 整地做畦

樱桃萝卜生长迅速，肉质根短小，一般地表下 10 cm 耕层，因此栽培地要选土壤疏松肥沃、透气性好的沙壤土。整地前要施足底肥，一般每 667 m^2施 2000 kg 左右腐熟的农家有机肥，土地深翻约 30 cm 使肥土混合均匀，做成平畦。樱桃萝卜根系较浅，地上植株一般较为矮小，适合畦栽。畦采用南北方向。畦做好后按行距 10 cm 左右开播种沟，沟深约 2 cm，一般每畦开 6～8 条沟，要求沟直、深浅一致。

3. 播种与栽植

春季露地栽培一般在 3 月中旬至 5 月上旬陆续播种，分期收获。秋季露地栽培于 9 月中旬至 10 月上旬陆续播种，分期收获。北方地区春、秋、冬季保护地栽培从 10 月上旬至翌年 3 月上旬，在塑料大棚、改良阳畦、温室内陆续播种，分期收获。播种前，应该浇足底水，以湿透地表下 10 cm 深的土层为宜，待水充分渗透到土壤中后（约半天）再播种。做好的畦面按行距 10 cm 左右开播种沟，沟深约 2 cm，一般每畦开 6～8 条播种沟，要求沟直、深浅一致，开沟后应采用条播法进行播种。如比较昂贵的品种，也可采用穴播，穴播按行距 10 cm、株距 3 cm 左右进行。

4. 田间管理

（1）及时间苗：播种后一般 3～4 天新芽即可出土，应及时间苗。一般在子叶展开至真叶露心期间间苗 2～3 次，应注意拔除拥挤苗、病虫苗和长势较差的弱苗。待长出 4～5 片真叶后定苗，定苗时保持株距 3 cm 左右。如果留苗过密，则易导致营养供给不足而叶片黄化，肉质根色泽浅淡；如果留苗过疏，则直接导致产量降低。每次间苗后宜浇水 1 次。

（2）肥水管理：樱桃萝卜由于生长周期很短，在施足底肥的情况下一般不需要追肥。如植株长势较弱，叶片发黄，则可适时追施速效氮肥 1～2 次，同时叶面喷施 0.3%磷酸二氢钾 2～3 次。肉质根膨大前，一般不浇水。播种后 10～15 天，肉质根破肚开始膨大时要及时浇水，之后保持土壤含水量在65%～80%。浇水时一定要均匀，以防止肉质根在膨大过程中裂开，影响品质。由于樱桃萝卜植株较小，根系较浅，浇水宜轻，以免冲歪肉质根。

（3）中耕除草：间苗定株后，要及时进行中耕除草。一般秋季栽培时，生长前期由于气温较高而易导致杂草疯长，因此尤其要注意除草。此外清除杂草过程亦可起到疏松土壤的作用，可促进根系向下生长。

5. 病虫害防治

樱桃萝卜由于生育期比较短，田间少有病虫害发生。一般出现的主要病害有软腐病和黑斑病。软腐病可用 65%代森锰锌可湿性粉剂 500 倍液喷雾防治，黑斑病用 50%百菌清可湿性粉剂 500 倍液喷雾防治。常见的虫害有蚜虫、菜青虫、潜叶蝇等。有翅蚜虫和潜叶蝇可用黄板进行诱杀。蚜虫可通过喷施 10%吡虫啉可湿性粉剂 2000 倍液进行防治；菜青虫可用 5%啶虫脒乳油 2000 倍液喷雾防治。对病虫害进行化学防治时，应严格遵守采收安全间隔期要求。

6. 采收

根据不同品种以及不同的栽培季节适时采收，一般樱桃萝卜出苗后 30 天左右，肉质根直径达到 2.5 cm时即可采收。采收太早，肉质根膨大不充分会降低产量；采收过晚，肉质根容易出现龟裂，影响品质。采收时茎叶连同肉质根一同拔起，摘除老叶、黄叶，剪除肉质根上小根须后洗净即可上市。

四、营养与加工利用

樱桃萝卜含有多种营养物质，包括多种矿物质元素和微量元素、维生素、葡萄糖、胆碱、芥子油、木质素等，口感爽脆、味甘甜，萝卜特有的辣味较轻，研究显示其具有促进胃肠蠕动、改善食欲、促进消化等功效。樱桃萝卜肉质根、叶均可食用。生食可蘸甜面酱，口感脆爽，能解油腻、解酒，也可荤素搭配炒食，还可做汤或者腌渍。

【思考题】

1. 简述葛根的不同繁殖方法。
2. 简述芦笋的田间管理技术。

NOTE

3. 简述魔芋的栽培技术。
4. 简述牛蒡的田间管理技术。
5. 简述山药的不同繁殖方法。
6. 简述食用仙人掌的栽培技术。
7. 简述樱桃萝卜的栽培技术。

【参考文献】

[1] 覃丽玲.葛根高产栽培技术之我见[J].农民致富之友,2018(16):50.
[2] 郑文凯,邓正春,杜登科,等.常德地区葛根优质高产栽培技术[J].农业科技通讯,2014(10):250-251.
[3] 罗勇.葛根实用栽培技术及开发利用前景[J].南方农业,2015,9(27):16-19.
[4] 钱秀英.葛根栽培技术要点[J].种植技术,2017,328(4):60-65.
[5] 崔传锋,刘安浩,余轶楠.山阳县葛根高产栽培技术[J].陕西林业科技,2016(6):109-111.
[6] 中国科学院中国植物志编辑委员会.中国植物志[M].北京:科学出版社,1995.
[7] 汪李平.长江流域塑料大棚芦笋栽培技术(上)[J].长江蔬菜,2020(24):19-23.
[8] 汪李平.长江流域塑料大棚芦笋栽培技术(中)[J].长江蔬菜,2021(2):17-24.
[9] 汪李平.长江流域塑料大棚芦笋栽培技术(下)[J].长江蔬菜,2021(4):19-23.
[10] 王居彦.大棚芦笋绿色高产栽培技术[J].乡村科技,2020(7):73-74.
[11] 艾志强.高寒地区绿芦笋种植技术[J].中国林副特产,2020(5):55-56.
[12] 脱飞飞,杨浩,赵辉,等.成都平原绿芦笋露地栽培技术[J].四川农业科技,2020(8):18-20.
[13] 霍克坤,张创创,袁帅坤.芦笋高产栽培技术分析[J].山西农经,2020(16):95-96.
[14] 敖培华,何圣米.芦笋新品种引进筛选与大棚栽培技术[J].浙江农业科学,2020,61(8):1578-1580.
[15] 张勇.芦笋栽培技术[J].河南农业,2020(4):47-48.
[16] 王红梅.苏中地区绿芦笋绿色栽培技术[J].上海蔬菜,2020(5):39-40.
[17] 刘辉,肖飞,官信林,等.竹山县官渡镇林下魔芋栽培技术[J].长江蔬菜,2020(5):7-8.
[18] 段玉云,杨自光,周晓罡,等.云南省魔芋高产栽培技术[J].云南农业科技,2020(5):30-33.
[19] 徐化祖.魔芋栽培技术[J].农村实用技术,2010(10):61-62.
[20] 张普雄,刘仁浩,许木伟.魔芋优质高产高效栽培技术[J].乡村科技,2020(3):109-110.
[21] 赵会亮,杨晓梅.魔芋高产栽培技术[J].农村实用技术,2019(9):26.
[22] 王太才,朱广周,张金云.魔芋高产栽培技术[J].四川农业与农机,2020(4):39-40.
[23] 陶华.魔芋高产栽培管理技术[J].农业开发与装备,2019(10):219.
[24] 吴卓耕,王文希,邓楚洪.恩施山区魔芋栽培技术要点[J].农村实用技术,2020(2):44-45.
[25] 李虎,李应发.陕南地区魔芋健康高产栽培关键技术[J].基层农技推广,2020(11):123-124.
[26] 魏巍.保健蔬菜——牛蒡的栽培与管理[J].河北农业,2014(6):26-27.
[27] 杨国凤.牛蒡丰产栽培法[J].农民致富之友,2013(19):27.
[28] 杜云飞,陈海燕,孔宪伟.牛蒡高产高效栽培技术[J].科学种养,2019(3):23-24.
[29] 杜占栋,刘宝军.牛蒡高产栽培技术[J].蔬菜世界,2018(2):25-26.
[30] 田洪平,李付军,李保华,等.牛蒡主要病虫害及防治措施[J].植物保护,2019(4):65.
[31] 董生健,何小谦.新兴药食蔬菜——牛蒡根及其栽培管理[J].蔬菜,2016(6):63-64.
[32] 梅再胜,胡兴,冯昭.长江流域柳川理想系牛蒡高产栽培技术[J].科学种养,2017(7):30-31.
[33] 刘琦.山药种植栽培技术[J].蔬菜世界,2018(3):19-20.
[34] 乔盼,拓星星.山药栽培技术要点及病害防治[J].现代农业,2020(3):24-25.
[35] 王海清,于克俭,张宝贤.山药栽培技术研究进展[J].农业科技通讯,2017(10):161-164.
[36] 陈德周.山药优质高产无公害栽培技术[J].长江蔬菜,2019(11):28-29.

NOTE

[37] 王军.山药高产栽培技术[J].种业导刊,2018(6):17-18.
[38] 管先军.濮阳县山药丰产高效栽培技术[J].蔬菜,2018(5):37-39.
[39] 邹元礼.安顺山药栽培技术要点[J].南方农业,2018,12(19):62-63,66.
[40] 熊爱芳,黄珊,周庆丰,等.山药栽培技术探讨[J].南方农业,2019,13(30):49-50.
[41] 王志利,张秀花,陈杏禹.食用仙人掌及栽培技术[J].北方园艺,2007(4):105-106.
[42] 王少春.食用仙人掌高效栽培技术[J].河北农业,2017(8):40-41.
[43] 劳有德,陆伍谋.食用仙人掌的栽培及病虫害防治技术[J].吉林蔬菜,2007(3):38-40.
[44] 杨正平,王立如.食用仙人掌的应用价值及栽培管理[J].科技信息,2012(30):431.
[45] 满红.食用仙人掌的价值及高产栽培技术[J].中国农业信息,2011(4):32-33.
[46] 陶卫东,梁秀杰,李义龙,等.食用仙人掌大田栽培技术[J].现代农业科技,2007(21):36.
[47] 刘贵锁,张建亮,崔蓉.樱桃萝卜栽培技术要点[J].天津农林科技,2014(5):24-25.
[48] 郑倩.樱桃萝卜栽培技术[J].园林园艺,2017(5):34-35.
[49] 刘金霞,朱智峰.樱桃萝卜栽培技术[J].农村科技,2018(4):53-54.
[50] 孙静,田迎春.樱桃萝卜越冬栽培技术[J].现代农业科技,2012(21):108.
[51] 曾岩,刘秀根,郭建华,等.大连地区樱桃萝卜越冬栽培技术[J].温室园艺,2017(6):65-68.

NOTE

第三章　特种瓜果类蔬菜栽培

佛手瓜

第一节　佛　手　瓜

一、概述

佛手瓜（*Sechium edule* (Jacq.)Swartz），又名福寿瓜、梨瓜、拳头瓜、捧瓜、万年瓜、合手瓜等，是多年生攀缘性葫芦科草本植物，由于其瓜型如两掌合十，寓意吉祥，因此而得名。佛手瓜原产于墨西哥和部分中美洲国家，于19世纪传入中国，目前在我国多地均有种植，其中种植较为广泛的省份包括云南、贵州、四川、福建、浙江、广东、台湾等。佛手瓜口感脆爽，营养丰富，富含多种维生素、氨基酸以及多种矿物质元素，同时具有高蛋白、低脂肪、低热量的特点，保健功能较为突出。除食用嫩瓜外，其嫩梢、嫩叶也可食用，并且营养价值不逊于瓜体。佛手瓜口感清脆、营养丰富，并且在生长过程中几乎没有病虫害且无须施用农药，因此被认为是一种理想的无公害蔬菜。

二、生物学特性

1. 植物学特征

佛手瓜是具块状根的多年生宿根草质藤本，茎攀缘或人工架生，有棱沟。叶柄纤细，无毛，长5～15 cm；叶片膜质，近圆形，中间的裂片较大，侧面的较小，先端渐尖，边缘有小细齿，基部心形，弯缺较深，近圆形，深1～3 cm，宽1～2 cm；上面深绿色，稍粗糙，背面淡绿色，有短柔毛，以脉上较密。卷须粗壮，有棱沟，无毛，3～5歧。雌雄同株。雄花10～30朵生于8～30 cm长的总花梗上部成总状花序，花序轴稍粗壮，无毛，花梗长1～6 mm；花萼筒短，裂片展开，近无毛，长5～7 mm，宽1～1.5 mm；花冠辐状，宽12～17 mm，分裂到基部，裂片卵状披针形，5脉；雄蕊3，花丝合生，花药分离，药室折曲。雌花单生，花梗长1～1.5 cm；花冠与花萼同雄花；子房倒卵形，具5棱，有疏毛，1室，具1枚下垂生的胚珠，花柱长2～3 mm，柱头宽2 mm。果实为淡绿色，呈倒卵形，有稀疏短硬毛，长8～12 cm，直径6～8 cm，上部有5条纵沟，具1枚种子。种子大型，长达10 cm，宽7 cm，卵形，压扁状。花期为7—9月，果期为8—10月。

2. 品种与类型

目前种植的佛手瓜有绿皮、白皮和合掌瓜等几个品种。绿皮生长势强、结果多、果实单重高，丰产性好；白皮生长势较绿皮弱，结果少并且果实较小，产量较低；合掌瓜抗病性强，具有较强的分枝能力，商品瓜品质好。种植前应根据当地气候条件、水土环境来对品种进行选择。

3. 栽培环境条件

佛手瓜对于土壤的要求并不严格，但以土层深厚肥沃、透水透气性好的沙壤土为宜。土壤以中性偏酸为宜。佛手瓜喜温但不耐寒，一般瓜体发芽期的温度以18～25 ℃为宜，幼苗发育适宜的温度则为20～30 ℃，夏季温度高于30 ℃会抑制其生长，结瓜期最适温度为15～20 ℃，冬季气温低于5 ℃时会因受冻而死亡。收获的种瓜适宜储藏温度为8～10 ℃。

NOTE

三、栽培技术

1. 繁殖方式与育苗

佛手瓜每个瓜中只有1粒种子，种植时以整瓜播种育苗。种瓜需选择个头肥壮均匀，重量为250～300 g，瓜型端正，表皮光滑润薄、蜡质多，无外伤破损的瓜，一般选生长健壮、高产且无病害的植株留种，选取采收中期、瓜龄25天左右的作为种瓜。种瓜收获后用多菌灵可湿性粉剂800倍液浸泡5 min后晾干。南方地区一般将佛手瓜直接入窖储藏，待翌年清明前后自然出苗后选择出苗好的种瓜直接播种。北方地区种瓜收获后需要储藏越冬，一般将种瓜埋入装沙的箩筐中储存，一般箩筐中装一层沙再摆一层瓜，不留空隙，储存温度一般控制在5～7 ℃，在保存过程中不能浇水。翌年1月下旬将种瓜取出催芽，种瓜用塑料袋逐个包好，移到暖室或热炕上催芽，催芽温度为15～20 ℃，如果催芽温度太高，虽出芽快但芽细不健壮。一般在催芽半个月后种瓜顶端裂开，生出幼根，当种瓜发出幼芽时将种瓜转移至土中进行育苗。种瓜数量较少可用大营养袋或花盆在温室育苗，数量较多时可用简易保护地育苗。营养土用疏松的沙土与菜园土对半混合配制，种瓜发芽端朝上，柄朝下，覆土4～6 cm，土壤湿度以手握成团、落地即散为准，育苗时不能积水。育苗期瓜蔓幼芽不宜留太多分枝，一般以2～3个为宜，及时摘除多余弱小的嫩芽。育苗期间温度要控制在20～25 ℃，并保持较好的通风和光照条件。

2. 整地做畦

种植地定植前进行翻耕犁土，按株行距4 m×4 m挖定植穴，每穴施入腐熟有机肥30～40 kg、复合肥3～5 kg，肥料与穴土充分混合均匀后回填，上层再覆盖厚20 cm的表土，并略加踩压。

3. 移栽定植

大棚栽培可于3月上中旬定植，露地定植一般在断霜后进行，要求气温稳定在10 ℃以上，以4月中旬为宜。定植时将育苗花盆或塑料袋取下，带土入穴，育苗土上部与地面平齐，然后填土，定植后浇定根水，促进缓苗。

4. 田间管理

(1) 搭架引蔓与整枝：当瓜蔓长到40 cm左右时就要及时搭架引蔓，一般用竹竿等搭成平棚架，以便管理和采摘。佛手瓜侧枝分生能力强，子蔓过多会影响后期植株的生长，一般上架时每株只保留2～3个子蔓。上架后，不再打侧枝，任其自然生长，但要根据生长情况及时调整茎蔓伸展方向，以使枝蔓在棚架上均衡分布，有利于整个植株的通风透光。南方地区作多年栽培时，冬季应该在离地面80 cm处割除主蔓，清除枯枝残叶，同时对留下的主蔓和根脚进行覆盖保暖，以便能安全越冬。

(2) 肥水管理：定植后1个月内一般不需要追肥，根据土壤情况适量浇水。根系迅速发育期，要勤于中耕松土，增强透气性以促进根系发育，为后续的旺盛生长奠定基础。夏季高温期要勤浇水，保持土壤湿润，帮助佛手瓜安全越夏。入秋后，植株进入旺盛生长期，各部分生长明显加快，此时要肥水猛攻，为多开花、多结果打下营养基础。盛花盛果期，要适时追肥，可采用喷施叶面肥的方式进行，一般喷施氮、磷肥各1～2次，同时要适时浇水，以保持土壤湿润为宜。

(3) 花果管理：佛手瓜为虫媒花，开花初期传粉昆虫较少，可用毛笔或棉花球交替涂抹雄花和雌花进行人工授粉，提高坐果率。佛手瓜一般在8月下旬开始开花结果，开花结果期一定要保证土壤湿润，肥力充足。一般开花后15～20天即可采收商品嫩瓜，在采收的中期进行种瓜的收获。

5. 病虫害防治

佛手瓜的病虫害较少。病害一般有霜霉病和白粉病。霜霉病通常发生于保护地栽培，可通过做好通风排湿工作进行预防，如发病可在发病初期喷洒70%乙磷锰锌可湿性粉剂500倍液进行防治，间隔7～10天喷施1次，连续喷施2～3次。白粉病主要危害叶片，一般在叶片表面形成白色粉斑，可在发病初期喷施武夷菌素水剂100～150倍液进行防治。佛手瓜虫害较少，一般有蚜虫、潜叶蝇、蛴螬等，在播种前整地时可提前混入药剂进行预防，后期如发生虫害，可进行化学防治。蚜虫一般可采用黄板进行诱杀，也可喷施10%吡虫啉可湿性粉剂2000倍液进行防治；潜叶蝇可用48%乐斯本乳油1000倍液喷雾防治；蛴螬可用50%辛硫磷乳油600倍液浇根部进行防治。对病虫害进行化学防治时，应严格遵守采收安全间隔期要求。

NOTE

6. 采收

佛手瓜开花后15～20天，果皮嫩绿，脐部未开裂，一般单果重达200～300 g时便可采收。采收过晚，果皮的纤维含量会增加，影响产品品质和口感。为防止碰伤，采收时要轻拿轻放，采收下的佛手瓜要做好适当防护处理，以免在储藏和运输过程中由于挤压发生碰伤。在早霜之前，应将所有果实收获完成，以防霜冻损伤果实。佛手瓜收货后适宜的储藏温度为5～8 ℃、相对湿度为80%左右，此条件下可储藏4～6个月。

四、营养与加工利用

佛手瓜果实和嫩梢、嫩叶均可食用，营养丰富。果实富含多种矿物质元素，其中锌含量较高，有益于儿童智力发育，对男女不育症、男性性功能衰退有明显疗效，同时可以缓解老年人视力衰退。除锌外，生长20天的嫩瓜钙含量显著高于黄瓜、冬瓜和西葫芦，铁含量是南瓜的4倍、黄瓜的12倍。果实中含有的黄酮类化合物、多糖及多种活性酶类使得佛手瓜具有抗衰老的功效。佛手瓜的食用方法很多，鲜瓜可切片、切丝后凉拌，也可荤炒、素炒，同时叶可做汤、做涮火锅食材和饺子馅等。此外，佛手瓜还可加工成腌制品或罐头。除果实外，嫩叶和新梢也可作为蔬菜食用。佛手瓜的上市期为秋末，在适宜的储藏条件下可储藏5～6个月，风味基本不变。

荷兰豆

第二节　荷　兰　豆

一、概述

荷兰豆（*Pisum sativum* L.）一般特指豌豆中的软荚豌豆，又称食荚豌豆，属于豆科豌豆属，是一种草本植物。荷兰豆并非原产于荷兰，而是起源于地中海沿岸及亚洲西部，因荷兰人将它带到中国，因此在中国称为荷兰豆。荷兰豆风味独特，口感甜脆，营养丰富，富含植物蛋白、脂肪、糖、多种维生素及微量元素等，经常食用能增强人体的新陈代谢，同时具有健脾胃、止咳生津、解渴通乳、延缓衰老、美容保健的作用。在西方国家，荷兰豆被认为是一种营养丰富的健康蔬菜，受到广泛的喜爱。在我国，荷兰豆也深受消费者的青睐，是冬春季的一种重要蔬菜。种植荷兰豆经济效益较好，尤其是保护地栽培在春节期间上市的往往价格可观。

二、生物学特性

1. 植物学特征

荷兰豆是豆科豌豆属植物，一年生攀缘草本，高0.5～2 m。全株绿色，光滑无毛，被粉霜。叶具小叶4～6片，托叶比小叶大，叶状，心形，下缘具细齿。小叶卵圆形，长2～5 cm，宽1～2.5 cm；花于叶腋单生或数朵排列为总状花序；花萼钟状，深5裂，裂片披针形；花冠颜色多样，随品种而异，但多为白色和紫色，雄蕊（9+1）二体。子房无毛，花柱扁，内面有髯毛。荚果肿胀，长椭圆形，长2.5～10 cm，宽0.7～14 cm，顶端斜急尖，背部近于伸直，内侧有坚硬纸质的内皮；种子2～10颗，圆形，青绿色，有皱纹或无，干后变为黄色。

2. 品种与类型

目前主栽的荷兰豆品种包括大荚豌豆、莲阳双花、杭州白花、小青荚、成都冬豌等。

3. 栽培环境条件

荷兰豆对土壤的要求不高，各种土壤均可栽培，但是以肥沃疏松、富含有机质、排灌良好的中性土壤为宜，一般pH控制在6.0～7.2。若pH低于5.5，则易导致病害发生，而且结荚率降低而减产，这种情况下种植前应适量施加石灰予以改良。荷兰豆根系较深，具有一定的耐旱能力，但是不耐湿，播种时期

NOTE

或幼苗阶段排水不畅易导致烂根。开花结荚期对水分需求较大，应保证土壤湿润但不能积水，花期干旱易导致授粉不良，容易形成空荚或秕荚。我国各地气候不同，荷兰豆的栽培时间也不同，长江流域一般施行越冬栽培，秋播春收，北方地区一般是春播夏收。荷兰豆属于长日照植物，在秋冬季进行保护地栽培时，要进行补光以促进开花结荚。荷兰豆忌连作，要行 4～5 年轮作。

三、栽培技术

1. 繁殖方式

荷兰豆在生产上以种子繁殖方式进行。播种前对种子进行筛选，除去有病斑、虫蛀或者有损伤的种子，选择活力高的种子，播种前晒种 1～2 天。荷兰豆播种时用根瘤菌拌种，能有效增加豆荚产量。

2. 整地做畦

荷兰豆忌连作。种植地块宜选择 4～5 年内没种过豆科作物且酸碱度适中、肥沃疏松、富含有机质、排灌良好的壤土或沙壤土。播种前在深耕的同时，每 667 m^2 施入氮磷钾含量各 15％的氮磷钾复合肥 50 kg、尿素 10 kg、腐熟农家肥 3000～4000 kg，另加硫酸锌 1.5 kg、硫酸锰 1 kg、硼砂 1 kg，使肥土混合均匀，耙平耙细，做宽 1.3 m 左右的畦。为提高豆荚品质，荷兰豆全生育期不能施用硝态氮肥和含硝态氮的复合肥。

3. 播种与栽植

在我国，不同地域可根据气候和栽培条件选择不同的栽培时间。

(1) 越冬栽培：利用冬闲田进行越冬栽培是长江中下游地区最常见的种植方式。在这些地区，越冬栽培一般于每年 10 月下旬至 11 月中旬播种，露地越冬，次年 4—5 月采收。播种过早会导致气温下降前地上部分生长过于旺盛，冬季寒潮来到时容易发生冻害而死亡；播种过迟会导致冬前植株根系生长不充分，影响来年春季的抽蔓，导致植物生长缓慢，产量降低。

(2) 春季栽培：根据各地气温适时进行，一般长江中下游地区在 2 月下旬至 3 月上旬播种，夏季高温之前收获；东北地区由于同期气温比南方低，春播一般在 4—5 月进行，也可适当提前播种时间，播种后用小棚、地膜等加以覆盖保护。春季栽培由于生长期受限，因此适宜选用生育期短、耐寒的品种。

(3) 秋季栽培：秋季露地栽培宜选择生育期短的早熟品种，根据各地气候于 8 月底至 9 月初播种，寒潮来临之前完成采收。为延长生育期，可在夏季通过遮阴降温处理提前育苗，冬季用塑料薄膜覆盖来延长生长期，为提高产量在秋冬季可适当补光。

荷兰豆矮生品种一般采用条播，控制行距 40～45 cm，株距 10～15 cm；蔓生品种常采用点播，保持行距 60～65 cm，株距 20～25 cm；每穴播种 2～3 粒。

4. 田间管理

(1) 补苗间苗：幼苗出土后，要及时查苗补缺。幼苗生长过密的地方应及时拔除生长弱小的幼苗，同时清除病苗和杂苗。如发现缺苗应及时补苗。

(2) 中耕除草：温度适宜时一般播种后 5～10 天开始出苗，幼苗生长缓慢，为避免杂草与其争夺养分，应及时进行中耕除草。一般在苗高 5～7 cm 时进行第一次中耕除草，若是越冬栽培，此时可进行适当培土以帮助植株越冬；在幼苗长至 20～30 cm 时进行第二次中耕除草。

(3) 搭架引蔓：荷兰豆蔓茎柔软中空，易折断，因此生长到吐须时需要进行搭架。荷兰豆在植株长到高 30 cm 左右时开始发出卷须，此时需要人工引蔓上架或绑蔓，架材一般选用高 2.2 m 左右的竹竿，支架类型最好采用直立式支架，以增强通风透光性能。

(4) 肥水管理：荷兰豆种植前期不能积水，以防止烂根。从抽蔓到开花结荚期需水量较大，要及时灌水以保持土壤湿润。荷兰豆是典型的豆科植物，有一定的固氮能力，尤其是播种时与根瘤菌拌种效果更好。荷兰豆一般不需要大量追肥，但多数品种生长势强，商品种植时栽培密度较大，故一般需追肥 2～3次。一般在抽蔓旺盛期每 667 m^2 施复合肥 15 kg；在结荚期每 667 m^2 施过磷酸钙 15 kg、硫酸钾或氯化钾 5 kg，以促进增产。在采收 2～3 次后根据植株长势情况，适当喷施 0.1％～0.2％磷酸二氢钾或 0.05％锰、0.1％硼等微量元素叶面肥。

NOTE

5. 病虫害防治

荷兰豆的病害主要有白粉病、猝倒病、立枯病、根腐病、褐斑病等，虫害有蚜虫、斑潜蝇、斜纹夜蛾等。病害的防治以预防为主，要注意及时除草，科学施肥，合理排灌，保持田间通风。对已发病的田块，需采取化学防治。白粉病可用12.5%腈菌唑乳油2000倍液或代森锰锌可湿性粉剂600倍液进行防治；猝倒病可用多菌灵可湿性粉剂700倍液或瑞毒霉1000倍液进行防治；立枯病可选75%百菌清可湿性粉剂600倍液或甲基托布津可湿性粉剂1000倍液进行防治；根腐病可选200倍的保根灵或1000倍的根腐灵或600倍的敌克松等防治；褐斑病可用75%百菌清可湿性粉剂600倍液或70%代森锰锌可湿性粉剂600倍液喷雾防治。对于虫害，可根据害虫的趋黄性、趋光性，使用黄色粘虫板或诱虫灯诱杀。同时结合化学防治，蚜虫一般用10%吡虫啉可湿性粉剂2000～3000倍液或1.1%的烟碱乳油植物杀虫剂800倍液进行喷杀；斑潜蝇可用1.8%爱福丁乳油3000～4000倍液喷雾防治；斜纹夜蛾可选用20%溴氰菊酯乳油或2.5%功夫乳油2000～2500倍液喷雾防治。对病虫害进行化学防治时，应严格遵守采收安全间隔期要求。

6. 采收

荷兰豆一般食用嫩荚，一般开花后10天左右、荚长6～10 cm时可以采收，此时豆荚饱满不露仁，鲜嫩青绿，厚度一般不超过0.2 cm。及时采收嫩荚可以减少养分向豆荚的供应，以促进上部茎蔓的生长和开花，增加结荚量，提高产量。采摘豆荚一般在早上或上午进行，采摘时小心，不要损伤茎蔓，以免造成减产，一般采收期可达30天以上。

四、营养与加工利用

荷兰豆豆荚营养丰富，富含植物蛋白、糖类、胡萝卜素、多种人体必需氨基酸、多种维生素和矿物质元素等营养成分，营养均衡，可以满足人体的各种营养需求，长期食用可以改善人体的生理状态，提高机体的免疫力；此外荷兰豆豆荚富含粗纤维，能有效促进胃肠的蠕动，加速肠道内的毒素与垃圾的排出，起到预防便秘、减肥瘦身的作用。荷兰豆以鲜食为主，常见的菜品包括生煸荷兰豆、腊肉荷兰豆、清炒荷兰豆、荷兰豆炒肉、香菇炒荷兰豆等。

黄花菜

第三节　黄　花　菜

一、概述

黄花菜（*Hemerocallis citrina* Baroni），又名金针菜、柠檬萱草，是百合科萱草属多年生草本植物，人们经常说的忘忧草其实也是黄花菜。古籍中有关忘忧草的记载较多，《本草注》中提及：萱草味甘，令人好欢，乐而忘忧。《诗经》中记载：古代有位妇人因丈夫远征，遂在家栽种萱草，借以解愁忘忧，从此世人称为“忘忧草”。黄花菜以花蕾为食，其营养丰富，富含蛋白质、糖类和多种维生素和矿物质元素，具有很好的滋补功效。黄花菜一般干制以便储运和销售，但新鲜的黄花菜营养价值更佳。黄花菜还具有很好的药用价值，中医认为黄花菜性凉味甘，有止血、消炎、清热、利湿、消食、明目、安神等功效。黄花菜对土壤的适应性很强，在我国栽培广泛，主产区分布在秦岭以南地区，部分地区的黄花菜种植已经具有相当的规模，包括四川的渠县，湖南的邵东市、祁东县，甘肃的庆阳市等，种植黄花菜经济效益好，目前已经成为我国部分地区的重要脱贫产业。

二、生物学特性

1. 植物学特征

NOTE

黄花菜，植株一般较高大；根近肉质，中下部常呈纺锤状膨大。叶7～20枚，长50～130 cm，宽6～

25 mm。花葶长短不一，一般稍长于叶，基部三棱形，上部多少圆柱形，有分枝；苞片披针形，下面的长可达 3～10 cm，自下向上渐短，宽 3～6 mm；花梗较短，通常长不到 1 cm；花多朵，最多可达 100 朵以上；花被淡黄色，有时在花蕾时顶端带黑紫色；花被管长 3～5 cm，花被裂片长(6)7～12 cm，内三片宽 2～3 cm。蒴果钝三棱状椭圆形，长 3～5 cm。种子约 20 个，黑色，有棱，从开花到种子成熟需 40～60 天。花果期为 5—9 月。

2. 品种与类型

应该根据不同的气候和栽培茬口选择合适的品种。一般早熟品种有 4 月花、5 月花等，中熟品种有猛子花、白花、冲里花、大荔沙苑花等，晚熟品种有倒箭花、中秋花、兰州花等。

3. 栽培环境条件

黄花菜在我国栽培广泛，对土壤的适应性较强，但为了高产和优质，一般选择排灌方便、地下水位低的平地或缓坡地，以土层深厚肥沃、富含有机质的黏质壤土或沙壤土为宜。栽培过程中黄花菜忌土壤过度湿润和田间积水。黄花菜对光照要求不高，可与较为高大的作物间作。黄花菜地上部分不耐寒，地下部分能耐－10 ℃左右的低温。一般在春季平均气温 5 ℃以上时幼苗开始萌发出土，叶片最适生长温度为 15～20 ℃；开花期一般要求温度在 20～25 ℃较为适宜。

三、栽培技术

1. 繁殖方式

黄花菜一般采用分株繁殖，也可进行种子繁殖，但由于黄花菜产种量少，且异花授粉易导致后代性状分离造成品种退化，种子繁殖要到第三年才开花等问题，生产上极少采用种子繁殖，一般在杂交育种过程中才用种子繁殖。

分株繁殖选择生长健壮、花蕾多且生长良好、无病虫害的株丛进行。按移栽时间一般可分为秋栽和春栽，具体时间可根据各地气候进行调整，秋栽一般在 9 月上旬进行，春栽一般在 4 月上旬进行。秋季植物生长不如春夏季旺盛，因此秋天移栽时挖苗和分苗应尽量减少对根的伤害，挖苗分苗后立即移栽。种苗挖出后应抖去泥土，一株一株地分开或每 2～3 个芽片为一丛，由母株上掰下。分株后将老根、朽根和病根剪除，只保留 1～2 层新根，留根不宜过长，过长的需要修剪，保留约 10 cm 长即可。

采用种子繁殖，秋季至翌年春季均可播种育苗，气温较低地区可采用保护地育苗。选择活力高的种子，播种前先将种子在 25 ℃温水中浸泡 1 天，后用湿润的纱布包裹后于 20～25 ℃催芽，催芽过程中应保持纱布湿润，待露白生芽 1～3 mm 后播种。育苗地块先深翻后施足底肥，每 667 m^2 施腐熟农家肥 1500～2000 kg、过磷酸钙 50 kg，整平做畦，畦面一般宽 150～170 cm，畦间开排水沟，沟深 25 cm 左右。播种前畦面上按行距 15～20 cm 开深 3 cm 左右的播种沟，按株距 5 cm 左右点播种子。播种后，及时覆 2～3 cm 厚细土。播种后至出苗前要保持苗床湿润，适时浇水，但不能大水漫灌，以免积水造成烂根死苗。长出 2～3 片真叶后，应及时追肥一次。至移栽前做好田间管理。种子育苗一般在 7 月长成大苗后进行移栽。

2. 整地做畦

黄花菜一般种植一次可以收获多年。黄花菜移栽前要施足基肥，一般每 667 m^2 施入腐熟好的畜禽粪肥 3000 kg、复合肥 50 kg，后深耕 35 cm 以上，使肥与土混合均匀，整平做畦。

3. 移栽

移栽一般在秋季或春季进行。一般多采用宽窄行栽培，窄行约 60 cm，宽行约 90 cm，穴距 30～40 cm，也可采取等行穴栽培法，行距 90～100 cm，穴距 40 cm 左右。移栽时每穴栽 2～3 株黄花菜，移栽深度 10～15 cm。移栽后及时浇定根水，秋苗长出前保持土壤湿润，有利于新苗的生长。

4. 田间管理

(1) 中耕除草：由于黄花菜生长周期长，所以田间易生杂草，应及时除草。由于采收期需要人工频繁进入田块，容易造成土壤过度致密影响根的生长，所以要经常进行中耕松土，促进根的生长。春季春苗萌发前一般先进行一次施肥然后再中耕一次，中耕的深度要求株间浅，行间深，一般以 10～15 cm 为

宜。至花蕾采摘期可根据田间情况进行1～2次中耕除草。从栽植后2～3年始,每年冬季都要做好培土护根工作,尤其是水土易流失的坡地。培土护根应在地上部分不枯死至第二年春萌之前进行,培土不能过深,以免影响春苗分蘖;培土护根可结合冬季施肥进行。每667 m^2可施肥沃园土或土粪4000～5000 kg。

(2) 肥水管理:为了促进春苗萌发和健壮,一般在出苗前施一次速效氮肥再中耕一次,称为催苗肥;在抽薹前进行第二次追肥,称为催薹肥,要求重施,以促进抽薹和花蕾形成,每667 m^2可施用尿素8～10 kg、钾肥10～15 kg、过磷酸钙20～25 kg;在花蕾盛期进行第三次追肥,以促进新花蕾的形成并降低落蕾率,延长采摘期。在抽薹和采摘期应保证土壤湿度,如土壤含水量不足应及时浇水,以保证花蕾的产量并延长采收期。采收结束后,结合中耕重施越冬肥,每667 m^2施腐熟的有机肥1500～2000 kg。

(3) 割叶与清园:割叶是指花蕾采收结束叶片枯黄以后,将遗留下的枯薹、老黄叶片一起割去。为避免伤到隐芽,割叶留茬一般从地面上3～6 cm处割除。割除枯枝、枯叶,及时处理,以减轻田间病害。

5. 病虫害防治

黄花菜的主要病害有锈病、叶斑病和叶枯病。田间湿度过大易导致锈病,可用三唑酮乳油700倍液喷雾防治;叶斑病、叶枯病在发病初期用25%多菌灵可湿性粉剂500倍液或70%甲基硫菌灵可湿性粉剂800倍液喷雾防治。黄花菜主要虫害有蚜虫、红蜘蛛、地老虎等。叶片开始返青时防蚜虫,可用10%吡虫啉可湿性粉剂3000倍液喷雾防治;红蜘蛛用73%炔螨特乳油2000倍液或20%哒螨酮乳油3000倍液喷雾防治。地老虎可用辛硫磷、敌百虫灌根。由于黄花菜采收新鲜花蕾,因此病虫害防治时要注意选择低毒可降解药剂,采摘前15天停止用药。对病虫害进行化学防治时,应严格遵守采收安全间隔期要求。

6. 采收

黄花菜成熟后必须及时采收,马上蒸晒加工,这样才能提高黄花菜的产量和品质。当花蕾已经足够肥大且没有开放,色泽黄亮或呈黄绿色,花被上纵沟明显时及时采收。一般在开花前1～2 h采摘结束为宜。

四、营养与加工利用

黄花菜味鲜质嫩,营养丰富,富含多种糖类、蛋白质、维生素以及多种矿物质元素和氨基酸,其胡萝卜素含量是番茄的数倍。由于其营养丰富,在日本被称为健脑菜。黄花菜还具有很好的保健功能,研究发现其具有降低胆固醇、提高免疫力、消炎解毒、明目安神等功效。疡损伤、胃肠不和的人,应少吃黄花菜。平素痰多,尤其是有哮喘病者,不宜食用。黄花菜鲜花中含有秋水仙碱,烹饪不当可引起中毒,鲜黄花菜需高温处理一段时间后才可食用,以免中毒。长时间干制也可破坏秋水仙碱。黄花菜的烹饪方法有很多,可炒、凉拌、煲汤等,常见的菜品包括凉拌黄花菜、黑木耳炒黄花菜、鸡粒黄花菜、黄花菜四物汤、黄花菜炖鸽心、炸鲜黄花菜、黄花菜炖猪肚、黄花菜扣肉、黄花菜鹌鹑汤、茄子黄花菜腐竹汤等。

黄秋葵

第四节 黄 秋 葵

一、概述

黄秋葵(*Abelmoschus esculentus* (L.) Moench)又名咖啡秋葵、羊角豆、补肾果,为锦葵科秋葵属一年生或多年生草本植物,原产于非洲大陆地区,我国于20世纪从印度引进栽培。黄秋葵一般以荚果为食,果实营养丰富,黏性糖蛋白、维生素、不饱和脂肪酸和黄酮类化合物等营养物质含量较高,具有保肝强肾、抗衰老、提高免疫力等保健功能,在西方国家被认为是一种重要的保健蔬菜。引入中国后,黄秋葵的种植区域不断扩大,目前主要种植省份包括河北、山东、广东、广西、福建、浙江、湖南、湖北、江西等,种

NOTE

植面积不断扩大，其中江西萍乡、湖南浏阳都是比较有名的产地。除作为蔬菜鲜食外，黄秋葵还被开发出多种不同的产品，包括秋葵罐头、秋葵脆片、秋葵食用胶、秋葵籽油等，获得了消费者的广泛认可。

二、生物学特性

1. 植物学特征

黄秋葵为一年生或多年生草本植物，根系发达，茎直立、坚硬，木质化，高 1～2 m，被粗毛；叶互生，掌状 3～5 裂，有茸毛，叶柄细长；两性花，单生于叶腋间，花瓣上部黄色，基部紫红色。主茎从第 5～7 叶起结果，果实为蒴果，呈圆锥形，形如羊角，果长 5～20 cm。按果皮颜色分，有乳黄色、绿色、紫色三种类型；按果实横切面形状分，有五角形、八角形、圆果形三大类。

2. 品种与类型

黄秋葵的品种较多，根据茎秆高度可分为矮秆型品种和高秆型品种；根据嫩果的色泽可分为乳黄品种、绿色品种和紫色品种；根据果实的长短又可分为长果品种和短果品种。目前种植较多的品种有“五角”“清福”“五福”“南洋”“85-1”“95-1”“卡里巴黄秋葵”等。

3. 栽培环境条件

黄秋葵对土壤的要求不高，但是以疏松肥沃、富含有机质的土壤为宜，忌与锦葵科作物连作。黄秋葵喜温、耐热，但是极不耐寒。种子萌发温度为 15 ℃左右，前期营养生长阶段日均气温 15～32 ℃可正常生长；后期生殖生长阶段适温为 25～30 ℃，开花结果期最适温度为 26～28 ℃；日均温低于 17 ℃则其开花结果受到影响，低于 14 ℃则严重影响生长，开花少、落花多。黄秋葵耐旱、耐湿，但不耐涝。结果期为保证产量和品质，应始终保持土壤湿润。黄秋葵对光照条件敏感，要求光照时间长、光照充足。

三、栽培技术

1. 繁殖方式与育苗

生产上黄秋葵以种子繁殖，可采用直播法，也可进行育苗移栽，选择活力高的种子进行。

直播法播种在春季露地栽培时要求平均气温上升到 15 ℃以上再进行。播前用 25 ℃左右清水浸种 12 h，将种子捞出后于 25～30 ℃条件下保湿催芽，待 50%以上种子破口时即可播种。直播时一般采用穴播方式进行，每穴 2～3 粒种子，在播种过程中，要注意先浇水后播种。采用育苗移栽法可提前进行保护地育苗，育苗温度最好控制在日平均气温 20 ℃以上，播种前种子也需要进行催芽，苗龄 20～30 天、幼苗长有 2～3 片真叶时即可定植。

2. 整地做畦

黄秋葵对土壤要求不高，但忌与锦葵科作物连作，应该选择 3 年以上未种植锦葵科作物的地块进行种植。条件允许时种植地块可在冬季深翻 1 次冻垡。春季播种前再翻耕 1 次，春季翻耕前 3～5 天每 667 m^2 施入腐熟农家肥 1000～1500 kg，45%氮磷钾复合肥 20 kg，深耕后将土壤与肥料充分混匀。深翻后整地做畦，畦面宽 1～1.2 m，厢间开 15～20 cm 深的排水沟，由于黄秋葵不耐渍，因此要开好围沟，围沟比厢沟低 3～5 cm，以便于雨季排水。

3. 播种与栽植

采用直播法播种时，每厢地块平行式开穴，种植 2 行，按行内株距 60 cm 左右、行距 40 cm 左右开种植穴，穴深 2～3 cm，每穴 2～3 粒种子，播种后覆 2 cm 左右厚细土。每 667 m^2 栽植 1500～2000 株。

采用育苗移栽法时，应在苗龄 20～30 天、幼苗长有 2～3 片真叶时进行定植。定植时每畦栽双行，株行距与直播法一致，每穴移栽 1 株幼苗。

4. 田间管理

(1) 间苗：采用直播法播种时要及时间苗。第一片真叶展开后要及时到田间查苗、间苗。每穴留 1 株生长健壮的幼苗，其余的拔掉，缺苗的地块要及时补种。

(2) 中耕除草与培土：为了促进黄秋葵根系生长，植株现蕾前应进行多次中耕，结合中耕进行除草。植株封行前要培土 1～2 次。由于黄秋葵植株一般比较高大，栽培地应根据气候情况进行固定处理，防

NOTE

止倒伏。

(3) 肥水管理：黄秋葵生长前期的营养生长阶段应以施氮肥为主，中后期生殖生长阶段以施用磷钾复合肥为主，整个生育期需多次追肥。直播法种植时幼苗长至有 4～5 片真叶后进行第一次追肥，育苗移栽应在定植缓苗后进行第一次追肥，每 667 m^2 施人粪尿 1000 kg；进入开花期后进行第二次追肥，每 667 m^2 施人粪尿 1500～2000 kg。进入采果期后，要施 1～2 次壮果肥，每次施用氮磷钾复合肥 10～15 kg。苗期应保持土壤湿润，防止幼苗缺水。盛夏是黄秋葵生长旺盛期，也是收获盛期，对水分需求量大，应及时浇水，保持畦沟湿润，雨季或台风季节注意防涝。

(4) 株型控制：部分黄秋葵品种在第 1 朵花下可抽生 4～6 条侧枝，使得营养生长过旺而阻碍营养物质向上传送，影响产量。因此，应根据植株生长情况适度抹去侧芽、侧枝，这样既可减少养分消耗，又可改善田间通风透光条件。进入盛果期后，植株生长较快，应及时摘除下部的老叶、残叶，改善通风透光条件。

5. 病虫害防治

黄秋葵主要病害有白粉病、病毒病，虫害主要是蚜虫。白粉病在发病初期可用 15%粉锈宁 1000 倍液喷雾防治，每隔 3 天喷施 1 次，连续喷施 2～3 次。病毒病在发病初期要及时拔除病株，并喷洒 20%病毒 A 400 倍液进行防治。对于蚜虫可选用 10%吡虫啉可湿性粉剂 1500 倍液或 3%啶虫脒乳油 2500 倍液等低毒农药进行喷施防治。黄秋葵在收获盛期每天均可采收，因此在防治病虫害时要注意农药的安全间隔期。一般在采收前 15 天集中防治 1 次病虫害，开始采收后不宜再使用化学药剂。

6. 采收

一般果长 8～10 cm 时即可采收。采收最好在早晨或傍晚进行，用剪刀剪断果柄即可。采收过早会影响产量；采收过迟荚果会纤维化，影响口感和品质。盛夏高温季节每天或隔天采收 1 次，低温时应根据实际情况 3～5 天采收 1 次。

四、营养与加工利用

黄秋葵嫩果(荚)营养丰富，富含蛋白质和钙、磷等矿物质元素，我们常见的黏性汁液含有多种糖类、蛋白质以及黄酮类物质等，具有抗疲劳、提高免疫力、抗癌、补肾益精等功效。黄秋葵口感柔嫩、润滑，风味独特。黄秋葵种子中含有较多的钾、钙、铁、锌、锰等矿物质元素，能提取油脂、蛋白质或作为咖啡的代用品。黄秋葵一般作为新鲜蔬菜食用，食用方式多样，既可清炒、凉拌，也可与瘦肉、虾仁、鱿鱼、鸡蛋等一起拌炒，还可油炸、做汤、打边炉。此外黄秋葵还可加工成植物功能性饮料、压片糖果等产品。

蛇瓜

第五节　蛇　　瓜

一、概述

蛇瓜(*Trichosanthes anguina* L.)别名蛇豆、印度丝瓜、蛇丝瓜等，属于葫芦科栝楼属，是一年生攀缘藤本。原产于南亚的印度以及东南亚的马来西亚，目前在世界范围内广泛栽培。蛇瓜在我国栽培较多，其中主要集中在南方地区，北方地区的栽培也开始逐渐增多。蛇瓜以果实供蔬食，一般可供炒食和做汤。蛇瓜营养丰富，富含糖类、维生素和多种矿物质元素，肉质松软，味甘甜，能清热化痰、润肺滑肠、利尿降压。除食用外，蛇瓜还具有很高的观赏价值，不同时期的瓜体上均有神似蛇体的花纹，体态各异，栩栩如生，可作为一种重要的观赏园艺植物。蛇瓜具有很强的环境适应性，具有很强的抗病性和抗非生物胁迫能力，易于种植，同时供应期长，高产稳产，因此具有较好的种植效益。

二、生物学特性

1. 植物学特征

NOTE

蛇瓜，一年生攀缘藤本；茎纤细，多分枝，具纵棱及槽，被短柔毛及疏被长柔毛状长硬毛。叶片膜质，圆形或肾状圆形，长 8～16 cm，宽 12～18 cm，浅裂至中裂，有时深裂，裂片极多变，通常倒卵形，两侧不对称，先端圆钝或阔三角形，具短尖头，边缘具疏离细齿，叶基弯缺深心形，深约 3 cm，上面绿色，被短柔毛及散生长柔毛状长硬毛，背面淡绿色，密被短柔毛，主脉 5～7 条，直达齿尖，细脉网状；叶柄长 3.5～8 cm，具纵条纹，密被短柔毛及疏被柔毛状长硬毛。卷须 2～3 歧，具纵条纹，被短柔毛。花雌雄同株。雄花组成总状花序，常有 1 单生雌花并生，花序梗长 10～18 cm，疏被短柔毛及长硬毛，顶端具 8～10 花，花梗细，长 5～12 mm，密被短柔毛；苞片钻状披针形，长 3～5 mm；花萼筒近圆筒形，长 2.5～3 cm，顶端略扩大，直径 4～5 mm，密被短柔毛及疏被长柔毛状硬毛，裂片狭三角形，长约 2 mm，基部宽约 1 mm，反折；花冠白色，裂片卵状长圆形，长 7～8 mm，宽约 3 mm，具 3 脉，流苏与花冠裂片近等长；花药柱卵球形，长约 3 mm，花丝纤细，长约 2 mm；退化雌蕊具 3 枚纤细分离的花柱。雌花单生，花梗长不及 1 cm，密被长柔毛；花萼及花冠同雄花；子房棒状，长 2.5～3 cm，直径约 3 mm，密被极短柔毛及长柔毛状硬毛。果实长圆柱形，长 1～2 m，直径 3～4 cm，通常扭曲，幼时绿色，具苍白色条纹，成熟时橙黄色，具种子 10 余枚。种子长圆形，藏于鲜红色的果瓤内，长 11～17 mm，宽 8～10 mm，灰褐色，种脐端变狭，另端圆形或略截形，边缘具浅波状圆齿，两面均具皱纹。花果期为夏末及秋季。

2. 品种与类型

蛇瓜依颜色可分为白皮蛇瓜和青皮蛇瓜 2 个品种，依条纹可分为青皮白条蛇瓜、白皮青丝蛇瓜、灰皮青斑蛇瓜 3 个品种。

3. 栽培环境条件

蛇瓜对栽培土壤适应性较强，但土壤贫瘠或盆栽肥力不足时，结瓜小，产量低。蛇瓜喜肥耐肥，因此种植过程中要想优质高产，一般宜选择疏松肥沃、富含有机质、排灌良好的壤土或沙壤土。蛇瓜喜温耐热不耐寒，忌低温冻害。种子发芽适温 30 ℃左右，植株一般在 20～35 ℃生长良好，高于 35 ℃也能正常开花结果，但低于 20 ℃则生长缓慢，低于 15 ℃则停止生长。蛇瓜喜光，结果期要求较强的光照，如果花期遇到低温多阴雨的天气，则会造成落花和化瓜。蛇瓜根系发达，耐旱但是喜湿。结瓜期水分供应充分有利于果实的生长发育，提高产量。

三、栽培技术

1. 繁殖方式与育苗

在生产上蛇瓜一般采用种子育苗移栽的方式进行种植。选择在储藏期内、活力较高的种子进行育苗。由于蛇瓜种子表皮比较致密，播种前种子需要进行催芽处理，一般先将种子晒 1 天，后用 55 ℃的热水烫种 3 min，其间不断搅拌，至水温下降后用清水冲洗，后放入 30 ℃左右清水中浸种 2～3 天，浸种期间每天换水 2～3 次，换水过程中尽量除去种皮上的黏滞物，浸种后用湿纱布包裹，于 30 ℃左右保湿催芽 4～5 天，待 80%以上种子露白时便可播种。

一般采用营养土钵或穴盘进行育苗，育苗基质可用 50%的园土、20%的泥炭土和 30%的腐熟有机肥充分混匀制成。播种前应先将基质浇透水，每钵或每穴放 1 粒催好芽的种子，覆上约 1 cm 厚的细土。育苗可在温室内进行，没有温室条件则可以通过搭建小拱棚、覆盖塑料膜来保温保湿，要求育苗温度保持在 25～30 ℃，出苗后应该根据温度适时揭膜或盖膜。待幼苗长到 3 叶 1 心时便可移栽。

2. 整地做畦

蛇瓜对土壤具有较强的适应性，栽培普通农作物的土壤均可种植，但是为了高产和优质，一般选择土质肥沃、排灌条件好的地块。定植前精细整地，每 667 m^2 施充分腐熟的有机肥 5000 kg，氮磷钾复合肥 30～50 kg 作为基肥，耕翻后将肥、土混合均匀，整细、耙平，做成约 3 m 宽的畦面，畦间开约40 cm宽、30 cm 深的畦沟。

3. 栽植与定植

幼苗长到 3 叶 1 心期即可定植，3 m 宽的畦面种 2 行，按行距 1～1.5m，株距 60～70 cm 开种植穴，每穴定植 1 株，每 667 m^2 定植 800～1000 株，定植后必须浇足定根水。

NOTE

4. 田间管理

(1) 肥水管理:蛇瓜生长周期较长,并且生长发育过程速度快,整个生育期对肥水供应要求较高。定植成活后追施稀粪水1次。抽蔓至开花期前,可酌情浇施3%的尿素水溶液。进入采摘期蛇瓜对肥料要求很高,尤其是磷肥和钾肥,每采摘1～2次应追肥1次,追肥最好用稀粪水、腐熟的饼肥或氮磷钾复合肥,配合叶面喷施0.4%～0.5%的磷酸二氢钾。蛇瓜虽然根系发达,具有较强的耐旱力,但在生长过程中缺水会造成坐果少、瓜小、畸形多,导致品质降低,产量下降,因此要及时供应水分。

(2) 中耕除草:及时中耕有利于增强蛇瓜根系周围土壤的透气性,有利于根系的生长发育。搭架前应在行间进行1次深中耕,疏松土壤,清除杂草,同时清理排灌沟。搭架后根据植株生长状态和田间杂草情况进行中耕除草,中耕除草的同时进行培土以防止露根。

(3) 搭架与整枝牵蔓:蛇瓜抽蔓后应及时搭架,可搭"人"字架或2 m高的平棚,其中搭平棚产量高、果形好,但成本也较高。蛇瓜开始挂果后,棚架需要支撑的重量逐渐增加,此时需要对棚架进行加固。幼苗移栽成活后抽蔓很快,要及时引蔓上架。上架前要进行整蔓,摘除侧蔓,只留主蔓,或选择保留1～2根基部健壮的侧蔓,引蔓上架时要使蔓均匀分布,上棚后不再摘侧蔓。主蔓不能摘心,侧蔓可根据长势留1～2瓜后于瓜前留3～4片叶摘心。绑蔓时要注意同时整理蔓叶,使蔓叶均匀分布同时瓜自然下垂。到生长中后期要及时摘除棚架上分布过密和细弱的侧枝,同时摘除黄叶、老叶和病叶,这样可以通风透光,减少病虫害的发生。结瓜后要及时摘除畸形瓜、病瓜。整枝、理瓜要求小心谨慎,不能伤害枝蔓和瓜条。整枝、摘心、打蔓要求在晴天上午10时前后无露水情况下进行。

5. 病虫害防治

蛇瓜在一般情况下病害、虫害发生较轻。偶发立枯病时可喷施多菌灵可湿性粉剂800倍液进行防治;如发现病毒病,应及时拔除病株,并喷施20%病毒A 800倍液进行防护;如果发现蚜虫,可用乐果乳油1000倍液或吡虫啉可湿性粉剂1200倍液进行防治。对病虫害进行化学防治时,应严格遵守采收安全间隔期要求。

6. 采收

以采收嫩瓜为主,前期由于气温较低,一般开花后20天左右、长1 m左右时可以采收;中后期气温达到30 ℃左右时,一般开花后12～15天可以采收,商品瓜果表皮显奶白的浅绿色,有光泽,采收过晚会影响品质,同时还影响后续坐果。由于蛇瓜较长,因此采收时要小心谨慎,以免瓜体折断。盛收期一般1～2天采收1次。蛇瓜质地鲜嫩,一般只适于鲜销。

四、营养与加工利用

蛇瓜营养丰富,富含蛋白质、脂肪、纤维素、多种维生素和矿物质元素。蛇瓜性凉,具有清热去火的功效,对口腔溃疡具有一定的治疗效果。蛇瓜富含膳食纤维,能促进胃肠蠕动,达到润肠通便的效果。蛇瓜中钙、铜、钾含量较高,其中钙属于溶解性钙质,容易被人体吸收,所以食用蛇瓜具有很好的补钙效果;钾有利于心率正常,可以协调肌肉收缩,对预防中风有一定效果。蛇瓜中含有大量的维生素C,它能协助清除体内自由基、延缓衰老、增强机体免疫力。蛇瓜一般以嫩果实为蔬菜食用,同时嫩叶和嫩茎也可食用。嫩瓜肉质松软,口感绵软,有一股独特的轻微臭味,但是煮熟以后臭味消失,香味浓郁。蛇瓜的嫩果和嫩茎、叶可炒食,也可做汤,常见菜品包括蛇瓜虾仁、蒜味香菇炒蛇瓜、陈醋蛇瓜等。

四棱豆

第六节　四　棱　豆

一、概述

NOTE

四棱豆(*Psophocarpus tetragonolobus* (L.) DC.)又名翼豆、翅豆、四角豆、热带大豆等,为豆科蝶形花亚科四棱豆属一年生或多年生攀缘草本。四棱豆原产于热带非洲和东南亚热带雨林地区，目前在世界范围内广泛种植，主产区主要为东南亚地区，主产国包括缅甸、菲律宾、马来西亚、印度尼西亚等。四棱豆对环境要求不严格，我国大部分地区均适合栽培，主产区主要集中在南方省份，如广东、广西、云南、海南、台湾等。四棱豆全身都是宝，嫩叶和嫩荚可作为蔬菜食用，种子和地下块根可作为主食，茎叶亦是优良的饲料和绿肥。四棱豆营养丰富，全株蛋白质含量都很高，嫩荚和种子富含蛋白质、不饱和脂肪酸以及多种重要的维生素（维生素 D 和维生素 E 等）和矿物质元素（钙和钾等），对心血管疾病、口腔溃疡、泌尿系统疾病和不孕等均具有较好的疗效。由于四棱豆所具有的特殊营养成分及功效，因此被誉为“绿色的金子”，具有很好的开发利用和研究价值。

二、生物学特性

1. 植物学特征

四棱豆，一年生或多年生攀缘草本。茎长 2～3 m 或更长，具块根。叶为具 3 小叶的羽状复叶；叶柄长，上有深槽，基部有叶枕；小叶卵状三角形，长 4～15 cm，宽 3.5～12 cm，全缘，先端急尖或渐尖，基部截平或圆形；托叶卵形至披针形，着生点以下延长成形状相似的距，长 0.8～1.2 cm。总状花序腋生，长 1～10 cm，有花 2～10 朵；总花梗长 5～15 cm；小苞片近圆形，直径 2.5～4.5 mm；花萼绿色，钟状，长约 1.5 cm；旗瓣圆形，直径约 3.5 cm，外淡绿，内浅蓝，顶端内凹，基部具附属体；翼瓣倒卵形，长约 3 cm，浅蓝色，瓣柄中部具“丁”字形着生的耳；龙骨瓣稍内弯，基部具圆形的耳，白色而略染浅蓝色；对旗瓣的 1 枚雄蕊基部离生，中部以上和其他雄蕊合生成管，花药同型；子房具短柄，无毛，胚珠多颗，花柱长，弯曲，柱头顶生，柱头周围及下面被毛。荚果四棱状，长 10～25(40) cm，宽 2～3.5 cm，黄绿色或绿色，有时具红色斑点，翅宽 0.3～1 cm，边缘具锯齿；种子 8～17 颗，白色、黄色、棕色、黑色或杂以各种颜色，近球形，直径 0.6～1 cm，光亮，边缘具假种皮。果期为 10—11 月。

2. 品种与类型

四棱豆目前仅有印尼品系和巴布亚新几内亚品系两个品种，以印尼品系较好，国内栽培以此种类型为主。

3. 栽培环境条件

四棱豆原产于热带地区，属短日照植物但需充足光照，生殖生长阶段最适日照时间为 11～12 h，日照时间过长会影响开花结荚。四棱豆喜温暖湿润气候，但不耐霜冻，一般在 20～25 ℃条件下生长良好，在低于 15 ℃或高于 35 ℃环境生长不良，种子最适发芽温度为 25 ℃左右。四棱豆根系发达，较抗旱但不耐涝。四棱豆对土壤要求不高，但在黏性重或半截土壤中生长不佳，种植时应选择土层深厚肥沃、疏松透气、排灌条件好的土壤。

三、栽培技术

1. 繁殖方式与育苗

生产上四棱豆以种子进行繁殖，可采用直播法或育苗移栽法。选择在储藏期内、活力较高的种子进行育苗。由于四棱豆种皮坚硬，不易发芽，因此不管采用何种种植方法都需要提前对种子进行催芽，具体方法是播种前先晒种 1～2 天，再用 50～55 ℃温水浸泡 15 min，后改用 30 ℃左右的清水浸种 1 天，浸种后用湿纱布包裹，在 30 ℃左右的环境中保湿催芽，待大部分种子露白后播种。

采用育苗移栽法时，种子可在营养钵中育苗，先将营养钵中的育苗基质浇透水，待水充分下渗后，将催好芽的种子放在基质表面后，再覆盖约 2 cm 厚的细土。育苗一般在温室中进行，没条件的地方可通过覆盖塑料薄膜保温，一般要求温度控制在 25 ℃左右。出苗后要及时通风炼苗，要求苗床白天温度控制在 20～25 ℃，夜间在 15～18 ℃。当环境正常气温稳定在 15 ℃以上时，可揭去塑料薄膜。出苗后需要炼苗一周左右，待幼苗长出 3～4 片真叶时即可定植。采用直播法时，一般在气温稳定在 15 ℃以上时进行，一般南方地区 3—6 月播种，华北地区一般要到 4 月。直播时，每穴播种 2～3 粒，再覆土 3～4 cm。

2. 整地做畦

四棱豆对土壤要求不高，但在黏性重或半截土壤中生长不佳，种植时应选择土层深厚肥沃、疏松透气、排灌条件好的土壤。种植前每 667 m^2 施充分腐熟的有机肥 2000～3000 kg，深耕 25～30 cm，使肥、土混合均匀，耙平后起小垄，垄距 70～80 cm，在垄中央按株距 60～70 cm 开 4～5 cm 深的种植穴。

3. 播种与栽植

采用育苗移栽法时，移栽应在气温稳定在 15 ℃以上时进行，带子叶取苗，取苗过程要减少伤根，将苗栽植于挖好的种植穴内，移栽后浇定根水。采用直播法时，每个种植穴播 2～3 粒种子，覆土 4 cm 左右。

4. 田间管理

(1) 间苗、补苗：采用直播法时，要根据田间出苗情况及时间苗、补苗。播种一个星期后要及时查苗、补苗。幼苗长到 7～8 片叶时，要及时间苗，拔除弱苗、病虫苗、畸形苗，每穴选留 1～2 株无病虫害的壮苗，每 667 m^2 留苗 1500～2000 株。

(2) 中耕培土：四棱豆幼苗期生长较慢，此时可进行浅中耕除草，保墒和提高地温，以利于幼苗生长。主茎蔓长到 1 m 左右时要中耕 1 次，至封行前根据需要可再中耕 1 次。植株封行后停止中耕，以免伤根。封行前的中耕需培土固垄，同时清理排水沟，以促进地下块根生长，同时便于浇水和雨季排水。

(3) 肥水管理：四棱豆苗期，根瘤还未形成或形成较少，需少量追施氮肥提苗，一般在 5～6 叶期，每 667 m^2 施硫酸铵 5 kg。植株长大进入旺盛期后，其根系开始具有较强的固氮能力，此时不宜多施氮肥，以免引起茎叶徒长，影响后期的开花结荚。开始现蕾后追肥 1 次，每 667 m^2 施过磷酸钙 50 kg，氯化钾 10～15 kg。结荚盛期每 10 天喷 0.5%磷酸二氢钾液 1 次，每 15 天每 667m^2 追施复合肥 20 kg。四棱豆喜湿润，应根据天气情况适时浇水，保持田间土壤湿润，雨季要及时排水。

(4) 搭架与整枝：四棱豆为攀缘性植物，出苗 30 天以后，茎抽蔓开始下垂，应及时搭架引蔓。可采用较粗的竹竿作支架，一般把架搭成方便采收的"人"字架或三脚架，架高 1.5 m 左右。人工引蔓均匀分布于架上。为提高养分利用效率，提高结荚率，应合理调整植株，进行整枝打杈。一般在主蔓长叶 10 片或 1 m 高时摘心促进侧枝生长，调节养分向高效花集中供给，同时对于生长过旺、过密的无效侧枝要及时摘除，同时适当进行疏叶和疏花，改善通风条件，提高坐果率。

5. 病虫害防治

四棱豆病害较少。偶尔发生的病害有花叶病，发现病株后要及时拔除，减去病枝，喷抗毒剂 1 号 300 倍液进行防治，每 10 天喷施 1 次，连喷 3～4 次。常见的虫害有蚜虫和豆荚螟，初期可用2.5%溴氰菊酯 3000 倍液、10%吡虫啉可湿性粉剂 1500 倍液或 50%辟蚜雾可湿性粉剂 2000 倍液进行交替喷雾防治。对病虫害进行化学防治时，应严格遵守采收安全间隔期要求。

6. 采收

开花后 12～15 天，豆荚嫩绿且手感柔软、未纤维化时是采收嫩荚的最佳时期。采收过迟，豆荚纤维化增加，荚体变硬，口感不佳，不适于食用。若需采收种子留种，等开花约一个半月后，豆荚变褐和干枯时及时采摘老荚，摊晒脱粒，充分晾干后储藏。

四、营养与加工利用

四棱豆营养丰富，富含膳食纤维、蛋白质、维生素和多种矿物质元素，其中维生素 E、胡萝卜素、铁、钙、锌、磷、钾等成分的含量远高于一般蔬菜，人称"绿色的金子"，在国外被视为稀有的保健蔬菜。四棱豆还是一种药食同源的植物，其富含的维生素和矿物质对心血管疾病、口腔炎症、泌尿系统炎症、不孕等均有一定的疗效。四棱豆主要以嫩荚和嫩叶作为蔬菜食用，素食者和需补铁的人群最宜食用，但由于其具有利尿功能，因此尿频者须适度食用。四棱豆中含有凝集素和一些其他毒性物质，因此烹饪时一定要将其炒熟，以免引起中毒。四棱豆食用方法很多，常见菜品包括四棱豆炒肉、素炒四棱豆等。

NOTE

第七节 樱桃番茄

一、概述

樱桃番茄(*Lycopersicon esculentum* var. *cerasiforme*),学名圣女果,又称袖珍番茄、小番茄等,属于茄科番茄属,原产于南美洲。樱桃番茄比普通番茄小,果实直径一般为1～3 cm,果实一般为红色,新育成的品种也有黄色、橙黄色、翡翠绿等颜色,水分足,含糖量高,口感好,既可作为蔬菜食用,也可作为水果食用。樱桃番茄具有很高的营养价值,富含多种维生素和矿物质元素,其中维生素C可以增强人体抗氧化、清除自由基的能力,番茄红素可以抗老化、减少心血管疾病的发生,钙能够维持骨骼健康、缓解失眠、维持心率。由于樱桃番茄营养丰富,易于栽培,被联合国粮农组织列为优先推广的果蔬之一。近年来,我国樱桃番茄的种植区域不断扩大,主要栽培省份包括海南、广东、广西、江苏、山东等。

二、生物学特性

1. 植物学特征

樱桃番茄根系发达,再生能力强,侧根发生多,大部分分布于土表30 cm的土层内。植株生长强健,有茎蔓自封顶的,品种较少;有无限生长的,株高2 m以上。叶为奇数羽状复叶,小叶多而细,由于种子较小,初生的一对子叶和几片真叶要略小于普通番茄。果实鲜艳,有红色、黄色、绿色等果色,单果质量一般为10～30 g,果实以圆球形为主。种子比普通番茄小,呈心形,密被茸毛,千粒重为1.2～1.5 g。

2. 品种与类型

目前樱桃番茄主要有碧娇、金圣、珍珠红、台湾宝石、千禧、黄妃、粉娘、金珠、春桃和圣女等品种。

3. 栽培环境条件

樱桃番茄喜光喜温,需要充足的阳光才能保证果实的正常发育;种子萌发的适宜温度为20～25 ℃,低于14 ℃萌发困难;适宜的生长温度为20～28 ℃;开花坐果期一般要求白天20～28 ℃,夜间15～20 ℃,昼夜温差维持在8～10 ℃,有利于糖分的积累。樱桃番茄不耐湿,因此每次浇水不宜过多,下雨后要及时排水。樱桃番茄喜肥,栽培时宜选择深厚肥沃,疏松透气,富含有机质的土壤。樱桃番茄不宜连作。

在我国樱桃番茄一年四季均可栽培,北方露地只能栽培一季,其余时间可进行保护地种植,但保护地栽培的口感一般较露地栽培差。南方地区由于一年中大部分时间都适合樱桃番茄的生长,因此可以根据气候和市场需求适时播种。

三、栽培技术

1. 繁殖方式

樱桃番茄一般采用种子育苗移栽的方式进行种植。选择在储藏期内、活力较高的种子进行育苗。播种前先晒种1～2天,然后用25%多菌灵可湿性粉剂稀释液浸泡处理30 min,进行表面消毒,捞出后用清水洗净,于30 ℃温水中浸泡3 h,后用湿纱布包裹于25 ℃左右保湿催芽,待大部分种子露白后播种。育苗可在小营养钵或者穴盘中进行,装好育苗基质后浇透水,每个营养钵或每穴播种1粒,深度为0.5 cm,后覆盖1层基质。春季育苗一般在温室中进行,没有温室的可加盖地膜或小拱棚,以利于保温保湿。种子萌发适宜温度为20～25 ℃。一般播种5天后,开始发芽出土,子叶展开前一般不揭膜通风。

2. 整地做畦

选择土壤深厚肥沃、疏松透气、富含有机质并且3年以上未种过茄科作物的地块,将土壤翻深30 cm,耙平耙碎后,按1.2～1.3 m连沟做畦,畦宽80～90 cm,畦间沟宽30～40 cm,沟深25 cm。在畦中央开深25 cm的施肥沟,每667 m^2施腐熟厩肥2000～3000 kg、钙镁磷复合肥25 kg、氮磷钾复合肥20

NOTE

kg,将肥料与土壤混拌均匀后覆土平沟,整平畦面。

3. 栽植定植

春季定植时间因栽培设施而异,一般大棚栽培可在每年2月中下旬定植;小拱棚栽培在3月中旬左右定植;地膜栽培和露地栽培一般在3月下旬至4月上旬待气温回升稳定在15℃以上后定植,东北地区的露地栽培根据气温适当延后。定植应选择在晴天进行,选取无病害的健壮苗定植,移栽时连同育苗基质一起转移,尽量不要散坨,定植后浇足定根水。已经做好的畦面每畦定植2行,株距35 cm。秋季露地栽培可在6月下旬播种育苗,7月下旬定植,9月下旬至下霜前采收。

4. 田间管理

(1) 肥水管理:樱桃番茄的生育期较长,对土壤肥力的要求较高。除施足底肥之外,还应及时追肥。第一穗花开始坐果时,结合浇水每667 m^2施氮磷钾复合肥10 kg,当第一穗果开始膨大、第二穗果坐果后,每667 m^2再次随水追施氮磷钾复合肥10 kg,以后每隔10～15天浇施1次。定植后根据天气情况适时浇水。进入结果期后需水量变大,第一穗花坐果后浇第一次大水,以后每隔5～6天浇1次水,要求见干见湿。采收期减少浇水,以防裂果。

(2) 搭架整枝:当苗长到40～50 cm时,需要及时搭架绑蔓,架材一般用竹竿,架高根据栽培条件和品种特性来定,一般采用"人"字架,绑蔓松紧要适度。整枝对于樱桃番茄的生长非常重要,恰当的整枝可促进早熟,提高产量和品质。无限生长型品种一般采用单秆整枝,在植株整个生长过程中只保留1个主枝,及时摘去其余侧枝。自封顶类型或中间类型品种则适宜双秆整枝,即除留主枝外,再留第一花序下的一个侧枝,其余侧枝全部摘去。

(3) 疏花保果:樱桃番茄花期遇到不适环境时会授粉不良,容易导致落花,降低坐果率,此时可用适宜浓度的2,4-D(15～20 mg/kg)涂抹刚开放的花萼及花柄。樱桃番茄每穗开花结果较多时,选留坐果良好的果实20～30个,其余全部去掉。

5. 病虫害防治

樱桃番茄生长期间常发生晚疫病、青枯病、病毒病等病害。晚疫病可用72%三乙膦酸铝可湿性粉剂500倍液,或70%代森锰锌可湿性粉剂500倍液进行喷雾防治,每隔7～10天喷施1次,连续喷施3次;青枯病可用200 mg/kg农用链霉素或细菌立克800倍液进行防治;植株阶段每隔10～15天喷施1次20%毒克星500倍液或小叶敌300倍液可预防病毒病,一旦植株发病则需要喷施病毒清来进行防治。樱桃番茄的主要虫害是蚜虫,可用10%吡虫啉可湿性粉剂2000倍液,或1.8%阿维菌素乳油3000倍液等喷雾防治。在病虫害防治过程中应选用低毒可降解农药,严格遵守采收安全间隔期要求。

6. 采收

樱桃番茄从开花至果实成熟所需时间因品种、栽培气候条件等不同而异。就地鲜销一般在果实2/3转色时采摘,远距离运输销售则应适当提前采摘。

四、营养与加工利用

樱桃番茄营养丰富,具有很好的保健功能。樱桃番茄中富含番茄红素,番茄红素具有很强的抗氧化功能,可以起到抗衰老、减少色斑沉积、增强免疫力的作用。樱桃番茄中烟酸的含量远高于其他水果和蔬菜,具有防止毛细血管破裂、血管硬化、预防高血压的特殊功效。所含的苹果酸、柠檬酸具有分解脂肪的作用;樱桃番茄中所含有的谷胱甘肽可促进人体的生长发育,增强人体抵抗力;樱桃番茄富含苹果酸和柠檬酸等有机酸,有助于提高人体的消化功能,因此其不能空腹食用。樱桃番茄可作为水果直接鲜食,也可炒食、做汤。

【思考题】

1. 简述佛手瓜的育苗技术。
2. 简述荷兰豆的栽培技术。
3. 简述黄花菜的不同繁殖技术。
4. 简述黄秋葵种植过程中的田间管理要点。

NOTE

5. 简述蛇瓜的栽培技术。
6. 简述四棱豆的田间管理技术。
7. 简述樱桃番茄的田间管理要点。

【参考文献】

[1] 朱鑫彤,赵文,周茜,等.佛手瓜采后保鲜及加工的研究进展[J].食品研究与开发,2021,42(2):214-219.

[2] 曾华.佛手瓜高产栽培技术浅析[J].南方农业,2020,14(14):30-31.

[3] 杨斌峰.佛手瓜育苗方法及丰产栽培技术探讨[J].农家参谋,2020(5):58.

[4] 李裕荣,文林宏,陈之林,等.贵州佛手瓜无公害栽培技术[J].产业技术,2020,37(2):30-33.

[5] 时巧凤.华北地区佛手瓜的繁殖技术[J].现代园艺,2017(15):64.

[6] 董瑞丰.冀北坝下佛手瓜栽培技术要点[J].农民致富之友,2018(16):186.

[7] 冯光辉,张海娟,孙东文.绿色食品佛手瓜生产技术规程[J].农业科技通讯,2019(8):363-364.

[8] 李文琴.荷兰豆高产绿色栽培技术[J].农民致富之友,2018(19):13.

[9] 于建清,蒋学杰.荷兰豆栽培管理[J].特种经济动植物,2019(3):35-36.

[10] 刘晓翠.荷兰豆栽培技术[J].云南农业,2019(3):60-62.

[11] 杨振林.荷兰豆栽培技术[J].现代农业科技,2020(4):61-63.

[12] 李达炎,叶惠仪,谢玉威,等.华南地区冬种荷兰豆的高产优质栽培技术[J].现代农业,2018(5):10-12.

[13] 张绍彩.禄丰县荷兰豆丰产栽培技术[J].云南农业科技,2020(2):28-30.

[14] 佘成丽.荷兰豆病虫害防治技术探讨[J].农业开发与装备,2020(8):209.

[15] 中国科学院中国植物志编辑委员会.中国植物志[M].北京:科学出版社,1998.

[16] 李军喜.黄花菜的生物学特性及栽培技术[J].河南农业,2020(10):17.

[17] 李立新,高德武,王笑峰.黄花菜的特征特性及栽培技术[J].现代农业科技,2019(1):83,87.

[18] 刘丽,任引峰.黄花菜高效栽培技术[J].西北园艺,2019(11):13-14.

[19] 王金圣.黄花菜露地高产栽培技术[J].西北园艺,2020(3):10-12.

[20] 周维平.黄花菜优质高产栽培技术[J].现代农业科技,2018(2):68-69.

[21] 赵建青.黄花菜栽培管理及加工[J].食品安全导刊,2017(8):65-67.

[22] 郝小霞,雷鸣.黄花菜栽培技术[J].西北园艺,2020(5):12-13.

[23] 甄永胜.黄花菜栽培技术[J].现代农村科技,2019(10):30-31.

[24] 毛同艳.北方露地黄秋葵高产高效栽培技术[J].农业与技术,2018,38(14):70.

[25] 李丹,符敏.广东珠三角地区黄秋葵露地高效栽培技术要点[J].南方农业,2020,14(25):38-40.

[26] 林星池,马静燕.黄秋葵高产高效栽培技术探索[J].南方农业,2012,12(15):18-19.

[27] 张少丽.黄秋葵高产栽培技术[J].上海蔬菜,2018(5):21-22.

[28] 魏学锋.黄秋葵种植技术及病虫害防治研究[J].农业与技术,2019,39(19):98-99.

[29] 罗兴红.浏阳山区黄秋葵栽培技术[J].陕西农业科学,2020,66(4):93-95.

[30] 李湘球,王小凤,朱德彬,等.绿色食品黄秋葵栽培技术规程[J].长江蔬菜,2019(1):21-23.

[31] 崔志钢,王琨,孙聆睿,等.铜仁地区黄秋葵高产优质栽培要点[J].农技服务,2020,37(9):61-62.

[32] 王存纲,李长健,张素娟,等.豫北地区黄秋葵的高产优效栽培技术[J].农业科技通讯,2019(8):353-355.

[33] 王跃兵.蛇瓜的特征特性及高效栽培技术[J].农业科技通讯,2017(12):316-318.

[34] 尚秋生,王青,王志强.蛇瓜的栽培技术[J].现代农业,2011(8):7.

NOTE

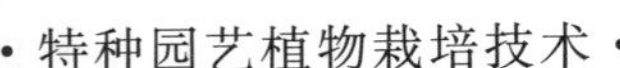

[35] 张楠.蛇瓜的栽培技术[J].农业科技通讯,2008(2):120.
[36] 翟洪民.蛇瓜高效栽培要点[J].蔬菜世界,2012(4):21-22.
[37] 周淑荣,高兵,郭文场,等.蛇瓜栽培管理[J].特种经济动植物,2017,20(3):40-42.
[38] 骆海波,龙启炎,徐翠容,等.长江流域蛇瓜高产栽培技术[J].农村百事通,2013(4):44-45.
[39] 朱文斌,植石灿,李育军,等.广东省四棱豆高产优质栽培技术[J].长江蔬菜,2008(8):41-44.
[40] 石晓华,鄂成林,王喜山,等.吉林省引种四棱豆栽培技术[J].蔬菜科技,2018(30):42-43.
[41] 林碧珍,赖正锋,张少华,等.闽南地区四棱豆栽培技术[J].福建农业科技,2018(8):29-31.
[42] 闫丽,董岩.四棱豆的特性及栽培技术[J].农业开发与装备,2015(11):115.
[43] 卢天啸.四棱豆露地栽培技术[J].河北农业,2017(11):21-22.
[44] 王朝学.四棱豆引种栽培技术初探[J].农民致富之友,2017(10):159.
[45] 李成迁.四棱豆栽培管理技术[J].农业开发与装备,2014(6):116.
[46] 符小发,高强,周勃,等.探究四棱豆栽培技术要点[J].栽培技术,2019(4):20.
[47] 戴云霞.樱桃番茄栽培的关键技术措施研究[J].农业与技术,2018,38(22):121.
[48] 袁晓晶.樱桃番茄温室大棚栽培技术[J].河南农业,2019(3):55.
[49] 王亚晨.樱桃番茄露地高效优质栽培技术[J].吉林蔬菜,2018(7):9-10.
[50] 王帅.樱桃番茄高产高效栽培技术[J].吉林蔬菜,2018(8):1-2.
[51] 于彩云,王如芳,王春海,等.提高樱桃番茄产量品质的关键栽培技术[J].中国蔬菜,2019(11):106-107.
[52] 徐晟.设施樱桃番茄高产优质栽培技术[J].吉林蔬菜,2020(1):22.
[53] 宫晓霞,李艳冬,玄利艳.浅析樱桃番茄栽培技术[J].中国农业文摘·农业工程,2018(3):86-87.
[54] 曹蕾,王涛,王晓峰.鞍山地区樱桃番茄栽培技术研究[J].园艺与种苗,2020,40(5):33-35.

第四章　特种水生蔬菜栽培

第一节　荸　　荠

荸荠

一、概述

荸荠(*Eleocharis dulcis* (N. L. Burman) Trinius ex Henschel)又名马蹄、水栗、菩荠等，为莎草科荸荠属多年生宿根草本植物。荸荠原产于印度，现在全球多地均有栽培。中国是荸荠种植大国，荸荠是我国的特色蔬菜之一，长江流域以南是我国荸荠的主要种植区域，种植省份包括广东、广西、贵州、云南、湖南、湖北、安徽、浙江、福建、江西等，其中安徽省庐江县白湖镇被称为"荸荠之乡"；广西桂林市荔浦市青山镇也被誉为"马蹄之乡"，此外广东韶关地区以及湖北荆门市沙洋县毛李镇也因盛产优质荸荠而闻名。荸荠有细长的匍匐根状茎，在匍匐根状茎的顶端生球茎，商品荸荠就是其膨大的地下球茎。荸荠皮色紫黑，肉质洁白，味甜多汁，清脆可口，既可作水果生食，又可作为蔬菜食用，具有开胃解毒、消宿食、解热止渴等功效。

二、生物学特性

1. 植物学特征

荸荠有长的匍匐根状茎。秆多数，丛生，直立，圆柱状，高 30～100 cm，直径 4～7 mm，灰绿色，中有横隔膜，干后秆的表面现有节。叶缺如，只在秆的基部有 2～3 个叶鞘；鞘膜质，紫红色、微红色、深/淡褐色或麦秆黄色，光滑，无毛，鞘口斜，顶端急尖，高 7～26 cm。小穗圆柱状，长 1.5～4.5 cm，直径 4～5 mm，微绿色，顶端钝，有多数花；在小穗基部多半有 2 片，少有 1 片不育鳞片，各抱小穗基部一周，其余鳞片全有花，紧密地覆瓦状排列，宽长圆形，顶端圆形，长 5 mm，宽大致相同，苍白微绿色，有稠密的红棕色细点，中脉 1 条，里面比外面明显；下位刚毛 7～8 条，较小坚果长，有倒刺；柱头 3；小坚果宽倒卵形，扁双凸状，长 2～2.5 mm，宽约 1.7 mm，黄色，平滑，表面细胞呈四至六角形，顶端不缢缩；花柱基从宽的基部向上渐狭而呈二等边三角形，扁，不为海绵质。

2. 品种

荸荠有平脐和凹脐 2 个品种。平脐主要有苏州荸荠、余杭荸荠和广州水马蹄等；凹脐主要有孝感荸荠和桂林马蹄等。

3. 栽培环境条件

荸荠忌连作，种植时应轮作换茬，苗床地和大田应选择前 2～3 年没有栽过荸荠的田块。荸荠喜温暖、湿润，不耐霜冻，适宜在浅水田中生长，荸荠在生长前期需要较高的温度及较长的日照时间，萌芽适宜温度为 15～20 ℃，分蘖分株适宜温度为 25～30 ℃，而在生长后期，缩短光照时间能促进地下球茎形成，适宜于地下块茎膨大的温度为 20～25 ℃。荸荠适宜在耕作层土质疏松、底土层坚实、排灌方便的壤土或沙壤土的水田中生长。耕作层深度一般以 20～25 cm 为宜，防止荸荠深入土中过深而难以收获，也

NOTE

可起到使球茎个体大小发育整齐一致的作用。耕作层土壤黏性过重，将不利于球茎的膨大和收获；耕作层土壤腐殖质过多，则会降低球茎含糖量，影响口感。

三、栽培技术

1. 繁殖方式与育苗

荸荠在种植过程中一般以地下球茎进行无性繁殖。播种前应该先对种用球茎进行催芽。首先用50%多菌灵可湿性粉剂 500～600 倍液，或 70%甲基硫菌灵可湿性粉剂 800～1000 倍液将种用球茎浸泡18～24 h，以杀灭其表面病菌。4 月上中旬，将种用球茎按芽朝上的姿态紧密排播于旱地苗床，并覆盖沙土或细沙壤土，覆土厚度以盖住球茎顶芽为宜；每 20 kg 种用球茎一般需有效苗床面积 1.7～1.8 m^2。然后浇透水，气温较低地区可搭小拱棚并覆盖塑料薄膜保温育苗，一般一周以后种用球茎会出苗。出苗以后要注意控稳控湿，如果是保护地育苗应该适时通风降温，温度稳定在 15 ℃以上时，可以去掉覆盖膜；如苗床土壤稍显干燥就要及时洒水以增加湿度。约一周后，荸荠秧苗高度达到 4～6 cm 时即可假植。

假植田应选择土壤疏松肥沃、排灌方便的水田，每 667 m^2假植田均匀施入充分腐熟的厩肥 1500 kg 作基肥，之后深耕、耙细并整平，开好畦沟、腰沟和围沟，四周筑好围埂，按 2.5 m 的宽度包沟开畦，并灌水浸透田间土壤，使水位高出畦面 1～2 cm。假植时控制株行距均为 15 cm，将催好芽的球茎逐个按入泥内 1～2 cm，一般每 667 m^2栽培大田需假植育苗水田有效面积 26～28 m^2。假植后 2～3 周保持水深 1～2 cm，以尽快提高土温；之后可加深至 2～3 cm。假植 30～40 天后，当秧苗高度达到 35～40 cm 时即可定植。

2. 整地

荸荠种植适宜选择耕作层疏松、底土层坚实、排灌方便的壤土或沙壤土水田。定植前每 667 m^2按尿素 15 kg、硫酸钾型复合肥 50 kg、磷肥 40 kg 施入基肥，深翻 20～25 cm 后使肥、土均匀混合，整平耙细，灌水浸透田间土壤。

3. 移栽定植

当秧苗长到 35～40 cm 时即可定植，长江流域荸荠定植时间一般在 5 月下旬至 6 月上旬，南方地区适时提前。定植前将秧苗小心挖取，用 50%多菌灵可湿性粉剂 500～600 倍液，或 70%甲基硫菌灵可湿性粉剂 800～1000 倍液浸泡 18～24 h，同时剔除病苗和弱苗。按株行距 40 cm×50 cm 定植，每穴定植 1 株，每株一般有叶状茎 3～4 根。定植时植株基部插入泥内 12～15 cm，一般每 667 m^2定植 3000～3200 株。如果播种育苗时间较晚，没有时间假植，可将催芽后的种用球茎直接定植，定植株行距为 70 cm×80 cm，每株球茎栽入泥内 8～10 cm，每 667 m^2定植 1100 株左右，此法定植会降低荸荠产量。

4. 田间管理

(1) 除草：定植后 2～3 周进行第一次人工田间除草，7 月下旬至 8 月上旬再进行一次人工除草，田间杂草可踩入深泥内作为有机肥；如果田间出苗过密，可结合第二次除草进行适当疏苗，适当间除瘦弱苗，以利于田间通风透光；除草过程应尽量避免伤害秧苗。

(2) 水位调节：5—6 月荸荠定植后定植水田应保持深度为 2～3 cm 的浅水位，7—9 月气温较高时，加深水位至 5～10 cm，10 月上中旬开始保持深度为 2～3 cm 的浅水位，10 月下旬以后不再给水田灌水，且在地下球茎膨大后要放干田水。如延迟到第二年春季采收，则冬季田间仍应保持湿润。

(3) 追肥：6 月中下旬根据田间长势每 667 m^2均匀撒施尿素 10～15 kg 提苗，以促进荸荠提早分蘖分株；8 月上中旬每 667 m^2均匀撒施氮磷钾复合肥 30～40 kg，以促进植株苗壮生长和结球。

5. 病虫害防治

荸荠的主要病害有秆枯病和枯萎病。秆枯病主要在育苗期间和 8—10 月大田生长期发生，实施轮作可以降低该病的发病率，移栽前用 50%多菌灵可湿性粉剂 800～1000 倍液浸根，或在移栽成活后用50%多菌灵可湿性粉剂 500 倍液喷洒可对该病进行预防；在发病前或发病初期可用 20%三唑酮乳油1500 倍液，或 12%松脂酸铜乳油 1000 倍液，或 45%代森铵水剂 800 倍液进行喷施防治，每间隔 10 天左

NOTE

右防治 1 次，连续防治 3～4 次。枯萎病又称荸荠瘟，在整个生长发育期均可发生，一经发现便要及时清除并销毁病株，在发病初期用 30%苯甲・丙环唑乳油 2000～3000 倍液喷洒 1 次，或用 42.4%唑醚・氟酰胺悬浮剂 3500 倍液喷洒 2～3 次，每隔 21 天喷 1 次。荸荠的主要虫害是白禾螟，发生初期可选用 25%杀虫双水剂 600 倍液，或 80%吡虫啉可湿性粉剂 1000 倍液，或 50%杀螟丹可溶性粉剂 800 倍液，或 2.5%溴氰菊酯乳油 2000 倍液等药液交替喷雾防治。福寿螺对荸荠的生长也有较大危害，每 667 m^2 可用 6%四聚乙醛可湿性粉剂 400～500 g 撒施，或用 50%杀螺胺乙醇胺盐可湿性粉剂 60～80 g 拌土撒施。对病虫害进行化学防治时，应严格遵守采收安全间隔期要求。

6. 采收

荸荠的采收期较长，一般可从 12 月一直持续到翌年 3 月。若想提早上市提高销售价格，当荸荠球茎膨大基本定形时，可适时提前采收，此时荸荠生食口感稍差，可用于做菜，价格相对较高。采收前，开沟排干田间积水；采收时，轻拿轻放，避免损伤。因荸荠采收期较长，可视市场行情采收。留田的荸荠，要防止田间渍水，以防烂荠。目前荸荠采收主要采用传统的手工挖掘方式。

四、营养与加工利用

荸荠既可作为水果鲜食，又可作为蔬菜，营养价值丰富，100 g 鲜荸荠含糖 14.2 g，蛋白质 1.2 g，膳食纤维 1.1 g，脂肪 0.2 g，胡萝卜素 20 mg，维生素 A 3 mg，维生素 B_1 0.02 mg，维生素 B_2 0.02 mg，维生素 C 7 mg，维生素 E 0.65 mg，烟酸 0.7 mg，钾 306 mg，磷 44 mg，钠 15.7 mg，镁 12 mg，钙 4 mg，铁 0.6 mg，锌 0.34 mg，锰 0.11 mg，铜 0.07 mg，硒 0.7 μg。从营养成分中可以看出，荸荠的营养丰富，富含维生素和矿物质元素，热量却比较低。荸荠中的磷含量非常高，磷可以促进体内的糖、脂肪、蛋白质三大物质的代谢，促进人体发育，调节酸碱平衡。荸荠中钾含量较高，可起到止渴生津、利尿通便的作用。荸荠含有多种酚类和黄酮类物质，如香草醛、氢化肉桂酸、槲皮素和山柰酚等，具有清除自由基、抗衰老的作用。荸荠可作为生鲜水果直接食用，但在食用之前要清洗干净并去皮，以防表皮上携带的各种病菌侵入人体；荸荠也可以作为蔬菜食用，代表菜肴有拔丝荸荠，在制作肉馅时加一点荸荠碎，可以使肉馅吃起来比较清爽，不油腻；此外，荸荠还可以煮粥或者甜汤。

第二节 莼 菜

莼菜

一、概述

莼菜(*Brasenia schreberi* J. F. Gmel.)，又名水案板、水葵、露葵、马蹄草、水莲叶等，为睡莲科莼属多年生水生宿根草本植物。莼菜原产于中国东南部地区，在中国已有超过 1500 年的栽培历史。莼菜在我国的多本古籍中均有记载，其中北魏贾思勰在《齐民要术》记载：莼性纯而易生，种以浅深为候，水深则茎肥而叶少，水浅则茎瘦而叶多，其性逐水而滑，故谓之莼菜。莼菜主要分布在湖泊、河湾或沼泽等环境中。我国长江中下游地区河网密布，湖泊众多，适宜于莼菜的生长。目前在我国的长江中下游的众多湖泊中莼菜种植较为广泛，其中以杭州西湖、江苏太湖、上海淀山湖、浙江湘湖、湖北利川高山湖等为代表。莼菜营养丰富，富含胶质蛋白、多种维生素和矿物质元素，有“水中人参”的美誉。莼菜不仅营养价值高，同时还具有清热解毒、杀菌消炎等保健功效。莼菜是一种高档蔬菜，具有较好的市场前景。

二、生物学特性

1. 植物学特征

莼菜，多年生水生草本植物；根状茎具叶及匍匐枝，后者在节部生根，并生具叶枝条及其他匍匐枝。叶椭圆状矩圆形，长 3.5～6 cm，宽 5～10 cm，下面为蓝绿色，两面无毛，从叶脉处皱缩；叶柄长 25～40 cm，

NOTE

和花梗均有柔毛。花直径 1～2 cm,呈暗紫色;花梗长 6～10 cm;萼片及花瓣条形,长 1～1.5 cm,先端圆钝;花药条形,约长 4 mm;心皮条形,具微柔毛。坚果矩圆状卵形,有 3 个或更多成熟心皮;种子 1～2 个,卵形。花期 6 月,果期 10—11 月。

2. 品种

目前我国莼菜主要以地方种为主,主要品种有西湖莼菜、太湖莼菜、利川福宝山莼菜、马湖莼菜和富阳莼菜等,其中以西湖莼菜、太湖莼菜和利川福宝山莼菜栽培较为广泛。西湖莼菜有红花和绿花两种。红花的叶背和嫩梢暗红色,花瓣、花萼暗红色,雄蕊深红色,花柄、雌蕊和柱头微红色;绿花的叶背绿色,嫩梢绿色,花瓣和花萼淡绿色,花柄微红色或淡绿色,雄蕊鲜红色,雌蕊淡黄色,柱头微红色。太湖莼菜有红梗和黄梗两种,由于红梗莼菜抗逆性较强,故被广泛栽培。红梗莼菜的叶片和花的外形、色泽与西湖莼菜的红花品种相同,但花数较多,花型较小;黄梗莼菜与西湖莼菜的绿花品种相似,唯叶背全为暗红色,花数也略多。利川福宝山莼菜叶面深绿色,叶背鲜红色,纵向主脉绿色,并伴有绿晕;卷叶绿色,花被粉红;长势强,胶质厚,品质优良。

3. 栽培环境条件

莼菜属于喜温性水生蔬菜,不耐寒冷,适宜生长温度为 20～30 ℃,在低于 15 ℃的环境下不能正常开花结果。除越冬休眠的冬芽外,不耐霜冻。莼菜属于浮水型水生植物,在生长发育过程中随着茎、叶不断抽生,水位要求由浅至深。萌芽期要求水位较低,以 20～30 cm 为宜;生长旺盛期要求水位较深,一般以 50～70 cm 为宜;低温时保持 30 cm 左右浅水防冻。莼菜生长对水质要求较高,以水质清澈的流动活水为宜。莼菜生长要求较强的光照,也耐微弱的遮阴。种植莼菜要求水底土壤含有较丰富的有机质,理化性质良好,土层较深厚,淤泥层厚度以 20 cm 左右为宜,呈弱酸性。

三、栽培技术

1. 繁殖方式与育苗

由于莼菜种子发芽率低,且幼苗生长发育缓慢,因此莼菜种植一般不使用种子繁殖。莼菜通常采用扦插的方式进行无性繁殖,扦插材料一般选择根茎,每个根茎应包含 3 个节。种株一般选择 3～8 年生、健壮、无病虫害、无外伤的茎秆。扦插时尽量当天取材当天扦插,如当天未栽完,扦插材料一定要用水浸泡,避免种源脱水影响成活率。

2. 整地

莼菜种植地块应当优选土壤肥沃、地势平坦、水位可在 20～60 cm 自由调节的活水池塘或田块。种植田塘以具有 20 cm 左右的淤泥层为宜,土壤 pH 以微酸性为最佳。种植莼菜的田埂应适当进行加高、加宽与加固。由于莼菜种植 1 次可采收多年,所以栽植前要精细整地,除去杂草及食草鱼类,填平塘底,每 667 m^2 施入腐熟厩肥 1000 kg,深耕约 20 cm,整地使肥、土混合均匀,耕耙 2～3 次,放浅水耥平。

3. 移栽定植

莼菜一般春、秋两季均可栽植,但以 3 月下旬到 4 月中旬为宜,扦插后由于气温逐渐上升,成活率高,长势旺。栽植密度一般采用株行距 50 cm×60 cm。扦插时将根茎的一端插入池底泥土中,至少要有 1 个节被插进泥土。每 667 m^2 用种苗量为 180 kg 左右,一般栽培 5～7 年为一个周期,注意适时疏密。

4. 田间管理

(1) 水位管理:种植过程中的水位管理对莼菜的产量与品质非常重要。莼菜在不同生长阶段对水位的要求不同,因此要适时调整水位情况。一般在莼菜栽植初期,水位要求低,一般以 15～20 cm 为宜;随着莼菜的不断生长发育,应逐渐加深水位,进入盛夏后,水位可增加至 50～70 cm。如果有条件的话,可以保持种植区域内的水适度流动和更新。冬季水深以 30 cm 左右为宜。采用田塘种植时,每月需换水 1 次,一般放掉 1/3～2/3 的旧水,再将新水灌到原来水位。每采摘 1 次,需要换部分水,一般放掉 3～5 cm 深旧水,放入 6～10 cm 深新水。

NOTE

(2) 施肥管理:莼菜种植当年若生长期间植株长势旺盛、枝叶繁茂,可不追肥;若生长期间出现叶黄、叶小、芽头细小、胶质少等缺肥现象，撒施 1～2 次尿素，每次每 667 m^2 施用 3～4 kg。施肥一般在阴天或晴天的下午 4 点以后进行，施肥后用清水冲洗莼菜叶面。莼菜种植第二年及以后需在每年早春萌芽前每 667 m^2 施入腐熟菜籽饼肥 50～75 kg、钙镁磷复合肥 40～50 kg。生长期间可不再追肥。

(3) 除草：莼菜栽植约半个月后需人工除草 1 次，以后每月定期除草 1 次，直到莼菜长满水面为止。有条件的田塘为方便除草，可在晚间放干池水，次日早上迅速耘田除草，并将杂草搬出池外，随即灌水，防止高温晒伤莼菜。为防止滋生青苔，应保持水质清洁，池水应经常流动，勿使污水入池，除最初的底肥外忌施有机粪肥。滋生青苔后可人工捞除，也可用波尔多液进行全池喷洒防治。

5. 病虫害防治

莼菜的主要病害包括叶腐病、枯萎病和根腐病。叶腐病和枯萎病可用 25%多菌灵可湿性粉剂 500 倍液或 70%甲基托布津可湿性粉剂 800 倍液喷雾防治。根腐病是由食根水叶虫甲引起的，幼虫危害期用 90%晶体敌百虫 5 kg 加适量水溶解，拌细土 30～35 kg，待晶体敌百虫溶液渗入泥中后，抛入 1000 m^2 的莼菜池中，药土沉入池底可杀死泥中幼虫。

莼菜的主要虫害包括萤叶甲、蚜虫、叶虫甲和椎实螺。萤叶甲可用 90%敌百虫可溶性粉剂 700 倍液，或 25%杀虫双水剂 500 倍液加洗衣粉，或 40%毒死蜱乳油 900 倍液喷雾防治。蚜虫可用 40%乐果乳油 1000 倍液或 2.5%溴氰菊酯或速灭杀丁乳油喷雾防治。叶虫甲可用 80%敌敌畏乳油 1200 倍液加 40%乐果乳油 1500 倍液喷雾防治。椎实螺可用 45%三苯醋锡（TPTA）可湿性粉剂 2000 倍液喷雾防治，一般在中午水温高时用药。对病虫害进行化学防治时，应严格遵守采收安全间隔期要求。

6. 采收

莼菜一经栽植，可连续多年生长和采收，一般可采收 5～7 年。新栽植的莼菜塘，栽植当年须在植株生长约 50 天后，莼菜基本长满水面时，才可开始采收，以后每年 4—6 月可分期采收。在夏季遮阴降温和冬季加温等保护条件下，可周年供应。莼菜以鲜嫩为宜，因此，需及时采收，要求最大卷叶长度不超过 5 cm，所以在采收盛期不能延误。莼菜采收后，须浸于清水中，仅能保存 2～3 天，必须立即食用或加工。

四、营养与加工利用

莼菜营养丰富，研究显示每 500 g 莼菜含蛋白质 7 g、脂肪 0.5 g、糖 16.5 g、胡萝卜素 16.5 mg、维生素 B_2 0.3 mg、维生素 E 445 mg、钙 245 mg、铁 110.5 mg、锌 10.25 mg、铜 11.65 mg，还含有天冬氨酸、亮氨酸等。莼菜具有很好的保健功能，李时珍在《本草纲目》中记载：莼菜有消渴热痹，下气止呕，治热疸，厚肠胃，安下焦，逐水，解百毒并蛊气的功能。莼菜的黏液中含有大量的蛋白质和多糖，可以增强脾脏功能，多吃莼菜还能提高人体的防癌、抗癌能力。莼菜中锌含量丰富，具有提高免疫能力、促进生长发育的功效。此外莼菜还具有清热解毒、清胃火、泻肠热的作用。莼菜食用方法包括凉拌和做汤，凉拌莼菜制作简便，入口清脆，食之凉爽滑嫩，在炎热的夏季具有清凉解暑之功效。

第三节 慈 姑

慈姑

一、概述

慈姑（*Sagittaria trifolia* subsp. *leucopetala*）原产于中国，又名茨菰、剪刀草、燕尾草、水芋、芽姑等，是一种水生蔬菜，其地下球茎可食用。我国的多本古籍对慈姑的不同特性有相关记载，慈姑一词最早见于晋嵇含所撰《南方草木状》中，其在书中被称为"茨菰"；南北朝时期陶弘景辑《名医别录》，对慈姑的药用价值和生长习性做了记载；贾思勰所著的《齐民要术》对慈姑的栽培方法做了记载。此外唐代苏

NOTE

敬等编撰的《唐本草》、明代王象晋编撰的《群芳谱》、明末徐光启所著《农政全书》均对慈姑做了记载。据史料记载，慈姑在我国宋代开始驯化，逐渐由野生转为栽培，我国南方地区在明代开始广泛栽培。除中国外，慈姑在亚洲、欧洲、非洲的温带和热带地区均有分布，其中在欧洲多用于观赏，其球茎在亚洲国家如中国、日本、印度和朝鲜等作为蔬菜食用。慈姑球茎营养丰富，富含淀粉、蛋白质、铁、锌、维生素及膳食纤维等，口感独特，深受广大消费者的欢迎。此外慈姑球茎富含多糖、蛋白质和酚类等多种生物活性物质，在清热利尿解毒、止咳消食等方面有一定的药用功效。除作为蔬菜鲜食外，慈姑球茎也可加工成食品、淀粉食用。慈姑耐储运，一般在冬春上市，从小雪至次年清明可持续供应市场。

二、生物学特性

1. 植物学特征

慈姑属泽泻科慈姑属多年生水生草本植物，栽培上属一年生无性繁殖单子叶植物，生产上属一年或二年生栽培植物。本变种与原变种不同在于：植株高大，粗壮；叶片宽大，肥厚，顶裂片先端钝圆，卵形至宽卵形；匍匐茎末端膨大成球茎，球茎卵圆形或球形，可达(5～8) cm×(4～6) cm；圆锥花序高大，长20～60 cm，有时可达 80 cm 以上，着生于下部，具 1～2 轮雌花，主轴具雌花 3～4 轮，位于侧枝之上；雄花多轮，生于上部，组成大型圆锥花序，果期常斜卧水中；果期花托扁球形，直径 4～5 mm，高约 3 mm。种子褐色，具小突起。

2. 品种与类型

慈姑主要的品种有广东白肉慈姑、沙姑，浙江海盐沈荡慈姑，江苏宝应刮老乌和苏州黄，广西梧州慈姑等。

3. 栽培环境条件

慈姑喜温喜湿，但不耐高温；要求光照充足、气候温和、较背风的环境，不耐阴不耐霜冻；最适生长温度为 20～25 ℃，夏季水温超过 35 ℃，则生长不良；秋季温度降至 15 ℃以下时，匍匐茎顶端则不向地面生长，其顶端储存养分进而膨大成球茎；气温为 5～10 ℃时，在温润的土壤中球茎能安全越冬。气温降到 5 ℃以下时，植株地上部分枯死，生长停止。慈姑适宜在土壤肥沃，但土层不太深的黏土上生长，水深一般为 9～15 cm。风、雨易造成叶茎折断，球茎生长受阻。

三、栽培技术

1. 繁殖方式与育苗

慈姑繁殖方法有种子繁殖、球茎繁殖和球茎顶芽繁殖，在生产上一般采用球茎顶芽繁殖。

球茎顶芽繁殖：种球一般选择成熟、肥大、无病虫害、无机械损伤、无顶芽弯曲的球茎，在紧贴球茎处把顶芽折下，顶芽经过伤口消毒后晾干，然后用细沙一层一层储存起来，保持一定的湿度，直到育苗期。苗床宜选择土质肥沃、排灌方便的水田，深耕 20～30 cm，翻晒 1～2 周后，每 667 m^2 施腐熟农家肥 2000～3000 kg(或河底淤泥 4000～5000 kg)和氮磷钾复合肥 30～50 kg 作基肥，整平后做成宽 1.2 m 左右的长条形育苗池，并预留育苗池垄间过道约 30 cm，以便于幼苗管理和移栽。温度稳定在 15 ℃以上时插播顶芽(低温可搭架盖膜保温)，顶芽留 1/2 于地面上，控制苗床水深 3 cm 左右；长出新叶时，每 3～5 天观察植株是否生长良好；长出 2～3 片叶后适度追肥，幼苗高 25～30 cm、具 3～5 片叶时可移栽。

2. 整地做畦

挑选排灌良好、土层松软肥沃、光照充足、耕层深度 20～30 cm 的水田，暴晒 10 天左右后，深耕25 cm，结合整地每 667 m^2 施腐熟粪肥 2000～3000 kg、尿素 15 kg、过磷酸钙 25 kg、硫酸钾 30 kg，耙平灌浅水后即可定植。

3. 定植移栽

移栽要求当天起栽，当天移苗。从育苗田中选取具 3～5 片叶的慈姑幼苗，从叶柄中部摘除外围叶片以避免幼苗定植后倒伏并减少水分蒸发，仅留 1～2 片叶 1 心。移栽时用手捏住顶芽基部，将根插入土中 10 cm 左右，然后回土填平空隙。定植株距保持在 40 cm 左右，每 667 m^2 栽植 4000 株左右，种植密度不宜过大，以免叶群过密而降低光合作用效率，从而降低产量。移栽定植后控制水深在 5 cm 左右。

4. 肥水管理

(1) 追肥管理：缓苗 10～15 天后，可进行第一次追肥，每 667 m^2 施腐熟粪肥 600～800 kg 或尿素 10 kg，或高氮复合肥 25～30 kg。植株生长盛期，进行第二次追肥，每 667 m^2 施用复合肥 15～20 kg。立秋后匍匐茎开始大量抽生，球茎开始膨大，此时需重新施肥，每 667 m^2 施腐熟粪肥 2000 kg 左右或施硫酸钾型复合肥 30～40 kg。

(2) 水层管理：慈姑在不同生长时期对水层深度的要求不同，整体来说遵循浅—深—浅规律，即定植至成活为浅水(水深 2～3 cm)，成活后保持 5 cm 左右的水深，匍匐茎抽生旺盛期保持 5 cm 左右的水深，当气温较高时，可在深夜或清晨引灌凉水，水层可提高至 6～10 cm，避免高温造成的不良影响。霜降后，天气转凉，要求水深保持在 3～5 cm，直至收获。

(3) 中耕除草：定植后 15～20 天，结合追肥进行中耕除草，促进根系生长。此后每隔约 20 天进行一次，剥除连叶柄一起的外部老叶，及时拔除露出水面的分枝和匍匐茎并带离田外，减少营养消耗，每株始终只留心叶 5 片左右，保证良好的通风透光环境，提高光合作用的效率。当温度逐渐降低时，霜降前 5～7 天，最后一次除去匍匐茎，每株留 6 条左右粗壮的顶端已膨大的茎作长慈姑用。此后不再中耕和摘叶，避免踏伤球茎。

5. 病虫害防治

慈姑的主要病害是慈姑黑粉病，该病由担子菌亚门的慈姑虚球黑粉菌侵染引起，主要危害植株的叶片和叶柄。高温高湿是本病发生的主要环境因素，发现病叶后应及时摘除并带离深埋处理。除采用轮作、选用无病种球和及时摘除病叶外，可以采用 15%三唑酮可湿性粉剂 1000 倍液、25%多菌灵可湿性粉剂 500 倍液、25%粉锈宁可湿性粉剂 800 倍液、40%多硫悬浮剂 500 倍液、1：1.5 倍波尔多液等药剂喷雾防治，每隔约一周喷施 1 次，生长期喷 3～4 次。慈姑主要的虫害包括蚜虫、慈姑钻心虫、螟虫等。蚜虫在 25 ℃和相对湿度 80%的条件下生长繁殖最快，可用 40%乐果乳油 1000 倍液，或 10%阿维菌素乳油 3000 倍液，或 Bt 粉剂 1000 倍液喷雾防治。慈姑钻心虫可在幼虫孵化初期用 40%乐果乳油 1000 倍液喷施防治。螟虫可在 8 月中旬用 25%杀虫单可湿性粉剂 600～800 倍液，或 5%锐劲特悬乳剂 1500 倍液，或0.5%甲氨基阿维菌素苯甲酸盐(以下简称甲维盐)微乳剂 1500 倍液喷雾防治。对病虫害进行化学防治时，应严格遵守采收安全间隔期要求。

6. 采收

慈姑地上茎叶枯死后 10～15 天即可采收，北方地区种植的慈姑冬前一次性采收，经过储藏分批上市；南方从 11 月到第二年 3 月可以陆续采挖，供应冬春市场，一般于 11 月底至 12 月上旬采收。具体方法为排干田水，人工或机械采挖。在南方地区若用于留种，可延迟采收。采收时可选择具有品种特性的植株作为母株，母株上形大充实、顶芽饱满且芽向上弯曲的球茎留储作种。留种球茎于入冬前将顶芽切下窖藏，或将整个球茎窖藏到春季播种前再切下芽。

四、营养与加工利用

慈姑主要以鲜品供应市场，食用时可炒可煮，或加工成淀粉食用。慈姑球茎含有丰富的营养成分，如糖、蛋白质、脂肪、铁、锌、维生素 E 及膳食纤维等，因独特的口感及良好的保健作用受到了人们的欢迎，其在药学上的价值也非常高。中医认为：慈姑性微寒，味苦甘，具有行血通淋、润肺止咳的功效，如将慈姑与猪肉煮食，有补气血、强身之功效，对肺结核、尿路结石也有一定的疗效。《全国中草药汇编》中记载，慈姑外敷可治疗虫蛇咬伤，直接烹制外食可促进消化吸收，治疗尿道炎症等，同时具有凉血止血、消肿、解毒等功效。

NOTE

豆瓣菜

第四节　豆　瓣　菜

一、概述

豆瓣菜（*Nasturtium officinale* R. Br.）因其叶片形状与豆瓣相似而得名，别名西洋菜、水田芥、水蔊菜等，属于十字花科豆瓣菜属1～2年生水生草本植物。豆瓣菜原产于欧洲地中海东部地区，后来被引进到中国内地和日本。我国广东和广西两省是豆瓣菜的主要种植区域，其他省份近年来也陆续引种栽培。豆瓣菜以幼嫩茎梢作蔬菜食用，其营养丰富，口感脆嫩爽口，风味独特，烹饪方法多样，可素炒、凉拌、煲汤、做色拉或盘菜配料。除食用外，豆瓣菜全草可入药，具有清热润肺、化痰止咳、通经利尿等多种功效。由于豆瓣菜食用和药用价值较高，因此具有较大的发展潜力。

二、生物学特性

1. 植物学特征

多年生水生草本植物，高20～40 cm，全体光滑无毛。茎匍匐或浮水生，多分枝，节上生不定根。单数羽状复叶，小叶片3～7(9)枚，宽卵形、长圆形或近圆形，顶端1片较大，长2～3 cm，宽1.5～2.5 cm，钝头或微凹，近全缘或呈浅波状，基部截平，小叶柄细而扁，侧生小叶与顶生的相似，基部不等称，叶柄基部呈耳状，略抱茎。总状花序顶生，花多数；萼片长卵形，长2～3 mm，宽约1 mm，边缘膜质，基部略呈囊状；花瓣白色，倒卵形或宽匙形，具脉纹，长3～4 mm，宽1～1.5 mm，顶端圆，基部渐狭成细爪。长角果圆柱形而扁，长15～20 mm，宽1.5～2 mm；果柄纤细，开展或微弯；花柱短。种子每室2行，卵形，直径约1 mm，红褐色，表面具网纹。花期4—5月，果期6—7月。

2. 品种与类型

目前我国人工栽培的豆瓣菜品种主要有广东小叶豆瓣菜、江西大叶豆瓣菜、百色豆瓣菜、云南豆瓣菜、英国豆瓣菜。除广东小叶豆瓣菜等少数无法结果的品种只能进行无性繁殖外，其他品种既可进行无性繁殖又可进行有性繁殖。

3. 栽培环境条件

豆瓣菜属于半耐寒性植物，喜欢冷凉湿润的环境，较耐霜冻，但忌高温和干旱，生长期要求光照不能过于强烈。豆瓣菜最适生长温度为15～25 ℃，高于25 ℃虽然生长较快，但品质不佳。当气温低至10 ℃左右时，植株生长停止，叶片受到胁迫变成紫红色。豆瓣菜喜湿润环境，适宜在水深5～7 cm的水田中生长，水层过深会导致植株疯长，水层过浅则会导致幼嫩茎叶纤维化，影响其品质和产量。豆瓣菜对土壤要求不严格。

三、栽培技术

1. 繁殖方式与育苗

豆瓣菜一般可采用无性繁殖和有性繁殖两种方式进行种植，但对于不能结果的品种，则只能进行无性繁殖。

豆瓣菜有性繁殖时通常采用育苗移栽的方式进行。长江流域一般在8月下旬至9月中旬播种育苗。育苗田首先翻耕25～30 cm，每667 m^2施入腐熟厩肥1000～1500 kg，精耕细耙，按1.7 m的宽度包沟整田做畦，育苗田四周要开好围沟，田块中间按20～40 m的距离开好腰沟，畦沟、围沟、腰沟宽度以35 cm左右、深度以15～20 cm为宜。精细整平畦面后灌浅水浸透土壤，待畦面充分湿润后调整水位深度，使畦面露出水面，但保证田中沟内有明水，此时可以进行播种。选择在储藏期内、活力较高的种子进行育苗。由于豆瓣菜种子较小，为使种子撒播均匀，播种前将种子均匀拌上细土后撒播，播后畦面不能

NOTE

有积水，但畦沟、围沟、腰沟内要一直存有明水，以保证畦面保持湿润。每 667 m^2 育苗田播种量大约为 100 g。当苗长到高 4～5 cm 时，往田间灌水至水位高于畦面 1～2 cm；齐苗后每 667 m^2 施 5%～10%腐熟人粪尿 1000 kg。随着幼苗不断长高，可逐渐提高水位至高于畦面 3～5 cm；出苗约 30 天后，当苗长到高 10～12 cm 时，即可移栽定植。

扦插繁殖一般采用越夏的菜苗进行幼苗培育，之后收集幼苗进行扦插。长江流域扦插育苗一般在 9 月左右进行，方法是将越夏的豆瓣菜苗移栽到浅水肥田中进行种苗的繁殖。作种的越夏菜苗通常是单株栽植，株距 3 cm，行距 5 cm 左右。栽植时应将单株种苗固定于泥中，使其不浮于水面。当种苗长到高 15 cm 左右时，就可以割取嫩茎作为种苗扦插于大田。

2. 整地

豆瓣菜对土壤的适应性较强，但以土壤肥沃、排水方便的水田栽植为宜。种植前，深翻土壤约 30 cm，使土质疏松。豆瓣菜喜肥，为提高产量和品质，结合深翻后的整地，施加足够的底肥，每 667 m^2 施入腐熟有机肥 3000～4000 kg、氮磷钾复合肥 100 kg，使其与田土充分混合均匀，整细耙平，做宽 1～1.5 m 的平畦，并灌水至高于畦面 1～2 cm 以备定植。

3. 移栽定植

按行距 15 cm、穴距 10 cm 进行定植，将育苗田培育好的幼苗进行移栽定植，一般每穴定植 3～4 株幼苗，移栽时将茎基两节（种子育苗时连同根系）插入泥中，每隔 20～30 行设置 30～40 cm 宽的操作沟。移栽定植后保持田内水位高于畦面 1～2 cm。

4. 田间管理

豆瓣菜定植后 1～3 天要保持浅水，水深 1～2 cm。当有新根发生、苗直立时，应该加深水位至 3～4 cm。此后随着植株生长逐步加深水层，进入生长盛期后一般保持水层 5～7 cm。水层过深容易导致茎秆徒长、不定根多且叶易变黄；水层过浅则会导致新茎易老化，影响品质。种植田块以有缓慢的常流水为宜，若没有常流水则易导致烂根，必须每天换 1～2 次水。豆瓣菜是速生叶菜，对肥水要求较高。缓苗后每隔 5～7 天可追肥 1 次。追肥以速效氮肥为主，保持薄肥勤施，每次每 667 m^2 施用尿素 3～5 kg，施肥应在晴天傍晚撒施，施肥后应立即用水泼豆瓣菜，以免肥料黏附在茎叶上。每采收 1 次后需追肥 1 次，每次每 667 m^2 施用尿素 3～5 kg。为使豆瓣菜连续采收，可根据气温在 11 月至翌年 3 月低温期间搭盖塑料拱棚保温，覆盖期间应根据天气情况适时合理揭膜通风换气。

5. 病虫害防治

豆瓣菜的病害主要是褐斑病，虫害主要有小菜蛾和蚜虫。褐斑病发生时可选用 70%代森锰锌可湿性粉剂 500 倍液，或 40%甲基硫菌灵可湿性粉剂 500 倍液，或 60%多菌灵盐酸盐超微粉 600 倍液喷雾，每 7～10 天防治 1 次，连喷 2～3 次。小菜蛾可采用 2.5%多杀霉素悬浮剂 1000～1500 倍液、25%灭幼脲 3 号悬浮剂 500～1000 倍液、20%除虫脲悬浮剂 3000～5000 倍液喷雾防治，多次喷施可实行药物轮换。蚜虫可用 40%氧化乐果乳油 1500 倍液或 10%吡虫啉可湿性粉剂 1000 倍液喷雾防治。采用化学药剂进行病虫害防治时应严格遵守采收安全间隔期要求。

6. 采收

当匍匐茎长满全田、苗高约 25 cm 时，即可进行采收。采收应选择傍晚或阴天早晨进行。豆瓣菜采收标准应根据内销或出口要求而定，一般用剪刀剪取长 10～12 cm 的嫩茎。嫩茎采收后要及时放入冷藏柜预冷，温度设置为 0～2 ℃。预冷后进行包装，低温运输销售。进入采收期后每隔 15～20 天可采收 1 次。4—5 月植株易开花，这时可将顶部割除，以延长采收期。

留种田植株种植不宜过密，嫩茎不能收获，应让其充分生长。4—5 月豆瓣菜主侧枝均能良好开花结荚，又以侧枝开花多，是种子的主要来源。5—6 月种荚开始变黄时要及时采收种子，以免种荚裂开，种子洒落。种子采收可分批进行，做到先熟先收，一般分 3～4 次完成采收。采收种子应在露水未干前进行。采后及时把种荚摊晒晾干，切忌暴晒，后熟 1～2 天后种荚开裂，敲落种子扬净，储存于低温干燥处备用。

NOTE

四、营养与加工利用

豆瓣菜的营养成分比较全面，营养成分因产地不同而有所区别，总体来说蛋白质、各种维生素和矿物质元素含量丰富。据测定，每 100 g 嫩茎叶中含水分 93～97 g、蛋白质 0.9 g、膳食纤维 1～3 g、钙 43～121 mg、磷 17 mg、铁 0.6～1 mg、铅 0.7 mg、锌 0.12 mg、镁 11.45 mg、钾 307.8 mg、胡萝卜素 0.62～4.67 mg、维生素 B 20.17 mg、维生素 C 79～124 mg。豆瓣菜中含有多种萜类物质，使其具有特殊的芳香气味。其茎叶中超氧化物歧化酶(SOD)的含量很高，具有清除自由基的作用，能延缓衰老。此外，豆瓣菜还具有较好的保健功效，如化痰止咳、利尿通便、润肺利咽、提高免疫力、减缓衰老等。豆瓣菜一般以幼嫩茎叶供蔬菜鲜食，可凉拌、素炒、煲汤，或作为色拉或盘菜配料，常见菜品包括白灼豆瓣菜、豆瓣菜排骨汤、豆瓣菜猪血汤等。

芡实

第五节　芡　实

一、概述

芡实(*Euryale ferox* Salisb.)为睡莲科芡属一年生水生草本植物，一般在 5—6 月开花，其花在苞顶，犹如鸡喙，因此又被称为鸡头米、鸡头荷、鸡头莲等。芡实种仁(干芡米)营养丰富，含有丰富的蛋白质、钙、磷、铁、维生素 B_1、维生素 B_2、维生素 C、胡萝卜素等。芡实是一种药食同源的植物，可食、药两用，在医药古籍《本草纲目》和《神农本草经》中均有记载。中医认为芡实具有健脾胃、补肾安神、固精、止泻、止带之功效，享有“水中人参”的美誉。芡实具有较好的国际市场，是我国传统的出口商品，种植芡实具有较好的经济效益。近年来芡实在我国的栽培面积越来越大，种植较多的省份包括浙江、江苏、安徽、江西、湖北等，尤其是在水资源较为丰富的长江中下游地区，种植芡实是农民增收的一种有效途径。

二、生物学特性

1. 植物学特征

一年生大型水生草本植物。沉水叶箭形或椭圆肾形，长 4～10 cm，两面无刺；叶柄无刺；浮水叶革质，椭圆肾形至圆形，直径 10～130 cm，盾状，有或无弯缺，全缘，下面带紫色，有短柔毛，两面在叶脉分枝处有锐刺；叶柄及花梗粗壮，长可达 25 cm，皆有硬刺。花长约 5 cm；萼片披针形，长 1～1.5 cm，内面紫色，外面密生稍弯硬刺；花瓣矩圆状披针形或披针形，长 1.5～2 cm，紫红色，成数轮排列，向内渐变成雄蕊；无花柱，柱头红色，成凹入的柱头盘。浆果球形，直径 3～5 cm，污紫红色，外面密生硬刺；种子球形，直径超过 10 cm，黑色。花期 7—8 月，果期 8—9 月。

2. 品种与类型

栽培芡实主要分为南芡和北芡。南芡也称苏芡，原产于苏州郊区，现在是广东、湖南、安徽和江苏等地的主要栽培品种。南芡植株个体较大，地上部分除叶背外，其他部分均无刺，因此采收较为方便。南芡外种皮较厚，表面光滑，呈棕黄色或棕褐色，种子较大，种仁圆整、糯性，品质优良，但南芡植株适应性和抗逆性均较差。南芡一般作为食品，主要用于出口。北芡也称刺芡，其地上器官密生刚刺，是山东、皖北及苏北一带的主要栽培品种，质地较南芡差，由于其密布刚刺而采收困难。北芡外种皮薄，表面粗糙，呈灰绿色或黑褐色，种子较小，种仁近圆形、粳性，品质中等，但植株整体适应性较强。北芡主要作为中药材使用。

3. 栽培环境条件

芡实喜温暖、阳光充足，但是不耐寒也不耐旱。生长适宜温度为 20～30 ℃，适宜水深为 30～90 cm。芡实适宜在水面不宽、水流动性小、水源充足、便于排灌的田塘、水库和湖泊边沿种植。选择芡实种植地

NOTE

时要重点考虑土质与水的条件，水底土壤以疏松、中等肥力的壤土、黏土为佳，不宜选用污泥深及腐殖质含量高的田塘和沙性土种植。芡实栽培地块一般进行水旱轮作。

三、栽培技术

1. 繁殖方式与育苗

芡实种植方式有直播法和育苗移栽法两种，在生产中大多采用育苗移栽法。育苗田选择向阳、避风、灌排方便的田块，一般每 667 m^2 大田需苗床 3 m^2 左右。苗床要整平，表层泥土厚度为 5 cm 左右，水位维持在 10 cm 左右。播种前，一般在 3 月下旬或 4 月上旬进行浸种，浸种前将上一年采收的种子用清水洗净，淘汰不完整和色泽不正常的劣质种子，加水浸种，水温白天保持在 20～25 ℃，夜间则保持在 15 ℃以上，浸种期间每天换水一次。一般浸种 10～15 天，种子萌发率达到 50%左右时，将种子播撒到苗床上。播种时将种子均匀地播撒在苗床上，播种密度一般控制在 350～400 粒/平方米。播种后，要保持浅水，随着苗的生长可适当增加水的深度。露地育苗如遇低温天气，可采用搭小拱棚加盖塑料薄膜的方法进行保温。在播种后 35～40 天，当幼苗长出 2～3 片真叶时，进行假植。假植前起苗时要将根和泥土一起拔出，避免伤根，芡实苗移栽深度要浅，切忌埋没心叶，一般株行距为（40～50） cm×（40～50） cm，每 667 m^2 移苗 2000～2500 株。假植初期水位保持在 10～15 cm，后期随着苗的长大，水位可逐渐提高到 20 cm 以上，以促进芡实叶柄伸长生长。

2. 整地

芡实栽培宜选择土质为壤土或黏壤土的田塘，污泥较深或腐殖质含量多的池塘、藕田不适合芡实的栽种。所选田块按高 60～70 cm、宽 40～50 cm 加固围埂，确保不渗漏，田块较大的应相应增加围埂的高度和宽度。每 667 m^2 田块撒施石灰 3 kg 左右以进行田块消毒。在田块中按 2.2 m×2.2 m 行株距开定植穴，定植穴的直径一般为 80～100 cm，深度一般为 15～20 cm，呈铁锅形，每穴均匀撒施高效氮磷钾复合肥 0.1 kg，田块四周种上茭白防风；对于较大的湖荡，四周及荡内纵向每隔 15 m 栽种茭白形成防风带。

3. 移栽定植

太湖流域一般在 6 月中旬前后定植，定植时要求芡实苗长到 4～5 片叶，大叶直径为 25～30 cm。定植前起苗时要避免伤根，将手抄到根部轻轻挖起，和泥土一起带出。定植时将较长的根系盘成较松的团，放到定植穴底部，再用稍硬的泥土将根系压住，并在周边培土，让叶片顺理浮于水面。每穴定植 1 株，穴内保持 20～30 cm 深的水位。

4. 田间管理

（1）补苗：定植后要及时查苗，如发现缺苗，要及时补栽。

（2）培土与除草：随着植株生长，定植的幼苗要逐步培泥壅根，保证心叶逐步上升，同时使新长出的根有充分的泥土覆盖和充足的肥料供应，后期可将塘穴逐步培平。定植后根据田间情况及时进行人工除草，杂草可揉成团后埋入泥中作为肥料或带离田间。待叶片封行后，便可停止除草。

（3）水位管理：芡实田必须持续有水，为防止叶片搁浅，要密切注意田间水位，如果水位过低要及时补水。定植初期，水位一般保持在 15～20 cm，定植成活后，水位可逐渐增至 30～40 cm，保持一定的水深还可有效控制杂草的生长。开花结果期应将水位降低至 30 cm 左右。芡实的整个生育期都要控制好水位，保持水位平稳，防止水位大起大落。

（4）追肥：芡实栽培以施基肥为主，如果种植田块在种植过程中表现出较强肥力，一般不需要追肥。定植后是否需要追肥要根据芡实植株的实际生长情况而定。如果芡实叶片大且厚，为深绿色，富有光泽，表明土壤中肥料充足，不需要追肥；如果芡实叶片比较小且薄，颜色发黄，刚长的新叶呈皱褶状，则表明芡实植物缺肥，需要追肥。追肥一般于苗返青后和封行前进行，封行后要停止追肥。通常将肥料和泥土沤制成肥团，将这些肥团塞在未展开的新叶附近。肥团中各成分比例通常为腐熟粪肥 25 kg、尿素 8 kg、过磷酸钙 8 kg、氯化钾 6 kg、细土 100 kg。在芡实开花结果期，可在晴天晚上喷洒 2 次 0.2%磷酸二氢钾和 0.1%硼酸混合液，以提高芡实的产量和质量，增加种植效益。

NOTE

5. 病虫害防治

芡实在生长过程中的主要病害包括叶斑病、炭疽病和叶瘤病。叶斑病一般在7—9月发生，发病后可导致叶盘腐烂穿孔甚至整片叶子腐烂。该病可在发病初期通过叶面喷施70%甲基托布津可湿性粉剂800～1000倍液或50%多菌灵可湿性粉剂400～500倍液进行防治，一般需连续喷施2～3次，每次间隔5～7天。炭疽病一般也在夏季发生，病斑常见于叶面，呈椭圆形或圆形，在花梗上的病斑则呈椭圆形或菱形，颜色较深，呈褐色。该病可用70%甲基托布津可湿性粉剂800～1000倍液，或25%味鲜胺乳油900倍液，或10%苯醚甲环唑水分散粒剂1500～2000倍液喷雾防治，每隔7天左右防治1次，连续防治2～3次。叶瘤病一般在7—8月发病，发病后期因在叶片形成的病斑隆起肿大呈瘤状而得名。该病可在发病初期用70% 甲基托布津可湿性粉剂800～1000倍液和0.2%磷酸二氢钾液进行叶面喷施防治，每隔7天左右喷施1次，连续防治2～3次。芡实的主要虫害包括莲缢管蚜、食根金花虫和斜纹夜蛾。莲缢管蚜是芡实的主要虫害之一，可选用50%抗蚜威可湿性粉剂1000～2000倍液，或40%乐果乳油1000～1200倍液，或20%甲氰菊酯乳油2000～4000倍液喷雾防治，连续防治2～3次。食根金花虫可结合小麦或油菜田进行水旱轮作，降低虫害发生；发现虫害后可用25%杀虫双水剂500倍液，或2.5%甲氰菊酯乳油1500～2000倍液，或90%敌百虫晶体800倍液，或80%敌敌畏乳油1000倍液喷雾防治。斜纹夜蛾可用20%甲氰菊酯乳油2000～3000倍液，或90%敌百虫晶体800～1000倍液，或25%甲氰菊酯乳油2000～3000倍液喷洒防治，连续防治2～3次。对病虫害进行化学防治时，应严格遵守采收安全间隔期要求。

6. 采收

8月上中旬，芡实心叶收缩，新叶生长缓慢，同时部分果柄发软，果皮发红光滑，说明果实已经成熟，可以进行采收。芡实一般在成熟期进行分批采收，一般可采收至10月上旬。平均采收间隔期为5天，盛果期间隔3～4天。每次采收时应走原道，避免损伤叶片和根系。根据果实种子成熟度和食用目的不同，可在开花后不同时间进行采收。采收鲜米一般在开花后20天进行，用手指甲可以剥开种壳的籽粒，其外层薄膜状假种皮包衣呈透明至少许红丝状，米仁可用于鲜食或加工成商品冻鲜米。如果想加工成干米，一般在开花后25～30天采收，此时需用钳子才能夹开种壳的籽粒，其外层薄膜状假种皮包衣红丝状明显，米仁经烘晒加工成干米。

芡实一般自行选留种。在第3～5次采收时，选择田间具有该品种典型植物特征、果型大而饱满、丰产性好的植株作为母株留种。留种的果实应该让里面的种子充分成熟。果实采收后，要及时剥开种皮，取出芡种，然后除去假种皮，筛选出籽粒饱满、颜色比较深的种子留种。选留的种子用水淘洗干净，装入袋子里，然后埋入水底，或埋入水田淤泥下30 cm深处过冬，防止芡种受干或受冻，同时避免高温，以防种子萌发。

四、营养与加工利用

芡实营养丰富，除淀粉外，还富含蛋白质、矿物质元素（钙、磷和铁等）、脂肪、淀粉、多种维生素（维生素B_1、维生素B_2和维生素C等）、粗纤维、胡萝卜素等。据测定，每100 g芡实干品中含蛋白质8.3 g、糖79.6 g、脂肪0.3 g、膳食纤维0.9 g、磷56 mg、钾60 mg、钙37 mg、钠2804 mg、镁16 mg、铜0.63 mg、铁0.5 mg、锌1.24 mg、硒6.03 mg、锰1.51 mg、维生素B_2 0.09 mg、烟酸0.4 mg、硫胺素0.3 mg。芡实可以作为普通的蔬菜食用，主要以南芡为主，常见食用做法有芡实银耳粥、山药薏米芡实粥、水鸭芡实汤、芡实莲子炒饭等。芡实是典型的药食同源植物，其不仅可供食用，还具有一定的药用功效。芡实以果仁入药，主要以北芡为主，中药处方中的芡实，均指生芡实。炒芡实为生芡实用麸炒至微黄入药。医学研究发现，芡实具有健脾补肾、补中益气、防癌抗癌、防止衰老等功效。清代医家陈士铎对芡实的评价：芡实止腰膝疼痛，令耳目聪明，久食延龄益寿，视之若平常，用之大有益处，芡实不但止精，而亦能生精也，去脾胃中之湿痰，即生肾中之真水。这说明芡实是健脾补肾的首选。

第六节 水 芹

水芹

一、概述

水芹(*Oenanthe javanica* (Bl.) DC.)别名野芹菜、楚葵、水英、蜀芹等,属于伞形科水芹属多年生水生宿根草本植物。水芹原产于中国和东南亚各国,主要分布在湖泊边缘、沼泽湿地和溪沟等潮湿地带。水芹在我国长江流域和南方地区栽培较为广泛,种植面积较大的省份包括安徽、江西、浙江、江苏、广东、贵州和云南等。水芹以幼嫩的茎、叶作蔬菜食用,其茎、叶含有一些挥发性物质,具有特别的香气,能激发人们的食欲。水芹含铁量较高,富含膳食纤维,具有清热利尿、平肝降压、镇静安神、降血脂等保健功效,因此深受消费者的欢迎,市场需求量较大,具有很好的经济效益和社会效益。

二、生物学特性

1. 植物学特征

多年生草本植物,高 15～80 cm,茎直立或基部匍匐。基生叶有柄,柄长达 10 cm,基部有叶鞘;叶片轮廓三角形,一至二回羽状分裂,末回裂片卵形至菱状披针形,长 2～5 cm,宽 1～2 cm,边缘有牙齿状或圆齿状锯齿;茎上部叶无柄,裂片和基生叶的裂片相似,较小。复伞形花序顶生,花序梗长 2～16 cm;无总苞;伞辐 6～16,不等长,长 1～3 cm,直立和展开;小总苞片 2～8,线形,长 2～4 mm;小伞形花序有花 20 余朵,花柄长 2～4 mm;萼齿线状披针形,长与花柱基相等;花瓣白色,倒卵形,长 1 mm,宽 0.7 mm,有一长而内折的小舌片;花柱基圆锥形,花柱直立或两侧分开,长 2 mm。果实近于四角状椭圆形或筒状长圆形,长 2.5～3 mm,宽 2 mm,侧棱较背棱和中棱隆起,木栓质,分生果横剖面近于五边状的半圆形。花期 6—7 月,果期 8—9 月。

2. 品种与类型

水芹按小叶形态一般可分为圆叶和尖叶两种类型。圆叶类型品种构成其羽状复叶的小叶片呈卵圆形或阔卵形,其长度和宽度接近,或长略大于宽。尖叶类型的品种其小叶呈卵形或尖卵形,小叶片的长大于宽 50%以上。优良的圆叶类型代表品种有无锡玉祁水芹和常熟白种水芹等;尖叶类型的代表品种包括庐江高梗水芹和扬州长白水芹等。

3. 栽培环境条件

水芹为喜冷凉的水生植物,较耐寒而不耐热,这一点与大多数水生蔬菜不同。水芹的生长温度低于大多数水生蔬菜,为 12～24 ℃,温度高于 25 ℃会影响其生长,温度低于 10 ℃则生长基本停止。植株地上部分能短时间耐受 0 ℃低温。作为水生植物,水芹适宜的生长水深为 5～20 cm。水芹是长日照植物,长日照刺激植株迅速进入生殖生长,开始开花结果,而短日照下植株营养生长旺盛。水芹要生长得好,也需要丰富的土壤营养,只有营养物质丰富,才能生产出优质、高产的水芹。适宜种植水芹的田塘要求土壤肥沃、保水性强,淤泥层达 20 cm 以上,有机质含量为 1.5%左右,适宜的土壤 pH 为 6.5～7.5。

三、栽培技术

1. 繁殖方式与育苗

由于水芹种子萌发能力较差,因此常采用母茎排种进行无性繁殖。母株一般选择无明显病虫害、节间均匀、腋芽多而充实的植株。水芹的早熟栽培需要先进行催芽,如不进行早熟栽培,则无须进行催芽。催芽一般在排种前半个月左右进行,通过催芽可以提高出芽率,使水芹出芽整齐。江淮地区催芽一般在 8 月上中旬进行,催芽温度不宜太高,要求气温降至 27 ℃左右时开始。从留种田中收割成熟的植株,作种母株要求母茎粗 1 cm 左右,不宜过粗或过细。过粗的母茎太老,而过细的母茎萌发力较弱。将选好

NOTE

的母茎基部理齐，捆成直径约 30 cm 的圆捆，剪除无芽或只有细小腋芽的顶梢。将母茎圆捆交叉堆放于水源附近的树荫下，早、晚各洒浇凉水 1 次，降温保湿，保持堆内温度 20～25 ℃。每隔 5 天左右，在清晨气温较低时翻堆 1 次，并冲洗掉烂叶残屑。一般经 15 天左右，多数母茎萌芽，芽长到 2～3 cm 时，即可排种定植。

2. 整地

水芹种植分为浅水种植和深水种植，浅水种植实行的地方较多，而江淮和黄淮部分区域采用深水种植。无论是浅水种植还是深水种植，均要求田塘淤泥层较厚，有机质含量达 1.5%以上，保水保肥性好。浅水种植的田塘要求地势不过于低洼，要能灌能排。深水种植的田塘要求地势适中，四周具有较高而紧实的围埂。

无论是浅水种植还是深水种植整田时均需提前放干田水，而后深耕 20～30 cm，晒田。浅水种植时结合整地每 667 m^2 施入腐熟农家肥或者厩肥 2000～2500 kg、尿素 20 kg、硫酸钾 15 kg，耙细整平。而深水种植时整地过程与浅水种植相同，但每 667 m^2 施肥量比浅水种植时多三分之一。地整好后做畦，畦宽 1.4 m 左右，畦间开宽 30 cm、深 20 cm 的排水沟。

3. 移栽定植

排种前将母茎切成长 30 cm 的茎段，将茎段按 5～6 cm 的间距进行排种。排种不能在高温、烈日暴晒下进行，一般在阴天下午 15:00—16:00 开始，以提高成活率。排种后保持畦面湿润而无水层，田间无积水。特别是催芽后排种的，要防止浅水日晒后升温过高而烫伤新根。

4. 田间管理

(1) 水位管理：排种后由于气温仍然较高，无论是浅水种植还是深水种植，此时田间应保持湿润但无水层，既要防止积水，又不能让土壤干裂，如遇强降水，应及时排水。排种后 15～20 天，大多数母茎腋芽萌生的新苗已长出新根和新叶，此时可采取排水搁田的方法对水芹幼苗进行炼苗，以提高其抗逆性。一般排水搁田 1～2 天，使土壤稍干或出现细丝裂纹，以促进幼苗根系生长。浅水种植时在排水搁田炼苗后灌入浅水 3～4 cm，往后进入旺盛生长期，继续保持浅水。而深水种植时在排水搁田后，应随植株的长高，逐步加深水层，保持植株上部 20 cm 左右露出水面，即每株约有 3 张叶片露在水面上，进行正常的生理活动，其余部分全部没入水中。

(2) 匀苗、补缺与除草：排种一个月后，当新苗高达 15 cm 左右时，可以进行除草，在除草的同时，可以进行匀苗与补缺。

(3) 追肥：无论是浅水种植还是深水种植，排种 15 天后可每 667 m^2 追施腐熟农家肥 500～600 kg。进入旺盛生长期后，浅水种植可再追肥 1 次，每 667 m^2 追施腐熟农家肥 1000～1500 kg。追肥时应先排干田水。

5. 病虫害防治

水芹的病害主要包括斑枯病和锈病。斑枯病在其发病初期可用 50%多菌灵可湿性粉剂 500 倍液和 50%代森锰锌可湿性粉剂 600 倍液交替喷雾防治 1 次，两次用药间隔 7 天左右；锈病在发病初期可用 70%代森锰锌可湿性粉剂 1000 倍液加上 15%三唑酮可湿性粉剂 3000 倍液喷雾防治，间隔 7～10 天防治 1 次，连续防治 2～3 次。水芹的主要虫害是蚜虫，发现蚜虫时可采用在短时间内灌深水淹没植株的方法驱除蚜虫，或进行化学防治，可用 40%乐果乳油 1000 倍液和 10%吡虫啉可湿性粉剂 1500 倍液交替喷雾防治，两次用药间隔 7 天左右。对病虫害进行化学防治时，应严格遵守采收安全间隔期要求。

6. 采收

水芹排种后 90 天左右即可采收。水芹采收期较长，从冬季一直到春季，可以分批采收上市，以满足人们冬末春初对蔬菜的需求。开春以后，随着温度的升高，水芹生长速度加快，茎叶逐渐粗老，纤维化程度加深，食用口感下降，不宜再采收上市。采收时，将植株连根拔起，洗尽污泥，剔除黄叶，理齐后便可上市。气候适宜地区可在 12 月前后第一茬收获后，利用第一茬留下的秧苗重新栽种；也可在第一茬收获时从水芹基部进行收割，洗净后上市，收获后的田块进行适当的水肥管理后翌年 3—4 月可再收获一茬。采用连根拔起方式采收的水芹由于没有伤口，一般保存期比采用收割除方式的长。

NOTE

四、营养与加工利用

水芹营养丰富，研究显示，每 100 g 水芹可食用部分中含蛋白质 2.5 g，脂肪 0.6 g，糖 4 g，膳食纤维 3.8 g，维生素 C 39 mg。此外，水芹还含有挥发油、甾醇类、醇类、脂肪酸、黄酮类和多种氨基酸，具有较高的药用价值。古籍中对水芹的药用价值有不少记载，《神农本草经》载：主女子赤沃，止血养精，保血脉，益气，令人肥健，嗜食。《医林纂要》载：补心，去瘀，续伤。《随息居饮食谱》载：清胃涤热，祛风，利口齿咽喉头目。

水芹中的膳食纤维可以加速肠道蠕动，具有改善消化系统功能的作用。水芹中含有一种特殊的酸性降压成分，对高血压患者有一定的治疗效果。此外经常食用水芹可以清洁人的血液，降低血压和血脂。水芹一般以幼嫩的茎叶供蔬菜食用，它的做法很多，可以炒肉，也可以凉拌。

【思考题】

1. 简述荸荠的育苗方法。
2. 简述莼菜的栽培技术。
3. 简述慈姑的田间管理要点。
4. 简述豆瓣菜的栽培技术。
5. 简述芡实的育苗移栽技术要点。
6. 简述水芹的栽培技术。

【参考文献】

[1] 徐映萍，王征鸿，何水平，等. 浙江荸荠优质高效规范化栽培技术[J]. 中国蔬菜，2019(1)：100-102.

[2] 戴桂荣，冯慧光，龚瑾. 长江流域荸荠高产栽培技术[J]. 科学种养，2020(12)：33-34.

[3] 官望民，吴金元，王晓燕. 国家地标保护产品团风荸荠高产栽培技术[J]. 长江蔬菜，2016(5)：19-20.

[4] 梁义. 荸荠的生物学特征及无公害高产栽培技术[J]. 南方农业，2021，15(3)：63-64.

[5] 刘蒋琼，罗西，胡美华，等. 西湖莼菜优质高产栽培技术[J]. 长江蔬菜，2019，16(15)：38-40.

[6] 何文远，李晖，倪垭，等. 利川市莼菜人工栽培技术[J]. 蔬菜，2014(12)：54-55.

[7] 王苗苗，吴宜钟，吴亚胜，等. 莼菜优质高产种植技术[J]. 现代农业科技，2018(1)：64-65.

[8] 李桂娟，孙淑凤，楼宪英. 莼菜无公害高产栽培技术[J]. 北方园艺，2009(12)：153.

[9] 郭文场，周淑荣，刘佳贺，等. 莼菜的栽植管理与综合利用(1)[J]. 特种经济动植物，2018(8)：43-46.

[10] 郭文场，周淑荣，刘佳贺，等. 莼菜的栽植管理与综合利用(2) [J]. 特种经济动植物，2018(9)：44-46.

[11] 张雷，王凌云，陈淑玲. 莼菜的特征特性及栽培管理技术[J]. 现代农业科技，2015(12)：101-102，113.

[12] 彭宏. 特种经济植物栽培技术[M]. 北京：化学工业出版社，2010.

[13] 于琴芝，朱继飞，唐学军，等. 桂林慈姑高产优质栽培技术[J]. 长江蔬菜，2018(9)：29-30.

[14] 林晓彤，何潮安，李育军，等. 华南地区慈姑的栽培与应用[J]. 长江蔬菜，2019(20)：35-37.

[15] 李佳，郭延荣，彭晓娟，等. 慈姑的特征特性及栽培技术[J]. 现代农业科技，2018(11)：94-96.

[16] 张云虹，张永吉，苏芃，等. 慈姑栽培技术研究进展[J]. 现代农业科技，2020(23)：51-53.

[17] 周良，李振宙，王炎，等. 豆瓣菜的栽培技术及其应用前景[J]. 长江蔬菜，2018(23)：24-27.

[18] 田妹华. 豆瓣菜优质高效栽培技术[J]. 江苏农业科学，2010(5)：202-203.

[19] 宋泉华，何建仙. 豆瓣菜栽培技术[J]. 吉林蔬菜，2008(6)：44.

[20] 梅再胜，徐天鹏，张德洋，等. 长江流域豆瓣菜稻田高产栽培技术[J]. 科学种养，2012(7)：28.

NOTE

[21] 罗兵，孙惠娟，孙海燕，等．太湖地区芡实大田浅水优质高产栽培技术[J]．现代农业科技，2016(21)：58-59．

[22] 徐建方．苏芡优质高效栽培技术[J]．江苏农业科学，2017，45(23)：126-128．

[23] 李青松．芡实优质高产栽培技术[J]．现代农业科技，2014(10)：115，117．

[24] 张远芬．芡实无公害标准化栽培技术[J]．中国农技推广，2013，29(5)：26-28．

[25] 樊宏友．芡实高产栽培技术[J]．现代农业科技，2014(10)：116-117．

[26] 田晓明．芡实高产标准化栽培技术[J]．上海蔬菜，2012(2)：35-36．

[27] 丁广礼，李有星，侯家生．芡实的特征特性及高产高效栽培技术[J]．现代农业科技，2017(10)：93-94．

[28] 朱小龙，胡慧．桐城水芹的生产技术[J]．上海蔬菜，2020(2)：19-20．

[29] 朱丽娜．水生蔬菜水芹栽培技术[J]．乡村科技，2016(11)：17．

[30] 吴传华，冯沛．水芹优质高效栽培技术探讨[J]．园艺与种苗，2016(12)：28-31．

[31] 张翠，顾丽，刘传松，等．浏河水芹浅水栽培技术[J]．上海农业科技，2020(4)：91-92．

[32] 吴海军．乐平水芹栽培技术[J]．现代种养，2020(11)：38-39．

[33] 中国科学院中国植物志编辑委员会．中国植物志[M]．北京：科学出版社，1985．

第五章　特种叶菜类蔬菜栽培

第一节　荠　　菜

荠菜

一、概述

荠菜(*Capsella bursa-pastoris*(L.) Medic.)又名地菜、地米菜、护生草、地丁菜、清明菜等，属于十字花科荠属，为一年生或二年生草本植物。荠菜在我国是一种深受大众喜爱的野菜，民间流传着“阳春三月三，荠菜当灵丹”“春食荠菜赛仙丹”的说法。秋冬季节野生荠菜在田间广泛分布，长江流域春节前后正是野生荠菜肥美之时。荠菜适应性强，对土壤要求不高，耐旱、耐瘠薄，喜肥喜湿。荠菜营养丰富，蛋白质含量在叶菜类蔬菜中名列前茅，此外其还富含多种氨基酸、维生素、膳食纤维、荠菜酸和矿物质元素。荠菜还具有食疗效果，中医认为，荠菜具有和脾、利水、止血、明目的功能，同时还能预防癌症、促进胃肠蠕动，对夜盲症有一定的缓解功效。近年来，随着人们生活水平的不断提高和养生意识的逐渐增强，荠菜倍受消费者的青睐，野生荠菜已经很难满足市场需求，人工种植面积也越来越大。

二、生物学特性

1. 植物学特征

荠菜为一年生或二年生草本植物，高 (7)10～50 cm，无毛、有单毛或分叉毛；茎直立，单一或从下部分枝。基生叶丛生呈莲座状，大头羽状分裂，长可达 12 cm，宽可达 2.5 cm，顶裂片卵形至长圆形，长 5～30 mm，宽 2～20 mm，侧裂片 3～8 对，长圆形至卵形，长 5～15 mm，顶端渐尖，浅裂，或有不规则粗锯齿或近全缘，叶柄长 5～40 mm；茎生叶窄披针形或披针形，长 5～6.5 mm，宽 2～15 mm，基部箭形，抱茎，边缘有缺刻或锯齿。总状花序顶生及腋生，果期延长达 20 cm；花梗长 3～8 mm；萼片长圆形，长 1.5～2 mm；花瓣白色，卵形，长 2～3 mm，有短爪。短角果倒三角形或倒心状三角形，长 5～8 mm，宽 4～7 mm，扁平，无毛，顶端微凹，裂瓣具网脉；花柱长约 0.5 mm；果梗长 5～15 mm。种子 2 行，长椭圆形，长约 1 mm，浅褐色。花果期 4—6 月。

2. 品种与类型

生产上主要有两个品种：板叶荠菜和小叶荠菜。

板叶荠菜又称大叶荠菜，叶片肥大厚实，叶缘羽状缺刻浅，浅绿色，抗旱耐热，易抽薹，不宜春播，产量较高，品质优良，风味鲜美。

小叶荠菜又称细叶荠菜、散叶荠菜，叶片小而薄，叶缘羽状缺刻深，绿色，抗寒力中等，耐热力强，抽薹晚，适合春秋两季栽培，品质优良，香气较浓，味道较板叶荠菜好，但产量低，栽培较少。

3. 栽培环境条件

在我国，荠菜长期以野生状态存在，近年来开始出现规模化种植。荠菜对土壤的要求不高，耐贫瘠，抗逆能力强。为了提高荠菜的产量和品质，种植时应选择疏松肥沃、富含有机质的土壤，土壤 pH 要求

为中性或微酸性。荠菜较耐寒，喜冷凉湿润。种子发芽适温为20～25 ℃，生长阶段适温为12～20 ℃。气温低于10 ℃或高于22 ℃时，生长会受到抑制。栽培过程中湿度过高会影响品质。为防止病虫害，荠菜一般采用轮作。

三、栽培技术

1. 繁殖方式

多用干籽撒播法进行种植。荠菜种子有休眠期，春季采收的种子在当年夏秋季播种时，因未脱离休眠期，播后不易出苗。可把新种子放在2～7 ℃冰箱中或用细沙将种子拌匀后放到2～7 ℃处，处理7～9天后，种子开始萌动时即可播种。采后储存一年左右的种子休眠期已经打破，可直接播种。一般种子使用年限为2年左右。荠菜在长江流域可春、夏、秋三季播种种植，春季栽培在2月下旬至4月下旬播种；夏季栽培一般在山区夏季温度较低的区域进行，7月上旬至8月下旬播种；秋季栽培在9月上旬至10月上旬播种，如利用塑料大棚栽培，可于10月上旬至翌年2月上旬随时播种。华北地区一般采用春、秋两季栽培，春季一般于3月上旬至4月下旬播种，秋季一般于7月上旬至9月中旬播种。

2. 整地做畦

选择土壤疏松肥沃、杂草少、灌排方便的地块，每667 m^2施入腐熟有机肥2000～3000 kg、氮磷钾复合肥50 kg，肥料均匀撒于地面，后深耕30 cm，使肥、土混合均匀，整细、耙平后做畦，要求畦面平整、土块细匀，做成宽1.3 m左右的畦，畦间开宽30 cm、深25 cm的排水沟。

3. 播种与栽植

播种前应注意种植地块墒情，保证足墒播种，如底墒不足，应播前浇透地块造墒。将待播种子与2～3倍种子量的细沙充分混匀，均匀撒于畦面上，后覆过筛细土1 cm，用脚轻轻踩实畦面，使种子与土壤充分接触。

4. 田间管理

（1）苗期管理：播种后至苗期前，要保持土壤湿润，适时浇水，不能大水漫灌，要小水勤浇。一般播种后10天左右出苗，出苗时若少量种子戴帽出土，可人工摘帽，戴帽严重的部位可撒厚1 cm左右的潮湿过筛细土，使幼苗进行二次顶土出苗。苗期间苗2次，当幼苗长出2～3片真叶时进行第1次间苗，间苗时控制苗距4～5 cm；待幼苗长出4～5片真叶时进行第2次间苗，间苗时控制苗距8～10 cm。间苗时应保留大而健壮的幼苗，间除弱苗、病苗。

（2）肥水管理：苗出齐后，根据土壤墒情适时浇水，遵循轻浇、勤浇的原则。荠菜全生育期需氮肥较多，一般需要追肥2次。当幼苗长出2片真叶后进行第1次追肥，每667 m^2追施腐熟人粪稀肥1500～2000 kg；也可用尿素代替，每667 m^2施尿素4～5 kg。第1次追肥后20天左右进行第2次追肥，每667 m^2追施腐熟人粪稀肥1500～2000 kg，或氮磷钾复合肥10 kg。

（3）中耕除草：荠菜植株小，与田间杂草在营养和水分的争夺中占据劣势，因此要重视田间中耕除草工作。除选地时要选择杂草较少的地块外，在栽培管理中应勤于中耕除草，做到及时拔出露头小草，不能使田间杂草长大而欺苗，拔大草时也易伤苗。采收期可结合荠菜采收拔除杂草，防止草害。

5. 病虫害防治

荠菜田间常见的病害是霜霉病和病毒病。霜霉病发病时要及时清除病株，发病初期喷施75%百菌清可湿性粉剂600倍液进行防治；荠菜病毒病的主要防治方法是合理轮作，及时清洁田园，及时杀灭病毒传播的媒介蚜虫，病毒病发生时要及时拔除病株。荠菜的虫害主要是蚜虫，发生蚜虫危害后，及时用40%氧化乐果乳油1500倍液或10%吡虫啉可湿性粉剂1000倍液进行叶面喷雾防治。对病虫害进行化学防治时，应严格遵守采收安全间隔期要求。

6. 采收

当荠菜长到有10～13片真叶时即可采收，采收时用小刀在根下1～2 cm处将根割断后拔除。采收时要采大留小，让小苗继续生长；植株过密时适当采收小株使得田间植株生长均匀。采收后及时浇水，以利于其余植株继续生长。

NOTE

如需要留种，应选择生长健壮、无病虫害的单株作为母株留种。留种地块需要提前疏苗或者单独进行留种种植，按株行距 12 cm×12 cm 进行定苗。当种株花谢、茎微黄时，从果荚中搓下已发黄的种子，晾干后储藏备用。种子使用期限为 2～3 年。

四、营养与加工利用

荠菜营养丰富，蛋白质含量显著高于一般叶菜，而且富含膳食纤维、糖、多种维生素以及钙、磷、铁、钾等多种矿物质元素。由于荠菜富含多种氨基酸，因此其味道格外鲜美。荠菜具有较高的药用价值，性平味甘，具有和脾、利水、止血、明目的功效。荠菜一般作为蔬菜鲜食，可以进行炒、煮、焖、煎，常见菜品有荠菜炒鸡蛋、荠菜炒虾仁、荠菜滑鸡片、荠菜丸子、荠菜焖面等；还可以作为包子、馄饨、饺子、春卷的馅料，此外还可做汤、煲粥。

第二节　藜　蒿

藜蒿

一、概述

藜蒿（*Artemisia selengensis* Turcz. ex Bess.），学名狭叶艾，又名芦蒿、水蒿、青艾等，是一种多年生草本植物，在过去长期处于野生状态，广泛分布于湖泊、草滩及岸边、林地边缘潮湿地区以及河谷两岸等。近年来随着消费市场的逐步扩大，藜蒿的人工栽培面积越来越大。藜蒿主要以鲜茎作为蔬菜食用，口感爽脆，味道鲜美，营养丰富，研究显示，每 100 g 藜蒿可食部分中含蛋白质 3.6 g、钙 730 mg、硫胺素 0.0075 mg、磷 102 mg、胡萝卜素 1.39 mg、维生素 C 49 mg、铁 2.9 mg，此外还富含黄酮类物质，具有良好的保健功效。藜蒿还具有良好的药用价值，在我国医学典籍中多有记载，孙思邈在《千金食治》中记载：藜蒿养五脏，补中益气，长毛发。久食不死，白兔食之仙。《本草纲目》中也有收录：芦蒿主治五脏邪气，风寒湿脾，补中气，利隔开胃，可去东河豚毒。现代中医认为其具有消炎止血、化痰止咳、平抑肝火、开胃健脾、散寒除湿的功效。目前我国藜蒿种植区域比较广泛，以安徽、江西、湖南和湖北等省份产量较大。

二、生物学特性

1. 植物学特征

藜蒿为菊科蒿属，多年生草本植物；植株具清香气味。主根不明显或稍明显，具多数侧根与纤维状须根；根状茎稍粗，直立或斜向上，直径 4～10 mm，有匍匐地下茎。茎少数或单一，高 60～150 cm，初时绿褐色，后为紫红色，无毛，有明显纵棱，下部通常半木质化，上部有着生头状花序的分枝，枝长 6～10（12）cm，稀更长，斜向上。叶纸质或薄纸质，上面绿色，无毛或近无毛，背面密被灰白色蛛丝状平贴的绵毛；茎下部叶宽卵形或卵形，长 8～12 cm，宽 6～10 cm，近成掌状或指状，3 或 5 全裂或深裂，稀间有 7 裂或不分裂的叶，分裂叶的裂片线形或线状披针形，长 5～7（8）cm，宽 3～5 mm，不分裂的叶片为长椭圆形、椭圆状披针形或线状披针形，长 6～12 cm，宽 5～20 mm，先端锐尖，边缘通常具细锯齿，偶有少数短裂齿，叶基部渐狭成柄，叶柄长 0.5～2（5）cm，无假托叶，花期下部叶通常凋谢；中部叶近成掌状，5 深裂或为指状 3 深裂，稀间有不分裂之叶，分裂叶之裂片长椭圆形、椭圆状披针形或线状披针形，长 3～5 cm，宽 2.5～4 mm，不分裂之叶为椭圆形、长椭圆形或椭圆状披针形，宽可达 1.5 cm，先端通常锐尖，叶缘或裂片边缘有锯齿，基部楔形，渐狭成柄状；上部叶与苞片叶指状 3 深裂、2 裂或不分裂，裂片或不分裂的苞片叶为线状披针形，边缘具疏锯齿。头状花序多数，长圆形或宽卵形，直径 2～2.5 mm，近无梗，直立或稍倾斜，在分枝上排成密穗状花序，并在茎上组成狭而伸长的圆锥花序；总苞片 3～4 层，外层总苞片略短，卵形或近圆形，背面初时疏被灰白色蛛丝状短绵毛，后渐脱落，边狭膜质，中、内层总苞片略长，长卵

形或卵状匙形，黄褐色，背面初时微被蛛丝状绵毛，后脱落无毛，边宽膜质或全为半膜质；花序托小，凸起；雌花8～12朵，花冠狭管状，檐部具1浅裂，花柱细长，伸出花冠外甚长，先端长，2叉，叉端尖；两性花10～15朵，花冠管状，花药线形，先端附属物尖，长三角形，基部圆钝或微尖，花柱与花冠近等长，先端微叉开，叉端截形，有睫毛状毛。瘦果卵形，略扁，上端偶有不对称的花冠着生面。花果期7—10月。

2. 品种与类型

目前栽培的藜蒿多以野生或半野生状态存在，很多地方栽培品种均由野生种经过简单驯化而来。藜蒿一般按茎秆的颜色进行分类，可分为白藜蒿、青藜蒿和红藜蒿。目前一些主产区的主栽品种各不相同，湖北武汉地区主栽品种为云南藜蒿；江苏南京地区主栽培品种为小叶白；湖北荆门地区主栽品种为当地的李市藜蒿；江西鄱阳湖地区主栽品种为当地的鄱阳湖藜蒿。

3. 栽培环境条件

藜蒿对土壤的要求不严格，一般的土壤都能种植，为了得到高产优质品种，一般选择土质疏松肥沃、排灌方便的沙壤土或轻黏壤土。藜蒿喜温喜湿，但是不耐旱不耐涝，遇到干旱天气应及时浇水，下雨后应及时排水，田间不能积水。藜蒿忌连作，种植时应选择前茬种植非菊科植物的地块。

三、栽培技术

1. 繁殖方式

藜蒿的繁殖方式包括种子繁殖、分株繁殖、茎秆压条繁殖、地下茎分段繁殖和扦插繁殖，以扦插繁殖最为简单、经济、实用，生产中一般选择扦插繁殖。

2. 整地做畦

选择前茬为非菊科植物的地块，以土质疏松肥沃、排灌方便的沙壤土或轻黏壤土为宜。栽种前进行翻耕晒土，结合整地每667 m^2条施腐熟厩肥3000 kg或氮磷钾复合肥70 kg，整平做畦，畦宽1.5～2 m，畦高0.3 m，做畦的同时最好喷施除草剂以预防杂草。

3. 扦插定植

长江流域及以北地区一般采用越冬保护地栽培。藜蒿人工栽培宜每年重新扦插1次，扦插时间为5—9月，长江流域一般8—9月进行。选择生长健壮、无病虫害的半木质化茎秆，去掉上部嫩梢，剪成长8～10 cm的插条，然后按株行距(10～15) cm×(10～15) cm(一般株型较大品种采用15 cm×15 cm，株型小的品种采用10 cm×10 cm)直接斜插入土壤中，保证生长端向上，一般扦插深度以插条长度的2/3为宜。扦插后立即浇一次透水，并盖遮阳网。藜蒿不耐旱，因此在高温季节应该及时浇水，以保持土壤湿润，促进新根和侧芽萌发。

4. 田间管理

(1) 及时间苗：当幼苗长至约3 cm高时，要适时间苗，每根扦插母茎保留小苗3～4株，幼苗过多易导致幼嫩茎秆纤细，影响后期的产量和品质。

(2) 肥水管理：藜蒿定植成活后，当幼苗长到2～3 cm高时应用腐熟粪水提苗。粪水不能太浓，一般以腐熟粪和水的比例1∶9为宜，每667m^2浇施稀释粪水约200 kg。当幼苗长至5～6 cm高时，每667 m^2施用尿素10 kg或氮磷钾复合肥30 kg以促发根；收获前一周左右每667 m^2追施尿素10 kg。以后每收割1次，都需追施尿素10 kg。一般灌水、施肥同时进行，每施1次肥灌1次透水。藜蒿耐湿但不耐旱，尤其是在高温干旱季节要适时浇水，保持畦面湿润。

(3) 中耕除草：藜蒿扦插定植后，由于经常浇水容易导致土壤板结，因此在封行前应中耕1～2次，以增强土壤透气性，促进根的生长发育。中耕时宜浅锄，不能伤害地下根茎。封行前结合中耕进行除草。

(4) 温度管理：采用保护地栽培时，当秋季气温降至10 ℃时，应及时扣上棚膜，忌湿地扣膜。保持棚内温度18～25 ℃，如棚内温度超过30 ℃，应及时揭开棚膜的两头进行通风、降温、排湿。翌年3月中旬气温回升以后，要及时揭除棚膜。

NOTE

5. 病虫害防治

藜蒿常见病害包括根腐病、灰霉病、白粉病和病毒病等。根腐病可用70%甲基托布津可湿性粉剂1500倍液灌根防治；灰霉病可用50%异菌脲可湿性粉剂1000倍液或50%腐霉利可湿性粉剂1500倍液喷雾防治；白粉病可用20%粉锈灵可湿性粉剂2000倍液喷雾防治；病毒病应该通过杀灭蚜虫进行预防，发病初期可用1.5%植病灵Ⅱ 800倍液喷雾防治。藜蒿主要虫害包括玉米螟、斜纹夜蛾、美洲斑潜蝇、蚜虫。玉米螟可用48%乐斯本1500倍液喷雾防治；斜纹夜蛾用15%安打4000倍液或10%除尽3000倍液喷雾防治；美洲斑潜蝇可用1.8%爱福丁2000倍液喷雾防治；蚜虫可用40%氧化乐果乳油1500倍液或10%吡虫啉可湿性粉剂1000倍液喷雾防治。对病虫害进行化学防治时，应严格遵守采收安全间隔期要求。

6. 采收

藜蒿长到高约20 cm，顶端心叶尚未展开，茎秆脆嫩时，便可采收。收割时镰刀紧贴地面将地上茎割断，去叶后扎把或直接将毛藜蒿上市。秋季栽培一般30天左右收割一次，上市期一直持续到翌年3—4月，一般可采收4～5茬。

四、营养与加工利用

藜蒿是长江流域的一种特色蔬菜，一般在冬春季上市，以鲜嫩茎秆作为蔬菜鲜食，不仅口感脆爽，而且还带有一种特殊香味。藜蒿营养丰富，蛋白质含量明显高于其他叶菜，还富含多种维生素和矿物质元素，其中具有保健功能的黄酮类物质含量也很高。此外，藜蒿还具有一定的药用价值，中医认为藜蒿性凉，对于口腔上火、咽喉肿痛等具有较好的功效。藜蒿一般以嫩茎作为蔬菜食用，可凉拌或炒食，腊肉炒藜蒿是长江流域秋冬季深受欢迎的一道家常菜。

第三节　马　齿　苋

马齿苋

一、概述

马齿苋(*Portulaca oleracea* L.)又名长寿菜、马齿草、马苋菜等，为马齿苋科马齿苋属一年生肉质草本植物。马齿苋原产于印度，后在世界范围内广泛传播，起初在各国以野生状态存在，英国、法国、荷兰等西欧国家率先开始驯化栽培。马齿苋除富含维生素和钙、铁等多种微量元素外，还富含柠檬酸、苹果酸等多种有机酸以及不饱和脂肪酸和生物碱成分，具有清热解毒、消肿止血、利尿通淋等功效。马齿苋在我国是一种户外比较常见的野菜，分布较广，多生于菜地、田埂及果园等地。近年来，随着人们保健意识的逐渐增强，对马齿苋消费量也越来越大，目前福建、浙江、山东等省份已开始人工栽培。马齿苋适应性较强，生长期几乎无病虫危害，一般种植无须使用农药化肥，是一种很有市场发展前景的绿色保健蔬菜。

二、生物学特性

1. 植物学特征

马齿苋为马齿苋科马齿苋属一年生肉质草本植物，无毛或被疏柔毛。茎平卧或斜倚，伏地铺散，多分枝，圆柱形，长10～15 cm，淡绿色或带暗红色。叶互生，有时近对生，叶片扁平，肥厚，倒卵形，似马齿状，长1～3 cm，宽0.6～1.5 cm，顶端圆钝或平截，有时微凹，基部楔形，全缘，上面暗绿色，下面淡绿色或带暗红色，中脉微隆起；叶柄粗短。花无梗，直径4～5 mm，常3～5朵簇生于枝端，午时盛开；苞片2～6，叶状，膜质，近轮生；萼片2，对生，绿色，盔形，左右压扁，长约4 mm，顶端急尖，背部具龙骨状突起，基部合生；花瓣5，稀4，黄色，倒卵形，长3～5 mm，顶端微凹，基部合生；雄蕊通常8，或更多，长约12 mm，花药黄色；子房无毛，花柱比雄蕊稍长，柱头4～6裂，线形。蒴果卵球形，长约5 mm，盖裂；种子

NOTE

细小，多数，偏斜球形，黑褐色，有光泽，直径不及 1 mm，具小疣状突起。花期 5—8 月，果期 6—9 月。

2. 品种与类型

目前生产上使用的主要有两个变种，一种是野生马齿苋，匍匐生长，植株矮小，生长势强，适应性和抗逆性好，但是叶片较小，产量低，味酸，品质较差；另一种是菜用马齿苋，植株高大，茎直立或半直立，生长势强，叶片肥大，产量高，酸味极小，品质好，但是耐低温能力不如野生马齿苋。

3. 栽培环境条件

马齿苋对环境适应性较强，抗逆性好，耐旱耐涝，喜温暖环境，但较不耐低温；在弱光下生长快而幼嫩，但也能耐强光，但强光下植株老化加快；一般生长适温为 20～30 ℃，低于 15 ℃时生长缓慢，不耐霜冻，种子萌发适温为 25～28 ℃。为达到高产、高质栽培要求，一般选择土质疏松肥沃、排灌方便的中性或微酸性沙壤土。

三、栽培技术

1. 繁殖方式

一般采用种子直播和扦插方式进行繁殖。

(1) 直播法：选择在储藏期内、活力较高的种子进行播种。播种前种子用 25～30 ℃的温水浸泡 30 min，再换至 20 ℃左右清水中浸泡 10～12 h，之后晾干备用。

(2) 扦插法：可从当年播种长出的苗或野生苗中选择植株健壮、无病虫害、未开花的侧枝作为插条进行扦插。

2. 整地做畦

马齿苋对土壤要求不严格，但以土质疏松肥沃、排灌方便的中性或微酸性沙壤土为宜。种植前，种植地块每 667 m^2 施入腐熟的农家肥 2500～3000 kg、氮磷钾复合肥 50 kg，翻耕 15～20 cm，使肥和土混合均匀，做成宽 1.2 m 左右的畦。

3. 播种与栽植

马齿苋从春季到秋季都可种植，春季露地栽培气温稳定在 15 ℃以上即可播种，秋季露地栽培一般在 8 月播种，降霜之前收获完毕，北方地区可根据气温适当提前。春季露地栽培的品质最佳，夏秋季播种品质稍差。北方地区秋冬季保护地栽培播种期无明显限制。

采用种子直播时，把种子与 5～6 倍于种子的细土混合均匀后进行撒播，每 667 m^2 用种量为 30 g 左右。播种后，覆盖 1 层薄薄的细土并用水浇湿。当气温低于 20 ℃时，播种后可用地膜覆盖保温。

采用扦插繁殖时，把插条剪成长 5 cm 左右的茎段，每段留 4～6 个节，以 10 cm×10 cm 左右的株行距进行扦插，扦插时茎段长度一半以上入土，然后用水浇湿。

4. 田间管理

(1) 苗期管理：用直播法播种后，幼苗长到高 3～4 cm 时，需要开始间苗。间苗需分多次进行，苗长到高 10 cm 和 15 cm 时，再分别间苗 1 次，间苗过程中要逐渐加大株距，最后定苗时，应保持株行距在 10 cm×10 cm 左右。采用扦插方式进行种植后，根据天气情况及时进行浇水，保持土壤湿润。扦插一周后应进行查苗，缺苗时要及时补苗。扦插后应采取遮阴措施。

(2) 肥水管理：由于马齿苋主要以新鲜茎叶供蔬菜鲜食，因此栽培过程中为了促进营养生长，同时防止过早进入生殖生长开花结籽，上市前应该以施用氮肥为主。直播播种后长出第 1 片真叶或扦插栽培 15 天后，可用 0.5%尿素水进行催苗。上市前一周左右可追施尿素 1 次，每 667 m^2 用量为 5 kg。马齿苋可一次完成收获，也可分批多次采收，采收时采大留小，采收后每 667 m^2 及时追施尿素 5 kg。生长期间要做好田间水分管理，根据天气情况适当浇水，以保证产量和品质。

5. 病虫害防治

马齿苋极少有病虫害发生。偶尔发生白粉病，在发病初期可用甲基托布津或粉锈宁可湿性粉剂 800～1000 倍液进行防治。田间出现蚜虫时，应及时用 40%氧化乐果乳油 1500 倍液或 10%吡虫啉可湿性粉剂 1000 倍液进行叶面喷雾防治。对病虫害进行化学防治时，应严格遵守采收安全间隔期要求。

6. 采收

马齿苋主要采摘其嫩梢作为蔬菜食用。当苗高 15 cm 以上，开展度 25～30 cm 时即可采摘上市，一般采收嫩梢长 7～15 cm，可连续采收，根据植株生长期和市场决定采收次数。马齿苋开花后酸度增加，品质下降，应尽量在开花前完成采收。

马齿苋留种可从生产地块中单独划出一小块地作为留种田，留种田在间苗时要更稀，株行距一般控制在 20 cm×20 cm 左右。开花后 20～30 天，蒴果呈黄色时，种子成熟，即可采收。由于成熟的蒴果裂开后马齿苋种子容易掉落到田间，因此收种前可先在株行间铺上薄膜，摇动植株使种子掉落，再在薄膜上进行收集。

四、营养与加工利用

马齿苋营养丰富，含有丰富的维生素和多种矿物质元素，以及苹果酸、葡萄糖等营养物质。此外，马齿苋中 ω-3 脂肪酸含量高于其他常见蔬菜。研究发现，ω-3 脂肪酸能抑制人体对胆固醇的吸收，降低血液胆固醇含量，改善血管壁弹性，对防治心血管疾病有明显的功效。马齿苋一般以新鲜的嫩梢作为蔬菜食用。马齿苋茎顶部的茎叶很柔软，可以像豆瓣菜一样进行烹食，可炒食、凉拌，或用来做汤、沙拉和炖菜。

第四节　球茎茴香

球茎茴香

一、概述

球茎茴香（*Foeniculum vulgare* var. *dulce* (Mill.) Batt. & Trab.）又称结球茴香、意大利茴香等，因其叶柄变态成肥厚脆嫩的肉质球形鳞茎而得名，属于伞形科茴香属，原产于意大利南部地区，目前在地中海沿岸和西亚地区种植较多。我国 20 世纪 70 年代从意大利引进球茎茴香，目前在国内部分省市有一定的栽培规模，主要栽培区域包括北京、天津、广东、四川等。它以叶柄基部形成的鳞茎和嫩叶供食用，具有独特的香辛味，营养丰富，蛋白质、维生素和氨基酸含量高，此外黄酮苷、茴香苷等生物活性物质含量丰富，是一种营养价值较高的新蔬菜类型。球茎茴香还具有一定的药用价值，经常食用可以起到增强食欲、温肝胃、祛风邪的作用。由于球茎茴香形状奇异，营养丰富并具有保健功能，因此越来越受消费者的喜爱，市场推广前景比较广阔。

二、生物学特性

1. 植物学特征

球茎茴香，草本，主根肉质，粗大，根系主要分布在 20～30 cm 土层内，幼苗根系分生能力弱，宜直播。叶为三四回羽状深裂的细裂叶，小叶呈丝状，叶面光滑，被白色蜡粉，叶柄基部叶鞘肥大，且互相抱合成扁球形，为营养物质的储藏器官，也是主要的产品器官。营养生长期茎短缩，叶 8～10 片。开展度 50 cm 左右，株高 40～70 cm，茎直立，光滑，灰绿色或苍白色，多分枝。较下部的茎生叶柄长 5～15 cm，中部或上部的叶柄部分或全部成鞘状，叶鞘边缘膜质；叶片轮廓为阔三角形，四至五回羽状全裂，末回裂片线形，长 1～6 cm，宽约 1 mm。

伞形花序顶生与侧生，花茎高 1.1～1.5 m，花序梗长 2～25 cm；伞辐 6～29，不等长，长 1.5～10 cm；小伞形花序有花 14～39 朵；花柄纤细，不等长；无萼齿；花瓣黄色，倒卵形或近倒卵圆形，长约 1 mm，先端有内折的小舌片，中脉 1 条；花丝略长于花瓣，花药卵圆形，淡黄色；花柱基圆锥形，花柱极短，向外叉开或贴伏在花柱基上。果实长圆形，长 4～6 mm，宽 1.5～2.2 mm，主棱 5 条，尖锐；每棱槽内有油管 1，合生面有油管 2；胚乳腹面近平直或微凹。花期 5—6 月，果期 7—9 月。

NOTE

雌雄同花，异花授粉。双悬果，果实长扁椭圆形。成熟后分离成 2 粒种子，种子无休眠期，落地即发芽生长。千粒重为 4～5 g。

2. 品种与类型

根据球茎的形状一般可将其分为圆球形和扁球形两种类型。这两种类型在株高和叶色上差异不大。扁球形品种外层叶鞘较直立，左右两侧短缩茎明显，外部叶鞘不贴地面，球茎偏小，单球重 300～500 g，如荷兰球茎茴香、意大利球茎茴香、北京结球茴香、白玉球茎茴香等。

圆球形品种球茎紧实，颜色偏白，外形似拳头，叶鞘短缩明显，抱合极紧，不仅向左右两侧膨大，而且前后也明显膨大，外侧叶鞘贴近地面，遇低温易发生菌核病。球茎较大，单球重 500～1000 g，如球茴 2 号、球茴 3 号等。

3. 栽培环境条件

球茎茴香喜冷，适宜生长温度为 10～25 ℃，低于 10 ℃或高于 28 ℃会对生长产生不良影响，种子适宜萌发温度为 20～25 ℃。整个生长期对水分要求较高，要求保持土壤湿润，尤其苗期和球茎膨大期，植株对水分需求较大，不宜干旱。球茎膨大期应保持土壤湿度在最大持水量的 80%左右，空气相对湿度控制在 60%～70%，这样可使球茎脆嫩，品质好，如果土壤及空气湿度剧烈变化，容易导致球茎外层开裂。田间湿度不宜过大，否则易发生猝倒病、菌核病。球茎茴香是长日照植物，营养生长阶段需要充足的光照。球茎茴香对土壤的适应性较广，但以土层深厚肥沃、疏松透气、排灌良好的沙壤土为宜，土壤 pH 适宜范围为 5.0～7.0。为防止病虫害，生产上宜采用轮作。

三、栽培技术

1. 繁殖方式

球茎茴香在生产上一般采用育苗移栽进行种植。春季露地栽培时，一般 3 月上中旬在大棚或阳畦内开始育苗；秋季露地栽培时，育苗时间为 7 月中下旬或 8 月，北方寒冷地区可适当提前；冬春季保护地栽培时，于 1—2 月在保护地内进行育苗。

选择在储藏期内、活力较高的种子进行育苗。育苗之前一般要进行催芽，将种子放在 20～25 ℃的水中浸泡 24 h，浸种后用湿纱布包裹，于 20～25 ℃的环境下保湿催芽，其间每天用温水冲洗一次，一般 5～6 天即可出芽。苗床选择疏松肥沃的土壤，施足底肥，整平床面，播种前先将苗床浇透水，待水下渗以后将种子均匀地撒播在苗床上，每平方米用种 4 g 左右，播种后再覆盖 1 cm 左右的细土。出苗后温度白天保持 20～25 ℃，最高不超过 28 ℃，夜间保持 15 ℃左右。齐苗后浇一次小水，待长出 1～2 片真叶时间苗一次，长到 3～4 片真叶时按株距 6 cm 左右留苗。当苗龄 4～5 周、苗高 10～15 cm、长有 5～6 片真叶时，即可带土坨起苗移栽。

2. 整地做畦

球茎茴香适宜在土层深厚肥沃、疏松，光照充足，排灌良好的沙壤土上栽培。定植前，每 667 m^2 施有机肥 3000～4000 kg、磷酸氢二铵 20 kg、硫酸钾 15 kg、尿素 20 kg，深翻后使肥、土混合均匀，整平地块，按宽 160 cm 做畦。

3. 播种与栽植

球茎茴香春季定植时间为 4 月上中旬前后，当气温稳定在 15 ℃左右时，为定植适期，北方地区稍晚。秋季定植时间为 8 月下旬至 9 月上旬，北方寒冷地区可适当提前。冬春季保护地栽培，定植时间一般为 2—3 月。移栽时控制行株距为 30 cm×(25～30) cm，每畦栽 4 行，每 667 m^2 栽 6000 株左右。

4. 田间管理

(1) 肥水管理：移栽定植时浇一次定根水，等缓苗后再浇一次缓苗水，始终保持土壤湿润。叶鞘肥大期结合中耕进行培土，保持土壤湿润。进入叶鞘肥大期后，植株需水量加大，应持续保持土壤湿润，浇水要均匀，忌忽多忽少，以免引起裂球。缓苗后施一次缓苗肥，每 667 m^2 施尿素 15 kg；在球茎开始膨大时追肥一次，每 667 m^2 施用尿素 15 kg、氮磷钾复合肥 20 kg。之后根据植株田间长势适时追肥。

NOTE

(2) 中耕除草、培土：新叶长出后要进行一次中耕除草，由于球茎茴香根下扎不深，因此中耕除草时一定要浅锄，以免伤根；对于不板结的土壤，可采用人工拔草。在球茎快速膨大期应及时对球茎进行培土，培土不能盖住球茎新叶生长点，经过培土可以提高球茎的品质。

(3) 温湿度管理：球茎茴香最适生长温度为15～20 ℃，低于10 ℃或超过28 ℃则影响生长发育，因此在生产上要注意保温和适时通风降温。大棚春季栽培前期要注意保温；秋延后栽培注意前期遮阳、放风降温，后期要保温。保护地室内栽培要注意控制湿度，湿度不能过大，在早晨和盖席前应加强通风，尤其是天气较热的季节更应做好通风降湿工作。

5. 病虫害防治

球茎茴香虫害主要是蚜虫，应及时用40%氧化乐果乳油1500倍液或10%吡虫啉可湿性粉剂1000倍液进行叶面喷雾防治。田间主要病害是灰霉病和菌核病。防治灰霉病可用50%腐霉利可湿性粉剂800～1000倍液，或50%多霉灵可湿性粉剂800倍液喷雾防治；菌核病在发病初期一定要拔除发病植株，并用65%甲霉灵可湿性粉剂600倍液，或40%菌核净可湿性粉剂1200倍液喷雾防治，重点喷洒茎基部。对病虫害进行化学防治时，应严格遵守采收安全间隔期要求。

6. 采收

球茎茴香定植后40～50天，球茎充分膨大、鳞片呈白色或黄白色、质量在300 g左右时即可进行采收。收获过早会降低产量，收获过晚则会影响品质。上市时要求无黄叶，根盘要切净，球茎上留5 cm左右长的叶柄，其余部分全切去。

四、营养与加工利用

球茎茴香营养丰富，研究发现每100 g鲜食部分中约含蛋白质1.1 g，脂肪0.4 g，糖3.2 g，纤维素0.3 g，维生素C 12.4 mg，钾654.8 mg，钙70.7 mg，此外茎叶中还含有茴香脑，有健胃、促进食欲和驱风邪的功效；球茎茴香所含无机盐高钾低钠，并含有黄酮苷、茴香苷等生物活性物质，具有较好的保健功效；果实富含芳香挥发油成分，包括茴香醚、右旋小茴香酮、柠檬烯、蒎烯、二戊烯、茴香醛等，具有健胃散寒的作用。球茎茴香味道清甜，具有独特香味，质地脆嫩，可生食或熟食，适合凉拌，也可以和各种肉类烹炒。

第五节　羽衣甘蓝

羽衣甘蓝

一、概述

羽衣甘蓝(*Brassica oleracea* var. *acephala* DC.)属于十字花科芸薹属，是甘蓝种的一个变种。羽衣甘蓝原产于地中海沿岸国家，在欧洲及北美地区具有悠久的栽培历史。我国栽培羽衣甘蓝的历史不长，主栽品种一般都是从欧美国家引进的。羽衣甘蓝以羽状嫩叶为蔬菜食用，其羽状嫩叶富含维生素A、维生素B_2、维生素C以及铁、钾、钙等多种矿物质元素，可凉拌、炒食、做汤或做成腌菜，口感清脆柔嫩，热量低，是忌胖者的理想菜肴，是欧美国家重要的保健蔬菜之一，具有较大的市场。羽衣甘蓝由于其叶片形态美观，心叶色彩绚丽，整体感觉很像中国的牡丹花，因此人们形象地称为“叶牡丹”，具有较高的观赏价值，由于其具有一定的耐寒性，因此是冬季和早春布置露地花坛的一种优秀花材。羽衣甘蓝喜冷凉，目前我国主要以冬春栽培为主，夏秋栽培较少。

二、生物学特性

1. 植物学特征

羽衣甘蓝是十字花科芸薹属植物，为二年生观叶草本花卉，为甘蓝的园艺变种。基生叶片紧密互生成莲座状，叶片有光叶、皱叶、裂叶、波浪叶之分，叶脉和叶柄呈浅紫色，内部叶叶色极为丰富，有黄色、白

色、粉红色、红色、玫瑰红色、紫红色、青灰色等颜色。叶片的观赏期为12月至翌年3—4月。株高一般为20～40 cm,总状花序,花浅黄色。果实为角果,6月种子成熟,呈黑褐色,扁球形。

2. 品种与类型

目前我国栽培的羽衣甘蓝品种大部分都是从国外引进的,经多年试种,产量较高、品质较好的品种有从美国引进的沃特斯、京104203;从荷兰引进的杂交一代品种科伦内、温特博、阿培达和慕斯博等。

3. 栽培环境条件

羽衣甘蓝喜冷凉、温和气候,耐寒性较强,成株可短暂耐−4 ℃低温,冬季露地栽培能经受短期霜冻而不枯萎,但不能耐受长期连续严寒。种子发芽适宜温度为18～25 ℃,植株生长适宜温度为15～25 ℃,茎叶最适生长温度白天为18～20 ℃,夜间为8～10 ℃。生长温度过高会导致商品茎叶品质降低。羽衣甘蓝较耐阴,但充足光照有利于其生长,进入生殖生长阶段需要长日照刺激其抽薹开花。羽衣甘蓝对水分需求量较大,但是不耐涝。羽衣甘蓝忌连作,对土壤要求不高,但以富含有机质的肥沃壤土或者沙壤土为宜,pH以5.5～6.8为宜。

三、栽培技术

1. 繁殖方式与育苗

羽衣甘蓝一般采用育苗移栽的方式进行种植。选择在储藏期内、活力较高的种子进行育苗。育苗苗床应选疏松肥沃、排灌良好、2～3年未种植过十字花科作物的土壤。播种前施足底肥,做成宽1～1.5 m的床畦。条播时,按5～6 cm的行距开浅沟,然后顺沟浇水,每隔1 cm左右播1～2粒种子,盖土1 cm;撒播时,苗床应先浇足底水,待水充分渗下后,撒上一层过筛细干土,然后进行撒播,种子要撒均匀,撒播后再盖一层厚约0.5 cm的过筛细土。播种后床温保持20～25 ℃,气温较低进行保护地育苗时,播种后应盖地膜或搭小拱棚。一般播种5～10天后出苗。出苗后应根据气温情况适时盖膜和揭膜,要求白天温度为15～18 ℃,夜间温度不低于10 ℃。当幼苗长出2～3片真叶时进行移栽。

羽衣甘蓝露地栽培主要有春、秋两季。春季栽培根据各地气候可在2月中旬至3月上旬进行保护地育苗,3月中旬至4月初定植,4月中旬至6月开始采收。春季露地直播应根据气温适时延后播种。夏季栽培选用耐热品种,5—6月进行直播,加盖遮阳网,7—8月采收。秋季栽培可根据各地气候在7—10月播种育苗,8—11月定植,9月至翌年2—3月采收。保护地栽培可根据市场需求采用春、夏、秋三季播种,实现鲜食型羽衣甘蓝设施栽培周年生产。

2. 整地做畦

羽衣甘蓝忌连作,选择2～3年内未种过十字花科作物的地块,以排灌方便、疏松肥沃的沙壤土为宜,定植前每667 m^{2}施腐熟农家肥2500 kg、氮磷钾复合肥50 kg作基肥,深翻后使肥、土混合均匀,耙匀整平,做成宽1～1.2 m的畦面,畦间开深沟以利于排水,畦面盖好地膜备用。

3. 播种与栽植

羽衣甘蓝幼苗长出6～7片真叶时带土移栽。移栽前一天将苗床浇透水,并用小铲子逐株带土起苗进行移栽。移栽时每畦定植2行,在铺好的地膜上按行距50～55 cm、株距45～50 cm开定植穴后定植。定植后浇定根水。

4. 田间管理

(1) 肥水管理:一般在定植缓苗后一周左右进行第1次追肥,每667 m^{2}施尿素10～15 kg,以促茎叶生长,提高产量和品质。当秧苗长到有12片左右真叶时,开始收获嫩叶,一般10～15天采收一次。每次采收后,每667 m^{2}追施尿素8～10 kg、氮磷钾复合肥10 kg。羽衣甘蓝茎叶生长量较大,水分消耗也较多,除每次追肥后都应灌水外,还需根据田间情况适时浇水,保持土壤湿润,但要求小水常浇,单次浇水不宜过多,根据降水情况及时排水,田间不能积水。

(2) 中耕除草:定植缓苗后,及时中耕松土,同时除掉杂草,尤其是春播种植时可提高地温,增强根系透气性,促进根系生长。一般在植株封行之前应中耕2～3次,中耕深度3～4 cm。封行之后杂草可随手拔除。

NOTE

(3) 温光管理:进行保护地栽培时,要注意进行温光管理。冬季保护地栽培羽衣甘蓝时要根据气温变化早揭晚盖,白天要进行通风换气,以降低棚内湿度,增加光照辐射,夜温要求保持在 8 ℃以上;夏栽、早秋栽羽衣甘蓝应适时进行避雨、遮阳和喷雾灌溉,白天应注意保持通风,棚温控制在 28 ℃以下、光合有效辐射控制在 400～700 W/m^2。

5. 病虫害防治

羽衣甘蓝的虫害主要有蚜虫、菜青虫和斜纹夜蛾。一般可通过悬挂诱虫黄板、安装灭虫灯进行诱杀,同时结合人工清除害虫、虫卵聚集叶片等方法灭虫。发生虫害时,蚜虫可用 40%氧化乐果乳油 1500 倍液或 10%吡虫啉可湿性粉剂 1000 倍液进行叶面喷雾防治。菜青虫和斜纹夜蛾可选用 1.8%阿维菌素乳油 4000 倍液或 5.7%氟氯氰菊醋乳油 1000 倍液喷雾防治。羽衣甘蓝主要病害有黑斑病、霜霉病和灰霉病。在日常管理过程中需经常通风换气以降低棚内湿度,并及时清除杂草、病株和老叶。在病害发生初期,可用 75%百菌清可湿性粉剂 600 倍液+50%多菌灵粉剂 500 倍液防治黑斑病、灰霉病,用 40%三乙膦酸铝可湿性粉剂或 75%百菌清可湿性粉剂 600 倍液防治霜霉病。对病虫害进行化学防治时,应严格遵守采收安全间隔期要求。

6. 采收

羽衣甘蓝定植后 25～30 天,外叶展开 10～12 片时即可开始采收嫩叶上市。每次每株能采嫩叶 1～3 片,陆续采收,一般每隔 10～15 天可采收 1 次。早春和晚秋以后采收的羽衣甘蓝嫩叶品质佳、风味好;而夏季高温时采收的叶片,纤维含量较高,口感较紧硬,风味较差。

四、营养与加工利用

羽衣甘蓝以采收羽状嫩叶为食。羽衣甘蓝营养丰富,富含多种维生素以及矿物质元素和微量元素。羽衣甘蓝维生素 C 含量是绿叶菜中最高的。微量元素硒的含量为甘蓝类蔬菜之首,因此有"抗癌蔬菜"的美称。研究发现,羽衣甘蓝含有丰富的钙、维生素 D 和维生素 E,长期食用有助于改善老年人的骨质疏松症。此外,羽衣甘蓝还具有一定的养胃和中、清热除烦、利水、消食通便等功效。羽衣甘蓝嫩叶适口性好、质脆味清,可凉拌、炒食、腌制和做汤等,烹饪后能保持靓丽的颜色,可与其他蔬菜拼成各种图案的"沙拉",在菜肴装饰中堪称上品。

第六节　紫背天葵

紫背天葵

一、概述

紫背天葵(*Begonia fimbristipula* Hance)又名观音菜、补血菜、紫背菜、红背菜和两叶三七草等,属秋海棠科秋海棠属多年生草本植物,以其顶部约 10 cm 长的嫩梢作为蔬菜食用。紫背天葵原产于我国南方地区,以半野生蔬菜形式在我国西南地区和沿海的浙江、福建及广东等地广泛栽培。近年来,东北和华北地区也进行了引种和试种。紫背天葵营养丰富,富含维生素、矿物质元素和膳食纤维等营养成分,此外还含有较为丰富的氨基酸、多糖、花青素、生物碱和黄酮等物质,具有较好的保健功能。研究表明,紫背天葵具有提高免疫力、降低血糖和血脂、抗氧化、延缓衰老、增强造血功能、抗菌消炎等功效。此外,紫背天葵颜色艳丽,茎紫红、叶背紫、花黄,具有较高的观赏价值。紫背天葵由于营养丰富,保健功能突出,同时在栽培过程中病虫害很少,基本不需喷施农药,因此是一种推广价值较高的绿色保健蔬菜。

二、生物学特性

1. 植物学特征

紫背天葵,多年生无茎草本植物。根状茎球状,直径 7～8 mm,具多数纤维状根。叶均基生,具长

NOTE

柄;叶片两侧略不相等,轮廓宽卵形,长 6～13 cm,宽 4.8～8.5 cm,先端急尖或渐尖状急尖,基部略偏斜,心形至深心形,边缘有大小不等三角形重锯齿,有时呈缺刻状,齿尖有长可达 0.8 mm 的芒,上面散生短毛,下面淡绿色,沿脉被毛,但沿主脉的毛较长,常有不明显白色小斑点,掌状 7(8)条脉,叶柄长 4～11.5 cm,被卷曲长毛;托叶小,卵状披针形,长 5～7 mm,宽 2～4 mm,先端急尖,顶端带刺芒,边撕裂状。花葶高 6～18 cm,无毛;花粉红色,数朵,二至三回二歧聚伞状花序,首次分枝长 2.5～4 cm,二次分枝长 7～13 mm,通常均无毛或近于无毛;下部苞片早落,小苞片膜质,长圆形,长 3～4 mm,宽 1.5～2.5 mm,先端钝或急尖,无毛。雄花:花梗长 1.5～2 cm,无毛;花被片 4,红色,外面 2 枚宽卵形,长 11～13 mm,宽 9～10 mm,先端钝至圆,外面无毛,内面 2 枚倒卵状长圆形,长 11～12.5 mm,宽 4～5 mm,先端圆,基部楔形;雄蕊多数,花丝长 1～1.3 mm,花药长圆形或倒卵状长圆形,长约 1 mm,先端微凹或钝。雌花:花梗长 1～1.5 cm,无毛,花被片 3,外面 2 枚宽卵形至近圆形,长 6～11 mm,近等宽,内面的倒卵形,长 6.5～9.2 mm,宽 3～4.2 mm,基部楔形,子房长圆形,长 5～6 mm,直径 3～4 mm,无毛,3 室,每室胎座具 2 裂片,具不等 3 翅;花柱 3,长 2.8～3 mm,近离生或 1/2 合生,无毛,柱头增厚,外向扭曲呈环状。蒴果下垂,果梗长 1.5～2 mm,无毛,轮廓倒卵状长圆形,长约 1.1 mm,直径 7～8 mm,无毛,具不等 3 翅,大的翅近舌状,长 1.1～1.4 cm,宽约 1 cm,上方的边平,下方的边弧形,其余 2 翅窄,长约 3 mm,上方的边平,下方的边斜;种子极多数,小,淡褐色,光滑。花期 5 月,果期 6 月开始。

2. 品种与类型

根据植株茎叶颜色的不同,紫背天葵又可分为紫茎红背叶种和紫茎绿背叶种两大类。紫茎红背叶种按照叶片大小,又可分为小叶种和大叶种。小叶种叶片较小,黏液少,节间长,较耐低温,适合冬季在较为冷凉的区域栽培;大叶种叶大而细长,先端尖,黏液多,节间较长。紫茎绿背叶种下部茎秆呈浅紫红色,叶面及叶背深绿色,有短茸毛,黏液少,口感差,但较耐高温和干旱。

3. 栽培环境条件

紫背天葵喜温,耐热,但在夏季高温下生长缓慢;其不耐寒,虽能耐 3～5 ℃的低温,但遇霜冻即枯死。在温暖的南方地区,紫背天葵为常绿宿根性多年生植物。北方栽培时不能在露地越冬,需在初霜之前转移至保护地防寒。紫背天葵对光照要求不严,较耐阴,但充足的日照有利于其生长和提高产量。紫背天葵喜湿润环境,但较耐旱,土壤水分充足有利于高产优质,在较干旱条件下生长缓慢。对土壤的适应性很强,极耐贫瘠,但在高产栽培时宜选择土层深厚肥沃、富含有机质、排灌方便的土壤。

三、栽培技术

1. 繁殖方式

紫背天葵的茎节部易生不定根,生产上多采用扦插繁殖育苗。春季从健壮的母株上剪取长 6～8 cm含顶芽的枝条,注意选取顶芽的枝条不宜过嫩或过老,每个插条带 3～5 片叶片,摘去枝条基部 1～2 片叶子,插于苗床上,苗床可用土壤,或细沙加草灰。扦插株距为 6～10 cm,行距为 20～30 cm,枝条入土 1/2～2/3,浇透水,气温较低地区盖上塑料薄膜保温(保持 20 ℃)保湿,保持苗床湿润,一般经 10～15 天可成活,而后带土移植。在无霜冻的南方地区,周年都可以进行繁殖,北方春季应提前在保护地内育苗。

2. 整地做畦

紫背天葵对土壤条件要求不严格,但为获得优质高产品种,宜选择土层深厚肥沃、富含有机质、排灌方便的微酸性壤土或沙壤土。定植前种植地块要深耕,结合整地每 667 m^2施入充分腐熟有机肥 2000～3000 kg、氮磷钾复合肥 40～50 kg,土肥充分混匀,整平耙细,做成连沟宽 1～1.2 m、高 20～25 cm 的深沟高畦,然后覆盖地膜做好定植准备。

3. 移栽定植

紫背天葵在长江流域春季种植时可根据栽培条件适时定植,保护地种植可根据保温情况于 2 月中旬至 4 月初定植;露地栽培应在 4 月上旬断霜后定植。华北地区一般在 4 月下旬至 5 月上旬晚霜过后定植。定植时每畦栽 2 行,行距一般为 50 cm,株距一般为 25～30 cm,每 667 m^2 种植 3500～5000 株。定植后及时浇定根水。

NOTE

4. 田间管理

(1) 肥水管理：紫背天葵要求在整个生长发育过程中肥水要均匀供应。定植成活后，应追施提苗肥1次，每667 m^2随水追施尿素5～7 kg。进入采收期后，每采收1次要及时追肥1次，每次每667 m^2施氮磷钾复合肥20～25 kg。在整个生长过程中要适时浇水，以土壤保持湿润为原则，雨季需注意清沟排水。

(2) 环境控制：紫背天葵生长适温为15～30 ℃，不耐霜冻，因此冬春季以保温防冻为主，气温较低地区冬季要采取多层覆盖，保持棚温10 ℃以上，低温季节应尽量少浇水以保持土壤温度，春暖后晴好天气中午可适当揭膜通风换气降温降湿，要求棚温不超过25 ℃。夏季应采取措施遮阳降温，尽量保持20～25 ℃的生长环境。

(3) 更换母株：在大棚周年生产中，若出现产量降低、植株老化严重的现象，应及时更换母株，一般以每2～3年更换1次为宜。

5. 病虫害防治

紫背天葵常见的病害有根腐病、叶斑病、炭疽病、菌核病、灰霉病、软腐病，常见的虫害有蚜虫、斑潜蝇及斜纹夜蛾等。在日常的田间管理中，可以采取一些措施对病虫害进行一定的预防，包括繁殖时选择没有病虫害的母株，加强温湿度管理，多年种植及时复壮母株，及时清除发病植株等。除此之外可结合化学防治，根腐病在发病初期可选用50%氯溴异氰脲酸（消菌灵）可湿性粉剂800倍液或25%甲霜灵可湿性粉剂600倍液灌根或喷雾防治，7～10天防治1次，连续防治2～3次；叶斑病、炭疽病、菌核病在发病初期，可选用80%代森锰锌可湿性粉剂600倍液或50%甲基硫菌灵可湿性粉剂500倍液喷施，每隔7～10天喷1次，共喷2～3次；斜纹夜蛾应在3龄前进行化学防治，可用1.5%甲维盐乳油2000～3000倍液或4.5%氯氰菊酯乳油1500倍液喷雾防治；蚜虫和斑潜蝇可选用10%吡虫啉可湿性粉剂2000倍液或50%灭蝇胺可湿性粉剂5000倍液喷雾防治。对病虫害进行化学防治时，应严格遵守采收安全间隔期要求。

6. 采收

紫背天葵嫩梢长至10～15 cm，先端具有5～6片叶时，即可采收。初次采收时，在茎基部留2～3节叶片，以利多发枝条。以后陆续从叶腋长出新梢，采收时保留基部1～2片叶即可。在肥水及温湿度管理较好的情况下一般每10～15天可采收1次。露地栽培可一直采到霜冻，大棚栽培可四季采收，实现周年供应。

四、营养与加工利用

紫背天葵是一种药食同源植物，是一种集营养保健与特殊风味为一体的高档蔬菜。紫背天葵有以下功能：①富含维生素和多种矿物质元素，其中铁、铜、镁等元素也可作为多种酶的辅基，可以帮助机体清除自由基，起到抗氧化、延缓衰老的作用；②富含造血功能的铁元素，中国南方一些地区把紫背天葵作为一种补血的良药，是产后妇女食用的主要蔬菜之一；③富含黄酮苷化合物，具有较好的保健功能，可以延长维生素C的作用，减少血管性紫癜。此外，紫背天葵还可提高抗寄生虫和抗病毒的能力，对肿瘤有一定的防治效果。紫背天葵口感细嫩脆爽，食用方法较多，可拌凉菜、与食用菌素炒、荤炒、榨汁、做汤、做馅儿等，或作为火锅调料，风味别具一格，略具茼蒿的芬芳，质柔细滑。

第七节 紫 菜 薹

紫菜薹

一、概述

紫菜薹（*Brassica campestris* L. var. *purpuraria* L. H. Bailey）又名红菜薹、油菜薹、红菜等，属于十字花科芸薹属，是白菜种的一个亚种。紫菜薹起源于中国南方地区，主要分布在长江流域，其中又以湖

NOTE

北武汉洪山一带所产的洪山菜薹最为有名。中国很早就有关于紫菜薹的记载,《齐民要术》和《本草纲目》中均有提到。之前紫菜薹的种植面积并不大,20 世纪 50 年代初仅有几千亩,主要分布在长江流域。20 世纪 80 年代起紫菜薹被引种到全国不同地方,北京和台湾等地也已开始栽培,2000 年之后开始被引入日本等国。紫菜薹主要以其花薹作为蔬菜食用,品质柔嫩,营养丰富,可炒食或制汤,味道十分鲜美,深受人们的喜爱。

二、生物学特性

1. 植物学特征

紫菜薹是十字花科芸薹属植物,二年生草本,高 30～90 cm;茎短缩,其上着生数片基叶。叶卵形或椭圆形,叶色绿或紫绿,波状叶缘,叶基部深裂或有少数裂片。叶脉和叶柄为紫红色,叶柄较长,叶脉明显。花薹近圆形,紫红色,薹高 30～40 cm,腋芽萌发力强,每株可产侧薹 7～8 条或多达 20～30 条。薹叶细小,倒卵形或近披针形,基部抱茎成耳状。总状花序,完全花,花冠黄色。果实为长角果,内含多粒种子。种子近圆形,紫褐至黑褐色,千粒重 1.5～1.9 g。

2. 品种与类型

根据紫菜薹对气候的适应性,可分为早熟、中熟、晚熟 3 个品种。要依据当地气候条件、茬口安排、市场要求等选择相应的品种种植。目前早熟品种主要有“武昌红叶大股子”“绿叶大股子”“成都尖叶”“小红油菜薹”等,中熟品种有“二早子红油菜薹”“七根薹”等,晚熟品种有“胭脂红”“阴花油菜薹”“迟不醒”等。

3. 栽培环境条件

紫菜薹属耐寒的二年生蔬菜,在 0～35 ℃均能生长发育,能耐－2～－1 ℃的低温,可短期耐受－10～－5 ℃的低温,同化作用最强的温度为 15～20 ℃,但以 5～15 ℃下抽生的菜薹品质最佳,气温高于 25 ℃生长速度快,菜薹粗纤维含量高,有苦味,品质不佳。一般菜薹生长以白天 15～20 ℃,夜间 5～10 ℃最为适宜。紫菜薹对光照的要求不高,由于其根系入土较浅,因此耐旱、耐涝能力不强,生长过程中需要保证水分的供应和湿润的环境,但是不能积水。抽薹时土壤水分不足导致纤维多、口感和品质均不佳,但水分过多则易导致病害发生。采收期如遇雨水,切口愈合慢,易导致病害发生。由于紫菜薹采收期较长,因此对土壤肥力要求较高,栽培时以肥沃的沙壤土为宜。紫菜薹不宜连作栽培。

三、栽培技术

1. 繁殖方式

生产上紫菜薹一般采用育苗移栽的方式进行繁殖。选择在储藏期内、活力较高的种子进行育苗。中国长江流域一般早熟品种于 8—9 月播种育苗,中熟品种在 9 月前后播种育苗,晚熟品种于 9—10 月播种育苗。播种过早,菜薹品质会受到影响,同时易发生病毒病和软腐病等病害;播种过晚,则会导致前期生长不充分而使其叶片少,影响后期产量。育苗床宜采用沙壤土或壤土,将种子与沙土混合后撒播,每平方米苗床用种 1～2 g。育苗期自真叶展开后可间苗 1～2 次,结合间苗追肥 1 次,每 667 m^2 追施尿素 2～3 kg。早熟品种一般苗龄 20～25 天即可移栽,中晚熟品种一般苗龄 25～30 天可移栽。

2. 整地做畦

移栽宜选择土层深厚肥沃、排灌良好的沙壤土地块。移栽前地块一般要求耕耙两遍,第一次耕耙后晒几天,再耕耙一次,第二次耕耙前施足底肥,每 667 m^2 施 2500 kg 优质农家肥＋100 kg 51％硫酸钾复合肥＋2 kg 硼肥,肥、土充分混合,整平耙匀,按 1～1.2 m(包沟)开沟做畦,一般一畦定植两行,早熟品种的畦可窄一些。

3. 栽植定植

移栽前一天将苗床浇透水,以便于取苗。移栽时最好能带土,如不能也应尽量少伤根,随取随栽。定植时行距 35～50 cm,株距 30～35 cm,一般早熟品种定植密度比晚熟品种大。幼苗移栽深度适中,不能将苗盖住,移栽后随即浇水,透水要浇透,但只可浸灌,不可漫灌。

NOTE

4. 肥水管理

紫菜薹持续采收期较长，对肥水要求较高。在施肥上要求基肥与追肥并重，在施足基肥的情况下适时追肥。定植缓苗后追施一次提苗肥，每 667 m^2 追施尿素 5～6 kg；抽薹前追肥一次，每 667 m^2 追施尿素 5～6 kg；进入采收期后，每隔 10 天左右追施尿素 5 kg，随水施入。紫菜薹需水量较大，应实时保持土壤湿润，受旱容易发生病毒病，过湿则易感染软腐病。在严冬来临前，要控制肥水，以免植株生长过旺、遭受冻害。

5. 病虫害防治

紫菜薹主要病害有病毒病、霜霉病和软腐病，主要虫害有蚜虫、小菜蛾等。蚜虫是传播病毒病的主要媒介之一，在夏季和初秋危害严重，要及时预防，发现蚜虫时可用 40%氧化乐果乳油 1500 倍液或 10%吡虫啉可湿性粉剂 1000 倍液进行叶面喷雾防治；病毒病用 25%病毒 A 250 倍液或 83 增抗剂 300 倍液喷雾防治；霜霉病发生时，可用代森锌可湿性粉剂 800 倍液或代森铵水剂 1000 倍液喷雾防治 1～2 次；软腐病一般在气温较高时发生，一般经伤口进行感染，采收后可用 15%代森锰锌可湿性粉剂 600 倍液或 75%百菌清可湿性粉剂 800～1000 倍液喷雾防治；小菜蛾可用 25%功夫乳油 5000 倍液喷雾防治。对病虫害进行化学防治时，应严格遵守采收安全间隔期要求。

6. 采收

当菜薹长到 30～40 cm 至初花时为最佳采收期，过早、过迟采收都不利于菜薹的质量和产量。采收时切口要略斜，以防积水，引发软腐病。为提高侧薹质量，主薹采收时一般在菜薹基部进行，并保留少量腋芽，以促进侧薹粗壮。

四、营养与加工利用

紫菜薹的食用器官为嫩花薹，其营养丰富，研究显示，每 100 g 鲜花薹含蛋白质 1.3～2.1 g、糖 1.4～4.2 g，胡萝卜素约 0.88 mg、烟酸约 0.8 mg、维生素 C 约 79 mg、钙约 15 mg、铁 1.3 mg。紫菜薹味道甘甜，品质柔嫩，可炒食、做汤或烫后凉拌，其中清炒菜薹和腊肉炒菜薹是较为常见和经典的菜品。

第八节 紫　苏

紫苏

一、概述

紫苏（*Perilla frutescens* (L.) Britt.）又叫红苏、香苏，属于唇形科紫苏属一年生草本，具有特殊的芳香气味。紫苏原产于中国，在我国已有超过 2000 年的种植历史，古籍中对紫苏也多有记载，李时珍《本草纲目》记载：苏乃荏类，而味更辛如桂，故《尔雅》谓之桂荏。北魏贾思勰《齐民要术》中记载：苏子雀甚嗜之，必须近人家种矣。目前在我国华北、华南以及台湾地区均有种植。紫苏全身都是宝，其根、茎、叶、种子均可入药，嫩叶具有独特的芳香气味，是人们经常食用的调味品，常作为配菜使用。干燥的紫苏叶有解表散寒、行气和胃的功效。紫苏的果实称为苏子，苏子的含油量很高，苏子油富含 α-亚麻酸，对心脑血管疾病具有很好的保健作用。近年来，紫苏因其特有的活性物质和保健功能而备受关注，商业化种植也越来越多。

二、生物学特性

1. 植物学特征

紫苏，一年生直立草本。茎高 0.3～2 m，绿色或紫色，钝四棱形，具四槽，密被长柔毛。叶阔卵形或圆形，长 7～13 cm，宽 4.5～10 cm，先端短尖或突尖，基部圆形或阔楔形，边缘在基部以上有粗锯齿，膜质或草质，两面绿色或紫色，或仅下面紫色，上面被疏柔毛，下面被贴生柔毛，侧脉 7～8 对，位于下部者

NOTE

稍靠近，斜上升，与中脉在上面微突起下面明显突起，色稍淡；叶柄长 3～5 cm，背腹扁平，密被长柔毛。轮伞花序 2 花，组成长 1.5～15 cm、密被长柔毛、偏向一侧的顶生及腋生总状花序；苞片宽卵圆形或近圆形，宽约 4 mm，先端具短尖，外被红褐色腺点，无毛，边缘膜质；花梗长 1.5 mm，密被柔毛。花萼钟形，10 脉，长约 3 cm，直伸，下部被长柔毛，夹有黄色腺点，内面喉部有疏柔毛环，结果时增大，长至 1.1 cm，平伸或下垂，基部一边肿胀，萼檐二唇形，上唇宽大，3 齿，中齿较小，下唇比上唇稍长，2 齿，齿披针形。花冠白色至紫红色，长 3～4 mm，外面略被微柔毛，内面在下唇片基部略被微柔毛，冠筒短，长 2～2.5 cm，喉部斜钟形，冠檐近二唇形，上唇微缺，下唇 3 裂，中裂片较大，侧裂片与上唇相近似。雄蕊 4，几不伸出，前对稍长，离生，插生喉部，花丝扁平，花药 2 室，室平行，其后略叉开或极叉开。花柱先端相等 2 浅裂。花盘前方呈指状膨大。小坚果近球形，灰褐色，直径约 1.5 mm，具网纹。花期 8—11 月，果期 8—12 月。

2. 品种与类型

目前我国主栽的叶用菜紫苏品种主要从日本引进，主要包括紫叶紫苏（又称赤苏）和绿叶紫苏（又称白苏）2 种类型。赤苏叶片厚而脆，香味浓郁，叶片极易穿孔碎裂，影响其商品属性，产量不高；白苏叶片较薄而软，不易碎裂，产量较高。

3. 栽培环境条件

紫苏适应性强，对土壤要求不严，商品种植宜选择土层疏松肥沃、排灌良好的沙壤土或壤土。紫苏忌连作，一般采用 2～3 年轮作。紫苏喜温喜湿，种子萌发适宜温度为 18～23 ℃，苗期可耐 10～12 ℃低温，生长适宜温度为 20～26 ℃，低于 10 ℃受到冷害，停止生长，较耐高温，但超过 35 ℃时生长受阻，品质不佳。紫苏喜光照，但在较阴的地方也能正常生长。紫苏属于短日照植物，日照时间短即进入生殖生长阶段，开始开花结果。紫苏较耐高温高湿而不耐干旱，在种植过程中要适时浇水，保持土壤湿润。

三、栽培技术

1. 繁殖方式与育苗

生产上紫苏采用种子进行繁殖，一般采取育苗移栽的方法。选择在储藏期内、活力较高的种子进行育苗。长江流域紫苏以露地栽培为主，一般 3—4 月在保护地或露地育苗，4—5 月定植，6—9 月采收。北方地区春季露地栽培一般 4—5 月于保护地或露地育苗，5—6 月定植，7—10 月采收。长江流域大棚秋延后栽培，一般 8—9 月播种育苗，9—10 月定植，11 月至翌年 1 月供应；长江流域大棚越冬栽培，一般 10—11 月于保护地或露地播种育苗，11—12 月定植于大棚，种植过程中注意保温防寒和补光，翌年 2—4 月供应。

育苗应选择土质良好的地块做畦，施足底肥，浇一次透水，当水充分下渗、苗床温度升高时进行撒播。由于紫苏种子寿命短，因此往往需要使用新种子。播种前新种子需要打破休眠并进行催芽，种子用 100 mg/L 赤霉素浸泡 10 min 后，放在 5 ℃左右有光照的环境下处理 7 天，然后用湿纱布包裹于 20～23 ℃环境下催芽 12 天左右，大部分种子露白之后便可播种。将种子与细土按 1∶10 混合均匀后撒播于床面，后覆盖一层细土或泥炭土，厚度以刚盖住种子为宜，播种量为 1.5～2.0 g/m^2。播种后应保持苗床湿润，露地育苗遇低温可覆盖塑料薄膜保温。保护地育苗棚内温度应保持在 16～28 ℃，超过 25 ℃时要及时通风降温。出苗后应分次间苗，剔除过小和过密的弱苗。

2. 整地做畦

选择土层疏松肥沃、排灌良好的沙壤土，定植前施足底肥，每 667 m^2 撒施优质农家肥 3000～5000 kg，后深翻 25～30 cm，使土肥充分混匀后做深沟高畦，畦宽 100～110 cm，沟宽 30～40 cm、深 15～20 cm。为方便浇水，垄上可铺设喷灌或滴灌塑料管，每垄 2 根。为提前控制杂草，可在定植前喷施除草剂除草一次，可用糠麸拌敌百虫 500 倍液撒在畦面诱杀地老虎。定植前 1 天在畦面上铺好黑色地膜。

3. 播种与栽植

一般苗龄为 30～40 天，幼苗长出 4～6 片叶时进行定植。为减少移栽过程中伤根和便于带土移栽，可在定植前 1 天将苗床浇透水。提前在铺好的地膜上打好定植孔，每畦定植 4 行，行距为 20～25 cm，株

NOTE

距为 18～22 cm,每 667 m^2 定植 8000～9000 株。定植要保持幼苗直立,根系要全部埋入土中,定植后立即浇定根水稳苗,定植 3 天后再浇 1 次水以促进缓苗。

4. 田间管理

(1) 肥水管理:紫苏定植缓苗后每周浇水 1 次,每半个月追肥 1 次。采用膜下滴灌的方式,春秋季一般在每天上午滴灌 1 次,冬季隔天在中午前后滴灌 1 次,夏季一般每天早、晚各滴灌 1 次,每次滴灌时间一般在半个小时左右,整个生长周期应保持膜下土壤见干见湿。每半个月追肥 1 次,每次追肥可将土壤追肥和叶面追肥交替进行。土壤追肥一般随浇水冲施,每次每 667 m^2 施用尿素 6 kg、氮磷钾复合肥 4 kg。叶面追肥可以采用 0.5%尿素溶液进行喷施。

(2) 植株调整:紫苏分枝能力较强,定植约 20 天后,根据植株长势将基部 2～3 个茎节上叶片和枝杈全部摘除,以促进植株健壮生长。在植株生长过程中适时摘去多余的腋芽、小杈,每株保留 6～8 条健壮的侧枝,当侧枝上长出 7～8 片叶时及时摘心。根据植株生长状况及时摘去老叶、黄叶、病叶及畸形叶。

(3) 中耕除草:根据田间情况及时进行中耕除草。幼苗长至约 15 cm 时,应进行一次中耕除草,封垄前结合土壤追肥可适时进行中耕除草,浇水导致土壤板结时,也需及时中耕松土,并保持土壤疏松,以增强根部透气性。

(4) 光照及温湿度控制:紫苏喜温暖气候条件,茎叶生长适宜温度为 20～26 ℃,生长适宜相对湿度为 70%～80%,在进行保护地栽培时应根据需要适时调整。紫苏是短日照植物,秋冬季栽培时由于日照变短,会诱导紫苏进入生殖生长,导致叶片变小、变老,食用价值大大降低,因此为避免植株进入生殖生长,应采用人工补光,保证每天光照时长 15～16 h。

5. 病虫害防治

紫苏的主要病害有菌核病、叶斑病、灰霉病、锈病,实行 2～3 年轮作可有效降低病害的发生。菌核病发病初期可用 58%甲霜·锰锌可湿性粉剂 500 倍液喷洒植株根茎基部进行防治;叶斑病发病初期可用 70%代森锰锌可湿性粉剂 400～500 倍液或 80%百菌清可湿性粉剂 450～600 倍液喷洒叶面防治;灰霉病发病初期可用 50%腐霉利(速克灵)可湿性粉剂 2000 倍液喷雾防治;锈病发病初期可用 1∶1∶200 倍波尔多液或 15%三唑酮(粉锈宁)可湿性粉剂 1000 倍液喷雾防治。一般病害发生后每隔 7～10 天防治 1 次,连续防治 2～3 次。紫苏的主要虫害有红蜘蛛、蚜虫、斜纹夜蛾等,可采用悬挂黄色粘虫板,安装杀虫灯、性诱器等物理方法进行诱杀。当害虫危害达到防治阈值时,需采用化学防治,红蜘蛛可喷洒 73%克螨特乳油 2500 倍液防治;蚜虫可用 40%氧化乐果乳油 1500 倍液或 10%吡虫啉可湿性粉剂 1000 倍液进行叶面喷雾防治;斜纹夜蛾可用 20%虫酰肼悬浮剂 1800～2200 倍液或 1.8%阿维菌素乳油 2000～3000 倍液喷雾防治。对病虫害进行化学防治时,应严格遵守采收安全间隔期要求。

6. 采收

当紫苏第 5 茎节以上叶片长至宽 6～9 cm 时,即可采摘。为保证品质并预防病害,采收前剪净指甲,佩戴手套。采收时动作要轻,叶片要摊平叠齐,手中每次积累的叶片不超过 10 片。采收的叶片应及时放入桶内,放置时保持叶面向下,叶背朝上,堆放要松散,叶片放到平桶面后盖上湿布,放置阴凉处,并尽快送冷库保存(温度 3～7 ℃,湿度 80%)。采收时应留下足够的功能叶,以使紫苏继续生长。采后将上部茎节上发生的腋芽抹去。采叶高峰期,每隔 3～4 天可采收 1 次。

四、营养与加工利用

紫苏一般以其嫩叶作为蔬菜和重要的调味品。紫苏嫩叶营养丰富,每 100 g 紫苏嫩叶约含粗蛋白 3.84 g、粗脂肪 1.30 g、粗纤维 6.96 g、维生素 C 68 mg 、硫胺素 0.02 mg、维生素 B_2 0.35 mg、烟酸 1.3 mg、类胡萝卜素 9.09 mg、钾 522 mg、钙 217 mg、镁 70.4 mg、磷 44 mg、钠 4.24 mg、铁 20.7 mg、锰 1.25 mg、铜 0.34 mg、锌 1.21 mg、锶 1.50 mg、硒 3.24 μg。此外,研究发现紫苏特异的芳香味来源于其含有的紫苏醛、紫苏醇、薄荷酮、薄荷醇、丁香油酚、白苏烯酮等多种活性物质。紫苏嫩叶作蔬菜可生食或用于做汤,或作为重要的调味品,茎叶还可腌制食用。烹煮水产品时加紫苏嫩叶或幼苗调味,可增加菜品香气,紫苏煮鱼,鱼鲜菜美。蒸煮螃蟹时,放一把紫苏叶,可起到解腥、祛寒的功效。此外紫苏汁液还可起到为糕点、梅酱等食品染色的作用,是优良的天然色素。

NOTE

菊花脑

第九节 菊 花 脑

一、概述

菊花脑(*Chrysanthemum nankingense*),又名菊花菜、菊花叶、黄菊仔、路边黄等,是菊科菊属多年生宿根草本植物。菊花脑原产于中国,在江苏、贵州、湖南等省份能找到其野生种,以前主要栽培地在南京。菊花脑以幼嫩茎叶作蔬菜食用,烹饪方式多样,可凉拌、炒食或煮汤。研究发现,每 100 g 菊花脑食用部分约含粗蛋白 4.33 g、脂肪 0.34 g、膳食纤维 1.13 g、还原糖 0.40 g、维生素 C 13.0 mg、总氨基酸 3.74 g、铁 1.68 mg、钙 113.1 mg、锌 0.62 mg。此外,菊花脑还富含黄酮类化合物和一些有机挥发成分,使其具有独特的香味和保健功能。菊花脑口感清爽,尤其在夏季具有消暑解渴、增进食欲的功能,此外其还能润喉化痰、清热凉血、降低血压,是一种较为典型的药食同源植物。近年来菊花脑的种植区域逐渐扩大,上海、杭州、合肥、武汉等地均有栽培。菊花脑适应性强,抗逆性好,很少发生病虫害,是一种具有较大发展潜力的高档保健蔬菜。

二、生物学特性

1. 植物学特征

菊花脑的栽培植株形态与野生菊花相似。植株高度一般为 30～100 cm,茎秆纤细,半木质化,直立或半匍匐生长,分枝性极强。根系发达,并具地下匍匐茎,其地下匍匐茎极耐寒,长江流域可露地安全越冬。叶片卵形或长卵形,互生,长 2～6 cm,宽 1～2.5 cm,叶正面绿色,背面淡绿色,近乎无毛;叶缘具粗大的复锯齿或二回羽状深裂,叶基稍收缩成叶柄,叶脉上具有稀疏的细毛,先端短尖,基部窄楔形或稍收缩成柄,柄具窄翼,绿色或带紫色。叶腋处秋季抽生侧枝。10—11 月短日照下开花,头状花序着生在枝条顶端,花较小,花瓣呈鲜艳的黄色,总苞半球形,直径 1～1.5 cm;花期较长,近 2 个月。果实为瘦果,种子 12 月成熟,种皮为灰褐色,千粒质量为 0.12 g。

2. 品种

菊花脑还处于半驯化状态,栽培品种不多,生产上主要根据其叶片大小分为小叶菊花脑和大叶菊花脑 2 个品种。

小叶菊花脑:叶片较窄小,叶缘裂刻较深,叶柄常常为淡紫色。产量较低,品质也较差,但适应性强。野生种大多为小叶。

大叶菊花脑:又称板叶菊花脑,是从小叶菊花脑中选育而成的栽培品种。叶片较宽大,叶卵圆形,叶先端较钝圆,叶缘裂刻浅而细。产量较高,品质较好,是目前主要推广的菜用菊花脑类型。

3. 栽培环境条件

菊花脑喜冷凉,较耐寒但不耐热。成熟的种子在 4 ℃以上就可以萌发,发芽适宜温度为 15～20 ℃,幼苗生长适宜温度为 12～20 ℃,低于 5 ℃或高于 30 ℃则生长不良,影响品质。一般春秋季气温 20 ℃左右时采收的幼嫩茎叶品质最佳,商品性最好。菊花脑喜光,强光适宜茎叶生长,可提高产量和品质,弱光下则茎叶生长不良。菊花脑属于短日照植物,长日照有利于其茎叶的营养生长,而短日照则会导致其抽薹开花。菊花脑较耐旱,但不耐渍、不耐涝,雨后要及时排除田间积水。菊花脑对土壤条件要求不高,能耐较贫瘠土壤,但在土层深厚肥沃、疏松透气、排灌良好的土壤中生长产量较高,品质较好。

三、栽培技术

1. 繁殖方法

菊花脑的繁殖方式有种子繁殖、扦插育苗和分株繁殖 3 种。一般在大面积商品化种植时,多用种子直播或育苗移栽的方法;小面积零星种植时则多采用扦插或分株繁殖,一般在生长季节均可进行扦插。

菊花脑栽培多采用一年生栽培方式，也可进行多年生栽培。一年生栽培一般在春季播种，经多次采收后，9—10月植株开始现蕾时，从田间拔除换茬。多年生栽培的，植株一般在栽种3～4年后开始衰老，需要更新，可再重新播种栽培。

(1) 种子繁殖：菊花脑种子寿命较短，种子收获两年以后发芽力大为下降，一般选择一年以内收获的活力较高的新种子。长江流域春季露地栽培时一般在3月开始播种，播种期可以延续到6—7月，但高温季节苗床宜采用遮阳网进行遮阴。苗床应选疏松肥沃、保水保肥、排灌良好的地块，施足底肥后深翻耙细，做成连沟宽1.2～1.5 m的深沟高畦。播种前应先除去菊花脑种子表面的黏膜，方法是将种子掺上沙子并用手搓去种子表面的黏膜层，再用室温清水浸种6～8 h后晾干备用。播种前苗床先浇透底水，按1 m^2用种0.8～1 g进行撒播。由于种子较小，为均匀播种，播种前可在种子中掺入5～10倍的细沙或过筛细土，混匀后再撒播，播后覆盖细土0.5～0.8 cm，覆土不能过厚，否则会影响出苗率。

春季播种气温较低时，播种后应在床面覆盖地膜或稻草进行保温保湿，控制温度在15～20 ℃，过干时可用喷雾器喷水保湿。一般5～10天出苗，出苗后应及时揭除地面覆盖物，幼苗长出2～3片真叶可结合浅中耕进行适当间苗。

(2) 扦插育苗：菊花脑在整个生长期均可进行扦插育苗，但以在5—6月扦插成活率最高。扦插时应选择生长旺盛健壮、无病虫害、具有菊花脑典型特征、大田整齐一致性高且开花较晚的菊花脑植株上的嫩枝，每段插穗长8～10 cm，除去基部的2～3片叶片，剪成斜口，按株行距10 cm×15 cm扦插于提前准备好的扦插苗床上或营养钵内，扦插深度以3～4 cm为宜。扦插后压实并浇水以提高成活率，低温时应盖膜保温保湿，高温季节应覆盖遮阳网遮阴，不管何时扦插，扦插后都要保持床面湿润，一般7～10天即可生根发芽，之后逐渐揭膜或遮阳网以适应环境，成苗后即可及时移栽于大田。

(3) 分株繁殖：分株繁殖一般在4月初未发芽前进行，也可在秋季植株尚未显蕾开花时进行。分株时选取生长粗壮、无病虫害的植株，将老桩挖开，露出根颈部，将已有根的侧芽连同一段老根切下，后移栽于苗床或大田。也可将老株整株挖取，用手掰开成数株，每株带1～2个芽，分别栽植。分株栽培方法简便，植株生长快，但繁殖系数低，一般用于小面积引种种植。

2. 整地做畦

菊花脑对土壤条件要求不高，但宜选择土层深厚肥沃、疏松透气、排灌良好的土壤。种植地先施足底肥，每667 m^2施入腐熟的农家肥2500～3000 kg、氮磷钾复合肥50 kg，翻耕20～30 cm，使肥和土混合均匀，做成宽1.3 m左右的畦，畦间开深沟。

3. 移栽定植

以种子进行直播时，一般在苗龄30天左右，幼苗具有3～4片真叶，苗高达6～8 cm时即可进行定苗或移栽定植。直播定苗时株行距为10 cm×10 cm。起苗定植时应控制行距为20 cm，穴距15 cm，每穴定植3～4株，定植后浇定根水，并保温保湿促进缓苗。采用扦插繁殖时，按育苗移栽的方法进行定植。分株繁殖的株行距为30 cm×30 cm，成活后及时追肥、浇水以促发枝。

4. 田间管理

(1) 肥水管理：当菊花脑进入茎叶生长旺盛期后，要及时浇水、追肥，每667 m^2每次随水追施尿素7～10 kg或稀沼液750～1000 kg，以保持产品鲜嫩高产。以后每采收一次就要浇一次肥水，注意应在采收2～3天伤口愈合后，再开始浇施肥水，避免伤口感染病菌导致病害。长江流域菊花脑大棚栽培时，应经常浇水以保持畦面润湿，有利于植株生长和保持茎叶鲜嫩。为避免高温期间干旱，宜早晚浇水且要浇透，以满足其快速生长对水分的需要。菊花脑不耐涝，雨后应及时排水，以免造成渍害和烂根。大棚栽培宜采用微喷灌或滴灌技术供水供肥，实现肥水一体化。

(2) 中耕除草：从定植成活到采收前要及时进行中耕除草，尤其是在前期一定要注意及时除去田间杂草，以防影响植物的正常生长。每次除草应掌握宜浅不宜深的原则，同时适当进行培土护根，防止植株倒伏。

(3) 温湿度管理：利用保护地进行周年栽培时，应做好不同季节的温湿度管理。塑料大棚春季菊花脑栽培时，幼苗定植缓苗后应根据天气变化适时降温降湿，一般气温控制在15～18 ℃为宜。夏季6—8

NOTE

月采用遮阳网覆盖，可采用大棚一网一膜或平棚（架高 1.3～1.5 m）遮阳覆盖，适时揭盖，同时还要做好喷雾浇水保持畦面湿润等降温保湿工作。长江流域早春、秋冬应采用大棚多层覆盖保温防寒，促进菊花脑冬春季早生早发。

5. 采收与留种

20 ℃左右时采摘的菊花脑嫩茎品质最好，因此每年 4—5 月及 9—10 月为菊花脑最佳采收季节。采收长 8～10 cm 的嫩梢，一般在早晚采收。采收时注意保留基部嫩芽。冬季和早春气温低时，一般 15 天左右采收 1 次，以后随着气温逐渐升高，可 7～10 天采收 1 次。一般每 667 m^2 每次可采收 150～200 kg。

菊花脑留种较为简单，生产季节多次收获嫩茎叶并不影响种子生产，但为保证有足够的营养供种子发育，留种植株一般夏季过后就不再采收，并适当追施磷肥、钾肥，以利于其开花结籽。种子成熟后及时剪下花头，晒干脱粒后储藏。

6. 病虫防治

菊花脑由于有特殊的菊香味，病虫害相对较少。病害有叶斑病和白粉病，叶斑病可用高锰酸钾或福尔马林液在苗期进行床土消毒，用多菌灵或甲基硫菌灵在生长期喷洒叶面；菊花脑白粉病在发病初期用硫黄悬浮剂或三唑酮可湿性粉剂进行防治。主要虫害为蚜虫，可用 10%吡虫啉可湿性粉剂或 40%乐果乳油 1000 倍液喷雾防治，但注意用药时距采收期不可少于 10 天。多年生的老桩菊花脑偶有菟丝子危害，可用鲁保一号进行喷雾防治。对病虫害进行化学防治时，应严格遵守采收安全间隔期要求。

四、营养与加工利用

研究发现，菊花脑营养丰富，蛋白质含量高，富含膳食纤维、各种维生素和氨基酸、还原糖和铁、钙、锌等多种微量元素。此外，菊花脑还富含黄酮类化合物和一些有机挥发成分，使其具有独特的香味和保健功能。其茎、叶味苦、辛，性凉，具有清热解毒、扩张冠状动脉、降低血压之功效，并且对多种细菌、病毒及其真菌有抑制作用。菊花脑一般以幼嫩茎叶作为蔬菜鲜食，可以炒食、凉拌或煮汤，菊花脑鸡蛋汤则是夏日防暑清火的佳品。菊花脑还可干制食用，干制品的用途有多种，如用开水泡当作茶饮；还可作袋装方便面的配料；此外菊花脑还可以制成浓缩液或者加工成冲剂（或糖浆）应用。

【思考题】

1. 简述荠菜的栽培技术。
2. 简述藜蒿的田间管理技术。
3. 简述马齿苋的栽培技术要点。
4. 简述球茎茴香的栽培技术。
5. 简述羽衣甘蓝的田间管理技术要点。
6. 简述紫背天葵的栽培技术。
7. 简述紫菜薹的栽培技术。
8. 简述紫苏的田间管理技术。
9. 简述菊花脑的栽培技术要点。

【参考文献】

[1] 刘进，李华，杨邦贵，等. 长阳县荠菜高产栽培技术[J]. 长江蔬菜，2020(11)：43-44.

[2] 沈佩莉. 夏季荠菜栽培技术[J]. 上海蔬菜，2018(3)：23.

[3] 李撑娟. 露地荠菜有机栽培技术[J]. 现代农业科技，2017(20)：79，81.

[4] 程玉静，袁春新，唐明霞，等. 荠菜高产栽培技术[J]. 农业开发与装备，2018(11)：198-199.

[5] 高新成，杨晓明. 荠菜的特征特性及仿野生栽培技术[J]. 现代农业科技，2017(5)：83-84.

[6] 刘晶，杨雪，李健，等. 春播荠菜高效栽培技术[J]. 现代农业科技，2020(14)：70.

NOTE

[7] 何永梅,李建国.藜蒿人工高效栽培技术[J].四川农业科技,2010(4):28-29.
[8] 杨泽敏.藜蒿高产栽培技术[J].杭州农业科技,2007(1):32-33.
[9] 王健全,曾纪逢,谢慧琴,等.藜蒿的高产栽培技术[J].现代园艺,2018(13):28.
[10] 聂根新,赖艳,吴玲,等.江西省藜蒿标准化栽培技术[J].现代农业科技,2019(18):52-53.
[11] 龚世伟,孙伟,李茂年.蔡甸藜蒿栽培技术[J].长江蔬菜,2010(14):69-70.
[12] 吴松海,何云燕,郑家祯,等.特菜马齿苋高产栽培管理技术[J].福建农业科技,2014(9):40-41.
[13] 陈珏,倪江,邹丹蓉,等.上海地区马齿苋的菜用栽培技术[J].长江蔬菜,2020(9):46-47.
[14] 隆金凤,曾维银.马齿苋高效栽培技术[J].现代农业科技,2011(12):136.
[15] 刘英敏,苗锋,赖德强,等.马齿苋高产栽培技术[J].河北农业,2018(7):19-20.
[16] 黄寿祥.马齿苋的特征特性及栽培技术[J].现代农业科技,2015(8):106.
[17] 李建军.马齿苋保护地栽培技术要点[J].蔬菜,2015(1):63-65.
[18] 邓正春,杨宇,廖林凤,等.特种蔬菜球茎茴香优质高产栽培技术[J].农业科技通讯,2015(1):152-154.
[19] 霍国琴,王周平,雷丽,等.特色蔬菜球茎茴香高产栽培技术[J].西北园艺,2014(5):18-19.
[20] 安明哲,王涵,李楠,等.特菜结球茴香露地栽培技术[J].吉林蔬菜,2015(8):25.
[21] 郭永厚.结球茴香秋冬季保护地栽培技术[J].北京农业,2015(5):174.
[22] 王亚红.球茎茴香露地栽培技术[J].中国园艺文摘,2012,28(11):142-143.
[23] 韩学俭.球茎茴香功效及其栽培[J].华夏星火,2003(21):75-76.
[24] 张伟.羽衣甘蓝露地高产栽培技术[J].农业与技术,2014,34(4) :260.
[25] 褚伟雄,顾掌根,叶立华.新型保健蔬菜羽衣甘蓝优质栽培技术[J].长江蔬菜,2013(19):28-30.
[26] 向明艳,于利,李建斌.食用羽衣甘蓝高产栽培技术[J].现代园艺,2016(6):74.
[27] 全小翀.冀东地区羽衣甘蓝栽培技术[J].现代农业科技,2013(3) :24-25.
[28] 陈文波,文林宏,周伦高.贵州兴义市羽衣甘蓝周年栽培技术[J].中国园艺文摘,2016(6):158-159.
[29] 李锋,刘滢.羽衣甘蓝育种研究进展[J].天津农业科学,2012,18(2):119-122.
[30] 魏宏,段晓东.北疆紫背天葵露地栽培技术[J].农村科技,2017(3) :46-47.
[31] 汪李平,杨静.大棚紫背天葵栽培技术[J].长江蔬菜,2018(2) :16-19.
[32] 李勤古.大棚紫背天葵栽培要点[J].农村实用技术,2016(9):27-28.
[33] 王少春,陈敬辉.绿色保健蔬菜紫背天葵栽培技术[J].河北农业,2015(1):12-14.
[34] 罗九玲.紫背天葵的特征特性及高产栽培技术[J].现代农业科技,2015(10):81-82.
[35] 祁连弟.紫背天葵的栽培及营养[J].现代农业,2014(11):4-5.
[36] 曹华.紫背天葵优质栽培技术[J].北京农业,2015(7):20-21.
[37] 夏志颖,郑茹梅,刘梦颖.紫背天葵栽培管理技术[J].天津农林科技,2014(6):25-26.
[38] 魏武,李继红,胡达平,等.红菜苔栽培技术[J].农家参谋,2019(12):86.
[39] 蒋文元.特优蔬菜——紫菜苔的主要栽培技术[J].上海农业科技,2015(6):89,91.
[40] 刘侠,阚玉文,孟庆贵,等.紫苏栽培管理技术[J].现代农村科技,2019(1):21.
[41] 王世发,黄淑兰.紫苏高产栽培技术[J].吉林蔬菜,2016(5):23-24.
[42] 陈国东.紫苏的人工栽培技术要点[J].农民致富之友,2019(14):38.
[43] 徐高臣.紫苏的人工栽培技术[J].中国林副特产,2017(4):59-60.
[44] 汪李平.长江流域塑料大棚紫苏栽培技术[J].长江蔬菜,2020(6):28-32.

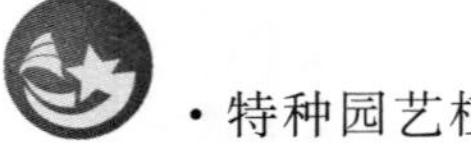

[45] 张文君,王瑞荣,钟彦涛,等.保健型蔬菜紫苏栽培技术[J].现代农业科技,2020(14):68.

[46] 汪李平.长江流域塑料大棚菊花脑栽培技术[J].长江蔬菜,2018(4):13-16.

[47] 毕兆东,孙淑萍.菊花脑无公害生产技术及其开发利用[J].北方园艺,2004(5):24-25.

[48] 徐颖,陈全战,蔡小宁.菊花脑的研究进展[J].江苏农业科学,2013,41(5):10-14.

NOTE

第六章　特种落叶果树栽培

刺梨

第一节　刺　　梨

一、概述

刺梨（*Rosa roxburghii* Tratt.）为蔷薇科蔷薇属落叶小灌木，又名缫丝花茨梨、木梨子等，是一种很好的观赏花卉和绿篱植物。原产于我国贵州、云南、四川、重庆、湖南、广西、湖北、陕西等地，多为野生分布，其中以贵州省的野生刺梨分布最多。刺梨是我国特有的新兴果树，其果实中含有果糖、葡萄糖、蔗糖、木糖、苹果酸、柠檬酸、单宁、维生素（维生素 C、维生素 B_1、维生素 B_2、维生素 E、维生素 K_1 等）、氨基酸、胡萝卜素和矿物质元素等多种营养成分。其中，维生素 C 含量为 2087.8～3499.8 mg/ 100 g 鲜果，远远超过各种水果和蔬菜；维生素 E 的含量 2.89 mg/ 100 g 鲜果，铁的含量为 131 mg/ 100 g 鲜果，也高于一般水果。刺梨果实还含有原儿茶酸、三萜类化合物等保健疗效成分，对防治冠心病、抗心绞痛、平喘、抗肿瘤、治疗皮肤癌和早期宫颈癌等疾病有显著疗效，对防止胆固醇过高有明显的作用。因此，刺梨是人类珍贵的营养保健果品，具有广阔的开发利用前景。

二、生物学特性

1. 生长与结果习性

（1）根系：刺梨属浅根性果树，大部分根系分布在表土层 10～60 cm 之间。贵州中部地区立地条件下，刺梨的根系无自然休眠期，冬季仍缓慢生长。当土温升至 10 ℃以上时，根的生长逐渐加强，当土温达到 25 ℃左右时，根系生长最旺盛；到秋季 10 月中旬后，土温降至 18 ℃以下，根的生长减缓。在 1 个年周期内，刺梨根系有 3 次生长高峰：第 1 次生长高峰出现在 3 月下旬至 4 月初，第 2 次出现在 7 月中下旬，第 3 次出现在 9 月下旬至 10 月中旬。以第 1 次根系生长高峰的发根量最多，第 3 次生长高峰次之，第 2 次发根高峰时间短、发根量较少。

（2）芽：刺梨的芽具有早熟性，在芽形成的当年内就能萌发生长，因此 1 年内可抽生二、三次梢。由于分枝级数的迅速增长，树冠形成也快，进入结果期也较早。在我国西南亚热带地区，一般 1 月下旬芽开始萌动，2 月下旬至 3 月上旬展叶，3 月下旬抽生一次梢。刺梨芽的萌发力较强，一年生枝上只有基部的少数芽不萌发成为隐芽。刺梨枝上芽的异质性明显，一般是枝的中部芽抽生强枝，枝的顶端和基部的芽抽生的枝条较弱。刺梨的花芽为混合芽，萌芽后，先抽生结果枝，然后开花结果。

春季刺梨萌芽抽梢后，随新梢生长，花芽陆续分化，甚至在当年的二、三次梢上也能陆续分化花芽。莫勤卿等观察，在贵州中部地区，刺梨花芽的形态分化始于 2 月下旬，3 月上旬进入分化高峰，分化早的花芽在 4 月上旬进入雌蕊分化期，4 月中旬开始形成胚珠，5 月上旬为开花盛期。

（3）枝：刺梨枝梢生长的顶端优势和垂直优势都弱，枝梢多斜生或平展，少有直立生长。枝上分生的侧枝，中部的长势较强，故树冠中下部的枝梢较密集。刺梨的大枝衰老或受损时，隐芽可萌发抽生强

旺的生长枝。在植株根颈附近易抽生徒长枝，自幼树基部抽生的徒长枝，其生长量往往超过原来主梢。成年树基部抽生的徒长枝，年生长量最大可超过 2 m，这种徒长枝上也易分生二、三次梢，因此，刺梨树冠的更新能力较强。

刺梨的枝可分为普通生长枝、徒长枝、结果母枝和结果枝 4 类。普通生长枝一般长度在 35 cm 以下，其中，若生长健壮、直径达到 0.4 cm 以上者，容易分化花芽转化为优良的结果母枝。徒长枝长度为 35 cm，最长的可达到 1.5 m 以上。徒长枝一般都从树冠的基部大枝上或根颈处抽生，长势强旺的徒长枝当年可抽生二、三次梢。刺梨的一年生枝和多年生枝都可以形成结果母枝，以一年生枝形成的为多，在生长充实健壮的一、二次枝，甚至三次枝上，都能形成花芽而成为结果母枝。母枝长短不一，短者不到 5 cm，长者可达 1 m 以上。从植株基部抽出的强旺徒长枝容易在一、二次枝上分化花芽形成优良结果母枝。这种结果母枝所生结果枝多而长，其中有花序的果枝比例大、坐果多。生长势较弱的结果母枝上，着生的果枝少而短，结果能力较差。刺梨树冠上的结果枝长度一般为 0.5～25 cm，以长度 15 cm 左右的居多，坐果率也高。结果枝有单花果枝和花序果枝 2 种，在植株营养条件好时，花序果枝增多。刺梨结果枝具有连续结果的能力，当年结果后，又可形成结果母枝，翌年抽生结果枝结果。

(4) 花：刺梨的花有单花和花序，着生于果枝顶端。大多数结果枝都只着生单花，由生长健壮的结果母枝抽生的结果枝，可着生花序；花序中有花 3～4 朵，多的达 7 朵以上，形成不规则的伞房花序。刺梨的花为完全花，3—4 月现蕾，4 月下旬至 5 月上旬开始开花，花期长达 1 个月左右，个别枝梢在 6 月以后，仍有花朵零星开放。刺梨开花期不集中，与刺梨的花芽分化特性有关，这种特性导致部分果实的成熟期延后，不利于果实的统一采收。

(5) 果实发育：刺梨果实为假果，内有种子，多的 30～50 粒，少的仅 3～5 粒。刺梨落花落果少，坐果率最高的可达 70%左右。据观察，刺梨果实的生长发育曲线为“双 S”形，从幼果发育到成熟需要90～110 天。在贵州中部地区，刺梨果实的第 1 个生长高峰期在 5 月下旬至 6 月中旬，以后生长缓慢，到 7 月上中旬出现第 2 次生长高峰。随着第 2 个生长高峰的出现，果实中可溶性总糖含量迅速增加，维生素 C 迅速积累。到 8 月中旬后，果实发育成熟，此间果实中可溶性总糖含量不再增加，果实充分成熟后维生素 C 含量有所降低。

(6) 结果习性：刺梨能够自花授粉结实，但在异花授粉的条件下，坐果率高。在花期低温阴雨的条件下，授粉受精不良，容易引起开花后幼果脱落。据观察测定，刺梨在开花期遇到 13 ℃以下的低温时不能正常受精，种胚不能发育，果实容易脱落。刺梨果实的发育对种子的依赖性较大，在不能正常受精的情况下，果实的部分种子败育，果实中没有种子的一侧，由于细胞分裂素和赤霉素降低，幼果的细胞分裂停止，花托组织不能正常发育而形成畸形果。刺梨是早果性强的果树，萌芽力与成枝力均强，一年内能多次萌芽抽梢，故形成树冠快，投入结果期也早。在良好栽培管理条件下，不论种子繁殖或无性繁殖的一年生苗木，都会有一部分植株能形成花芽，开始开花结实。刺梨枝梢也容易衰老，结果 2～3 年后，生长势明显减弱，以后小枝逐渐枯死。刺梨树冠的自然更新复壮能力较强，故 10 多年生的植株仍能正常结果。

2. 刺梨对环境条件的要求

(1) 温度：刺梨适宜于温和气候。适应性栽培试验结果表明，在年平均气温 11～16.5 ℃，年有效积温 3100～5500 ℃的地区，刺梨生长发育均良好。在年平均气温超过 17.5 ℃的地区，刺梨生长衰弱、结果少而小，质量差。刺梨的枝可以忍耐－10 ℃左右的低温。刺梨已经萌动的芽和初展开的幼叶对低温的忍耐力弱，当气温降到 3～5 ℃时则出现寒害。由于刺梨芽的萌动期较早，因此容易受到倒春寒或晚霜危害。

(2) 光照：刺梨为喜光果树，但不耐强烈的直射光，以散射光最有利于生长发育。散射光充足时，树冠分枝多，生长强壮，花芽形成多，产量高，品质好；光照不足则分枝少而纤细，内膛枝易枯死，低产；在强烈的直射光下，植株矮小，结果虽多，但果实小，果肉水分少，纤维发达，品质低劣。

(3) 水分：刺梨原产于我国南方多雨湿润地区，属喜湿植物。我国野生刺梨的分布区，年降雨量大多在 1100 mm 以上。我国陕西南部也有少量的野生刺梨分布，由于当地雨量较少，野生刺梨的生长发

NOTE

育状况远不如西南多雨湿润地区。在湿润环境下，刺梨植株生长健壮，枝多叶茂，高产，果大质优。研究结果表明，刺梨的抗旱力弱，在黄壤条件下，萎蔫系数为22.67%。在土壤干旱及空气干燥的条件下，刺梨生长较弱，叶易枯黄脱落，结果也少，且果小涩味重，在干热条件下更为严重。刺梨的耐湿力较强，即使在较潮湿的土壤中，也能正常生长结果。

(4) 土壤：刺梨在pH 5.5～6.5的微酸性壤土、沙壤土、黄壤、红壤、紫色土上都能栽培。刺梨耐瘠力弱，因此栽培时要求园地土壤的土层要深厚、肥沃，保水保肥力要强。在保水保肥力差的土壤上，刺梨植株生长弱，产量低，品质差。

三、栽培技术

1. 刺梨繁殖

刺梨的枝容易发生不定根，用枝扦插容易生根，生产上多采用扦插繁殖。种子繁殖的后代变异系数大，生产上不宜采用。

(1) 绿枝扦插：秋季扦插的成活率与发根率比夏季扦插的高。在9月中旬至10月中下旬，选生长充实健壮、直径0.6 cm以上的当年生枝，剪成长15 cm左右的插条进行扦插。插前用5×10^{-6}～10×10^{-6}吲哚丁酸(IBA)或萘乙酸(NAA)溶液将插条基部浸泡12 h，可明显提高发根率。扦插前将插床的土壤深挖、施肥、整细、做厢、浇透水，然后用地膜覆盖再扦插效果更好。

(2) 硬枝扦插：试验结果表明，春、夏、秋三季都可进行硬枝扦插，但以春季发芽前和秋季9月中旬至10月中下旬为宜。扦插时选生长健壮、直径0.8 cm以上的1～2年生枝作为插条，插前须用1×10^{-5}～1.5×10^{-5}吲哚丁酸(IBA)或萘乙酸(NAA)溶液浸泡处理12 h。插床的要求与绿枝扦插的相同。

2. 科学移栽

刺梨的定植应在落叶以后，在植株休眠期内，早栽比晚栽有利于翌年的生长和结果。在我国西南地区，以12月栽植最为适宜。

目前生产上以株行距(1.5～2) m×(2～3) m为宜，即每公顷1665～3330株。普通品种和土壤条件优良时，适当稀植；披散型的刺梨品种和土壤条件差时，适当密植。

选择土层深厚、光照良好，有灌溉条件的地带作为园地。为保证能达到早果、丰产，定植时必须改良土壤，施足基肥。一般每公顷施入有机基肥在45 t以上。定植穴深度不低于60 cm，宽度不低于80 cm。栽植密度较大时，最好采用挖壕沟栽植。选择山地或丘陵地作为园地时，应整水平梯带，以免水土流失。定植后必须充分灌水。

3. 田间管理

(1) 施肥技术：刺梨园每年施基肥1次，追肥2次。基肥在冬季施。刺梨的根系无自然休眠期，在春季，刺梨地上部分发芽的时间也早，因此基肥要求早施。一般11月施基肥，有利于刺梨吸收补充养分和恢复树势，对刺梨翌年春季的花芽分化有显著的促进作用。基肥要选用腐熟的有机肥，适当配加一定量的速效氮肥效果会更好，有机肥施用量为每公顷15～22.5 t。2月抽梢前需追施1次以氨态氮为主的氮肥；6月初和7月初各追施1次氮磷钾复合肥。6—7月气温高，湿度大，单独追施氮肥容易诱发白粉病，因此要控制施肥量，氮肥不能施得过多，同时在单独追施氮肥前应注意白粉病的预防。

(2) 土壤管理：新建的刺梨园，应提倡果园间作覆盖，以降低夏季的土壤高温和强烈的水分蒸发，增加刺梨园的空气湿度，有利于刺梨的生长发育。盛果期刺梨园要勤除杂草，以减少杂草对水分、养分的消耗。

(3) 灌水：在我国南方虽然雨量充沛，但季节性的降雨不均导致春旱、伏旱的发生。刺梨根系分布浅，抗旱力弱，干旱胁迫会严重抑制植株的生长和开花结果，降低产量和品质，因此在遇到干旱时要及时灌水。

(4) 整形修剪：刺梨的适宜树形是近于自然丛生状的圆头形，要求枝梢自下而上斜生，充分布满空间，互相不交错或过密，内部通风透光。修剪时期以落叶后的冬剪为主，辅之以生长期的适量疏剪。落叶后，疏剪枯枝、病虫枝、过密枝和纤弱枝，尽量多保留健壮的一两年生枝作为结果母枝；对衰老的多年

NOTE

生枝进行重短截,促使其基部萌发抽生强枝并成为新的结果母枝。树冠基部抽生的强旺枝要尽量保留,作为老结果母枝的更新枝。树冠中下部过于衰老的结果母枝要剪除。

刺梨属丛生性小灌木,枝梢多从树冠中下部抽生,自然生长的情况下,结果4～5年后,树冠开始衰老,产量、品质迅速下降。大型结果枝组结果1～2年后,结果能力很快减弱,枝条逐渐枯死。因此,对衰老的刺梨树,应进行树冠的回缩更新修剪。刺梨对修剪的反应敏感,老枝上的隐芽较多,回缩更新修剪具有显著促进刺梨隐芽萌发抽枝的作用。由于刺梨具有抽生徒长枝形成大型结果母枝在次年结果的习性,因此回缩更新修剪使刺梨抽生徒长枝的数量增多,更新树冠和促进徒长性结果母枝形成的作用明显,使修剪后第1年树冠就得以恢复,第2年就十分丰产。修剪试验结果表明,采用回缩树冠1/3或回缩树冠1/2的修剪方法进行衰老树冠的更新,每间隔3年左右更新修剪1次,可以维持刺梨园较高、较稳定的产量。对于严重衰老、产量极低的刺梨园,也可进行隔行台刈更新,方法是从地面以上20 cm处将大枝全部剪除,只留20 cm高的丛桩。台刈更新修剪后,结合刺梨园的深翻,重施基肥,加强肥水管理。春季丛桩上的隐芽大量萌发新梢后,及早定梢,抹除多余的新梢,选留15个左右的强旺新梢培养成为结果母枝,第2年可以恢复正常产量,以后进行常规修剪,在3～4年内能够维持高产稳产。

(5)病虫害防治:刺梨病虫害防治应按照"预防为主,综合防治"的植保方针,以改善园区生态环境、加强栽培管理、选育优良品系为根本,提高树体抗病虫能力,综合利用农业防治、生物防治、理化诱控、化学防治及其他防治方法。

①预测预报:根据病虫害的发生规律,结合当地的气候、地理、种植结构和前一年或几年病虫害发生情况等因素,预测可能发生的病虫害种类及发生时间,提前做好相关病虫害的预防措施,将病虫害消灭于造成实际危害之前。

②农业防治:合理选择苗圃田,科学选址建园,加强田间管理,适时修剪与清园,优化种植结构。选择利于灌溉和排水、土壤疏松肥沃、前茬作物病虫发生较少的圃地进行育苗,避免选择重茬苗圃地作为育苗田,播种前做好种子与苗床的消毒,加强苗期肥水管理。新建园区选择交通方便、地势开阔、水源条件好,但不易成涝、土质疏松、前茬作物未发生严重病虫害的区域。移栽前进行全方位的病虫害预防处理、苗木消毒等,移栽过程中合理规划行株距,及时施肥增强树势。成林后合理施肥灌溉,适时修剪,及时清除病虫残枝、病果,做好冬季施肥、清园及病虫预防工作。调整种植结构,避免其他作物上的病虫与刺梨病虫交叉为害。

③生物防治:充分发挥天敌的自然控制作用,保护和利用天敌,以菌治菌,以虫治虫,使用生物农药。如林下养殖、适量引进和保护异色瓢虫、草蛉、食蚜蝇等捕食性天敌;林间套种对害虫具有趋避作用的植物;适时释放并保护赤眼蜂、姬蜂等生物防治蜂;使用苏云金杆菌、白僵菌、绿僵菌等微生物源农药及其他植物源或动物源农药。

④理化诱控:在刺梨园区内针对性地安装合理密度的诱虫灯,悬挂诱虫黄板、性信息素诱捕器、糖醋液等。

⑤化学防治:通过查阅中国农药信息网的农药登记数据,未见关于刺梨害虫和病害防治相关农药登记,但部分害虫和病害在其他植物上的防治有相关登记。

4. 果实采收

刺梨果皮由绿色转变为淡黄色时,其中的维生素C含量达到最高峰,此后果实进一步成熟,果色由淡黄色转为黄色以至深黄色时,维生素C的含量又稍有下降。为了提高刺梨鲜果的营养价值,应在果实接近完熟、果皮由绿色开始转为黄色时采收。采收时间应以无雨天为宜,雨天采收的果实不耐储运。

四、营养与加工利用

伴随人们对刺梨的深度探索,以及对刺梨所具备的医药价值与营养价值的进一步认知,20世纪80年代末期至90年代初期,全新的刺梨开发使用高潮在全国迅速兴起并繁荣发展,云南、贵州、广西、四川、浙江、陕西、江苏、湖北、湖南等地相继建立工厂、创办企业,研发了大量刺梨相关产品。在刺梨食品

NOTE

方面，研发了刺梨罐头、刺梨果酱、刺梨软糖、刺梨蜜饯、刺梨糕以及刺梨夹心饼干等。在刺梨饮品方面，研发了刺梨果茶、刺梨糯米酒、刺梨儿童果奶、刺梨小香槟、刺梨柠檬汁、刺梨浓缩汁以及刺梨黄芪汁等。

在刺梨保健药品方面，研发了刺梨抗感冒液以及刺梨口服液等。贵州省刺梨汁在亚太地区国际贸易博览会当中一举成名，商品曾远销至马来西亚、新加坡等地，享誉国内外。我国贵州省每年生产海量刺梨浓缩汁与刺梨原汁，并销往美国、东南亚与日本等诸多国家和地区，通过野生刺梨资源的应用已经研发出刺梨酒以及刺梨香槟等系列商品，并畅销我国西部各省市。陕西、贵州以及广西等地除了研发刺梨相关商品以外，还开展了刺梨从以往野生繁殖到人工栽种、培育的大面积推广实验。

第二节　枸　　杞

枸杞

一、概述

枸杞（*Lycium barbarum* L.）是茄科枸杞属落叶小灌木。枸杞营养丰富，具有养肝明目、抗菌消炎以及延衰抗老等多种功效，具有很高的经济价值。枸杞全身是宝，果实是我国重要的传统药用植物，又是滋补保健佳品。枸杞是一种适应性强、经济效益高、用途广泛的经济林树种。

我国枸杞资源分布广泛，河北、山西、陕西、甘肃南部以及西南、华中、华南和华东各地区均有分布；枸杞栽培的6大产区为宁夏、新疆、内蒙古、河北、青海、甘肃，其中以宁夏枸杞栽培面积最大，最为闻名。随着国家对农业的大力支持，枸杞的种植面积也越来越大。

二、生物学特性

1. 形态特征

枸杞为落叶灌木，高达2 m。多分枝，枝细长，先端通常弯曲下垂，皮灰色，小枝常呈刺状。单叶互生或簇生，有短柄，卵状披针形或卵状椭圆形，长2～6 cm，宽0.6～2.5 cm，全缘，先端尖锐或带钝形，表面淡绿色。夏季开花，花单生或3～5朵簇生于叶腋，花紫色，漏斗状，花柱细长，伸出花外，花冠5裂，裂片长于筒部，有缘毛，花萼3～5裂，花单生或簇生于叶腋。浆果呈类纺锤形或椭圆形，长6～20 mm，直径3～10 mm。表面红色或暗红色，顶端有凸起的花柱痕，基部有白色的果梗痕。果皮柔韧，皱缩；果肉肉质，柔润。种子20～50粒，类肾形，扁而翘，长1.5～1.9 mm，宽1～1.7 mm，表面浅黄色或棕黄色。气微，味甜。花期6—9月，果期7—10月。

2. 生态习性

枸杞喜干燥凉爽气候，性喜光、耐寒、耐旱、耐盐碱。以土层深厚、疏松肥沃、排水性良好的沙壤土栽培为宜，盐碱土的含盐量不超过0.2%，在强碱性、黏壤土、水稻田、沼泽地区不宜栽培。枸杞在年均气温10 ℃以上、无霜期180天以上均可生长。当气温稳定在7 ℃左右时，种子即可萌发，幼苗可抗−3 ℃低温，枸杞在−25 ℃越冬无冻害。

三、栽培技术

1. 枸杞苗木繁育

枸杞苗木繁育是枸杞生产和枸杞科研工作开展的基础，枸杞苗木繁育技术包括有性繁殖技术和无性繁殖技术。有性繁殖技术主要是枸杞种子育苗，主要用于枸杞育种中杂交种子的繁育。目前枸杞生产中普遍采用无性繁殖技术。无性繁殖技术主要包括硬枝扦插技术、嫩枝扦插技术和组织培养技术等。硬枝扦插技术是目前已普遍掌握的技术，但嫩枝扦插技术和组织培养技术由于技术环节要求严格，前期的基础设备投入较高，目前还未能被普遍使用。嫩枝扦插技术具有成苗快、苗木繁育量大等优势，已成为枸杞苗木繁育的主要方法。

（1）枸杞种子育苗。

①种子催芽：在种子育苗中，选择优良的枸杞品种。采集选定的母树上果实颗粒大、籽粒饱满的枸杞种子。将种子用清水洗干净，用75%乙醇消毒30 s，再用无菌水漂洗3次；将消毒后的种子放于培养皿内的无菌滤纸上，于121 ℃灭菌0.5 h，置于28 ℃的培养箱中催芽。

②播种：待种子露白后，于温室内播种于装有育苗基质的育苗袋（12 cm×12 cm）中。播种后用喷壶浇水，使基质保持湿润。待幼苗苗高为5 cm时，将其移植于营养钵（10 cm×8 cm），或温室苗床进行壮苗，第2年春天进行大田移栽。

（2）嫩枝扦插育苗：采用枸杞的幼嫩枝条，在沙床和育苗基质进行扦插，通过精细管理，获得健壮、合格的枸杞苗木。枸杞嫩枝扦插需要一定的设施环境，如日光温棚、微喷装置等。总体来说，在枸杞嫩枝扦插苗木繁育过程中，注意以下几个环节，可保证育苗成功。

①灭菌：为了从源头上控制苗床病菌的发生，在剪插穗之前2～3天，用多菌灵可湿性粉剂800倍液和百菌清可湿性粉剂1000倍液进行采穗圃喷雾灭菌；苗床及苗床周边用0.5%高锰酸钾溶液灭菌；剪刀预先在0.5%高锰酸钾溶液浸泡10 min，用清水洗净之后，再开始使用。

②苗床整理：为提高土壤肥力和后期苗床地温，在整理苗床前，施入羊粪并进行深翻，使土壤与羊粪充分混匀。以河沙作为苗床基质，苗床规格为1.5 m×7.0 m，厚度为5 cm，铺好后需要刮平，便于后期管理中水分的均匀分布。

③生根剂的配制：生根剂为250 mg/kg的α-萘乙酸和150 mg/kg的吲哚丁酸混合液，并用滑石粉调成稀糊状。如果仅用吲哚丁酸作为生根剂，插穗伤口处很难产生愈伤组织，生根难。

④育苗插穗的要求：选取母树上的绿枝或木质化程度较低的枝条，去掉嫩尖之后，下部枝条越嫩，扦插后其愈伤组织萌发的须根越多，根系也更粗。

⑤扦插方法：沙床嫩枝扦插按5 cm×10 cm的株行距扦插，用规格为5 cm×10 cm的打孔器打2～3 cm深的孔，插穗速蘸生根剂，插入孔内，用手指轻轻按实，再浇水。穴盘嫩枝扦插利用50孔的育苗穴盘、以育苗基质为填充基质，基质中拌1/4的珍珠岩，填充后要将其压实。再将选好的插穗插到穴盘孔内，用手按实。穴盘嫩枝扦插可以在覆盖有棚膜的小拱棚内进行，也可在温室内进行。

⑥嫩枝扦插对环境因子的要求：尽量使温室内保持充分光照，棚内相对湿度应保持在60%～70%，苗床湿度为75%～85%，室温为25～35 ℃，地温一般为18～25 ℃。

⑦通风炼苗及移栽：扦插30天后，扦插苗新梢可达20 cm以上，此时可通风炼苗。扦插35天后，可根据气候变化和育苗工作的需要，完全打开棚膜，也可进行移苗工作。

（3）枸杞苗木出圃：出圃时选用Ⅰ、Ⅱ级苗，严防外苗混入。出圃的苗木根系沾泥浆，每50株为1捆，装入草袋等包装材料，草袋下部可填入少许锯末，并洒水捆好。外挂标签，并附苗木检疫证书和苗木生产许可证书，做到随时包装随时运输。苗木起苗后如不能及时栽植，应立即假植。选择地势高、排水良好、背风的地方进行假植，挖深40～60 cm、宽60～80 cm的沟，将分级后的苗木倾斜排列于假植沟内，假植时要将苗木头朝南，用湿土埋根，单排假植，做到疏摆、深埋、分层压实。有条件的地方，可将苗木窖藏，用湿土埋压根部。

2. 田间管理

（1）整地施肥：在整地时，每667 m^2 需要施入腐熟有机肥4500 kg。如果肥料未腐熟，一方面容易使枸杞烧根死苗，另一方面达不到施肥应有的效果，还会滋生严重的病虫害，不利于枸杞的无公害栽培。追肥也需要严格注意，一是在对枸杞施肥时需要尽量少施硝态氮肥，对硝态氮肥严格控制在25 kg/667 m^2 以内。因为硝态氮肥施用过多极易导致枸杞硝酸盐含量超过无公害生产的相关标准。二是最后一次使用化肥必须在枸杞收获前30天进行。总之，注意化肥施用时间，并尽量减少化肥施用，多施有机肥既可以有效改善枸杞的品质，又可以满足无公害生产的要求。

（2）温度管理：棚内温度白天应控制在25 ℃左右，最高温度不应超过35 ℃，最低温度不应低于20 ℃。夜间保持在15 ℃左右。如果温度过高应喷水降温，并揭开塑料薄膜通风。

NOTE

（3）抹芽修枝：苗高15 cm时，选一健壮枝作主干，将其余萌生的侧芽抹除。苗高60～70 cm时及时打顶，促发侧枝。

(4) 肥水管理：生根后即喷施 0.1%尿素 1 次，以增强光合作用和促进生长，20～30 天后再重复喷施 1 次。喷水次数要根据天气状况和棚内温度决定，一般喷水 3 次/天，湿度保持在 80%～90%，分别在 10:00—11:00、14:00—15:00、17:00—18:00 各喷水 1 次，以保证苗床湿润，但不能喷水过多，以免插穗腐烂。

(5) 病虫草害防治。

①病害防治：采用低毒高效的药剂进行防治，药剂使用必须符合无公害生产的相关要求。如 5%的大蒜素可以防治炭疽病。枸杞炭疽病也称黑果病，多发于雨季，旱季发病较轻，扩散慢。重点防治月份：5 月、6 月、7 月、8 月。喷洒 75%百菌清可湿性粉剂 600 倍液，或 70%代森锰锌可湿性粉剂 500 倍液，或 50%苯菌灵可湿性粉剂 1500 倍液，隔 10 天左右喷 1 次，连续防治 2～3 次。喷药时，同时添加广谱杀菌剂，增强树体抗病性，效果更佳。枸杞根腐病发生普遍，因每年病死亡植株为 3%～5%，一般在每年的 4—6 月开始发病，7—8 月为发病盛期。对严重病株要及时挖除，并在病穴内施入生石灰消毒。发病初期，可用 45%代森锰锌水剂 500 倍液对树体进行喷雾。也可在发病后挖开根部周围土壤，浇灌 70%甲基硫菌灵可湿性粉剂 500 倍液，可基本控制病情发展。

②虫害防治：枸杞的虫害管理主要采用物理防治，包括杀虫灯、黄板诱杀等。此外，还可采用生物防治以及药剂诱杀。杀虫灯可以对枸杞园中的各类飞蛾进行诱杀，既环保又安全，符合无公害生产的要求。黄板诱杀主要针对枸杞蚜虫，该方法高效安全，非常适合枸杞虫害的无公害防治。生物防治主要是指保护好枸杞园中的瓢虫、食蚜蝇和草蛉等，它们都是蚜虫的天敌，可以很好地控制蚜虫。药剂诱杀主要针对地下害虫，可以使用谷物饵料和杀虫剂混合配制，专门制作诱杀盒，放在枸杞园即可达到诱杀地下害虫的效果。总之，枸杞的虫害管理应尽量避免使用化学药剂，多用物理和生物防治，以达到既控制害虫，又保证防治方法符合无公害生产的相关要求，避免对枸杞造成污染。

③草害管理：枸杞的草害管理一方面可以避免杂草与枸杞争夺营养；另一方面也可以避免杂草为害虫提供栖息地，滋生害虫，增大枸杞无公害生产的难度。草害主要采用人工防除和物理方式。人工防除杂草是防除杂草最环保的方式，但该方法费工费时，在枸杞园较小的情况下可以使用。物理方式防除杂草主要是铺设有色地膜。通过地膜使杂草缺乏阳光，进而达到杀灭杂草的效果。

3. 果实采收

采收时间为芒种至秋分之间。果柄微红时采摘最佳，采摘时要轻采轻放，及时采摘成熟果实，保持鲜果的完整性，病果、虫果、烂果不采。预报有雨时可提前采摘，以免裂果。采后及时阴干或晾晒。夏季伏天多雨时可用煤、电、太阳能等烘干设备进行烘干。

四、营养与加工利用

1. 营养成分

枸杞含有丰富的氨基酸、无机盐、微量元素和维生素。运用现代方法，对枸杞的成分进行测定：每 100 g 枸杞(含水 26.6%)含蛋白质 12.0 g、脂肪 0.3 g、膳食纤维 12.6 g、糖 46.3 g、胡萝卜素 107 mg、维生素 B_1 0.2 mg、维生素 B_2 0.3 mg、烟酸 4.5 mg、维生素 C 13 mg、钾 673 mg、钠 105.2 mg、钙 37 mg、镁 41 mg、铁 6.5 mg、锰 0.79 mg、锌 1.5 mg、铜 0.56 mg、磷 224 mg、硒 1.67 μg。

2. 药理及药用价值

枸杞作为药用，在我国已有悠久的历史，传统医学认为，枸杞有润肺、清肝、益气、生精、助阳、补虚劳、祛风、明目等作用。现代医学研究表明，枸杞不仅含有丰富的营养成分，而且还含有多种药理活性成分，具有极高的药用价值，在临床上被广泛应用。

(1) 抗肿瘤，提高免疫功能：枸杞富含枸杞多糖，枸杞多糖可以提高放疗患者的免疫功能，对治疗肿瘤有较好的辅助作用。对 171 例恶性肿瘤患者的 T 细胞亚群、淋巴细胞转化率及巨噬细胞吞噬率进行观察，并对其中 60 例患者采用枸杞多糖加放疗和单纯放疗随机分组研究，结果显示：恶性肿瘤患者淋巴细胞转化率及巨噬细胞吞噬率明显低于正常人；单纯放疗组放疗后 T_4/T_8 比值、淋巴细胞转化率及巨噬

NOTE

细胞吞噬率均较放疗前明显下降，外周血白细胞数及淋巴细胞绝对值也明显降低。枸杞多糖加放疗组除外周血白细胞数及淋巴细胞绝对值维持原水平外，以上参数均较放疗前明显增加。提示枸杞多糖可以提高放疗患者的免疫功能。

(2) 抗衰老、提高DNA修复能力：枸杞是值得重视的抗衰老药物。给老年大学的61～80岁的健康老年人口服宁夏枸杞，每月50 g，连服10个月，结果显示，老年人服药后的DNA修复能力显著提高，接近健康组年轻人。

人的衰老与体内自由基反应的关系极为密切。临床上对自由基与衰老间的关系研究，常选用血液中超氧化物歧化酶(SOD)和过氧化脂质(LPO)含量作为反映老化状况和评估补益药物的疗效指标。老年人口服枸杞前后体内SOD及LPO含量测定结果表明：服枸杞后，老年人血液中SOD活性较服枸杞前明显升高，Hb(血红蛋白)也较服枸杞前明显增高，LPO含量较服药前明显下降。说明枸杞有抗衰老作用。

(3) 降低老年人高脂血症：枸杞子有降低血脂的作用，通过枸杞果液对老年男性高脂血症的治疗作用的疗效观察，可见：老年男性高脂血症多伴有T值下降，E_2值、E_2/T的值升高。经枸杞果液治疗3个月后，以中医辨证分型的肾阴虚、肝阳亢型血中TC、TG、LDL-C浓度明显下降($p<0.01$)，同时血中T值明显上升，E_2/T的值下降($p<0.01$)。

随着人们对枸杞治疗作用的认识不断深入，临床上正逐步扩大其使用范围。例如，用于治疗肥胖症、男性不育症、妊娠呕吐、萎缩性胃炎、慢性肝炎肝硬化、夜间口干、皮肤病、习惯性流产等。

拐枣

第三节　拐　　枣

一、概述

拐枣(*Hovenia dulcis* Thunb.)，又名枳椇、木蜜、树蜜、天藤鸡爪子、鸡爪梨、龙爪、鸡爪果、积枣，为鼠李科枳椇属多年生落叶乔木。其环境适应力极强，能够在贫瘠的土壤中健康生长。拐枣是药用、果用、材用等多用途树种，生长快，适应性强，经济价值高，低山、丘陵、平原均可栽植，但目前尚未引起广泛重视。

拐枣在我国以长江流域分布最多，长江以南地区和华北南部也很普遍，主要分布在陕西、四川、重庆、湖北、湖南、江西、江苏、浙江、福建、广东、安徽、河北、河南等地，以陕西、四川、重庆量多质佳。河南省有不少资源分布，如南阳市的镇平、方城、西峡、南召、桐柏等县；信阳市的新县、商城、罗山、光山；三门峡的卢氏、灵宝等县区均有分布或零星栽植。在华东地区常散生于海拔1000 m以下阳光充足的沟谷、溪边或较潮湿山坡处，与其他常绿、落叶阔叶树种混生。该树种多生于阳光充足、海拔200～1500 m的山坡、山谷、林缘和杂木林中的沟边、路旁，野生成林者罕见。

二、生物学特性

1. 形态特征

拐枣属落叶乔木，树身高10 m。树皮灰黑色，纵深裂，小枝红褐色，叶互生，广卵形，长8～15 cm，宽6～10 cm，先端尖或长尖，边缘具锯齿，基出3主脉，淡红色；叶柄具锈色细毛。聚伞花序腋生或顶生，花绿色，花瓣5，倒卵形，两性花有雄蕊5，雌蕊1，子房3室，每室1胚珠。果实灰褐色，果柄肉质肥大，红褐色；无毛，成熟后味甘可食。种子扁圆形，红褐色。花期6月，果熟期10月。采收期10—11月，将果实连果柄摘下。

2. 生态习性

(1) 喜光性：除一年生小苗怕烈日暴晒外，其他均喜充足阳光，光照不足，生长缓慢，结果率下降。

所以生长在阳坡和林缘的拐枣比阴坡或林内结果多。但拐枣又具耐阴性，在夏季高温条件下，生长缓慢，乃至停长。在拐枣生长期间，适宜的郁闭度为20%左右。

（2）耐寒性：拐枣可在－15 ℃条件下安全越冬。在－30 ℃条件下，也只使幼苗顶端和新梢略有冻伤，基本不影响次年植株的生长。在春季展叶期若遇到0 ℃左右的霜冻危害，不会使茎产生冻害。如果在秋季遇到早霜冻害，茎、叶也都不会受到伤害。

（3）喜湿性和怕旱性：幼苗期叶片大，蒸发量高，不耐旱。成龄树地下部分形成深层根系，有明显的主根，喜湿润的土壤。但拐枣在积水低洼地或长期过分湿润的土壤上，生长势较弱。所以人工栽培拐枣，应选择排水良好、不易积水的地区，最好是有灌溉条件的地块。

（4）对土壤要求不严：在微酸性、中性土及石灰岩山地均能生长，在深厚肥沃、湿润的沙壤土上生长良好，具有耐酸碱、耐贫瘠、耐沙荒、抗干旱等较强的适应性。

三、栽培技术

1. 直播栽培

种子繁殖、营养繁殖均为拐枣种植的常见方法，在生产中种子繁殖方式应用频率最高。

（1）采种：选择采种母树时，常以生长15年左右无病虫害的健壮拐枣树为主。在霜冻后，11月左右进行采收。成熟果梗采收后，将其在干净水泥地上进行摊放，也可晾晒在干净的竹席上，待90%的果实六至七成干后，可通过专业工具对果实进行打散抖落，采用窖藏或沙藏的方式对清除杂质后的种子进行存储，便于翌年播种使用。

（2）育苗地选择：最佳种植地为土壤良好、光照充沛、无病虫害、便于浇水、交通发达的区域，苗圃地常选择轻壤土或沙壤土。

（3）整地：在进行播种前，需要对种植区土地进行翻整，除去内部的杂土、碎石、土块等，整细垄高苗床，注意在大田圃地中部区域及四周深挖排水沟。随后对土地施加底肥，通常要施足有机腐熟肥，再次翻整土地以增加肥力，也可在播种前为土地施加搅拌均匀的磷酸有机肥。

（4）播种：最佳播种时机为春季清明节后一周内，在播种前需要对拐枣种子进行高锰酸钾消毒浸泡去除种子角质，随后冲洗3次左右，待高温浸泡2天左右，进行木桶温室催芽，当种子部分露出白芽后可晾晒播种。播种时，主要以均等行间距进行条播，待其播种到沟内，利用细肥土覆盖，浇水后再次覆盖以备遮阳，通常每亩种植量超过5 kg，但不超过8 kg。

（5）苗期管理：在种植超过10天后，选择晴天下午将遮阳覆层翻开，根据幼苗出土情况进行田间管理。新苗出土率较高时，可在晴天或阴天下午逐渐揭开覆盖层，但避免大晴天、大雨天翻揭遮蔽物，以防幼苗被灼伤、淋死。根据幼苗真叶出叶情况，采用松土、间苗、除草、追肥等具体管理措施，通常可追施尿素肥、磷酸肥等。

2. 育苗移栽

（1）壮苗定植：为促进早花早果，宜选用健壮苗定植，苗高0.5 m，地茎粗0.5～1 cm，苗干有1～2个分枝。

（2）合理密植：拐枣喜光向阳，耐瘠薄土壤，适宜小冠种植，株行距视地力、经营条件、经营目的不同而不同。如土壤条件好可种植稀些；地力条件差，生长慢，则应种植密些，以便尽早封行；若作为材用林可按2 m×2 m栽植，若作为林果兼用林或行道树、风景林可按5 m×6 m栽植。

（3）科学栽植：园地应选择土层深厚、疏松的平地或向阳坡地。栽植时间为秋季落叶至春季发芽前。栽植时要掌握"苗壮穴大基肥足，干土填穴层层实，苗要浅栽水要透，高高培土防倒伏"的原则。穴深50～60 cm，施足底肥，栽植时要保证根顺、苗正、踩实，然后浇足水。如果栽的是大苗还应立支架防摇摆松动。

3. 田间管理

（1）合理抚育间伐：拐枣园每年春、秋季应各除草、松土一次，第三年秋季砍抚一次。培育用材林，应进行修枝和抹芽，8～10年进行一次中度抚育间伐，强度为株数的30%左右；果用林或果材两用林，应

适当修剪，形成主干疏层形或主干形冠型，材用林或绿化树可采用主干形。10 年以后再一次抚育间伐，保留密度约每公顷 1200 株。

(2) 加强土肥水管理：拐枣虽然适应性强，耐瘠薄，但为了早成林，早结果，早收益，适时中耕除草、追肥、灌溉还是有必要的。可于每年秋季春季结合施基肥深翻树盘或全园深耕，幼树施肥深度 20～40 cm，成年树 40～60 cm。萌芽前、果实膨大期、花芽分化期也应适量追肥，前期以氮肥为主，施尿素 375～450 kg/hm^2，后期则以复合肥为主。为有效提高综合效益，还可间种苜蓿和毛苕子，以增加有机质，提高土壤肥力。有条件的园地还可以于花前、花后、果实膨大期和封冻前灌水。

(3) 合理整形修剪：拐枣多采用主干疏层形，修剪时间为落叶后至萌芽前。将过旺枝、枯枝、纤细枝、病虫枝及生长不良枝剪除，刺激形成完美的树冠，达到“主枝稀、侧枝密；上枝稀、下枝密；外枝稀、内枝密”的整体效果。对于行道树和材用林还要注意保持一定的枝下高；林果兼用林则要增加树体的通风和光照，保持树势中庸，以利开花结果。拐枣萌芽成枝率高达 100%，修剪后，侧芽成枝力强，可通过打顶、修剪控制树高，使其向矮化发展。

(4) 病虫害防治：拐枣抗病能力较强，因此其病虫害主要见于树苗期，而且大多为叶枯病和蚜虫。因此对拐枣病虫害的防治主要集中在预防上，在必要时才进行农药治疗。针对拐枣树病虫害的预防，应当做好播前催芽、排灌施肥、套种摘花、延缓倒苗等基础工作，以保障拐枣健康生长。与此同时，还需要针对性地采取措施预防病虫害。拐枣叶枯病和蚜虫的产生在很大程度上都是由生长环境问题导致的，尤其是在叶枯病和蚜虫多发的秋季，需要及时做好除草工作，同时还要加强对落果、落枝及病落叶的清理，集中烧毁，以减少翌年的叶枯病侵染来源。

针对叶枯病的预防可以采取加强栽培管理的方式进行。确保栽植地排水良好，土壤肥沃，同时增施有机肥及磷肥、钾肥。另外还需要控制栽植密度，做好整形修剪工作，强化拐枣树林的通风透光能力，以降低叶面湿度，而且改喷浇为滴灌或流水浇灌也能有效预防叶枯病。在叶枯病多发季节，还可以每隔 10 余天喷一次农药，以起到预防作用，通常用 1∶1∶100 的波尔多液，50%托布津可湿性粉剂 500～800 倍液、50%多菌灵可湿性粉剂 1000 倍液（或 40%胶悬剂 600～800 倍液）、65%代森锌可湿性粉剂 500 倍液等进行防治，可选用其中一种或交替使用。

蚜虫的预防方法多种多样。蚜虫具有趋光性，因此可以尝试使用黑光灯灭杀蚜虫，防止蚜虫对拐枣树造成伤害。另外蚜虫喜欢甜味和杨柳气味，可以尝试使用杨柳条并将其搓烂、扎捆，以引诱大量蚜虫并进行灭杀。除此之外，将具有刺激性的花椒水或者辣椒水喷洒到拐枣树上，也能在一定程度上起到预防蚜虫的作用。

如果拐枣树已经感染叶枯病或者受到蚜虫侵害，就需要采取相应方式进行治疗。种植人员需要加强对拐枣树的巡查，定期检查拐枣树是否出现感染叶枯病或者被蚜虫侵害的现象，一旦发现则需要及时进行防治处理。其中，在拐枣树感染叶枯病之初，可以使用 1∶1∶400 的波尔多液进行防治。而拐枣树受蚜虫侵害时，则可以使用 40%乐果乳油 2000 倍液进行喷洒。喷洒农药时，通常应从上面顶端开始喷洒，再在周围一圈喷洒以后，将喷雾器的喷头翻转过来，喷洒背面，防止害虫在太阳光的照射下躲藏在树叶背面。为了防止抗药性产生，还应当轮换使用多种针对性药物。其中蚜虫的杀灭除了用乐果溶液外，还可以使用草木灰和水，按 1∶5的比例进行泡制，然后喷洒到受害植物有蚜虫的地方，既能起到杀灭蚜虫的作用，还能补充钾肥。另外用杀虫剂、尿素、洗衣粉、水配制的药水以及吡虫啉可湿性粉剂等也是较为常见的拐枣蚜虫喷洒药。

拐枣栽培要想做到丰产，必须依照相应的栽植流程及栽植技术进行种植栽培，同时还需加强病虫害防治。种植人员应当深入了解拐枣种植要点及注意事项，在栽培过程中加强管理，应用各种栽培技术和病虫害防治方法，保障拐枣的丰产。

4. 果实采收

拐枣树的挂果期比其他果树要长得多，最长可达百年，若种植过程中进行科学管理，其盛果期一般会达到 40 年左右。拐枣树栽植之后的 15 年便进入盛果期，每株拐枣的鲜果量为 40～50 kg。采收时间以霜降后为佳，霜打后果实会更甜，也可在果梗转为红褐色之后才进行采收。这是因为没有熟透的拐

NOTE

枣,其果实中含有单宁,口感较为苦涩,对拐枣的品质会产生较大的影响。由于拐枣中的水分含量较少,因此能够长期储藏,冬季采收之后,储藏一周时间便能够当鲜果出售,将果实剪下,去掉有斑点的果梗,扎成小束或单枝市售,供宾馆或酒吧客人食用;也可阴干压汁销售,或者进行精加工。

四、营养与加工利用

1. 营养价值

拐枣含有多种营养元素。果实中富含蔗糖、果糖和葡萄糖,其中葡萄糖含量高达 45%,氨基酸含量达 2.41%,100 g 鲜重果实维生素 C 含量为 23 mg。据测定,100 g 果梗含水分 57.70 g,蛋白质 0.17 g,脂肪 2.33 g,糖 30.40 g,粗纤维 0.92 g,胡萝卜素 0.49 mg,铁 3.47 mg,还含有锌、铜、锰、镍等微量元素,其营养价值远大于常见水果。拐枣还可用于酿酒、酿醋、制糖及加工清凉饮料等。其果梗鲜食风味甘甜,芳香浓郁,回味悠长。此外,拐枣果梗还可做成果饭(与大米混合蒸煮成饭);果梗和叶片还可做畜禽饲料,叶片还可用作培养香菇、木耳等食用菌的原料。

2. 药用价值

拐枣果实、种子、叶、根、树皮及汁液均可入药,拐枣不仅能解酒,是上佳的天然解酒饮料,其种子能利尿,泡酒服用还能舒经活络,治左瘫右痪、风湿麻木;而且可鲜食,用于治疗气管炎、气喘等。最新研究还发现,拐枣具有保肝、抗早期肝纤维化、延缓和防止乙醇所致的脂肪肝的形成、抗致突变、防癌治癌、抗肿瘤、抗衰老等重要作用。

3. 材用价值

拐枣生长快,材质优;木材紫褐色,硬度适中,纹理美观,收缩率小,不易反翘,容易加工,用途广泛。其木材中固有的香气具有防腐保鲜、凉爽宜人等效用,尤其适应家具及室内装修等装饰用材日益增长的需求趋势。

4. 生态价值

拐枣树姿优美。春夏季叶大而圆,叶色浓绿;入秋后灰褐色肉质果柄旋转扭曲,颇为奇特。秋后树叶转红,云蒸霞蔚,甚为美丽。在管理较好的情况下,拐枣树没有落果现象,且病虫害少,是很好的遮阳防暑树种和无公害天然保健果树,尤其适宜观光果园栽植,是城市、乡村、街道、庭园理想的园林绿化树种(但在酒厂附近不宜种植,因其枝叶、果实有败酒作用)。拐枣种植容易,管理方便,是大有发展前景的树种。拐枣分布广,适应性强,又是退耕还林、西部开发、水土保持的优良树种。拐枣萌芽力强,栽培容易,成活率高。拐枣喜光,有一定的耐寒能力;对土壤要求不高,在土壤肥沃深厚,向阳湿润的山谷、沟边栽植生长快,能成大材;干旱瘠薄的地段也能生长。拐枣既可林木混植也可成片营林,或作为四旁绿化树种。营造树林可减少沙尘,减少土地沙漠化,改善空气质量,具有较好的水土保持和生态效益。

第四节 蓝　莓

蓝莓

一、概述

蓝莓(*Vaccinium* spp.)又称蓝浆果或越橘,是杜鹃花科(Ericaceae)越橘亚科(Vaccinioideae)越橘属(*Vaccinium*)植物,为多年生落叶或常绿果树,呈灌木,果实为浆果。蓝莓全世界约有 400 个品种,我国约有 91 个种 28 个变种,主要分布于东北和西南地区,是 20 世纪初发展起来的适合于红黄壤土生长、经济价值较高的新兴优良果树。蓝莓果实不仅颜色极具吸引力,而且肉质细腻、酸甜适度、营养丰富、香气清爽、风味独特,既可鲜食,又可加工成老少皆宜的多种食品,故深受消费者喜爱。蓝莓果实中含有较高的花青苷,它是抗癌、预防血栓及动脉硬化、抵抗泌尿系统感染、预防心脏疾病和延缓衰老非常可靠的保健食品,被联合国粮农组织列为人类五大健康食品之一,是具有研究和开发利用价值的一种植物。

野生蓝莓是一种矮脚、果实颗粒小但富含花青素的低灌木植物，在我国主要分布于大兴安岭和小兴安岭林区。人工培育的蓝莓以高丛蓝莓、矮丛蓝莓以及兔眼蓝莓为主，其中高丛蓝莓分为北高丛、南高丛和半高丛。人工培育的蓝莓改善了野生蓝莓的口感，果实更大，果肉饱满。我国蓝莓人工栽培起步较晚，开始于1981年，由吉林农业大学牵头从国外引种进行栽培试验，其中"美登"等4个品种在白山、松江河和安图三地的栽培表现良好。但我国的蓝莓栽培真正形成产业化发展是在2000年，吉林农业大学小浆果研究所与青岛杰诚食品有限公司合作在山东省胶南建立了10 hm^2的北高丛蓝莓基地，到2003年栽培面积发展到50 hm^2，成为我国蓝莓产业化栽培最早和面积最大的一个生产基地，中国蓝莓产业化栽培跨入新时代。数据显示，2017年我国蓝栽培面积达5.59万 hm^2，总产量达1.54亿kg。目前我国有27个省市种植蓝莓，北至寒温带气候的黑龙江，南至热带季风气候的海南，大致分布在黑龙江、吉林两省，辽东半岛、胶东半岛、云贵高原和东南沿海地区五个区域。目前蓝莓商业栽培面积最大的是山东省，其次是辽宁省，吉林省位居第三位。黑龙江蓝莓种植虽然起步较晚，但是近两年发展迅速。吉林省在国内是开展蓝莓种植比较早的省份。近年来，对于蓝莓等小浆果的产业发展，政府给予了足够的重视和大力的支持，因此农民种植蓝莓的热情高涨，种植面积也与日俱增，取得了较好的经济效益。

二、生物学特性

1. 形态特征

蓝莓树高1.5～3 m，一般3月下旬至4月上旬萌芽，一年有2次生长高峰，即5月上旬至6月上旬和7月中旬至8月中旬。在气候温暖的地区蓝莓还有第3次新梢生长。蓝莓的花芽分化为光周期敏感型，花芽在12 h以下的短日照条件下分化。蓝莓花芽从萌动到盛开需要1个月左右。一般在3月下旬至4月上旬开花，4月中旬进入盛花期，花期为2～3周。一般在同一枝上，先端花序先开，下部花序后开；在同一花序上，基部的花后开。蓝莓结果一般以二级梢结果为主，一级梢为辅，以春梢母株坐果率较高。蓝莓同一果穗上、中部果实先熟，接着顶端和基部果实成熟。第1批采收的果实最大，以后越来越小。粗壮及靠近基部的枝条结果大，蓝莓大多数品种自交不孕，需要有2个以上的品种搭配，结果才又多又大。

2. 生态习性

适宜蓝莓生长的土壤环境为弱酸性，土质相对疏松，种植人员需对光照时间、强度及降雨量、温湿度等多项指标进行科学控制，为蓝莓生长创造理想的环境。蓝莓喜光，也喜湿，较大的光照强度和湿度更适宜其生长。虽然蓝莓对低温有较强的承受能力，适合生长在温度偏低的地区，但冬季也要做好蓝莓嫩芽的保温工作。高丛蓝莓适宜生长在年平均气温12～15 ℃的气候环境中，兔眼蓝莓适宜生长在年平均气温12～20 ℃的气候环境中。

三、栽培技术

1. 苗木繁育

品种是决定蓝莓扦插成活的重要因素，而营养储藏量在不同处理间差异不显著。蓝莓硬枝扦插时最宜选用的插穗标准为4～8芽节长、0.41～0.80 cm粗组合。扦插过程中，愈伤组织形成的难易度可作为判断蓝莓硬枝插穗成活难易的指标。硬枝扦插主要适合高丛蓝莓和矮丛蓝莓，而嫩枝扦插主要适合兔眼蓝莓、矮丛蓝莓和高丛蓝莓中硬枝扦插生根困难的品种。嫩枝扦插生根率高，目前是蓝莓生产最理想的快繁方式。

在对8个品种的蓝莓嫩枝扦插繁殖技术研究中发现，以泥炭藓作为基质最好；以IBA(1×10^{-3})速蘸，NAA(1.5×10^{-4})、IBA(5×10^{-5})或"ABT 2号"(5×10^{-5})浸泡插穗基部2 h，效果较好；在7月中旬用生根剂IBA处理插穗，取自枝条中部的生根率最高。越橘绿枝扦插以腐苔藓基质最好，适宜的枝段长度为2～3芽，生根药剂以0.3% IBA、0.1% NAA效果较佳。用1年生试管幼枝扦插苗绿枝扦插其效果优于多年生试管幼枝扦插苗绿枝或普通苗绿枝。在绿枝扦插基质的腐苔藓不易得到的情况下，在泥炭土基质上以IBA(1×10^{-3})、ABT (5×10^{-4})、NAA(1×10^{-3})，为适宜浓度，河沙在ABT(5×10^{-4})

NOTE

也是越橘绿枝扦插的可靠基质。笃斯越橘嫩枝扦插以河沙作为基质最好，以 ABT 1 mg/L，NAA 1 mg/L 和 IBA 1 mg/L 效果最佳，其中用生根剂 ABT 处理的插穗生根率最高。

2. 蓝莓建园

(1) 园地选择与土壤改良：选择排水良好的平地或向阳缓坡地，园地坡度小于 15°，土壤中性偏酸，土层深厚，土壤肥沃，质地疏松，有机质含量大于 3%，有灌溉条件。定植前一年深翻，深度为 20～25 cm。清除大石块和树根等杂物，整平土地。水湿地、草甸、沼泽地应先清林，设置排水沟，起台田栽植，台面高 25～30 cm，宽 1 m。

蓝莓生长最适 pH 为 4.0～5.5，有机质含量大于 5%，宜在定植前 1 年结合整地进行。当土壤 pH 大于 5.5 时，全园施硫黄粉以调节 pH，pH 每降低 1.0，需施硫黄粉 65 kg/667 m^2。将硫黄粉均匀撒入土壤，深翻混匀。当土壤 pH 小于 4.0 时，全园施石灰粉以调节 pH，pH 每升高 1.0，需施石灰粉 500 kg/667 m^2。将石灰粉均匀撒入土壤，深翻混匀。当土壤中有机质含量小于 5%时，掺入泥炭土、腐烂树皮、腐熟农用秸秆粉末、锯末等有机质，以改善土壤结构增加有机质含量。按园土∶有机质为1∶1的比例混合填入定植穴。

(2) 品种选择与配置：露地栽培选择北高丛、半高丛或矮丛蓝莓中个大、优质、高产、适应性强的品种。北高丛、半高丛需配置授粉树，矮丛蓝莓可单品种建园。授粉品种宜选择与主栽品种花期一致、花粉量大的优良品种，主栽品种与授粉品种配置比例 1∶1或 2∶1，隔行或隔株栽植。

(3) 栽植时期与密度。

①春栽：土壤解冻后至苗木萌芽前，一般在 3 月下旬至 4 月上旬。

②秋栽：苗木落叶后至土壤封冻前。北高丛蓝莓株行距采用 1.5m×3 m，半高丛蓝莓株行距采用(0.8～1.2)m×2 m，矮丛蓝莓株行距可采用(0.5～0.7)m×1.5 m，可计划密植，郁闭后间伐。

(4) 苗木选择与栽植：选择 2～3 年生的优质大苗建园，苗木根系发达完整，主茎直径大于 0.6 cm，株高大于 30 cm，有 3～5 个分枝，植株无病无伤。远距离运输苗木，用清水浸根 12 h 后栽植，剪除折伤枝、枯死枝。按规划好的株行距挖长、宽、深分别为 0.3 m、0.3 m、0.4 m 的定植穴。将园土、有机质按1∶1比例混合均匀后回填定植穴，灌水沉实。在整好地并灌水沉实的定植穴上，挖 20 cm×20 cm 大小的小穴。将苗木栽入小穴，埋入定植穴深度 3/4 的土，轻轻踏实，做出容水穴，立即灌水 0.5 kg，水完全下渗后再覆土一次，使苗木原土印与地面平齐。按行做畦进行漫灌，一次浇透，待水完全渗入后覆土，覆土厚度为 3 cm。

(5) 埋土防寒：封冻前埋土防寒，将枝条轻弯压倒，埋土厚度为 10～15 cm，将株丛地上部完全埋入土中。

3. 田间管理

(1) 土壤管理。

①中耕：早春至 8 月，行内及时中耕，松土保墒，深度小于 5 cm。

②生草：行间自然生草或人工生草。自然生草以不影响蓝莓生长为宜。人工生草宜选用紫苜蓿、黑麦草、白三叶等。每年刈割 3～5 次，刈割下的草覆盖行间，秋季结合耕翻埋入土中。

③覆盖：包括覆地布和覆草。行内覆地布在干旱、风大的地区于春季 3—4 月进行。覆草宜选用腐解的软木锯末、松针、杂草、作物秸秆等行内覆盖，覆盖宽度为 1m，厚度为 10～15 cm，上面零星压土，第二年后每年增加覆盖厚度 2～3 cm，结合秋施基肥深埋土中。

(2) 施肥：以有机肥为主，化肥为辅。栽植前和栽植后每 3～5 年进行一次土壤理化性状分析，根据测土配方确定施肥量。不使用含氯、钙、硝酸盐的化肥。每年施肥 2 次 ，开花前后和果实采收后各 1 次。选用腐熟农家肥、有机复合肥，针对缺素症施用单一肥料。复合肥氮、磷、钾的比例通常为 1∶1∶1。土质疏松的沙黏土园可全园撒施；壤土、黏土园采用条状沟施、穴施；果树表现缺素症时，可叶面喷施某元素肥料。有条件的园地可滴灌施肥。第 1 次以速效肥为主，每亩施复合肥 20～30 kg。第 2 次以有机肥为主，每亩施有机肥 2000～2500 kg。

(3) 水分管理：土壤相对含水量低于 70%时，需进行适当灌溉。果实成熟前控制水分供应，果实采

NOTE

收后恢复供水，晚秋季节减少水分供应，入冬前灌溉1次封冻水。采用沟灌、畦灌，规模生产采用滴灌或喷灌。设置排水系统，做到能蓄能排。

(4) 整形修剪：修剪可分为休眠期修剪和生长期修剪。休眠期修剪自秋季落叶后至早春萌芽前进行，生长期修剪在春、夏两季进行，以休眠期修剪为主。

①高丛、半高丛修剪方法：在以下不同生长时期方法不同。

a. 幼树期：苗木定植后为迅速扩冠，保留所有枝条自然生长。第一年冬剪，选留5～6个健壮基生枝，截留40～50 cm培养主枝，疏除密生枝、细弱枝和花芽。

b. 初果期：第二年冬剪，主枝延长枝留50～60 cm短截，疏除密生枝、细弱枝。结果枝疏花，健壮枝留4～5个，中庸枝留2～3个，细弱枝不留花芽。第三年夏剪，疏除多余基生枝，对旺长枝、延长枝和徒长枝重摘心促萌，增加结果枝数量。冬剪疏除过高的徒长枝、交叉枝、重叠枝、密生枝和衰弱枝，结果枝疏花。

c. 盛果期：更新复壮骨干枝和结果枝组。对结果枝组采取回缩、缓放和短截等手法，按标准留花芽。清理基生枝，疏除交叉枝、重叠枝、密生枝和衰弱枝，旺长枝摘心。

d. 衰老期：重回缩，疏除衰老主枝，甚至平茬。选留基生枝培养新主枝，更新复壮结果枝组。

②矮丛修剪方法：平茬，从植株基部将地上部分锯掉。剪除部分覆盖园内地面。每2年平茬1次。

(5) 病虫害防治。

①防治原则：遵循"预防为主，综合防治"的方针，以农业防治为基础，综合运用物理防治、生物防治，合理使用化学防治。加强病虫害测报，创造有利于天敌生存的环境条件，加强生物多样性。农药使用按GB/T 8321规定执行。加强植物检疫，防止带病虫的苗木传入或转出；建立无病母本园；发现带有检疫病虫害的植株，立即销毁。

②农业防治：加强栽培管理，增施有机肥，改良土壤，科学修剪，合理施肥和排灌，使树体健壮，提高树体的抗病能力。生草和间作，通过生草和间作，为有益生物提供隐蔽场所，并为其提供食物来源。翻土和清园，结合秋施基肥深翻，冻死越冬害虫；利用清园，清除越冬虫卵和蛹；剪除病虫枝、僵果、枯枝，带出园外销毁。

③物理防治：秋季树干绑草把，诱集越冬或下树幼虫，冬季带出园外杀灭；悬挂掺有杀虫剂的有香味的食物或糖醋液，诱杀果蝇等趋味性害虫；5月开始悬挂黑光灯诱杀蛴螬、叶蝉、美国白蛾和黄刺蛾等趋光性害虫；放置色板、性引诱剂诱杀害虫；人工摘除美国白蛾网幕、树枝上的害虫卵块，带出园外集中销毁；人工捕杀天牛、金龟子等具假死性的害虫。

④生物防治：保护和利用天敌，减少人为因素对天敌的伤害。有条件的果园可使用微生物源农药、植物源农药、动物源农药。

4. 果实采收

果实整体呈蓝黑色、果蒂部分基本为蓝色时开始采收。按果实用途适时采收，晴天早晨最宜采收。高丛蓝莓、半高丛蓝莓盛果期2～3天采收1次，初果期和末果期4～6天采收1次，采收持续3～4周。矮丛蓝莓成熟期较一致，先成熟的果实不脱落，可待果实全部成熟后采收。

高丛蓝莓、半高丛蓝莓采收前须清洗、消毒、晒干采收用具。戴橡胶手套采摘，采果时用手指轻轻捏住果实，稍向前用力摘掉。按照先冠外、后冠内，先上层、后下层的顺序进行。矮丛蓝莓用梳齿状人工采收器采收。大规模园区机械采收时，高丛蓝莓、半高丛蓝莓用手持式电动采收机采收。矮丛蓝莓用大型梳齿状采收器加配摇动装置采收。

果实采收后于10～12 ℃预冷10～12 h，使果实温度降至10 ℃以下，再放入冷库储藏。

四、营养与加工利用

1. 蓝莓普通食品

蓝莓果实出汁率高达80%以上，适合制成饮料。目前蓝莓普通食品开发主要以饮料、果酒及果酱等产品形式为主。目前市场上蓝莓饮料主要有果汁饮料、清汁饮料、浊汁饮料、茶饮料、果肉饮料、果醋

NOTE

饮料、固体饮料、乳酸菌发酵饮料和复合型功能饮料等。蓝莓果酒产品因其良好的保健功能和口感成为果酒饮料行业新的消费热点，蓝莓果酒、蓝莓果啤、蓝莓复合果酒等产品的研究与开发日益增加。蓝莓富含高甲氧基果胶，适合制作各种果冻及果酱食品。

2. 蓝莓保健食品

蓝莓保健食品开发主要基于蓝莓所含的花青素及其具有的抗氧化作用，主要产品有蓝莓花青素咀嚼片、蓝莓花青素护眼胶囊、蓝莓叶黄素酯咀嚼片、蓝莓决明片、蓝莓口服液等。

3. 蓝莓化妆品

蓝莓中花色苷、原花青素、黄酮类、超氧化物歧化酶、熊果酸和熊果苷等活性成分均可用于化妆品。蓝莓熊果苷及黄酮类物质能抑制黑色素形成，可有效去除黑头、疤痕、黑眼圈。花青素等提取物可促进肌原蛋白形成，使皮肤光滑有弹性，可做成抗皱修复面膜。蓝莓精油独特的清香味可用于湿巾、面膜和口红等化妆品，使产品具有清新淡雅的味道。

4. 其他

蓝莓花青素加入香烟可显著增加香烟的滑润感及清晰度，减少刺激，强化果香，提升甜香香韵。蓝莓花青素因兼具抗氧化和抑菌作用，也被用于天然抗氧化包装材料产品的开发。

近几年中国蓝莓种植扩展迅速，原料资源不断增长。然而，由于产品精深的加工技术与能力不足，尚未形成完整的产业链，导致保健功能明确的高附加值蓝莓产品很少；另外，由于多酚类物质的加工稳定性差，提高多酚保留率成为蓝莓加工领域的关键技术研究方向。

生存环境与生活方式变化使人类的疾病谱、医学模式和医疗模式等发生重大改变，随着科技发展和生活水平的不断提高，人们对健康的认识不断提高，对健康的追求日益增强。蓝莓及其产品非常符合现代人群对健康产品提出的天然绿色、美味可口、疾病预防等多维身心需求，因此蓝莓产业蕴藏着很大的开发利用和市场发展空间。

第五节 桑 葚

桑葚

一、概述

桑葚又名桑椹子、桑果、桑乌，是桑科桑属植物成熟果穗的一种统称，颜色多呈紫黑色，形状呈长椭圆形，鲜食口感甜中略带酸。桑葚于 1993 年获国家卫生部批准为“药食同源”农产品，富含有机酸、氨基酸、花青素等多种营养物质。研究者从桑葚中分离出了 150 多种化合物，包括黄酮类、白藜芦醇和多糖等对人体有益的活性成分，其因此具有减缓衰老、滋补肝肾、降糖、降血脂、润肠通便等保健功能，被誉为“保健圣果”。桑葚果肉厚、汁多、天然色素含量较高、香气浓郁，除了鲜食外，还被加工成果脯、果汁、果酒、果干、果酱和果醋等系列产品。果用桑葚又称为果桑，由于口感鲜美、营养丰富和具有多种保健作用，成为我国第三代水果的优秀代表，受到广大消费者和生产者的喜爱。

二、生物学特性

1. 形态特征

桑树高一般为 2～15 m，树皮厚，呈灰色。叶片呈宽卵形或卵形。桑树为雌雄异株，其花为单性，桑葚果为核果，是一种聚花果，果实密集，呈长圆形或卵圆形。桑葚果初熟时为绿色，长度为 1～25 cm，成熟后为红色或黑紫色，也有少量呈乳白色，味道甜而微酸。桑树在我国南北地区广泛分布，南方花期为1—3 月，北方花期为 3—5 月，南方果期为 3—4 月，北方果期为 5—6 月。

2. 生态习性

桑葚喜日照，适宜在温度为 25～30 ℃、海拔 1200 m 以下的条件下生长。其生长需要大量水分，但

NOTE

不耐涝；适宜在土层厚度 50 cm 以上、pH 6.5～7.0(中性偏酸)、肥沃、疏松的壤土或沙壤土中生长。桑葚根系发达，可在干旱与寒冷(−40 ℃)气候条件下顽强生长，耐贫瘠，在盐碱度 0.2%的土地上可以存活。桑葚抗风力强、适应性广；萌芽力强，耐修剪，寿命长。

三、栽培技术

1. 桑葚苗的繁育

选择无病虫害、生长健壮的成年植株，于 5—6 月果实成熟时采收。将果实搅烂后，用水冲去果肉，将种子加入 20%草木灰中搅拌，再用水冲去杂质，取沉底的种子阴干，干藏或沙藏。播种前 5～8 天，用 40 ℃温水浸种，自然冷却后，再浸泡 12 h。用清水冲洗，平摊在容器内，厚约 0.3 cm，上盖湿布，每天用温水淘洗 1 次，待种皮有近 30%破裂露白时即可播种。

3 月下旬至 4 月初采用条播法播种，行距 20～30 cm，沟宽 3～4 cm，深约 1 cm，覆土约 0.5 cm。每 667 m^2播种 0.5～1 kg。播后盖草。播后 10～15 天，幼苗出齐后揭去盖草。幼苗长至 5～6 cm 高时，及时间苗，全年可进行 2～3 次；定苗时株距约 15 cm。每 667 m^2 保留 15000～20000 株。

9 月中旬至 10 月上旬。从采穗圃内选取品种优良、生长健壮的 1 年生枝条中上部的饱满芽。嫁接后 10～15 天检查是否成活，未活的及时补接。第 2 年春季剪砧，夏末解开绑条。

2. 选地整地

桑葚是喜阳、深根系树种，耐沙漠干旱，不耐涝。萌芽后如遇突然低温，易受冻害，所以宜选背风向阳、低丘缓坡、排水良好的地块种植。最好是土层深厚、结构疏松、土壤肥沃、排灌方便的田地，以 pH 6.0～7.0 生长最好。桑葚虽然具有较强的环境适应能力，但是要想提高桑葚的栽培质量，取得更好的种植收益，必须科学选择土地，一般选择土层厚度超过 50 cm，有机质含量超过 1.5%，pH 控制在 6.0～7.0，年降雨量在 1000 mm 左右或灌溉条件好的土地。土地表面平整，交通方便，阳光充足，灌溉及排水方便。栽培地不宜靠近化工厂及有污染的工厂。在栽种前需要进行园地翻耕，一方面疏松土壤，增加土壤透气性和蓄水能力，以利于树苗成活和生长；另一方面通过翻晒土壤，杀死其中的越冬虫卵，防治病虫害。

3. 科学移栽

春季土壤解冻后至桑葚芽萌发前，为适宜种植期。苗木运输、储藏应根据发育状况、地区间气温差异适当调节。10 月中旬果桑苗落叶后至土地封冻前可栽植。栽植密度与授粉树配置：根据果园的栽培目的，依据鲜食或加工需要来决定栽培的株行距。如果按低干树形、平地栽培的采摘果园模式，株距 1 m，行距 2 m，预留作业道，每隔 8～10 m 横向留一条宽 3 m 的机车作业道。这样每亩大约栽桑葚 300 株。如按乔木高冠树形养成果树，株距 2 m，行距 3 m，每亩定植桑葚 100 株左右。以梅花状分布配置 5%的授粉树(实生或嫁接雄花桑)。

完成园地整理工作后，开挖定植沟，标准为宽 20 cm、深 20 cm，相邻两条定植沟间隔 2 m，株距 0.33 m，亩栽桑葚 1000 株。栽植时要扶正苗木，使根系舒展，不窝根，轻提苗木，使根系与土壤密切接触；然后将土回填至超过苗木青茎以上 5 cm，再埋上细碎表土并踏实，浇足定根水，覆盖地膜。

4. 田间管理

(1) 施肥原则：为切实提升桑树种植质量，需要在其生长过程中积极做好施肥工作。有机肥为主、化肥为辅是主要的施肥原则。在植株成长初期，需要适当搭配氮、磷、钾肥，以期全面满足桑树的生长需求。

在初次采果结束之后，需要进行第 1 次施肥工作，以期全面提升营养供给，为有效提升第 2 次采果质量奠定良好的基础。其中，在 6 月中上旬，需要将尿素、壮秆肥施入土壤中。之后，在 8 月中旬，可以适量施入复合肥，并以植株实际生长情况为主进行其他肥料的选择。栽种第 2 年过后，可以进行第 2 次施肥工作，并需要分两个阶段完成。第一阶段主要是在 6 月夏伏之后进行，需要肥料 40～60 kg。其中，第 1 次需要施入 20 kg 复合肥，第 2 次需要施入 10 kg 氮肥，经过两次施肥，桑树枝条能够茁壮生长。第二阶段主要是果实萌芽阶段，同样需要两次施肥。第 1 次需要施入 50 kg 左右的高浓度复合肥，第 2 次

NOTE

则需要结合植株实际生长情况施入 20 kg 左右的复合肥，以期全面提升果实生产质量。

（2）整形修剪：通常在定植前都需要将植株高 25 cm 左右的位置进行短截，当新梢生长至约 18 cm 时，及时摘心，以促进侧枝的萌发，增大树冠面积。在定植第 2 年 6 月，桑葚成熟后，便开始进行夏季修剪工作。每条结果母枝保留 3 个左右的芽，然后进行短截，以促进新梢的萌发。冬季时将夏季生长的弱小枝、病虫害枝等全部剪除，但是要保留适量的结果母枝，剪去枝梢顶端约 18 cm 生长不饱满的部位。

抹芽摘心要根据树龄大小进行，结果 2 年以上的果树在每年 3 月底进行抹芽，将主干上的不定芽及结果母枝基部的弱芽抹除。经常观察果树生长情况，当结果母枝顶部有 5 片左右的新生叶片时开始摘心。具体摘心时间根据种植地区与树龄决定，不过一般都是在清明节后。这时摘心有利于促进果树由营养生长转向生殖生长，促进果树的光照吸收，以提高桑葚产量，增强桑葚的品质。

（3）病虫害防治：病虫害的有效防治是保证桑树栽培效益的关键，贯彻"预防为主，综合防治"的方针，保持果桑园生态系统平衡，多用植物、微生物和矿物性农药，少用化学农药，杜绝使用高毒、高残留及有致畸威胁的农药品种；及时预测、掌握各类病虫的发生规律，抓早期、适期防治；改进、提高喷药技术，提倡低容量、细喷雾。以把病、虫、草等有害生物控制在生产允许范围内，而农药在果实中的残留却控制在允许的最低水平之内，并符合农药安全使用的间隔期标准规定。

①虫害：果桑虫害主要有桑毛虫（吊线虫）、桑粉虱、桑蟥、桑天牛、美国白蛾、金龟子等。随着萌芽新叶展开，桑毛虫（吊线虫）也随之发生，用甲氰菊酯乳油 1000 倍液防治。桑天牛因幼虫钻蛀为害，是很难防治的害虫之一，而且幼虫期长，成虫期亦长，产卵期长。7 月对于防治桑天牛极其重要。桑天牛孵化后即蛀入木质部，故以钢丝捅杀、刮杀或蛀孔注药为佳，挑挖方法不宜采用。在桑天牛为害早期于蛀孔附近刮除虫卵等也有一定效果。桑粉虱的药剂防治：冬季清理除草，减少越冬蛹，在春天花芽萌发后和展叶期各喷施 1 次啶虫脒或吡虫啉，混合溴氰菊酯和甲基托布津或多菌灵，兼防其他虫害。合理安排采摘桑叶，改善桑园通风、透光和排湿条件。

②病害：桑树栽培中常见的病害主要有菌核病（白果病）、白粉病、赤锈病等。以菌核病为例，危害果实，着重在发芽前喷施 5 波美度石硫合剂清园，在发芽后花期青果前用 40%菌核净可湿性粉剂 800～1200 倍液，或 70%甲基托布津可湿性粉剂 1000 倍液，对枝、干、叶、果和地表全面喷洒预防，每隔 6 天 1 次，共喷 2～3 次；有虫害时，每 4 天 1 次，直至少量桑葚由青变红时停喷。白粉病，主要危害桑叶，发病初期为散生白色细小霉斑，随着病情发展，病斑逐渐扩大连成一片，严重时布满整个叶片。预防方法是进行合理密植，及时抗旱，延迟桑叶硬化，合理采摘桑叶，发病初期用 70%甲基托布津可湿性粉剂 1000 倍液喷治。桑赤锈病，于冬季及时剪除春、夏两季发病的病芽和病叶，采用三唑酮可湿性粉剂 1000 倍液防治。

5. 果实采收

桑葚的采收也有一定的技巧，正常情况下，桑葚通常在每年的 5 月左右成熟。观察果实变化，当果实颜色逐渐由红变紫，表面光泽透光时，则表明果实已经成熟。采收时要注意采收方法，要轻拿轻放，避免碰破表皮，导致果实受损，降低储藏性。采收后应该拿塑料盒等装好，并且采收后要及时上市。桑葚定植后应适当进行整形修剪，保证主枝的营养供给。平时加强肥水管理，保持果园的清洁。由于桑葚比较脆弱，因此采收时一定要注意手法，避免果实受伤。

四、营养与加工利用

1. 桑葚的经济价值

桑葚是果桑的果实，含糖量极高，富含多种微量元素，是市场上的紧俏果品。此外，桑葚还可用于泡制酒、酿酒以及制作桑葚膏和桑葚干等。果桑产量高，每株可产桑葚 10 kg 左右，能产生极高的社会效益和经济效益，具有极大的开发利用空间。

（1）营养价值：桑葚能够促进胃液分泌，具有帮助排便、促进消化、生津止渴的作用。成熟的桑葚味道酸甜，口感良好。紫红色桑葚具有较高的营养价值。桑葚中除含有糖、脂肪、蛋白质和水分之外，还含有脂肪酸、维生素 C、苹果酸、钙以及其他营养物质。常食桑葚能够改善皮肤的血液供应，具有黑发、润

肤的功效，能够提高人体的免疫力。

(2) 药用价值：中医认为桑葚具有乌发明目、生津润肠、补肝益肾的功效，可促进肠胃的蠕动，以利于消化。桑葚中的脂肪酸能够有效防止血管硬化，降低血脂。桑葚还含有苹果酸，能促进消化、治疗腹泻、补充营养。桑葚中含有多种维生素、胡萝卜素、无机盐、葡萄糖和芸香苷等成分，能够治疗贫血，补血养颜，乌发美容，扩充人体的血容量。

2. 桑葚产品的开发利用

(1) 桑葚酒的生产和应用：目前，桑葚产品中，最常见的就是桑葚酒。桑葚酒的开发，应当结合市场需求。①降低糖分含量。人们的生活水平越来越高，“三高”人群也越来越多，桑葚中糖分含量较高，桑葚酒作为一种保健品，必须降低含糖量。②进行澄清。相较于浑浊的酒液，人们更倾向选择那些颜色清透的酒液，因此，在桑葚酒制作中，应选择大麦芽、果胶酶等对桑葚酒液进行适当的处理，以得到更具保健效果的清透酒。

(2) 桑葚醋的生产和应用：利用桑葚，可以生产果醋，使果醋既具备桑葚的营养价值，又具备醋的保健效果。一般来说，桑葚醋的含糖量为 0.16 g/mL 左右。当发酵温度为 25～30 ℃时，比较容易得到优质的桑葚醋。

(3) 桑葚果脯的生产和应用：桑葚果脯是桑葚产品的有效开发利用，应生产那些气味浓郁、味道酸甜、口感细腻的果脯，制作成包装、袋装、礼盒装休闲零食，以满足市场的需求。

(4) 桑葚粉的生产：桑葚粉是一种桑葚产品，是将成熟的桑葚洗净、晒干，然后利用机器加工而成。桑葚鲜果大约需要晒 30 天才可以得到桑葚干果，每 4 kg 桑葚鲜果，会得到 1 kg 桑葚粉。

3. 桑葚其他衍生产品的开发

(1) 桑叶：桑叶是饲养桑蚕的饲料，满足蚕桑生产主线需要。嫩芽(叶)可以制成桑茶，有药用价值，是市场畅销的保健饮品；嫩叶还可以做成口味极佳的菜肴，能与诸多山珍媲美。冬桑叶可以入药，很多中药配方中就有冬桑叶。民间采摘冬桑叶，一是用来泡茶，达到治病的效果；二是可以出售给中药材收购商，从而增加经济收入。

(2) 蚕沙：蚕沙肥效高，可作为花卉、盆景的专用肥料；有较高的营养价值，可作为鱼类的饲料；在工业上可用来提取叶绿素；具有药用价值，用蚕沙制作的“蚕沙枕”是疗效很好的保健用品。

(3) 蚕蛹和蚕蛾：蚕蛹富含高蛋白，营养价值高，是广大食客喜爱的食材，同时还是畜禽、鱼类等的上等饲料。蚕蛾除主要用于繁殖优质蚕种之外，雄蚕蛾还可以食用或泡制药酒。20 世纪 90 年代市场上热销的保健品“延生护宝液”中就含有雄蚕蛾。另外，蚕蛾同样是畜禽、鱼类等的上等饲料。从幼蚕到蚕蛾各个发育阶段的桑蚕都是钓鱼的上等饵料。

(4) 桑枝：果桑成年树每年春季或夏季都要进行不同要求的整形修剪，会产生数量较多的桑枝。桑枝可以加工成食用菌的培养基质，且有些食用菌的培养基质中必须要有桑枝成分。

第六节　沙　　棘

沙棘

一、概述

沙棘(*Hippophae rhamnoides* L.)，别名黑刺、醋柳、酸刺，为胡颓子科沙棘属植物，为多年生落叶小乔木或灌木。沙棘分布于欧亚大陆的温带、寒温带及亚热带高山区，我国分布最多，主要分布于内蒙古、陕西、甘肃、宁夏和新疆等地，大多分布在海拔 1000～4000 m 的山地、丘陵、坡地、河崖、河谷、荒滩以及轻度盐碱地和低湿沙地段。它抗旱、抗寒、耐多种贫瘠的土壤，抗逆性和适应性强，根蘖能力极强，根系发达，株丛繁茂。沙棘营养丰富，可作为饮料、食品原料、牧用饲料，也可作为多种工业建筑原料，并具有多种保健功能。沙棘具有较好的观光功能，可作为防护林及水土保持树种，深受绿化工作者青睐。

NOTE

沙棘的栽培历史较短，只有近百年，在我国只有二十多年，而且最初作为防护林栽植，全国有26.6万公顷以上。作为果树栽植的面积还较少，因中国沙棘果实小，枝条有刺，不易管理和采摘。目前，各地已先后从蒙古、苏联等地引种了优良沙棘品种，枝条基本无刺，果实大，易采摘及加工。

二、生物学特性

1. 形态特征

沙棘枝有刺，叶线形或线状披针形，全缘，背面密被银白色鳞片。根系发达、须根多，根幅可达10 m，垂直根深度为50～80 cm，最深可达2 m，80%的根系分布在距地面20 cm的土层中，根系具有根瘤，是非豆科固氮树种，其根瘤还能把土壤中的矿物质、有机质、难溶性无机化合物等转化为植物可吸收的成分。沙棘根蘖能力极强，一般在栽植3年后即可产生根蘖苗，因而沙棘常成片分布。花为单性花，雌雄异株，风媒传粉，花小，淡黄色，短总状花序，花先于叶开放。果实为浆果，球形，橘黄色或橙红色。其色泽、大小、形状、果柄长短等因品种不同而有很大差异。沙棘通常3年结果，5年进入盛果期，可维持4～5年。之后枝条老化干枯、内腔空虚，树势转弱，待隔3年左右，枝条完成更新，树势转旺，又可迎来新的盛果期，其寿命随环境不同而有长短，短者20年左右，长者可达百年。

2. 生态习性

沙棘喜光，耐半阴，耐干旱，耐瘠薄，耐酷热，也耐盐碱，喜透气性良好的土壤。因沙棘属阳性树种，故喜光照，需年日照数为1500～3300 h，在疏林下可以生长，幼苗期忌高温和暴晒。沙棘属耐寒能力极强的树种，一般可耐−50 ℃的极端低温，也可忍受50 ℃的极端高温，分布区的年平均温度为3.6～10.3 ℃。沙棘对水分的要求不严，在年降水量400 mm的地区也能生长。该树种在丘陵、沟谷等水分条件较好的地方亦能生长，但是不耐长期积水。沙棘对土壤要求也不严，耐瘠薄能力很强，在沙土、砒砂岩和砾质土上也可以生长。沙棘有很强的耐盐碱能力，可在pH 9.5的土壤中生长，但在土壤过于黏重的地方则生长不良。

三、栽培技术

1. 苗木繁殖

沙棘繁殖的主要方法有扦插繁殖、压条繁殖、嫁接繁殖、根条繁殖及根蘖繁殖。

(1) 扦插繁殖：分为绿枝扦插和硬枝扦插。其中绿枝扦插易生根，生产上采用较多。扦插时期在6月中旬，枝条半木质化时最好，一般不要超过6月下旬。插条最好在嫩梢上剪取，长7～10 cm，剪口要平，去掉下半部叶片，然后进行药剂催根处理，用吲哚丁酸溶液处理效果最好，根据木质化程度高低，用30～150 mg/L药液浸泡基部12～24 h。木质化程度低的使用药液浓度低，浸泡时间短；反之，则浓度高，时间长，也可用1000 mg/L药液浸泡1～2 min。扦插在大棚内进行，基质采用泥炭土加沙子或蛭石，比例为(1∶1)～(2∶1)，通气性良好即可。可用插盘，也可做苗床，床下铺碎石。插条斜插，株行距5 cm×7 cm，深3～5 cm，压实。生根过程中要保持插条湿润，不失水。扦插后保持温度20 ℃，基质应比气温高1～3 ℃，相对湿度应在90%以上，最好有人工喷雾装置，光线以散射光为宜。生根2～3周后，进行炼苗，通风并逐渐减小湿度，再过2～3周即可移栽。

(2) 压条繁殖：常用的方法有水平压条、弓形折裂压条和直立堆土压条。以水平压条应用最多。早春芽萌动前剪取2年生枝条，去掉顶部未木质化部分，剪成15 cm长的小段，每2～3条一束埋入湿锯末中，10～15 ℃保温，10天后愈伤组织长出，取出枝条埋入苗圃。苗圃浇水后挖深度为5 cm的浅沟，放入枝条，埋土3 cm，再覆2 cm的湿锯末，两周后可萌出新梢。

(3) 嫁接繁殖：主要有枝接法和芽接法。枝接多采用劈接，可在砧苗上低接或在成龄树上高接。嫁接在春季树体萌动前，一般在3月进行。先剪接穗，以2～3年生条为好，剪成5 cm长的小段，下口斜剪以区分上下端，挂蜡保湿，接前将下部削成楔形，以便劈接。接穗应与砧木同粗或略细(一侧皮层对齐)，接后用塑料条绑好即可。

NOTE

芽接多采用"T"字形嫁接，嫁接时期在枝条离皮时进行，北方约在6月。在树冠外围或中部剪取芽体饱满的粗壮枝条，用芽接刀从距芽下 1 cm 处往上斜削入枝条，深达木质部，再在芽上 0.5 cm 处横切一刀至第一刀刀口处，轻轻掰下接芽，保湿。然后在砧木枝条上切一个“T”字形切口，插入接芽，上部皮层接齐，用塑料条绑好，芽可露出。

(4) 根条繁殖：每年 4—5 月，将沙棘嫩根刨出，剪成 10～20 cm 长的小段，埋入圃地 5～7 cm 深的沟中，随刨随埋，踏实浇水，新梢萌出后再埋土，秋季可成苗。

(5) 根蘖繁殖：3 年生以上沙棘周围都有根蘖苗长出，可利用其进行繁殖。一般选取 5～6 年生树萌发的根蘖苗，挑选较为强壮的根蘖苗加强管理，可适当施入有机肥以促生新根，夏季对枝干进行摘心，可促进成熟。次春将根蘖苗挖出，剪成倒“T”字形，即带一段横走根(不定根)，可直接定植。

2. 田间管理

(1) 苗木移植：沙棘园应选择在地势平坦、土层深厚、土壤肥沃、光照充足的河滩地、沟谷地及轻盐碱地等，土壤以中性或微碱性的沙壤土、轻壤土为宜。栽植前一年要进行深翻整地。沙棘春栽或秋栽均可，在东北地区因冬季寒冷，有的地方积雪多，因而多采用春栽。一般在 4 月中旬，土壤解冻 50 cm 时即可栽植。栽植密度视品种的树势强弱而定，一般株高 2～3 m 的株行距可采用 2 m×3 m，株高 4 m 的株行距可采用 3 m×4 m。沙棘雌雄异株，因而需雌雄搭配栽植，一般每 5～8 株雌株配置 1 株雄株，雄株分布要均匀，作业区边行只栽雄株。定植采用穴栽，应做到大穴、大肥、大水。穴深、宽各 50 cm，穴底要平，上下通直。每穴施基肥 10 kg，混入表土后拌匀，取出一半，余土堆成小丘状，放入苗木，根系自然下垂，根颈略高于穴面，填入混合土，再填底土，稍压平，做树盘后浇透水。如遇春旱，可覆膜保湿。

(2) 土肥水管理：每年 5—10 月除草 3 次。杂草再生的，在灌水及雨后应进行中耕，幼龄园 15 cm，成龄园 5～10 cm，靠近树干处应浅些。土壤覆盖只在树盘下进行，有利于保湿和提高土壤肥力。每 2～3 年施 1 次有机肥，每公顷堆肥 30 t，施后耕翻灌水。在花期补施磷、钾肥，每株 0.2 kg。沙棘较抗旱，但灌溉可促进其成长，有灌水条件的地方应在萌芽开花期灌水 1 次，促进根系生长，其他时期(如天旱)也应灌水。

(3) 整形修剪：①幼树整形修剪：主要在冬季(东北地区在 3 月)进行，树形依树势、立地条件而变化，一般分为灌丛状整形和主干形整形。

a. 灌丛状整形：无主干，如定植苗只有一个主干，则应在 15～20 cm 处截干，促进侧枝萌发。一般在地上部 15 cm 处留 3～4 个骨干枝，每骨干枝留 2～3 个侧枝，形成灌丛。头两年只剪枯枝，第三年至第四年疏去重叠枝、过密枝，短截细长枝及单轴延长枝，控制树高 2～3 m 封顶即可。

b. 主干形整形：干高为 60～80 cm，贫瘠地块可按自然开心形整形，即在地上部 70 cm 处留 3～4 个骨干枝，每骨干枝留 2～3 个侧枝。土壤条件较好、无灌水条件的地块可按二层主干分层形整形。第二年在第一层主枝中选一较直立的在 70 cm 处剪截，促发二层主枝，同时对一层侧枝轻截 10～20 cm，第三年再对二层主枝及一层主枝的侧枝轻短截，对主干延长枝甩放或重剪抑制其生长。土壤肥沃、有排灌条件的地块可按主干分层形整成三层，即在二层主干分层形基础上，在第四年将中央延长枝在 50 cm 处再短截，促发第三层主枝 1～2 个，并对第二层主枝的侧枝轻短截，第五年剪截中央延长枝并封顶。

②成龄树整形修剪：冬剪时主要疏去徒长枝、下垂枝、三次枝、干枯枝、病弱枝、内膛过密枝及外围弱结果枝。对外围的一年生枝进行甩放或轻短截，稳定树冠。夏剪主要疏除过密枝，并对留作更新的徒长枝摘心。

③老树更新修剪：沙棘树寿命短，一般在结果三年后即七年生时考虑小更新，适当回缩老结果枝，甩放或重剪结果枝下部的徒长枝使其成为结果枝。十年生时应考虑大更新，丛状整形的可留 1 个，从 60 cm处短截，其余从基部截去。从当年发出的新枝中选留主枝，形成主干形新冠；主干形的可在春季从根颈处锯断，促发枝条后可按丛状整枝，第三年即可结果。

(4) 病虫害防治：常见的病害主要有疮痂病和凋萎病。疮痂病为真菌病害，7—8 月发生。危害叶片、枝条及果实，被害植株叶、枝、果像涂上一层墨汁一样，果实干瘪，叶片发黄卷缩，可喷 200 倍波尔多液，发病中期可喷 50%异菌脲可湿性粉剂 1200 倍液或 50%退菌特粉剂 800～1000 倍液。结合夏剪，剪除病枝。

凋萎病为真菌病害，发病时叶片失去光泽，逐渐变黄脱落，果实皱缩，整株干缩死亡。目前此病无较好的防治办法，发病时应剪去病枝烧毁。若根系侵染，则应整株挖出烧掉，原址不能再栽沙棘。

虫害主要有沙棘蚜和瘿壁虱。沙棘蚜成虫为浅绿色，长 3 mm，以卵在枝条上越冬，春天入芽为害，展叶后为害嫩叶，叶片卷起、光秃或脱落。可在休眠期喷 50%甲基 1605 乳剂 1200 倍液杀死越冬虫卵，为害期喷 40%氧化乐果或乐果乳油 1000 倍液。

沙棘瘿壁虱以成虫在叶腋处越冬，春天入芽为害，吸食嫩叶汁，6 月产卵，7 月成虫继续为害，叶上形成扁平增生物（小粒点），叶片变形、脱落。可在休眠期喷 50%久效磷乳油 3000 倍液杀死越冬虫卵，萌芽时喷 50%乙基 1605 粉剂 2000 倍液，产卵期可喷 20%三唑磷乳油 1000 倍液。

3. 果实采收

沙棘果实成熟后即可采摘。中国沙棘果实熟后不脱落，可在树上挂果越冬。大果沙棘成熟后果实即萎蔫、脱落，成熟后应立即采摘。无刺大果沙棘无论鲜食与加工都可手采，用大拇指和食指在果基部轻轻一掐，连同果柄一起采下，不带果柄则易弄破果实。中国沙棘因果小，柄短，枝条有刺不用手采，而采收冻果，即在冬季－20 ℃以下时，树下铺塑料，振动树枝或用短棒敲打枝条，收集落果；也可剪枝采摘，即在成熟后或冬季，连果带枝将二次短枝一同剪下，或振落或剪短枝条一起入机。中国沙棘或大果沙棘加工用时，可用手轮式采果器采果，每小时可采 3～5 kg。加工用果实可用桶装，生食用果应用木盒和塑料盒装，每盒 0.5～1 kg。沙棘果实不耐储存，采用冷藏可储存 1 个月。

四、营养与加工利用

1. 沙棘产品的开发和利用

沙棘果实酸甜，可鲜食或加工成果子露、果醋、果汁、果酱、果浆、果羹、果冻、果酒等食品和饮料。还可制成维生素 C 浓缩剂及其多种维生素制品，种子可榨油。

（1）果汁的提制：新鲜果实榨汁、过滤、通入 0.2% SO_2 气体后，装罐密封，即得果汁。如果来料集中，短期内加工不完，也可在 50 ℃烘干，密封保存，供作加工成果汁的原料。

（2）维生素 C 浓缩剂的提制：一般先将沙棘果实制成果汁，作为半成品，然后再制成维生素 C 的浓缩剂。其加工工艺流程如下：第一是原料处理，将果汁离心过滤，除去残渣；第二是真空浓缩，浓缩温度以 50～60 ℃为宜；第三是配料，将果汁倒在双重锅中，加温到 50 ℃左右，加入白糖混合均匀；第四是包装，将成品分装在棕色瓶中，瓶子要洗净、消毒、压盖、密封，贴上标签，注明日期，即为成品。

（3）酿酒：沙棘果酒酒汁呈金黄色，具有菠萝香味。配制方法：一般将果渣发酵，果汁用膨润土净化后过滤，经 20 天储藏后加入酒精、糖等调味，即成为酒精度 16%、糖度 10%，酸度 8 g/L 的甜酒或调制成糖度为 16%的餐后酒。

2. 沙棘资源的利用前景

沙棘还具有较高的药用价值，是我国藏医、蒙医的传统中药，具有祛痰、健脾、化湿、壮阳等作用。现代医学研究证明，沙棘对心脑血管疾病、呼吸及消化系统炎症、皮肤烧烫伤及各系统癌肿具有明显的治疗作用。

沙棘是良好的资源，不仅体现在经济效益层面，更为重要的是生态效益，在防风固沙方面更有着不俗的表现，这主要和其生长发育特征有着密切的关系。沙棘枝叶茂盛，每年都会有大量的落叶，这些落叶对于土壤来说具有良好的改良效果。如果能够将沙棘和松树以及杨树等混交，其生长更加旺盛，对于土壤的改良效果更为理想；无论是在有机质，还是在氮含量层面，都有所改善。另外沙棘是有刺的树木，对乔木而言，本身就是很好的保护。另外，沙棘的根系相当发达，不仅主根好，而且具有很多侧根，它们纵横交错，交织于土层的内部，对于土壤和沙子等具有良好的固定作用。沙棘根系发达，在环境恶劣的地区能够防止大量的降雨对地表冲击所导致的水土流失。沙棘生长速度快，灌丛繁茂，对于风沙、风暴能够起到有效的缓解作用，从而减少碱化和风蚀现象。

NOTE

树莓

第七节　树　　莓

一、概述

树莓(*Rubus idaeus* L.)为蔷薇科悬钩子属植物,又称覆盆子、木莓、野莓等,果实为聚合果。根据果实颜色分为红树莓、黑树莓、黄树莓;根据结果特点可分为夏果型、秋果型。树莓适应性强,喜光、耐旱、抗寒,可在 pH 6.5~7.0 的疏松土壤上栽培,也可在山坡、沟谷和荒地上种植。一般定植后第 2 年结果或当年结果,第 3 年进入丰产期,土壤肥沃、管理较好的园区其稳产时间可达 10 年以上。树莓除鲜食之外,还可加工成果汁、果酒、果酱等。树莓果实营养丰富,除富含多种维生素、矿物质元素之外,果实中总氨基酸含量超过 1%,人体必需的 8 种氨基酸含量高达 320 mg/100 g,酚类物质的含量超过 500 mg/100 g,总鞣花酸的含量为 1.198~3.235 mg/g,黄酮类物质的含量为 147.5~231.0 μg/g,水杨酸含量达 139 mg/g,SOD 含量为 168.8~358.6 μg/g。同时,现代研究表明这些活性物质具有抗癌、抗氧化、抗菌、抗炎、减肥、降血压、降血糖、降血脂和美肤等多种功效,树莓因此具有"天然的阿司匹林""抗癌明星"等美称。

树莓广泛分布于北半球,其中 40%在东南亚地区,25%在北美地区,10%在美国的南部或中部地区。树莓栽培源于 16 世纪中期的西欧,20 世纪 80 年代中期我国开始栽培种植。每年国际市场树莓需求量增幅达 3.18%,因其种植特性、采摘劳动成本高、生产成本不断增加等多方面限制,西欧基本退出生产领域,北美、东欧树莓生产处于停顿和萎缩之中,树莓种植逐渐向发展中国家转移。据美国农业部小浆果研究中心和美国华盛顿州红树莓委员会的市场分析,树莓全球需求平衡量在 200 万吨,但目前全球年产量仅 40 万吨左右,存在 160 万吨的缺口,树莓市场严重的供需不平衡为我国树莓业的发展创造了巨大机会。

我国自古就有食用和药用树莓的记载,但树莓果实利用率仅 30%~40%,据 FAO 数据库统计,2017 年我国树莓栽培面积为 5421 hm^2,年产量约为 6×10^4 t,每公顷树莓经济收益能够达到 6 万元。据我国土壤资源普查统计,适宜栽培树莓的区域在 1 亿公顷以上,根据地理、土壤、气候以及品种特点,我国可划分为 5 个树莓栽培区:东北、西北红树莓栽培区;华北红树莓及黑树莓栽培区;黄河中下游及淮河红树莓、黑树莓栽培区;长江中下游及江南黑树莓栽培区;西南山区黑树莓栽培区。我国现有树莓品种大多引自国外,栽培筛选、改良后表现好的品种较少,具有自主知识产权的、地区适宜的专用品种选育研究滞后,急需加快培育速度,产学研相结合形成规模化种植。

二、生物学特性

1. 形态特征

树莓高 1~2 m;枝条褐色或红褐色,有倒钩状皮刺。小叶 3~7 枚,长卵形或椭圆形,顶生小叶常呈卵形,有时浅裂,长 3~8 cm,宽 1.5~4.5 cm,顶端短渐尖,基部圆形;顶生小叶基部近心形,上面无毛或疏生柔毛,下面密被灰白色茸毛,边缘有不规则粗锯齿或重锯齿。叶柄长 3~6 cm,被茸毛状短柔毛和稀疏小刺;托叶线形,具短柔毛。花生于侧枝顶端,成短总状花序或少花腋生,总花梗和花梗均密被茸毛状短柔毛和疏密不等的针刺,花梗长 1~2 cm。花期 5—6 月,果期 8—9 月。树莓果实为聚合浆果,近球形,直径 1~1.4 cm,红色或橙黄色。

2. 生态习性

树莓生长发育的适宜温度为 10~25 ℃,最高为 28~30 ℃。春季气温达到 7 ℃时开始萌芽,15~25 ℃的气温是枝叶生长的最适温度,20~25 ℃是现蕾开花最适温度。夏季气温超过 30 ℃时,树莓叶片蒸腾量加大,生长会被抑制,严重时会出现萎蔫、日灼或枯死现象。树莓为喜水树种,适宜树莓栽培的年降水

NOTE

量为 500～1000 mm，当水分不能满足生长需要时，叶片开始萎蔫，光合作用不充分，生长发育会受到明显影响，坐果率相应降低，果实随之变小、外观变差。当出现洪涝时，由于树莓根系呼吸旺盛，会导致根系缺氧而使植株窒息死亡，特别是红树莓会因短短十几小时的积水而死亡。树莓是喜光树种，光照充足的环境能够保证植株生长健壮、枝叶繁茂，果实产量大、品质佳。适宜的土壤 pH 为 6.7～7.0，即在中性或微酸性的土壤上生长良好。研究表明，90%的树莓根系分布在距地表 30 cm 范围内的耕作层土壤中，因此经常中耕松土、增施有机肥能够促进其生长发育。

三、栽培技术

1. 树莓苗木繁殖技术研究

树莓的繁殖相对比较容易，很多品种的繁殖可利用茎、芽、根等部位，不同品种适合的繁殖方式存在不同程度的差异，相同繁育方法下不同品种的成苗率也存在差异。

(1) 种子繁殖：树莓种皮比较坚硬且厚度大，难以发芽，因此杂交工作开展难度较大，需要提前进行催芽等处理。目前不少学者在此方面开展了相关研究，常见的提高树莓种子萌芽率的方法有氯酸钙处理、硫酸浸泡等，不同的品种最适合的方法也存在一定差异。

(2) 组培繁殖：近年来，一种快速发展起来的新兴技术——组织培养繁殖法，目前在很多经济作物的繁殖中得到了推广应用，尤其在脱毒育苗中应用效果明显。目前，学者们在关于树莓组织培养繁殖技术方面开展了很多研究，研究的类型包括培养基的筛选、提高成活率等方法，也有关于不同器官应用生长调节剂在生理调控方面的变化研究。这些研究对植物组织培养方法的完善、提高繁育质量均起到了很好的促进作用，确保了大量培养出来的组织苗有着发达的根系，提高了建园后的成活率。为了提高树莓丛生芽分化、增殖、生根的效果，选择的培养基材料及配比均有所不同。选择茎尖等组织在培养基上接种后，保持温度在 20～25 ℃、空气中相对湿度在 60%～70%、光照时间在 12～14 小时/天，经过 40～60 天即可大量分化丛生芽，之后转到分化培养基上进行培养，每次分化培养周期在 40～50 天。经过连续几个周期的分化培养后分化苗的数量达到预期的目标，将其中高度超过 2 cm 的挑选出来转移到生根培养基上继续培养，其余分化苗转到增殖培养基上培养。在生根培养基上生长 20～30 天，即可有新根长出，每株幼苗新根数为 2～3 条时即符合移栽的标准。

移栽之前对生根的幼苗进行适当的炼苗，一般 3～5 天即可，炼苗期间光照强度宜控制在 5000～10000 lx。当幼苗颜色转深时即可将生根苗取出，将黏上的培养基清洗干净后，重新在提前经过灭菌处理、多菌灵可湿性粉剂 500 倍液浇灌 1 次的基质上进行移栽。移栽的基质为园土与泥炭土按照相同比例混合而成，如果园土中含有较高的有机质，则也可将园土与泥炭土按照 2∶1的比例混合。树莓移栽苗的栽植环境一般选择日光温室，开始时在温室内再搭建 1 个小拱棚，以起到更好的防护效果，可以增温、保湿、遮过强光线等；日光温室内白天、晚上的温度分别控制在 20～25 ℃、15～20 ℃，空气中相对湿度超过 80%，光照强度为 500～1000 lx。移栽 7 天后可将小拱棚揭开适当通风，以降低棚内的湿度、增加光照强度，保持与日光温室内相同的管理。当移栽苗的高度超过 20 cm 时即可在建园中应用。

(3) 扦插繁殖：多数树莓品种，其枝段、根段在条件适合的情况下均可萌发出新枝和新根，因此可利用此特性进行树莓的繁殖，目前在生产中已得到一定程度的应用。

①成枝扦插：成枝即为已经木质化、生长年限超过 1 年的营养枝，选择成枝扦插方式进行繁殖的时间，四季均可。秋季选择健壮的母枝进行木质化营养枝条的剪取，每 2～3 节作为 1 段进行修剪，将小段捆成小捆，每捆营养枝数量控制在 20～30 段。如果选择在春、冬季进行扦插，需要先将营养枝小段储藏在湿润的沙子中；如果选择在秋季进行扦插，则需先将营养枝小段下端 2 cm 左右浸泡在 IBA 等生长调节剂溶液中 8 h，之后拿出进行扦插，扦插床上提前铺好 1 层清洗干净的河沙，扦插的深度以确保顶芽露出即可。

扦插后及时喷水，保持扦插床上湿度为 80%左右，温度为 20～25 ℃；处于生根、发芽阶段时对光照要求不高，此阶段可减弱光照强度，新芽萌发后需增大光照强度使其大于 2000 lx。扦插苗长度超过 10 cm时，即符合移栽的标准，转移到日光温室等位置，确保冬季的温度可以超过 15 ℃，扦插的株行距适

宜在(10～15) cm×20 cm。移栽的基质为园土与泥炭土按照3∶1的比例混合而得。移栽结束后立即浇透水，待扦插苗缓苗后适时喷水，以起到保湿的效果。此外，还需要结合移栽苗的生长情况适当选择肥料稀释液喷施3～5次，前几次喷施主要选择氮肥，成苗前选择磷肥、钾肥喷施1～2次。之后经过1个冬季的管理，第2年春季移栽的扦插苗即可达到建园的标准。冬季扦插的方法与秋季扦插法几乎保持一致，需要注意生根、生苗前扦插床的温度条件控制在20～25 ℃。冬季进行扦插时，只要管理到位，也可以在第2年时达到建园的标准。

②绿枝扦插：树莓的绿枝扦插适合在生长季进行。树莓绿枝扦插选择的营养枝为当年新生出来的半木质化枝条，将其剪成小段，每段上要求芽的数量为2～3个，每个枝段上的顶叶最好予以保留。将半木质化的营养枝下端2 cm左右浸泡在100 mg/L的IBA溶液中，2～4 h后即可用于扦插。扦插床上提前铺上1层湿润的沙子作为基质，扦插的深度以保证顶芽、叶片露出为宜。扦插结束后勤喷水以起到保湿降温的效果。刚扦插时，建议搭建遮阳网，可以降低光照强度，对降低温度也有很好的效果，可以使扦插床温度低于30 ℃。对于树莓的绿枝扦插，最好是配置全光照自动喷雾设备，可以结合实际温度、湿度条件进行相应的调整、自动喷雾。树莓半木质化的绿枝扦插后，在管理措施到位的情况下，一般生根需要的时间为5～7周。生根、长苗后将其转移到育苗圃中栽植，做好各项管理，一般当年苗即可达到树莓的建园栽植标准。

③根段扦插：树莓的根段扦插在秋季、冬季、春季均可进行。秋季，在树莓植株超过60 cm的位置将其长成的根条挖出来，结合直径情况做好分类，并将其剪成小段，每段长度为15～20 cm。若扦插的时间选择在冬季或者春季，则需要将小段捆成30条/捆或50条/捆，置于装有湿沙的储藏室中搅拌均匀；若扦插的时间选择在秋季，则在剪小段、扦插之前将其下端进行生根处理，可插入IBA、6-BA等生长调节剂中，温度控制在20 ℃左右，经过8～12 h，即可用于扦插。扦插前在扦插床上开深15 cm的沟，将根段水平放置在沟内，覆盖1层厚10 cm左右的沙子。扦插结束后喷透水1次，并用塑料膜搭建简易型的小拱棚进行防护，控制扦插床温度在20～25 ℃，其间一旦发现沙面见干则要马上喷水，喷水要求适量，不可过多；根段生根、发芽前的光照强度保持在500～1000 lx，根段在生根、发芽后需增大光照强度，使其大于2000 lx。根段扦插苗长至高度超过10 cm时，需移栽到冬季保温效果较好的温室中，移栽后的各项管理同成枝扦插苗。经过1个冬天的生长，次春多数苗都能建园应用。冬季根段扦插方法基本同秋季扦插。插后至生根、发芽前同样须保持20～25 ℃床温及适宜的湿度。冬季根段扦插后加强管理也能在第2年春季提供建园用成苗。春季根段扦插一般都于田间地温稳定达15 ℃以上后，在田间的扦插育苗圃中进行。扦插方法也基本同秋季扦插，只是长出的根段扦插苗须在苗圃中生长1年，次春供建园用苗。根段扦插由于根上无芽，需靠扦插后发生的不定芽长苗，往往造成出苗率和苗长势均不如成枝或绿枝扦插苗。

(4) 压条繁殖：压条繁殖是将茎或者枝条埋入土壤，促进茎或枝条生根，长出新苗后再与母株分离，形成新的植株。对于紫树莓、黑树莓等很少发生根蘖的品种，繁殖的方式适合选择压条技术。

2. 科学移栽

树莓可在春季3月上旬或秋季10月上旬定植，春季栽植的苗木成活率较秋季栽植高。定植前6个月，清除园地的杂草、秸秆、树根等杂物，施足有机肥，使用机械整地，耕翻深度25～30 cm，耙平后起垄。以棚架矮化栽培为例，三角形定植，株距80～120 cm，行距200～250 cm，种植密度每公顷7500～9000株。

3. 田间管理

(1) 水分管理：水分是影响树莓生长发育的关键因素。树莓对土壤表层水分的变化非常敏感，需保持表层土壤湿润。栽植后及时浇定根水，促进根系生长、扎稳。树莓萌发生长并开始放叶时，根据土壤水分状况确定浇水时间和浇水量，一般采用滴灌设施补水，避免大水漫灌；撤防寒土后到开花前灌开花坐果水；树莓开花结果时耗水量大，应及时灌生长水；果实迅速膨大期灌促果水；入冬落叶后，于越冬埋土防寒前灌封冻水，以提高树体的抗寒力。

(2) 肥料管理：在早秋穴施或开条状沟施腐熟有机肥和菌肥等3000 kg/667 m^2作基肥，施后盖土并

及时浇水；开春树莓展叶前追施少量氨基酸，促进树枝展叶开花；幼果生长期追施适量氨基酸、腐殖酸、黄腐酸钾；果实膨大期补充鱼蛋白、氨基酸、腐殖酸等水溶肥；果实采收后补充黄腐酸钾，促进花芽分化、枝条木质化。

(3) 搭架引缚：树莓苗定植当年，初生茎长到 50 cm 时，进行引缚，绑缚不可过紧。栽培行内每隔 5～10 m 立 1 根支柱，支柱下端入地 50～60 cm，在支柱上拉两道铁丝，上端铁丝离地面 1.2 m，下端铁丝离地面 0.4 m，将树莓枝条旋转引到铁丝上。

(4) 整形修剪。

①第 1 次修剪：苗木定植成活后齐地剪除过密的细弱枝、破损枝；定植当年当新梢长至 40～60 cm 时，对枝条密度较小的树枝进行摘心，促其萌发新侧枝，增加枝量。

②第 2 次修剪：每株丛选留 5～6 条长势较壮的基生枝（当年新梢），剪掉其余基生枝；基生枝长度以 1.3～1.5 m 为宜，超过 1.5 m 应及时修剪。

③第 3 次修剪：采果后齐地剪除已结过果的母枝。

④第 4 次修剪：秋季初霜前修剪初生茎，剪留长度 1.5～1.8 m。

(5) 防寒压土：冬季来临前需采取防寒措施以确保树枝安全越冬。将枝条从架子上引下来，捆绑后顺着一个方向压倒。在基部弯曲处垫好枕土，压土先在株丛两侧压，后在株丛上方压。边培土边压实，覆土厚度 20～30 cm。土壤解冻后撤除防寒土，将枝条均匀绑缚在架面上，并及时灌水防止抽条。

(6) 病虫害防治。

①农业防治：合理密植，保证株丛通风透光；及时剪除病残枝、病虫枝、僵果等，清除果园的落叶、杂草和废弃物等，并带至园外集中销毁；结合修剪，刮除树枝上的病虫斑。

②物理防治：园区内安装黑光灯和白光灯，田间悬挂黄板和蓝板诱杀害虫，用性诱剂、迷向素、糖醋液等捕杀害虫，还可在园区放置驱鸟器或覆盖防鸟网。

③药剂防治：冬剪后全园喷施 5 波美度石硫合剂，杀灭虫卵、病菌；夏季叶面喷施 0.3 波美度石硫合剂杀虫灭菌；将生石灰、石硫合剂等混匀后涂抹于树体根部预防病虫害；果树萌芽前喷施 2 次石硫合剂杀虫灭菌。

4. 果实采收

充分成熟的树莓浆果具有独特的香气、色泽和风味，应及时采收。采收过早，果皮发硬，果实发酸，香味淡，口感差；采收过晚，浆果变色，易霉烂变质。不同品种的树莓采收期长短各不相同，为确保树莓果实质量，应分品种采收、保存和销售。同一树莓品种的果实成熟期也不一致，要分批采收，通常第 1 次采收后的 7～8 天，浆果大量成熟，需每隔 1～2 天采收 1 次。因树莓在早晨香味最浓，选早晨采收为佳，不宜在雨天采果，以免果实霉烂。果实集中成熟时宜分组采收，一组专门采收过熟、受伤的果实，另一组采收优质果，避免优质果受污。

四、营养与加工利用

1. 保健功能

据测定，每 100 g 红树莓鲜果含水分 84.20 g、蛋白质 0.20 g、脂肪 0.50 g、糖 13.60 g、膳食纤维 0.30 g、钙 22 mg、磷 22 mg、镁 20 mg、钠 1.0 mg、钾 168 mg、维生素 A 130 mg、维生素 B 10.03 mg、维生素 B_2 0.09 mg、烟酸 0.90 mg、维生素 C 25 mg、维生素 B_9 0.20～0.25 mg 等，具有极高的营养保健价值。据报道，树莓浆果含有作为发汗剂的水杨酸，是治疗普通感冒、流感、咽喉炎的良好解热药，所含的鞣花酸与超氧化物，能够延缓衰老、消除疲劳、降低癌症化疗引起的毒副作用。另外，树莓根、茎、叶均可入药，具有止咳、祛痰、发汗、活血等功效。

2. 树莓的综合利用

目前，国内市场以鲜果、冻果加工为主，近 90% 的树莓深加工产品及鲜果和冻果都将出口到欧美市场。优质树莓鲜果及加工品在国际、国内市场售价较高且供不应求，国际市场树莓鲜果售价 7～8 美元/千克，冻果售价 2.5～2.8 美元/千克。近年来，农业生产方式和技术不断改进，农产品品质不断提

NOTE

升、产量逐年增加，农产品市场发展趋势十分可观。国内树莓产业又多以农户零星、分散种植为主，产业发展粗放，集约化、规模化经营程度低，现有相关企业缺乏技术支撑，果品标准不清晰，销售半径受物流和保鲜技术的双重限制，国内未形成集种植、加工、销售为一体的产业链，极大限制了树莓产业化的进程，各类资源利用不充分。

对树莓功效成分的深入研究发现：树莓酮促进体内脂肪分解可减脂瘦身；复方树莓籽粉可抗疲劳；树莓叶茶可降血糖；红树莓根茎水煎剂可抗肿瘤。树莓功效成分种类丰富、生物活性高，市场逐渐认识到树莓在保健品、美容品、染料、香精以及部分药物等方面的潜在价值。国际市场上95%的树莓进入深加工领域，相较于加工冻果和鲜果出售，深加工制品经济附加值相对更高，是未来树莓行业的主要发展方向。

第八节　山　葡　萄

山葡萄

一、概述

山葡萄（*Vitis amurensis* Rupr.）是葡萄科葡萄属的落叶藤本植物，是一种具有较高经济价值的野生果树，抗寒性强，生育期短，在葡萄属中是抗寒能力最强的种类，尤其是东北地区的群体。其在东北和华北的寒冷地区可以安全过冬。山葡萄是葡萄酒的主要原料，其酒体呈宝石红色，明亮透明，风味独特，深受国内外消费者的喜爱。近年来，随着人民生活水平的提高和市场需求的增长，山葡萄生产的发展极为迅速，全国许多地方都把发展优质山葡萄生产作为一项调整农村产业结构和促进农民脱贫致富、形成农业产业化的主要途径。

山葡萄主要分布于黑龙江省小兴安岭、完达山、张广才岭等山地以及大兴安岭低海拔山地；我国吉林、辽宁及华北、华东各省，朝鲜半岛北部，俄罗斯东西柏利亚也有分布。

二、生物学特性

1. 形态特征

山葡萄的枝条粗壮，叶柄长4～14 cm，最开始会有蛛丝状茸毛，而后随着时间的延长而逐渐脱毛，叶面呈阔卵形，宽5～12 cm，长6～14 cm。花期通常为5—6月，果期通常为7—9月。广西壮族自治区具有较为丰富的山葡萄资源，主要有4个品种，分别是蛇葡萄、野葡萄、复叶葡萄、葛葡萄，其中以葛葡萄与野葡萄的品种资源最多，具有较高的利用价值。

2. 生态习性

山葡萄性喜干燥、温暖，要求通风、排水良好，积水过久容易烂根而死，对土壤要求不严格，在中性土壤上生长良好，能适应沙土。山葡萄多生于次生林缘或林中，常缠绕在灌木或小乔木上，耐寒，能忍受−40 ℃严寒。

三、栽培技术

1. 苗木繁殖

（1）压条繁殖：压条繁殖技术主要应用于山葡萄生产园的补植缺株工作中。压条时，需要对植株四周的杂草进行彻底清除，并且所选择的枝蔓应是具有较多新梢的母株，而后再继续开沟，将山葡萄蔓顺沟放入，只需要让露出地面的新梢垂直向上即可。

（2）扦插繁殖：扦插繁殖是当前山葡萄苗木繁殖的主要途径之一，可细分为两大类，分别是硬枝扦插与绿枝扦插，以硬枝扦插为主。通常而言，3月末至4月初是最佳的扦插时间，在移栽之后还需要对幼苗的生长情况进行定期检查，并且还要适当锄草、松土、灌水。

NOTE

2. 山葡萄建园

(1) 园地选择与规划:山葡萄对土壤要求不严格,建园时应选择交通便利,利于果品运输的地块,避免选择地下水位高、易涝地和易受春季晚霜危害的地域。土壤通透性好、保水力强、有机质含量丰富的地块最佳。

(2) 品种及苗木选择:苗木应选择根系发达、生长健壮、无病虫害者。品种的选择应是经济效益高,通过鉴定、命名推广的品种。品种可选择北冰红、左山一、左山二、北玫、雪兰红等。

(3) 苗木栽植:在栽植的前一年秋季挖定植沟。定植沟标准为深 60 cm,宽 60 cm,行距 2.5 m。回填时先回表土,回填 20 cm 后拌入秸秆、杂草及有机肥等。回填后的定植沟穴要高于行间。

秋季上冻前定植最好,春季萌芽前也可定植,株距 0.5 m。对根系进行修剪,视植株根系大小挖定植穴。将定植穴灌足底水,可视需求加入生根粉。待水渗下,放入植株培土,踩实提苗使根系舒展,植株最下面的芽切记不要埋在土里。秋季栽植后可随即防寒。

3. 田间管理

(1) 土壤管理:全年中耕除草 6～7 次,深度 10～15 cm 较适宜,可保证植株生长旺盛,避免病虫滋生。

(2) 水分管理:在春季萌芽期、花期前后、果实膨大期、采收后、上冻前进行灌水,其他时间根据降雨量多少及时灌水。注意花期不要浇水。

(3) 施肥:施肥分为基肥和追肥。基肥通常用腐熟的有机肥(厩肥、堆肥等),每株施腐熟有机肥 25～50 kg、过磷酸钙 250 g、尿素 150 g。一般在秋季采收后进行。方法是在距植株 50 cm 处开沟,标准为宽 40 cm、深 50 cm,一层肥料一层土依次将沟填满。为了减轻工作量可隔沟施肥,即第一年在单数行挖沟施肥,第二年在偶数行挖沟施肥。丰产园一般每年追肥 2～3 次。第一次在春季,芽开始膨大时进行;第二次在坐果初期进行,以氮肥为主,磷、钾肥为辅;第三次在果实着色期进行,以磷、钾肥为主。

(4) 整形修剪。

①夏剪:山葡萄的叶片及其生长量都较大,容易造成架面的郁闭,因此在夏季要对山葡萄植株进行反复整形修剪。主干 30 cm 以下不留芽,30 cm 以上的并生芽、病虫芽及细弱芽均抹除,保证剩余的侧枝和芽均匀分布,有利于结果。在花期过后的 5～7 天,对新梢进行反复摘心,一般每 15 天摘心 1 次,最后一次摘心在 8 月中旬。

具体方法:在生长健壮的结果枝最前端的果穗以上保留 4～6 片叶进行摘心,延长枝在 12～20 片叶摘心。结果枝最前端的副梢留 1 片叶并反复摘心。结果枝果穗下部的副梢自基部全部抹除。去副梢时卷须一并抹除。

②冬剪:一般在秋季落叶后 1 个月左右到翌年萌发前,原则是以短梢修剪为主,每个结果枝留 2～3 个芽。

③越冬防护:在 10 月末至 11 月初进行防寒。随着山葡萄的生长势将植株压倒,拢齐,取行间土将植株全部掩埋,覆盖厚度不少于 30 cm。翌年 4 月末至 5 月初撤除防寒土。

(5) 病虫害防治。

①生物防治:随着当前生态环境的不断恶化,化学防治技术的弊端日益凸显出来,其虽然能将病虫害杀死,但是也杀伤了有益生物和病虫害的天敌,而生物防治技术则较好地解决了这一问题,其原理就是通过培育病虫害的自然天敌对病虫害进行防治,虽然需要很长一段时间才能见到成效,但是一旦培育出足够的自然天敌,那么就能动态控制病虫害和自然天敌的种群数量,进而实现病虫害的长时间控制。通过大力开展生物防治技术,有利于山葡萄病虫害防治以及山葡萄无公害栽培管理。例如,可以对无公害山葡萄生产基地内的有益生物(寄生虫、瓢虫、草蛉等)进行妥善的保护与利用,还可以利用鸟类防治无公害山葡萄生产基地病虫害,针对无公害山葡萄生产基地病虫害现状,可采取以下措施达到“以鸟治虫”的效果:将若干个人工鸟巢安装到各处,并且可以在人工鸟巢内安装鸟鸣器反复播放鸟鸣声,这样一来,就会吸引很多的益鸟入巢繁衍、栖息,既可防治葡萄园的病虫害,又可提高葡萄园的观赏性,达到“一举两得”的效果。从目前来看,国内已经有多家专门培育病虫害天敌的企业,无论是以鸟治虫,还是以虫

NOTE

治虫，或是以菌治虫，均可对自然天敌进行引进繁殖、招引、饲养等。

②微生物农药：在防治山葡萄病虫害时，微生物农药既可有效消灭病害虫，又可对病害虫的天敌进行保护，还不会严重污染周边环境，其用药安全性远远高于化学农药，无论是用药持久性，还是环保性都要好得多。从目前来看，山葡萄的栽培管理过程中多采用以病毒治虫、以细菌治虫的方法。

4. 果实采收

采收时不要掠青，采早了适口性差，酿造的酒质量也差。但采收过晚，浆果过热，果皮易破。采收应在晴天进行，以早晨露水已过为宜。采摘时，一手托住果穗，一手持剪刀将穗梗剪断，轻轻放入筐中。注意轻采，轻放，及时除去果粒中的破烂粒和虫害粒，为保护资源丰产稳定，采收时切忌采用割断藤蔓或砍倒支撑攀缘树木的办法。采后要分级别包装，每件不超过 25 kg，长距离运输要添加蒲包或软苇等内包装，外包装用木箱或条筐均可。装筐时将果穗横放，每放一层，前后左右轻微地摇动，装实，以免运输时果粒互相撞击而破裂。装完后用麻绳缝好，四周捆以草绳，即可外运。如需储存，时间不宜过长，存放在干燥、阴凉通风的地方，以防日晒雨淋。

四、营养与加工利用

山葡萄果味酸甜，果汁色浓，营养价值极高，每 100 g 鲜品含蛋白质 0.2 g，糖 7～9 g，单宁 0.05～0.12 mg，钙 4 mg，胡萝卜素 0.04 mg 等，是酿酒和榨汁的极好原料。山葡萄也具有较高的药用价值，具有补气，强筋骨，除风湿，利尿等功效，可治疗气血虚弱、肺虚咳嗽、心悸盗汗、风湿麻痹、淋病、浮肿等症。

1. 山葡萄酒的加工方法

一号原酒的制造：果实经过分选，破碎入池。入池的数量为池容积的 85%，再加酵母液 8.5%，糖液 5%（其中糖 3%，水 2%），使温度保持在 20～25 ℃，时间 3～5 天，每天搅动一次。然后，使果汁与果渣分离，果汁继续发酵。先按达到 14 度酒计算加糖，即酒每升高 1 度需加糖 1.8%，糖分两次加入果汁内，每次按 10 度酒计算加入，隔 3～4 天再把其余的糖加入。发酵的温度为 15～20 ℃，时间为 30～35 天，当发酵残糖降到 0.5%时，进行分离，转入储藏阶段，经过配制即为成品。二号原酒的制造：前发酵分离所剩的葡萄渣，加糖液 22.5%（其中水 21.5%，糖 1%）继续发酵，主法同上，即得二号原酒。葡萄白兰地的制造：将制造二号原酒所剩的葡萄渣，入池后进行压榨，压榨出的汁液加糖发酵（按发酵到 10 度计算）。一次将糖加入，储藏 6 个月后进行蒸馏，即成葡萄白兰地。

2. 酒石酸的提取

酒石酸的用途很大，如在食品工业上制作清凉饮料、发酵面包等。葡萄汁含酒石酸 1%～1.5%，叶含总酒石酸的 1.5%～2%，一般利用酿酒后的酒脚，蒸馏废液，果皮及葡萄叶提取酒石酸。其方法是在高温的蒸馏废液或煮沸的葡萄渣（果皮）的水溶液中加入石灰搅拌至溶液呈酸性为止。然后再加入适宜的氧化钙继续搅拌，静置片刻，将上层清液倒出，下部沉淀物为酒石酸钙。以酒石酸钙为原料，加入适量的硫酸，待硫酸钙完全沉淀后过滤，将滤液用 1%活性炭脱色，过滤，滤液浓缩后，在常温下即可析出酒石酸的大晶体，如果用不含铁、钙及镁等无机盐的蒸馏水重复结晶 2～3 次，脱色 1～2 次，即可获得酒石酸结晶。

3. 提制紫色天然食用色素

将发酵后的山葡萄渣（果皮），加 4～5 倍水煮沸，滤去残渣，浓缩到 25 波美度以上，即为液体紫色素，如果再进一步除去液体中的果胶、蛋白质、糖等杂质，即可制成粉状的色素，该色素通常在配制露酒、清凉饮料及其他食品时使用。

余甘子

第九节　余　甘　子

NOTE

一、概述

余甘子（*Phyllanthus emblica* L.），系大戟科（Euphorbiaceae）叶下珠属植物，别名油甘（福建、台

湾)、圆橄榄(四川)、滇橄榄(云南)、牛甘子、喉甘子、鱼木果(广西)、油甘子(广东)、庵摩落迦(印度)等。《本草纲目》记载:余甘果子,主补益气,久服轻身,延年益寿。食品专家把余甘子、猕猴桃、山楂列为我国高营养的三大果品,余甘子的干燥果实被全世界约 17 个国家使用。在我国,约有 16 个民族使用该药,并被载入《中国药典》。现代医学证明余甘子果实中富含维生素 C,具有对 N-亚硝基化合物的高度阻断性的抗癌效能,所含的 SOD 类似物的耐热、耐储藏和小分子透皮性所带来的抗氧化、抗衰老特性在果蔬中实属罕见。这些独特性质使它在水果、食品、医药、化妆品领域的应用越来越广泛。

余甘子在世界范围内分布,北至中国的四川、云南、贵州交界,南至印度尼西亚;原产于东经 70°～122°、北纬 1°～29°的中国南部、印度中南部、巴基斯坦、斯里兰卡、马来西亚、印度尼西亚、菲律宾和泰国等南亚热带或热带地区,其中中国和印度种植面积最大。中国是余甘子的原产地之一,余甘子是一种改良水平较低的经济果树,基本上还处于野生、半野生的状态。四川省余甘子主要分布于攀枝花的盐边、米易和凉山彝族自治州的会东、宁南、普格、雷波等县区的金沙江流域。凉山彝族自治州地处东经 100°03′～103°52′和北纬 26°03′～29°18′,是我国余甘子分布的最北缘区域。贵州野生余甘子主要分布在其西南部的南、北盘江与红水河两岸的黔西南布依苗族自治州、紫云苗族布依族自治县、普定县和六枝特区。云南余甘子集中分布于金沙江、南盘江、元江、澜沧江和怒江五大水系地区,余甘子野生资源总量居全国之首。广西余甘子分布于西南、西北部的县市区。广东余甘子主要集中在揭阳市、普宁市和潮阳区。海南余甘子集中于中、东部的谷地及树林中,主要分布于霸王岭一带。福建是我国余甘子的主产区,拥有丰富的野生种质资源,余甘子主要分布在福建南部的泉州、厦门、漳州,集中分布在惠安、南安、莆田、安溪、晋江、龙海、漳浦、云霄、诏安等地,其中惠安县的余甘子种质资源多数表现为集中连片,着生密度高。福建和广东地区是我国率先开展余甘子良种栽培的地区,其中福建地区栽培面积最广。

二、生物学特性

1. 形态特征

余甘子,落叶小乔木或灌木,高 1～6 m,老枝褐色,小枝纤细,被锈色短柔毛,落叶时整个结果枝脱落。叶互生,在枝上排成 2 列,条状矩圆形,无毛;叶柄短,托叶小,棕红色,三角状锐尖。花小,单性,雌雄同株,无花瓣,3～6 朵簇生于叶腋,结果枝具数朵雌花和较多雄花,或全为雄花。萼片 6,雄花花盘腺体 6,分离,三角形与萼片互生。雄蕊 3 枚,花丝合生,无退化子房;雌花花盘杯状,柱头 3 裂,裂片再分叉。蒴果中外果皮肉质,无毛,扁球形,明显或不明显 6 棱,稀 8 棱,光滑或被褐色斑纹,初为黄绿色,后为白色、赤色、棕褐色或黄色。内果皮硬壳质,干时开裂,内 3 室含种子 6 粒,稀 4 室含种子 8 粒,种子不规则肾形。

2. 生态习性

余甘子适宜于年均温度 18～23 ℃,年均降雨量 550～1000 mm,日照时数大于或等于 7600 h,海拔 1100 m 以下,排水良好,土层厚度 50 cm 以上的阳坡、半阳坡、平地上种植。

三、栽培技术

1. 繁殖技术

余甘子的繁殖技术采用嫁接繁殖。首先选择生长势强、无病虫害的余甘子实生植株为砧木,嫁接前剪除所有枝条,位于主干一定高度处截顶,每株砧木留出 1～2 个头准备嫁接,主要采用穗接,选择叶芽饱满、无病虫害、健壮的枝条作为接穗。嫁接时要注意锯断选定的砧木树干时,要削平锯口,同时在接穗距最下端芽眼 3 cm 处要削成两面相同、切口平整的楔形。接穗与砧木切口要紧密贴合,接穗放好后在接口处绑膜。嫁接完成后及时搭建小拱棚和喷洒第一次防虫药,到翌年 2 月中下旬气温回升后可揭膜。

2. 科学移栽

余甘子耐旱、耐瘠薄,选择适宜的种植地是优质、丰产、稳产的基础,根据 4 个良种的生长特性应选海拔 400～1500 m,年均温度 16～22 ℃,土层厚度大于 50 cm,果期无经常性大风的平地、阳坡、半阳坡地栽植建园。

按株行距 3 m×4 m 或 2 m×5 m 进行开槽或穴状整地;每公顷施腐熟农家肥 15000 kg、磷肥 1000 kg 作基肥;于 1—2 月或 6—8 月实施定植。可选择Ⅰ、Ⅱ级嫁接苗直接造林,也可种植当年培育的容器实生苗,待实生苗成活后再适时嫁接。雨季种植的,于种植当年雨季结束时覆盖地膜保水;冬、春季栽植的,浇足定根水后覆盖地膜保水。

3. 田间管理

(1) 土肥水管理:余甘子每年施肥 3 次。2—3 月施萌前肥:氮、磷肥可促进枝梢生长,花芽分化,加速树冠形成,2 月上旬施尿素,施肥后灌水,覆土、覆膜保水。4—5 月施壮梢或壮果肥:4 月至 5 月上中旬以磷、钾肥为主,辅施氮肥,结合施肥除草可减少落果。10 月施基肥:以有机肥及磷肥为主,辅施钾肥,即先将杂草及上年覆盖物铲入施肥沟内,再施农家肥,均匀撒施化肥,盖土。

(2) 整形修剪:主要在初春进行,由于余甘子树的一年生结果母枝到第二年可发育成二年生结果母枝,因此每年落叶后到春季萌芽前的修剪,只对极少量一年生或二年生以上的结果母枝基部留 2～3 条芽进行短截,其余可根据树形进行轻度疏剪。当主枝或副主枝生长量逐渐减少时,树冠内部的侧枝叶开始出现衰老,就要进行修剪,剪除病虫枝、枯枝、纤细枝之外,对结果母枝直径在 0.4 cm 以下的部分枝条进行短截,留桩 30～40 cm。余甘子树每年抽生的枝条数较少,而且枝梢生长势不旺,修剪时要重、轻结合,尽量少重剪,避免枝条过少而产量下降。

(3) 病虫害防治:余甘子常见的病虫害及防治方法如下:①锈病,主要危害余甘子果树的叶片和果实,可用 65%代森锌可湿性粉剂 300～500 倍液或 50%退菌特可湿性粉剂 500～800 倍液喷雾防治。②炭疽病,炭疽病由炭疽病菌引起,可侵染叶片和果实,主要危害果实,可加强种植管理,提高植株抗病性,或者在发病初期,用 60%甲基托布津可湿性粉剂 800 倍液或 70%多菌灵可湿性粉剂 500 倍液喷施,8～10 天 1 次,连续喷 3 次进行防治。③煤烟病,主要危害叶和果实,要求植株种植不要过密,适当修剪,温室要通风透光,以降低湿度,切忌环境湿闷。该病发生与分泌蜜露的昆虫关系密切,喷药防治蚜虫、介壳虫等是减少发病的主要措施,适期喷用 40%氧化乐果乳油 1000 倍液进行防治。防治介壳虫还可用 10～20 倍松脂合剂、石油乳剂等。④卷叶蛾,该虫主要以幼虫危害春梢嫩叶,可通过经常检查,一发现被害症状,立即喷药进行防治。药物可用 40%乐果乳油、80%敌敌畏乳油或 90%敌百虫可湿性粉剂 800 倍液等。⑤木毒蛾,木毒蛾的幼虫是余甘子果园主要害虫之一,卵孵化后幼虫直接危害树皮。防治方法:经常性进行检查,及时剪除虫枝,割掉树皮。当发现受害部位有新鲜虫粪时,可用铁丝钩掉洞口的虫粪,用棉花沾乐果或敌敌畏稀释液堵塞洞口,使幼虫闷死在洞内。

4. 果实采收

果实采收前 20 天应停止使用农药,采收期应与成熟期一致。采收、倒果、搬运果实时应轻采、缓倒、慢搬,避免损伤果实表面。

四、营养与加工利用

余甘子全身是宝,用途广泛。果实可制成果脯、果酱和果汁;种子含油量 16 %,可榨油;树皮和树叶是上等的烤胶原料;果、叶、根均可入药。余甘子是国家公布的第 1 批药食同源产品,具有清热利咽、润肺化痰、生津止渴的功效。李时珍在《本草纲目》中称余甘子“久服轻身,延年长生”。据分析,余甘子含有多种矿物质元素以及果酸、单糖、双糖、淀粉、纤维素、半纤维素、果胶、胡萝卜素、烟酸和单宁,其维生素 C 的含量为 300～1814 mg/100 g 鲜果,仅次于刺梨,是猕猴桃的 2～4 倍,柑橘的 10～23 倍,苹果的 60～134 倍,并且,余甘子所含的维生素 C 经高温加工后破坏极少。此外,余甘子富含人体所需的 18 种氨基酸以及 16 种微量元素。

余甘子营养丰富,食用价值高,是养生治病的良药,其开发利用价值已引起全世界的高度重视,被世界卫生组织指定为在世界范围内推广种植的 3 种保健植物之一。我国民间早有利用余甘子果实健身治病的例子,在印度传统药物和我国民族药体系中,均有十分悠久的历史。有研究表明余甘子果实含相当数量的超氧化物歧化酶,能增强人体免疫力,具有抗衰老作用;对强致癌物 N-亚硝基化合物在人体内合成有阻断作用。现代药理研究证实,余甘子有明显治疗和预防胃癌的作用,余甘子冲剂对乙型肝炎有很

NOTE

好的治疗作用；余甘子可用于治疗胆道蛔虫病；余甘子果实具有广泛的抗微生物的能力。此外，余甘子还具有抗疲劳、降血脂、降低血液黏度和扩张血管、改善微循环的作用。

余甘子资源利用现状主要体现在以下几个方面：

1. 余甘子保健食品开发

广西平南县大玉余甘果有限责任公司以“平丹1号”余甘子为经营核心，已实现从种苗培育、木苗种植、推广到余甘子加工一条龙式经营，目前，开发有果汁、果酒、果茶、果脯等系列产品。此外，广西民间传统常生食或渍制余甘子。

2. 余甘子中成药开发

目前，市场上已有余甘子保健药以及多种中成药，例如余甘子喉片、复方余甘子利咽片、二十五味余甘子丸等，生产企业多以福建、广东为主，广西余甘子中成药开发刚刚起步。

3. 余甘栲胶

余甘子树皮和树叶单宁含量高，是上等的烤胶原料，余甘栲胶是广西武鸣栲胶厂、百色林化厂主要栲胶品种，是我国优质栲胶之一，产品远销东南亚等国家。

4. 余甘子是广西岩溶石漠化地区果树种植优选树种

余甘子适应性极强，耐旱耐贫瘠，粗放易管理，是荒山绿化的先锋树种。余甘子根系发达，主根深达10 m以上，能穿透坚硬的土层、岩石缝隙，扎根到土壤深处，而且蓄水固土功能强，可用于岩溶石漠化地区、生态脆弱区植被恢复和生态经济群落的重建。天等县地处桂西南地区，是典型的石山区，森林植被率低，荒山石漠化严重。天等县于2004年夏季开始引种大玉余甘果，种植面积达80 hm^2以上，既取得了良好的生态效益，又取得了可观的经济效益。

第十节　木　瓜

木瓜

一、概述

木瓜为蔷薇科木瓜属（*Chaenomeles*）植物，本属共有5种，栽培利用以皱皮木瓜（*Chaenomeles speciosa*）和光皮木瓜（*Chaenomeles sinensis*）为主，其栽培面积占全世界木瓜属植物总栽培面积的80%以上。木瓜果实营养丰富，被誉为“百益果王”，果实含有丰富的有机酸、黄酮类、单宁、三萜及其苷类等，具有抗菌、消炎、抗肿瘤等功效，是集加工食用、药用和观赏于一体的、极具开发价值的新型经济树种之一。

木瓜属温带木本植物，原产于我国中原地区，山东、河南、陕西、湖北等省份都有分布，分布比较集中而且知名的产地为山东菏泽，著名品牌有“曹州木瓜”。目前，湖北长阳土家族自治县、郧阳区，陕西白河，河南南阳，安徽宣城，山东菏泽及临沂等地方政府都把木瓜作为特色产业大力推动发展，也带动了果用木瓜在栽培育种、果实特性、食品加工和医药化工等方面的研究，但仍有较大的深化空间。

二、生物学特性

1. 形态特征

木瓜属蔷薇科木瓜属，为落叶灌木，高5～10 m，大树骨干枝的树皮呈片状剥落，内皮层光滑，青色、浅褐色、灰白色斑块相间，和白皮松相比各有千秋。果实为梨果（由花托膨大发育而成），椭圆形至长椭圆形，果面具蜡质和果粉，果梗短粗，花萼脱落或宿存，果肉黄白色，木质，芳香浓郁，风味酸涩，皮油蜡质，颜色金黄，至于室内清香怡人，经久不消。潜伏芽寿命极长，更新容易，木瓜树的寿命可达1000年以上，4月上旬开花，10月初果实成熟，11月下旬落叶。

NOTE

2. 生态习性

木瓜喜光照充足和温凉湿润的环境，根系发达，枝条萌芽率高，成枝力强，成活率高，抗旱能力强，较耐寒也耐半阴，适应性强。

三、栽培技术

1. 木瓜育苗

木瓜是多年生落叶树木，育苗是木瓜生产的重要环节。苗木质量直接影响植株成活率、生长速度、结果早晚和产量高低，且对适应性与抗逆性、寿命都有一定影响。木瓜育苗以种子繁殖为主，也可用压条繁殖、扦插繁殖和嫁接繁殖等多种营养繁殖方法。种子繁殖多用于规模化栽培；营养繁殖多用于盆景景观扩增和优益变异植株的种性保存、扩繁。

(1) 种子繁殖：将前一年采收的种子，用湿沙储藏，每年 3 月至 4 月中旬，将种子播于整好的育苗床内，按行距 33 cm，株距 20 cm 条播，保持土壤湿润，一个月后出苗，幼苗期加强管理，适时除草、追肥。

(2) 压条繁殖：春秋两季均可进行，将木瓜树接近地面枝条弯下，中间部分压入土中，把枝稍露出土面，使其吸收水分和养分，生根后即可切下移栽。

(3) 扦插繁殖：在春季发芽前，选木瓜树 2～3 年的枝条作为插条，剪成长 33 cm 左右，上端保留 1～3 片叶芽，按行距 33 cm，插入苗床内，生根后即可移栽。

(4) 嫁接繁殖：5 月下旬至 6 月下旬进行嫩枝劈接、腹接，此时嫁接苗木成活率高，萌芽快，生长迅速。8 月下旬至 9 月中旬以“T”字形芽接或嵌芽接为好，当地果农多采用传统的方块芽接法。春季(3 月上中旬)，劈接、切接、腹接均可；4 月上中旬，以皮下接为好，成活率高，生长快，但需立支柱绑缚。

(5) 分蔸繁殖：在惊蛰至清明之间或霜降前后，选生长健壮，高 70 cm 以上的分枝苗，连同须根从母树根部分下，立即移栽。

2. 科学建园

木瓜具有很强的适应性，不需要很好的水土条件，所以在选种植园地时，往往不会有太高的要求。不过如果以经营为目的，想要获得足够的经济收益，在选种植园地时就要考虑所在地土层深厚、土壤肥沃程度等方面的情况。

建立园地时，要对当地的实际状况有一个充分的了解，然后再选择合适的品种。木瓜比较适合进行自花授粉，不过各品种在授粉以后，坐果率并不高。所以，想要加强经济收益，在生产期间一定要适时配植授粉树。通常情况下，主栽与授粉两个品种之间的比例是 4∶1。而想要方便管理，最好让授粉树独立成行。

3. 田间管理

(1) 肥水管理：如果木瓜园地采用集约化管理的方式，那么通常会采取土壤深翻改良。在秋天到来之前，要施基肥，在距离树大约 1.2 m 的位置挖一个长度为 80～120 cm，深度为 40～60 m 的大穴，紧接着使用有机肥、杂草等，依照一定的比例将它们混在一块，然后全部施入大穴内，并往穴内加足够的土壤。第 2 年，还要在内行树的周围再挖一个长度为 80～120 cm，深度为 40～60 m 的大穴，并往里面放杂草。3～4 年以后，再往附近扩充深翻。

秋天是使用基肥的主要季节。而到了冬天，幼树期同样能够对草进行覆盖。之所以要在秋天使用基肥，主要原因是要确保土壤的温度能够达到理想的要求，从而让耕作层的毛细根不至于冻坏，另外还能够避免冬旱抽条。在一年中，最多追肥 4 次。第 1 次是花前肥，并进行适当的浇水工作，而在肥料的选用上，最好选择施速效氮肥，追肥量为 100～200 g；第 2 次是果实膨大肥，而在肥料的选用上，最好选择三元复合肥，追肥量保持在 250 g，如果有充足的条件，最好在叶面上喷施 0.3%尿素溶液。

(2) 整形修剪：观赏类品种定干高度为 1.5 m 以上，按自然圆头形、小冠疏层形(3～5 个主枝期，同方向均匀生长)培育。结果加工类品种定干高度为 1.2 m 以上，采用纺锤形，每棵 6～8 个主枝，主枝间隔 25 cm，树体总高度 3.5 m 左右。

NOTE

主要采用轻修剪法，改变枝条的长度和方向，做到枝条空间布局合理均匀，枝枝见光，努力增加枝叶量，加速幼树的生长速度。通过连续长放，生长点多，枝量大，可提前 1～2 年进入盛果期。盛果期冬剪前枝量约 10000 个/667 m^2，剪后枝量为 5000～6000 个/667 m^2，夏季叶面积系数为 4～5。改变枝条生长的方法：撑、拉、顶、吊、捆枝、捋枝等。

冬剪：传统的修剪方法由于枝干过于拥挤，使得树冠的外围尚不抽生大量的发育枝，而内膛风光条件恶化，营养不良，所萌发的枝条纤细，而冬季修剪以短截为主、疏枝为辅。采用短截和疏枝相结合的原则，疏除过密的骨干枝、内向枝、交叉枝、重叠枝；对多年生大枝，短截直径在 1.5 cm 以上的分叉枝条。

(3) 病虫害防治。

①木瓜花叶病。

a. 危害症状：叶片、叶柄、嫩茎以及果实是木瓜花叶病主要危害的地方。叶片生病后，花叶状是整个叶片的状态，变形的很少，但刚长出的叶片有时会变形。嫩茎以及叶柄生病后，斑点在刚开始的时候会出现，斑点呈水渍状，后变成条纹，条纹是由斑点扩大并且连合形成的，条纹的形状也为水渍状。果实生病以后，开始生圈斑（呈水渍状）或者纹圈斑（呈同心轮状），后形成大斑，大斑是由 2～3 个圈斑连合而成的，大斑的形状是不规则的。生病的木瓜枝会在天气变冷时落掉，只剩下幼叶，新生幼叶颜色也是黄的。

b. 发病规律：木瓜花叶病是通过摩擦进行浸染的，蚜虫也是其中的一个媒介，种子不具有传病的作用。该病的发生与一些因素有关，如品种、气候条件以及木瓜园的位置。一般较抗病的是矮生品种和红叶柄品种，而极易感病的有高秆品种和青叶柄品种。一般在温暖干燥年份发病较重。根据调查，发病高峰期一般是 4—6 月与 10—11 月。新木瓜园越是接近老木瓜园或者住宅区房屋，植株发病率越高，多在开花结果后发病。

c. 防治方法：刚种木瓜时，要选比较抗病的木瓜品种。新木瓜园的地址要尽量选择在远离老木瓜园以及住宅区的地方。注意在春天的时候种植。发现得病的木瓜植株立即挖除，如果已经结果，将果实采摘之后再挖除。人进入果园接触病树后，尽量避免碰好树，这样可以防止人为的传播。关于蚜虫的防治也是我们应多多注意的。我们应减少传染媒介源，如可采用 15%蓖麻油酸烟碱乳油 800～1000 倍液等无公害药剂。必要时可采用 1.5%植病灵乳剂 1000 倍液或者抗毒剂 1 号水剂 300 倍液等增抗剂。

②木瓜轮纹病。

a. 危害症状：枝干和果实是木瓜轮纹病主要危害的部位，它对叶片的危害比较少。果实生病后，会变烂，造成很大的损失。果实大多是在快成熟或储藏期生病，病菌从皮孔侵入，生成褐色斑，形状为水浸状，很快变成同心轮纹状，并开始向四周扩散，整个果实在几天内就会烂掉；烂果还有一个特点就是汁比较多，而且常常伴有酸臭味。枝干生病后，严重时整个植株都会死掉；枝干染病后，刚开始出现褐色斑，形状为扁椭圆形，病斑的中心是凸起的。叶片生病后，产生病斑，病斑形状近似圆形，有明显的同心的轮纹，大小为 0.5～1.5 cm，颜色为褐色，色泽比较浅是后期的特点，在后期还会出现黑色的小粒点，在病斑多时，叶片常常会枯死并落下。

b. 发病规律：它的病菌以及菌丝或者分生孢子器及子囊壳在病枝干上越冬，第二年的 4—6 月病组织菌丝体上产生分生孢子，这是初侵染源。雨水传播是分生孢子的主要传播途径，它的飞溅范围约为 10 m，病菌萌发也可在清水中，侵入多从孔口，完成侵入需要 24 h。幼果被侵染后并不会马上发病，要等到果实近成熟期或者储藏期生活力衰退时才会发病。如果在幼果期，遇到较多雨水，则轮纹病会比较严重。

c. 防治方法：新建木瓜园时应选用没有病的苗木，支撑棍不要用病树和病枝干。在休眠期，粗皮病疣刮除后，可喷涂杀菌剂。5 波美度石硫合剂可在春季发芽前喷洒，越冬菌源要铲除。也可在生长季重刮皮，注意去除病组织，可以减少菌源。发现生病果实后，要及时摘除病果并深埋。要采用施肥技术，增强树势，以提高树体的抗病力，一般结果时，大树每株可以施土杂肥 200 kg、磷钾肥 2.5 kg 以及氮肥 1.5～2 kg。喷药防治要适时，可采用 1:2:240 的波尔多液或者 50%退菌特 600 倍液、40%多菌灵悬浮剂 1000 倍液＋10%双效灵水剂 400 倍液、40%多菌灵悬浮剂 1000 倍液＋40%三乙膦酸铝可湿性粉剂 600 倍液等，单剂的效果低于混用药剂，每隔 1～10 天喷 1 次，连喷 3～4 次。

③叶斑病。

a. 危害症状：叶片是叶斑病主要危害的部位，刚发病时会出现病斑，病斑颜色为褐色，大小为5～6 mm，中央常有一斑点或轮纹，其中斑点是褐色的，轮纹深浅不一，接着还会不断扩大，破裂或者出现穿孔，严重时病斑会连成一块，叶片枯掉落地，树势、产量以及质量均会受到影响。

b. 发病规律：菌丝体是叶斑病的形式，菌丝体越冬是在病落叶中，第一次侵染时，它的传播会随着气流进行。发病高发期为6月中下旬。气候对该病影响很大，该病的流行直接受雨季的长短、早晚的影响，发病高发期为高温、多雨湿度大的时候。另外，土壤肥力以及管理条件也与发病有关，通风不好、地势低洼处易出现病害。

c. 防治方法：减少病原数量。清除病虫源是防治的首要工作，同时进行修剪，将有病虫害的树枝清除掉，落叶、落果清扫后，一并销毁。加强栽培管理，腐熟有机肥要多施，以增强树势，提高抗病能力。5波美度石硫合剂可在春季树木没发芽时喷1次，1∶2∶240的波尔多液从5月中旬开始每隔半月喷1次，或者用50%多菌灵可湿性粉剂600～800倍液，80%大生M-45可湿性粉剂800倍液等杀菌。

④蚜虫。

a. 危害症状：木瓜新长出的梢以及嫩叶是蚜虫主要侵害的部位，嫩叶纵卷生蚜虫后，会变得弯曲。受害木瓜树会出现花少，果又少又小，枝条很细，树势较差等普遍现象。第二年，木瓜发芽时，孵化开始，这时幼芽、叶片以及嫩梢就会受害。开始繁殖是在5月初，嫩梢长得比较好的时候是5月底的前后，这时蚜虫会加快繁殖的速度，繁殖的速度达到最大值是在6—7月。以后如果气温较高，雨水较多，天敌较多时，树上幼嫩的组织会减少，蚜虫发生量就会慢慢减少。到了秋季，也就是树梢生长得比较快的时候，蚜虫发生量又开始变多。

b. 防治方法：蚜虫防治方法有两种，一种是药剂防治。

用药预防：在越冬卵孵化最旺盛时，木瓜幼嫩叶还没有卷叶之前，抗蚜威、吡虫啉以及溴氰菊酯等是常用的药剂。

药剂涂环：蚜虫刚为害的时间是5月上中旬，去除树干上的老皮，把韧皮部露出来，用毛刷将配好的药液直接涂在韧皮部上，药环直径为6 cm，涂后，用塑料布或报纸将其包好。虫密度较大时，可在第1次涂药后的10天，再在原来的地方涂1次。40%氧化乐果乳油以及吡虫啉可湿性粉剂等是常用的药剂。

另一种防治方法是将受害的枝梢剪除掉。趁着蚜虫还没分散，将受害的枝梢剪除掉，集中杀死，并注意将其天敌保护起来。

(4) 采收、脱粒：木瓜开花后4～6个月成熟，一般冬季成熟果皮全黄为采收标准，采收时用刀割下，放入盛有少量电石的大木桶内，果顶向上，装满后用棉被覆盖，再用绳子扎紧桶口，进行催熟，24 h后取出，大小分级后装入纸箱。

四、营养与加工利用

木瓜为蔷薇科落叶灌木，是优良的园林绿化树种，栽培广泛，以其果实入药，具有祛湿、抗癌、消炎、止咳、润肺、解暑、舒筋、活血的作用。主治湿痹拘挛、吐泻转筋、脚气水肿。

1. 观赏价值

木瓜树一年四季均可观赏。春季观花。木瓜树暮春时节先叶而后花，或花与叶同放；花单生或簇生，红色、淡红色或白色，五瓣花似海棠，是著名的观赏花卉之一。夏季观叶和树形。木瓜树叶革质或半革质，墨绿光亮，生机勃勃；木瓜树冠丰满，树姿优雅俊美，绿荫效果显著。秋季可赏果。木瓜颜色金黄，细腻光滑，果形端正大方，自然芳香味浓郁而又独特，放香时间持久，自然条件下能存放6个月以上。冬季可观形（落叶古树）。木瓜树的枝干光滑斑驳，别具一格，状若游龙；枝干古朴苍劲，形神俱佳。所以不管是草坪配植、庭院栽植或是园区观光，木瓜都是很好的园林绿化树种。

2. 营养价值

以木瓜为食，北魏时期的《齐民要术》中已有记载：木瓜以苦酒鼓汁，密度之，可案酒食，密封藏百日，乃食之甚宜人。现代研究表明，木瓜果实中含有有机酸、维生素、氨基酸、果胶和钾、钙、铁、磷等多种元素和营养成分。木瓜果实可用于开发木瓜酒、木瓜醋、木瓜饮片、木瓜饮料、蜜饯、果酱、罐头等各种产品。用木瓜提取精液，可制作香皂、唇膏、洗面奶等高级化妆品。木瓜籽的粗脂肪含量可达到30%，其中不饱和脂肪酸相对含量占60%。木瓜叶可用于开发木瓜茶，以曹州木瓜叶的嫩梢为原料，采用特有的工艺加工制作而成。

3. 药用价值

木瓜为我国传统中药，使用历史悠久，俗语有“杏一益，梨二益，木瓜百益”之说。现代药理研究也表明木瓜中含有多种成分，具有广泛的药用价值。从甲醇提取物中得到的单体化合物如白桦酸、白桦脂醇等具有明显的抗癌活性。木瓜中所含的齐墩果酸能清除因肝细胞坏死或肝脏中活性酶失活时体内产生的毒素。科学研究和临床应用结果证明，木瓜的营养保健成分如多酚、维生素C、SOD都是抗衰老、抗肿瘤的核心物质，能够抗癌、抗肿瘤、抗疲劳、延缓人体细胞的老化和氧化、促进健康长寿。

第十一节　无　花　果

无花果

一、概述

无花果(*Ficus carica* L.)属于桑科(Moraceae)榕属(*Ficus*)无花果亚属落叶灌木或小乔木，原产于地中海，分布于土耳其至阿富汗，中国唐代即从波斯传入，是人类较早栽培的果树之一。花隐生于囊状花托内，为隐头花序，故名无花果。无花果果实含有丰富的维生素、氨基酸、矿物质元素等营养成分，不但是天然保健食品，而且具有药用功能。除了在我国北方栽培外，近年来无花果在南方发展较快。

二、生物学特性

1. 植物学特征

无花果树高3～10 m，多分枝，树皮灰褐色，皮孔明显；小枝直立，粗壮。叶互生，厚纸质。无花果是投产较快的药食两用果树，栽植当年就能结果。第五年以后进入盛果期，一般每公顷产量可达15 t以上。根据结果习性，可分为野生型、斯密尔那型、中间型、普通型4种类型。生产上栽培的品种以普通型为主，不需要授粉，能单性结果。

无花果树分枝少，每年仅枝端数芽向上、向外延伸。进入结果期后，树冠中除徒长枝外，几乎所有的新梢都能成为结果枝。新梢顶芽为叶芽，除基部数节为隐芽外，每个叶腋间多数能形成2～3个芽，其中圆锥形的小芽为叶芽，大而圆者为花芽。花芽进一步分化发育，成为特有的花序托。花序托内壁上排列有数以千计的小花，成一隐形花序，外观只见果而不见花。生产上栽培的普通型无花果，其隐形花序中只有雌花，不需要授粉，能单性结果。无花果的食用部分，实际上是由无花果结果状花序托和由花序托所裹生的众多小果共同肥大而成的聚花果。无花果的新梢生长、花芽分化和花托形成同时进行，在适宜条件下，无论春梢还是秋梢，其叶腋生长点由下而上，依次分化形成花序托并依次成熟，即为秋果；秋末新梢顶部叶腋内分化出的花序托原始体，在我国南方，若冬季未进行短截，到翌年天气转暖后则可继续分化发育形成果实，6月下旬至7月逐渐成熟，被称为夏果。因此，无花果在一年中产2批果。正常成熟的夏果品质好、果个大，但与秋果相比，通常只占总产量的10%左右。

2. 生态习性

无花果耐肥、耐瘠薄、耐酸、抗盐碱，病虫害很少，容易栽培，还可吸附二氧化硫等有害气体，有良好的吸尘效果，平原、山地、丘陵、海滩都能生长，除作为果树大面积栽植外，还用于庭院、城市、厂矿绿化。无花果为亚热带落叶灌木或小乔木，不耐严寒，凡年平均气温在13 ℃以上，冬季最低气温在－15 ℃以

NOTE

上，年降雨量在 400 mm 以上的地区均可栽植。在我国南方，无花果作为落叶果树，冬季不需要防寒保护即可安全过冬；对土壤适应性强，无论是在黏土、沙土、壤土，还是在酸性土、碱性土以及改良的盐碱地上，均能生长良好。

三、栽培技术

1. 无花果苗木繁殖

无花果枝条极易生根，一般采用春季扦插繁殖，插条随剪随插，成活率很高。选择苗圃扦插、园地直接扦插均可。直接扦插的无花果生长快，根系入土较深，结果早，寿命长。在我国南方，春季扦插在2—3月萌芽前进行。盛果期从健壮树上采集节间短、直径 1～1.5 cm 的枝条作为插条，插条每 4 节切成一段，插条上端在距离芽 1 cm 处剪成平口，下端剪成斜口。按 20 cm×30 cm 的株行距，将插条垂直插入，2 节入土，扦插后稍压实，浇透水，并覆盖秸秆或柴草，以后遇晴天适当浇水，保持土壤湿度，促进插条生根发芽。扦插育苗，只要加强管理，苗木一年即可出圃。起苗前 1 周灌水 1 次，最好随起、随运、随栽，运输前将根系蘸上泥浆，给苗干洒水，装车后用塑料薄膜遮盖，防止风干。从外地调运的苗木，如不能立即栽种，应将苗木假植。

2. 科学建园

无花果喜光、怕涝，生长期需水量较大，抗风力弱，生产上要选择地势较高、背风向阳、排水良好、有灌溉条件、环境无污染且远离桑园的地方建园。南方地区在秋季落叶后至翌年春季萌芽前均可栽植，以春栽为主。选择布兰瑞克、玛斯义·陶芬等鲜食、加工兼用的良种，选用株高不小于 1 m、根颈直径不小于 2 cm 且根系发达的壮苗建园，株行距以(3～4) m×(4～5) m 为宜。为提高前期产量，可实行计划密植，在永久树的株间加 1 株临时植株，树冠封行时再将临时株间移或间伐，以保持永久树继续丰产。栽植前应按栽植行向(等高线)挖深、宽各 1 m 的栽植沟，或按株行距定点挖 1 m×1 m×1 m 的栽植穴，并分层施足农家肥(用量为 50～100 kg/m^3)和少量磷肥(用量为 1～1.5 kg/m^3，酸性土施钙镁磷肥，碱性土施过磷酸钙)，以改良土壤，引根深扎广布。

栽植后要及时浇透定根水，并在根际盖草或覆膜保墒，以提高成活率。无花果树有一特点，不仅重茬栽植难以成活，而且定植树未成活后补植也极难成功。因此，无花果建园时要尽量保证栽植一次成功。如果必须补植，则要挖除所有老根，将定植穴挖大一些，填入未种过无花果的客土，土壤消毒后方可补植。

3. 田间管理

(1) 土肥水管理。

①土壤改良：无花果树根系分布较浅(多集中在 50 cm 内的表土层)，且叶片大，夏秋高温季节极易遭受干旱影响，因此有必要对果园进行土壤改良。除高标准建园外，落叶后、萌芽前可结合修剪、施肥进行深翻扩穴(深 50～100 cm，宽度不限)，将园内落叶、落果、杂草及剪下的枝条深埋，有条件时要在秋末冬初或翌年早春对全园进行 1 次深耕(注意内浅外深，靠近主干处要浅挖，深度以 10～12 cm 为宜；株行间可深挖，深度为 20～30 cm)，加深、加宽活土层，扩大根系吸收面积，提高树体抗旱性。无花果需钙较多，对红、黄壤等酸性土壤，要结合翻耕均匀撒施石灰(用量：生石灰 40～50 kg/667 m^2，或熟石灰 50～100 kg/667 m^2)加以补充。幼龄园可在行间间作花生等矮秆作物；成年园采取生草制，禁止喷施草甘膦等除草剂除草，于行间种植藿香蓟、决明、禾本科牧草等，或有意蓄养自然浅根性矮秆杂草。当草的高度超过 30 cm 时刈割，将割下的草覆盖于树盘。杂草是果园的大敌，为提高工效，可在果园覆盖“园丰一号”生态防草布，覆盖此种防草布不仅防草、保湿、保温、渗水、透气，而且不含任何有毒、有害的化学成分，可自然降解，安全环保。

②合理施肥：全年施肥量，可按生产 100 kg 果实施含氮 1.06 kg、五氧化二磷 0.8 kg、氧化钾1.06 kg 的大致标准计算。生产上要结合深翻扩穴重施基肥，保证施肥量占全年的 50%～70%。在我国南方，基肥施用可从 11—12 月落叶后开始，最迟在翌年 2 月下旬或 3 月上旬萌芽前施完。肥料以厩肥、堆肥、人畜粪、饼肥等腐熟有机肥为主，配合施用适量的氮、磷、钾肥，腐熟有机肥可按 1 kg 果实施 1～2 kg 肥

NOTE

的标准施入，成年树每株还需增施磷肥 0.5～1 kg、三元复合肥 0.25～0.5 kg，于行间或株间开深沟（宽 40～50 cm、深 50～100 cm）施入。无花果树在生长旺季需肥量大，夏秋两季要结合灌水及时追肥。5—6 月为花序分化和新梢生长高峰期，应及时补施夏肥，以满足其营养需求；8—10 月为果实（秋果）成熟采收期，要及时补施秋肥，以确保树体养分供应充足，树势强健，成熟果实个大，产量高。土壤追施夏肥、秋肥，多采用三元复合肥，成年树通常每次每株施 0.25～0.5 kg，于行间或株间开浅沟（深、宽各 20～30 cm）施入。同时，于果实生长期多次叶面喷施 0.3%～0.5%磷酸二氢钾溶液，可明显增大果实，减少裂果。

③防涝抗旱：无花果树不耐涝、较耐旱，新梢生长期和果实膨大期需水量较大。因此，南方雨季（4—6 月）要注意开沟排水，做到雨后无积水，地势较低的平地要将地下水位降到 1 m 以下，并在雨后及时松土；夏秋季（7—9 月）高温干旱季节应及时灌水抗旱，每次灌水不宜过多，尤其是果实成熟采收期更要注意，灌水量以浸透根系层为度，灌水后要浅耕松土，始终保持土壤湿润，防止裂果产生。

（2）整形修剪：无花果是喜光树种，生产上最好采用三主枝自然开心形树形，这种树形呈立体状，骨架牢固，树冠通风透光，果实着色好、产量高。

①幼树整形：栽植后 1～4 年，修剪宜轻，以整形、扩冠为主。栽植后及时在苗高约 60 cm 处剪顶定干。第一年，在距地面 40～60 cm 的主干上选留 3 个分布均匀、枝间距离约为 10 cm、基角 40°～50°的健壮枝培养为主枝，其余枝条及早疏除。冬剪时，每个主枝选外芽或侧芽作剪口芽，留 50～60 cm 长短截，用支柱绑缚牵引（下同），作为主枝延长枝培养，其余枝条疏除。第二年，除主枝延长枝任其生长外，每个主枝两侧按 20～40 cm 的间距选留 3～4 个错开分布的斜生枝（向侧面伸展）作为侧枝培养。冬剪时，将徒长枝、强旺直立枝、下垂枝、过密枝及扰乱树形的枝条疏除，主枝延长枝留 40 cm，侧枝延长枝留 20～30 cm 加以短截。第三年、第四年，参照第二年的方法在各侧枝上选留壮旺新梢作为结果枝。冬剪时，将徒长枝、强旺直立枝、下垂枝、过密枝及扰乱树形的枝条疏除，主枝、侧枝的延长枝留 20～30 cm，结果母枝过长的留 2～3 节加以短截，其他的中、短枝实施长放，不要短截，让其顶芽附近的夏果成熟，顶芽作为延长枝，抽生新梢着生秋果。

②成年树修剪：从栽植第五年开始，树冠已经形成，树体进入结果盛期，以冬剪（落叶后至早春萌芽前进行）为主，注意增强树体通透性，强化结果母枝生长势，控制树冠扩大，防止结果部位外移，保证高产、稳产。生产上应推行大枝修剪，以疏枝为主、短截为辅，适当回缩修剪。冬剪时，注意剪掉树上干枯枝、徒长枝、强旺直立枝、病虫枝、下垂枝、细弱枝、重叠枝、过密枝、贴地（离地高度小于 40 cm）枝，将树冠中上部的过密大枝疏除，打开天窗，郁闭园应进行间移、间伐，以改善光照条件。无花果树主要依靠结果母枝结果，当年抽生的枝条多是翌年的结果母枝，对树冠交叉枝及过高、过长的老枝组要及时适当回缩（缩剪至二至三年生枝）；对各部位的结果母枝，注意选壮旺枝结果，过长的留 2～3 节加以短截，促其下部抽发更新枝，其他的中、短枝实施长放，不要短截，使其多产夏果，以增加产量。修剪后，树高控制在 3 m 内，行间要有 100 cm 左右宽的光道，株间树冠保持 50～80 cm 间距，相邻枝间保持 40～50 cm 空隙，超高的要落头，超宽的要回缩，过密的要疏删，将树冠控制在应占的范围内。生长期间，要及时将过密的新梢疏去，同一节间长出 2 个以上幼果的，要及时疏掉小果，每个节间只留 1 个幼果。随着果实采收，逐步摘去下部老叶，保持树体透光均匀，以提升果实质量。

（3）病虫鸟害防治：无花果树病虫害很少，主要是鸟害，其果实皮薄肉软、色彩鲜艳、清香甘甜，成熟时很容易遭到鸟的啄食。生产上可采取在园中插立旋转风向标、稻草人，或悬挂塑料彩带，播放报警器声响的录音进行恐吓驱赶。在鸟害极严重的地方，可全园架设防鸟网。防鸟网是一种塑料网状织物，具有拉力强度大、抗热、耐水、耐腐蚀、耐老化、无毒无味、废弃物易处理等优点。生产上可挑选孔径 2～2.5 cm的无色或黑色防鸟网，用完后若妥善保管，使用寿命可达 3～5 年。

（4）采收、储藏和加工。

①采收：无花果以果实顶部小孔微开，果皮出现明显网纹，手捏果肉微软，即九成熟时为最佳采收期，此时采收的果实风味好、品质佳，但不耐储藏和运输；假如需要外运或加工，应适当早采，可在果实基本转色、果肉尚未软化，即八成熟时采收。采收时要戴手套，用手握住果实，轻轻向上一抬，即可采下。也可用剪刀带果柄 1～2 cm 剪下，注意不要伤及果皮，不要捏压果肉，做到轻拿、轻放，避免机械损伤，以

NOTE

保证无花果的商品品质，延长采后寿命。无花果果皮、果肉柔软，易受损伤，生产上应将采收、运输、储藏、包装销售一体化，做到边采收，边剔除畸形果、腐烂果、病虫果、伤果、掉地果、未熟果、过熟果、裂果，根据果实外形、大小、色泽直接进行就地分级，将合格的果实轻轻放入扁平的塑料箱或衬纸的木箱内，有条件时可采用包装盒，实行一次装箱、装盒，并立即运往销售点、加工厂，或入冷库储藏，切不可淋雨或暴晒。无花果从6月下旬至11月均有果实成熟，成熟期长达5个月，生产上必须每天收获1次，并将达到采收标准的果实采完，不得隔日采收。采收时间以果实温度较低的早晨较好，雨天则应抓紧在降雨之前采完，下雨时不可采收，降雨后要等到果面干爽时方可采收，以提高果实储藏性。

②储藏：无花果成熟正值夏秋高温季节，采后在常温（大于25 ℃）下只有1天左右的保鲜期，做好采后保鲜是其鲜果销售成功的关键。生产上多采用冷藏保鲜，其方法为将包装后的无花果置于温度0～1 ℃、空气相对湿度85%～90%的冷库内储藏。入库后3 h内，要将果实中心温度降至5 ℃以下。采用此法冷藏的无花果，硬度大，色泽好，水分损失少，保鲜期长。用保冷车分批运到鲜果销售点，并用0～5 ℃冷藏柜销售，以延长货架期。

③加工：无花果不耐储运，鲜果货架期短，因此除少量鲜果供应市场外，大部分产品需要进行加工。目前，无花果的加工以果干为主。生产上多采用大型烘干机烘干。方法如下：将八至九成熟的无花果采下后，按"洗果→蒸汽去皮（热烫）→上盘→烘干（40 ℃→50 ℃→60 ℃）→回软（整形）→包装→成品"的工艺流程进行操作。为保持果实的完整性和营养全面性，有的采用全果烘干，省去蒸汽去皮（热烫）环节，即将果实洗净后直接装盘烘干。无花果成熟适逢夏秋高温少雨季节，生产上也可采用自然晒干的方法加工果干，利用晴朗天气，将采下的成熟果实按品种、级别逐个铺放在晒席上，置于烈日下晾晒，夜晚用塑料薄膜覆盖，次日再晒，晾晒期间要经常翻动、压扁，待水分散失、果实糖分含量提高至50%左右时即可。制成的无花果干多用食品塑料包装袋密封包装，有条件时采用真空小包装。长期储藏可放在−3～0 ℃的冷库中，中短期储藏可放在0～5 ℃的冷库中。

四、营养与加工利用

1. 营养价值

无花果含有丰富的氨基酸，鲜果含量1.0%，干果含量5.3%，目前已经发现其含有18种氨基酸，不仅包含人体必需的8种氨基酸，而且表现出较高的利用价值，尤以天冬氨酸含量（1.9%（干重））最高；无花果中维生素含量丰富，其中维生素C含量居各类水果之首；无花果含脂类物质30多种，且大部分为中性脂肪和糖脂，所含脂肪酸中68%为不饱和脂肪酸以及少量人体必需的亚油酸；无花果所含糖类为果糖和葡萄糖，可被人体直接吸收利用的葡萄糖含量占34.3%（干重），果糖占31.2%（干重），而蔗糖仅占7.82%（干重），易被人体吸收且热量较低。无花果可食率高，鲜果可食用部分达97%，干果和蜜饯类达100%，且含酸量低。

2. 药用价值

无花果，又名天生子、文仙果、蜜果、奶浆果等，为桑科植物，既是鲜食果品，又是中药材。《本草纲目》记载，无花果味甘性平，无毒，主开胃，止泻痢，治五痔、咽喉痛。无花果含有苹果酸、柠檬酸、脂肪酶、蛋白酶、水解酶等，有助消化、降"三高"、预防冠心病、促进食欲、润肠通便等功效；无花果中含有苯甲醛、呋喃香豆素内酯、补骨脂素、佛手柑内酯等，可防癌抗癌、增强机体抗病能力；无花果是富硒果树，其含硒量是食用菌的100倍、大蒜的400倍。硒被营养学专家誉为"生命的奇效元素"，有延缓衰老、增强机体免疫力、抵抗疾病的特殊功能。

3. 经济价值

无花果口感甜美，药食同源。无花果树全身是宝，果可食用也可入药，果枝可扦插培育成无花果树，茎、叶、根均可入药。无花果是投产较快的果树之一，当年栽苗当年挂果，树龄长达30～50年，没有大小年，分夏、秋两季结果，第2～3年进入丰产期，丰产期产量达22.5～37.5 t/hm^2。不同地区果实在6—11月陆续成熟，产量高，采收期可以持续5～6个月。无花果叶片发出的特殊气味可以驱虫杀菌，因此其病虫害少，农药使用量很少，所产果品是一种天然绿色果品，经济价值较高。

NOTE

无花果树适应性强，易管理，整形修剪简单。当年栽苗，当年挂果，省时省力，经济寿命长。无花果可鲜食也可加工，风险小，见效快，效益高。无花果种植过程很少使用农药，其自身叶片分泌的气体具芬芳气味，可以清除空气中的细菌和病毒，是发展无公害绿色食品的优选树种。乡村经济要多元化发展，鼓励在乡村地区兴办环境友好型企业，积极开发观光农业、游憩休闲、健康养生、生态教育等服务；创建一批特色生态旅游示范村镇和精品线路，打造绿色、生态、环保的乡村生态旅游产业链。无花果是一种天然、无污染的绿色果品，以无花果为龙头，采用"旅游生态＋"发展模式，建成集农业科技、绿色有机生态环保、乡村生态观光旅游、健康养生以及食药品加工为一体的现代农业产业链，既符合国家发展战略，又为乡村振兴发展开拓出一条绿色发展道路。

第十二节　榛　　子

榛子

一、概述

榛子为桦木科榛属(*Corylus*)植物，原产于我国，是采食历史悠久的果树，也是珍贵的木本粮油资源。榛子果实不仅口味好，而且可以用来加工成多种营养品，还可榨油、入药，具有很高的经济价值，是我国出口创汇的传统产品，又是国际贸易的重要干果之一。榛子种仁可榨油，其含油量达 50%～60%，蛋白质含量为 23.6%，糖含量为 6.65%，还含有丰富的维生素。榛子油可以软化血管，防治心脑血管疾病，延年益寿。此外，榛子还可以改良土壤，涵养水源，是水土保持的优良树种。

榛属植物在世界上约有 20 个种，原产于我国的榛属植物有 8 个种 2 个变种，如由国外引进的榛子栽培种——欧洲榛(*C. avellana* L.)，由我国科研人员培育的榛子种间杂交种——平欧杂交榛子(*C. heterophylla* Fisch. ×*C. avellana* L.)等。平榛(*C. heterophylla* Fisch.)是我国野生商品榛子的主要生产种，资源丰富，分布广泛，抗寒性强，但果小、壳厚、产量低。从国外引进的欧洲榛品种，虽然果大、壳薄、丰产性好，但抗寒性弱，在我国适生区域小。杂交榛子是由平榛与欧洲榛种间远缘杂交选育出的优良品种，具有平榛抗寒的特点，果仁风味清香、口感极佳，又具有欧洲榛的果实大、果皮薄、出仁率高、产量高的优点。

榛子是我国北方重要的干果食品，由于它耐储运、营养丰富及独特的风味而深受人们的喜爱。榛子分布广、适应性强、耐严寒(－40 ℃)，适宜在山区、丘陵、沟谷、荒坡地栽培，而且投入少、易管理、见效快、效益高，栽培技术简便易学，是山区农民增加经济收入的好项目。

二、生物学特性

1. 形态特征

平欧大果榛，是欧洲榛与我国原产野生榛杂交选育出的优良榛树品种。平欧大果榛属于桦木科、榛属落叶灌木，具有果实大、果皮薄、产量高、出仁率高、味道好等特点，同时还有一定的抗寒能力，适合北方地区大面积栽培。平欧大果榛高 2～3 m，树皮呈褐色，无光泽，1 年生枝条颜色以黄褐色为主。浅根性树种，主根不明显，侧根极为发达，须根密集而细长，根系在土壤中生长深度为 5～50 cm。榛树的根系极易产生不定芽，从而形成根蘖多丛状。榛树叶片为圆形或卵形，柔荑花序，单个花序可结果 2～3 个；果实为椭圆形坚果，单果重 1.90～4.10 g。

2. 生态习性

平欧大果榛抗寒性良好，喜光、喜湿润气候，对土壤要求较低，可在沙土、壤土、黏土及轻盐碱地等条件下正常生长。榛树在不同的海拔条件下均能生长，但在海拔 750 m 以下的地区栽培，果实产量要明显高于高海拔地区。平欧大果榛大面积栽培应尽可能选择在平地、梯田或山地缓坡地，以便于对树木进行管理。

NOTE

三、栽培技术

1. 榛子苗木繁殖

(1) 播种繁殖:应选择净度高,母树生产性及适应性表现优异,千粒重在 1.7 kg 以上且规格较为齐整的种子进行播种。选种可以采用水选或人工筛选的方式进行。种子采收后应对种子进行消毒和沙藏处理。使用浓度为 0.5%的高锰酸钾溶液(冷水配制)浸泡种子 1.5 h。种子沙藏时间为播种前一年 11 月至翌年 4 月,选择湿度为 60%的洁净河沙,按照 1∶1的沙种比例与种子进行混合灌袋。在背风处深挖适当大小的沟,将处理好的种子储藏在沟内,表面覆盖沙土或草帘,要注意防止鼠害与鸟害。

播种时间根据各地区的实际情况而定。播种前对种子进行催芽处理,将种子与河沙分离,置于 25 ℃室内,保持种子发芽的温度及湿度,待种子有 1/3 露白时即可播种。播种前 2 h 将种子置于干净、通风、干燥的露台上晒 2 h,而后用水浸种 5 min,捞出后即可播种。播种量为 800～975 kg/hm^2。垄上开深 3～4 cm,宽 10～15 cm 的沟。可以采用人工撒播或机械撒播的方式进行。播种后立即覆土,厚度以 2 cm 为宜,并进行轻微镇压。

(2) 嫩枝扦插:选取木质化程度 40%～50%的绿枝剪取插穗,每个插穗 3～4 节,留 2～3 个叶片。把剪好的插穗捆成小捆,用 3-吲哚丁酸 1000 倍液浸泡插穗 3～5 s,浸蘸深度 3～3.5 cm,然后扦插。插穗间隔 8～10 cm,每平方米扦插 80～100 个。扦插时间选择在 6 月中旬。保持适宜的温度、湿度和光照。扦插初期给予 60%～70%光照,适度遮阴;随着扦插时间的延长,光照强度相应增加。中午需要增加喷水次数和时间,夜间不喷水。30 天后即可生根。

(3) 根茎扦插:根段长 4 cm 以上,用细河沙或上层河沙下层菜园土作苗床,可使成苗率达到 85%以上。根段繁殖的幼苗根系只有侧根无直立向下的主根,在干旱的情况下常常导致移栽后的幼苗长势衰弱,甚至死亡,应用此种苗木栽植时要注意及时补苗。

2. 科学建园

平欧大果榛的母系是我国东北野生榛,对土壤和地势的适应性较强,除涝洼地、沼泽地外都可栽培。由于平欧大果榛的根系呼吸强度高,在通透性良好的土壤上生长发育和结实的状况更好,因此建园应选择排水良好的沙壤土、壤土,轻黏壤土次之。建园时先平整土地,定植穴的挖掘以定植前一年秋季为宜,如来不及则于定植当年春季化冻后尽早开始挖定植穴,穴宽 50～60 cm、深 40～50 cm,株行距为 2 m×3 m。辽宁地区在 4 月上中旬即可栽植,必须在萌芽前结束,否则会降低成活率。栽植前,施足基肥,每穴施有机肥 10～20 kg,然后再填入 10 cm 的隔肥土。一定要保证填入 10 cm 的隔肥土,否则很容易烧根。填好隔肥土后将苗放在穴正中,将根系舒展开,轻提苗木使根系与土壤密接,边覆土边踩实。踩实后的土不能超出苗木地径 3 cm,不能深栽。回填表层土后踩实浇水,封埯后,用方地膜穿过主干落到苗的根部,用土覆盖地膜,地膜在 6 月初温度升高时揭开。榛树为异花授粉植物,需要栽培授粉树才能丰产,目前我国尚未选出固定的授粉品种,因此,建园时应选择 3～4 个主栽品种,相间栽植,各品种的花期应相同或相近,每个品种栽植 3～5 行,或主栽品种 4～5 行,授粉品种 1 行。

3. 田间管理

(1) 土肥水管理:榛树是浅根性树种,其根系主要分布在 10～40 cm 的表土中,不耐干旱。适时灌水是促进树体发育和结果的重要保证。新定植的苗木,必须及时灌水,用根蘖苗、分株苗定植的榛园,在生长期要经常保持土壤湿润。栽培园的灌水可结合施肥进行,一般生长前期灌水两次,第一次在发芽前后进行;第二次在 5 月下旬至 6 月上旬,即幼果膨大和新梢生长旺盛期进行。这次灌水是保证当年产量的关键。落叶后到土壤封冻前,如果干旱可以灌一次封冻水。①灌水方法与灌水量:主要采用树盘内灌水法,使榛树下土壤浸湿,带状栽植的榛园,采用带状漫灌法,浸湿深度为 40～50 cm。灌水后表土稍不黏时,进行松土,防止表土板结。②排水:7 月进入雨季后要注意排水,园内四周挖好排水沟,以树盘内不长期积水为度。③施肥:施肥分基肥和追肥,基肥包括厩肥、堆肥、人粪尿等,追肥采用速效性化肥。施基肥方法主要有两种,一种是灌丛下撒肥,然后浅翻表土,使肥料与表土混合;另一种是环状浅沟施肥,沟宽 30～40 cm、深 15～20 cm,沟的内沿不宜离株丛过近,以免伤根,然后施入有机肥,并与土拌匀,

NOTE

施肥后灌水。带状栽植的榛园，应在带的两侧开浅沟施肥，沟的深宽度同环状沟施肥法。施入肥料后与土混拌均匀，然后灌水。追肥的方法，一是在榛树灌丛下面撒化肥，然后用锄头松土，使化肥与土壤混合；二是在灌丛周围开环状浅沟或放射状浅沟，撒入肥料后盖上土，追肥后灌水。

（2）整形修剪：现在大多采用单干形整形修剪方法。第1年：定植定干是整形的第一步，栽植后要立即定干，定干高度为60～70 cm，保留主干高40～60 cm，主干应垂直向上。第2年：一般在2—3月，剪掉上一年长出的主枝条的1/3，如果枝条很短，剪掉顶尖即可，注意剪口下稍远处保留能发出新侧枝的饱满的、面向外侧的芽。第3年：在每个主枝上选留2～3个侧枝，剪掉多余的侧枝。并对这几个侧枝和主枝的延长枝轻剪，注意剪口下留外芽，内膛短枝不用修剪。第4年：继续轻短截主枝及侧枝的延长枝，至此，树冠基本形成。第5年起到盛果期：视榛树生长发育情况进行修剪，一般剪掉主侧枝延长枝的1/3，使之促发新枝。对于内膛枝，除病枝、虫枝、极弱小枝外，一律不修剪，留作结果母枝。

（3）病虫害防治：平欧大果榛人工栽培时期不长，加上其先天具有抗病虫害能力强的特点，所以与野生榛相比，病虫害很少也很轻。主要病虫害和防治方法如下。

①白粉病：此病在东北地区的野生榛上多有发生。在平欧大果榛上偶尔发生，主要危害叶片，也可侵染枝梢、幼芽和果苞。

防治措施：a. 及时处理病株：发现病株，应及时清除病枝和病叶。如果是中心病株，则应将其全部砍掉，以减少病源。对于过密的株丛，可适当疏枝或间伐，以改善通风、透光条件，增强树体的抗病能力。b. 药剂防治：于5月上旬至6月上旬，对榛树喷洒50%多菌灵可湿性粉剂600～1000倍液，或50%甲基托布津可湿性粉剂800～1000倍液，或0.2～0.3波美度石硫合剂，均可取得良好的防治效果。在使用石硫合剂时应注意，不宜在炎热的夏季使用，以免发生药害。

②榛实象鼻虫：此害虫在东北地区野生榛中发生较多，栽培榛园尚未发现此种害虫，但要提高警惕，防止该害虫传入栽培园中。

防治措施：a. 药剂防治：在成虫产卵前的补充营养期及产卵初期，即5月中旬至7月上旬，用50%辛硫磷乳油和50%氯丹乳剂，将两者以1∶4的比例混合，再用其400倍液喷洒毒杀成虫。于幼虫脱果前及虫果脱落期，即7月下旬至8月中旬，在地面上撒4%D-M粉剂毒杀脱果幼虫，用药量为22.5～30 kg/hm^2。b. 人工防治：采收榛子时，集中消灭脱果幼虫，即在幼虫尚未脱果前采摘虫果，然后将其集中堆放在干净的水泥地或木板上，待幼虫脱果时集中消灭。对于虫果特别严重、产量低且无食用价值的榛子，可以提前于7月下旬至8月上旬进行采收，集中消灭其中的害虫。

（4）采收和储藏。

①采收：榛子要充分成熟才能采收。榛子成熟的标志是果苞和果顶的颜色由白色变成黄色，而且果苞基部出现一圈黄褐色，俗称“黄绕”，此时果苞内的果实用手一触即可脱苞。过早采收，果仁不饱满、充实，脱苞也费工，晾干后还容易形成瘪仁，降低其产量和质量，但鼠类较多的地区，不能采收过迟。在结果树很高采摘不便的情况下，也可采用成熟期摇晃的方法采收。

榛子的成熟期与种类、生长地的气候特点等有密切关系。榛子要比野生山榛早熟10～15天。在辽宁地区榛子于8月中旬至9月上旬成熟，生长在阳坡地的榛子比生长在阴坡的成熟早。即使是在同一株丛内，果实成熟也因分布部位不同而异。树冠周围和顶部的果实先成熟，而树冠下部及内膛的则成熟晚，因此，对榛子进行分期采收较为合理。同一榛园内的果实，采收期一般可持续7～10天。

②储藏：榛子干燥后含水量少，为5%～7%，较耐储藏，但是果仁对温度、湿度反应敏感。在储藏期间，如果气温超过20 ℃或长期见光，会加速其脂肪转化而产生“哈喇味”，不能食用；空气相对湿度达75%以上时，会使坚果发霉。因此，储藏榛子的条件是低温、低氧、干燥和避光。其适宜的储藏温度为15～20 ℃，空气相对湿度为60%～70%，仓库内光线宜暗，在这种条件下，榛子坚果可储藏2年不变质。

四、营养与加工利用

进入21世纪以来，随着人们生活观念的改变，人们更加重视饮食的质量。榛子作为一种营养丰富的坚果，在国际市场供不应求，中国对榛子等保健食品的需求也呈上升趋势，每年约进口榛子20000 t，

而目前中国榛子年产量估计有5000～10000 t，供需矛盾比较突出。因此，榛子规模化种植潜力巨大。据不完全统计，截至2017年春季植树结束时，中国平欧大果榛栽培面积约50000 hm^2，未来按每年人均消费0.5 kg计算，中国每年将消费约700000 t榛子，缺口巨大。按3750 kg/hm^2计算，仍需种植榛子187000 hm^2左右才能满足未来中国市场的需求。按目前市场中低价格40元/千克，榛子规模化种植经济效益相当可观。其次，规模化种植生态效益突出，规模化种植的榛林可带来调节气候、保持水土、涵养水源等多种生态效益，而且榛子成熟快、采收期短、储运方便，利于开展规模化种植。

随着榛子产量的增加，榛子加工业将有一个较大的发展。榛子的精深加工及利用有以下几个方面。①榛子油、榛子饮料、榛子酒、榛子巧克力等食品的开发。②榛子叶紫杉醇、单宁等药用成分提取利用。③榛子壳棕色素可作为食品添加剂，此外榛子壳可以用来制造活性炭。④榛树树皮和榛子果苞含有8.5%～14.5%的单宁，可用作工业原料。

目前，市场上已经有我国企业自主研发生产的榛子油、榛子粉、榛子乳、榛子酒、榛壳活性炭等产品。我国制定了《榛子油》《压榨榛子油》等标准，是榛子油系列产品的国家行业标准。榛子油系列标准的制定，对保障产品质量，保护生产者、经营者和消费者的合法权益，推进榛子产业链的发展，规范进出口贸易等具有重要意义。对榛子深加工高度重视，扶持相关企业，在榛子深加工工艺、精深加工产品研发上开展攻关，研制出更多新型、新颖的榛子产品，抢占行业制高点，提高榛子的增值潜力。

榅桲

第十三节　榅　　桲

一、概述

榅桲又名木梨(河南)、金苹果、比也(新疆维吾尔语)，是蔷薇科榅桲属的果树，小乔木或灌木，本属仅有一种，是古老珍奇稀少的果树之一。榅桲主要分布在温暖的地中海和亚洲中部等潮湿土壤地带。我国引入榅桲已有悠久的历史，现在我国新疆等地普遍栽培，陕西、河北、辽宁、江西、福建、贵州等地也有少量栽培。

榅桲果实芳香味浓，含有多种营养物质，一般含干物质15.5%～23.9%，糖8%～9.6%，苹果酸0.93%，维生素1.86%，矿物质元素0.47%～5.5%。鲜食时虽有涩硬之感，但具特殊清香气味。新疆人用榅桲作为“抓饭”的佐料，味道鲜美。

榅桲果实中含有较多的单宁(约0.32%)、纤维素和果胶(1.1%～2.3%)等，在食品加工中常用于制成果冻、水果糖浆、果酱及水果原浆、榅桲酒、保健性榅桲果汁饮料。榅桲是香料植物，也可作为时尚化妆品的原料。

榅桲果实还含有儿茶素、黄磷素等活性物质，能增加血管强度。中医认为榅桲性温无毒，有祛湿、解暑、舒筋活络、消食及治疗中暑吐泻、腹胀、关节疼痛、痉挛、气管炎、消化不良等症的作用。捣烂其果实，取汁外涂，还能治无名肿痛。

此外，榅桲还常作为西洋梨的矮化砧木，世界各国普遍采用。与中国梨品种的亲和力不强，一般采用西洋梨作为中间砧木，上部嫁接中国梨品种达到矮化栽培的目的。

二、生物学特性

1. 形态特征

榅桲为落叶灌木或小乔木。乔木型榅桲树高3～6 m，最高可达8 m，常呈圆形或半圆形，主干纹理常扭曲。灌木型榅桲根系较浅，树高2 m左右。榅桲根系发达，为直根系，由主根、侧根、须根组成。垂直分布可深达树冠的1倍以上，水平分布范围可达树冠的2倍以上。根系的集中分布层为40～60 cm。一年有2～3次生长高峰，分别在5月下旬至6月中旬和9月下旬至10月上旬。枝条密集，被黄色茸

NOTE

毛。1年生枝细弱无刺，嫩时密被茸毛，以后脱落；2年生枝紫褐色，有稀疏皮孔。结果母枝生长充实健壮，结果枝自结果母枝的顶芽或其附近的1～2个腋芽内抽生。结果新梢的生长能力不强，长度只有4～7 cm。着生3～4个叶后，于顶上着生1花，结果后不能再向前生长，需等到第2年，再由基部分枝，在充足的营养条件下，可转化为结果母枝，继续抽生结果枝结果。

花芽为混合花芽。芽小，有短茸毛，被鳞片。叶阔卵形至长圆形，长5～10 cm，先端尖，基部圆形或近心形，全缘，暗绿色，背面密生茸毛；叶柄长1～1.8 cm，具茸毛。花着生于当年生结果母枝混合芽所抽生新梢的顶端。花期为4—5月，花5瓣，白色或粉红色。叶和花同时展现，花顶生，花径4～6 cm；萼片5枚，全缘，外卷，有茸毛。

果实为梨形，成熟后为白色、绿色，但以黄色最多，有香味。新疆榅桲果实外表面为黄棕色，有淡黄色茸毛，直径约7 cm，内含多粒种子。果肉为黄色，有粗糙颗粒，柔软富糖质。果实10月成熟。

2. 生态习性

榅桲对环境条件要求不高，适应性强，不论是黏土还是沙土均能生长，但在沙壤土中生长良好，结果多。新疆榅桲抗寒力强，当短期出现－30 ℃低温时，可以正常开花结果。到－35 ℃左右时，1年生枝发生冻害。

新疆榅桲抗盐碱力较强，一般可耐0.3%～0.4%盐碱土壤，可以利用盐碱地进行生产，但容易发生缺铁而引起黄叶病。

三、栽培技术

1. 榅桲建园

榅桲繁殖方法主要有种子繁殖、分株繁殖、压条繁殖、扦插繁殖、枝接繁殖和芽接繁殖等。其中分株繁殖成活率最高，但不易取材，使用较少；目前常用的方法是种子繁殖和扦插繁殖。种子繁殖苗木4～5年开始结果；扦插繁殖用2年生枝条扦插成活率最高，一般3～4年开始结果。移植要选在落叶后或萌芽前进行，苗木需要留宿土。

榅桲对环境适应性强，在平地、山地或丘陵等地区均可种植，对土质要求不高，沙土、壤土和黏土都行，在含沙粒丰富的肥沃壤土上栽培最适宜；耐碱性，pH 5.5～6.5最适宜。建园时选择2～3年生苗木，株行距4 m×5 m，每667 m^2可栽26～33株。定植时间以春季萌芽前为宜。榅桲根的延伸性较强，在土层比较贫瘠的地区建议先进行壕沟改土或大穴定植，以保证果品品质和产量。

2. 田间管理

(1) 土肥水管理。

①土壤管理每年进行一次深翻，可结合施基肥进行，并经常中耕、除草，以减少养分的消耗，保持土壤疏松肥沃。

②施肥需施基肥和追肥。基肥结合深翻进行。榅桲树伤根后恢复缓慢，所以深翻施基肥最好在采果后、落叶前进行，以促进秋根的发育和生长。肥料种类以厩肥为主。施肥量可按照每生产1 kg果实施1 kg厩肥为标准，简单易行。一般采用沟施法，距树干不要太近，以免伤根。次年在未施部位交换施入。生长季节每年追肥2次，时间为开花后和6月上中旬。花后追肥以促进枝条生长、叶片增大，促进果实发育；6月追肥施入补充养分，促进花芽分化。肥料种类以氮肥为主，兼施磷、钾肥。幼树每株施尿素0.3～0.4 kg，结果树每株施尿素0.5～1 kg、过磷酸钙1～2 kg、草木灰3～4 kg。追施方法可用放射沟施、环状沟施或穴施。

③灌水。虽然榅桲的适应性强、耐干旱，但如果栽培地区干旱少雨，要想获得高产，则必须灌水。一般每年灌水约5次，即萌芽期、春梢生长期、果实膨大期、果实着色期及封冻期。从萌发前到春梢停止生长期前要保证较高的土壤湿度，一定要灌深、灌透，后期根据土壤湿度保证中等水平，进行正常灌溉。入冬前的封冻水，要灌深、灌透，以减少根部冻害，保证春季土壤水分充足。

(2) 整形修剪：榅桲有小乔木和灌木两种类型，所以整形时宜分别整成不同的树形。小乔木类型的树形，采用自然开心形；灌木类型的树形，可根据其自然丛生的特点而采用自然圆头形。

幼树期修剪应少疏枝多缓放，在栽培后的3～4年内，尽量多留辅养枝，以便克服枝条稀疏和上强现象。侧枝在主枝上有空就留。

初结果树注意开张主、侧枝角度，以扩大树冠，促生大量结果枝，并开始选择向外生长或在主侧枝背斜生长的壮枝进行短截，以促使分枝，培养成结果枝组。对延长枝逐年短截，以加强骨干的牢固性。中心干够高时落头。

盛果期树冠内枝条往往过密，可疏除部分辅养枝或转化为大型结果枝组。若需疏枝过多时，要分批疏除，避免一次性疏枝过多影响树势和产量。尽量不疏大枝，榅桲的大枝疏除以后，其剪口较难愈合，所以，需要更新的大枝，应及早疏剪。此外，榅桲重短截或疏枝以后，伤口附近的隐芽很易抽生小枝，所以，春季修剪时，除保留更新用的新梢以外，应将多余的枝条，特别是隐芽枝及时除去，同时，应将根际所生的萌蘖一并除去。

对衰老树的修剪，要在加强土肥水管理的基础上对骨干枝和结果枝组进行更新复壮，延缓骨干枝的衰老死亡。当树势开始衰弱时，选择主、侧枝健旺的背上枝作为主、侧枝的延长枝，树势严重衰弱时利用休眠芽更新，加速培养徒长枝，填补空间。同时回缩大中型骨干枝，剪口下留抬头枝。下部侧枝相应地进行短截，提高复壮能力。

(3) 病虫害防治：圆蚧是榅桲的主要虫害，其口刺吸在树体的芽、叶片、果实、枝干表面，使芽体脱落，叶片畸形，果实长斑点，枝条枯竭，甚至整株死亡，严重影响果品质量和产量。在果树休眠期，用工具刮除树干上的老皮，然后喷施3～5波美度石硫合剂，或200倍液洗衣粉；生长期可以喷施300倍液洗衣粉，20%溴氰菊酯乳油2000倍液。此外，冬季须将严重受害枝梢及时剪除。

四、营养与加工利用

1. 食用价值

榅桲果实含有较多糖、维生素、单宁、纤维素和果胶等，具有特殊的清香味，因此，常直接新鲜食用，也作新疆“抓饭”的佐料。果实还可以进行深加工，制成果酱、果脯、罐头、果冻、糖果、糖浆、原浆等产品。此外，榅桲果实还可以酿酒、榨取果汁制成饮料，榅桲酒和果汁都具有保健作用。

2. 药用价值

在中医上，榅桲果实、叶片、树枝等均可作为药材。《维吾尔医药》记载：榅桲温中下气、祛湿解暑、消食除胀，可治伤暑吐泻、消化不良、关节疼等。榅桲含有糖类、单宁、果胶、氨基酸、有机酸、挥发油、黄酮类等化学成分，其中的一些成分具有药用价值，如单宁具有抗菌、抗病毒、抗突变、抗肿瘤、抗脂质过氧化、抑制酶活性，以及抗溃疡、止血、收敛、解毒等功效；黄酮类在医药上应用广泛，具有消炎、止咳、平喘的作用，对、高血压、肝炎、肝硬化等疾病也有疗效。

3. 其他经济价值

榅桲果实中含有挥发油，种子中含有脂肪油，可用来制作香精香料，也可作为化妆品的原料；榅桲常作为梨或苹果的矮化砧木，用来实现梨或苹果的矮化集约化密植栽培。同时，榅桲也作为砧木嫁接枇杷，具有易成活、能丰产、品质优、适于较冷地区使用等优点。此外，榅桲树形态丰满圆润，呈圆形或半圆形，树姿开张，枝干扭曲，叶为暗绿色，花白色或粉色，具有较高的观赏价值，既可作为经济林树种又可作为绿化观赏树种。

醋栗

第十四节　醋　　栗

一、概述

醋栗又名灯笼果，属醋栗科醋栗属浆果类果树，多年生落叶小灌木。果实近圆形或椭圆形，成熟时果皮黄绿色，光亮而透明，几条纵行维管束清晰可见，很像灯笼，故名灯笼果。醋栗主要分布在北半球寒带和温带地区的欧洲和亚洲西部，是一种适合于冷凉气候地区栽培的灌木果树。

醋栗的栽培历史比较短，最初在法国栽培，而后传遍全世界。20 世纪引入中国，主要分布在我国东北黑龙江省和吉林省。醋栗与穗醋栗的不同之处在于其株丛稍小，树高只有 1 m 左右，茎上有刺，果实单生。醋栗管理方便，在我国东北北部地区 6 月中下旬即可上市。

醋栗果实营养丰富，含糖 5%～11%，有机酸 0.9%～2.3%。每 100 g 鲜果肉含蛋白质 0.8 g、脂肪 0.2 g，维生素 55 mg、钾 170 mg、钙 22 mg、镁 9 mg，此外还富含铁和磷，且果胶含量丰富。醋栗不同成熟度的果实均可以生食和加工。青熟的果实酸度高，生食开胃，也可做罐头；半成熟的果实最适于加工，可制成果膏、蜜饯、果汁、果酱；成熟的果实味较甜，可以生食和酿酒，风味别具一格。醋栗每年都有较高的产量，且耐储运。

二、生物学特性

1. 形态特征

醋栗为落叶灌木，株丛矮小、开张，株丛高 1 m 左右，新梢上布满锐利的刺。

(1) 根系：醋栗根系为须根系，较发达，主要分布在深 10～40 cm 的土层中。水平分布一般为 1～2 m，随树龄的增加，老根逐渐死亡，由株丛基部的不定根代替，因而植株根系有上移现象。

(2) 枝：醋栗的枝为丛生状，分为多年生枝和基生枝。当年基生枝新梢叶柄基部着生 1～4 枚针刺，与茎垂直，大果品种针刺大。有的品种基生枝下部密生软刺。2 年生枝上刺开始脱落，老年生枝上基本无刺。多年生枝上着生短果枝。基生枝及一级侧枝结果少，产量主要来源于 3～4 年生枝条。

一般株丛基部有发达的基生芽，每年都可萌发出基生枝，因此基生枝抽生能力强，常从一个株丛内发出 50 个以上的基生枝，因而影响多年生枝的生长势及寿命。枝条寿命一般为 7～8 年，在加强管理的条件下可达 20 年。盛果枝寿命为 3～4 年，短果枝寿命为 2～3 年。醋栗枝条柔软，易开张，外侧枝条常平卧在地上，分枝力弱。

(3) 芽：醋栗的芽分为花芽和叶芽。叶芽着生于基生枝及当年生侧枝的下部，萌发后抽生成新梢。花芽为混合芽，着生于新梢中上部，第 2 年开花结果，每芽内花单生或 2～3 朵聚生，结果后形成短果枝群或花束状短果枝。

(4) 花：醋栗花为两性花，单生或 2～3 朵簇生，花为杯状，绿色，少数为红色，花期较短，1 周左右，每朵花只开 2～3 天。自花授粉能结果，异花授粉可提高产量。

(5) 果实：果实由子房壁和花托膨大而成，从开花到果实成熟需 60～70 天。果实圆形或椭圆形，直径 1～3 cm，成熟时为淡黄色、黄绿色或紫红色。果肉透明，纵向维管束清晰可见，萼片宿存，似灯笼，观赏性好。果实成熟期较一致，果实不易脱落，因为半成熟即可加工，采收期常早于成熟期，因而采收期较长。

2. 生态习性

(1) 温度：醋栗抗寒力较强，但栽培品种在寒地栽培中不抗严寒，冬季必须埋土防寒。在生长期，新梢、花和幼果可耐 0 ℃左右的低温，不耐高温，30 ℃以上生长不良。

(2) 光照：醋栗喜光。展叶、开花和坐果需充足的光照。

(3) 土壤：醋栗适宜生长在土层深厚、腐殖质多、疏松肥沃湿润的森林土或耕作黑土和沙壤土上，醋栗喜中性至微酸性土壤，盐碱地和沙地不宜栽培醋栗。

(4) 水分：醋栗喜湿润，对水分要求较高，缺水易引起落花，导致果实较小，枝条生长不良，影响产量。

三、栽培技术

1. 醋栗种苗繁殖

(1) 水平压条：早春对醋栗母本树实施重剪，剪留 15～20 cm 长。秋季施入有机肥和氮、磷肥。翌年春天，撤除防寒土后，准备压条。对株丛周围土壤进行松土，以株丛为圆心，向外挖若干条放射状浅

沟。夏季，当从压条上的芽发出的新枝长到 15～20 cm 高时，基部培土 2～3 次，直到把新梢下部全部埋上土为止。秋季落叶后，将子株与母株分离，移栽到苗圃地，培养 1 年定植。

(2) 弓形压条：先在株丛近处挖 10～15 cm 深压条沟。选生长健壮、发育好的 1 年生枝条弯向沟底，用土盖平，枝条上部露出地面。露在沟外的枝条展叶并生长，压在土中的地下部分生根。当年秋季发育的新株可直接定植。繁殖系数低于水平压条。

(3) 垂直压条：7 月上中旬，新梢基部达到木质化时，进行垂直压条。将整个株丛基部用土埋起来，厚度约 10 cm。约 1 个月后，再培土 10 cm。强壮的新株当年就可以出圃。母株上只留少数枝条供复壮用。垂直压条繁殖的数量多，但影响第 2 年的生长结果。

2. 醋栗建园

(1) 园地选择：要选择在地势平坦，透气性良好，土壤肥沃，地下水位较低，有良好灌溉设施条件及交通便利的地方建造醋栗园。醋栗喜中性土壤或微酸性的沙壤土和轻黏壤土，以缓坡地最为合适。

(2) 栽植时期：主要有春栽和秋栽两种。春栽一般是在 4 月中旬，土壤化冻后即可栽植。上一年秋季如果准备好栽植坑，第二年春季就可早栽，原则上宜早不宜迟，醋栗萌芽早，早春墒情好，能提高成活率。秋栽一般从 10 月上旬到土壤上冻前。秋栽成活率也较高，因秋季起苗后，植株根系、枝芽新鲜，当年秋季一部分根系能迅速恢复生长，第二年春季根系就开始活动。

(3) 栽植方法：醋栗株丛矮小，在栽植时，既要考虑栽植密度，又要方便防寒。目前生产上采用的株行距多为 1 m×2 m。栽植坑宽、深均为 50 cm，每坑可栽 2 株，顺向栽植，埋土，浇足水，待水全部渗入后再次埋土，定植后要求坑面低于地面 8～10 cm，以保水。不同品种搭配栽植，最好每隔 2～4 行一个品种。

3. 田间管理

(1) 土肥水管理。

①土壤管理：醋栗园生长季应加强土壤管理，开花结果期进行中耕除草；果实膨大期到采收前可进行树盘覆草或覆地膜，有利于采摘。

②施肥：基肥以农家肥为主。适宜在秋季 9 月上旬至 10 月上旬或春季的 4 月中下旬施入。成龄园每公顷施有机肥 30～40 t。每年追肥 2 次，第一次在萌芽期追施尿素和硝酸盐，成龄株丛施肥量为 75～100 g。第二次在落花后、新梢生长与果实迅速膨大期，追施氮磷复合肥，每株丛追肥量为 100～125 g，施肥后要灌透水。此外，可在整个生长季根据植株生长需要随时进行根外追肥。

③灌水：解除防寒后和入冬前各灌 1 次水，以滴灌为宜。若果园有积水，还需及时排水。

(2) 整形修剪：醋栗的整形采用丛状形。其修剪宜在春季撤除防寒土之后进行。此外，在生长季还可进行夏季修剪。醋栗每株丛留 16～20 个基生枝，需分 4 年留成。在幼苗栽植第 1 年春季留 4～5 个芽重剪，当年选留 4～5 个生长健壮的基生枝，在第 2～4 年也各留 4～5 个生长健壮的基生枝。这样就构成一个具有 1～4 年生基生枝的株丛。至第 5 年株丛有 25 个左右的骨干枝，各年生枝平均分布。此后每年从基部疏除 6 年生以上的 4～5 个生长弱、结实较差的基生枝，同时留 4～5 个直立生长的旺盛新基生枝补充，少短截，多缓放，促进花芽和短果枝形成。对下垂枝、过密或病虫枝要及时疏去。

夏季修剪是指生长季修剪，一般在落花后进行，主要以除萌为主，间或剪除过密枝、病虫枝、枯死枝和衰老枝。

(3) 病虫害防治：蚜虫通常危害嫩叶，使叶片扭曲变形。一般用 10%蚜虱净、一遍净、大功臣、康福多等 2500～3000 倍液防治。螨类一般在夏季危害严重，可以在果实采收后，立即用 20%扫螨净 1000～1500 倍液喷雾，以后定期喷药。透翅蛾通常在 4 月将卵产在枝条上，幼虫孵化后钻入茎中央髓部，还可进入土壤中，秋季再钻出化蛹。一般只有在枝条枯萎而死时才会发现受害，如果不及时控制，将迅速繁殖扩散，引起大面积危害，应立即清除感染的枝条，并定期喷洒 2.5%溴氰菊酯乳油 2500～3000 倍液防治。醋栗螟绿色小幼虫钻食果肉，仅留果皮，在幼虫孵化期用 5%锐劲特 1000～1500 倍液喷洒防治。醋栗是白松疱锈菌的寄主，虽然该病对醋栗危害不大，但对五针松是致命危害，因此在许多林区禁止种植醋栗。灰霉病和炭疽病造成叶片腐烂、幼果脱落，特别是枝干接触地面或灌水时树体溅上水，更易发

NOTE

生。醋栗的霉病是常见病害，各种品种都易发生，储藏时易感染青霉菌和灰霉菌，可用50%多菌灵可湿性粉剂600～800倍液防治。干旱或灌水过多最易长霉。保证水分平衡供应，花前和采后喷施甲霜灵，可以控制其发生。

(4) 果实采收：醋栗的幼果形成之后便可以食用。根据用途不同，可以在不同成熟度进行采收。如供给加工用，以中等熟度时采收为宜；而生食，则在任何熟度时都可以采收。一个株丛上的浆果同时期成熟，可以一次采收完毕。

四、营养与加工利用

(1) 营养成分及食用价值研究：醋栗果实富含可溶性糖、蛋白质、维生素、有机酸、氨基酸、矿物质元素和多种微量元素，且香甜可口、色泽艳丽、风味独特，既可鲜食，亦可作为果汁、饮料、果酒、果酱、果膏、果冻、果糖和蜜饯等产品的加工原料，但果实不耐储藏和运输。果实中各种挥发性成分以一定比例存在，构成特有香味，决定果实的加工品质，且果实加工性能良好，营养丰富，被称作第三代新型果树。果实中的可溶性糖和有机酸的含量分别为5.85%和1.88%，糖酸比在甜酸适度的范畴内，则鲜食口感甚佳，可有效补充人体的能量。果实含糖量较低，加工的罐头、果酱和果汁饮料等系列产品也可作为糖尿病患者的保健营养饮品。醋栗野生果实中维生素C的含量高于栽培品种，富含天然食用色素，用以开发无须添加其他色素的优质饮品，尚可用于提取天然食用色素。

(2) 活性成分及药用价值的研究：醋栗果实中具有不饱和脂肪酸、香豆素类和黄酮类化合物等活性物质，在抗炎镇痛、抗真菌和细菌以及抗肿瘤方面的药理活性显著，广泛应用于医药产业中。醋栗的根、叶和果实均含大量的生物黄酮类活性成分，且果实中可溶性蛋白质的含量高于栽培品种，该类成分对软化血管、降低血脂、降低血压、补充钙素、增强免疫力和抗癌能力的功效显著；果实富含各种维生素，碘和铁等多种矿物质元素，且叶片中粗蛋白的含量较高，有利于减缓动脉粥样硬化，增强人体毛细血管的功能，并对病毒性肝炎、肾病、关节炎、痢疾、骨发育不良等具有一定的疗效。果汁能解渴并能强壮体质，促进体内物质的正常交换和有毒物质及放射性物质的排出。铁是许多酶和血红蛋白的主要成分，是衡量营养价值的重要标志之一，经常食用可以预防缺铁性贫血。

(3) 观赏性和其他利用价值的研究：醋栗根系发达，抗寒耐寒能力较强，且姿态清秀飘逸，叶色嫩绿青翠，花繁色紫，果穗形态各异，果红若赤丹，晶莹剔透，观赏价值极高，可用于点缀路旁或花坛边，为花果俱美的生态城市构建树种之一。花和芽中富含芳香油，是优良的蜜源植物，且野生种抗寒性、抗病性和丰产性极强，可作为很好的育种材料和杂交亲本。醋栗叶片中粗蛋白的含量较高，深加工产品对发展畜牧业，解决冬季牲畜缺草的难题，缓解农林牧的矛盾，促进区域性生态建设和经济健康发展的意义重大。

【思考题】

1. 试述拐枣的生物学特性。
2. 枸杞是我国传统的药用植物，其主要分布在哪些地区，我国的优势产区在哪里？
3. 生产上蓝莓通常采用什么繁殖方法，技术要点是什么？
4. 桑葚被认为是21世纪最有开发潜力的保健水果，请简述其开发利用价值。
5. 木瓜有哪些典型的病虫害，该如何防治？
6. 无花果在生产上通常采用什么树形，该如何培养其树形？
7. 软枣猕猴桃柔软多汁，不耐存放，请问该如何采收和储藏其果实？

【参考文献】

[1] 黄文源，黎晓茜，韩磊，等.刺梨病虫害发生和防治研究进展[J].中国植保导刊，2020,40(5)：24-30.

[2] 胡明月，孙开理，李士会，等.刺梨的特征特性及整形修剪技术[J].现代农业科技，2012(14)：

NOTE

88,90.

[3] 陈仪坤,杨倩,何睿.我国刺梨产业发展存在的问题及对策研究[J].中国市场,2021(8):49-50.

[4] 李兴平.枸杞利用价值及栽培技术的相关探究[J].种子科技,2021(5):24-25.

[5] 王永黎.青海枸杞栽培技术要点[J].农业技术与装备,2020,368(8):145-146.

[6] 潜立辉.拐枣——药果材兼用乔木[J].中国林副特产,1992(1):39.

[7] 贺定理.拐枣丰产栽培技术[J].吉林农业,2018,438(21):86.

[8] 王朝霞.珍稀树种枳椇的生态习性及繁殖栽培与利用[J].黑龙江农业科学,2008,2008(5):105-107.

[9] 黄春辉,夏思进,曲雪艳,等.蓝莓的栽培利用现状与发展前景[J].现代园艺,2011(6):41-43.

[10] 李爽.浅析我国蓝莓栽培现状及人工栽培技术[J].特种经济动植物,2020,23(12):69-70.

[11] 李亚东,刘海广,张志东,等.我国蓝莓产业现状和发展趋势[J].中国果树,2008(6):67-69.

[12] 王海洋,刘兴华,裴云鹏,等.鲜食桑葚绿色高效栽培技术[J].现代农业科技,2020(17):58,60.

[13] 李勇,邓文,于翠,等.桑树繁殖生物学研究现状与展望[J].中国蚕业,2017,38(4):47-51.

[14] 黎正,李健,陆庆文.桑葚高产栽培技术与开发利用探析[J].南方农业,2017,11(2):3-4.

[15] 付筱,王守龙,赵楠,等.果桑栽培技术[J].山西果树,2019,189(3):75-77.

[16] 沈志伟,朱晓红,邱琦,等.沙棘的特征特性及繁栽技术[J].现代农业科技,2017(17):153-154.

[17] 林士强,王明洁,梁文卫,等.山葡萄优质栽培管理技术[J].中国林副特产,2020(3):25-26.

[18] 朴凯伟.山葡萄栽培技术[J].现代化农业,2020 (8):38.

[19] 程立军.主要野果资源山葡萄及其利用[J].黑龙江科技信息,2012(11):220.

[20] 魏鑫,王宏光,王升,等.辽宁省树莓产业发展现状分析[J].北方果树,2021(3):48-49.

[21] 王浩佳.树莓的引种及繁殖栽培技术[J].农业与技术,2021,41(9):122-124.

[22] 杨海花.树莓开发利用及建园技术[J].山西林业,2021(3):36-37.

[23] 雷虓,瞿文林,宋子波,等."热农1号"余甘子品种特性和栽培技术要点[J].中国南方果树,2021,50(1):121-123,129.

[24] 王建超,陈志峰,郭林榕.我国余甘子种质资源生态分布区域综述[J].东南园艺,2020,8(2):57-60.

[25] 黄浩洲,冉飞,谭庆刍,等.药食同源品种余甘子综合开发利用策略与思路[J].中国中药杂志,2021,46(5):1034-1042.

[26] 金锦实,赵贞玉.吉林地区醋栗的栽培生产技术[J].吉林农业,2014,7(4):69.

[27] 胡卓根.有发展前景的野生果树——醋栗[J].农村实用技术,2006(9):36-37.

[28] 王景自,庞树国,李庆伟.菏泽光皮木瓜的价值及栽培管理技术[J].果树资源学报,2021,2(4):49-51.

[29] 张腾飞,徐亚军.木瓜栽培管理技术浅谈[J].农村实用技术,2020,226(9):89-90.

[30] 岳华峰,王玉忠,张宁,等.中国果用木瓜栽培育种技术研究及其综合开发利用新进展[J].世界林业研究,2020,33(4):88-93.

[31] 张坤鹏,谭宏祥.无花果常见整形修剪技术[J].落叶果树,2021,53(1):68-70.

[32] 刘洪勇,孔令雷,徐庆,等.无花果密植栽培管理技术[J].中国果业信息,2020,37(6):54-55.

[33] 陈凤.平欧杂交榛结果习性及丰产技术研究[D].北京:北京林业大学,2014.

[34] 王岩.清原地区平欧杂种榛栽培现状分析及对策[J].辽宁林业科技,2020,299(1):57-59.

[35] 曹永巡.杂交欧榛的栽培技术[J].落叶果树,2009,41(5):59-60.

[36] 张永贵,曲东,燕飞,等.榛子种质资源、育种及栽培技术研究进展[J].生物资源,2019,41

NOTE

(2):95-103.

[37] 罗华,郝兆祥,张忠涛,等.国内榅桲种质资源研究现状[J].山西果树,2018(6):18-22,27.

[38] 王虹.榅桲育苗栽培技术[J].山西林业,2018(1):36-37.

[39] 刘玮,邱艳昌,赵红霞.优良观赏果树榅桲的推广应用[J].北方园艺,2008(10):132-133.

[40] 刘硕,钱程,金丽华,等.北方软枣猕猴桃研究进展[J].辽宁林业科技,2021(1):45-48.

[41] 黄国辉.软枣猕猴桃产业发展现状与问题[J].北方果树,2020,215(1):53-55.

[42] 王东来,黄国辉.软枣猕猴桃主要病虫害综合防治技术[J].北方果树,2020(3):46-49.

[43] 黄国辉.软枣猕猴桃主要品种及栽培技术[J].北方果树,2020(4):44-47.

NOTE

第七章　特种常绿果树栽培

黄皮

第一节　黄　　皮

一、概述

黄皮属芸香科柑橘亚科黄皮属，别名为黄弹子、王坛子、金弹子、黄檀子等。黄皮作为我国南部地区具有 1500 多年栽培历史的热带特产水果之一，在《岭南采药录》中详有记载："木本，高至十余尺，叶羽状复叶，互生，春生开小花，白色，果黄蜡色，状如金弹。"黄皮具有消食、消暑等功效。黄皮原产于我国南方地区，全球已发现的黄皮属约有 30 种，国外主要分布在亚洲的东南亚国家，如印度、马来西亚、斯里兰卡、泰国、越南、尼泊尔等，另外在美国的佛罗里达州等有零星分布。国内约发现 11 种，主要分布在海南、福建、广东、广西等地，其中广西栽培范围较为广泛，东到梧州，南到北海，西到隆林，北到灵川均有黄皮栽培。黄皮主要分布于南宁、河池、玉林、百色、钦州、柳州、梧州和桂林。

目前供食用的栽培种主要有无核黄皮、独核黄皮、水晶黄皮、卵形黄皮、鸡心黄皮、圆头黄皮、长圆黄皮、牛奶黄皮、白糖黄皮、甘草黄皮、大香皮黄皮等。除此之外还有山黄皮、大叶山黄皮、齿叶黄皮、细叶黄皮、毛叶山黄皮等野生种。根据果实不同成熟期，黄皮主要分为早熟、中熟、晚熟 3 个品种；根据果实形状，黄皮主要分为圆粒种、椭圆形种、阔卵形种、鸡心形种 4 个品种；根据果实风味，黄皮主要分为酸黄皮（多为野生品种，作为加工果汁、果酱、果冻和果脯的品种，同时也作为品种改良的资源库）和甜黄皮（栽培食用品种）2 个品种；根据果实利用率和经济效益，黄皮又可分为无核黄皮和有核黄皮两类。

黄皮不仅具有药用价值还具有食用价值，除可以生吃之外，还可制成果酱、蜜饯、饮料和糖果，供人们食用。黄皮对人体有很好的降火作用，还可以治疗消化不良、腹部饱胀等。黄皮入药有生津止渴、利尿消肿、行气止痛的功效，可以促进消化功能的恢复。我国海南充分利用其自身的地理环境优势，开展了黄皮的种植与栽培，这对促进我国中医药的发展也具有很大的意义，还可以促进海南经济的发展，从而为我国经济的发展作出贡献。

二、生物学特性

1. 形态特征

黄皮属于芸香科，常绿落叶乔木，生长高度可达 12 m，树干为暗褐色，皮目多。叶为互生的奇数羽状复叶，侧脉和叶脉有突起，小叶卵形或卵状椭圆形，两侧为不对称。圆锥花序顶生；花蕾为圆球形，花萼裂片呈阔卵形，花瓣为长圆形，花丝为线状。果实为淡黄至暗黄色，果肉乳白色，半透明状。种子 1～4 粒，肾形，下部通常为青绿色，上部为黄绿色，种皮为白色。4—5 月开花，7—8 月结果。

2. 生态习性

黄皮性喜温暖、湿润、阳光充足的环境，对土壤要求并不是很高，以疏松、肥沃的壤土种植为佳。黄皮原产于中国的南部，福建、广东、海南、广西、贵州南部、云南及四川金沙江河谷等地均有栽培。其中值

NOTE

得一提的是海南。因为海南的地理环境和土壤特点极为适合黄皮的生长，又因为海南光线充足、气候温和湿润，为黄皮的生长提供了很好的条件。所以海南的黄皮成熟一般比其他地方要早，能提前1～2个月的时间。

三、栽培技术

1. 黄皮苗木繁殖

为了能够获得性状优良的黄皮品种，在栽培种植的过程中扩大产量，满足市场需求，需要对黄皮的栽培技术进行创新。以嫁接技术栽培的黄皮在一定程度上能够满足黄皮性状优良的需求，并且嫁接技术难度不高，还能获得稳定高产的黄皮，现将其主要技术措施介绍如下。

(1) 采种及种子处理：选择生长势较旺、无病虫害的本地黄皮树，采下成熟的黄皮，挑选个大、饱满的果实，将果实压烂，取出种子，洗净，把细小的、发育不全的、形状异常的种子剔除掉，最好随采随播，以提高发芽率。为了除去种子携带的病毒和病菌，可在播种前对种子进行处理，用55 ℃的温水浸种50 min，再用0.1%高锰酸钾溶液处理10 min，洗净、阴干，即可播种。

(2) 播种后管理：黄皮种子播种后，晴天注意浇水，雨天注意排水，保持土壤湿润，2～3天可发芽，10天左右开始露出地面，齐苗后，开始施充分腐熟的人粪尿水，按照1份人粪尿∶10份清水的比例施用或选用0.1%～0.5%高氮复合肥溶液或0.1%～0.5%尿素溶液，每隔10～15天施1次，逐次增加施用浓度。当幼苗长有3～4片叶时开始间苗，间苗时注意去弱留强和移苗补空；平时要注意巡园，及时抹除苗干上的萌芽或分枝，使苗干光滑、平直、粗壮，为嫁接打好基础。使用撒播法育苗，需要进行移苗分床。当苗长有7～8片叶时可以进行移苗分床，移苗前苗地淋足水，移出的苗进行大小分级栽入预先准备好的苗地或营养袋中。点播法育苗不需要移苗分床，可直接在苗床上进行嫁接。在日常管理中注意拔除杂草，以免杂草与砧木苗争肥水，影响砧木苗的生长。注意检查是否有病虫害，并及时进行防治。当苗木长到高40～50 cm，茎粗0.7～1 cm时，便可嫁接。

(3) 接穗的选取：选用品种优良、纯正，生长势旺，丰产，无病虫害的无核黄皮母树，枝条为当年生的老熟新梢，无病虫害，芽眼饱满，为了提高嫁接成活率，可在嫁接前6～7天进行摘心处理。接穗采下后，去掉叶片，留下叶柄，用消毒后的湿布包好，接穗最好随采随接，不宜久放，以免影响嫁接时的操作和嫁接成活率。如果不能及时接完，可把接穗以小扎扎好，埋入细沙中，细沙应持有40%的含水量，这样可保存3～4天。

(4) 嫁接：嫁接的方法很多，在操作中主要用切接法。将砧木距地面15～25 cm处截断，截面要平滑，剪口下最好留几片叶子，有利于提高嫁接成活率。在砧木平直部位下切一刀(占砧木截口的1/3或1/4)，切口长1.5～2 cm。接穗枝条平直面向下，在枝条下端距芽眼0.3 cm斜削一刀(长1.5～2 cm)，削成一个约45°角的斜面。在此削面的背面削一长约0.5 cm的斜面，深度达形成层即可，上留2个芽，将接穗枝截断。把接穗的长削面向内，插入砧木的垂直切口内，使接穗和砧木的形成层对准贴紧，如砧木、接穗大小不一，应尽可能保证接穗与砧木有一边形成层相紧贴，用嫁接专用薄膜缚紧扎实。

(5) 嫁接后的管理：嫁接后到接穗萌发前要控制水分，嫁接后10～15天，可巡园检查芽眼是否饱满、发芽，可轻挑破薄膜，以利于其顺利长出，也可任其自动冲破薄膜生长，要经常抹除砧木上长出的芽，集中养分供应接穗芽的生长，待接第1次穗萌发的新梢老熟后，即可松缚和施肥，可用5%高氮复合肥溶液喷施，当苗高30～40 cm时打顶摘心。如果想移栽入营养袋中管理，必须要等到第2次梢老熟后，才可移栽，并用遮阳网遮阴管理。嫁接苗长至60 cm高时，即可出圃。

2. 科学移栽

(1) 园地选择：选择靠近水源、交通方便的缓坡山地或平地建园，以排水良好，透气性强，土层深厚、肥沃的沙壤土为宜。缓坡山地应修筑外侧稍高，边缘有边埂，内侧有宽30 cm排水沟的梯田；平地应做好沟以排水。若水源不充足，每亩应配置1个25 m³的蓄水池。做到旱时能灌，涝时能排，满足黄皮生长结果对水分的需求。

(2) 定植：按株行距3 m×3 m，每亩栽74株。定植时间选在2—4月。定植前1～2个月，每亩撒施

NOTE

石灰粉 75～100 kg，挖长、宽各 1 m，深 0.8 m 的定植穴，每穴底层填入稻草或杂草 10～15 kg，加一层 20～30 cm 的心土踩实，用 15～20 kg 腐熟禽畜粪与土拌匀填至穴平，最上层用钙镁磷肥 1～1.5 kg 拌细土，整成高出地面 30～40 cm，长、宽各 1 m 的定植盘。定植时，注意做好苗木定干，定干高度为 50 cm，浇足定根水，并在周围覆草保墒。

3. 田间管理

（1）肥水管理：高产稳产的技术环节的关键是肥水管理，为利于根系吸收，黄皮树施肥应在根系活动期间进行。对于定植 1～3 年的幼龄黄皮树，由于幼龄树的根系尚未发达，吸收力弱，分布较浅，每月施加稀薄速效钾、氮肥 1 次，使其在一年中发生多次新梢，以迅速扩大树冠，使叶面积增加，为早结丰产打好基础，达到促进生长的目的。

一般对于结果树，每年需要施肥 3 次，1 月下旬至 2 月上旬为第一次，以促进春梢生长和提高坐果率，减少落花落果。于春梢萌芽前施速效三元复合肥 0.2～0.3 kg。一般 5 月为第二次，以促进夏梢生长和小果膨大，增进果实品质，提高产量，在夏梢萌发前施加壮果肥，氮钾复合肥 0.15～0.2 kg。8 月为第三次，在黄皮果实采收后及时补充营养，占全年施肥量的 50%，肥料以有机肥为主，也可施加复合肥。结果树的土壤、结果量、树龄决定了施肥量。对成年黄皮园应经常保持土壤疏松，防止土壤冲刷，做好深翻改土等。要加强土壤水分管理，旱时灌水，因为幼龄树生长旺盛，根系浅而少，容易受土壤水分变化的影响。遇晴天 1 周无雨或吹干热风要浇灌 1 次水或于早晨或晚上向树冠喷水保持土壤和空气的湿润，以利于植株正常生长，结合施肥进行浅中耕除草。保持土壤疏松，雨季前应中耕松土并疏通排水沟，雨后及早排干积水。

（2）整形修剪：幼龄树整形修剪的目的是培养骨干枝，平衡树势，调节枝条生长使其形成一定数量的主枝和侧枝构成坚强的树冠骨架，为早结丰产打好基础。黄皮树冠应培养成圆头形，在主干高 70～80 cm 处截顶，然后培养分配均匀的 3～4 个主枝，其上再抽生侧主枝、分枝逐年形成自然圆头形的树冠。幼树的修剪以轻度短截为主，配合适当的疏枝。在枝条旺盛生长期可适度摘心，以减弱生长势，刺激剪口下 2～3 个侧芽萌发，促进分枝增加生长量。每年冬季剪去树冠内部的过密枝、枯枝、徒长枝及病虫枝等，改善树冠内部通风、透光条件，防止病虫害的发生。成年树的修剪重点在于调节营养枝和结果枝的比例，维持树势的均衡，保证当年丰产。应根据树势进行适度的疏枝和截枝。在每年收果后在结果枝的基部留下 1～2 个芽进行短截，以促进当年抽生结果母枝。对树冠内生长旺盛的徒长枝应及时加以控制和利用，而对生长势较弱和早衰的枝条应进行适当的回缩修剪，促其逐年更新恢复树势。无论哪个时期修剪都必须在晴好天气进行，有利于伤口愈合并减少病虫害。

（3）病虫害防治：黄皮的主要病虫害有炭疽病、煤烟病、蚜虫、介壳虫、红蜘蛛等。黄皮的病虫害大多数为病菌类，可以借鉴海南胡椒的真菌防治技术进行黄皮病虫害的防治。

①栽培管理方面：要加强对黄皮的抚育栽培，增强黄皮的生长能力。在黄皮生长期间，要定期对黄皮进行修剪，以便于黄皮能够通风透光，满足光照需求。

②药剂使用：在发病初期使用波尔多液进行防治，及时挖出病死的黄皮植株，进行合理的焚毁，并挖开病死植株的土壤暴晒或者灌注 1%硫酸铜溶液消毒。海南胡椒病虫害的防治也大多采用此法。

③定期检查：加强对黄皮植株的生长检查，发现有病死植株要及时判断其原因，以便于及时对病虫害进行防治。有些病虫害带有传染性，所以及时清理和发现病死植株显得尤为重要。对于人工清理比较困难的，还是要采用波尔多液大量喷洒，或者喷用 1%硫酸铜溶液。对于非常严重的植株可 10～14 天喷一次，通过加大药量来减少病虫害。

4. 果实采收

黄皮果实的销售以鲜果销售为主，长途运输的果实可在八九成熟时进行采收，销到本地市场的鲜果，则要等到熟透才可采摘，以免影响口感。

四、营养与加工利用

1. 黄皮果实的营养成分

黄皮果实具有润肺止咳、化痰、开胃健脾等功效。黄皮果实营养丰富，富含挥发油、果胶、维生素 C、有机酸、氨基酸等物质。其中氨基酸含量非常丰富。黄皮鲜果中各类营养物质的含量：蛋白质 1%、脂

NOTE

肪 0.28%、糖 14.89%、钙 0.05%、磷 0.025%、维生素 C 0.039%。其中对无核黄皮进行专项检测，果肉占全果的 67.5%，蛋白质 1.8%、脂肪 0.28%、维生素 C 0.039%、糖 20.1%。相比之下，无核黄皮品种的营养含量较为丰富，可以作为深加工开发保健食品的优良原料之一。

2. 黄皮主要药效成分

黄皮的根、叶、果实和种子均可入药，根和叶含生物碱、黄酮苷、酚类化合物及香豆素，有健脾开胃、解表散热、消痰化气和止痛等功效，还可用于治疗痢疾、尿路感染、肠炎以及感冒发烧；种子能治疝气；果皮可去疳积、消风肿；果实腌制品能化痰止咳、消食健胃、生津止渴；黄皮的果实含有桧萜、萜品烯-4-醇等香气成分，因而具有特殊的香气，还可以去肉膻和鱼腥等。

黄皮树经济价值较高，颇具发展潜力。果实可以食用，其根、茎、叶、种子均有药用价值。黄皮属浆果，肉质嫩滑结实，香味独特且营养丰富，将黄皮浸提汁发酵酿酒可得到浓郁黄皮味的果酒或者极好的清凉饮料原料。黄皮果实中含有黄皮酰胺，黄皮酰胺可以提高脑皮层的胆碱乙酰转移酶和脑内蛋白磷酸酯酶的活性，具有明显的抗细胞凋亡作用，为研发抗阿尔茨海默病新药提供了新的思路；黄皮提取物能较好改善酒精引起的急性肝损伤，因而黄皮提取物具有解酒及护肝作用；最近研究发现，黄皮种子含油量高，出油率可高达 42.5%，可以作为高档的润滑剂；用黄皮的果皮进行色素提取，可得到一种安全可靠且稳定性较好的纯天然植物色素，可以作为高档食品添加剂。其枝干又是良好的木材之一，可制作家私。黄皮树姿较为优美，为周年常绿树种，是庭园宅旁美化环境的理想树种之一。黄皮具有特殊的营养价值、药用价值及实用价值，开发前景广阔。

第二节 红 毛 丹

红毛丹

一、概述

红毛丹（*Nephelium lappaceum* L.）是无患子科（Sapi-ndaceae）韶子属（*Nephelium*）果树，原产于东南亚热带雨林地区，是典型的热带常绿果树。世界上栽培面积较大的国家有泰国、马来西亚、斯里兰卡等。其中泰国的种植面积达 1×10^5 hm^2，年产量 130 万吨左右，种植面积和总产量均占世界总量的 75%左右。我国海南省和云南省西双版纳等地于 1930—1960 年先后引入栽培，均能开花结果，但以海南省南部和东南部结果较为正常。目前我国的红毛丹种植区域集中在海南省保亭黎族苗族自治县，面积约 200 hm^2。

海南省保亭黎族苗族自治县的气候特点，非常适合种植红毛丹，且产量高、品质优良。由于我国适宜种植红毛丹的地区有限，产品的竞争力很强，因此红毛丹成为促进保亭黎族苗族自治县农业和经济发展的很有开发前途的热带果树。

二、生物学特性

1. 形态特征

红毛丹，常绿乔木，实生树高 8～10 m，无性繁殖树高 3～8 m，树干直，树皮略粗糙，嫩枝褐色，被茸毛。叶为偶数羽状复叶，椭圆形或卵圆形，全缘，革质。圆锥花序顶生或腋生，花穗长 15～20 cm，多分枝。花有三种类型，即雄花、雌花和两性花。果实核果状，椭圆形或倒卵形。果熟时果皮红色、粉红色或黄色，有肉刺，故又名“毛荔”。果肉（假种皮）乳白色至淡黄色，半透明，似凝脂，风味由很甜至具明显酸味。种子 1 枚，长卵形。成龄树生长缓慢，年抽新梢 3～4 次，以秋梢生长量较大。一般 2—4 月开花，6—8 月果实成熟。

2. 生态习性

红毛丹为典型热带果树，要求高温多湿、静风和低海拔环境。试种观察表明，平均温度 24 ℃以上，

NOTE

最冷月均温高于 17 ℃，适合其生长发育，低于 20 ℃则生长缓慢，低于 5 ℃就会出现寒害。年降雨量要求 1800 mm 以上。苗期忌强光，需适当遮阴。忌强风和干热风，8 级以上大风影响其生长发育。土壤以土层深厚，富含有机质，肥沃疏松，排水和通气良好，pH 5.5～6.5 的壤土为佳。

三、栽培技术

1. 红毛丹苗木繁殖

红毛丹可通过种子繁殖、嫁接繁殖和高空压条 3 种方式进行繁殖。种子育苗时，取新鲜成熟的种子洗净，消毒，晾干，及时播入细沙苗床，保湿催芽，待芽萌发后移栽于 25 cm×10 cm 的无底营养袋或苗圃育苗。苗圃土壤须保持湿润，空气相对湿度 80%以上，荫蔽度 40%，充分施肥。苗木长至 50 cm 高、直径 0.6 cm 时即可出圃或嫁接。选当年生长健壮的成熟枝条进行枝接，薄膜全包扎，接穗抽梢两次后即可出圃。高空压条在雨季到来时进行，选当年生粗壮成熟的枝条，切口宽 3 cm，刮净形成层，用黏土加少量充分腐熟的有机肥包扎，新根由白变黄时即可剪下假植。

2. 科学建园

(1) 园地选择：果园应选在静风的环境中，土层要求深厚、肥沃，结构良好，pH 5.5 左右，地下水位 1 m以下，靠近水源，坡度在 20°以下，连片集中。

(2) 营造防护林带：为防止台风危害，开垦时要规划设置或营造好防护林带。防护林带的大小和走向应依地形、地势和风向而定，一般主林带宽 10～15 m，副林带宽 8～10 m，每 1.3～2 hm^2 为一方格，并在果园四周种植围篱。

(3) 定植：根据不同的地形、地势和品种选择种植形式与密度。一般株行距为 5 m×6 m 或 4 m×6 m，每 666.7 m^2 栽植 22～28 株。植前两个月挖好大穴，穴面宽 80 cm，深 70 cm，底宽 60 cm。穴内分层施入有机肥，每穴施腐熟有机肥 15～25 kg(严禁用火烧土或施碱性肥料)、过磷酸钙 0.5 kg，与表土拌匀后填至穴中呈馒头状。选用 BR1、BR2、BR4、BR5 和 BR8 等红毛丹无性系优良品种。要求采用二蓬叶以上的芽接袋装苗。一般于每年雨季定植，有灌溉条件的可早春定植，袋装苗应在阴天或晴天的下午定植，以免弄松袋中的营养土，影响成活率。袋装苗定植时要把薄膜袋割破去掉后定植，填土时从外围逐渐向内层压实，注意不要把营养土弄破散，填土高度以填至与原营养袋土面齐平或略高出 1～2 cm 为宜，以提高成活率。植前先将苗木按大小和生长势分级，使每块地定植的苗木大小均匀一致。成活率要求 98%以上，发现缺株，应及时补植。

3. 田间管理

(1) 土肥水管理：红毛丹树进入开花结果后，对其管理既要利于枝梢生长，又要利于开花结果。而不同树龄，其生长、开花、结果的特性有异，管理特点也不同。

①幼年结果树的管理：幼年结果树是指红毛丹生命周期中的生长结果期，这一时期能够开花结果，但生长仍占主导地位。由于不断生长，同化物质储存不多，难以形成花芽，树龄越小，坐果越困难。因此要有计划地控制营养生长，增加树体有机物的积累，这是幼龄结果树丰产的关键。栽培管理措施：a. 施肥上要减少氮素的比例，增施磷肥，以控制枝梢生长过旺，提高枝梢质量。b. 花前肥，尤其是速效氮肥，一般不能早施，宜于见花蕾后施用。c. 修剪宜轻。

②成年结果树的管理：成年红毛丹树是指红毛丹生命周期中的结果生长期，这一时期生殖生长占优势，是红毛丹开花结果最旺盛的时期。由于大量开花，消耗树体有机营养的积累，供给根系的养分减少，根群生长及吸收减弱，采果后较难及时恢复，花芽分化失去良好的物质基础，从而致使次年少有或没有花果，形成所谓的“大小年”。因此，要防止开花结果期树体养分的过分消耗，改善营养生长与生殖生长的关系。栽培管理措施：a. 枝梢生长和结果期间，要及时提供营养，维持树体正常吸收和消耗。b. 丰产年份根系负担重，生长衰弱，对不良环境抵抗力低，要重视灌水、排水，防止细根缺水死亡或积水窒息，以致降低吸收能力，树势减弱。c. 重视改善土壤环境，增施有机肥，深耕改土，促进根系活动。d. 提高叶片质量，延长有效叶的寿命，在树体养分消耗高峰期，充分利用叶面吸收能力，喷施叶面肥。e. 减少无效消耗，修剪宜重。

NOTE

③老年结果树的管理：老年结果树树龄长，生长量和结果量大大减少。这些树经多年生长，树体高大，养分运转缓慢、分散，生长减弱。因此，让老年树更新复壮，延长经济寿命，是这一时期的重要管理任务。栽培管理措施：a. 有计划地更新根系。通过改土、培土、松土，施有机肥，创造有利于根系更新的土壤环境，延缓老根衰亡，增加新根发生。b. 促进新梢生长，施入肥料宜提高氮素比例，配合磷、钾肥。c. 有计划地进行老枝更新，促使萌发健壮更新枝，选留位置合适的不定芽。d. 加强树干、大枝管理，清除病虫害。

(2) 整形修剪：整形是指根据红毛丹的生长特性和当地的外界环境条件，把植株修剪成一定的树冠形状。修枝是进行整形的一个重要的基本操作。修枝整形的目的在于使主枝和侧枝分布均匀、骨架开朗、结构坚固，既能符合红毛丹本来的特性，又能适应于当地的自然环境和栽培条件，从而为丰产稳产打好基础。

红毛丹修枝整形一般培育“半球形”的树形，当主干高 40～80 cm 时，实行摘顶，以促生侧枝，保留 3～4条分布均匀、生长健壮和分枝角度大的分枝作骨干枝。主枝抽生 3～4 片蓬叶，枝条木栓化后，进行回剪，留枝长 30～40 cm，让其抽生二级分枝，每条主枝保留二级分枝 3～4 条，分布要平衡均匀。经过 3～4 次修剪，基本可形成半球形树冠的丰产树形。骨干枝是整个树冠的骨架和基础，骨干枝的培养必须在幼年树做好，否则对树体的结构、树势的发育和结果都有很大的影响。幼年红毛丹树整形修剪工作着重于培养 3～4 条主枝和二、三级分枝。因此修剪的对象是交叉枝、徒长枝、过密枝、弯曲枝、弱小枝，以及不让其结果的花穗，使养分有效地用于扩大树冠。修剪的总原则：宜轻不宜重，宜少不宜多，可剪可不剪的枝条暂时保留，培养半球形大树冠。修剪在新梢萌发前进行。整形修剪方法包括剪枝、摘心、拉枝、吊枝、撑开等。

(3) 病虫害防治：西双版纳发生的红毛丹病害有果实成熟前后的果实酸腐病，幼果期的霜霉病，虫害有荔枝蒂蛀虫、荔枝蝽、介壳虫；叶片有藻斑病，松鼠、蝙蝠也有少量危害。防治病虫，应适时修剪，搞好果园卫生，冬春用 45%石硫合剂结晶 300～500 倍液清园。防止酸腐病危害的主要措施是减少果实采收储运时的机械损伤和病虫损伤。对藻斑病可在发病初期喷 50%多菌灵或 70%甲基托布津可湿性粉剂 1000 倍液等。霜霉病可喷 25%瑞毒霉 200 倍液；6 月幼果期和采果前每 15 天防治一次椿象、荔枝蒂蛀虫和介壳虫，可用 90%敌百虫结晶 800～1000 倍液或 80%敌敌畏乳油加 40%乐果乳油 1∶1混合稀释至 800 倍液喷杀。

(4) 果实采收：当果穗中大部分果实成熟时，即红皮果由青变红、黄皮果由青变黄时，可进行全穗或全株采收。由于红毛丹花期长，果实成熟时间相差约 1 个月，一般应分 2～3 次采果。采果应在晴天早晨或傍晚进行，以保持果实新鲜度，雨天一般不宜采收。果穗剪摘位置宜在果穗基部与结果母枝交界处，用采果剪把果实剪下，小心轻放在采果箩中，不能用手摘，以防伤树和折枝。要严格选果，剔除剪伤、压伤和介壳虫危害果等，然后入库。果品要分品种、大小分级包装，按级论价出售。适当地进行挂树保鲜（一般 1 个月），延长果品供应期，以取得较好的经济效益。

四、营养与加工利用

红毛丹外观美，营养丰富，富含糖、维生素和矿物质元素，主要品种可食部分占 41%～47.3%，味甜至酸甜，带荔枝或葡萄风味，可口怡人。果实除鲜食外，还可加工成罐头、蜜饯、果酱、果冻等。目前在我国种植适宜区仅限于海南省的三亚、保亭黎族苗族自治县、陵水黎族自治县和乐东黎族自治县，发展空间有限。有必要开展抗性（抗寒、抗风等）高产品种选育研究，同时做好适应小环境的调查与区划工作，以扩展种植范围，使之在我国能发展到一定规模，以满足社会的需要。

人心果

第三节　人　心　果

一、概述

人心果（*Manilkara zapota* (L.) van Royen）亦称沙漠吉拉、吴凤柿，为山榄科铁线子属热带常绿乔

木，是一种具有开发利用价值的热带特色果树。人心果果实可鲜食亦可榨汁制酱，营养丰富，味甜可口；树干富含的乳状胶汁是生产口香糖的天然原料；果实、树皮、叶片和种子均有药用价值。人心果树形美观，四季常青，是行道和庭园绿化优良树种。

人心果原产于墨西哥尤卡坦州和中美洲地区，后陆续引种到美国佛罗里达州和加勒比海地区及印度、菲律宾、马来西亚、印度尼西亚、越南、泰国等。当前栽培面积最大的国家是墨西哥和印度，并且墨西哥栽培品种最多。中国的人心果主要引自印度尼西亚、菲律宾、泰国和美国夏威夷，主要分布于云南、广西、广东、福建、台湾和海南等五省一区，中国自引种至今的栽培时间不足百年。当前在中国市场上销售的人心果果实主要自泰国进口。人心果在海南岛各地均有零星分布，主要分布于琼海、文昌。于 20 世纪 30 年代前后自东南亚引种到海南岛，并且当时直接引进栽培品种。但是，由于引种不正规，引进后无人关注品种名，长期粗放管理，从而导致品种名不详和品种衰退，单产低和品质差，基本上停留于野生状态或半野生状态。

二、生物学特性

1. 形态特征

人心果株高 8～15 m，茎干和枝条灰褐色，有明显叶痕，叶片长椭圆形，浓绿色，单叶复生，叶轮状螺旋生长密聚于枝顶，叶背凸起；花很小，腋生，一年里有 1～2 个开花期，花萼 6 片，分为内外 2 轮，花冠筒状，白色。果为浆果，心形、椭圆形或卵形。果皮灰色，果肉褐色，清甜可口，有石细胞，最大果重 218 g，平均单果重 130～160 g，可食率 88%～90%，含可溶性固形物 19.8%～24.3%。果实成熟后呈灰色或锈褐色，果肉黄褐色、柔软；因其果实外形如人的心脏，故名人心果。由于其果形有点像柿子，故又称吴凤柿、人参果、赤铁果；种子少，平均 2～5 粒。

2. 生态习性

人心果在 11～31 ℃都可正常开花结果，幼果在 −1 ℃受冻害，大树在 −4.5 ℃易受冻害，2.2 ℃受寒害，如作经济栽培，应在气温较高的地区发展。人心果要求水分充足，年降雨量在 1300 mm 以上，其生长较好，根系深，较耐贫瘠和盐分，树高，叶片较大，枝条脆，易折。因此，不可在风口及风害严重处建园种植。

三、栽培技术

1. 人心果繁殖技术

人心果繁殖主要采用高空压条及嫁接繁殖。以 1.2～2 cm 粗的向阳枝为宜，3—4 月进行，以爱多收 1 包、复合肥 0.25 kg 加水 50 kg，与泥土搅拌后揉成拳头大、不滴水或稍微滴水即可，包住圈枝，成活率在 30%左右。当发出两次根以上时，即可锯离母树进行假植，继续培育。

嫁接育苗：以 4—5 月为宜，树液流动期嫁接较适宜，砧木及接穗均易愈合成活。选取优良母树上 1 年生以上充实向阳的老熟枝条为接穗。以人心果小苗作砧木，于早晨取穗并剪去叶片，不可损伤芽眼。嫁接时嫁接部位如流胶汁要立即擦净，接穗与砧木应紧贴。露芽包扎保湿，接后喷杀虫、杀菌剂 1～2 次，15～30 天检查成活情况，及时补接、解绑并剪砧，促进接穗萌发。

2. 科学移栽

改善立地条件，保持水土，便于栽植施工，提高栽植成活率并促进人心果生长发育，在栽植前应根据坡度和土壤等条件整地。整地一般在定植前一年的秋、冬季进行。坡度大于 10°时，要求梯级整地。坡度 10°～15°，梯面宽 3～6 m；坡度 16°～20°，梯面宽 2～2.5 m。梯面宽度和梯间的距离要根据地形和栽培密度而定，坡度超过 20°，不宜栽培人心果。初植密度为每公顷 833～1110 株，以 3 m×3 m、3 m×4 m 株行距比较合适。栽植方法一般采用大穴定植，平地果园和缓坡地（坡度小于 5°）按株行距挖长、宽、深各为 80 cm、80 cm、60 cm 的种植穴。定植前 20～30 天在定植穴内施土杂肥 20～30 kg、磷肥 0.5 kg。定植时，先将表土回穴，苗干要竖直，根系要舒展，深浅要适当，填土一半后提苗踩实，再填土踩实，最后覆盖松土。

NOTE

人心果存在自交不亲和现象，栽植时必须配置授粉树或多品种混栽。授粉树要与主栽品种有良好的亲和力，花期大致相同，并具有良好的果实品质。授粉树常采用中心配置式或行列配置式。中心配置式是一株授粉树周围栽主栽品种，授粉树与主栽品种的比例为1:8或1:24；行列配置式是每隔一定行数的主栽品种中配置一定行数的授粉树。授粉树可以是一个或多个品种。

3. 田间管理

（1）土肥水管理：人心果幼树每2～3个月追肥1次。冬季施1次基肥，以农家肥为主，每株约施20 kg；春、夏季以氮肥为主，配合磷、钾肥，建议氮、磷、钾比例为1:1:0.8，每次每株施300～400 g。5年后成林每年施肥3次，3月、9月下旬各施1次，每株施2～2.5 kg；1月施冬肥1次，每株施30 kg。人心果是耐旱能力较强的树种之一，但在长期干旱时，灌溉有利于生长和提高产量。幼树一般每周灌水2～3次，成年树在新梢期、盛花期和果实生长发育期，特别是7—9月，应避免干旱，定期灌溉。人心果不耐涝，雨季要排水防涝。

（2）整形修剪：人心果幼树修剪的目的是整形，着重培养较好的树形和骨干枝。幼树常用的修剪方法有摘顶、疏删、短截和拉枝等。幼树修剪宜轻，尽量多保留枝梢，对扰乱树形的枝条及徒长枝要及时疏删。整形修剪应根据不同品种选定不同的树形，主要以自然开心形和圆锥形为主。

人心果成年树通过整形修剪控制树体大小，增加树冠通风透光能力。在美国佛罗里达州，人心果成年树很少修剪，树体较为高大，营养生长旺盛。在我国南方各地，可参考荔枝、龙眼等修剪方式，主要控制人心果树体高度、冠幅和树势，使树体矮化（3.5 m左右）。成年树植株主要在春、夏季进行修剪，对树冠上部生长旺盛的直立枝进行疏删或短截，控制树高，剪除枯枝、损伤枝及病虫枝。高温多湿季节，应注意删除内膛部分繁茂枝条，增加通风透光，控制顶端优势和营养生长，促进开花结果。

初植密度较大的人心果园在进入结果期后，随着树体生长，树冠会较早郁闭，如不及时修剪，则易发生平面结果。因此，当临时植株对永久植株的生长和结果有影响时，应及时修剪或间伐，以保证永久植株好的树形和较强的生长势。

（3）人工授粉：人心果自花不育，在自然状态落花落果严重，着果率只有1.5%～2.0%。生产中为提高产量，除了配置授粉树外，还应加强人工授粉。授粉时间可根据不同品种花期（一般为4月中下旬或9月上中旬），盛花时于上午采饱满、吐白期或开放期的花朵采集花粉，利用人工撒粉法、人工点授法或机械喷雾法进行授粉。最佳授粉时间应选择晴天的上午8—11时或下午15—16时。

（4）病虫害防治：人心果常见的病害有煤烟病、叶斑病和炭疽病，其中叶斑病和炭疽病以春季高湿时期较常发生；主要害虫有果实蝇、云翅斑螟和介壳虫等，介壳虫危害严重时易引发煤烟病。病虫害防治采取预防为主、综合防治的策略，通过加强栽培管理，果园雨季注意排水，出现干旱时适当浇灌，培养健壮树势，提高植株抗病能力。综合防治时优先采用生物防治和物理防治等方法，结合冬季进行合理修剪，配合冬季清园，净化病虫害越冬场所，减少病虫害密度，同时配合使用低残留、低毒的无公害农药全园喷布。

4. 果实采收

人心果主要成熟期在6月中旬至7月初，应及时采收，确保产量和品质。果实采收经后熟3～7天即可食用。果实成熟最明显的特征：采下的果蒂不流汁，用手轻按果实微软或树上的果实被小鸟啄食。可用下列方法辨别果实成熟度：果蒂乳汁减少或不流，用手轻擦果皮明显出现黄褐色，绿色则未熟；果柄易脱落，过熟的有酒味。成熟果实不耐储运，若远运应提早采收，避免压伤、撞伤和机械伤，如能控温储运，则可延长保鲜期，减少腐烂。

四、营养与加工利用

人心果一身都是宝，具有极高的栽培价值。具体表现如下。

1. 食用价值

人心果需后熟，采后存放7～10天，变软脱涩后才能食用。因其含有大量的可溶性单宁，类似于柿子，因此台湾别称人心果为“吴凤柿”。后熟的人心果果肉半透明、柔软多汁、浓甜爽口、风味独特、营养

成分丰富多样。人心果的后熟加工法有果实埋入米中法、温水处理法和酒精处理法等。其果酱加工工艺流程分为原料选取、预处理、打浆、调配、煮制浓缩、装罐、封罐、杀菌、冷却和成品。可将成熟的人心果实清洗—热烫—榨汁，再进行发酵，可酿制成酒。据测定，人心果果实含有人体不能合成的多种氨基酸，可见其具有重要的营养价值和保健功能。此外还含有 Na、Ca、Fe、Mg、Mn、Cu、Al、Si、Cr、P、B 等多种元素。

2. 药用价值

人心果的树皮、叶片、果实和种子均可入药，主治食物中毒、烧烫伤、腹泻和痢疾；食用果实可清咽利肺、化痰止咳、提高机体免疫力、延缓衰老、预防心血管疾病；捣碎的种子可作利尿剂。总之，人心果是医疗保健价值极高的食物。

3. 观赏价值

人心果树常绿，高大挺拔，树形为圆形或塔形，树姿优美，花果并存，花具清香，适宜于庭院和城市绿化，颇具观赏价值。

4. 生态价值

人心果实生苗根系深广，抗逆性强，对土壤适应性广，适宜于荒山荒滩和海涂绿化，有利于保持水土和改良土壤；树体耐受二氧化硫和氯气等危害，相比较其他植物，其能够吸收较多的二氧化硫和氯气，适宜于工矿厂区和工厂绿化，有利于空气净化。可见，人心果具有重要的生态保护意义。

5. 经济利用价值

人心果果实可以鲜食，还可以工业加工。人心果具有高产、风味独特、抗逆性强等特点，有利于高产、优质、低耗、高效栽培，具有良好的经济效益。树体含有 20%～40%的乳胶，即“奇可胶”。人心果可以加工成口香糖，在食品加工中可作为增稠剂、黏合剂、稳定剂和乳化剂。人心果树木质坚硬，是制作高档家具的优质材料，是栏杆、地板、铁路枕木、车轮的理想材料。

番荔枝

第四节　番　荔　枝

一、概述

番荔枝又称为释迦果、洋波罗、佛头果，属于番荔枝科（Annonaceae）番荔枝属（*Annona*）植物，与荔枝、菠萝、芒果、莽柿（山竹），并称“世界五大热带名果”。番荔枝果实营养丰富，含糖量高达 18.15%，维生素 C 的含量为 12.74 mg/100 g，其含有 16 种氨基酸，其中包括人体必需的 7 种氨基酸，总氨基酸含量达 101 mg/100 g。番荔枝目前主要以鲜食为主，还可以加工成果汁、果露、果酱、果酒、果冻、糖果等，是我国热带地区珍稀水果之一。

番荔枝科共 120 余属，2100 余种，广泛分布于热带和亚热带地区。世界上主要的番荔枝生产国有西班牙、智利、印度和泰国，其栽培面积和产量达到 10000 hm^2 和 8000 t，主栽品种有普通番荔枝（*A. squamosa* L.）、毛叶番荔枝（*A. cherimola* Mill.）、刺果番荔枝（*A. muricata* L.）、杂交番荔枝 4 种。我国有 24 属 103 种和 6 变种，分布于浙江、江西、福建、湖南、广东、广西、云南、海南、贵州和西藏，其中，广东省和海南省的栽培面积较大。我国栽培品种主要有普通番荔枝、圆滑番荔枝、刺果番荔枝、毛叶番荔枝（秘鲁番荔枝或高山番荔枝）、阿蒂莫耶番荔枝等，其中，以广东省澄海区樟林果园的品种“林檎”最为出名。根据当地情况，一般 4 年生株产果 7～10 kg，8 年生株产果 50 kg，售价 20～40 元/千克，而进口番荔枝鲜果市场价格为 50～100 元/千克，具有非常好的经济效益。

我国番荔枝种植、保鲜和加工起步晚、发展慢，绝大多数仅限于鲜果产地自销，潜在的资源优势和品牌优势尚未充分发挥出来。番荔枝果实采后容易软化、腐烂变质，发生裂果、褐变等现象，且不耐低温冷藏，这些是制约我国番荔枝商品流通和市场销售的重要原因之一。

NOTE

二、生物学特性

1. 形态特征

番荔枝呈球形或圆锥形，黄绿色，单果质量 150～350 g，果面具瘤状突起，龟裂纹明显，有薄白蜡粉。番荔枝为呼吸跃变型果实，后熟期短，易变软，果肉白色，微甜有特殊香气；种子褐色光滑、细小，几乎30%的水果质量由种子组成。一般来说，单一水果中存在 20～40 粒种子。

2. 生态习性

番荔枝适宜生长于热带或亚热带区域，温度要求冬无霜冻，年均温度在 21 ℃以上。番荔枝喜温暖干燥的气候，不耐霜冻和低温，易受寒害、冻害。番荔枝在生长过程中，特别是在开花、授粉阶段需要较高的空气湿度，若遇到干旱，大气湿度低于 70%时，就会影响授粉。理想的气候条件应是较高的湿度和较少的雨水。海拔高低对番荔枝生长无太大影响。土壤对番荔枝的影响也相对较小，它可在排水良好的沙土、石灰岩土及黏质土中生长，无论在酸性、中性或微碱性土壤中均能生长良好。番荔枝属浅根性树种，对土层的厚度要求不严。

三、栽培技术

1. 番荔枝繁殖技术

(1) 实生苗培育：选择丰产、优质、无病虫害的普通番荔枝作为母树采种，8—9 月果实成熟时采收，取出种子用水清洗干净，剔除不实粒和小粒种子，晾干即可播种。用新鲜种子随采随播，发芽率较高，在82%以上，而储藏后的种子春播发芽率仅 25%左右。种子先密播于沙床上，再盖 1 层厚 2 cm 的河沙，沙播出芽快而整齐。当幼苗高 5～6 cm，有 4～6 片叶片时，按株行距 15 cm×30 cm 移栽于大田培育裸根苗，也可移入 16 cm×21 cm 的塑料营养袋内培育容器苗。选择阴天或下午 4 时后，移栽前苗床充分淋水，小苗分级种植以便于管理，淋足定根水。夏季搭矮棚降温，可用杂草、芒萁、遮阳网等搭棚，这是防止番荔枝幼苗顶枯的重要措施。大田育苗宜选择交通方便、土层深厚、有机质丰富、排灌条件良好的壤土或沙壤土的坡地建立苗圃。低洼地、土质黏重、土壤易板结或土层浅薄、石砾多、有污染的地方不宜作苗圃。苗床土层需深翻碎细，按畦面宽 1.2 m、沟宽 0.5 m、畦高 20～30 cm 起畦，平整。以禽畜粪便与火烧土按 1∶1 堆沤后充分腐熟制成厩肥，用厩肥作基肥均匀撒于畦面后，再深翻于土壤中，厩肥用量30～45 t/hm^2。容器育苗的营养土用 2%腐熟厩肥、0.3%过磷酸钙与表土充分拌匀后装袋。番荔枝幼苗怕寒冷，特别怕霜冻。小苗越冬时要覆盖塑料薄膜，防寒保温过冬。苗期加强肥水管理，根据苗木生长情况每月施肥 1 次。以氮肥为主，适量配合磷、钾肥，或追施适量复合肥和薄淋腐熟的有机质水肥。次年5 月苗木粗度达 0.5 cm 即可上山造林或进行嫁接。

(2) 嫁接苗培育：以 3—6 月和 8—9 月两个时期嫁接成活率高。接穗宜选择生长健壮、无病虫害、向阳的老熟枝条作接穗，不宜采用树冠内膛枝、荫蔽枝及下垂枝作接穗。采穗前 7 天摘顶，促进枝条积累养分。接穗剪下后，将叶片剪去，保留叶柄并用湿布包好以减少水分蒸发。嫁接用单芽切接、小芽腹接、枝接、劈接、合接方法均可。以小芽切接操作方便，节省材料，成活率也较高。嫁接后应及时检查成活情况，当第 1 次新梢抽生并老熟后即进行解绑和施肥，并及时摘除砧木上的萌芽以减少养分、水分消耗。肥料以清粪水加 0.3%尿素淋施，每隔 10～15 天淋 1 次，随着幼苗长大可适当加大肥料浓度并适当淋施复合肥。当苗高 55～70 cm，地径 0.7～1 cm，并有二次梢老熟时，即可出圃造林。苗木出圃前，应进行 1 次轻微的修枝整形。

2. 科学移栽

宜选择排水良好、土层较深厚、避风向阳的地块造林，有灌溉条件的地段更为理想。在广西温暖的岩溶石山区，土层厚 50 cm 左右的石窝并且岩石裸露率 60%以下的山坡均可种植。造林季节以 3—5 月为宜，可按 3 m×4 m 的株行距进行挖坑整地，但在石山区造林通常没有规整的株行距，可见缝插针式地种植，造林密度以每公顷 825～1000 株为宜。采用穴栽方法，种植穴规格为 60 cm×60 cm×40 cm，每穴施入腐熟厩肥 20 kg 和复合肥 0.5 kg 作基肥，基肥应与表土拌匀回坑。春季雨后造林地土壤湿润

NOTE

即可种植,栽种时要求苗正、根舒、踏实。定植后有条件的可人工淋足定根水,1 个月内保持土壤湿润,防干旱、防积水,直到幼树抽出新梢,进入正常的幼林抚育管理。

3. 田间管理

(1) 土肥水管理:幼林期加强除草抚育管理,避免杂草与幼树抢光抢肥,视杂草生长情况 1 年铲草 1~2 次,并把杂草覆盖在幼树根际周围,以利于保水保土。结果树采果后在冬季全面进行 1 次中耕除草,浅翻 15~20 cm,结合施有机肥改良土壤。果园生草栽培是近年来发展较快的一种果园土壤管理方法,结合广西的气候和土壤特点,可在番荔枝林下间种山毛豆、柱花草等牧草作地表覆盖作物,既可作牧草饲养牛羊,也可作绿肥回归果园。以耕种牧草替代杂草达到以耕代抚的作用,提高果园的水土保持能力,增加土壤有机质的含量,改善土壤理化性状,解决石漠化水土流失和土壤贫瘠的难题。

幼龄树施肥目的是促进根系生长,迅速形成丰产树冠,应薄肥勤施。每抽生 1 次新梢施肥 2 次,即萌芽时及新梢长 40 cm 时各 1 次,以速效氮肥为主,每株施尿素 25 g、复合肥 25 g。结果树每年施肥 3 次:第 1 次在 3—4 月施促花坐果肥,每株施复合肥 0.5 kg、氯化钾 0.2 kg,沿树冠滴水线开浅沟施放。第 2 次在 6—7 月施壮果肥,每株施复合肥 0.5 kg、尿素 0.15 kg、氯化钾 0.35 kg。番荔枝对硼、锌的缺乏较敏感,在施壮果肥时可每株增加含硼砂和硫酸锌各 10 g 的微量元素肥料,或在番荔枝出现硼、锌缺素症时,喷施 0.2%硼砂和 0.1%硫酸锌 2~3 次。第 3 次采果后追施,目的是恢复树势,提高和延长叶片光合作用,减缓叶片早落,增加树体养分积累。以有机肥为主,有机肥与无机肥兼顾,速效肥与长效肥相结合,适当增施磷肥、钾肥。施肥量约占全年的 30%,每株施肥用量为厩肥 20 kg、钙镁磷肥 1 kg、花生麸 2 kg。

番荔枝较耐干旱,但怕积水。因此,雨季要注意排水。华南地区降雨极不均匀,秋、冬季干旱,又常有春旱、夏旱,对番荔枝生长和结果不利。特别是果实发育期间需有稳定的水分供应,除进行土壤覆盖外,干旱时需淋水。对于 9 月已进入旱季的地区,以及实施产期调节栽培的,秋、冬季适度淋水尤为重要。采果后,对营养生长起重要作用的是水分,故采果后除及时施肥外,更要配合水分供应。

(2) 整形修剪:幼树修剪,苗木定植成活后在离地面 60 cm 处剪去上端,从抽生的新梢中选生长健壮、分布合理的 2~3 条作一级分枝,多余的枝梢要剪除。当一级分枝长 30~40 cm 时摘顶,促留 2 条二级分枝。由于番荔枝的芽为复芽,其腋芽被叶柄包嵌,如果叶片不脱落,腋芽通常不能萌发,同时也为了使抽出的 2 条新梢长势均匀,摘顶后 7 天,待叶片老熟时摘掉倒数第 2 片叶,当新梢抽出 1 cm 左右再将倒数第 1 片叶摘掉。在二级分枝长 30~40 cm 时再进行摘顶,促留 2 条三级分枝。用同样的方法依次培养下一级分枝。种植 2 年后基本完成树形骨架的培养。树冠高度控制在 2~3 m,冠幅 3~4 m,以便于树体管理和果实的采收。结果树的修剪主要是进行夏剪和冬剪。夏剪以剪除部分顶芽、抑制顶端优势、减少养分消耗为主。冬剪以剪除弱枝、交叉枝、徒长枝、重叠枝、病虫枝为主,适当短截副主枝以促发更多粗壮的侧枝。

(3) 人工授粉和保花保果:番荔枝的花为两性花,但花朵有异熟特性,同一朵花的雌、雄蕊不能同时成熟,雌蕊先熟,受精能力长达 2 天;当雌蕊衰老丧失受精能力时,雄蕊才成熟,此时花药裂开散出花粉,花粉无黏性且寿命短,因此番荔枝自然授粉率低,需进行人工授粉可提高坐果率。人工授粉时间以晴天上午 8:30—10:30 为宜。花粉从全开的花上收集,将收集器皿放于花下中间位置,器皿边缘贴近花瓣,用授粉笔杆轻轻敲击花瓣基部,可见极细小的花粉颗粒夹杂着较大的空花药一起落于器皿内。花粉收集到一定量后清除其中的空花药等夹杂物便可进行授粉。用软毛笔将花粉授于微开或半开的花柱头上。授粉时,先用毛笔尖端蘸取器皿里的花粉,用持器皿的手指捏着半开花瓣,使花朝向自己以便观察;将带花粉的笔尖从花瓣间缝隙处轻轻插入至触及雌蕊并稍加转动便完成授粉。对授粉后坐果率高的番荔枝进行适当疏果,当小果果径接近 2 cm 时,将畸形果、病虫果及过密的小果疏除,每条结果枝留 1~2 个果。当果径达 2~3 cm 时,进行套袋,保护果实。套袋前喷杀虫剂和杀菌剂各 1 次。进行果实套袋,有利于减少果实病虫危害,果实成熟时果皮色泽好,能有效地改善果实的商品外观,提高品质。

(4) 病虫害防治:番荔枝的抗病性较强,病虫害发生较少,主要病害有炭疽病、枝果病;主要虫害有果实蝇、蚜虫。病虫害的防治应采用以防为主、综合防治的措施。冬季结合修剪施肥进行清园,对果园

NOTE

进行整理，清理田间的杂草、枯枝、落叶、落果。化学防治时应本着绿色农业的要求，选用植物源农药、生物农药、高效低毒产品，严禁使用国家禁止的高毒高残留农药，并且施药不应在开花期进行，不宜在中午进行，以防发生药害。炭疽病和枝果病可用石硫合剂、多菌灵、甲基托布津等防治。对于果实蝇的防治应采取套袋、性诱杀等多种措施。对于蚜虫可选用大功臣、蚜虱净等防治。

4. 果实采收

产地自销以果实达到九成熟时采果最适宜，此时果实表现为整个聚合果的果鳞之间已松开，出现一条条的鳞沟，鳞片表面出现白色粉末。经过1～2天后熟就可以食用，保持原有的色、香、味和较高的营养价值。远销非产地市场则在果实八成熟时采摘为宜，此时果鳞之间的鳞沟开始出现，但不很明显，有少量白色粉末，这样的果实耐藏性好并保持原有风味。果实低于七成熟的，果鳞之间的鳞沟和鳞片表面的白色粉末还没有出现，其果肉软熟后的各项营养指标以及风味均较差，影响其食用价值和商品价值，不宜采收。但果实采收得过晚，则容易出现裂果、腐烂现象，不耐储藏。采果一般选择在晴天早上。番荔枝的果皮很嫩，采收和储运时均要轻拿轻放，并在每一层果间放一些番荔枝叶，以减少碰伤。

四、营养与加工利用

1. 番荔枝的营养价值

番荔枝果实营养丰富、脂肪含量低、风味品质好，果肉细嫩香美，犹如柔滑的奶脂，风味独特，清喉润肺，还具有抗癌、抗霉菌、杀虫等功效，被誉为“南国珍品”。从营养学的角度看，番荔枝果实是营养非常均衡的热带水果，含有丰富的糖类、蛋白质、氨基酸、维生素等，还含有丰富的铁、钙、磷等矿物质元素，有着丰富的营养保健功效和开发利用价值。

(1) 蛋白质：蛋白质是人类赖以生存的营养要素，是生命的物质基础。番荔枝果实中含有多种蛋白质，每100 g番荔枝中含有蛋白质1.53～2.38 g。同时番荔枝的粗纤维含量较高，能够有效促进肠蠕动，排出积存在肠内的宿便。

(2) 油脂：番荔枝富含不饱和脂肪酸，具有较高的营养价值和保健功能。每100 g番荔枝中含脂肪0.26～1.10 g。另外，番荔枝籽颗粒大，富含油脂，具有开发利用价值。

(3) 氨基酸：番荔枝果肉中总氨基酸含量达101 mg/100 g，含有16种氨基酸，包括7种人体必需氨基酸，其中色氨酸9 mg/100 g，蛋氨酸7 mg/100 g，赖氨酸53 mg/100 g。赖氨酸是大脑神经细胞再生的氨基酸，蛋氨酸参与蛋白质的合成。

(4) 维生素：番荔枝中含有维生素B_1、维生素B_2、维生素B_3和维生素C。维生素C的含量(12.74 mg/100 g)明显高于梨(1 mg/100 g)和苹果(5 mg/100 g)。维生素C可以清除自由基，具有抗氧化、预防坏血病、增强免疫力的作用；维生素B_1可以帮助消化，提供足够的能量；维生素B_2有消除炎症的功效。番荔枝中还含有β-胡萝卜素，摄入后会转化为维生素A，具有改善视力、缓解皮肤粗糙的作用。

(5) 矿物质元素：番荔枝果实中含有多种矿物质元素，K、Na、Ca、Mg、Fe、Zn的含量都很高，K、Na、Ca、Mg保持一定比例，可促进肌肉收缩，维持神经肌肉应激性。同时，丰富的Ca、Mg、Mn、Fe、Zn等对儿童智力发育、防治贫血等有重要作用，这些矿物质元素均是维持人体健康必不可少的元素。

2. 番荔枝的加工应用

(1) 在食品行业中的应用：番荔枝果实酸甜适中、营养丰富，具有美容养颜、补充体力、清热解毒等功效，深受广大消费者的喜爱，具有广阔的功能性食品开发应用前景。在马来西亚，番荔枝中加入冰激凌或与牛奶混合，可制成冷饮食用。番荔枝还可制成糖果、复合饮品、罐头、果酒等食品，减少采后损失，提高果实商品率。

(2) 在医药行业中的应用：番荔枝中含有多种活性物质，包括生物碱、萜类、环肽和糖苷等，结构多样，生物活性较强，特别是在抗癌、抗肿瘤、抗寄生虫等方面表现出很好的活性。同时，番荔枝种子还具有杀虫、调节血压等功能；番茄枝还是一种抗抑郁剂和广谱抗生素。番荔枝内酯是一类可开发成为新型抗癌药物的天然产物，被喻为“明日抗癌之星”。

【思考题】

1. 简述黄皮的药用价值。
2. 不同树龄的红毛丹树该如何进行修剪管理?
3. 试述我国人心果栽培现状及发展前景。
4. 番荔枝该如何做好采收及储运?

【参考文献】

[1] 郭文场,周淑荣,董昕瑜,等.黄皮的栽培管理[J].特种经济动植物,2018,21(5):45-48.

[2] 吴松浩,刘传滨,林晓娜,等.黄皮丰产栽培技术[J].中国果菜,2017,37(6):66-68.

[3] 曾飞.浅析黄皮的栽培技术和病虫害防治技术[J].农民致富之友,2017(10):189.

[4] 吕小舟.保亭县红毛丹栽培管理技术[J].农业科技通讯,2019(5):306-308.

[5] 王朝学.海南保亭红毛丹产业发展现状及建议[J].中国热带农业,2016(6):18-20.

[6] 王万方.红毛丹的栽培技术措施[J].中国南方果树,2002,31(3):38-41.

[7] 周开兵,陈梦晖.人心果栽培学要点总结及其在海南开发利用前景分析[J].中国农学通报,2006,22(2):379-383.

[8] 文亚峰,谢碧霞,潘晓芳,等.人心果优质丰产栽培技术[J].中国南方果树,2009(4):45-46.

[9] 卢彩燕.人心果在漳州地区的引种表现及关键栽培技术[J].东南园艺,2020,8(5):54-56.

[10] 程志华,龚霄,刘洋洋,等.番荔枝生物学特性及其研究进展[J].农产品加工,2018(15):85-88,93.

[11] 陈文德,林德锋.番荔枝绿色栽培技术[J].现代农业科技,2014(13):91-95.

第八章 食药用花卉栽培

菊花

第一节 菊 花

一、概述

菊花(*Dendranthema morifolium*)又名秋菊、菊华、黄花、节华、鞠等,属双子叶植物纲菊科宿根草本,是我国传统名花之一。菊花栽培历史悠久,最早见于《礼记》一书,载有“季秋之月,鞠有黄华”。这里的鞠指的是菊花,意思是说菊花是秋季第三个月开花,花色是黄色的(当时大多为野菊花),确切地记载了菊花的花期和花色。菊花还有提示农时的作用,《夏小正戴氏传》中有“九月荣菊……菊荣种麦,时之急也”。从周朝到春秋战国时代的《诗经》《离骚》诸书中均有菊花的记载,如战国时期的爱国诗人屈原在《离骚》中写道:“朝饮木兰之坠露兮,夕餐秋菊之落英。”

菊花于秦汉时期开始饮食药用,在汉朝《神农本草经》中记有“蜀人多种菊,以苗可入菜,花可入药,园圃悉植之,郊野火采野菊供药肆”。论述了菊花的食用和药用功能。《西京杂记》载有“菊花舒时,并采茎叶,杂黍米酿之,至来年九月九日始熟,就饮焉,故谓之菊花酒”。道出了菊花可作酒饮用。由此可知我国栽培菊花最初是以饮食药用为目的。

菊花不仅可供观赏,布置园林,美化环境,而且可食、可饮、可药。我们的祖先很早就认识到菊花的药用价值。汉朝的《神农本草经》:菊花久服能轻身延年。早时宫廷内称菊花酒为长寿酒。我国栽培菊花最初是以药用、食用为目的。明朝李时珍《本草纲目》称:菊花不独除风热,益肝补阴,且能补肾,益肺,平肝。宋朝陆游《晚菊》:“蒲柳如懦夫,望秋已凋黄。菊花如志士,过时有余香。眷言东篱下,数株弄秋光。粲粲滋夕露,英英傲晨霜。高人寄幽情,采以泛酒觞。投分真耐久,岁晚归枕囊。”均说明了菊花的饮用、食用、入枕等方面的用途,更赞其不傲霜的精神。北宋苏辙有诗赞曰:“南阳白菊有奇功,潭上居人多老翁。”可见菊花有延年益寿的神奇功效。

现代医学研究证明,菊花有很好的抗菌和扩张冠状动脉的作用,既可内服,又可外用。药理研究证实,菊花的清热解毒功效,在于它有广谱抗菌作用。对多数葡萄球菌、痢疾杆菌、铜绿假单胞菌和流感病毒等具有较好的抑制作用。将菊花制成药膏外用,可治宫颈糜烂;用菊花煎汤熏洗,可治湿疹和皮肤瘙痒。对患痈肿疔毒、淋巴结发炎患者,有消炎止痛的作用。菊花配鱼腥草、忍冬藤,煮汤内服,可预防流行性感冒;用菊花泡茶饮,有辅助降压效果。近年来,医药科研单位发现它含有丰富的黄酮,这类化合物有扩张冠状动脉的作用,能增加冠状动脉的血流量,对心绞痛的患者,有很好的疗效。用菊花浸出物治疗冠心病,有效率为58%以上,尤其对伴有高血压、心绞痛的患者,有很好的疗效。

由于菊花品种繁多,根据不同的分类方法,可将它们分为以下几类。

1. 按花期早晚分类

(1) 夏菊:又名“五九菊”,花期主要集中在5月中旬到6月下旬和9月上旬到10月上旬。

(2) 秋菊:花期有早、晚之分。早菊花期在9月中、下旬,为中型菊。晚菊花期在10—11月,为大型

NOTE

菊，是栽培最普遍的秋菊。

(3) 寒菊：又称冬菊，花期自12月至翌年1月。

2. 按花头大小分类

(1) 小菊类：花头直径在6 cm以下，又叫满天星，可作盆菊、悬崖菊、扎菊等，以布置庭院。

(2) 中菊类：花头直径在6～12 cm范围内的为中菊。中菊主要用来生产鲜切花，也可作花坛、盆栽等。

(3) 大菊类：花头直径在12 cm以上，主要用作独本菊和多本菊。

3. 按栽培方式分类

(1) 盆栽菊(盆菊)：主要有独本菊、多本菊、案头菊、套盆菊等形式。

(2) 地被菊：植株低矮、株型紧凑、花色丰富、花朵繁多，抗逆性强、耐粗放管理，最适合在广场、街道、公园等各类绿地用作地被植物。

(3) 切花菊：将鲜花从栽培的菊株上带茎叶剪切下来以供应用，依品种可分为大花、中花和多花枝，依栽培方式可分为独本和多本。

(4) 造型菊(艺菊)：将菊株艺术处理培育成特定的型式，以供观赏，如悬崖菊、塔菊等。

4. 按用途分类

(1) 观赏菊：用于观赏的各种菊花。

(2) 食用菊：可供食用的各种菊花。古文典籍中有菊花酒、菊花粥、菊花糕、菊花羹、菊花火锅等多种食用方式的记载。食用菊多为小菊品种，以白菊花在烹调中运用最为普遍，其次有蜡黄、细黄、细迟白、广州大红等。

(3) 药用菊：可供药用的菊花品种，在中草药中称作“苦薏”，《神农本草经》中有：久服利血气，轻身耐老延年；《本草纲目》曰：菊，春生夏茂，秋花冬实，备受四气，饱经露霜，叶枯不落，花槁不零，味兼甘苦，性禀中和，昔人谓其能除风热，益肝补阴，盖不知其得金水之精英，尤多能益金水二脏。菊花具有抗菌、消炎、降压、防冠心病的作用。药菊包括贡菊、滁菊、亳菊、杭菊、怀菊、黄杭菊、川菊、济菊、资菊、德菊、祈菊等，其中滁菊、亳菊、杭菊、怀菊为我国四大药用名菊。

(4) 茶用菊：用于泡饮的菊花品种。茶用菊性味微寒、微甘，含有较多的挥发油、黄酮苷等，并含有丰富的铁、锌、钙等微量元素，能解热、镇静中枢神经，使毛细血管抵抗力增强，并对痢疾杆菌、伤寒杆菌、大肠杆菌、铜绿假单胞菌及流感病毒有抑制力。长期饮用，具有清热解渴、润喉生津、降脂降压、延年益寿的功效。

二、生物学特性

1. 形态特征

菊花为多年生草本，高60～150 cm。茎直立，分枝或不分枝，被柔毛。叶互生，有短柄，叶片卵形至披针形，长5～15 cm，羽状浅裂或半裂，基部楔形，下面被白色短柔毛，边缘有粗大锯齿或深裂，基部楔形，有柄。头状花序单生或数个集生于茎枝顶端，直径2.5～20 cm，大小不一，单个或数个集生于茎枝顶端；因品种不同，差别很大。总苞片多层，外层绿色，条形，边缘膜质，外面被柔毛；舌状花白色、红色、紫色或黄色。花色则有红、黄、白、橙、紫、粉红、暗红等各色，培育的品种极多，头状花序多变化，形色各异，形状因品种而有单瓣、平瓣、匙瓣等多种类型，当中为管状花，常全部特化成各式舌状花；花期9—11月。雄蕊、雌蕊和果实多不发育。

2. 生态习性

菊花为短日照植物，在短日照下能提早开花。菊花喜阳光，忌荫蔽，较耐旱，怕涝；喜温暖湿润气候，但亦能耐寒，严冬季节根茎能在地下越冬。菊花能经受微霜，但幼苗生长和分枝孕蕾期需较高的气温。最适生长温度为20 ℃左右。

菊花的适应性很强，喜凉，较耐寒，生长温度为18～21 ℃，最高32 ℃，最低10 ℃，地下根茎耐低温极限一般为－10 ℃。花期最低夜温17 ℃，开花期(中、后)可降至13～15 ℃。喜充足阳光，但也稍耐

NOTE

阴。菊花较耐旱，最忌积涝；喜地势高燥、土层深厚、富含腐殖质、轻松肥沃而排水良好的沙壤土。菊花在微酸性到中性的土中均能生长，而以 pH 6.2～6.7 较好，忌连作。秋菊为长夜日植物，在每天 14.5 h 的长日照下进行茎叶营养生长，每天 12 h 以上的黑暗与 100 ℃的夜温则适于花芽发育。但品种不同对日照的反应也不同。

三、栽培技术

(一)菊花的繁殖

菊花的繁殖方法有两种：无性繁殖和有性繁殖。无性繁殖又分为扦插繁殖、分株繁殖、嫁接繁殖、压条繁殖、组织培养。有性繁殖即种子繁殖，用于杂交育种，培育新品种。生产上一般采用的无性繁殖，主要是扦插繁殖。

1. 无性繁殖

无性繁殖是指通过植物体的一部分营养器官(如根、茎、叶等)，繁殖出新个体的方法。无性繁殖能保持品种的优良性状。

(1) 扦插繁殖：扦插繁殖是将母株营养器官的一部分割下，利用其分生或自生能力，在适宜的条件下生根发芽，最后长成植株。其优点是简单易行，繁殖系数大，能保持品种的优良性状。扦插的方法分为芽插和枝插。

①芽插：秋冬季节用脚芽来插。所谓脚芽就是母株根际所萌发的芽。秋末冬初，母株根茎萌发远离根茎的脚芽，长 8～10 cm，除去下部 2～4 片叶子，插入花盆或阳畦内越冬，一般此法用于引种和大立菊栽培。可用小刀取小脚芽，插入深 2 cm 左右，到次年 3 月下旬温度升高时可以定植。有些菊花无脚芽，则可用腋芽扦插。所谓的腋芽就是茎上叶腋间生长的芽，应用不多。

②枝插：春夏期间利用菊花的嫩枝进行扦插的一种方法，是最常用的方法。秋末选健壮、无病虫害的优良母株移到温室内养护，将次年萌发的新梢作为插穗，在扦插前 1～2 天，先用杀菌剂和杀虫剂喷施一遍，第二或第三天方可剪长 10 cm 左右健壮的新梢作插穗，节下 0.2 cm 处剪平，除去基部叶片，留 2～3 片叶，插入培养土中。培养土需消毒，插后浇一次水，先放置于阴凉通风处，缓苗一周后再移到阳光照射处。扦插的枝条过嫩或过老都不利于成活，一剪即断为过嫩，折后不易断为过老，折后只有外皮相连者为最好，这种枝条成活率高。

(2) 分株繁殖：又叫分根法。花期过后，根际长出许多蘖芽，清明前后可将这些带根的蘖芽分成单株，栽于温室苗床或盆内，浇透水，适当遮阴，缓苗后见光，适量施肥，3 月下旬移至室外。分株的优点是生长快，分枝多，成活率高。缺点是花朵小，繁殖数量少。

(3) 嫁接繁殖：将一植株上的芽或枝，接在另一株生长健壮、适应力强的植株上，成为一个植物体的繁殖方法。嫁接繁殖有多种，主要有劈接、靠接、芽接、枝接。嫁接繁殖的目的是一株多花，使生长势弱的品种得以繁殖，发育良好，花多、花早，提高抗性。嫁接繁殖多用于培养十样锦菊、大立菊等。菊花的嫁接一般以菊株的顶梢作接穗，以健壮的青蒿或黄蒿作砧木。

①砧木的培养：11—12 月，野外选取砧木苗，要求茎有枝、节间较稀，叶片较大，色鲜嫩绿，二年生。砧木苗挖回上盆，移至温室内越冬，加强肥水管理，促进根系发达、健壮的成长。砧木一般达 3 m 以上，侧枝为 30～40 条。温室嫁接时间为 1—3 月，露地为 4—5 月。

②嫁接方法：先提前选取接穗，菊花枝条顶梢部分可作接穗，接穗不可过老也不可过嫩。过嫩，髓心尚未成熟；过老，髓心发白，影响嫁接成活率，最终影响整体观赏性。接穗长度一般为 3～5 cm，快刀切下，基部削成楔形，并且接穗的粗细和砧木一样或略小于砧木，同时将砧木主茎短截至 7 cm 左右，去顶后纵劈，深度为 2～3 cm，比接穗削面略长，劈后立即将接穗插入砧木的劈缝中，用棉纱线绑缚或干净塑料环绕接口缠住，松紧应适当，不宜太松或太紧，最后用纸裹住接口外，以防暴晒和雨水侵入，提高成活率。

③影响嫁接成活的因素：在选好嫁接时间的情况下，嫁接成败还在于下列因素。

a. 温度：嫁接植物的愈伤组织在一定温度下才能形成，一般以 20～25 ℃为宜，温度过高或过低，愈

伤组织形成基本停止，有时会引起组织的死亡，导致嫁接失败。

b. 湿度：愈伤组织的形成以相对湿度95%左右为宜。湿度的影响体现在两个方面，一方面愈伤组织的形成需要一定的湿度；另一方面接穗要在一定湿度的环境下才能保持活力。如果湿度过低，细胞失去水分，会引起接穗死亡。嫁接多以薄膜材料绑扎或封蜡，以增加内部小环境的湿度。

c. 光照：在黑暗条件下，能促进愈伤组织的生长。直射光明显抑制愈伤组织的形成，另外，直射光造成蒸发量大，接穗容易失去水分而枯萎。因此，嫁接初期应适当遮阴。如盆栽的菊花应移到荫处，地栽的菊花应搭荫棚，不可太阳直射。另外，嫁接技术也是嫁接成活的关键，如砧木、接穗的选择、嫁接面的光滑与否、形成层对接好坏、绑扎的技术等都影响嫁接菊花的成活。

嫁接繁殖的优点：提高菊花的抗性，青蒿或黄蒿植株健壮，适应能力强，可提高菊株的抗病虫害能力、耐寒性；青蒿（黄蒿）强大的根系能够提供充足的营养，促使接穗旺盛生长，花多，叶茂；利用嫁接法可以加工塑造成各种造型的盆景菊，具有特殊观赏性。其缺点：技术性强，嫁接是一项技术性较强的工作，嫁接不熟练，往往造成嫁接失败；费工费时，嫁接和管理需要一定的人力和时间，培养砧木同样也耗工费时。

(4) 压条繁殖：压条繁殖是将菊株的枝条埋入土中，待其生根后同母株切断，独立成一植株。方法：6月末到7月初，将母株靠地面的枝条弯埋入土中，深度为3 cm左右，并且刮去土中菊枝的分生层，前端枝条留于地面上，浇透水，不久后在伤口处便可产生不定根，与母株切断，独立成株，成活率可达100%。压条繁殖应用较少，除非有特殊目的，如局部枝条表现出优良性状的突变时或用于矮化菊株等。

2. 有性繁殖

有性繁殖即种子繁殖，主要目的在于培育出新、优品种。种子繁殖，繁殖系数高，生长健壮，程序简单，但变异性大，不能保持母本的优良性状。

(1) 种子的选择：菊花种子成熟后，将花头剪下晒干并经后熟，用手搓揉下种子，除去杂质和外皮。一般对种子的形状、大小、色泽均有要求，通常种子颜色深而且有光泽、饱满，大到可以分辨品种者为佳。在选花头时，应选择花朵大，并且中间胎座隆起的。

(2) 播种：菊花种子细小，播种应精细。培养土由腐叶土、园土、河沙按2:1:1的比例混合而成。3—4月，将种子用细沙拌匀一起播种，薄土覆盖，播后常浇水，用塑料薄膜或报纸覆盖，保持温度和湿度，夜间打开通气，10天后除去覆盖物，适当增加浇水量，但不宜过多，过多会引起腐烂病。一般每2～3天浇一次，并施入少量磷钾肥。适当间苗，株距2 cm以上，当幼苗长出4～5片真叶时，可分苗移栽，移栽深度为子叶与土面相平为好。

(二)选地整地

菊花为浅根性植物，育苗地应选择地势平坦、土层深厚、疏松肥沃和有水源灌溉方便的地方。于前一年秋冬季深翻土地，使其风化疏松。在翌年春季进行扦插繁殖前，结合整地施足基肥，浅耕1遍。然后整成宽1.5 m，长视地形而定的插床，四周开好排水沟，以利于排水。栽植地宜选择地势干燥、阳光充足、土质疏松、排水良好的地块，以沙壤土为宜。选地后，于前作收获后，深翻土壤25 cm左右，结合整地每667 m^2施入腐熟厩肥或堆肥2500 kg，翻入土内作基肥。然后整细耙平做成宽1.5 m的高畦，开畦沟宽40 cm，四周挖好大小排水沟，以利于排水。

(三)田间管理

1. 中耕除草

菊苗栽植成活后至现蕾前要中耕除草4～5次：第1次在立夏后，宜浅松土，勿伤根系，除净杂草，避免草荒；第2次在芒种前后，此时杂草滋生，应及时除净，以免与菊花争夺养分；第3次在立秋前后；第4次在白露前；第5次在秋分前后进行。前两次宜浅不宜深，后3次宜深不宜浅。在后两次中耕除草后，应进行培土壅根，防止植株倒伏。

2. 追肥

菊花为喜肥作物，前期氮肥不宜多，合理增施磷肥，可使菊花结蕾多、产量高。除施足基肥外，在生长期还应追肥3次：第1次于移栽后15天左右，当菊苗成活开始生长时，每667 m^2追施稀薄人畜粪水

NOTE

1000 kg，或尿素 8～10 kg，兑水浇施，以促进菊苗生长；第 2 次在植株开始分枝时，每 667 m^2 施入稍浓的人畜粪水 1500 kg，或腐熟饼肥 50 kg，兑水浇施，以促多分枝；第 3 次在孕蕾前，每 667 m^2 追施较浓的人畜粪水 2000 kg，或尿素 10 kg 加过磷酸钙 25 kg，兑水浇施，以促多孕蕾开花。贡菊主产区安徽歙县药农说：菊花是“七死八活九开花”的作物。意指药用菊在 7 月生长不旺盛，常因缺水而萎蔫；8 月药用菊又开始旺盛生长了。因此，大量的速效肥料应在 7 月中旬至 8 月中、下旬施入，有利于增产。此外，在孕蕾期喷施 0.2%磷酸二氢钾，能促进开花整齐，提高菊花产量和质量。

3. 摘心打顶

为抑制植株生长的顶端优势，促进分枝，增大冠幅，提高产量，促使菊苗主茎粗壮、抗倒伏，生长过程中应进行摘心处理。

扦插苗需摘心 2 次，第 1 次在菊苗移栽前一周，苗高约 15 cm 时进行，第 2 次在 6 月下旬至 7 月上旬。分株苗需摘心 3 次，第 1 次在移栽时或移栽后 20～25 天进行，第 2 次在 6 月中旬，第 3 次在 7 月上旬。移栽较迟的扦插苗摘心次数应适当减少或不摘心。第 1 次根据不同品种离地 5～15 cm 摘(剪)去，以后各次，保留 5～15 cm 摘(剪)去上部顶芽。摘心打顶必须在 7 月底前完成，每次摘心打顶均需选择晴天进行，摘(剪)下的顶芽全部带出菊花地销毁。

(四)病虫害防治

1. 防治方法

(1) 农业防治。

①选用健壮植株，培育健壮菊苗。种植时采用种苗消毒措施。

②实行轮作，合理间作，加强土、肥、水管理。清除前茬菊花宿根和枝叶，实行秋冬深翻，减轻病虫害危害基数。

(2) 物理防治。

①采用人工捕捉害虫，摘除病叶，集中销毁。

②利用害虫的趋避性，使用灯光、色板、异性激素等诱杀，或用有色地膜等拒避害虫。

③采用防虫网等材料控制虫害。

(3) 生物防治。

①保护和利用菊地中的瓢虫、蜘蛛、草蛉、寄生蜂、鸟类等有益生物，减少对天敌的伤害。

②使用生物源农药，如微生物农药和植物源农药。

(4) 化学防治。

①严禁使用禁用农药品种，有限制地使用高效、低毒、低残留农药品种。菊花生产中禁止使用滴滴涕、六六六、对硫磷(1605)、甲拌磷(3911)、久效磷、治螟磷、磷胺、甲基异柳磷、甲基硫环磷、甲基对硫磷(甲基 1605)、甲胺磷、乙酰甲胺磷、氧化乐果、五氯酚钠、杀虫脒、克百威、水胺硫磷、二溴氯丙烷、氟乙酰胺、西力生、赛力散、来福灵及其混剂等高毒、高残留农药。

②严格按制定的防治指标，掌握防治适期施药，对症下药。宜一药多治或农药合理混用，每种化学农药在菊花生长期内避免重复使用。

③严格按照《农药合理使用准则》(GB/T 8321)等标准的要求控制施药量与安全间隔期。菊花采收前 20 天至菊花采收期禁止用药，以防药剂污染菊花。

2. 菊花主要病虫害及防治

菊花主要病虫害：病害以叶枯病、霜霉病、根腐病为主，虫害以菊蚜虫、蛴螬、地老虎等为主。

(1) 叶枯病：又称黑斑病、褐斑病，主要为害叶片。初下部叶片出现褐色小斑点，后扩展成圆形或近圆形至不规则形斑，外部有一不明显黄色晕圈，整个病斑逐渐变成黑褐色，中央稍褪色，严重时多个病斑连接遍及整个叶片，病叶枯死时发黑，但并不脱落，先从植株下部叶片开始发病，顺次向上扩展至整个植株叶片枯死。发生的原因主要是高温高湿、土壤排水不良，或因连作栽培，或因氮肥施用过多等。该病发生的时期在每年的 5—10 月。

防治方法:①选用抗病品种。②加强发病期管理。浇水适量,选晴天上午浇水,阴天不浇或少浇水。③施用酵素菌发酵的堆肥,避免偏施、过施氮肥。④栽植密度适当,及时清沟排渍,通风透光,及时剪除病叶深埋或烧毁。⑤发病初期喷洒30%碱式硫酸铜悬浮剂400倍液或1:1:100的波尔多液、80%敌菌丹可湿性粉剂500倍液、50%甲基硫菌灵悬浮剂800倍液、75%百菌清可湿性粉剂600倍液、50%苯菌灵可湿性粉剂1500倍液,每隔10～15天1次,老龄植株或转入生殖生长的植株每隔7～10天1次,视病情防治3～5次。

(2) 霜霉病:主要为害叶片、叶柄及嫩茎、花梗和花蕾。病叶褪绿,叶斑不规则,界限不清,初呈浅绿色,后变为黄褐色,病叶常扭曲变形,叶背面菌丛稀疏,初污白色或黄白色,后变淡褐色或深褐色,严重时整株枯死。在湿度大,光照少,通风不良,昼夜温差达16 ℃条件下最易发病,多发生在8—10月和3—4月的苗期,春季发病致幼苗弱或枯死,秋季染病整体枯死。

防治方法:①加强肥水管理,防止积水及湿气滞留。②春季发现病株及时拔除,集中深埋或烧毁。③发病初期喷洒72%克露(或克霜氰,或克抗灵)可湿性粉剂600倍液、69%安克·锰锌可湿性粉剂800倍液,每隔10天左右1次,共防治2～3次,采收前3天停止用药。

(3) 根腐病:被害植株根部生有大量菌丝,导致根系腐烂,植株枯黄凋萎,发病原因主要是土壤排水不良,湿度大。

防治方法:适当灌水,涝排旱灌,疏松土壤;用大蒜水灌病株根部,施速效肥有一定效果。

(4) 菊蚜虫:形体很小,常见的有青色、红色两种,青色的多为害叶柄,红色的为害嫩芽,它们常群生在一起吸取植株液汁,使菊花的茎叶萎黄,叶片枯瘦卷曲,不能正常开花。菊蚜虫通常在4—11月发生十多代,在5—6月和9月中旬至10月下旬为害最重。

防治方法:取大葱50 g捣成泥状,加水50 g,浸泡12 h,过滤后用滤液喷施,一天多次,连喷3～4天,可治蚜虫等软体害虫及白粉病。

(5) 大、小地老虎:幼苗期菊花的重要地下害虫,体呈褐色或黄褐色,幼虫呈灰黑色,俗称"黑拱虫"。一年四代,以蛹或老熟幼虫在土中越冬,一般以第一代幼虫在每年4月中旬开始为害幼苗,4月下旬至5月上旬为害严重,常在日落后拂晓前咬食菊花嫩苗,被害植株萎蔫倒伏。

防治方法:每10000 m^2可选用50%辛硫磷乳油750 mL,或2.5%溴氰菊酯乳油或40%氯氰菊酯乳油300～450 mL、90%晶体敌百虫750 g,兑水750 L喷雾。喷药适期应在有3龄幼虫盛发期前。

(五)轮作和间作

菊花喜生土,连作生长差,病虫害日益加重,因此提倡轮作。可3年轮作一次,轮作期种植绿肥更能提高地力。无条件轮作时,可以在每年栽培菊花的间歇期种短期绿肥或施大量有机肥。连作地种植前土壤要消毒。应定期检测土壤肥力水平和重金属元素含量。一般要求每2年检测一次,根据检测结果,有针对性地采取土壤改良措施。坡耕地应建立水土保持设施,防治水土流失。

四、采收加工

(一) 采收

菊花的开花期约20天,一般于11月初开得较为集中。应分批采收,以花心(管状花)2/3开放时为最适采收期。全开放的花,不仅香气散逸,而且加工后易散,色泽亦差。采收应选择晴天,防止腐烂变色。采收一般分4次。第一次在10月下旬或11月上旬,称头花,头花约占所有产花量的15%;之后每隔5～7天将达到标准的花朵采下,直至采摘完毕。二花占产花量的35%,三花约占35%,尾花约占15%。采花时将好花、次花分开放置,注意保持花形完整,剔除泥花、虫花、病花,不夹带杂物。采用清洁、通风良好的竹编、筐篓等容器盛装鲜花,采收后及时运抵干制加工场所,保持环境清洁,防止菊花变质和混入有毒、有害物质。

NOTE

（二）加工

1. 基本要求

加工厂应有足够的原料、辅料、成品和半成品仓库或存放场地，原辅料、半成品和成品分开放置，不得混放。茶用菊仓库应具有密闭、防潮功能。加工场所应宽敞、干净、无污染源，加工期间不应存放其他杂物，要有阻止其他动物出入加工场所的设施。所有器具和工具应清洗干净后使用，塑料器具不能在烘烤加工时使用。加工人员应身体健康，保持清洁和卫生，并掌握加工技术和操作技能。患有传染病和皮肤病者不得进行茶用菊加工和包装作业。加工过程中菊花应不直接与地面接触，加工、包装场所禁止吸烟和随地吐痰。加工干制应采用天然、机械等物理方法，不得在加工过程中添加化学添加剂。加工后的成品质量应符合无公害饮用菊花的要求，所用包装材料应符合食品安全要求。

2. 加工方法

加工方法有阴干、蒸晒、烘焙、生晒等。

(1) 阴干：11 月上旬，当绝大部分菊花进入适宜采收期时，选晴天下午连花带茎秆一起割下，分 2～3 次割完，倒挂于搭好的架上阴干。全干后剪下干花，即为成品。

(2) 蒸晒：将收获的鲜菊花置蒸笼内(厚度约 3 cm)蒸 4～5 min，取出放竹帘上暴晒，勿翻动。晒 3 天后可翻 1 次，晒 6～7 天后，堆起返润 1～2 天，再晒 1～2 天，花心完全变硬即为全干，可为成品。杭菊即为蒸晒品。

(3) 烘焙：烘焙过程主要分上簸、初烘、升温、定温烘干四道工序。鲜花上簸要撒播均匀不见空隙，簸箕上可放 2～3 层菊花。烘制过程要经常检查火势和温度，温度过高，花会焙焦，温度过低，会导致菊花变色，从而降低质量，待花烘至象牙色、萼片绿色时，将簸箕从烘房中拿出，放置于干燥通风处。这样烘焙出来的花色鲜而洁白，质量好，价格高。贡菊即为烘焙品。

①烘房干制。

a. 初烘时，烘房内逐渐升温至 33～34 ℃，保持约 3 h；逐渐升温至 41～42 ℃，保持约 5 h；再逐渐升温至 44～45 ℃，保持 3 h；花头软、花瓣平展时，逐渐升温至 47～48 ℃，保持温度稳定，烘烤至花头完全干燥。取出烘畚堆放，待稍微回性后装箱。四道工序烘干菊花一般需要 40～50 h，雨水花与露水花的烘烤时间稍长些。

b. 排湿口：低温阶段排湿口开 1/3，中温阶段排湿口开 3/4，高温阶段开 1/2。进气口：随菊花烘烤的干湿度而调节风口大小。

c. 烘房倒盘：烘房内的温度不均匀，烘烤过程中需要上下、左右倒盘 2～3 次，以使全部菊花烘烤干湿度一致。

②小型干燥间干制。

小型干燥间对温度比较敏感，干燥间内温度变化较快，上、下部温度较高，一般主要参考下部温度来决定加温或降温。烘干时，起始温度调节为 35 ℃，保持 5 h 后，逐渐升温至 40 ℃，保持 5 h。然后升温至 45 ℃，保持 5 h，再升温至 55 ℃，保持 5 h。最后温度逐渐升至 65 ℃，保持温度稳定，直至菊花完全烘干。干制过程中应根据干燥间内上、下部菊花的干湿度进行倒盘。

以上几种加工方法，以烘焙方法为最好，干得快，质量好，出干率高，一般 5 kg 鲜花可加工成 1 kg 干货。菊花每 667 m^2 产干品 100～150 kg。以花序完整，身干，颜色鲜艳，气味清香，无梗叶、碎瓣，无霉变者为佳。

（三）储运

(1) 成品茶用菊应采用防潮包装，包装容器应清洁、干燥、无异味，不影响茶用菊气味及品质，严禁使用有毒有害包装材料。

(2) 运输时必须保持干燥，不得与有毒物品或异物混装，应防潮、防晒、防污染。

(3) 储存时必须保持干燥、通风，防污染，不得与有毒物品和异物混合储存。

NOTE

百合

第二节　百　　合

一、概述

百合，学名 *Lilium* spp.，别名中逢花、蒜脑薯、百合蒜，为百合科百合属多年生宿根草本植物。原产于亚洲东部温带地区。全世界有 100 多种，其中 39 种原产于我国。百合自古作药用，在日本则驯化作观赏花卉，之后其在欧美各国都作花卉栽培。在药用栽培的基础上，我国选出其中可供食用的品种，形成一种特产蔬菜——食用百合。

食用百合以肉质鳞茎为产品器官，以肉质鳞片(变态叶)为食用器官，是一种名贵的稀有蔬菜，具有较好的药用价值和保健功能。食用百合鳞片肉质细腻软糯，富含糖、蛋白质和果胶物质，每 100 g 百合含蛋白质 3.36 g、糖 3 g、果胶质 5.61 g、淀粉 11.46 g。所含蛋白质是番茄的 5 倍，糖含量是黄瓜和番茄的 10 倍；除此以外，其还含有维生素、胡萝卜素及锌、铁、硒等 13 种微量元素和 18 种氨基酸，具有滋补强身、润肺止咳、利脾健胃、宁心安神、清热利尿、镇静助眠、止血解表等功能。百合可烹制成多种色佳味美的菜肴和各种点心、甜羹。同时由于百合营养丰富，不仅可以作强身健体的滋补食品，还能增强人体免疫功能。

近几年来，人们对百合保健功能的认识越来越充分，百合需求量进一步增加，以百合为原料的食品、饮品除八宝粥外，还有百合饮料、百合酒、百合点心。百合在海外市场需求也不断扩大，日本、韩国从中国进口百合，美国、加拿大及北欧地区也开始求购，药食两用的百合市场潜力巨大。

百合品种比较丰富，分布范围广，从黑龙江北部到云南南部，从新疆西部到台湾东部，均有野生种分布，其中许多品种被开发作为高档蔬菜、药用及保健食品，如野百合、兰州百合、川百合、岷江百合、大理百合、湖北百合、南川百合、宝兴百合等为我国特有种。目前，我国公认的优质百合品种主要有兰州百合、卷丹百合、麝香百合、龙牙百合等。几种常见百合的品种特性见表 8-1。

表 8-1　几种常见百合的品种特性

品种	基本性状	花期	长势	品质
兰州百合	鳞茎硕大，颜色洁白，鳞片丰满，白嫩	5 月下旬至 7 月初	强	色泽洁白如玉，肉质细嫩香甜，口感极佳
川百合	花卷瓣，橙红色；鳞茎白色，圆锥形；鳞片披针形	5 月中旬至 6 月末	弱	味甜，口感好
卷丹百合	花反卷，橙红色；鳞茎白色，披针形，肉质厚	6 月初至 7 月中旬	较强	甜
岷江百合	花卷瓣，白色；鳞茎黑色，圆锥形；鳞片披针形	6 月初至 7 月中旬	强	甜香中带苦
麝香百合	花喇叭形，白色；鳞茎白色	6 月初至 7 月中旬	强	苦
金百合	花浅黄色，略有香气；鳞茎球形，白色	6 月初至 7 月中旬	强	味甜，黏糯
松花岭百合	花橙红色；鳞茎球形，白色	6 月初至 7 月中旬	强	味甜，口感佳

二、生物学特性

1. 形态特征

食用百合为多年生球根草本植物，株高 40～60 cm，有的高 1 m 以上。茎直立，不分枝，草绿色，茎秆基部带红色或紫褐色斑点。地下具鳞茎，鳞茎球形，白色或淡黄色，直径 6～8 cm，外有膜质层。多数须根生于球基部。单叶，互生，狭线形，无叶柄，直接包生于茎秆上，叶脉平行。花着生于茎秆顶端，呈总状花序，簇生或单生，花冠较大，花筒较长，呈漏斗形喇叭状，六裂无萼片，因茎秆纤细，花朵大，开放时常下垂或平伸；花色因品种不同而色彩多样，多为黄色、白色、粉红色、橙红色，有的具紫色或黑色斑点，也

NOTE

有一朵花具多种颜色的，极美丽。花瓣有平展的，有向外翻卷的，故有“卷丹”之美名。有的花味浓香，故有“麝香百合”之称。花落结椭圆形蒴果。

2. 生态习性

百合性喜湿润、光照良好的环境，喜生于肥沃、富含腐殖质、土层深厚、排水性极为良好的沙壤土，最忌硬黏土；多数品种宜在微酸性至中性土壤中生长，土壤 pH 为 5.5～6.5。阳光充足、略荫蔽的环境更适合百合生长，忌干旱、酷暑，耐寒性稍差。生长、开花温度为 16～24 ℃，低于 5 ℃或高于 30 ℃生长几乎停止，10 ℃以上植株才可正常生长，超过 25 ℃时生长停滞，如果冬季夜间温度低于 5 ℃持续 5～7 天，花芽分化、花蕾发育会受到严重影响，推迟开花甚至出现盲花、花裂现象。食用百合禁止连作，应采取轮作模式，前茬作物应以豆类或瓜类为主。

三、栽培技术

1. 土地选择与整理

选择地势平坦、土壤肥沃、土质疏松、排水性好、保肥性能强、土壤团粒结构好的地块。最好是倒茬轮作 3 年后的豆类、麦类茬口的地块或休闲地，切忌连作或前茬为茄科、葱蒜类作物。

由于食用百合生长期较长，前茬收获后要及时深翻晒地，耙松平整，施足基肥，每 667 m^2 施腐熟有机肥 4000～5000 kg，全面铺撒，耕翻入土；同时在深翻整地的时候，进行土壤药剂拌种处理，每 667 m^2 按 0.5 kg 辛硫磷加细沙土 60 kg 混拌，均匀撒施于地面，或者用 50%多菌灵可湿性粉剂 1 kg 兑水 200 kg 喷洒于土壤表面，进行土壤消毒杀虫处理。1.3 m 开厢做畦，畦沟宽 30 cm，畦深 25 cm，达到田面平整无杂物、排灌通畅的标准。

2. 种球繁育及选择

百合种球一般按质量分为三级，一级种球 20～30 g，二级种球 12～19 g，三级种球 12 g 以下。可选择圆形或长圆形独头、无病、无虫斑的百合地下茎节上生长的小鳞茎作繁育种球。商品种球则选择根须繁茂、鳞茎盘未受损伤、圆形或长圆形的独头鳞茎，最好选择一、二级种球。

3. 栽培管理

(1) 适期播种：考虑到种植成本，一般选择小种球。将选好的小种球在 50%多菌灵可湿性粉剂 500 倍液中浸泡 5 min 左右，晾干待用。种植时间以 2 月下旬至 3 月上旬或者 9 月中下旬至 10 月上旬为宜。

(2) 栽植密度：种球栽植密度与深度如表 8-2。当小种球种植 2～3 年后，调整种植行距为 20～30 cm，株距为 20 cm，覆土 8～10 cm。

表 8-2　百合种球栽植密度与深度

种球级别	行距/ cm	株距/ cm	栽植深度/ cm
一级(20～30 g)	40	20	14～16
二级(12～19 g)	30	15	8～12
三级(7～11 g)	10	10	4～6
三级(3～6 g)	8	10	3～5
三级(≤2 g)	5	10	3～4

(3) 田间管理。

①施肥：在基肥基础上，还要施种肥。春种百合，每 667 m^2 采用磷酸氢二铵 20 kg、硫酸钾 15～30 kg 与腐熟有机肥混合，全面铺撒，耕翻入土。秋种百合，基肥中种肥施用量占当年化肥施用量的 70%～80%；翌年开春，结合中耕将剩余 20%～30%的化肥开沟深施于百合行间，及时耙耱平整。

追肥技术上，食用百合栽培第 1 年，一般不追肥，但有时根据情况，开花期至种球膨大期，可每 667 m^2 追施氮肥 2 kg、钾肥 5 kg。栽培第 2 年，在苗期至现蕾期，每 667 m^2 施腐熟的人畜粪肥 4000 kg，追施氮肥 6 kg、磷肥 6.5 kg、钾肥 6 kg，开沟施于行间再覆土；开花期至膨大期，每 667 m^2 追施氮肥 4 kg、磷

NOTE

肥 3.5 kg、钾肥 10 kg。栽培第 3 年，施肥水平和方法同第 2 年。需要注意的是，苗期施肥不能过于靠近百合种球，以免发生“烧苗”现象。

在百合生长中后期，常用磷酸二氢钾进行叶面追肥，可延缓植株枯萎时间，延长食用百合生育期 18 天，增产 5%。

②浇水：食用百合在种植后，开始发芽时浇透水；每次追肥后，进行浇水，达到种球上层土壤湿润即可；同时，由于百合为球根植物，忌涝，多雨季节及大雨后要及时疏通沟系。

③中耕除草：春季出苗后做好浅锄，有利于除草保墒，提高地温，促苗早发。开花前进行中耕除草，耕深 8～10 cm。

④打顶去珠芽：食用百合生长旺盛时，需要进行打顶摘心，即在花谢之后，用短棒或手使百合茎基部的珠芽脱落，以促进百合种球的生长。在打顶摘心后，进行叶面追肥，促进植株生长，延缓枯萎，一般每 667 m^2 施用“花多多”0.2 kg 或磷酸二氢钾 0.5 kg。

4. 病虫害防治

百合病虫害有枯萎病、立枯病和蛴螬、蚜虫等，总的防治原则是以综合预防为基础，农业防治、生物防治和物理防治相结合。

(1) 主要病害及其防治。

①枯萎病：又称茎腐病，初期表现为生长缓慢，下部叶片发黄无光泽，渐向上扩展，甚至全株叶片萎蔫下垂、变褐枯死。易侵染鳞茎外皮，导致基盘出现褐色腐烂坏死，致使外部鳞片脱落，鳞茎没有烂掉时就裂开，腐烂后枯死。该病主要侵染源来自带病种球和受污染的土壤，主要发生原因是病菌在鳞茎内或随病残体在土壤中越冬，翌年初侵染；此病高温、高湿条件下易发病，连作时更加严重。

防治方法：实行倒茬轮作；施用沤制的堆肥，少施氨态氮肥，增施磷钾肥，增强植株抗病力；选用无病、无伤的鳞茎作繁殖材料。

②立枯病：主要从植株新叶开始，逐渐向下蔓延枯黄，茎秆维管束变褐色，最后枯死。

防治方法：选用无病种球；农事操作时，避免损伤种球；发病初期喷施 72%农用链霉素可溶性粉剂 4000 倍液。

③细菌性软腐病：主要为害鳞茎，发病初期茎部有灰褐色不规则水浸状斑，逐渐扩展，向内蔓延，造成湿腐，鳞茎形成脓状腐烂。病菌主要来源于土壤并在鳞茎上越冬，第二年侵染。

防治方法：进行轮作；种球消毒；发病初期，可用 72%农用链霉素可溶性粉剂 400 倍液喷雾防治，每隔 7～10 天喷 1 次，连续 2～3 次。

(2) 主要虫害及其防治。

①地下虫害：蛴螬、蝼蛄、金针虫、小地老虎等地下害虫，主要咬食百合地下鳞茎、根系，使植株倒伏、死亡。

防治方法：种植前进行土壤杀菌、消毒；严格执行轮作；使用腐熟有机肥；及时清除百合田及周边田地等处的杂草，降低害虫产卵量；一经发现，可用 50%辛硫磷乳油 800 倍液浇根或人工诱杀。

②地上虫害：红蜘蛛、蚜虫等地上害虫，主要为害百合的叶片，致使植株衰退，影响生长发育。

防治方法：使用太阳能杀虫灯或者黄板、蓝板进行诱杀；严重时，用 40%乐果乳油 1000 倍液进行喷雾防治。

5. 采收

8 月中旬至 9 月初，食用百合的地上部分就会枯萎，鳞茎充分成熟。选晴朗天气采挖，用铁锹挖出鳞茎（切忌挖伤鳞茎）后，除去泥土，切除须根和地上部分，放入竹筐，用秸秆覆盖，避免阳光照射致使鳞茎变色。也可用挖掘机边挖边抖去泥土边筛出球形鳞茎，挖掘土壤深度应低于根部至少 5 cm，筛孔直径应小于鳞茎球部直径。

四、储藏加工

1. 初加工

(1) 剥片：选无病虫害、无机械损伤的新鲜百合鳞茎，逐层剥片，一般采用徒手剥片法。也可用刀在

鳞茎基部切一刀，然后按外片、中片、芯片分开，出现粘连的鳞茎则以手工辅助分开。剥片过程中，除去残留的须根、泥土。鳞片的分类通常按大小进行，残次碎片单独作为一类。

(2) 清洗：用清水清洗分类后的鳞片，拣去杂质，洗净泥土，沥干。清洗用水应符合《生活饮用水卫生标准》(GB 5749—2006)。

(3) 熟制。

①烫片：将清洗后的百合鳞片投入沸水中，以水面淹过鳞片为度，轻轻搅拌 9～11 min，至鳞片背面有极小裂缝，轻掰则断为度，断面有米粒大小白心时迅速捞出，置清水中漂净黏液，沥干。锅内水浑浊时，换新水重复上述操作。

②蒸片：将清洗后的百合鳞片投入到含维生素 C 0.005%～0.1%、氯化钠 0.01%～0.4%和酒石酸钾0.02%～0.2%的混合液中，按鳞片∶混合液为1 kg∶(2～5) L 的比例浸泡 1～2 h，捞出后均匀摊放在蒸屉上，于煮沸后的蒸锅水中加入食用乙酸，使其体积分数为 0.1%～4%，利用蒸气熏蒸 1～6 min 即可。

(4) 干制：将熟制后漂净黏液的百合鳞片自然放凉，然后薄摊在竹帘或苇席上，置阳光下暴晒，当晒至六成干时再行翻动，继续晒干；或 45～70 ℃烘烤，至鳞片水分含量低于 13%，即可。

2. 分级

一等：干货。呈长椭圆形，片大，肉肥厚，表面黄白象牙色，有的微带紫色，质硬而脆，断面较平坦，角质样。气微，味微苦。无杂质、虫蛀、霉变及灰碎等。

二等：干货。呈椭圆形，片较大，肉厚，表面黄白色至淡棕黄色，有的微带紫色，斑点或黑边占每片面积的比例不超过 10%，质硬而脆。气微，味微苦。无杂质、虫蛀、霉变及灰碎等。

三等：干货。呈椭圆形，片小肉薄，表面淡棕黄色，斑点或黑边占每片面积的比例不超过 50%，质硬而脆。气微，味微苦。无杂质、虫蛀、霉变等。

3. 包装

百合的包装应在产地初加工基地进行。包装前应再次检查，清除劣质品和杂质，商品安全水分应不超过 13%。包装前，过筛除去少量灰碎，将带有斑点或黑边的鳞片剔除。

(1) 材料：内包装塑料袋应具良好的防潮性、气密性和阻隔性，须为食品接触材料，并符合 GB/T 23296.1—2009 及 GB 9683—1988 标准的规定。外包装使用的瓦楞纸箱、塑料编织袋、麻袋和包装容器的尺寸应分别符合 GB/T 6543—2008、GB/T 8946—2013、GB/T 731—2008、GB/T 4892—2021 标准的规定。

(2) 方式：临时保存可放置在塑料袋中转箱中，加盖防止吸潮；短期保存可先用内包装塑料袋进行包装，再自行选择外包装；长期保存宜先使用气调包装，再使用瓦楞纸箱包装或塑料编织袋、麻袋包装。

(3) 规格：塑料袋包装以每袋 1 kg 为宜；瓦楞纸箱规格分大(60 cm×40 cm)、小(40 cm×30 cm) 2 种，纸箱高度无要求；塑料中转箱固定规格为 60 cm×40 cm；塑料编织袋规格分大(120 cm×80 cm)、中(110 cm×70 cm)、小(100 cm×60 cm)3 种；麻袋规格分大(107 cm×74 cm)、小(90 cm×58 cm)2 种。

(4) 标识：外包装正面应印刷有“中药材专用”字样，标识内容应准确，文字应使用规范的现代汉语，同时应粘贴追溯标签或挂拴追溯吊牌，追溯码经由中药材物流基地统一的信息系统生成。内包装袋上应有包装记录，印刷应清晰、醒目，内容应包括品名、产地、采收日期、规格/等级、野生/人工、净重、加工日期、注意事项等，并附有质量合格标志。

(5) 封口：包装袋封口应采用相应的防拆、防伪技术，袋口缝合时应卷口两道，采用交叉法，针距不得大于 40 mm，两角应留不小于 150 mm 的小辫，扎紧扣死。瓦楞纸箱的箱底与箱盖应使用胶带封口。内包装可采用真空包装袋进行封口包装。

4. 储藏

仓库规划和设施要求：库内应设置包装物料区、工具设备区、待验区、验收区、储存区、不合格品区等。库内应按质量好坏实行色标管理，合格品区为绿色，不合格品区为红色，待验区为黄色。库房内外环境应整洁、干燥、无异味、无污染源。库房内墙、屋顶光洁，地面平整，门窗严密，库区地面硬化或绿化。

NOTE

库区应配备相应的防鼠、防虫、通风、避光、防潮、防火等设施设备。库区温湿度以温度 30 ℃以下、相对湿度 70%以下为宜。通常建议在 15 ℃阴凉库中避光储藏。有条件时可在 4 ℃低温储藏，以降低其氧化变质速度。百合富含多糖，易吸湿受潮，控制储藏库的湿度比温度更有意义，通常建议将相对湿度控制在 45%以下。

（1）入库管理：入库前对包装好的百合逐件检查，应符合 2020 年版《中华人民共和国药典（一部）》（简称《中国药典（一部）》）百合项下的规定，同时应无霉变、无异物、无活虫，包装外观应无水湿、污染和破损，对验收合格的百合进行入库作业。

（2）堆码管理：百合应在垫板上堆码存放，垫板高度应不小于 10 cm。堆码应保持五距，即垛间距离不小于 1 m，垛与墙间距离不小于 0.5 m，垛与梁、柱间距离不小于 0.3 m，主干通道的宽度不小于 2 m，照明灯具垂直下方与百合包装间距不小于 0.5 m。鉴于干燥百合的脆性，每层的堆码高度不高于 1.2 m，层间用固定钢架支撑。

（3）在库监测：定期对仓库的温湿度、包装袋、水分进行检测，对异味、虫情、霉变情况进行检查。检测、检查频率每月不少于 1 次，在雨季或异常天气应增加检查频率。检测、检查记录须归档保存，保存期限不少于 5 年。发现受潮或轻度虫蛀、霉变时，及时晾晒或通风。受潮、虫蛀或霉变严重时，要及时清除出库。

（4）养护管理：百合储藏期间应建立养护管理制度并严格落实，选择安全、环保、低碳、无毒、无残留、操作简便、有效保持百合质量的养护方法。采用垛位（包装箱）密封气调养护时，垛内气体控制指标为：氧气浓度 30 天内应小于 2%，二氧化碳浓度 90 天后应大于 5%，相对湿度 45%～75%，百合水分变化范围为±0.5%，百合品质应符合 2020 年版《中国药典（一部）》的相关规定。可采用干冰储藏技术进行养护。

（5）出库管理：仓库储藏的百合出库时，须核对单据信息，不得无单据、错误单据、顶替出库。无特殊要求时，一般按入库顺序出库，即先入者先出。出库过程中须逐件检查，包装应完整无破损，若发现霉变、受潮或水湿、虫害等情况时应停止出库，并做相关处理。出库时应实行双人复核，出库员与提货员应按出库单据信息实货交接。

芦荟

第三节　芦　　荟

一、概述

芦荟（*Aloe* spp.）为百合科芦荟属多年生常绿草本植物，具有肉厚多汁的特点，主产于热带和亚热带地区。在中国的各种古籍里就有对芦荟的详细记载。据《神农本草经》《本草纲目》等书的记载，中国古代的医药学家已把芦荟当作一种可“明目镇心”的清热寒药来用。芦荟中已明确的成分有 160 多种，其中有效成分 80 多种，如芦荟素、芦荟大黄素、多糖、有机酸、蛋白质、多肽、氨基酸、维生素、微量元素等。芦荟具有医疗、美容、保健、食用、观赏等多种功能，素有“多用良药”“天然美容师”“青春之泉”“家庭医生”等美称。其药理活性十分广泛，具有增强免疫功能、抗辐射、抗癌、抗炎、抗衰老、降血糖等作用。芦荟的药用范围极广，主要用于刀伤、烧伤、各种外伤、疱疹、湿疹、癣、十二指肠溃疡、支气管炎、高血压和低血压（双向调节）、心血管疾病、便秘、小儿消积导滞、糖尿病及妇科疾病和老年病等。芦荟还能吸收空气中的有害气体，如二氧化碳、甲醛等，所以芦荟是一种集药用、食用、美容、观赏、环保于一身的多年生常绿植物。

芦荟品种繁多，已发现的芦荟种类在 500 种以上，其中广泛作为药用、食用和美容的种类有：①库拉索芦荟（*Aloe vera* L.），又名翠叶芦荟、美国芦荟，主产于西印度群岛。美国大量种植，我国也有栽培。其叶大而肥厚，大量应用于生产化妆品、医药用品等，被认为是品质较优的芦荟之一。②木剑芦荟（*A. arborescens* Mill. var. *natalensis* Berger），又名鹿角芦荟、木立芦荟，系日本特有的芦荟品种，叶片小而

NOTE

薄，在日本广泛栽种，我国有栽培。木剑芦荟是日本民间广泛采用的草药及保健食品；用于便秘、消化不良等症，可内服也可外用，也可用它制成各式各样的食品、饮料、化妆品等。③中国芦荟（*A. vera* L. var. *chinensis*（Haw）Berger），又名中华芦荟、斑纹芦荟、元江芦荟，主产于我国云南、福建、海南。其生长快，繁殖力强，活性成分含量也较高，是一种极具开发潜力的芦荟品种。④开普芦荟（*A. ferox* Mill.），又名好望角芦荟、透明芦荟，主产于非洲南部。植株高大，叶大而硬。开普芦荟是传统的药材，各国药典中都有相应的记载，其叶汁浓缩物常作药用。

二、生物学特性

1. 形态特征

芦荟为多年生植物，茎短或明显；叶肉质，呈莲座状簇生或有时二列着生，叶常披针形或叶短宽，边缘有尖齿状刺；花序为伞形、总状、穗状、圆锥形等，色呈红、黄或具赤色斑点，花瓣6片，雌蕊6枚，花被基部多连合成筒状。蒴果三角形，种子多数。花期7—8月。

2. 生态习性

芦荟须根系发达，多数为须根，少数为球根，属于浅根系植物，叶肉较厚实，水分含量高达90%。芦荟性喜温暖和湿润的气候条件，不耐寒，低于0 ℃，就会冻伤，在5 ℃左右停止生长，其最适生长温度为15～35 ℃。3—10月，中国的大部分地区都符合这个温度，利用大棚保温栽培可解决北方地区大面积栽种芦荟的越冬问题。芦荟喜排水良好、肥沃的沙壤土；对土壤酸碱度要求不严，耐干旱和盐碱，忌潮湿积水，无需大水、大肥管理；但喜阳光，不耐阴，在荫蔽环境下多不开花。

三、栽培技术

1. 繁殖方法

目前芦荟的繁殖方法主要有组织培养法、分生繁殖法及扦插繁殖法等。组织培养法需要的条件比较严格，国内应用较少。分生繁殖法和扦插繁殖法比较实用，效果也较好。

（1）分生繁殖法：芦荟的主要繁殖方法，应选择在芦荟生长旺盛的春、秋季进行。先用分株刀将母株上萌发的幼苗与母株分离，暂时不将幼株拔出，让其留在原位，等到生长15天后，幼苗已基本形成独立的根系，达到完全自养状态后，再将幼苗带土移栽，并且及时浇水，使根部周围土壤湿润即可。也可将幼株从母株上剥离出来，放到阴凉通风处干燥几日，使其剥离伤口完全愈合后再栽植，效果也较好。应注意对芦荟种苗进行精挑细选，摘除烂叶、干叶，晾晒，以保证种苗的质量。

（2）扦插繁殖法：衍用分株的方法，先将母株上长度大于10 cm的子株切下，在自然风条件下使其切口风干坚固后，再插入栽培土中，深度为6～8 cm，如果插条不稳固可加竹竿固定，插条约在20天后发根，发根后浇水，但在插入后不应立即浇水，这样容易造成根部腐烂。可用叶色返青的方法来判断插条是否发根，当插条由绿色变成茶色，再变成绿色时可判定已生根。

2. 栽培方式

（1）露地栽培：我国海南、广东、广西3省（区）和福建、云南及四川部分地区具有直接露地栽培的条件，这些地区属于热带、亚热带气候，一般冬季最低气温不低于5 ℃。但这些地区一般雨水多，降雨时间长，同时高温暴晒时间也长。因此，在芦荟栽培上要注意防止栽培地积水时间过长，引起芦荟烂根死亡和斑病问题，也要防止暴晒引起土壤板结，不利于芦荟生长发育和背阳叶面锈坏的问题。

（2）塑料大棚栽培：我国亚热带偏北的长江流域，福建西北部等地区用塑料大棚技术可以保证芦荟安全过冬，同时还可避免梅雨季节和夏季高温暴晒等不良气候的影响。塑料大棚和温室相比，具有结构简单，造价低，拆装更换地点方便等优点，但应注意通风和灌溉及排积水等问题。

（3）温室栽培：华北平原、东北平原等温带地区应以温室栽培，在严冬时有加温条件，可确保芦荟安全过冬。

（4）家庭盆栽：不仅可美化居室，而且可随时采摘，获得的新鲜芦荟叶片供家庭保健使用。与其他栽培方式一样，盆栽也应满足芦荟生长发育过程中对水、肥、气、热等多方面的需求，故也应注意施肥、浇

水、保温过冬 3 个方面。

3. 技术措施

(1) 种植时间:春季(3—5 月)月和秋季(9—11 月)为最佳移栽时期,尤以春分至清明期间定植为宜,不但成活率高,而且可以延长营养生长期,有利于提高叶片产量。

(2) 种植规格:合理密植,充分利用土地资源,一般每畦 2 行。土壤肥沃,株行距为 40 cm×50 cm;贫瘠的沙壤土,株行距为 30 cm×40 cm。

(3) 种植前准备工作:园地种植前要求两犁三耙,翻耕深度为 15~20 cm,结合整地每公顷(10000 m^2)施腐熟有机肥 30~37.5 t、氮磷钾复合肥 20~30 kg,畦长 15~20 m,畦宽 100 cm,畦高 15~20 cm,畦间距 40 cm。

(4) 种植方法:栽植采用"定植间隔法",即 1 次性定植,大部分苗分期间苗移栽。这样,可以提高土地使用率,便于操作管理,降低生产成本。移栽前对移栽畦撒施一层松叶土或泥炭土,然后适当翻耕整平,以进一步改良土壤结构,利于芦荟的生长;同时,移栽前对苗床地和移栽地都应事先灌水,灌水后要等表土略干后再起苗和栽植,否则,因根部土球(或土壤)过于湿黏,有碍栽植根系的伸展。栽时不宜太深,过深易感病,以覆盖底下叶片基部为适,栽苗后要将苗四周的松土按实,然后浇水,再培干土,并及时遮阴,定植时注意小苗顶芽不被泥土掩埋。定植到缓苗需 20 天左右,此期间不浇水,白天保持 23~28 ℃,夜间保持 13~15 ℃,湿度在 60%~70%,缓苗后进行浇水、中耕、除草。定植 45~60 天时可追肥 1 次,肥料用粪水或复合肥。

4. 田间管理

(1) 中耕除草:小苗生长期间,株间容易生杂草,应及时除草,但要防止伤根,并进行培土,促进根部生长。每年要除草松土 2~3 次,一般在采收叶片后进行为好。

(2) 合理追肥:除草松土结合追肥,全年追肥应保证 2~3 次。一般采叶前,每 7~10 天追 1 次人粪尿,每公顷施人粪尿 15~22.5 t,促进植株生长;采收叶片后宜每公顷追施氮磷钾复合肥 300~450 kg。应避免施酸性肥料,施肥时不要沾污叶片,以免烂叶。

(3) 注意排灌水:芦荟的全年管理分为春、夏、冬 3 个阶段。4—5 月芦荟生长旺盛,需要肥水量大,结合浇水进行 1~2 次追肥;7—8 月要注意通风遮阴和浇水,有条件的可用遮阳网覆盖,以保证芦荟不休眠;12 月至翌年 2 月不再浇水,加强中耕、保墒、保温的管理。芦荟虽然很耐旱,但要夺取稳产高产,在干旱时必须每隔 5~7 天浇水 1 次,浇水时应浇在植株基部的地面上,力求 1 次浇透。保持土壤湿润,促进叶片生长;如遇雨天土壤积水,要及时排水,以防烂根,影响植株生长。

(4) 预防霜冻:芦荟因受低温危害或大气污染,叶片会出现黑色斑点,尤其怕霜冻,叶片受冻后会发黑烂叶,甚至全株死亡,为了增强植株的抗寒力,秋季应减少淋水,霜前应停止施氮肥,并加强防寒措施。可将叶片捆成 2 束,再盖上稻草防冻,用塑料薄膜搭棚架遮盖防冻,效果更佳。同时应注意避免在工矿区周围种植,可减轻因大气污染造成的黑斑。

(5) 病虫害防治。

①虫害:由于芦荟的上下表皮具有角质层,所以很少发生虫害。一旦发现虫害,如蚜虫、红蜘蛛、介壳虫、棉铃虫之类,可喷清水冲洗,或用植物性农药如 0.5%藜芦碱醇溶液 800~1000 倍液喷雾,效果很好。介壳虫幼虫常黏附在芦荟叶背面,有时叶正面也有。介壳虫主要发生在皂质芦荟上,可用 80%敌敌畏乳油 1000 倍液或 40%乐果乳油 1500 倍液喷雾防治,每 7 天喷 1 次,连续数次(也可用毛笔蘸药涂抹防治);红蜘蛛,在天旱时容易发生,常聚集在叶背面吸食汁液,5—7 月大量发生,可用 40%乐果乳油 2000~2500 倍液喷杀,每隔 3~4 天喷 1 次,连续数次。

②病害:主要有黑斑病,特别是种植密度过大、土壤潮湿、杂草丛生的地块,叶部发病更严重。防治该病首先要选用抗病品种,在芦荟品种中以花叶芦荟最抗黑斑病;还有根腐病,常因土壤湿度过大而引起根部腐烂,可把病株挖出,切去腐烂部分,待切口晾干后重新栽培。室温降低时要采取增温措施。在冬季温度较低期间减少喷水,注意通风,尽可能增加光照时间。种植时施足基肥,适当叶面喷施 0.1%磷酸二氢钾,或 0.1%代森锌,或 0.1%四硼酸钠,可增强植株的抗病能力。发病初期可喷施 75%百菌清

NOTE

可湿性粉剂 800 倍液，或 50%多菌灵可湿性粉剂 1000 倍液，或 70%甲基托布津可湿性粉剂 800 倍液，或 70%代森锌可湿性粉剂 800 倍液，或“农利灵”等杀菌剂。

（6）采收：芦荟定植 1～2 年后(400～500 天)，长至 40～50 cm，植株叶片达 12 片，即可少量采收，自第 1 次采收至采收高峰期为 2～4 年，夏、秋季每月可收割 1 次，春季采收 1 次，冬季不采收，以增强植株抗寒能力。为了维持叶片正常生长，达到周期生产的目的，一般每株每次只从基部割取 2～3 片叶，每株要保留 10 片以上叶片。采收时，应在早晨、上午进行，选基部发育好的叶片(叶龄为 2 年以上)，从叶片与茎处，用刀从一边割一开口，随后用手剥下。这样，不会造成较大的伤口和黏液流出来，注意不要碰伤顶部的嫩叶。采收的鲜叶应整齐地排放在塑料筐或纸箱内。装筐(箱)时注意勿使芦荟叶互相刺伤，造成叶汁外流和叶片出现伤斑，影响质量。

四、营养与加工利用

1. 开发芦荟系列基础原料

要大规模生产芦荟产品——化妆品、食品和药物，大规模生产芦荟基础原料产品是必不可少的，芦荟基础原料产品种类主要有芦荟凝胶、芦荟干粉和芦荟油等系列。

超声波制取芦荟凝胶的工艺流程如下：

芦荟鲜叶→表面净化→去皮→切块打浆→超声波破碎→活性炭脱色→离心分离→芦荟凝胶。

利用微波真空冷冻干燥制取芦荟干粉的工艺流程如下：

芦荟凝胶→过滤→微滤→纳滤→芦荟浓缩液→降温冷冻→抽真空降压→微波加热→芦荟干粉。

2. 鲜食

芦荟鲜叶除去边刺和皮后洗净，开水焯 2～3 min 捞出，加盐、味精、香油等作料拌匀即可食用。另外，经蜂蜜糖渍后，风味更好。芦荟鲜叶中，水的含量占 99.0%～99.5%。据研究，芦荟中所含的水是活水，水里溶有极少量的聚乙烯氧化物，称为“滑水”。滑水沿着管子流动，比普通水要快 1 倍左右。药学家推测，这也许是芦荟具有多种功效的原因。鲜食芦荟可最大限度地摄取芦荟中的生物活性物质。

3. 开发芦荟美容化妆品

现代医学和美容证明芦荟可促进人体新陈代谢，增强表皮细胞活力，修复再生。芦荟在软化皮肤，收敛和防治粉刺、老年斑、雀斑，改善皮肤粗糙以及消炎止痒、护发、保持皮肤细嫩白洁等方面都有显著效果。以芦荟为原料制成的芦荟美容系列化妆品在国外已普遍使用，前景良好。

4. 开发芦荟保健产品

在崇尚自然，追求纯天然保健品的时代，人们以芦荟为主要原料开发出多款保健食品，如芦荟饮料、芦荟口服液、芦荟矿物晶冲剂等。过去，芦荟仅被作为药材，后来逐渐变成食用保健品，再后来演变为蔬菜食用，可见其大有开发前途。

芦荟啤酒的生产工艺流程如下：

优质麦芽→大米→粉碎→糊化→糖化→过滤→麦汁→前发酵→后发酵→添加芦荟浓缩液→过滤→芦荟啤酒

芦荟菠萝复合饮料的生产工艺流程如下：

菠萝→清洗去皮→浸泡→破碎→榨汁→澄清过滤→和芦荟汁混合→加入添加剂调配→均质→脱气→灌装→杀菌→冷却→芦荟菠萝复合饮料

5. 开发芦荟药用产品

芦荟是一种药用价值很高的植物，对多种慢性疾病如肠胃病、高血压、糖尿病、肝病、便秘等，具有独特的功效；对于出血性疾病，烫伤，皮肤疾患等疗效亦佳，是一种治疗烫伤、跌打、割伤的特效药，有促进伤口组织迅速再生及止痛的作用，同时促进消化功能和对营养的吸收。可见，开发芦荟药用产品是大有可为的。

6. 芦荟产品开发的展望

芦荟在医药、美容、保健、食用上都有神奇的功效，它作为药用和经济植物已经服务于人类几千年，

NOTE

随着现代科技的进步与发展，人们对芦荟的认识不断提高，世界各国对芦荟的研究与开发进展迅速。由于科技水平和人们生活水平的不断提高，人类追求健康、长寿，希望回归大自然，用全天然的药品、食品、化妆品，而芦荟的种种功能，正好能满足人类的这种需求。在美国、日本等发达国家，芦荟的种植与产品加工都已经形成一种新兴产业。目前，我国政府有关部门和部分有远见的企业和公司，已开始关注芦荟的开发和利用，不久的将来，芦荟可望被开发为一大产业，更好地造福于人类。

芍药

第四节　芍　　药

一、概述

芍药(*Paeonia lactiflora* Pall.)别名别离草、花中宰相，系毛茛科芍药属植物的栽培种。主产于浙江东阳、缙云、永康、临安等地及安徽、四川，江西上饶、弋阳、德兴、婺源、广丰有栽培。芍药根肥大平直，以根入药，其根含芍药苷、β-谷甾醇、单宁、少量挥发油、苯甲酸、树脂、淀粉、脂肪油、草酸钙等，并含 4 种未知结构的三萜类化合物。花瓣含紫芸英苷及山柰酚-3，7-O-二葡萄糖苷。性凉，味苦酸，有平抑肝阳、养血通经、镇痉止痛之功效，主治血虚引起的头晕、头痛、胸胁痛及月经不调等症。

芍药既是著名的观赏花卉，又是常用中药。作为花卉，芍药已经选育了很多品种。在药用方面，芍药的药用历史始载于《神农本草经》，中医临床分为赤芍与白芍，其中白芍来源于芍药的根，经去皮水煮而成，赤芍来源于芍药或川赤芍(*P. veitchii* Lynch)的根，直接晒干而成。通常认为白芍来源于栽培种，野生品作赤芍种。药用芍药至少自宋代就已有栽培，历代本草认为芍药以“单瓣红花”为佳，认为观赏芍药的药用质量较差。目前药用芍药主要栽培于安徽亳州、浙江磐安、四川中江和山东菏泽，药材分别习称亳白芍、杭白芍、川白芍和菏泽白芍。所有这些药用种质，均在各产区有悠久的栽培历史，以安徽“亳白芍”产量大，质量好，驰名全国。

药理研究表明芍药对中枢神经系统有抑制作用，对狗的冠状血管及后肢血管有扩张作用。因本品含苯甲酸，人服少量无副作用；大量服用会增加肝脏解毒的负担，故肝功能不良患者不宜长期大量服用。对葡萄球菌、甲型和乙型溶血性链球菌、肺炎双球菌、痢疾杆菌、副伤寒杆菌、霍乱弧菌、大肠杆菌、绿脓杆菌、变形杆菌均有抑制作用。

芍药不仅具有极高的观赏价值和药用价值，其种子还可以榨油，芍药籽油的多项指标均超过被称为“液体黄金”的橄榄油，芍药种子的含油率及籽油脂肪酸成分均优于油用牡丹——凤丹和紫斑牡丹，在既不影响观赏效果和芍药根采收的前提下，可选择结实性高、籽油品质好的芍药品种进行取籽提油。

二、生物学特性

1. 形态特征

芍药为多年生草本。株高 60～80 cm，无毛。叶互生，具长柄，茎下部叶为二回三出复叶，小叶长椭圆形至披针形，长 7～12 cm，叶经常有极细骨质白色小齿。花大，顶生并腋生，花瓣粉红色或白色不等。果实为蓇葖果，先端钩状向外弯，内有种子 3～5 粒。种子卵圆状锥形，棕红色，有光泽。

芍药作为花卉，其花大而美，有白色、粉红色、红色等。加工成药材后，根据其干燥根的颜色分为白芍、赤芍，根据产地又可分为杭白芍、川白勺、亳白芍等。

杭白芍栽培种有高脚红圆、高脚青圆、矮脚红圆、矮脚青圆四类，以矮脚红圆产量高、质量好。草芍药(野生品)和川赤芍与正品不同。野生品根瘦小，不平直；川赤芍的小叶呈二回分裂，小裂片条状披针形，心皮有黄色茸毛，生于海拔 2700～3700 m 的高山阴凉处。还有一种变种毛果芍药，与正品芍药的区别在于其子房密生柔毛。

NOTE

2. 生态习性

芍药喜温和而干燥的气候，具一定的耐寒性，在江西、浙江、安徽等省地下部能安全越冬。抗一般干旱，若不是过于干旱，无需灌溉。怕湿，长期水分过多，排水不良之处易引起烂根。芍药于 9 月下旬至 10 月发根，随着天气转冷，生长逐渐缓慢，翌年 3 月露红芽出苗，4 月生长旺盛，4 月上旬现蕾，4 月下旬至 5 月上旬开花，5—6 月为根膨大期，7 月上旬至 8 月上旬种子成熟，10 月后地上部枯死。

三、栽培技术

1. 选地、整地

芍药宜种植在阳光充足、地势高、雨量充沛、富含腐殖质的沙壤土中，黏土、盐碱地、潮湿之地不宜栽植，忌连作。芍药栽后 3～4 年收获，生长期长，而且又是深根性植物，故要求精耕细作。栽前深翻 40～60 cm，结合翻耕施入厩肥或堆肥 45000 kg/hm^2 作基肥，然后耙平整细，做成 1.2 m 宽的高畦。周围开好排水沟，防止雨季园内积水，减少根部病害的发生。

2. 繁殖方法

(1) 种子繁殖：可于 8 月上旬采收芍药种子立即播种或将采收的果实去掉果皮，将种子与湿润沙土混合储藏，放在阴凉处，保持湿润，种子不宜晒干，以免影响发芽率，可储藏到 9 月下旬播种。按行距 15 cm，开沟深 3 cm 的播种沟进行条播，粒距 3 cm，播种量均为 60 kg/hm^2，用焦泥灰覆盖，上盖厩肥，当年秋后生根，翌年 3 月中、下旬出苗，4—5 月各施 1 次人粪尿，冬季地上部枯死后，全面松土，除草，培土，提沟。幼苗生长缓慢，培育 2 年后作种苗用。此法生长期长，不如分根、芍头繁殖方法简便。

(2) 无性繁殖：生产中常用分根繁殖和芍头繁殖。①采支根。收获时把同筷子粗的根按其芽和根的自然分布情况剪成数株，每株留 1～2 个饱满的芽及根。芍根厚度在 2 cm 左右，过薄养分不足，生长不良；过厚主根生长不良，支根多，质量差。②采芍头。在芍药收获时，先将芍根从芍头着生处全部割下，加工药用，所遗留的即为芍头。一般 1 hm^2 所得芍头可种植 3～5 hm^2。

芍根和芍头选好后，应随切随栽或暂时储藏。储藏方法：在干燥、阴凉、通风的室内铺上 10 cm 左右厚的湿润沙土，将芍根、芍头堆放在上面，芽朝上，再盖一层 5～10 cm 厚的湿润沙土，芽要露出沙面，四周用砖围好。10 天后，沙土渐干，细沙下漏至种苗孔隙中，芍头大部分露出沙面，应再铺上湿润沙土，使芍头刚好显露。以后经常检查，以沙土不干燥为原则，干燥时适当洒水，但不可过多。若发现霉烂芍头及芍根应及时翻堆去除并重新堆放，防止霉菌蔓延。

芍药栽种季节以 10 月上旬前为宜，8 月下旬气温转低，即可种植，早种有利于根的早发和生长，最迟不能超过霜降，否则气温偏低，对发根不利，而且增加了储藏时间。栽种时，可按芍头和芽的大小，顺其自然生长情况，用刀切成 2～4 块，每块有粗壮芽 1～2 个，作种苗用。切取芍头的厚度为 2 cm 左右，过大或过小都会影响其产量和质量。栽时用 5 号 ABT 生根粉 3～5 mg/L 的溶液浸芽块 15～20 min，再按株行距 40 cm×60 cm，开穴深 12 cm，穴径 20 cm，穴底铺施厩肥和火土灰，厚约 4 cm，其上覆原土 4 cm，压实后放入芽块 1～2 个，摆正，芽尖向上，以芽头与地面平，施火土灰和过磷酸钙，盖土堆成高出地面的馒头形，护芽防寒越冬，翌年 3 月上旬芍芽萌发前将堆土耙平。

3. 田间管理

(1) 中耕除草：栽后翌年 3 月进行松土保墒，以便于出苗。芍药怕草荒，特别是栽种第 1～2 年，每年应在施肥前中耕除草，做到田间无杂草。夏季结合抗旱中耕除草，做到田间无杂草，同时抗旱中耕保墒；冬季结合清园中耕堆土防寒。亳州药农于 10 月下旬在芍药离地面 6～9 cm 处剪去枝叶，培土 15 cm，保护地下根芽越冬。栽后第 2 年开始，于春季把根部土壤扒开，使根露出 50%，晾 5～7 天，称为“亮根”。该步可使须根晒蔫，养分集中供应主根生长，晾后再培土壅根。

(2) 施肥：芍药栽种当年，初生根需肥较少，不可追肥；第 2 年开始，追肥 3 次，第 1 次在 3 月（又称“红头肥”），施人粪尿 22500～30000 kg/hm^2；第 2、3 次分别在 5 月、7 月，每次施人粪尿 22500 kg/hm^2 和饼肥 375 kg/hm^2。第 3 年再施肥 3 次：第 1 次在 3 月，施人粪尿 22500 kg/hm^2、过磷酸钙 150 kg/hm^2；第 2 次在 4 月，施人粪尿 22500 kg/hm^2、饼肥 450 kg/hm^2；第 3 次在 11 月，施厩肥 22500 kg/hm^2。第 4 年即收获年，追肥 2 次：于 3 月、4 月下旬各施人粪尿 22500 kg/hm^2、过磷酸钙 45 kg/hm^2。每年 5—6 月

为芍药生长发育盛期，需肥量最大，可采用5%过磷酸钙溶液进行根外追肥，增产效果显著。还可在栽种后的第1年起，每年4月、5月、10月分别用5号ABT生根粉3～5 mg/L溶液进行叶面喷施1次，效果较好。

(3) 排灌：芍药喜干燥，干旱地区进行培土或间作即可度夏；多雨季节应及时排水，以减少根病。

(4) 摘蕾：除留种外，药用芍药应于第2年春季现蕾时摘除花蕾，以利于养分集中供应根部生长。

(5) 间作：芍药生长年限长，行间空隙大，冬季地上部枯萎，可进行间作。夏季种豆类或玉米有利于抗旱保苗；冬季种蔬菜，可以充分利用地力，增加效益。但第4年不可间作，以免影响产量。

4. 病虫害防治

(1) 病害防治。

①叶斑病：常发生在夏季，主要为害叶片，发病株叶早落，生长衰弱。

防治方法：发现病叶及时清除，集中烧毁；发病前及发病初期喷施1∶1∶100的波尔多液，或5%退菌特可湿性粉剂800倍液进行防治，间隔7～10天喷1次，连喷4～5次。

②锈病：主要为害叶片，多在5月上旬发生，7—8月发病严重。

防治方法：将残株病叶集中烧毁，以消灭越冬病原菌；发病初期喷施0.3～0.4波美度石硫合剂，或97%敌锈钠可湿性粉剂400倍液进行防治，间隔7～10天喷1次，连喷3～4次。

③灰霉病：可危害叶、茎、花各部分，多在开花后发生。高温高湿条件下发病较严重，叶片枯萎脱落，植株生长衰弱。

防治方法：清除病害枝叶，集中烧毁，雨后及时清沟排水，加强田间通风、透光；选无病芍芽作种，并用65%代森锌可湿性粉剂300倍液浸泡10～15 min后栽种；发病初期喷施1∶1∶100的波尔多液，间隔10～14天喷1次，连喷3～4次。

④软腐病：病原菌从种芽切口处侵入，是种芽储藏期间和芍药加工过程中传播的病害。

防治方法：种芽要储藏在通风处，使切口干燥，储放场所先铲除表土及熟土，然后用1%甲醛溶液或5波美度石硫合剂喷洒消毒后再储放种芽。

⑤黑斑病：黑斑病发生时，先在叶面产生黑褐色小斑点，而后扩大成不整形轮纹，相互连接，使绿叶枯死。

防治方法：将发病枝叶剪除烧毁，栽植后3～4年分株繁殖时不再连作；田间发病时可喷施1∶1∶100的波尔多液，或65%代森锌可湿性粉剂500倍液，或70%代森锰锌可湿性粉剂500倍液进行防治，间隔7～10天喷1次，连喷3～4次。

⑥ 白绢病：严重时会导致全株枯死。感染病株基部变黑褐色、湿腐状，随后在土表或植株基部出现白色菌丝体。

防治方法：栽植时进行土壤消毒或更换无菌土壤，剪除或拔掉病株烧毁；发病初期喷施50%多菌灵可湿性粉剂500倍液防治，间隔7～10天喷1次，连喷3～4次。

(2) 虫害防治。

①红蜘蛛：主要为害芍药嫩枝和嫩叶。发生时可喷施20%三氯杀螨砜可湿性粉剂1000倍液，或40%三氯杀螨醇乳剂2000倍液进行防治，间隔7～10天喷1次，连喷3～4次。也可喷洒0.2～0.3波美度石硫合剂防治，间隔6～7天再喷1次。

②介壳虫：主要吸食芍药植株体液，使植株生长衰弱，枝叶变黄。发生时可用软刷刷除，或剪去虫害枝烧毁；盛孵期可喷施40%氧化乐果乳油1000～1500倍液，或50%马拉硫磷乳剂800～1000倍液，或50%辛硫磷乳剂1000～2000倍液进行防治。

③蚜虫：春季芍药萌发后蚜虫吸食嫩叶的汁液，使被害叶卷曲变黄，幼苗长大后，蚜虫聚生于嫩梢、花梗、叶背等处，使花苗茎叶卷曲萎缩，以至全株枯萎死亡。

防治方法：清除越冬杂草，消灭蚜虫活动场所；蚜虫发生时喷洒40%氧化乐果乳油1000～1500倍液，或80%敌敌畏乳油1500～2000倍液，或50%灭蚜松乳剂1000～1500倍液进行防治，间隔7～10天喷1次，连喷2～3次。

NOTE

④金龟子：成虫主要为害芍药叶片和花，幼虫取食芍药根部，造成的伤口又为镰刀菌的侵染创造了条件，导致根腐病发生。

防治方法：利用成虫入土习性，在树冠下撒施 2.5%亚胺硫磷可湿性粉剂 30 kg/hm² 后耙松表土，使部分入土的成虫触药中毒死亡。在成虫发生期喷洒 40%氧化乐果乳油 1000 倍液，或 50%马拉硫磷乳剂 1000 倍液进行防治，间隔 7～10 天喷 1 次，连喷 2～3 次。

⑤蛴螬：主要啃食芍药根部，导致植株死亡。

防治方法：深翻土地，使越冬虫卵冻死；早春蛴螬为害时，用 90%敌百虫晶体 800 倍液浇灌土壤，或田间撒施 3%呋喃丹颗粒剂 22.5～30 kg/hm² 进行防治。

四、采收加工

1. 采收

亳白芍和川白芍在 8 月上旬至 9 月中旬采收，杭白芍在 6 月下旬至 7 月上旬采收。选晴天，割去茎叶，挖取全根，抖去泥沙，运至室内，割下芍根(芍头另放，作种用)，剪去侧根、须根，修平凸面，切去头尾，按大、中、小分级，在室内堆 2～3 天，每日翻堆 1 次，使芍根水分蒸发，质地柔软，便于加工。

2. 加工

芍药加工分擦白、煮芍、干燥、炮制 4 个步骤。

(1) 擦白。将芍根装入竹箩，浸泡于流水或水塘中 2～3 h，捞起放置于木板上并加入适量河沙，用木槌来回搓擦，推撞搓擦 20～30 min，外皮即可搓去，然后洗去泥沙，使芍根表面洁白，浸入清水中待煮。

(2) 煮芍。煮芍是芍药加工过程中最重要的一环，关系到质量的好坏。先将锅内水烧至 80 ℃左右，把芍根从清水中捞出倒入锅内。每次 10～25 kg，沸水浸没芍根，不断上下翻动，使之受热均匀，保持微沸。过沸会造成外熟内生，内部吐浆不尽，导致发黑霉烂。一般小芍根煮 5～10 min；中等芍根煮 10～15 min；大芍根煮 15～20 min。过熟、过生都不好：过熟，内部空心，重量减轻，品质降低；过生，中心易发黑发霉。鉴别方法：捞出几根中等芍根，用口吹气，见芍根上水汽迅速干燥，表明已熟过心，即可取出；用竹针试刺，如易刺穿，则表示已煮好，反之则未煮好；用刀切去芍根头部一小段，见切面色泽一致，表明已煮熟，反之则未煮熟。注意：煮芍的锅水煮 2～3 次后，水变紫黑色，应换去锅水的 2/3，再加热水补充，可使芍根不变色。

(3) 干燥。芍根煮好后迅速捞出运至晒场，摊开晾晒。先暴晒 1～2 h，然后把芍根堆厚暴晒，使表皮慢慢干燥，皮细致，颜色好。晒 3～5 天后，停止暴晒，室内堆放 2～3 天，促使水分外渗，再暴晒 4～5 天，室内堆放 3～5 天，然后晒至全干。若遇阴雨天，当天不能及时暴晒，应摊放在通风处，切忌堆入，以免起滑，发黏，发霉变质。若发生起滑、发霉时应迅速置于水中洗刷干净，用文火烤干表面，以后每天烘 1～2 h，到晴天再晒至全干。然后用麻袋包装，置干燥通风处，严防受潮。

(4) 炮制。芍药的简易炮制方法有酒白芍、炒白芍和焦白芍 3 种。酒白芍：用 5 kg 的黄酒喷洒在 50 kg 的干白芍上，待稍湿润后放入锅内微炒，取出晾凉。炒白芍：将白芍片放锅内炒至微黄取出晾干。焦白芍：将白芍片放入锅内炒至焦黄，取出晾凉。炮制芍药以干燥、肉色白、无油、无杂质为佳。

第五节 茉　莉　花

茉莉花

一、概述

茉莉花(*Jasminum sambac* (L.) Aiton)(俗称茉莉)是木樨科(Oleaceae)直立或攀缘灌木，原产于印度，现中国南方和世界各地广泛栽培。广西横县、四川犍为、福建福州、云南元江是目前中国茉莉花茶的主要加工地，其中，横县是国内目前最大的茉莉花生产基地。茉莉花、叶药用治目赤肿痛，并有止咳化痰

之功效。茉莉花中有效成分包括黄酮类化合物、多糖类化合物、挥发油、香豆素等。黄酮类化合物成分具有一定的抗氧化、抗菌活性；多糖类化合物成分具有抗氧化、降血糖的作用；挥发油具有抗菌、改善睡眠及免疫促进作用。茉莉花的粗提物也具有显著的药理活性；茉莉根的醇提取物具有镇静催眠的作用，可用于改善睡眠及对抗戒毒过程中出现的戒断症状；茉莉叶的醇提取物对胃黏膜具有一定的保护作用。茉莉花极香，为著名的花茶原料及重要的香精原料。因此，茉莉花广泛地应用于医药、食品、化妆品、绿化、装饰等领域，具有重要的经济价值。

据资料显示，目前我国茉莉品种约有 60 个，其中栽培品种主要有单瓣茉莉、双瓣茉莉和多瓣茉莉 3 种。

单瓣茉莉：植株较矮小，高 70～90 cm，茎枝细小，呈藤蔓型，故有藤本茉莉之称，花蕾略尖长，较小而轻，产量比双瓣茉莉低，比多瓣茉莉高，不耐寒，不耐涝，抗病虫能力弱。

双瓣茉莉：我国大面积栽培的用于窨制花茶的主要品种。植株高 1～1.5 m，直立丛生，分枝多，茎枝粗硬，叶色浓绿，叶质较厚且富有光泽，花朵比单瓣茉莉、多瓣茉莉大，花蕾洁白油润，蜡质明显。花香较浓烈，生长健壮，适应性强。

多瓣茉莉：枝条有较明显的疣状突起，叶片浓绿，花紧结，较圆而小，顶部略呈凹口。多瓣茉莉花期较长，香气较淡，产量较低，一般不作为窨制花茶的鲜花。

二、生物学特性

1. 形态特征

茉莉为常绿灌木。单叶对生，叶片纸质，圆形、椭圆形、卵状椭圆形或倒卵形，长 4～12.5 cm，宽 2～7.5 cm，两端圆或钝，基部有时微心形；叶柄长 2～6 mm，被短柔毛，具关节。聚伞花序顶生，通常有花 3 朵，有时单花或多达 5 朵；果球形，直径约 1 cm，呈紫黑色。花期 5—8 月，果期 7—9 月。

2. 生态习性

茉莉性喜温暖湿润气候，在通风良好、半阴的环境生长最好。土壤要求疏松、肥沃的微酸性沙壤土，最适 pH 为 6～6.5。栽植土可用园土和砻糠灰或园土和蛭石、腐叶土的混合土壤。多数品种畏寒、忌旱，不耐霜冻、湿涝和碱土。生长适温为 25～35 ℃，冬季气温低于 3 ℃时，枝叶易遭受冻害，如持续时间长就会死亡。

三、栽培技术

1. 地块规划

地块周围要开排灌沟和畦沟相通，以利于灌溉排水。地块畦宽 100 cm，畦高平地 25～30 cm，畦高坡地 10～15 cm，沟宽 30 cm，畦面土块打碎整平。

2. 品种选择与繁育

（1）品种选择：选择适合当地种植的抗病、高产、优质的双瓣茉莉品种。以素馨、单台茉莉、番茉莉、雪瓣等品种为主。向外地引种时，要进行苗木检疫，不得将当地尚未发生的危险病虫害随种苗带入。

（2）苗木繁育。

①母树的选择：于品种纯正，健壮，无病虫害，树龄 3～6 年的优良茉莉植株上，选择粗壮充实、皮部已现麻花色的一年生老熟枝条作插穗进行培育。

②苗地准备：苗床应选择水源充足，排灌方便的地块；宜选用微酸性沙壤土，土壤 pH 为 6～6.5，扦插前需耕翻土地，整平做畦，畦面宽 100～110 cm，高 20～25 cm，并覆盖上黑色塑料薄膜。

3. 种植管理

（1）种植时间：春插在 2 月下旬至 3 月上旬，秋插在花期结束后的 10 月中下旬至 11 月上旬进行较为合适。

（2）种植方法：月平均气温在 12 ℃以上时均可种植；地块畦内按行距 55～65 cm，穴距 25～35 cm，每 667 m^2 种植 3000～4800 穴，每穴栽苗 2～3 株。

NOTE

(3) 灌溉:种植后淋足定根水,定植初期要经常浇水,并用塑料薄膜覆盖畦面,提高土壤保土蓄水能力。干旱要适时灌水,也可采用人工喷灌。

(4) 疏叶:又称“摘叶”或“打叶”,是茉莉培育管理的一项特殊措施,即摘除茉莉的部分叶片,使养分集中在旺盛生长的枝梢上,从而孕育更多花蕾,并改善通风透光条件,抑制病虫害蔓延。枝条多、叶片茂密的花丛应重疏叶,即摘去整片叶子,保留叶柄,一般只摘去总叶数的三分之一。幼龄茉莉不必疏叶。疏叶遵循自下而上、疏下留上的原则,在每次花汛过后进行,8 月下旬停止疏叶。

(5) 修剪:2 月下旬进行春季剪枝,剪枝高度宜留桩 20～30 cm,宜在上年剪口上 2～3 cm 处剪枝,每隔 4～5 年进行一次低剪更新。

(6) 防冻:轻霜与霜期短的产区可将塑料薄膜直接盖在茉莉树上;冻害较重的产区采用按畦搭棚的办法,可用塑料薄膜搭棚覆盖保温防冻。

4. 土壤管理与施肥

(1) 土壤管理。

①种植前先进行深翻晒白,改善土壤结构,减少病虫害。

②种植后初期,宜用塑料薄膜覆盖畦面,提高花园的保土蓄水能力。

③中耕除草在种植后初期,宜浅耕,如有杂草,应及时拔除。一般全年要进行 6 次以上中耕松土、培土,结合清除杂草,避免伤根。

(2) 施肥。

①基肥:种植前或每年春季剪枝后施足基肥,每 667 m^2 施用腐熟农家肥 1000～1500 kg 或生物有机肥 700～800 kg。根据土壤条件,配合施用茉莉花专用肥或氮、磷、钾肥。

②追肥:用充分腐熟人畜粪水加 3%过磷酸钙和 1%硫酸钾,应薄肥勤施,注意幼树少施,壮树多施。

③不允许使用的肥料:在生产中不应使用重金属含量超标,含有害物质的城市生活垃圾、污泥、工业垃圾和未经无害化处理的有机肥。

5. 病虫害防治

(1) 防治原则:遵循“预防为主,综合治理”的植保方针。从茉莉花基地整个生态系统出发,综合运用各种防治措施,创造不利于病虫草等有害生物滋生和有利于各类天敌繁衍的环境条件,保持茉莉花基地生态系统的平衡和生物的多样性,将各类病虫害控制在经济阈值以下,将农药残留降低到规定标准的范围内。

(2) 农业防治。

①选用抗病品种:应选用对当地主要病虫抗性较强的茉莉品种。

②及时采摘:及时采摘受害花蕾,对栖居花蕾中的茉莉叶野螟、茉莉花蕾螟、蓟马等有很好的控制效果。

③合理修剪:修剪既可培育树冠,又可剪除寄居在嫩叶、花蕾中的害虫,恶化病虫的生存环境,起到良好的防治作用。如合理控制茉莉树的高度,便于采花及减轻害虫的危害;花期结束后进行树冠改造,可减轻蚧类害虫、白粉虱的危害。

④茉莉花地翻耕:秋末结合施基肥,进行茉莉花地翻耕,对在土壤中越冬的鳞翅目害虫也有较好的防治效果。

⑤及时清园:秋末将茉莉花地根际附近的落叶清理至行间深埋,可有效防治叶类病和减少在土壤中越冬的害虫的发生。将枯枝落叶和杂草清理干净,集中进行无害化处理。

(3) 物理防治。

①灯光诱杀:利用害虫的趋光性,在其成虫发生期,田间点灯诱杀,减轻田间害虫的发生量。按每 667m^2 安装 25～30 盏频振式杀虫灯或 200 盏高空杀虫灯。

②黄板捕杀:每 667 m^2 安装黄板或蓝板 40～60 张,利用白粉虱、蚜虫对黄色或蓝色的趋性,使它们粘在诱杀板上,以达到消灭白粉虱、蚜虫的目的。

③人工锄草:提倡人工锄草,不用或少用化学除草剂。

NOTE

(4) 主要病虫害及化学防治。

①主要病虫害。

蓟马:该虫主要在花内为害花冠、花蕊,一朵花一般有虫数头,花冠较大的花蕊内,成虫、若虫可多达几十头,花冠受害后出现横条或点状斑纹,最严重的可使花冠变形、萎蔫以致干枯。

茉莉白绢病:该病历年普遍发生,属土传真菌性病害,主要为害茉莉根部,最终造成整株枯死,一般死亡率为10%~30%,严重影响茉莉花产量。越冬病菌一般在4月底至5月初,开始萌发初次侵染,6—9月为盛发期。防控关键时期是在发病前或发病初期。

茉莉枝枯病和褐斑病:这两种病主要为害茉莉枝条,造成枯枝或全株死亡。

②化学防治:蓟马、茉莉叶野螟、茉莉花蕾螟、茉莉花蕾蛆,可选用20%氯虫苯甲酰胺或40%烯啶·吡蚜酮可湿性粉剂或阿维菌素类或Bt悬浮剂等高效、低毒、低残留性生物农药进行叶面喷雾。

6. 采收

(1) 采收标准:采"熟蕾",不采"白花""青蕾"。"熟蕾"即含苞欲放,花冠筒已伸长,外观饱满、肥大,洁白者;采摘要求具有花萼、花柄,不夹带茎梗。"白花"即茉莉树上已完全开放的花。"青蕾"即未成熟的茉莉花蕾。

(2) 采摘时间:中午11时后至天黑前采摘,不宜推迟摘花时间,这时采摘的花花质好、产量高。

(3) 茉莉花的运送:用清洁、通风性良好的塑料网袋盛装鲜花。运送过程要防止花朵遭受挤压损伤或发热变质和混入有毒、有害物质。

四、营养与加工利用

1. 茉莉花茶

花茶在中国具有相当悠久的产销历史,且在茶产业中的相对体量较大,茉莉花茶在花茶品类中占比最大。茉莉花茶是中国劳动人民的智慧创造,是中国特有的一种再加工茶类,也是历史名茶,是传统与时尚、花与茶结合的产物,具有独特的品质风味与保健功能。

近几年中国茉莉花种植面积稳中略增。在茉莉花四大主产区中,广西横县种植面积7533 hm^2,占58.4%;四川犍为3400 hm^2,占26.36%;福建福州1666 hm^2,占12.91%;云南元江300 hm^2,占2.33%。茉莉花茶主要以烘青绿茶为原料窨制而成。2019年,中国茉莉花茶总产量约113600 t,占全国茶叶总产量的4.06%,高于黄茶和白茶产量之和,约为红茶产量的二分之一。2019年,中国茉莉花茶农业总产值121.95亿元,占全茶类总产值的5.09%。

2. 药用

与众多植物相似,茉莉也具有很好的药用价值。茉莉的医药保健功效早有记载,例如北齐年间医家经验总结《龙门石窟药方》曾提到用茉莉花叶、车前草汁和蜜一匙,顿服一升,每日三次以治疗赤目痢。现代多采用微观技术研究茉莉的化学成分,茉莉成分较为复杂,含有挥发油类成分、脂肪类化合物、糖苷类、黄酮类、萜类、木脂素、生物碱等多种分子结构。茉莉各部位结构不同,其药理效果也不一。可将茉莉分为根部、叶部以及花部三个部位研究。

(1) 根。茉莉根是一味中药,其味苦,性温,有毒;归心、肺经。明代医家李时珍的著作《本草纲目》中对茉莉有这样的描述:其根性热有毒,以酒磨一寸服,则昏迷一日乃醒,二寸二日,三寸三日。凡跌损、骨折、脱臼、接骨者用此,则不知痛也。叶橘泉《现代实用中药》中曾提示茉莉根具有麻醉的作用;《四川中药志》中更是以"茉莉根捣绒,酒炒包患处"作为续筋接骨止痛的选方。此外,《湖南药物志》中也提及茉莉根三至五分,磨水服,可治疗龋齿和失眠。综上可得,茉莉根有麻醉、止痛、接骨、治跌损筋骨、龋齿、头顶痛、失眠等作用。

(2) 叶。我国最早研究茉莉叶的文献是广州部队后勤部卫生部编的《常用中草药手册》,其中关于茉莉的主治用法中提到:治外感发热,腹胀腹泻,每用干花或干叶1~2钱,与他药配合,水煎服。茉莉叶味辛、微苦,性温;归肺、胃经。此外,茉莉叶中含有一种黄酮成分。天然来源的黄酮分子量很小,能被人体快速吸收,进而体现出如下功能:消除疲劳、保护血管、防止动脉硬化、扩张毛细血管、改善微循环、抗

NOTE

氧化、抗衰老、活化大脑及其他脏器细胞。

(3) 花。茉莉花入药选用其干燥的花，鲜时呈白色，干燥后呈黄棕色至棕褐色，冠筒基部的颜色略深。气芳香，味涩。以纯净、洁白者为佳。其味辛、微甘，性温，辛多芳香，甘可缓、和、补，有补益、调和药性和缓急止痛的作用。清代著名医家张璐《本经逢原》云：茉莉花，古方罕用，近世白痢药中用之，取其芳香散陈气也。张山雷《本草正义》曰：茉莉，今人多以和入茶茗，取其芳香，功用殆与玫瑰花、代代花相似，然辛热之品，不可恒用。由此可知，茉莉花入药多采用其芳香的特性，现代研究也证明了茉莉花中确实含有多种挥发油类成分、糖苷类物质、脂肪类化合物等。茉莉花的提取品茉莉精油就有很好的医疗作用，但茉莉花作为药物气味芳香，中医认为，芳香药物性味辛香，长期使用易导致津液耗伤、阴虚火旺，使用适宜多可理气、开郁、辟秽、和中，治下痢腹痛、结膜炎、疮毒、痢疾、中耳炎、消化不良等症。

3. 食用

茉莉花、叶和根都可药用，具有清热解表、利湿的作用。茉莉花具有食疗保健功效且食用方法多样。明代高濂《遵生八笺》记载了茉莉调汤和烹制菜肴的做法：每于凌晨，采摘茉莉花三二十朵，将蜜碗盖花，取其香气熏之。午间去花，点汤甚香；茉莉花嫩叶采摘洗净，同豆腐熬食，绝品。现在茉莉花粥、茉莉鸡丝等仍为众人餐桌上的美食。茉莉亦是上好的酿酒原料，双料茉莉酒即为古酒名，明代冯梦祯《快雪堂漫录》记载了茉莉酒的酿法：用三白酒或雪酒色味佳者，不满瓶。上虚二三寸，编竹为十字或井字，障瓶口，不令有余不足。新摘茉莉数十朵，线系其蒂，悬竹下令齐，离酒一指许。贴用纸封固，旬日香透矣。

4. 茉莉香精

茉莉花香淡雅，朴素自然，可安定情绪，消除神经紧张，去除口臭，还有防治腹痛和慢性胃炎、提神解乏、润肠通便、美容、明目等功效。在国际上，茉莉种植的目的，除观赏外，主要是利用其提制香料——茉莉浸膏。茉莉浸膏主产于埃及，其产量占世界总产量的 60%左右，其次为印度(约占 24%)、中国(约占 10%)。提制香料的方法很多，现盛行的主要有挥发性溶剂提取法和冷吸法 2 种，另外，超临界 CO_2 萃取法也具有较高的开发前景。

5. 饲料和肥料

茉莉熏制花茶后剩下的花渣，可作饲料和肥料。茉莉花渣营养丰富，富含蛋白质、粗纤维和能量。据测定，茉莉花渣中水分、粗蛋白、粗脂肪、粗纤维的含量分别为 13.5%、18.95%、4.45%、10.1%，还含有丰富的氨基酸和多种维生素、叶黄素及花粉中所特有的一些未知因子。而且花渣带有浓厚的茉莉花香味，可以改善饲料品味，防止饲料霉变，延长饲料储藏时间。

第六节　万　寿　菊

万寿菊

一、概述

万寿菊(*Tagetes erecta* L.)，又叫万盏花、臭芙蓉，原产于墨西哥，为菊科万寿菊属一年生草本植物。我国自 20 世纪 80 年代开始引种万寿菊，目前已在东北、西北、华北、西南等地区广泛栽培。其花色鲜艳，花朵多，花期长，一般可维持 2～3 个月，具有较好的观赏价值。

万寿菊以花入药，味苦、辛，性凉，具有平肝、清热、祛风、化痰、补血通经、祛瘀生新的功效。可治感冒、百日咳及多种眼疾。科学家发现万寿菊鲜花含有多种人体所需的维生素及微量元素，能增强人体新陈代谢，助人长寿。据报道，“世界长寿之乡”——俄罗斯高加索地区的居民经常食用万寿菊的鲜花。

万寿菊花色鲜艳并含有叶黄素、多酚等多种生物活性成分，是提取纯天然黄色素的主要原料。万寿菊的浸出液不但含有多种营养成分，还是制作高级香精、食用色素和工业染料的原料。因其无臭、无污染、无毒副作用，不仅广泛应用于饮料、乳制品、肉类、糖果糕点等食品工业，还广泛应用于洗涤品、化妆品、油漆、建筑装修等领域，如生产叶黄树脂漆、乳酸漆等企业需使用大批量的万寿菊色素。随着工业化

NOTE

的发展，天然黄色素的应用领域会更加广阔。国内天然叶黄素需求量在100000 t以上，而市场实际产量不足6000 t。1 g叶黄素价格与1 g黄金价格相当，故有“软黄金”之称。目前，这种天然叶黄素在市场上供不应求，前景十分可观。

万寿菊具有适应性强、成本低、易管理、抗灾能力强、经济效益高等特点。栽培万寿菊一般每亩保苗2000株，株产鲜花1～1.5 kg，亩产鲜花2000～3000 kg。通过种植万寿菊可营造生态旅游景观，对促进生态旅游的发展、农业增效、农民增收具有重要意义。

二、生物学特性

1. 形态特征

万寿菊为一年生草本植物，高50～150 cm。茎直立，粗壮，具纵细条棱，分枝向上平展。叶羽状分裂，长5～10 cm，宽4～8 cm，裂片长椭圆形或披针形，边缘具锐锯齿，上部叶裂片的齿端有长细芒；沿叶缘有少数腺体。头状花序单生，直径5～8 cm，花序梗顶端棍棒状膨大；总苞长1.8～2 cm，宽1～1.5 cm，杯状，顶端具齿尖；舌状花黄色或暗橙色，长2.9 cm，舌片倒卵形，长1.4 cm，宽1.2 cm，基部收缩成长爪，顶端微弯缺；管状花花冠黄色，长约9 mm，顶端具5齿裂。瘦果线形，基部缩小，呈黑色或褐色，长8～11 mm，被短微毛；冠毛有1～2个长芒和2～3个短而钝的鳞片。花期为7—9月。

2. 生态习性

万寿菊生长适宜温度为15～25 ℃，花期适宜温度为18～20 ℃，要求生长环境的空气相对湿度在60%～70%，冬季温度不低于5 ℃。夏季高温30 ℃以上，植株徒长，茎叶松散，开花少。10 ℃以下，生长减慢。万寿菊为喜光性植物，充足阳光对万寿菊生长十分有利，植株矮壮，花色艳丽。阳光不足，茎叶柔软细长，开花少而小。万寿菊对土壤要求不严，以肥沃、排水良好的沙壤土为宜。

三、栽培技术

1. 育苗

万寿菊以播种为主要繁殖方式，也可以扦插，有条件可以做温床。

(1) 育苗基质：选用疏松、透气、保湿的材料作为育苗基质。有条件的可以按泥炭土∶珍珠岩∶蛭石＝2∶1∶1育苗；如果自制育苗基质，可以采用腐殖土∶园土∶河沙＝2∶1∶1，基质使用前用1000倍高锰酸钾溶液消毒。

(2) 种子选择：选择发芽率95%、净度98%以上、籽粒饱满的种子，剔除杂质和秕籽，然后进行晒种，杀伤病菌，增强种子活力，提高发芽率。每667 m^2用种量约30 g。

(3) 种子处理：把晒好的种子用50%多菌灵可湿性粉剂250倍液浸泡10～15 min，之后放在30～40 ℃温水中浸泡3～4 h，然后捞出用清水滤1遍，控干水分。拌10倍左右的细沙土，待播。

(4) 播种：长江流域一般立春以后就可以播种，最晚2月底至3月初。一般在大棚或温室中进行，采用128孔穴盘育苗，装好育苗基质，整齐地摆放在苗床中。选择晴朗的天气，对穴盘浇水，直到均匀浇透为止，待播。播时，在基质平面上压出深0.3 cm左右的孔穴，每穴播种1～2粒种子；用细河沙覆平，其厚度以盖住种子为宜；用50%多菌灵可湿性粉剂100倍液均匀喷洒，浇透水，盖上小拱棚。

(5) 苗期管理：播种后，一般2～3天开始发芽，1周左右出苗。出苗后视天气情况，若晴天气温高，需注意通风，防止烧苗；需要进行炼苗，但早晚要盖上拱棚，注意保暖。苗期多注意病害，主要是猝倒病，在炼苗期用15%恶霉灵进行预防；当幼苗长至1叶1心时可喷洒0.2%磷酸二氢钾，促进幼苗健壮生长。

2. 移栽定植

(1) 地块选择：万寿菊要想达到高产、品质好，土壤选择很关键。选择略显酸性，通风、光照好，排水良好的平整土地种植；前茬以玉米茬最好，大豆茬次之。整地做畦，畦宽1～1.3 m，每667 m^2施入有机肥2500 kg、复合肥20 kg，再施入磷酸氢二铵25 kg、硫酸钾15 kg，做到一次性施足基肥；浇水，覆盖地膜，待栽植。

NOTE

（2）定植：播种后约 45 天，即 3 月下旬或 4 月上旬，开始定植，每厢栽植两行，株行距 40～50 cm，并浇透定根水。

3. 田间管理

（1）施肥：生长期根据万寿菊的生长情况进行不定期追肥，以便多开花、开大花。在营养生长期，以追施氮肥为主，并配施少量磷、钾肥及微量元素肥料，追施复合肥 1～2 次，每 667 m^2 每次追施 10～20 kg，以促使万寿菊枝干粗壮端直、叶片肥大，增强万寿菊的抗性。生长中后期追肥则以磷、钾肥为主，初花期每 667 m^2 追施 25%的万寿菊专用肥 15～20 kg，并用磷酸二氢钾 1～2 kg 进行根部追肥；每次采花后，喷叶面肥，0.3%～0.5%磷酸二氢钾、绿丰宝交替使用以促进花芽分化及提高花朵质量。

（2）浇水：万寿菊生长期间要注意把握“旱时及时浇水、涝时及时排水”的原则，孕蕾期前后要保证水分充足。

（3）中耕除草：缓苗后，及时中耕、培土，培土高度以不埋没第一分枝为宜。中后期加强中耕除草，要求生长期每次灌水，合墒后中耕除草 1 次，生育期不少于 3 次。

（4）摘心：在养护管理过程中，当植株达到 45 cm 时进行第一次摘心，第二次摘心是在侧枝长出 3～4 对真叶时进行。通过摘心，促发分枝，增加花量。

4. 病虫害防治

万寿菊在低温、寡照、阴雨连绵等不利气象条件下易发生病虫害，防治坚持“预防为主，防重于治”的原则。

（1）虫害防治。

①地下害虫：每 667 m^2 用 5%甲拌磷颗粒剂 1 kg，结合移栽施入穴中。

②红蜘蛛：在虫害初期进行防治，用 40%氧化乐果乳油 1000～1500 倍液，或 50%马拉硫磷乳油 1000 倍液，每隔 7 天喷 1 次，连喷 2 次。

（2）病害防治：万寿菊在花蕾前期必须打 1 次杀菌剂。病害主要有立枯病、斑枯病、枯萎病等。

①立枯病：症状为幼苗出土后，在茎基部产生椭圆形褐色小斑点，逐渐凹陷，扩大后绕茎 1 周，直至茎基部收缩变细，干枯死亡。

防治方法：出苗后结合浇水，用 50%代森锰锌可湿性粉剂 1000 倍液喷洒，每隔 7～10 天喷 1 次。

②斑枯病：症状为植株下部叶片出现近圆形或不规则形褐色至黑色病斑，病斑周围有褪绿色晕圈，后期出现小黑点。随病情发展，病斑扩大，逐渐向植株上部蔓延，甚至全株叶片呈黑色干叶，悬挂在植株上。夏季降雨次数多、雨量大时，病情发展快，传播快；施氮肥多，植株嫩弱，发病亦重。

防治方法：栽植时避免连作，控制栽植密度，发病初期喷洒 50%可杀得可湿性粉剂 1000 倍液，或甲基托布津可湿性粉剂 500 倍液。

③枯萎病：万寿菊枯萎病分为真菌性枯萎病和细菌性枯萎病 2 种。真菌性枯萎病植株受害后生长缓慢，叶片自下而上失绿黄化，最后整株叶片变褐、萎蔫，直至枯死。真菌性枯萎病可通过土壤传播，夏季气温高、雨水多的情况下发病严重。细菌性枯萎病症状为浅灰色水渍状斑，长 1～2 cm，而后渐变为黑色。茎干受害后软化腐烂，末梢枯萎。

防治方法：合理轮作，发病初期喷洒 50%多菌灵可湿性粉剂 500 倍液，也可用药剂灌根，每株灌兑好的药液400～500 mL，一般用药 2～3 次即可。

④病毒病：发病初期摘除病叶，集中烧毁，以减少病源。发生病害时，主要用病毒灵进行防治。

5. 适时采收

（1）成熟标准：花瓣自花蕾由外向内依次伸出，花瓣全部展开形成一个花球。

（2）万寿菊一般可采摘 8 次，采花期为 5—10 月。采收标准：花瓣全部展开，花蕊的雄蕊部分开放或不开放，达到八九成熟时，综合产量较高。采收时花朵无水珠，无霉烂花梗，花梗长度不超过 1 cm。一般下午 3—4 时采收最好。采后立即交售，不宜在农户手中过夜。

（3）五不采：一是阴雨天不采，二是带露水不采，三是雾天不采，四是不成熟的花不采，五是腐烂、病变、变色杂花不采。

四、营养与加工利用

万寿菊是目前工业化提取制备叶黄素的主要原料之一。近年来随着植物提取技术的不断发展，除传统溶剂提取法之外，酶法、超声波提取、超临界 CO_2 萃取、微波辅助提取、亚临界提取等技术也逐步应用于万寿菊中叶黄素提取制备的研究与实践。

虽然万寿菊叶黄素具有较高的生物活性，但叶黄素属于脂溶性物质，在光、热、氧条件下容易被氧化分解，稳定性和水溶性较差。为了解决上述问题，同时提升叶黄素产品加工经济附加值，近年来国内外研究者纷纷开展了以叶黄素为原料，制备叶黄素微胶囊、叶黄素软胶囊的研究。微胶囊技术利用明胶、阿拉伯胶等物质(壁材)，将叶黄素等脂溶性活性物质包封形成微小粒子(微胶囊)，以达到提升被包封物质稳定性和生物活性的目的。软胶囊剂是保健食品领域使用较多的新剂型，外形美观、生物利用度高、稳定性较好，能够有效防止目标物对光、热敏感成分的分解。

目前，包括汤臣倍健在内的国内外多家保健食品生产企业均已以叶黄素为原料，研发生产了具有保护视力作用的保健食品并投入市场。此外，也有部分食品生产企业以万寿菊叶黄素为原料，添加其他功能原料，研发制备了形状、口味、包装各异的万寿菊叶黄素压片糖果系列产品，并作为快销品进入市场，受到年轻消费者的青睐。

目前万寿菊资源开发利用主要以提取制备叶黄素及其产品进一步加工为主。万寿菊在生产提取叶黄素(脂溶性成分)后约产生 22% 的副产物，含有大量的多酚、黄酮类水溶性生物活性物质及其他生物活性物质。直接废弃一方面将产生严重的环境污染，另一方面也造成资源浪费，增加了资源开发利用的总体成本。基于上述原因，国内研究者和产业界从各自角度开展了万寿菊加工副产物利用的技术开发和实践。目前万寿菊加工副产物利用研究和实践主要集中在残渣中水溶性生物活性物质的提取、分离、制备以及研发制成饲料添加剂两个方面。

随着产业扶贫战略的进一步实施，全国各地万寿菊等特色药用植物的种植规模和产量还将进一步增大和提高。但目前我国万寿菊综合利用技术研究和应用尚处于初级阶段，主要表现在叶黄素等功能物质的基础研究缺失；现有加工企业规模较小，技术设备先进程度不够，产品以简单万寿菊叶黄素提取物为主，深加工产品较少，产品类型单一，利润率不高；产业链条不完整，资源利用率较低，整个产业附加值不高。亟须突破万寿菊加工技术瓶颈，打通万寿菊种植和开发利用环节，实现产业发展和乡村振兴目标。

铁皮石斛

第七节　铁皮石斛

一、概述

铁皮石斛(*Dendrobium officinale* Kimura et Migo)又名黑节草，为兰科(Orchidaceae)石斛属(*Dendrobium*)多年生草本植物。铁皮石斛的茎含有大量多糖、生物碱、氨基酸、菲类化合物等有益于人类健康的药用活性成分，具有抗肿瘤、抗凝血、降血脂、降血压、提高免疫力、抗衰老等功效，近年来在疾病治疗、疾病预防、营养保健、美容养颜等领域有着广泛应用。它是我国名贵中药材，素有“中华仙草”“药中黄金”之美称，居“中华九大仙草”之首。为此，2010 年版《中国药典》特将铁皮石斛从石斛类药材中划出，单独收载。我国野生铁皮石斛主要分布于云南、贵州、浙江、四川、广西、河南、安徽等地，一般生长于高温多湿的热带和亚热带区域，适宜温暖湿润的气候和阴阳各半的环境，分布在高海拔的悬崖峭壁、树干表面和岩石缝隙中，分布稀少，一般只有在上述环境中背阴、避光、通风的地方才能找到。铁皮石斛是一种生长缓慢、自身繁殖能力较低的附生植物。其对生长环境要求高，不耐寒，不易快速繁殖，如遇阳光或强光直射过久，以及遇暴雨、雪冻会即刻死亡。其生长条件需要较大的湿度，但过多的水分又

NOTE

会使植株根部腐烂导致死亡。

由于铁皮石斛生长缓慢和对生长环境要求较高，野生产量低，自身繁殖能力低，且经长期人为过度采挖，自然野生资源濒临枯竭。为了保障铁皮石斛资源的可持续利用，我国将铁皮石斛列为二类重点保护的野生植物和国家重点保护的珍稀濒危药用动植物物种。目前采用大量快速繁殖性状一致的种苗技术，进行人工栽培，变野生为家种，保障铁皮石斛资源的可持续利用，已经成为保护和发展这一珍贵药材品种的迫切需要。

铁皮石斛自然繁殖率低，需要将其种子经生物组培繁殖出大量达到种植标准的试管苗，在外界环境下经过一段时间炼苗，最后出瓶洗苗进行田间移栽种植管理。这种经过人工培育种植的铁皮石斛苗，与自然环境下的铁皮石斛相比，具有生长周期短、苗品规整、产量高、多糖含量高等特点。近年来，铁皮石斛因其保健药用价值高而备受关注，市场需求逐年增加，全国人工种植铁皮石斛面积也逐年扩大，其植物资源开发利用的研究也越来越被重视。

二、生物学特性

1. 形态特征

铁皮石斛茎直立，圆柱形，绿色或铁灰色，有明显的节和纵槽纹，基部稍窄；多节，节间略膨大，节部稍缢缩，黑褐色并具明显光泽。叶少数，互生于茎上部，无柄，叶片长圆状披针形，叶鞘膜质，紧抱节间，叶面与叶鞘均具淡紫色斑点。总状花序生于具叶或无叶茎的上部节上，淡黄绿色或淡黄色。果实为蒴果，长卵状，暗绿色至青绿色，布有棕褐色斑点；种子小而多；种内胚发育不全或不成熟，无胚乳。根附生于岩石上，为无分枝的气生根，扁圆。

2. 生态习性

铁皮石斛属阴性、湿生、附生类多年生植物，不以土壤为生活载体，主要附生于树干或崖壁上，属合轴生长植物。铁皮石斛适宜在半阴半阳的环境下生长，温湿度要求较高。适宜的生长温度为 25～30 ℃，最适湿度为 80%，自然条件下铁皮石斛 3—4 月萌发新芽，5—9 月为生长高峰期，11 月至次年 2 月进入休眠期，老叶逐步脱落。

铁皮石斛的假鳞茎基部有分蘖能力，但是自然条件下分蘖很慢，一般 1 年只分蘖 1 茎，每年分蘖茎生长量也增加，一般可以根据茎数和茎的高矮判断其株丛“年龄”。1 年生新茎下会萌生须根，春、夏季是生长高峰，秋季进入休眠状态时叶不脱落，属于常绿生活型；2 年生茎主要是积累营养和孕花，一般不再生长，第 2 个生长季节结束后，茎上的叶开始逐渐脱落；3 年生茎开花结果，开花茎落叶后则不再萌生新叶，呈赤裸状；4 年生茎丧失分蘖能力；5 年生和 6 年生的茎则相继枯萎死亡。铁皮石斛自然结果率很低，其平均自然结果率仅为 0.31%。

三、栽培技术

1. 品种和种苗选择

根据当地环境选取高产、优质和抗病能力强的铁皮石斛品种。当前，组培苗是铁皮石斛种苗的主要来源，选择植物细胞具有较强分生能力的一代苗或者二代苗。在进行栽培时，应选择健壮、整齐一致，苗高 4～5 cm、有 2～3 条根系、根长 2～3 cm、茎秆颜色大致相同的组培苗。

2. 炼苗

在人工移栽前可先将生长健壮、达到种植标准的瓶苗搬到温室大棚进行 7 天左右的炼苗，使得瓶苗慢慢适应外界的自然环境，最后出瓶移栽。一般出瓶苗标准：促根苗接入瓶苗 3～5 个月，苗高 3～6 cm，有 4～5 条根，根长 3～5 cm，呈白色微带绿状，有一定数量的叶片，无黄叶，叶色正常，植株正常无变异。

3. 出苗和假植

驯化组培苗经常温炼苗适度后出瓶，用清水充分冲洗，晾干至根部发白时在避雨荫棚中进行假植驯

NOTE

化。搭建距离地面高 50～80 cm，宽 120～150 cm 的苗床。床底垫以遮阳网作漏水层，杂木屑(刨花)、杂木糠和珍珠岩按 1:1:0.5 的比例配制成假植驯化基质。基质必须预先高温消毒，含水量以手抓不滴水为宜，杂木屑必须经发酵催熟。铺基质厚 5～10 cm。按 4 cm×5 cm 的株行距每平方米栽 500 株左右，栽后在行间零星垫上活苔藓。移栽后 2 周内进行喷雾处理，保持叶面湿润，切勿浇水；移栽 2 周后方可喷洒基质至含水量为 65%；移栽 20 天后，每周于叶面喷施 1 次 0.3%磷酸二氢钾。假植驯化以试管苗茎段变肥厚粗壮，嫩叶鲜绿，老叶浓绿且革质化，根茆芽有少量显露为宜。

4. 栽培场地及设施选择

栽培场地应选择在地势高、气候干燥、背风向阳、水源水质清洁、交通便利的地方。人工设施栽培铁皮石斛应选用钢架大棚，而且栽培在人工苗床上，这样可以满足铁皮石斛生长最佳环境条件要求，许多因素可以人工控制。大棚一般长 42 m，宽 8 m，顶高 4 m，棚顶覆盖无滴膜的遮阳网，大棚四周和入口装上防虫网，棚内安装自动喷淋系统(喷雾、喷肥、喷药)；棚内搭建高架栽培床，使其能轻松控制水分，并透气，栽培床宽 1.2 m，床间距 0.8 m，架空高度 0.4 m。

5. 移栽定植

(1) 基质选择：组培苗的移栽成活率是组培生产种苗成功与否的重要指标。移栽基质是影响组培苗移栽成功与否的重要因素，尤其对于铁皮石斛这种对栽培基质的水分、通气、营养等状况要求比较严格的附生植物而言，其影响尤为突出。人工栽培可以将种植香菇时的废弃菌棒粉碎、晒干后代替刨花、甘蔗渣、水苔、蕨根、木糠等作为栽培基质。个别的盆栽基质也用树皮、木炭等。试管苗最适宜的基质是 1/3 泥炭土+1/3 锯末+1/3 珍珠岩，覆以苔藓类，或是用疏松透气的石灰岩。如果根部长期处在水分过多的基质中，其皮层薄壁组织细胞将不再发育而迅速腐烂，导致根坏死。

(2) 定植时间：移栽定植于每年 3—4 月或 8—9 月进行，气温过低或过高均不适合移栽。

(3) 定植方法：定植时在基质上挖 2～3 cm 深的小洞，轻轻将炼苗、出瓶洗净后的组培苗根部放入小洞，注意不要弄断其肉质根，然后用基质盖好，株行距为 6 cm×9 cm。每 667 m^2 大棚盆栽 3500 盆，每盆栽 3 株，需苗 10500 株左右。应将裸根苗、少根苗、污染苗与正常苗分开栽培，便于管理。

6. 栽培管理

(1) 组培苗素质：组培苗根长 0.5～1 cm 时是铁皮石斛的最佳移栽时期。试验证明：组培苗大小与成活率关系不明显，但与产量关系极为显著。因为组培苗越小其体内积存的有机物和能量越少，对外界环境适应能力和抵抗力都很差，且生长缓慢。

(2) 光照：铁皮石斛生长需要半阴半阳的气候环境，生长期需散射光，花期需光量相对较多。铁皮石斛组培苗生长适宜光照强度为 30000 lx 以内。

(3) 温湿度：铁皮石斛组培苗在凉爽、湿润、空气流通的地方生长，适宜的生长温度为 20～30 ℃。夏季温度高时，大棚须通风散热，同时进行喷雾降温保湿；冬季气温低时，可通过加温控制棚温达 10 ℃即可。移栽后 1 周内保持空气湿度为 90%，1 周后保持空气湿度为 70%～80%。

(4) 激素：施用外源生长素(GA、6-BA)时增产效果明显，主要原因是激素处理可以增强活性氧清除剂的活性，降低膜脂过氧化作用产生的 MDA，有利于提高铁皮石斛的抗逆性。

(5) 营养：施用适当浓度的营养液可较大幅度提高铁皮石斛的产量。营养液由硝酸钾、硫酸铵、硫酸镁、硫酸铁和磷酸二氢钾组成，一般在组培苗定植 15 天后施用最好。同时，叶面肥的施用可以有效促进茎叶伸长生长，茎节、直径加长加粗。

(6) 水分：刚移栽的组培苗水分适量，要求保持基质湿润，但不积水，棚内空气湿度保持在 80%以上，浇水最好采用喷淋设施。夏天气温高，蒸发量大，需每天浇水，冬天气温低，水分不易散失，基质偏干可补充适当水分。

7. 主要病害及防治

铁皮石斛人工种植过程中常见病害分为两大类：生理性病害和病理性病害，其中病理性病害根据病原体类型又分为真菌性病害、细菌性病害和病毒性病害。

NOTE

(1) 生理性病害：其主要症状表现为萎蔫、烂根、叶片发黄脱落、生长缓慢或停止等。病害产生的主要原因是种植过程中肥水管理不当、湿度和温度过高或过低、光照过强或过弱、农药使用过量、有害物质过多等。生理性病害通常表现为整株发病，有明显的由轻到重的过程。生理性病害不会在植株间传染，但会导致病理性病害发生。

生理性病害防治要点：提高栽培管理水平，满足铁皮石斛对生长环境的严格要求。铁皮石斛喜湿润冷凉、通风，忌干燥、积水。将栽培环境温度控制在 15～30 ℃，夜间温度为 10～13 ℃，昼夜温差保持在 10～15 ℃，生长期温度保持在 16～21 ℃更佳；空气相对湿度保持在 80%左右；夏、秋季遮光 70%左右，冬季遮光 40%左右。

（2）病理性病害：其症状表现为器官的明显病变，如变色、坏死、腐烂、萎蔫和畸形，另外植株的发病部位会出现病原体的某些病征，如粉状物、霉状物、点状物、锈状物、煤污状物和脓状物等。病害的产生是由于植株感染真菌、细菌或病毒等病原体。病理性病害会在植株上产生明显病斑，病害能在植株间相互传染。铁皮石斛常见的病理性病害有炭疽病、黑斑病、白绢病、黑腐病、软腐病等。

病理性病害防治要点：加强种植棚内空气的流通，控制湿度，做好棚内清洁，及时清除地面的病残体。在病情初发时，及时去除患病部位或整株，立即烧毁，同时针对病原体喷施相应的杀菌剂、撒生石灰等对植株和环境同时进行消毒。

（3）主要病害症状及针对性防治措施。

①炭疽病：主要危害叶片和茎部，幼苗、成株均可得病。叶片感病是铁皮石斛常见的病害之一，大量发生时可导致叶落，严重影响铁皮石斛的生长，1—5 月均会发生。发病时主要症状表现为两种：一种是叶缘和叶尖长出中部呈淡褐色或灰白色而边缘呈紫褐色或暗褐色的近圆形病斑，严重时可使大半叶片枯黑；另一种是茎上产生淡褐色圆形或近圆形的病斑，病斑边缘稍厚，色深，中间较薄，易穿孔。病斑上黑色小点即病菌分生孢子盘。该病原体属半知菌类炭疽菌属，病原菌的分生孢子主要通过风雨、浇水等传播，多从伤口处侵染，栽植过密、通风不良、叶子相互交叉、气候闷热时易感病。

药剂防治方法：可用 75%甲基托布津可湿性粉剂 700～1000 倍液，或 25%咪鲜胺乳油，或 25%溴菌腈可湿性粉剂 500 倍液，或 50%退菌特可湿性粉剂 800～1000 倍液，或 80%炭疽福美可湿性粉剂 800 倍液，每隔 7～10 天喷药 1 次，连喷 3～4 次。

②黑斑病：也称褐斑病，主要为害嫩芽与嫩叶，是铁皮石斛移植苗上最常见的一种病害，一般于 3—5 月发生。在叶上发生时，起初叶背出现淡黄棕色麻点，然后在叶面上形成深褐色斑点，有暗灰色瘤状被膜，一般有黑色边缘，又称为“疮痂病”，病斑一旦产生便不再消失，严重时造成全叶枯死。该病一旦发生，病斑扩展十分迅速，几日便可造成植株死亡。该病病原菌属半知菌类真菌，菌丝呈褐色，有隔膜，通过气流传播，春、秋两季发生较多。

药剂防治方法：用氯化汞兑 100 倍水的药液洗叶；用甲基托布津可湿性粉剂 1000～1500 倍液防治，每隔 7～10 天喷洒 1 次；用 1∶1∶150 的波尔多液，或 25%咪鲜胺乳油，或 10%苯醚甲环唑水分散粒剂 800～1000 倍液，每隔 15～30 天喷洒 1 次，喷雾 2～3 次。可不同药剂交替使用以避免产生抗药性。

③白绢病：也称白丝病、菌核病，病体物为半知菌亚门真菌，在近地面的茎基部发病。在夏季高温多湿或土壤偏酸时易发病，4—5 月开始侵染，6—8 月为发病高峰期，该病可导致铁皮石斛基部腐烂并形成毁灭性危害。主要症状表现为病发时，在种植畦表面可见白色绢状菌丝及中心部位形成褐色菜籽样菌核。近地茎部出现黄色至淡褐色的流水病斑（像被开水烫过），丝状物在根际土壤表面及茎、叶上蔓延。后期病斑变褐色至黑褐色，感染部位腐烂变软，植株很快腐烂和死亡。

药剂防治方法：用 0.2%五氯硝基苯 500 倍液，或 50%多菌灵可湿性粉剂 600 倍液，或 70%甲基托布津可湿性粉剂 800 倍液，着重喷雾植株基部及四周基质，每隔 7～10 天喷 1 次，连喷 2～3 次。此外，撒石灰粉调节土壤酸碱度，或用五氯硝基苯粉剂 50 g 拌半干湿细沙土 4～5 kg，撒在病株根茎处，可抑制病情蔓延。

④黑腐病：又称冠腐病、猝倒病、心腐病，其病原菌为烟草疫霉菌（终极霉菌），可危害铁皮石斛当年移植幼苗的心叶、茎、根等，引起植株死亡，是铁皮石斛常见真菌病之一。病发时，在叶面上出现细小的、有黄色边缘的紫褐色湿斑，并逐渐变为水渍状扩大，较大和较老的病斑中央变成黑褐色和黑色，用力挤

NOTE

压时还会渗出水分，随后叶片变软，不久腐烂脱落。此外，病原菌也能侵入根部和根状茎，然后向上扩散至茎及叶片基部，从而造成全株死亡。在种植棚内温度高、浇水过多、通气不良的情况下，叶梢中积有大量水分，时间一长，最易引发该病。

药剂防治方法：可用1∶1∶150的波尔多液，或72.2%霜霉威盐酸盐（普力克）500倍液，或58%精甲霜·锰锌可湿性粉剂1000倍液，或80%代森锰锌可湿性粉剂50倍液交替喷施，必要时可3～7天内重喷1次。

⑤软腐病：该病是铁皮石斛夏季易发生的主要病害之一，高温高湿环境最易发生，发病快且传播性强。导致该病的病原体主要为腐霉菌，多从伤口（如虫害或机械伤害造成的伤口等）处侵染植株，当植株的抵抗力不足以抵抗该病病原菌危害时就开始发病。其最初发病部位多为茎的基部或根部，开始受害处为暗绿色水浸状，迅速扩展呈黄褐色软化腐烂状，腐烂部位有特殊臭味。发病一段时间后植株开始萎蔫，叶片变黄。

药剂防治方法：发病初期，用广谱抗菌剂如甲基托布津、多菌灵、农用链霉素等药剂对基质消毒杀菌。用77%可杀得101可湿性粉剂500倍液，防治效果最好，喷药后12天防治效果可达78%，或用75%甲基托布津可湿性粉剂800倍液喷雾。此外，昆虫也能传播该病，所以还要做好防虫工作。

8. 主要虫害及防治

铁皮石斛虫害的发生与栽培环境和栽培方式密切相关。虫害主要来源于栽培的大环境，采用地厢栽培时，营养丰富的基质、甘甜的铁皮石斛都能吸引害虫。害虫通过吸食铁皮石斛汁液，咬食根、茎、叶等方式直接导致植株残败或因伤口染病。危害铁皮石斛的主要害虫有介壳虫、蚜虫、蜗牛、蛞蝓、蚯蚓和蚂蚁，部分种植地区还可能有蚱蜢、红蜘蛛等。

铁皮石斛虫害防治要点：因地制宜，选择适宜的种植环境。大棚采用防虫网隔离，可用立柱塔床栽培替代地厢栽培来减少病虫害。先进行人工捕捉、诱杀，然后进行药剂防治。

(1) 介壳虫和蚜虫：介壳虫和蚜虫主要通过吸食铁皮石斛汁液，致使叶片发黄，逐渐扩大以至枯萎死亡。介壳虫固定寄生于铁皮石斛叶的中脉、叶背、叶鞘和假鳞茎上。蚜虫多聚集在叶茎顶部柔嫩多汁的部位。

防治方法：零星发生的介壳虫和蚜虫可用软刷轻轻刷除并杀死，或剪去带虫枝叶集中烧毁。还可用异色瓢虫、七星瓢虫、龟纹瓢虫等天敌进行防治，有效避免农药使用。在虫盛发期喷药，可用40%乐果乳油1000倍液或50%敌敌畏乳油1000倍液，每隔7～10天喷1次，连喷2～3次。对于已形成一层角质包裹着的介壳虫，可适当加大药物浓度。

(2) 蜗牛和蛞蝓：蜗牛和蛞蝓（俗称鼻涕虫）喜欢咬食铁皮石斛的叶芽、花芽、花朵和暴露的根，严重影响其生长，它们爬行时在地面留下的白色胶质也不利于铁皮石斛生长。

防治方法：铁皮石斛的种植场地非常适合蜗牛和蛞蝓的生长和繁殖，需要经常防治，如在种植场四周撒石灰、草木灰、具芒麦糠、谷皮等。虫害发生后，在晚间和清晨人工捕捉，或用蘸取蔗糖溶液的白菜叶诱捕而杀之，或用麸皮拌敌百虫撒在蜗牛和蛞蝓经常出没的地方。

(3) 蚯蚓和蚂蚁：蚯蚓和蚂蚁主要伤害铁皮石斛甘甜的根，应驱除。

防治方法：用40%乐果乳油2000倍药液灌土，逼出蚯蚓后人工捕捉；用鱼、肉、骨头、糖等食物诱杀蚂蚁，并在种植地周围用氯丹粉50 g、黏土25 g，以水调成糊状，设置"防御线"防止蚂蚁入侵。

9. 采收

铁皮石斛种植周期为3年，每年初冬至翌年开春是最佳采收时期。

(1) 茎干采收：铁皮石斛养分经过数年的累积达到最高峰，茎干部位占据着铁皮石斛最主要的营养成分，采收时用剪刀去老留嫩即可，来年仍可继续采收。开春2—3月，新的小芽从老茎上萌发时即可进行采收，从茎干底部往上2～3 cm处进行采剪。采收后的铁皮石斛茎干去叶、清洗就可加工成铁皮枫斗。

(2) 花采收：花期一般为5月底至6月初，由于花期短，必须适时采摘。铁皮石斛花采剪下来后，烘干成干花，具有生津养胃、滋阴清热、润肺益肾、明目强腰的功效；也可直接制作成石斛花茶，或和不同材

料如红茶、菊花茶等搭配成混合花茶，味道极佳。铁皮石斛花对采收时间要求很高，太早药效不好，太迟易腐烂，采收时间直接影响花的有效成分和实际功效。

四、开发利用

1. 产品开发

（1）新鲜植株：铁皮石斛的茎可直接食用、榨汁、泡酒、泡茶、入膳等，花可晒干泡茶，植株可制成盆景、装饰岩石等用于观赏。

（2）保健产品：铁皮石斛开发保健产品主要有以下几个方向。

①铁皮枫斗。将铁皮石斛新鲜茎条炒制扭转成螺旋状，这是铁皮石斛主要的加工方式之一，便于保藏和长途运输。

②保健食品。主要有铁皮石斛茶、铁皮石斛饮料、铁皮石斛酒、铁皮石斛糖果、铁皮石斛糕点、铁皮石斛酸奶、铁皮石斛粉、铁皮石斛挂面等产品。

③保健药品。铁皮石斛保健药品的开发可采用不同的剂型，如颗粒、胶囊、片剂、浸膏、丸剂等固体剂型和口服液、袋泡茶、饮料等液体剂型；可和不同的中药材配伍合成中成药，如西洋参、灵芝、枸杞子、葛根、山药、麦冬、黄精等，其中以配伍西洋参和灵芝最为常见；可针对不同的保健功能开发产品，如增强免疫力、清咽、促消化、通便和改善肠道菌群、保肝保胃、辅助降血压降血糖、缓解疲劳、改善睡眠、抗氧化、辅助改善记忆、抗辐射、抗突变等。

（3）其他应用：由于铁皮石斛有较好的护肤作用，因此，它还可以用于开发化妆品、护肤品等日化用品，如面膜、洗面奶、沐浴露、防晒乳霜、保湿露、眼部亮白精华等。

2. 初加工

（1）铁皮枫斗的加工工序。

①整理：将鲜铁皮石斛茎洗净，去除叶、杂质和病虫害条。

②烘焙：将铁皮石斛茎置于炭盆上低温烘焙，使其软化并除去部分水分，便于卷曲。

③卷曲：将软化好的铁皮石斛进行分剪，短茎无需切断，长茎剪成 5～8 cm 的短段。趁热将已经软化的茎用手卷曲，使其呈螺旋状，压紧。

④加箍：取韧质纸条将卷曲的铁皮石斛茎箍紧，使其紧密，均匀一致。

⑤干燥：将加箍后的铁皮石斛茎置于炭盆上低温干燥，或用烘箱低温干燥，待略干收紧后重新换箍（二次定型），或经数次，直至完全干燥。

⑥ 去叶鞘：手工方法，将铁皮枫斗放于棉布袋中，两人一组各手拎一头。来回拉动，使其叶鞘脱落；还可使用枫斗抛光机直接去叶鞘。

（2）干条、干花加工：去除杂质，于 50～60 ℃的烘箱中烘干至含水量≤12%。

第八节　凤　仙　花

凤仙花

一、概述

凤仙花（*Impatiens balsamina* L.）别名凤仙、金凤花、指甲花、凤仙草、指甲草、季季草、急性子、指甲桃花、海莲花、凤仙透骨草、透骨草，为凤仙花科（Balsaminaceae）凤仙花属（*Impatiens*）一年生草本植物。中国产凤仙花属植物主要分布于中国南部。尤以华南和西南地区种类最丰富，且多为中国特有，而且云南、贵州、广西地区的石灰岩专性种类，特有性水平更高。凤仙花的优点是便于栽培管理。不管是日光温室还是户外草坪，只要有适量水分和适当肥料，都能生长良好，现全国广大城镇均广泛种植。它的种子作为中药材急性子收录于《中华人民共和国药典》。凤仙花原产于中国、印度和马来西亚。其全草、种

子、叶、花、根、果皮均可入药，有祛风、活血、消肿、止痛的功效。在中国从江南到东北，从彩云之南到渤海之滨，凤仙花早就深入民心，无论街头屋角，处处能看到它的身影。李时珍《本草纲目》中有“凤仙……茎有红白二色，其大如指，中空而脆……人采其肥茎汐醃，以充莴笋。嫩华酒，浸一宿，亦可食”的记载。在中国浙江省宁海县凤仙花作为四大腌制蔬菜(雪里蕻、凤仙花、冬瓜、芥头)之一，成为居家必备的家常菜。茎经腌制后可食用其髓部，味佳可口，耐储藏，是秋、冬季很好的腌制菜。现代研究表明，凤仙花中的醌类和黄酮类化合物具有抗菌、抗氧化等活性，故可用于医疗保健或作为天然食品添加剂。因此可知易栽培，适应性强，具有药、食、观赏用的凤仙花有潜在的开发利用前景，值得推广和关注。

二、生物学特性

1. 形态特征

凤仙花为一年生草本植物。茎肉质，直立。叶互生，最下部叶有时对生；叶片披针形、狭椭圆形或倒披针形，边缘有锐锯齿，叶柄长 1～3 cm。花单生或 2～3 朵簇生于叶腋，无总花梗，白色、粉红色或紫色，单瓣或重瓣；花梗密被柔毛；苞片线形，位于花梗的基部；侧生萼片 2 枚，卵形或卵状披针形，唇瓣深舟状，被柔毛，基部急狭成内弯的距；旗瓣圆形，兜状，背面中肋具狭龙骨状突起，翼瓣具短柄，2 裂，基部裂片倒卵状长圆形，上部裂片近圆形，先端 2 浅裂，背部近基部具小耳；雄蕊 5，花丝线形，花药卵状球形；子房纺锤形，密被柔毛。蒴果宽纺锤形，两端尖，密被柔毛。花果期为 7—10 月。

2. 生态习性

凤仙花对气候适应性很强，喜温暖、湿润，不耐霜冻，喜阳光，活力强，能自播繁殖。对土壤要求不严，一般土壤均能种植，但在肥沃、疏松、湿润、排水良好的沙壤土中生长良好。

三、栽培技术

1. 选地与施肥整地

凤仙花适宜在土质疏松、排水良好的沙壤土或壤土中种植。伴随整地施入基肥，基肥以腐熟的畜禽粪便为宜，每 667 m^2 施用量为 30000～45000 kg，当农家肥不足时，可另施磷酸氢二铵 450～750 kg 和硫酸钾等钾肥 150～225 kg。将肥料均施于土壤表层后，进行翻耕，使肥料与土壤混匀，耙平。地块整好后做畦，畦宽 1.5～1.8 m，依据南北方降水量差异，可选择做平畦或高畦，结合做畦破碎大土块，使床面土壤细碎，畦面平整，以备播种。

2. 选种与播种

凤仙花的种子最好选用前 1 年采收的新种子，其成熟度好，发芽率较高。为提高种子发芽率，在播种前用清水浸泡种子 6～12 h，浸泡后捞出晾干，即可播种。一般在 4—5 月选择适宜时间进行直播或育苗移栽。直播时，在整好的土地上打穴或开沟播种，穴距 20～25 cm，行距 30～35 cm，穴深 5～8 cm，每穴播种 3～5 粒，覆 1～2 cm 厚的细土。育苗移栽时，要做宽度为 1～1.2 m 的苗床，将床面整平后均匀撒播凤仙花种子，播种量为 3～5 g/m^2，播后覆盖 1 cm 厚的细土，浇透水，使床面保持湿润。温度低时，可覆盖一层塑料薄膜，出苗后可去掉。待苗长出 3～4 片真叶，高 10～15 cm 时，可进行移栽，移栽的株、行距分别为 20 cm、30 cm，移栽后及时浇水。

3. 田间管理

(1) 苗期管理：凤仙花种子直播后一般 7～10 天就可出苗，为了保证幼苗通风透光以及营养供给，在出苗 20 天左右，幼苗长到 10 cm，要进行间苗，间苗时要去小留大，去弱留强，苗间距保持 20～25 cm。凤仙花在移栽 7 天后，要及时查苗补缺，确保苗全。

(2) 中耕除草：随着地温升高，要及时拔除杂草，并待幼苗长大后，进行中耕，其不仅可以提高土壤的通气性，还可以达到保墒的目的。为了获得较高的产量和品质，在凤仙花整个栽培期间，要进行 3～5 次中耕除草。

NOTE

(3) 施肥：开花之前，要适度追肥，每隔 10 天追施一次稀薄豆饼水。开花期间，应控制施肥，忌施氮肥，以免茎叶生长过于茂盛而影响开花。

(4) 浇水:由于凤仙花的须根发达,生长旺盛,且生长期正值炎夏,水分蒸腾量过大,易干旱,应特别注意浇水,否则会出现植株枯萎、落叶落花。夏季浇水,应在清晨或傍晚进行,尽量避免中午高温时浇水。

(5) 花期控制:如果要使花期推迟,可在 7 月初播种;也可采用摘心的方法,同时摘除早开的花朵及花蕾,使植株不断扩大,每 15～20 天追肥 1 次。9 月以后形成更多的花蕾,使它们在 10 月开花。

4. 病虫害防治

(1) 病害及防治。

①白粉病。

症状:主要发生在叶片或嫩梢上,严重时可蔓延至茎和花蕾上。幼苗出土后,如遇干燥天气,温度在 20 ℃以上时,即可侵染。发病期为 5—10 月,8—9 月为盛期。叶面布满白色粉层。随后,在白色粉层中形成黄色小粒点,颜色逐渐变深,最后呈黑褐色。受害严重的植株叶片枯黄,在花期即枯萎死亡。

病原体:凤仙花单囊壳(*Sphaerotheca balsaminae* (Wallr.) Kari)。

防治:发病期间可用 15%粉锈宁可湿性粉剂 1000～1200 倍液,50%多硫化钡,70%百菌清可湿性粉剂 1000 倍液,20%抗霉菌素 120 水剂 100～200 倍液或 50%甲基硫菌灵可湿性粉剂 1000 倍液进行叶面喷雾防治。在 32 ℃以上的高温下避免喷药,以免发生药害。还可用 40%达科宁悬浮剂 700 倍液,40%福星乳油 5000 倍液,12.5%腈菌唑乳油 3000 倍液喷雾防治,注意轮换用药,避免病原菌产生抗药性。

②褐斑病(叶斑病)。

症状:发生在叶部。叶面病斑初为浅黄褐色小点,后扩展成圆形或椭圆形,以后中央变成淡褐色,具有不明显的轮纹。严重染病的叶片上,病斑连片,导致叶片枯黄生长不良,花小直至植株死亡。

病原体 :福士尾孢(*Cercospora fukushiana* (Matsuura) Yamamoto)。

防治:凤仙花喜肥沃的沙壤土,不耐涝。因此,种植以沙壤土为宜,以利排水;盆栽时,雨后及时倒盆。秋末将病叶、病株集中销毁,减少来年传染源。发病初期,用 25%多菌灵可湿性粉剂 300～600 倍液,或 50%甲基托布津可湿性粉剂 1000 倍液,75%百菌清可湿性粉剂 1000 倍液喷雾防治,或每隔 7～10 天喷以等量式 150～200 倍波尔多液 1 次,连用 3～4 次。

③立枯病。

症状:主要侵染根基部,致病部变黑或缢缩,潮湿时其上生白色霉状物,植株染病后,数天内叶片萎蔫、干枯,继而造成植株死亡。

病原体:立枯丝核菌(*Rhizoctonia solani* Kuhn)。

防治:发病初期拔除病株,喷洒 75%百菌清可湿性粉剂 600 倍液,或用 60%多·福可湿性粉剂 500 倍液,200%甲基立枯磷乳油 1200 倍液防治。

④轮纹病。

症状:为害叶片。病斑初为褐色圆斑,病斑表面有明显的同心轮纹。后期病斑中部变为灰褐色,散生黑色小粒点。

病原体:小豆壳二孢(*Ascochyta phaseolorum* Saccardo)。

防治:用 50%福美双可湿性粉剂 800 倍液,或 65%代森锌可湿性粉剂稀释液,75%百菌清可湿性粉剂 600 倍液,50%多菌灵可湿性粉剂 1000 倍液喷雾防治,每隔 7～10 天喷 1 次,连用 2～3 次。

⑤霜霉病。

症状:为害叶片。最初呈现为褪绿斑块,逐渐变为黄褐色或褐色坏死斑,常为叶片限制呈不规则形;后期叶背可见白色霜霉状粉,厚密,严重时覆满全叶,叶片正面病斑连接成片,导致叶片枯焦、脱落。

病原体:凤仙花轴霜霉(*Plasmopara obducens* Schroter)。

防治:发病初期用 25%阿米西达悬浮剂 1500 倍液,或 64%杀毒矾可湿性粉剂 400～500 倍液,72.2%普力克水剂 600～700 倍液,72%可露可湿性粉剂 600 倍液喷雾防治,植株对上述药剂产生抗药

NOTE

性时，可改用65%安克锰锌可湿性粉剂1000倍液喷雾防治，每隔7～10天喷1次，连用2～3次，交替用药。

⑥ 花叶病。

症状：全株发病，叶呈花叶状，以后成为深浅绿斑驳。病叶萎缩，生长不良。

病原体：黄瓜花叶病毒(Cucumber mosaic virus，CMV)。

防治：及时清除周边杂草；及时防治传毒蚜虫。

⑦ 疫病。

症状：为害根、茎，变褐缢缩，后引起立枯状，过湿时，发病较多。

病原体：烟草疫霉(*Phytophthora nicotianae* van Breda de Haan var. *parasitica* (Dastur) Waterhouse)。

防治：发病初期用75%百菌清可湿性粉剂500～600倍液，或40%三乙膦酸铝可湿性粉剂200倍液，70%乙铝·锰锌可湿性粉剂500倍液，58%精甲霜·锰锌可湿性粉剂400～500倍液，72.2%普力克水剂700～800倍液，64%杀毒矾可湿性粉剂500倍液喷雾防治。

⑧ 炭疽病。

症状：在枝、叶上发生，病斑呈圆形或近圆形，淡褐色至褐色，边缘色较深，有不明显的轮纹，其上散生小黑点。在潮湿天气，小黑点上涌出粉红色胶状物，在6—9月均可发生。

病原体：凤仙花盘长孢(*Gloeosporium impatientis* Petch)，从刺盘孢(*Vermicularia* spp.)。

防治：发病初期喷施75%百菌清可湿性粉剂500倍液，70%炭疽福美可湿性粉剂500倍液防治。

(2) 虫害及防治。

①根结线虫病：南方根结线虫(*Meloidogyne incognita* (Kofoid et White) Chitwood)。

症状：为害根部。受害根部呈肿根状，被害植株地上部生长不良。叶小变黄，下部叶片更加明显，叶片数量减少，叶缘向背卷，皱缩枯萎，花不能开放，植株矮小，茎细，最后死亡。

防治：发病初期用50%锌硫磷乳油1500倍液，或90%敌百虫(美曲膦酯)800倍液，80%敌敌畏乳油1000倍液等，每株灌药液250～500 mL，每隔7天喷1次，连用2～3次。也可用1.8%阿维菌素乳油4000～6000倍液根部穴浇，每株浇100～200 mL。冬季用80%二溴氯丙烷30～50倍液沟灌圃地土壤，或在翻耕时，用30%呋喃丹颗粒剂，按50 g/m^{2}拌土，以杀死土壤中的线虫。

②侧多食跗线虫螨(茶黄螨，*Polyphagotarsonemus latus* Banks)。

症状：集中于植株幼嫩部分。受害叶片皱缩，叶缘下卷，叶背面呈油渍状锈色或变为灰色、黄褐色。

防治：早春喷洒3～5波美度石硫合剂，降低越冬虫口基数。发生盛期喷洒1.8%阿维菌素乳油3000倍液或30%高渗苯氧威乳油3000倍液防治。保护和利用天敌，如尼氏钝绥螨、冲绳钝绥螨、深点食螨瓢虫、六点蓟马及七点草蛉等。

③红天蛾(红夕天蛾，*Deilephila elpenor* L.)。

防治：根据为害状及颗粒状粪捕捉幼虫。在成虫盛羽期，用黑光灯诱杀。虫口密度高时，喷施杀螟松乳油1000倍液防治。应用每克或每毫升含100亿芽孢的青虫菌粉或青虫菌浓缩液500～1000倍液，使其感菌死亡。

④芋双线天蛾(凤仙花天蛾，*Theretra oldenlandiae* Fabricius)。

症状：幼虫取食叶片，其数量多时，可将叶片吃光，仅剩主脉和枝条，甚至导致植株死亡。

防治：虫量少时，可观察地面排粪状况，进行人工捕杀；成虫趋光性强，可用黑光灯诱杀。幼虫为害期，喷施Bt悬浮剂400～600倍液，或35%伏杀磷乳剂2000倍液防治。

5. 收获与加工

以花入药时，一般于齐苗后3个月，花开时采收，因其成熟不一致，可分批采摘。将采摘的凤仙花晒干后即可出售，一般每亩产量40 kg。凤仙花收完后将植株齐根割下晒干后称为透骨草，每亩产量200 kg。以种子入药时，于种子成熟后采收，将采收的急性子晒干去净杂质即可出售，每亩产量100 kg。

NOTE

四、营养与加工利用

现代药学研究已从凤仙花的果皮、种子、根中分离出黄酮类、萘醌类、甾醇类、多肽类等多种化合物，其中黄酮类、萘醌类为主要成分，是凤仙花发挥药理作用的基础。其药理作用主要有抗炎、抗过敏、抗氧化、促透皮和抗真菌，具有治疗心血管疾病、抗肿瘤、抗病毒等作用。研究表明，凤仙花提取物对组胺 H1 受体和 PAF 受体均有拮抗作用，对急、慢性过敏均有较好的疗效，其提取物还含有一定量的抗炎、抗菌活性成分，抗菌作用明显。采用凤仙透骨草提取液和壳聚糖涂抹处理茂县糖心苹果发现，凤仙透骨草提取液可以有效降低糖心苹果储藏期病虫害指数和失重率，延缓果实的成熟，具有一定的保鲜效果。

研究发现，野生凤仙花的花、叶、茎和根中含有人体必需的微量元素（铜、锌、锰、钴、镍、铬、铁）和大量元素（钙），8 种元素含量由高到低依次为叶＞茎＞花＞根。凤仙花中除含以上成分外，还含多糖成分，急性子多糖的提取率可达 3.62%。

凤仙花不仅具有很高的观赏价值及药用价值，而且还有较高的食用价值，是独具特色的食品原料。凤仙花植株可以食用，嫩株可炒食，又可烧、烩、腌、泡，味道鲜美，风味独特。种子可榨油。据《物类相感志》记载：煮肉炖鱼时，放数粒凤仙花种子，肉易烂，骨易酥。凤仙花也可腌制加工，把凤仙花嫩茎切成 3～5cm 长的小段，洗净，腌制方法有生腌和熟腌两种，以熟腌为主。凤仙花还被用来制备保健饮料，在保持凤仙花药用价值的情况下，饮料口感甘甜舒爽，较有市场前景。如一种由凤仙花制作而成的花粉富硒梨汁，不仅营养物质丰富，硒含量较高，并且其中所含的硒在梨汁中其他成分的协同作用下，易于被人体吸收利用，极大地提升了富硒梨汁的营养价值。凤仙花粉也可被用来制备茶叶，其优点在于保留茶叶芬芳的前提下，充分发挥凤仙花活血消瘀的药用作用。

近年来，天然植物在染发剂方面的应用得到了人们的重视。用于天然染发剂的植物种类日益增多，如凤仙花、核桃壳、槟榔、五倍子、西洋甘菊等，其中最受欢迎的为凤仙花。凤仙花的天然色素值得深入研究和开发利用。凤仙花本身带有天然的色素，如指甲花醌色素，可以结合蛋白质，因此，中东地区长期种植凤仙花用于染指甲，并用它的汁液来装饰自己，它也是著名的印度人体彩绘的原料之一。

第九节　蒲　公　英

蒲公英

一、概述

蒲公英属（*Taraxacum* F. H. Wigg.）植物为多年生草本植物，属于菊科，全世界约有 2000 种。在我国蒲公英是较为常见的中药材，也是餐桌上的野生美食，遍布全国各地，其名称各地不一，有婆婆丁、华花郎、黄花地丁等别称。它原产于欧洲和北亚，我国南北各地多有分布。它适应性很强，既耐寒耐热，又耐干旱和盐碱，可在各种类型土壤中生长。中国较多地区都有蒲公英鲜食的记载，其以独特的营养价值和药理作用，备受人们青睐，已被明确归类为药食同源物品。作为一种中草药，蒲公英性寒，味苦甘，具有清热、解毒的功效，常用于治疗多种炎症、便秘、肿痛等。现代研究表明，植株含有有效的化学成分，使其具有抑菌消炎、散热解毒、抗氧化和抗肿瘤等多种药理价值。近年来，蒲公英因具有十分丰富的有效活性物质而被作为保健食品食用。随着对蒲公英功能认识的逐渐加深，蒲公英产业显示出巨大的发展潜力，蒲公英的综合开发利用越来越受到重视。

蒲公英的应用虽然历史悠久，但一直处于野生状态。近年来随着对其开发利用价值的深入研究，蒲公英的身价倍增，由过去的野生状态变成了餐桌上的美味佳肴。特别是医疗保健业的兴起，使其获得了医学专家和营养学专家的重视和青睐。蒲公英可分为大叶型和小叶型两种类型，大叶型叶片肥大，种子千粒重 2 g 左右；小叶型叶片较小，种子千粒重 0.8～1.2 g。法国早已开始人工栽培，并培育出一些叶大而厚的大叶型蒲公英栽培品种。近年来日本也进行了蒲公英人工栽培。我国多地也已开始蒲公英人

NOTE

工栽培，并采用保护地人工栽培技术。我国蒲公英品种杂乱且育种经验较少，目前已培育出的品种有京英一号、北农一号等。

二、生物学特性

1. 形态特征

蒲公英为多年生草本植物，植株整体柔软且光滑，含白色汁液。根粗大，呈圆锥状，表面棕褐色，皱缩，单一或者数条在土壤中；根茎短，长 4～10 cm。叶从根部长出，叶片丛生，莲座状，且平展，长 4～20 cm，宽 1～5 cm，顶端裂片较大且呈三角形或三角状戟形，全缘或具齿；叶基部渐狭成叶柄，叶柄及主脉常常带有红紫色。花葶数量从 1 至数个不等，花序为头状花序，在顶端处有小角状突起。花瓣为舌状，黄色，舌片长 8 mm，宽约 1.5 mm。花期为 4—9 月，果期为 5—10 月。

2. 生态习性

蒲公英为短日照植物，对温度的适应性较广，既抗寒又耐热。其根在陆地越冬，可耐 −40 ℃的低温。在长江流域栽培以 10 月至次年 6 月为其适宜的生长发育期。第 2 年的 4—5 月开花结果。气温在 1～2 ℃时可发芽。种子发芽的适宜温度为 15～25 ℃，此时种子发芽快而且整齐，在 30 ℃以上时种子发芽缓慢。茎叶生长的适宜温度为 20～22 ℃，此时茎叶生长快，整齐，叶嫩、叶大而肥厚。温度过高时茎叶老化快、变黄快。虽然蒲公英在各种类型的土壤、各个地方都可生长，如路边、荒地、山坡、沟边、草丛等，但最适宜在肥沃疏松的土壤中生长栽培。蒲公英耐阴、抗旱和耐湿能力均较强，但湿度过大易感染和发生病害。

三、栽培技术

1. 选地、整地

选择土层深厚的中等以上的沙壤土即可。深翻地 20～25 cm，整平耙细，做平畦。每亩施 2000～3500 kg 农家肥作基肥，加施 50 kg 复合肥、25 kg 过磷酸钙。整地时一同施入土壤中。

2. 种子采集与处理

自然生长条件下，蒲公英种植 2 年后开花结籽，5—6 月开花，开花后 15 天左右种子成熟。花盘外壳由绿色变成黄绿色，种子由乳白色变成褐色时即可采收。将成熟的花盘摘下，在室内存放 1 天后熟，等花盘全部散开，用手搓掉种子尖端的茸毛，晒干，备用。

采用温汤浸种催芽处理：将种子置于 50～55 ℃温水中，搅动至水凉后，再浸泡 8 h，捞出种子包于湿布内，放在 25 ℃左右的地方，上面用湿布盖好，每天早晚用 50～55 ℃温水浇 1 次，3～4 天种子萌动即可播种。

3. 播种

当气温恒定在 15 ℃左右时即可播种，蒲公英的种子经过 90 h 左右即可发芽。种植分为条播和撒播两种模式，保护地种植一般采用条播。条播每亩用种量 0.5～0.75 kg，平畦撒播每亩用种量 1.5～2 kg。蒲公英播种前应先翻地做畦，在畦内开浅沟，沟距 25～30 cm，沟宽 5～10 cm，然后将种子播在沟内，播种深度 1 cm，播种后覆土，轻压。春天播种后盖草，保温保湿，出苗后揭去草苫，大约 1 周可以出苗。根据多年种植经验可得：5 月播种，从播种到出苗需 6～7 天；6 月初播种，从播种到出苗需 10～12 天；7—8 月播种，从播种到出苗需 15 天左右。

4. 田间管理

（1）苗期管理：从播种到出苗前，一直保持土壤湿润。如果出苗前土壤干旱，严重影响发芽。出苗后要适当控制水分，保证幼苗壮实，不会出现徒长和倒伏。在叶片快速生长期，田间要一直保持湿润，保证蒲公英的叶片旺盛生长。入冬前浇透水，然后上面覆盖马粪或者麦秸、茅草等，保证蒲公英顺利越冬和翌年春天早早萌发新株。

（2）中耕除草：蒲公英出苗 10 天左右即可进行第一次中耕除草，以后每隔 15 天左右中耕除草一次，直到封垄。蒲公英田要保证田间无杂草，封垄后有杂草需进行人工除草。

NOTE

(3) 间苗、定苗:间苗、定苗结合人工除草进行,出苗 10 天左右可以进行间苗,株距 3～5 cm。20～30 天后可根据蒲公英的长势进行定苗,株距 8～10 cm。大田撒播的株距控制在 5 cm 即可,如果只食用可以不定株距。

(4) 肥水管理:生长期间追 1～2 次肥,每亩施尿素 10～15 kg、过磷酸钙 8 kg,并且经常浇水,保持土壤湿润,以保证全苗及出苗后生长所需。播种当年的蒲公英一般不采叶,一直等到第二年才开始采收,因此植株产量高、品质好。秋播法:入冬后,每亩撒施有机肥 2500 kg、过磷酸钙 25 kg,入冬前浇透水,然后上面覆盖地膜或秸秆、茅草等。

5. 病虫害防治

蒲公英的抗虫能力较强,一般不进行虫害预防。

生产中蒲公英易发生叶斑病、斑枯病和锈病,这三种病主要为害叶片和茎秆。

防治方法:注意田间卫生,结合采收收集病残体携带至田外烧毁;避免偏施氮肥,适当喷施叶面肥,培养壮苗,增强抗病力;发病初期用 42%福星乳油 8000 倍液,或者 50%扑海因可湿性粉剂 1500 倍液,每隔 10～15 天喷 1 次,连续防治 2～3 次,采收前 7 天停止用药。

6. 采收

食用蒲公英可以在幼苗期分批采摘外层大叶食用,一般苗高 20 cm 就可以割食,也可割取心叶以外的叶片食用。一般每隔 15～20 天割 1 次。春茬保护地一般一年割取 3 茬,秋茬保护地一般一年割取 4 茬。蒲公英每增加一个生长年就可以多割取一茬。一般每亩每次收割可产鲜品 700～800 kg。如果价格合适,也可以一次性割取整株上市。如果整株采收一般每亩可以收割 2000～2500 kg。采收方法:用钩刀距地表 1～1.5 cm 处平行下刀,保留地下根部,以利于新叶生成。蒲公英整株割取时,根部受损流出白色汁液,10 天之内不能浇水,以防烂根。

蒲公英作中药材使用时,一般于晚秋采挖带根的全株,除去泥土,晒干以备收购药用。

四、开发利用

1. 配方药品

蒲公英因含有多种营养物质和生物活性成分而具有很高的药用价值,主要以根入药,除上述抗菌消炎、抗氧化和抗癌作用以外,还有降血糖、血脂作用。蒲公英可以用于治疗痈肿疔毒、湿热黄疸、胆结石等,是中药“八大金刚”之一。蒲公英可根据中医学原理研制成丸剂、膏剂、冲剂、散剂等复方蒲公英中草药。

2. 蒲公英食品

蒲公英含有脂肪、蛋白质、有机酸、微量元素、粗纤维及维生素等,营养价值很高,其蛋白质含量是茄子的 2 倍,钙含量是番石榴的 2 倍多,微量元素含量和萝卜相当,特别是硒含量达到 147 μg/kg。另外,蒲公英加工方便,食用简单,可开发成多种绿色保健产品。民间常将蒲公英根叶蘸料生食,炒食或煮汤;也有将新鲜的蒲公英晾干、烘干或者炒制加工制作成蒲公英茶;用其叶、茎、根粉制成蒲公英饼干、挂面、馒头、面包等,还有以蒲公英干粉为原料,加入柠檬酸、白砂糖等作为配料,或者加入山楂、菠萝等水果配制成复合饮料或者冰激凌。除此之外,还可以将蒲公英加工制作成蒲公英咖啡、蒲公英酱、蒲公英酒等。

3. 蒲公英化妆品

蒲公英提取物具有清除自由基、抗氧化的作用,可研制成相应的蒲公英产品,如抑菌洗手液、牙膏、沐浴液等。有研究表明,蒲公英可治疗青春痘,利用该功效可生产洗面奶、乳液、面膜、爽肤水等化妆品,且有消炎保健作用。研发蒲公英化妆品将成为一个新的方向。

4. 蒲公英的饲用价值

蒲公英营养价值高,汁多叶大,且富含多糖及多种黄酮类等活性物质,有抗菌、消炎和促生长等作用,可以作为饲料添加剂。在我国农村,牛、马、羊等家畜类均会食用蒲公英的新鲜植株,发酵后的蒲公英家禽类也喜欢食用。现已有研究表明,蒲公英添加剂可以增加猪的食欲,使其体重增长速度加快。蒲公英作为天然的添加剂还可以节约饲料,降低成本,增加饲料营养价值,提高动物免疫力,减少发病率。一些研究还表明食用添加蒲公英的饲料可以预防猪、牛、羊等雌性哺乳动物的阴道炎、乳腺增生等。

NOTE

霸王花

第十节　霸　王　花

一、概述

霸王花(*Hylocereus undatus*(Haw.) Britt. et Rose)，别名量天尺、三棱箭、龙骨花等，为仙人掌科量天尺属多年生肉质攀缘灌木，以花器作蔬菜食用，原产于中美洲的墨西哥、巴西一带，目前全世界的热带和亚热带地区均有栽培，国内进行规模种植的主要省区有广东、广西、福建、台湾、海南等。霸王花的花器干制品是蔬菜中的佳品，一直畅销国内外市场，常用作宴请宾客的高档佳品。每 100 g 霸王花的干制品中含蛋白质 1.812 g、粗纤维 2.785 g、灰分 1.547 g、钙 961.27 mg、磷 328.45 mg。霸王花至少含有13 种氨基酸，还含有对人体具有重要作用的铜、铬、镉、钙、锌等元素，所以，霸王花具有较高的食用价值。霸王花除用作蔬菜外，还具有药用和观赏价值。霸王花味甘，性微寒，具有清热润肺、止咳的功效，能治疗肺结核、支气管炎、颈淋巴结结核、腮腺炎等。同时，将霸王花作为观光农业的一个栽培菜种普及和推广，能获得一举两得的效果，开发前景广阔。

二、生物学特性

1. 形态特征

霸王花为肉质攀缘灌木，地下部属直根系，地上茎部着生气生根向上攀缘；茎深绿色，肉质，有呈三角形的棱茎 3 条，棱边呈波浪状，茎段长 60～100 cm，全株茎长 6～8 m；花朵特别大，非常霸气，故称“霸王花”；花呈漏斗形，于夜间开放，花长 25～30 cm，宽 8～12 cm，花托及花托筒密被淡绿色或黄绿色鳞片；花丝黄白色，花药淡黄色，花柱黄白色，线形。浆果长圆形，红色，果脐小，果肉白色。种子倒卵形，黑色，种脐小，浆果可食。花期为 7—12 月。

2. 生态习性

霸王花为攀缘植物，有附生习性，利用气生根附着于树干、墙垣或其他物体上。霸王花喜光、耐旱、耐热、忌阴怕寒，生长适温为 25～30 ℃，当气温低于 10 ℃时，生长受阻，若低于 5 ℃时便发生冷害，茎节腐烂。霸王花病虫害抗性高，对土质适应性强，能在石灰岩缝隙中扎根生长，寿命可为 40 年以上。

三、栽培技术

1. 品种选择

(1) 南海种：原产于巴西，在我国的广州市郊栽种较多，适宜干制。其茎部较粗，肉质较厚，茎的棱角较钝；花朵大，花量略少，产量高，花器加工后色泽鲜明，质优。

(2) 肇庆种：原产于墨西哥，在广东肇庆市具有悠久的栽培历史，并驯化成为当地的地方品种，较适合鲜食。其特点是茎长约 2 m，茎细而坚韧，适应性特强。该品种花量多，花瓣重叠，花朵长达 30 cm，品质较好。

2. 繁殖方式

(1) 种子繁殖：播种前将种子放入 80%乙醇中浸泡 2～3 h，取出阴干后备用。育苗盘土湿透后将种子均匀地撒播于表面，用薄膜覆盖以保湿，并留一条小缝隙通气，再覆盖白纸使盘内半透光，把盘放在阴暗而温暖的地方；待种子发芽时，再将育苗盘移到有弱光之处。一般在 28 ℃左右，约 10 天就能发芽，幼苗出土后 60 天可分苗，培育半年后再移植 1 次，至幼苗长大后才可定植。此法费时，生产上较少用，常用于培育新品种。

NOTE

(2) 扦插繁殖：扦插时选择一年生以上的肉茎，切成 15～30 cm 的长条，置于阴凉处干燥 2～3 天，待切口愈合好才扦插。扦插时斜插入土，深 5～10 cm。此法简便，四季可行，以春季扦插成活率较高。

3. 栽培方式

霸王花植株株型特别，花期长(7 个月)，花色、花形新颖美丽，食用口感好，并具有一定的药用功效，宜在城市郊区或旅游景区种植，结合旅游发展成为观光农业；在一些边远地区种植霸王花，发展地方特色产业，将成为一条促进农业增效、农民增收的致富门路。冬季最低气温不低于 6 ℃的地区，可选择不宜种植其他作物的废弃地或墙边、树旁的周边地种植霸王花。田间规模种植时，宜起高畦，可垒砖墙，高 1～1.2 m，宽 30 cm，长度因地而定；也可用水泥柱搭架或在穴周围用水泥砖砌成植株伸展的圆周架，一般高 1 m 左右，并注意经常引导株茎向四周自然延伸。

4. 选地、整地

应选择能排能灌、土壤疏松肥沃的黄壤土或沙壤土种植。霸王花一般不需要全垦，只需将定植坑及周围土壤挖松翻晒即可。具体步骤如下：①起畦：畦宽 2.5 m 包沟，沟宽 0.5 m，沟深 0.35～0.4 m；②挖定植坑：按株行距 2 m×2.5 m 在畦面中央挖定植坑，即每 667 $m^2$130 个，；③翻晒定植坑土：以定植点为中心，翻挖坑土，深 0.35～0.4 m，坑的大小为 1.2 m×1.2 m，暴晒 15 天以上备用；④施基肥：每 667 m^2施用优质腐熟农家肥 800～1000 kg、三元复合肥 100 kg，并与坑土拌匀；⑤种植：施基肥 7～10 天后，每个定植坑内种霸王花苗 8～10 株，即每 667 $m^2$1100～1300 株，种植深度约为 10 cm；⑥淋定根水：种植后应及时淋足定根水，以后要保持土壤湿润，遇旱要淋水，雨后要注意排水，以利于根系生长。

5. 栽培管理

(1) 育苗移栽：一般采用无性繁殖，霸王花的茎节扦插极易生根，生长快，能快速进入投产期。扦插时应选择一年生以上的肉质茎，切成长 20 cm 左右的茎段，然后放在阴凉处自然干燥 2～3 天，待切口长膜后再进行扦插。在保护地一年四季都可进行，露地育苗以春、秋两季扦插成活率较高，插土深度一般以 8～10 cm 为宜，种植规格一般为 20 cm×20 cm，育苗期间保持土壤湿润并施淡水肥 1～2 次。经 50～60 天培育后，苗高 40～50 cm 时，便可移植于大田。

(2) 肥水管理：成活后可适当灌溉，但注意地面不能长时间积水，以免烂根。霸王花花期需水量最多，此期千万不能受旱，否则花小、产量低、品质差。在春季种植的，第 1 年秋、冬季会有少量植株开花，无需追肥，植后第 2 年进入始花期，第 3 年后进入盛产期，每年应追肥 4～5 次。第 1 次追肥在 2—3 月，促使株茎新芽萌发；第 2 次在 4—5 月，促进株茎肥大粗壮；第 3 次在 6—7 月，促进花蕾形成；第 4 次在摘花后的 7—8 月，促花大，增批次；第 5 次在摘花后的 9—10 月，延长采收期。施肥方法：一般于雨后撒施三元复合肥，每次用量为每 667 $m^2$15～20 kg，施后覆土盖肥。

(3) 整枝修剪：霸王花寿命一般在 20 年以上，为了防止植株过早衰老，以保持其强盛的生长力，需适时进行整枝修剪。修剪方法：幼苗期茎高 1 m 以下时，剪除分枝；高 1 m 以上(已长至架顶)时，每株留芽 3 个，并让其自然伸长下垂；进入盛花期后，于每年采收结束后修剪 1～2 次，把开花少的老弱病残枝剪掉，达到减少养分消耗和利于通风透光的目的。霸王花植株顶端的 2～3 个新芽生命力旺盛、花蕾多、产量潜力大，因此，要将茎尖下面长出的侧芽全部摘除，促使其养分集中供给顶芽生长。

(4) 病虫害防治：霸王花抗病虫害能力较强，一般很少发生病虫害。

①虫害：主要为蜗牛、蛴螬及介壳虫。蜗牛咬食嫩茎，用人工捕捉法集中杀灭或每平方米用 8%灭蜗灵颗粒 10 g，于傍晚撒在受害植株附近进行毒杀。介壳虫发生量少时可用软刷轻轻刷除，发生量大时可用 80%敌敌畏乳油 1000 倍液或 2.5%溴氰菊酯 3000 倍液喷杀。

②病害：易感染炭疽病。高温高湿季节，施肥采摘及其他农事活动造成霸王花茎节易产生创口，利于病菌传播感染。防治方法：发现病茎先切除，然后涂药或喷药防治，可选用 25%炭疽灵可湿性粉剂 500 倍液，75%百菌清可湿性粉剂 1500 倍液，65%代森锌可湿性粉剂 600～800 倍液，50%多菌灵可湿性粉剂 500 倍液，70%甲基托布津可湿性粉剂 800～1000 倍液进行喷雾防治。每隔 7～15 天喷 1 次。同时加强肥水管理，提高植株抗病性。

四、采收及加工储藏

1. 采收

霸王花的花期较长，一般每年 5—11 月开花，高峰期为 6—9 月，一年中有 7～8 批花，适时采收与产

NOTE

品质量和花的大小有很大的关系，采收适期为现蕾后 28 天左右。霸王花花朵在晚上开放，因此采收时间宜在花开后的当天早上至傍晚进行，以晴天早晨采收的质量最优。采收时应将其花柄基部摘断，然后将花朵轻放在篓筐内，并于 8～10 h 内进行加工，以防变质。花朵要求新鲜、花色正常、无霉烂、无病斑、不折断。

2. 加工及储藏

花器采摘后，应及时用快刀将花朵纵切成 3～4 片，放在阳光下晾晒 2 天后，再放入蒸笼高温蒸 15 min，取出晒至不粘手即可，储藏数天后再晒半天，一般 40 朵鲜花可加工成 1 kg 干制品。规模较大时，应考虑建炉烘干，以防雨天无太阳晒花时花朵霉变影响质量。采用烘炉烘干时，温度一般控制在 60 ℃左右，经 10 h 左右花朵含水量为 12.5%～13%即可。优质的干花要求为色泽金黄、无霉斑、长短一致、味道干香。最后将干花进行摊晾分拣、包装、储藏或销售。

栀子

第十一节　栀　　子

一、概述

栀子（*Gardenia jasminoides* Ellis）为茜草科（Rubiaceae）栀子属（*Gardenia*）多年生常绿灌木，为长江以南亚热带常绿林下常见植物，原名卮子，又名黄栀子、山栀子等。为我国传统常用中药材，始载于东汉《神农本草经》，列为中品。《中国药典》收载：栀子为茜草科植物栀子的干燥成熟果实，性寒，味微酸而苦，归心、肺、三焦经，具有泻火除烦、清热利尿、凉血解毒等功效。主要用于热病心烦、黄疸赤尿、淋证涩通、血热吐衄、目赤肿痛以及火毒疮疡等，也是卫生部颁布的第一批药食两用资源品种。

栀子原产于我国南方，早在汉唐时期就已广为栽培，现在我国南方广大山区、丘陵都可栽培，主产于四川、湖北、江西、重庆、浙江、湖南、福建等省。栀子的根、叶、花和树皮均可入药，但不同部位和不同的处理方法其功效也不同。其果实内含有 5%～13%的栀子黄色素，是一种具有着色力强、色泽鲜艳、色调自然柔和、耐光、耐热、稳定性好、溶解性强、无异味、无毒副作用、安全性能高等优点的天然色素，广泛用于酒类和果汁等饮品、食品、调味品、化妆品等行业，是目前国际上流行的天然食品添加剂。随着栀子开发利用的不断深入，尤其是食用色素与天然染料方面的研究开发，栀子作为添加剂在食品和日用化工等行业将得到广泛应用，成为新的研究热点植物。

多年以来，各地栽培栀子种质较为混杂，除去供观赏的大花栀子（*G. jasminoides* Ellis var. *grandiflora* Nakai）、重瓣栀子（*G. jasminoides* Ellis var. *fortuniana*（Lindl.）Hara 和雀舌栀子（*G. jasminoides* Ellis var. *radicans* Makino）外，药用的山栀子与提取色素用的水栀子长期混杂栽培，同时栀子还因产地的变化，存在明显的形态多样化。近年来国内外市场对栀子的需求量迅速增加，致使栀子野生资源迅速减少。因此，对栀子实施规范化生产意义十分重大。

二、生物学特性

1. 形态特征

栀子为常绿灌木，茎干光滑，通常高 1 m 以上，幼枝具白毛，叶对生或 3 叶轮生，有短柄，叶片革质，形状和大小常有很大差异，常为椭圆状倒卵形或长圆状倒卵形，长 5～14 cm，宽 2～7 cm，先端渐尖或稍钝，上面光亮，下面脉腋内簇生短毛，托叶鞘大。花大，白色，芳香，有短梗，单生于枝顶；萼全长 2～3 cm，裂片 5～7，条状披针形，通常比萼筒稍长；花冠高脚碟状；筒长通常 3～4 cm，裂片倒卵形至倒披针形，伸展；雄蕊常 6 枚，花药露出，子房下位，1 室，胚珠多数。浆果黄色，卵形至椭圆形；种子多数，嵌于肉质胎座。

NOTE

2. 生态习性

栀子喜温暖向阳、湿润的环境，喜光但又不能被强烈阳光直射。生长在向阳地的植株矮壮，发棵大，结果多；生长在阴坡地段的植株瘦高，发棵小，结果少。栀子适宜在排水良好、肥沃疏松而较湿润的沙壤土或黏质壤土中生长，是典型的酸性土壤指示植物。栀子在3月中旬叶腋开始萌动抽生新枝，此时部分老枝开始脱落，4月中旬至5月上旬孕蕾，5月下旬至6月中旬开花，7—9月枝条抽生旺盛，同时果实逐渐膨大，10月下旬果实成熟。

三、栽培技术

1. 基地选择

栀子对土壤类型具有较明显的选择性，一般宜选择疏松、肥沃、排水良好的微酸性土壤或中性沙壤土，在盐碱地种植不易成活。在东北、华北、西北地区只能作温室盆栽花卉。宜选向阳山坡，土层深厚的沙壤土栽种。可利用田边地角种植，或与豆科植物间作套种。栀子的最佳生长温度为16～18 ℃。温度过低和太阳直射都对其生长极为不利。其较耐阴，耐寒性差，在－12 ℃条件下叶片受冻脱落，华北地区常在温室栽培。

2. 种苗繁殖

栀子的繁殖以种子繁殖和扦插繁殖为主。

(1) 种子繁殖：10—11月采集成熟栀子，摊开晾干，于播种前，剪破果皮，取出种子，于水中将种子团搓碎，除去浮在水面上的种子和杂质，捞出下沉充实的种子，放通风处晾干，随即播种。播种时间以3月中、下旬为宜，播种过早，气温较低，雨水不足，种子发芽迟缓，杂草滋生繁茂，管理费工费时，且拔草时将土拉松，不利于种子发芽；播种过迟，发芽时气温过高，阳光较强，幼苗生长缓慢，苗木质量不好。一般每667 m^2用种子30～45 kg。

把苗床地深翻细碎整平后，开1.3 m宽的高畦，在畦面开横沟，沟心距30 cm，深8 cm，播幅10～13 cm。将种子与伴有畜粪水的火土灰充分混合，均匀撒入横沟后覆盖拌有畜粪水的火土灰或堆肥粉，厚度为5～7 mm，最后盖草，出苗时揭去，苗床要经常保持湿润。出苗的当年要经常除草，并施畜粪水2～3次。第1年除草，要求早除、除尽，确保幼苗生长良好。第2年除草3～4次，追肥1～2次。第2年秋、冬季至第3年春季就可选大苗定植，小苗继续培育1年。每公顷通常可得苗45万～60万株。

(2) 扦插繁殖：以3月至4月上旬新芽将萌发时为宜。此时气温已逐渐升高，雨水较多，空气湿度大，能适应栀子喜温暖、湿润的特点，扦插后容易成活。扦插苗床的整地与播种苗床相同。扦插前，选择生长健壮的2～3年生枝剪下，按节的稀密，剪成长15～17 cm的插条，并将叶片去掉，在畦上按行距20 cm开横沟，株距6 cm左右扦插，插条上端要有一个芽露出地面。扦插后要经常除草、施肥与浇水，管理良好的苗翌年春即可定植。每公顷苗床约扦插37.5万株，一般可得30万株以上。

3. 移栽定植

移栽前，应先将杂草除尽，挖深度与宽度各40 cm的栽植穴，每穴施农家肥2.5～3 kg，与泥土拌匀，每穴栽苗1株，扶正，覆土压紧，并淋定根水。栽植密度视栀子品种、地形、土地肥力以及耕作管理水平等而定，一般每公顷定植4500～6000株比较适宜。定植1个月内，若土壤干燥，应常浇水保苗，否则成活率不高或长势差。不要移栽栀子老蔸，老蔸移栽后根系不发达，树势不强健，吸水、吸肥能力较差，发棵多，结果少，寿命短。

4. 间作

栀子在移栽1～3年内，由于植株矮小，生长缓慢，可于其株行间种黄豆、绿豆、花生等豆类作物。这样不仅能增加栀子产量，提高土壤利用率，还可以增加土壤肥力，减少杂草滋生。由于栀子需要充足的阳光，故不宜间种玉米等高秆作物，以免妨碍其生长。

5. 田间管理

(1) 中耕除草：栽后每年春、夏、冬季各进行1次中耕除草，春、夏季以除草为主，进行浅中耕，可喷施除草剂镇草宁或茅草枯。冬季中耕宜稍深，并清除灌木杂草，以利于栀子生长。

NOTE

(2) 施肥:根据栀子的营养特点及土壤的供肥能力,确定施肥种类、时间和数量。制订灌溉及肥料使用标准操作规程与使用管理规程,根据生长发育的需要有限度地使用化学肥料。允许施用经充分腐熟达到无害化卫生标准的农家肥。禁止施用城市生活垃圾、工业垃圾及医疗垃圾。栀子营养生长期应以施氮肥为主,促使树冠良好发育。进入结果期后,一年内一般施肥 4 次,即春肥、夏肥(壮果肥)、秋肥(花芽分化肥)和冬肥。春肥一般在 3 月底或 4 月树液流动时施用,每 667 m^2 施尿素 45～60 kg,促使树势恢复,有利于开花结果;夏肥应在 6 月下旬施用,每 667 m^2 施复合肥 60～90 kg,以提高坐果率和加速果实生长;秋肥一般在 8 月上旬施入,每 667 m^2 穴施尿素 75～90 kg,并配施人粪水 4500 kg,以促进栀子植株的花芽分化,为翌年丰产奠定基础;冬肥是在采摘果实后,结合清园工作进行,每 667 m^2 施农家肥 30000 kg,并加拌磷肥 300～450 kg,补充植株所消耗的大量养分和提高地温,增强植株的越冬能力。

(3) 整形修剪:栀子定植后的第 1 年,当苗株生长至 80～90 cm 时,将离地面 25～35 cm 高的主枝萌芽全部抹掉,仅留 3 个强壮侧枝向 3 个不同的方向发展,以后依次延长顶梢,使形成开阔状,层次分明,透光、通风性能良好的单主干自然开放型树冠。栀子植株修剪的目的是合理地调整植株体内营养的分配,合理地调整树冠结构。剪去过密纤弱枝、徒长枝、病害枝和枯枝等,促使多结果。

6. 病虫害防治

栀子的主要病害有黄化病、叶斑病、煤烟病、腐烂病,主要虫害有介壳虫、蚜虫、红蜡蚧。

(1) 黄化病。

为害特征:发生较为普遍。叶片褪绿,首先发生在枝端嫩叶上,从叶缘开始褪绿,向叶中心发展,叶色由绿变黄,逐渐加重,叶肉变成黄色或浅黄色,但叶脉仍呈绿色,以后全叶变黄,进而变黄白色、白色,叶片边缘出现灰褐色至褐色,干枯坏死。

防治方法:①施腐熟人粪尿或饼肥,防止植物缺乏营养元素。②根据病因,分类施策。缺铁时幼嫩叶片的叶脉间失绿发黄,严重的会使整株叶片都发黄,甚至出现焦叶和枝条枯萎,最后造成植株死亡。应对这种情况,可喷洒 0.2%～0.5%硫酸亚铁溶液进行防治。缺镁引起的黄化病则由老叶开始逐渐向新叶发展,叶脉仍呈绿色,严重时叶片脱落而死。应对这种情况,可喷洒 0.7%～0.8%硼镁肥防治。浇水过多、受冻等,也会引起黄叶现象,所以在养护过程中要特别注意。缺氮的表现为单纯叶黄,新叶小而脆。缺钾的表现为老叶由绿色变成褐色。缺磷的表现为老叶呈紫红色或暗红色。

(2) 叶斑病。

为害特征:栀子叶斑病从下部叶片开始发病,多从叶尖和叶缘处发生。病斑呈不规则形,褐色或中央淡褐色,边缘褐色。有显著的同心轮纹,几个病斑愈合后形成不规则大斑。在叶片中部的病斑较小,初呈圆形或近圆形,淡褐色,边缘褐色,有稀疏轮纹。后期病斑上散生小黑点。发病严重时叶片枯萎脱落。该病病菌多在病落叶或病叶上越冬。翌年随风雨传播,进行再侵染,故植株多从下部开始发病。若园区植株生长过密,通风、透光不良,浇水不当,植株生长势弱,且气温为 24～29 ℃,遇连续降雨,该病将会大规模暴发。

防治方法:①冬季清除园区落叶,烧毁或深埋,消灭病源。②发病期用 1∶1∶100 的波尔多液或 65%代森锌可湿性粉剂 500 倍液进行防治,每隔 7～10 天喷施 1 次,连续 3～4 次。

(3) 煤烟病。

为害特征:各地普遍发生。在叶片、枝梢上形成黑色小霉斑,后扩大连片,使整个叶面、嫩梢上布满黑色霉层,黑色霉层或黑色煤粉层是该病的重要特征。该病影响植株光合作用,降低其观赏价值和经济价值,甚至引起死亡。病原寄生到蚜虫、介壳虫等昆虫的分泌物及排泄物上或植物自身分泌物上或寄生在寄主上发育。高温、多湿、通风不良、有分泌蜜露害虫发生,均会加重病情。

防治方法:发现后可用清水擦洗,喷 0.3 波美度石硫合剂或多菌灵可湿性粉剂 1000～1200 倍液进行防治。

(4) 腐烂病。

为害特征:常在下部主干上发生,出现茎干膨大、开裂。

防治方法:发现后立即刮除或涂 5～10 波美度石硫合剂,数次方能奏效。

（5）介壳虫。

为害特征：介壳虫是为害栀子枝叶的害虫，体积虽小，杀伤力不容小觑。介壳虫以吸食植株的汁液为生，轻者叶黄脱落，植株生长衰弱，重者全株死亡，对栀子的生长发育影响很大。栀子在湿度高、通风不良的环境中易遭介壳虫危害。

防治方法：①每年春暖花开时，喷洒 0.2～0.5 波美度石硫合剂，杀灭虫卵，此方法对预防虫害发生有很大作用。②5—6 月孵化期间危害嫩芽和幼茎，应及时用小刷清除或剪除病枝；或用 25%敌敌畏乳油 250～300 倍液或 80%敌敌畏乳油 1000 倍液进行防治。

（6）蚜虫。

为害特征：蚜虫种类多，繁殖快，能孤雌生殖。蚜虫常成群为害嫩叶、花蕾等，以若虫、成虫刺吸汁液。有的蚜虫会飞，是传播植物病毒的媒介，4—5 月为其繁殖高峰期。

防治方法：①消灭越冬卵。刮除老皮或萌芽前喷含油量 55%的柴油乳剂。②药剂涂干。用 50%久效磷乳油 2～3 倍液，在刮去老粗皮的树干上涂 5～6 cm 宽的药环，外缚塑料薄膜。但采用此法要注意药液量不宜涂得过多，以免发生药害。③喷药。蚜虫一般于 5—6 月危害嫩芽，可用 5%的吡虫啉可湿性粉剂 3000 倍液喷施 1～2 次。

（7）红蜡蚧。

为害特征：在通风不良或温湿度过高的环境中，植株就会出现红蜡蚧危害。其喜阴湿环境，繁殖较快，喜欢群集在枝条和叶片上刺吸植物的汁液，并伴有煤烟病的发生。1 年发生 1 代，主要危害时间为 6—9 月。如果防治不及时，容易造成枝叶的枯死。

防治方法：①通风，降低温湿度。②在若虫盛期喷药，可用 20 号石油乳剂 200 倍液，或 40%氧化乐果乳油 1000 倍液，50%敌敌畏乳油 1000 倍液，25%亚胺硫磷乳油 1000 倍液进行喷雾防治。

7. 采收

定植后 2～3 年开始开花结果，4 年后开始大量结果。霜降后，立冬前果实外皮呈金黄色或红黄色时，及时采摘，采收时间不宜过早，亦不宜过晚。采收过早，所加工的商品质地轻泡，颜色晦暗，质量较差，加工后干品率比适时采摘的低 20%左右；采摘过迟，鲜果会逐渐变软，自行脱落，易被鸟类啄食，影响收获率。应选择晴天采摘，采摘时不论果实大小，应一次摘尽，否则将影响翌年树冠的发芽抽枝。

摘取的果实除去果柄等杂质，晒干或烘干，筛去灰屑，拣净杂质即为药用生山栀。碾碎的栀子在锅内分别以文火、中火、武火炒至金黄色并渗出清香气，焦黄色并渗出焦香气，黑褐色微带火星时，取出晾干，即得中药临床上应用的“炒栀子”“焦栀子”“栀子炭”。根、叶随采随用。花初放时采收，晒干备用或鲜用。

四、开发利用

1. 应用于食品工业

栀子黄色素是从黄栀子的果实中提取得到的黄色素的总称，是自然界罕见的一种水溶性类胡萝卜素。极易溶于水，无异味，对人体安全无毒，能很好地体现天然柠檬黄的色调，着色自然。栀子黄色素可在各种面食、糖果等食品加工中得到广泛的应用。栀子黄色素作为一种色素，可以食用，根据我国的相关标准，其可以在膨化食品、糕点、雪糕、糖果、蜜饯、果冻、饮料等制作过程中使用，用量不得超过 0.3 g/kg。另有报道，可用栀子黄色素和猕猴桃提取液制成复合保健饮料。

栀子黄色素通常采用水浸泡法获得成品。其工艺如下：栀子去皮，破碎，过滤，煮沸，过滤后得色素液或将色素液经真空浓缩成流膏，真空干燥或喷雾干燥制成黄橙色粉末状成品。常用方法是待栀子去皮破碎后立即放入沸水中煮制 30 min 左右，再过滤浓缩而得色素流膏半成品。栀子黄色素的提取加工过程并不复杂，设备投资成本不高，而且一套设备可有多种用途，因此很有推广潜力。产地应充分发挥本地区的原料资源优势，有选择地开发栀子黄色素系列产品，以满足日趋增长的食品市场需求，发展地区经济。果实经提取色素后所剩的残渣可混合粮食酿制饮料，以综合开发利用栀子资源。

2. 应用于药品工业

有关资料表明，栀子黄色素可以使胆汁的分泌速度加快，使肝脏的解毒能力大大增强，同时还可以

NOTE

使血液中胆红素的含量降低，使胆固醇的含量有所降低；此外，还有相关研究表明，栀子黄色素对 CCl_4 造成的小鼠肝损伤有一定的保护效果。

3. 应用于日用品工业

有研究将栀子黄色素应用于沐浴液进行应用试验，试验结果表明其对人体无毒害。在化妆品应用方面，有研究表明栀子黄色素可以在水、醇类等溶液中很好地溶解，因此可以用于化妆品的生产。由于其水溶性表现出弱酸性或者中性，因此常用于酸性较弱或呈中性的化妆品的生产中。目前，尚无有关因栀子黄色素而导致不良反应的报道，因此其安全性较高。

从栀子花中提取的栀子花精油呈淡黄色，香气甜美，令人心旷神怡。栀子花精油具有较强的抗氧化能力，可用作高档香皂、香水等化妆品的添加剂。利用栀子鲜花加工成的浸膏或精油，除可用于化妆品工业，也可用于食品等工业。

4. 应用于饲料工业

在饲料中也可以添加栀子黄色素，用于鸡的饲养。利用该饲料饲养出的三黄鸡品质非常好，不仅个体大，而且黄色深，味道非常鲜美，具有更好的营养价值。

5. 应用于染料工业

栀子黄色素是一种天然染料，已经有很多关于其应用到染料工业中的报道：栀子黄色素可以直接对丝绸进行染色，效果较好；栀子黄色素对亚麻织物可以直接进行染色，而且经过试验的优化筛选，可以使染色的效果更为明显；栀子黄色素染料还可以直接对羊毛进行染色，染色的效果很好，颜色鲜亮，不易褪色。

金银花

第十二节　金　银　花

一、概述

金银花（*Lonicera japonica* Thunb.），又名忍冬、双花、银花，是忍冬科（Caprifoliaceae）忍冬属（*Lonicera*）多年生半常绿藤本植物，是我国常用中药。金银花一名始见于李时珍《本草纲目》，因近代文献沿用已久，现已公认为该药材的正名。《中国药典》（2020 年版）中，将金银花确定为忍冬科植物忍冬的干燥花蕾或带初开的花；将山银花确定为忍冬科植物灰毡毛忍冬（*Lonicera macranthoides*）、红腺忍冬（*Lonicera hypoglauca*）（其在《中国植物志》中的名称为菰腺忍冬）、华南忍冬（*Lonicera confusa*）或黄褐毛忍冬（*Lonicera fulvotomentosa*）（《中国植物志》将其修订为大花忍冬（*Lonicera macrantha*））的干燥花蕾或带初开的花。由于功效相似，市场上经常将金银花和山银花混称为金银花。

金银花自古以来就以它的药用价值广泛而著名。其功效主要是清热解毒，主治温病发热、热毒血痢、痈疽疔毒等。现代研究证明，金银花含有绿原酸、木犀草素苷等药理活性成分，对溶血性链球菌、金黄色葡萄球菌等多种致病菌及上呼吸道感染致病病毒等有较强的抑制力。另外，其还可增强免疫力、抗早孕、护肝、抗肿瘤、消炎、解热、止血（凝血）、抑制肠道吸收胆固醇等，临床用途非常广泛，可与其他药物配伍用于治疗呼吸道感染、细菌性痢疾、急性尿路感染、高血压等 40 余种病症。

金银花在我国各省均有分布，朝鲜和日本也有分布，在北美洲逸生成为难除的杂草。我国金银花的种植区域主要集中在山东、陕西、河南、河北、湖北、江西、广东等地。其中，山东省临沂市平邑县为金银花的主产区，种植面积最大，野生品种居多，历史悠久。其次为河南省封丘县，有 1500 多年的金银花种植历史，著名医学家陶弘景所著《名医别录》中有明确记载。

随着社会的高速发展，细菌及病毒传播途径及范围不断扩大，金银花作为有较好疗效的中药，日益受到人们重视，尤其是高品质的金银花备受青睐。除药用外，金银花在日用化工、食品饮料、园艺观赏、水土保持等领域，均有广泛应用，开发利用前景非常广阔。

NOTE

二、生物学特性

1. 形态特征

金银花属多年生半常绿藤本植物。幼枝暗红褐色，密被黄褐色、开展的硬直糙毛、腺毛和短柔毛，下部常无毛。叶纸质，卵形至矩圆状卵形，有时卵状披针形，稀卵圆形和倒卵形，至少有一至数个钝缺刻，长3～5 cm，顶端尖或渐尖，少有钝、圆或微凹缺，基部圆形或近心形，有糙缘毛，上面深绿色，下面淡绿色，小枝上部叶通常两面均密被短糙毛，下部叶常平滑无毛而下面少带青灰色；叶柄长4～8 mm，密被短柔毛。总花梗通常单生于小枝上部叶腋，与叶柄等长或稍较短，下方者则长达2～4 cm，密被短柔毛，并夹杂腺毛；苞片大，叶状，卵形至椭圆形，长2～3 cm，两面均有短柔毛或有时近无毛；小苞片顶端圆形或截形，长约1 mm，为萼筒的1/2～4/5，有短糙毛和腺毛；萼筒长约2 mm，无毛，萼齿卵状三角形或长三角形，顶端尖而有长毛，外面和边缘都有密毛；花冠白色，有时基部向阳面呈微红色，后变黄色，长2～6 cm，唇形，筒稍长于唇瓣，很少近等长，外被多少倒生的开展或半开展糙毛和长腺毛，上唇裂片顶端钝形，下唇带状而反曲；雄蕊和花柱均高于花冠。果实圆形，直径6～7 mm，成熟时蓝黑色，有光泽；种子卵圆形或椭圆形，褐色，长约3 mm，中部有一个凸起的脊，两侧有浅的横沟纹。花期4—6月(秋季亦常开花)，果熟期10—11月。

2. 生态习性

金银花耐寒习性强，在－10 ℃条件下，叶片不落，在－20 ℃条件下能安全越冬，来年正常开花，5 ℃时植株就开始生长，随着温度升高生长加快。20～30 ℃为其最佳生长温度，花芽分化最佳温度为15 ℃，40 ℃以上只要有一定的湿度也不会死亡。根系发达，10年生植株根平面分布直径可为3～5 m，深度1.5～2 m，主要根系分布在地下0～15 cm处，根系在4月上旬至8月下旬生长最快。越冬芽形成的枝条为一级枝条，生长到一定程度顶端生长点停止分化，由一级枝条分化形成二级枝条，依次形成三级、四级枝条。枝条有花枝、生长枝、徒长枝之分。徒长枝多生于植株下半部，枝条粗大，叶子肥硕，消耗大量养分。人工栽培条件下，一年从5月中旬至9月中旬可开四茬花，花期相对集中，第一、第二茬花占总花量的70%，第三、第四茬花花量较少。

金银花适应性很强，喜阳，耐阴，耐寒性强，也耐干旱和水湿，对土壤要求不严，但以湿润、肥沃的深厚沙壤土上生长最佳，每年春、夏季两次发梢。根系繁密发达，萌蘖性强，茎蔓着地即能生根。喜阳光和温和、湿润的环境，活力强，适应性广，耐寒，耐旱，在荫蔽处生长不良。生于山坡灌丛或疏林中、乱石堆、山足路旁及村庄篱笆边，海拔最高达1500 m。

三、栽培技术

1. 繁殖技术

(1) 播种繁殖：又称种子繁殖。每年10—11月，采集成熟的果实，堆放后熟，洗去果肉，阴干洗净种子，千粒重为3.1 g，进行湿沙层积储藏，储藏到第二年春季4月左右可以播种，播种前用35～40 ℃温水浸种24 h，捞出后拌2～3倍湿沙放于室内催芽，待有30%以上种子破口露白时播种。也可以将洗净的种子，直接与湿沙混拌后放地沟内储藏，翌年春季取出放到室内催芽。播种时先做好苗床，在苗床上条播，每公顷播种量为20 kg；条距50 cm，播幅5 cm，沟深2～3 cm，播后覆一层细土，覆土厚约1 cm，上面盖上薄膜；每天早晨喷水1次，10天左右可以出苗，出苗后及时去掉薄膜；幼苗时要搭棚遮阴，经常保持土壤湿润；当苗高4～5 cm时进行间苗，保持株距为10 cm。为预防苗木立枯病，间苗前后喷200倍石灰半量式波尔多液或喷1∶1∶200的波尔多液加以预防。

(2) 扦插繁殖：为目前金银花生产中的主要繁殖方式。春、夏、秋三季均可进行扦插繁殖，以雨季最佳。

①硬枝扦插：选1年生健壮充实的枝条，剪成长度为15～20 cm的插穗，插入土内2/3，株距10 cm，行距30～50 cm，插后浇水，2～3周即可生根，成活率高。第二年移栽后即可开花。

②嫩枝扦插：夏季采用当年半木质化新梢，剪成长度为15～20 cm的插穗，保留顶端2个叶片，插入

NOTE

床土，经常喷水，并遮阴，20 多天后即可生根。扦插生根后需尽快移栽。移栽苗秋末尚未成熟，应做好越冬防寒工作，翌年春季再移植。

（3）压条繁殖：春、夏季均可进行，埋深 4～5 cm，保持湿润，当年生根苗，第二年春季即可分栽定植。具体方法：金银花的枝条匍匐地上就能生根，春季发芽前在母株旁边挖小沟，将枝条压入沟内，用土壤固定，待新梢长出后再将母枝全部埋入土中；秋后从母枝基部剪断，挖掘压条苗，然后分割成苗。

（4）分株繁殖：春季或秋季都可进行，以春季分株成活率高，栽后踏实，灌足水。具体方法：在春季发芽前自母株四周将分蘖小苗挖出，或于金银花大苗出圃时，在不影响苗木质量的前提下，剪下长有根系的分蘖枝进行移栽，再培养成苗。

2. 选地与整地

（1）选地：平地应选择在排灌良好、地形开阔、日照充足的地方；山地应选择在坡度 25°以下，阳坡或半阳坡中下部的地方。选择土层深厚，土壤肥沃，pH 6.0～8.5，地下水位 1 m 以下，质地为沙壤土的地块。

（2）整地：整地结合地形特点进行。平地及坡度在 5°以下的缓坡地，可采用全园或穴状整地，结合整地挖排水沟，栽植行为南北向；丘陵或山地，可采用梯田、水平阶、鱼鳞坑或穴状整地等方式，栽植行沿等高线延长。

3. 品种与苗木选择

（1）品种选择：选择节间短，直立性强，适合当地条件的高产、优质的金银花品种。

（2）苗木选择：选择符合植物检疫要求，枝条与根系健壮，无病虫害的 1～2 年生无性繁殖苗木。

4. 栽植

（1）栽植时间：宜在晚秋至土壤封冻前或土壤解冻后至早春新芽萌发前进行；也可结合天气条件进行雨季栽植。

（2）栽植密度：栽植密度要依据土壤条件、肥水条件、田间管理水平、地理环境条件、品种特性等因素综合考虑确定。栽植密度一般为株距 1～1.5 m，行距 1.5～2 m。

（3）栽植方法：根据株行距确定栽植穴，在标示定植点的位置挖长、宽、深各 50～60 cm 的定植穴，也可挖取深、宽各 50 cm 左右的栽植沟，表土与底土分开放。穴施腐熟的有机肥 5～10 kg 加复合肥 0.25 kg，肥料与表土混合回填，下部回填表土，上部回填底土。一般每穴栽 1 株，栽植时边填土边轻轻向上提苗、踏实，使根系与土壤密接。栽植深度以土壤沉实后超过该苗木原入土深度 1～2 cm 为宜，栽植后及时浇透定根水。

5. 土、肥、水管理

（1）土壤管理。

①深翻扩穴：秋季沿原定植穴四周向外开环形沟，沟宽 30 cm 左右，深 50 cm 左右，挖沟时不要伤及主根，并将表土与底土分开放，埋沟时结合施肥，将掺入绿肥、厩肥等有机物的表土放在下层，底土放在上层。石砾过多时，还应去石换土，逐渐改良土壤。

②中耕除草：每年中耕 3～4 次，分别在春、夏、秋季进行，并结合中耕进行除草。植株近处浅锄，远处深锄，除草以“锄早、锄了”为原则。早春与秋末中耕除草的同时进行根际培土。

（2）施肥。

①施肥原则：以有机肥为主，化肥为辅。禁止使用硝态氮肥。提倡根据土壤和叶片的营养分析进行测土配方施肥和平衡施肥。在采摘前 20 天禁止使用叶面肥。

②施肥方法：可采取穴施、环施、沟施、全园或树盘撒施、根外追肥等施肥方法。

③施肥时期及施肥量。

a. 基肥：秋季至冬季灌水前施用，可结合深翻扩穴进行，肥料种类以腐熟的有机肥为主。1～3 年生幼树，每年穴施有机肥 5～10 kg，复合肥 100～150 g；成龄树，每年穴施有机肥 10～20 kg，复合肥 150～250 g。

NOTE

b. 追肥：每年追肥 3～4 次。第 1 次在早春萌芽前后，以后在每茬花采后分别追肥 1 次。追肥分土壤追肥和根外追肥(叶面喷施)两种。

土壤追肥前期以氮肥和磷肥为主,后期以磷肥和钾肥为主,施肥量为每次每株 100～200 g。每茬花蕾出现时,根据营养状况,叶面喷施 0.2%～0.5%尿素与 0.3%～0.5%磷酸二氢钾混合液或其他微肥,叶背、叶面喷匀,晴天在上午 10 时以前或下午 4 时以后进行,阴天可全天喷施。

(3) 水分管理:1～3 年生幼树生长期遇旱要及时灌溉。成龄树在春季萌芽前、新梢生长期、土壤封冻前根据天气情况,结合施肥进行灌水。无灌溉条件的山区或干旱、半干旱地区,要通过修筑水保工程、加厚土层、树盘覆盖、种植绿肥等措施,增加土壤的保水、保肥能力,抗旱保墒。在多雨季节或园区积水时应及时进行排水防涝。

6. 整形修剪

(1) 幼树修剪:以整理树形,培养骨干枝、开花枝组为主。定植后,在 20～30 cm 处定干,利用萌发后的新梢,通过摘心、抹芽,培养主枝 3～4 个;利用二次枝,每个主枝培养侧枝 3～4 个,继续在侧枝上剪留开花母枝。通过 3 年左右时间,培养成干高 30 cm 左右、主次分明、开花枝组配备合理的伞形或半球形树冠。通过合理整形修剪,将树高控制在 1.5 m 左右,以方便采摘。

(2) 成龄树修剪:冬季疏除病虫枝、干枯枝、徒长枝、重叠枝、下垂枝、纤弱枝,选留健壮的开花母枝,去弱留强,短截开花母枝,保留 3～5 节。夏剪在每茬花采摘后进行,修剪要轻,以短截为主,疏除为辅,剪除花枝顶端,促进新花枝的形成。同时及时去除根茎部的萌蘖和主干、骨干枝上的萌芽,以免形成徒长枝,消耗养分。

(3) 衰老期修剪:疏除老枝和枯枝,进行骨干枝的更新复壮,培养新的骨干枝,并及时清除根茎部的萌蘖。

7. 病虫害及其防治

(1) 虫害:春夏之交,金银花生长进入旺季,虫害是造成金银花减产的主要原因。为害金银花的虫害主要有透翅天蛾、尺蠖、咖啡虎天牛、豹蠹蛾、蚜虫等。防治透翅天蛾和尺蠖,可用 80%敌敌畏乳油 2000 倍液或 25%敌杀死乳油 3000 倍液喷雾;咖啡虎天牛、豹蠹蛾以食枝条为害,一经发现要立即剪除消灭,以防扩散;蚜虫为害叶片和嫩枝,造成生长停止,产量锐减,多发生在孕蕾期、采花期,一旦发现要及早防治,可采用 40%氧化乐果乳油 1000～1500 倍液或 30%桃小灵乳油 2500 倍液喷雾。

(2) 病害:金银花病害较少,主要有褐斑病、白粉病等。应以预防为主、防治结合,提倡在物理生物防治的基础上,结合化学防治,让金银花在种植过程中健康生长。褐斑病:每年 7—8 月发生严重,可在发病初期喷施 30%井冈霉素可溶性粉剂或 1:1.5:200 的波尔多液,每隔 7～10 天喷 1 次,连续喷施 2～3 次。严禁使用剧毒农药,即使一般农药在采花前 10 天也要停止使用。

8. 采收

(1) 采收时机:适时采摘是提高金银花质量和产量的重要环节。金银花的优良品种,春季栽植当年即可开花;秋、冬季栽植则次年开花,其开放时间集中,必须抓紧时机采摘,所以金银花一经栽植,就要考虑花蕾采收和加工问题,准备好采收花蕾的容器和建造花蕾加工烘干房。金银花单花从萌蕾到开放需 13～20 天,春季发育时间稍长,夏、秋季气温较高,花蕾发育较快,发育时间较短。当花蕾长到应有长度的 1/2 时,发育速度加快,花蕾颜色开始由青变白,如不及时采收,就会完全开放。

金银花从现蕾到开放、凋谢,可分为以下几个时期:米蕾期、幼蕾期、青蕾期、白蕾前期(上白下青)、白蕾期(上下全白)、银花期(初开放)、金花期(开放 1～2 天到凋谢前)、凋萎期。青蕾期以前采收,干物质含量低,药用价值低,产量、质量均受影响;银花期以后采收,干物质含量高,但药用成分含量下降,产量虽高但质量差。白蕾前期和白蕾期采收,干物质含量较高,药用价值、产量、质量均高,但白蕾期采收容易错过采收时机。因此,最佳采收期是白蕾前期,即人们所称的二白针期。

(2) 采收方法:金银花最佳采收时间是清晨和上午,此时采收的花蕾不易开放,养分足、气味浓、颜色好。下午采收应在太阳落山以前结束,因为金银花的开放受光照制约。太阳落山后成熟花蕾将会开放,影响质量。采收时只采成熟花蕾和接近成熟的花蕾,不带幼蕾,不带叶子,采后放入条编或竹编的篮子内,集中的时候不可堆成大堆,应摊开放置,放置时间不可太长,最长不要超过 4 h。

四、加工与利用

1. 加工

金银花采收后，要立即晒干或烘干。

(1) 晒干：将当天采摘的花蕾均匀地铺在水泥地上，撒花的厚度视阳光的强弱而定，一般为 4～5 cm，以当天能够晒干为宜。金银花晒热后，不可翻动，否则会变黑，即市场上所称的“油条”，这会降低金银花的质量。如当天没晒干，可将晒盘垛起来，第 2 天再晒，直到晒干为止。如遇连续阴雨天不能及时晒干时，可将采下的花蕾用硫黄熏一下，5 天内晒干，这样花蕾不会霉变。熏蒸的方法：将花蕾置于密闭的容器内，每 100 kg 花蕾用硫黄 1 kg，将硫黄放在容器内点燃，熏 10～12 h。

(2) 烘干：将花蕾放在晒盘内，置于烘干室内，加温烘干。烘干时，要掌握好烘干的温度，初烘时温度不宜过高，一般为 30～35 ℃；烘 2 h 后，温度升到 40 ℃左右；烘 5～10 h 温度升到 45～50 ℃；烘 10 h 后，水分大部分已经排出，再把温度升到 55 ℃，使花蕾迅速干燥。一般烘 10～20 h，花蕾即可完全干燥。烘烤时不能随意翻动，否则花蕾易变黑；未干时不能停烘，停烘易导致花蕾发热变质。烘干的花蕾比晒干的花蕾产量高。

忍冬藤于秋、冬季割取嫩枝，晒干即成。

优质的金银花花色呈黄白色至淡黄色，含苞未开，夹杂碎叶含量不超过 3%，无其他杂质，有香气。自然干制的花较烘制的花更具香气，药味淡。干制的忍冬藤以干藤蔓无杂质、无霉变、表皮棕红、质嫩者最佳。

2. 储藏

干制后的花容易发生虫蛀和霉变，可以用几层塑料袋包装并扎紧，及时存放于阴凉干燥的库房里，室温一般不宜超过 30 ℃。如出现潮湿或发霉时，可采取阴干或晾晒的方法，也可以用文火缓缓烘焙，切忌暴晒，以防变色。晾晒或烘烤干燥后，要待其回软后才能进行包装，否则花朵容易破碎，影响等级和质量。

3. 分级

金银花加工分级须从采花和干燥时抓起，最好按质量分开干燥，并随时拣去杂质，多产一等商品。金银花商品等级标准通常分为以下四等。一等：货干，花蕾呈棒状，上粗下细，略弯曲，表面绿白色，花冠厚质稍硬，握之有顶手感。气清香，味甘、微苦。开放花朵、破裂花蕾及黄条不超过 5%，无黑条、黑头、枝叶、杂质、虫蛀、霉变。二等：与一等基本相同，唯开放花朵不超过 5%，破裂花蕾及黄条不超过 10%。三等：货干，花蕾呈棒状，上粗下细，略弯曲，表面绿白色或黄白色，花冠厚质硬，握之有顶手感。气清香，味甘、微苦。开放花朵、黑头不超过 30%，无枝叶、杂质、虫蛀、霉变。四等：货干，花蕾或开放花朵兼有，色泽不分。枝叶不超过 3%，无杂质、虫蛀、霉变。

4. 开发利用

(1) 开发现状：金银花自古被誉为清热解毒的良药。金银花既能宣散风热，也能清解血毒，主要用于各种热性病。金银花临床用途非常广泛，可与其他药物配伍，用于银屑病、口腔溃疡、皮肤手足癣、上呼吸道感染、副鼻窦炎、痢疾、胆道感染、高脂血症、百日咳、伤寒、脑膜炎、慢性咽炎、阑尾炎、小儿肺炎、风湿性心脏病、钩端螺旋体病等。据统计含有金银花的中成药有 200 多种，如复方金银花颗粒、双黄连注射液、金银花合剂、银黄口服液、金嗓子喉宝、银翘解毒丸、金银花露、连花清瘟胶囊、金花清感颗粒、金叶败毒颗粒、栀子金花丸、银翘解毒片等。其中连花清瘟胶囊和金花清感颗粒已被国家药监局批准用于轻型、普通型新型冠状病毒肺炎患者的治疗。

金银花在日用化工领域也有广泛用途，其主要用于牙膏、痱子水、香水、卷烟、沐浴露等。另外，金银花还具有生态效益。可用于保持水土，改良土壤，调节气候，在平原沙丘栽植可以防风固沙，防止土壤板结，减少灾害。在一些城市的街头绿化中，也有把金银花作为绿化树种的，其既可以作为长年开花观赏树种，又具有药用价值。

NOTE

(2) 开发前景：金银花属于传统中药材，被誉为“植物抗生素”。目前 70%以上的感冒、消炎类中成药中都含有金银花。金银花作为我国传统药材，越来越受到世人的关注和重视，随着科学和技术的发展，其新的药理作用也会逐渐被开发出来。中医药以其卓越的疗效和独特的优势，受到国际社会的极大重视，许多国家均对其开展研究和开发，金银花产品的市场需求量也逐年增加。随着生活水平提高，人们的保健意识不断加强，消费绿色保健食品正在成为国际趋势。《本草纲目》中详细论述了金银花具有“久服轻身、延年益寿”的功效。金银花含有多种人体必需的微量元素和化学成分，同时含有多种对人体有利的生物活性物质，具有清除人体中超氧自由基、抗衰老和增强机体免疫力的作用，可降脂、抗血栓、抗衰老。金银花是消暑解热的佳品，可制作清凉饮料与糖果，如加多宝集团以金银花为主要原料制成的凉茶产品，畅销东南亚、非洲等十几个国家和地区。金银花的茎、叶均含有绿原酸、异绿原酸，可用于替代花蕾，作为食品饮料和日用品生产的原料。金银花在制药、保健食品、香料、化妆品等许多领域有着广阔的市场前景。

第十三节 连　翘

连翘

一、概述

连翘(*Forsythia suspensa*（Thunb.）Vahl)为木樨科连翘属植物，别名一串金，又名黄花条、黄寿丹、连壳、落翘、青翘等，为多年生落叶灌木，高 2～4 m。主产于河南、山西、陕西、河北、山东、湖北、四川等地，生于山坡灌丛、林下或草丛中，或山谷、山沟疏林中。连翘是传统的药用树种，是重要的经济树种，也是重要的油料作物、观赏植物和水土保持植物。另外，其也可用于食品天然防腐剂、化妆品或工艺品，应用广泛，市场前景广阔。

连翘果实中含连翘酚、连翘酯苷、黄酮类、五环三萜类及生物碱类等物质，为双黄连口服液、清热解毒口服液、银翘解毒颗粒等中药制剂的主要原料。连翘味苦、微寒，归肺、心、小肠经，具有抗菌消炎、清热解毒、消肿散结、镇痛止吐、抗病毒、降血压等功效，可用于治疗痈疽、瘰疬、乳痈、丹毒、风热感冒、温病初起、温热入营、高热烦渴、神昏发斑、热淋尿闭等。连翘是优良的生态树种和黄土高原防止水土流失的最佳经济作物，其抗逆性强，适生范围广，根系发达，生长迅速，萌发力强，在涵养水源、保持水土、防风固沙、净化空气、调节气候等方面具有积极作用。

连翘以种子繁殖和扦插繁殖育苗为主，亦可压条、分株繁殖。近年来，连翘的需求量逐渐增加，野生资源已不能满足市场的需求，人工种植在许多地方有较大的发展，但是盲目的大面积种植造成了人力、物力和财力的浪费，因此，如何科学地发展、综合开发与利用这一珍贵的资源，是当前亟待解决的关键问题。

二、生物学特征

1. 形态特征

连翘生于山野荒坡灌丛中或树林下，为落叶灌木。植株高 2～4 m。单叶对生，或为 3 小叶；叶柄长 8～20 mm；叶片卵形、长卵形、广卵形至圆形，长 3～7 cm，宽 2～4 cm，先端渐尖、急尖或钝，基部阔楔形或圆形，边缘有不整齐的锯齿；半革质。枝条细长，开展、下垂或伸长，稍带蔓性，常着地生根，小枝稍呈四棱形，节间中空，仅在节部具有实髓。花先于叶开放，腋生，长约 2.5 cm；花萼 4 深裂，椭圆形；花冠基部管状，上部 4 裂，裂片卵圆形，金黄色，通常具橘红色条纹；雄蕊 2，着生于花冠基部；雌蕊 1，子房卵圆形，花柱细长，柱头 2 裂。蒴果狭卵形略扁，长约 1.5 cm，先端有短喙，成熟时 2 瓣裂。种子多数，棕色，狭椭圆形，扁平，一侧有薄翅。花期 3—5 月，果期 7—8 月。

2. 生态习性

连翘喜欢温暖、干燥和光照充足的环境，耐寒、耐旱，忌水涝。连翘萌发力强，对土壤要求不高，在肥沃、瘠薄的土地及陡壁、石缝处均能正常生长，但在排水良好、富含腐殖质的沙壤土上生长良好。连翘性喜光，在阳光充足的阳坡生长良好，结果多；在阴湿处生长较差，结果少，产量低。连翘野生于海拔

NOTE

600～2000 m的半阴山坡或向阳山坡的疏灌丛中。连翘的雌蕊有长短两种花柱类型，称为异型花柱。自花授粉率极低，仅有4%左右，不同花柱类型的花授粉结果率高。

三、栽培技术

1. 育苗技术

连翘育苗方法主要有播种、扦插、压条、分株4种。其中压条育苗、分株育苗方法，一般使用较少。

(1) 播种育苗。

①采种与种子处理：蒴果采收后摊晒，去翅保存。4月初进行种子处理，用0.5%高锰酸钾溶液消毒3 h，30 ℃温水浸种48 h，捞出后混3倍河沙，置于温度10～20 ℃的室内。经常翻动，保持种沙湿度达60%，40天后裂口种子占1/3时播种。

②做床与播种：选干燥、排水良好的地块，做长10 m、宽1 m、高15 cm的床。每15 kg床土拌入五氯硝基苯可湿性粉剂5 g、代森锌可湿性粉剂5 g，制成药土。播种前铺一层药土，条播或撒播后覆土，覆土厚度为种子直径的3倍。压实，浇透水，最后浇一次封杀杂草幼芽的乙羧氟草醚乳油，10 h内不浇水。

③苗期管理与越冬：播后保持床面湿润，适时松土追肥，当年生苗高可为60～90 cm。落叶后封冻前，掘苗分级假植，翌春换垄育大苗。

(2) 扦插育苗。

①采条与剪穗：秋末冬初或早春树液流动前，选择生长健壮、无病虫害的1～2年生枝，剪截插穗，插穗长10～15 cm，直径0.3～1.5 cm，顶端有壮芽1～2个。剪口平滑，下端剪成45°角的斜面。随采随剪，插穗沙藏，7月进行扦插。

②做床与扦插：苗床规格与播种育苗法相同。床底填20 cm厚的酿热物，再填20 cm厚的床土与基质，耙平压实，浇透水。插前将插穗用清水浸泡2天，然后用50 mg/kg ABT生根粉溶液浸根2～4 h。扦插株行距10 cm×15 cm，深6～10 cm，插后浇透水。

③搭棚与管理：扦插后搭高60 cm的小拱棚，上盖塑料膜。1～2天浇1次水，保持床面湿润不积水，湿度70%～90%，地温23～24 ℃，棚内温度25～28 ℃，约20天后吐叶生根。其间要注意除草、松土、施肥。

(3) 压条育苗：早春选健壮枝条，挖20 cm深的坑，将枝刮破皮压入坑内，埋土、踏实、浇水。待枝条生根抽出新苗后截断，形成新株。

(4) 分株育苗：于早春在冠下距母株70 cm外围松土、施肥、浇水，使表层树根萌蘖，产生新株。经人工抚育，培育成达到标准的绿化用苗。

2. 栽培管理

(1) 间苗：种子发芽后，当苗高达20 cm时，即可进行间苗，要求每穴留2株；若有空穴，可在间苗时小心地将幼苗连根带土挖出，并在缺苗处挖穴，将带土幼苗放入缺苗穴处，然后培土浇水，使其成活。间苗时应注意去弱苗、病苗、杂苗，留好苗、壮苗，并确保幼苗生长一致。

(2) 植苗造林。

①连翘苗移栽技术：春季(4月中下旬，土壤解冻后)或秋季(11月，土壤上冻之前)，选择退耕还林地或荒山的阳坡、半阳坡、半阴坡进行移栽。将连翘种苗繁育田的植株，剪去头部，留取种苗高度约为50 cm，整理、打捆、沾泥浆，注意保护根系。

②直接刨坑栽种：适用于土壤较厚的地区，要做到“一朝，一靠，侧捣”。一朝是用镢头朝一个方向刨坑；一靠是栽苗时，苗木要紧靠实土一侧摆放，做到根展、苗正、不窝根，深浅适度，然后用湿土埋住苗根，再填满坑土；侧捣是用镢头向实土面上下直捣(注意不要四面乱捣，否则越捣坑土越虚)。坑长25 cm，宽25 cm，深30 cm，实施时应根据山上野生连翘资源数量的实际情况进行。株行距可以选择1.5 m×1.5 m、1.5 m×1.8 m、2 m×1.8 m、2 m×2 m等。熟土回填，做到“三埋，两踩，一提苗”。坑面要低，以利蓄水保土，有条件可用小石块垒埂，埂高15 cm。连翘野生抚育情况下，其数量应保证在每667 m^2

NOTE

180～220 株。

③鱼鳞坑栽植：适用于无土碎石地段或土壤贫瘠的山地，即在山上按“321（100 cm×66 cm×33 cm)”标准，垒半圆形鱼鳞坑。每穴播种 1～2 株连翘幼苗。实施时可根据山上野生连翘数量的实际情况，株行距选择 1.5 m×1.5 m、1.5 m×1.8 m、2 m×1.8 m、2 m×2 m 等模式进行抚育。

④阳坡阴埂栽植技术：在山坡的阳面进行连翘种植时，利用小石块垒埂，孤埂高 15 cm，以降低水分的蒸发量，提高连翘种子出苗率和种苗的成活率。

(3) 间作、中耕除草：连翘定植后到郁闭，一般需 5～6 年时间，在郁闭前的 4 年内，要根据实际情况进行间作和中耕除草。若是全面整地，则应在株行间种植农作物，一般以豆科矮秆作物为主，做到用地养地相结合，同时提高经济效益，增加收入。通过对这些作物的肥水管理来代替耕作，以促进苗木生长。若是局部整地，定植后的前 1～2 年，可于 4 月、6 月、7 月中下旬在原整地范围内各进行 1 次除草松土，第 3 和第 4 年可减少 1 次，仅在 5 月和 7 月中旬各进行 1 次。

(4) 追肥与排灌。

①追肥：待苗高达到 50 cm 时，可施稀薄人粪尿 1 次。次年春季，结合中耕松土，追施 1 次土杂肥，每穴施肥 2.5～5 kg，在株旁开浅沟施入，盖严，并向根部培土。第 3 年春季再结合松土除草，施厩肥，并多施磷钾肥。每 667 m^2 施腐熟人粪尿 2000～2500 kg 或尿素 15 kg，过磷酸钙 40 kg，氯化钾 20 kg，可在植株周围沟施，及时覆土浇水，以促其开花结果。第 4 年以后，植株较大，田间郁闭，为满足连翘生长发育的需要，每隔一定时间（一般是 4 年），深翻林地 1 次，每年 5 月和 10 月各施肥 1 次。5 月以化肥为主，每株施复合肥 0.3 kg；10 月施土杂肥，每株施 20～30 kg，于根际周围沟施。必要时，在开花前喷施过磷酸钙水溶液，以提高坐果率。

②排灌：连翘怕积水，耐旱力较强。植株成活后一般不需要浇水，但幼苗期和移栽后缓苗期，干旱时须适当浇水。若遇连阴雨，应注意及时排涝，防止积水浸泡或淹没幼苗，同时也可避免因积水而引起早期落叶，影响花芽分化等。

(5) 整形修剪：根据连翘树形生长特点，可整形修剪为自然开心形或灌丛形。

①自然开心形：定植后，当植株高 1 m 左右时，在主干离地面 70～80 cm 处剪去顶梢，夏季摘心，促多发分枝，并在不同的方向上，选择 3～4 个发育充实的侧枝，培育成为主枝，以后在主枝上再选择3～4 个壮枝，培育成为副主枝，在副主枝上，放出侧枝，通过几年的整形修剪，使其形成低于矮冠、内空外圆、通风透光、小枝疏密适中、提早结果的自然开心形树型。同时，于每年冬季将枯枝、重叠枝、交叉枝、纤弱枝以及徒长枝和病虫枝剪除。生长期还要适当进行疏删短截。对已经开花结果多年、开始衰老的结果枝群，也要进行短截或重剪（即剪去枝条的 2/3），促使剪口处抽生壮枝，恢复树势，提高结果率。

②灌丛形：定植的第 2 年早春，在选好作为插穗培养的地块上，离地面 20～25 cm 处剪去植株上端，春季气温上升，根系开始活动，储藏于根部的营养往上输送，集留于短小的树桩内，刺激隐芽萌发，通常可发生 6～8 条枝，此为一级枝（骨架枝）。在加大肥水管理的情况下，枝条生长很快，当其长至 25 cm 左右时，摘去其顶芽，使其发生二次枝。每条一级枝上，可萌发 10 条以上的二次枝，这些枝条就可作为当年秋季或翌春扦插的材料。

3. 病虫害防治

连翘病虫害的发生，使其质量和产量大幅下降，直接影响林农的经济收入。采取综合措施防治病虫害，成为保证连翘优质、丰产、增产的关键所在。连翘主要病害为叶斑病，主要虫害为蜗牛、吉丁甲、钻心虫、蝼蛄等，防治方法如下。

(1) 叶斑病：主要防治方法可为加强水、肥管理，蓄水保墒，增强树势；注意修剪，疏除冗杂枝、过密枝，保持植株通风透光；清除病叶、病枝，集中烧毁或深埋；喷施 75%百菌清可湿性粉剂或 50%多菌灵可湿性粉剂。

(2) 蜗牛：主要为害花及幼果。4 月下旬至 5 月中旬转入药材田，为害幼芽、叶及嫩茎，叶片被吃成缺口或孔洞，直到 7 月底。若 9 月以后潮湿多雨，其仍可大量活动，10 月转入越冬状态。上年虫口基数大、当年苗期多雨、土壤湿润时，蜗牛可能大暴生。防治方法：加强管理，增强树势；彻底清除杂草、石块，

在蜗牛栖息活动场所撒施生石灰；混合喷施1%甲氨基阿维菌素苯甲酸盐乳油和48%毒死蜱乳油0.1%浓度的溶液。

(3) 吉丁甲：防治方法为加强管理，增强树势；喷施20%敌杀死乳油0.0125%～0.02%浓度的溶液或10%氯氰菊酯0.05%～0.067%浓度的溶液。

(4) 钻心虫：以幼虫钻入茎干木质部和髓心危害植株，严重时被害枝不能开花结果，甚至整枝枯死。防治方法为采用80%敌敌畏乳油原液药棉堵塞蛀孔毒杀，或将受害枝剪除。

(5) 蝼蛄：播种育苗的主要害虫，无论是在出苗期还是幼苗期，如果不彻底防治，将会降低育苗成活率。以成虫、幼虫咬食刚播下或者正在萌芽的种子或者嫩茎、根茎等，咬食根茎呈麻丝状，造成受害株发育不良或者枯萎死亡。有时也在土表钻成隧道，造成幼苗吊死，严重时会出现缺苗断垄。防治方法为采用常规的毒谷或毒饵法，或用40%甲基异柳磷乳油50 mL或者50%辛硫磷乳油100 mL，兑水2～3 kg，拌麦种50 kg，拌后堆闷2～3 h进行诱杀。

四、采收加工

1. 采收

连翘定植3～4年开花结果。一般于霜降后，果实由青色变为土黄色、即将开裂时采收。8—9月采摘尚未完全成熟的青色果实，用沸水煮片刻，晒干后加工成“青翘”；10月采收熟透但尚未开裂的黄色果实，晒干，加工成“黄翘”或者“老翘”；选择生长健壮、果实饱满、无病虫害的优良母株上成熟的黄色果实，加工后选留作种。

2. 加工

将采回的果实晒干，除去杂质，筛去种子，再晒至全干即成商品。中药将连翘分为青翘、黄翘、连翘心3种。青翘以身干、不开裂、色较绿者为佳；黄翘以身干、瓣大、壳厚、色较黄者为佳。

(1) 青翘：8—9月采收未成熟的青色果实，用沸水煮片刻或用蒸笼蒸0.5 h后，取出晒干或烘干即成。

(2) 黄翘：10月采摘熟透的黄色果实，晒干或烘干即成。

(3) 连翘心：将果壳内种子筛出，晒干即为连翘心。

3. 储藏

连翘用麻袋包装，每件25 kg左右。储藏于仓库干燥处，温度30 ℃以下，相对湿度为70%～75%，安全水分为8%～11%。

4. 商品规格

(1) 青翘：呈狭卵形至卵形，两端狭长，多不开裂。表面青绿色、绿褐色，有2条纵沟和凸起小斑点，内有纵隔。质坚硬，气芳香，味苦。间有残留果柄，无枝叶及枯翘、杂质、霉变。

(2) 黄翘：呈长卵形或卵形，两端狭长，多分裂为两瓣。表面有一条明显的纵沟和不规则纵皱纹及凸起小斑点，偶有残留果柄，表面棕黄色，内面浅黄棕色，平滑，内有纵隔。质坚脆，种子多已脱落。气微香，味苦。无枝梗、种子、杂质、霉变。

金花茶

第十四节　金　花　茶

一、概述

金花茶是山茶科(Theaceae)山茶属(*Camellia*)金花茶组植物，为常绿灌木或小乔木。金花茶是我国特产的传统名花，也是世界性的名贵观赏植物。金花茶是茶花家族中唯一具有金黄色花瓣的珍稀物种，其花金黄色，具蜡质光泽，珍贵高雅，享有“茶族皇后”“植物界大熊猫”之美誉。

NOTE

金花茶是一种古老的植物，极为罕见，分布极其狭窄，主要间断分布于越南北部和我国广西南部和西南部。全世界 90%的野生金花茶仅分布于我国广西防城港市十万大山的兰山支脉一带，生于海拔 700 m 以下，以海拔 200～500 m 较常见，垂直分布的下限为海拔 20 m。数量极少，是世界上稀有的珍贵植物。金花茶组有 16 个种，集中分布于广西南部，以南宁及龙州为中心。北界从武鸣、平果、隆安往西到那坡抵达龙州。南界由南宁、扶绥到防城、东兴。往西到达与广西接壤的越南谅山省，形成一个紧密的封闭状的分布区。目前已知大部分的种类如五室金花茶（*C. aurea* Chang）、毛瓣金花茶（*C. pubipetala* Wan et Huang）、平果金花茶（*C. pingguoensis* D. Fang）、淡黄金花茶（*C. flavida* Chang）、弄岗金花茶（*C. grandis* (Liang et Mo)Chang et S. Y. Liang）、龙州金花茶（*C. longzhouensis* J. Y. Luo）及凹脉金花茶（*C. impressinervis* Chang et S. Y. Liang）均生长在石灰岩山地；而金花茶（*C. nitidissima* Chi）、显脉金花茶（*C. euphlebia* Merr. et Sealy）、薄叶金花茶（*C. chrysanthoides* Chang）及小花金花茶（*C. micrantha* S. Y. Liang et Y. C. Zhong），可能还有簇蕊金花茶（*C. fascicularis* Chang），则分布于非钙质土的山地，东兴金花茶（*C. tunghinensis* Chang）则见于钙土及非钙土山地。金花茶在有性及无性杂交过程中，其金黄色花色为稳性的基因型，与白花的山茶截然不同，是一个很独特的自然群。

金花茶植物中含有茶多酚、茶多糖等多种生物活性成分，同时还含有丰富的天然有机锗、硒、锌等对维持人体健康有益的微量元素，十分适宜制茶；而且市场上已经出现了金花茶花茶、金花茶袋泡茶、金花茶饮料、金花茶含片和金花茶口服液等饮品和保健品；金花茶产品不仅被国内消费者广泛接受，甚至远销东南亚、日本、澳大利亚以及欧美各国。

二、生物学特性

1. 形态特征

金花茶属于常绿灌木，植物成熟期高 2～5 m。叶革质，披针形、长圆形或者倒披针形，叶片的上面呈深绿色，下面则呈浅绿色，叶片边缘有细锯齿。花黄色，腋生，有柄；苞片 5～8，宿存；萼片 5；花瓣 8～12，呈卵圆形；雄蕊 4 轮，花丝分离或连合成短管；子房 3～5 室，无毛或有毛，花柱 3～5 条，离生，每室有胚珠 2～4 个。花期 11—12 月。果实为蒴果，扁三角球形。种子 6～8 粒，长约 2 cm。

2. 生态习性

金花茶喜温暖湿润气候，排水良好的酸性土壤，苗期喜荫蔽，进入花期后，颇喜透射阳光，对土壤要求不高，微酸性至中性土壤中均可生长。金花茶耐瘠薄，也喜肥。耐涝力强，适宜的生长温度为 20～25 ℃，临界温度最好不要低于 5 ℃，也不要高于 36 ℃。

三、栽培技术

1. 繁殖方法

金花茶的繁殖可采用有性繁殖（种子繁殖）和无性繁殖（扦插、嫁接、压条、组织培养）两种。无性繁殖能保持母本的遗传特性，可提早开花结果，而且繁殖速度快，省材料，是繁殖金花茶的主要方法。

（1）种子繁殖：金花茶于 11 月至翌年 4 月开花，10—12 月果实成熟。其种子寿命比较短，应该及时采收，采回的种子不能暴晒和脱水，也不能堆在一起，最好是立即进行播种。苗圃地要选择在有 30%左右透光度、土地肥沃、排水良好的林荫地段。金花茶种子发芽的适宜温度为 25～30 ℃。播种前，种子最好用 0.5%高锰酸钾溶液消毒 20 min 左右，然后用 35 ℃的温水浸泡，待水自然冷却后再换清水浸泡 24 h，这样可以促使种子萌动，让其尽快发芽。

（2）扦插繁殖：每年 5—6 月，需选择一棵幼龄的母树，从母树的顶端切去 1 年生的嫩芽，嫩芽的长度为 10 cm，切除嫩芽下部分的叶片之后，使用刀片将嫩芽节下面削平，顶端保留 1 个侧芽，保持嫩芽的叶片总数为 2～3 片即可。嫩芽处理完毕后，扦插于河沙以及砾石的介质中，插入深度为嫩芽的 1/3～2/3，后覆盖草帘进行遮阴处理，加强草帘的喷雾工作，能够保持内部的空气湿度，促进金茶花发芽、生根。

NOTE

芽插繁殖是扦插繁殖的一种。芽插技术是把每个芽节作为其中的一段，保留 1 片叶子，芽节控制在

1.5 cm左右，下部斜剪，然后插入介质中，这种方法能够更加充分地利用树木的枝条，可以进行大量繁殖。

(3) 嫁接繁殖：嫁接技术则是选择生长非常壮实的实生苗以及比较容易成活的山茶品种，在距离地面4～5 cm的地方截断，通过髓心把实生苗劈开1.5 cm，然后选择1条1～2年生的枝条作为接穗，上部分保留1～2片叶片，下部分则削成楔形，插入砧木上早已经劈开的裂口中，两者的形成层要密切结合，最后用塑料带绑紧。

2. 栽植地的选择

金花茶不耐干旱，根据引种成功地区的条件看，其栽植地要求土壤温润，土壤湿度要大，但不宜长期滞水；要求湿润、肥沃、深厚、排水良好的微酸性或酸性土壤；应选择在沟谷、溪旁、山洼以及河流冲积台地等处。

金花茶是一种耐阴树种，忌强光直射，因此，栽植后应长期遮阴。可利用天然林荫，也可用铁柱和遮阳网搭成荫棚，荫棚以3 m左右高度为宜，高棚通气良好，有利于苗木生长，也便于管理。

3. 移栽定植

金花茶的栽植四季均可进行，但以春季梅雨天气最为理想，栽植时间以初春阴天无风之日为好。深耕翻地，挖好0.5 m×0.5 m×0.5 m的定植坑，往定植坑内适当撒入草木灰和厩肥等作基肥，施肥量为每个坑75 kg。选2～3年生、有5条以上须根的优良苗木进行栽植，栽后覆土，淋足定根水。株行距控制在(1.5～2) m×2 m，每667m^2栽植166～222株为宜。

4. 田间管理

(1) 肥水管理。

灌溉：金花茶是好湿植物，在降雨量不足时必须及时灌溉，才能保证其正常生长。一般在晴天早晚各浇水一次，在特别干旱的季节应采取灌水法，灌水法不仅使土面湿润，而且可渗透到根以下土层。有条件者还可安装空间自动喷雾设施，从而满足金花茶对空气湿度的要求。

施肥：根据金花茶天然生长的立地环境条件，金花茶也是一种稍喜肥的植物，所以栽植时必须施足基肥，基肥一般以厩肥、堆肥为宜，这些基肥对改进土壤物理性质有很大作用。此外，在栽植后的生长过程中还应适当追施一定的肥料，一年中追肥1～2次即可。追施肥料最好为有机肥，可以进行干施或者水施。其中，水施是将肥料腐熟，加水稀释。干施则是将肥料捣碎，按照每株施肥25～50 kg的标准进行，在苗木旁挖浅沟施入，并盖上原土。干施以冬末春初为宜，水施四季均可进行。

(2) 修剪：金花茶萌芽力很强，但是植株生长缓慢，不宜强度修剪；树冠发育均匀，也无需特殊修剪，只需剪除病虫枝、过密枝、弱枝和徒长枝。新植苗，为确保成活，也可适度修剪。植株修剪后，不仅树冠相对矮化，而且枝多、叶茂、树形美观。

(3) 中耕除草：中耕能疏松表土，减少水分蒸发，增加土壤空气流通，促进土壤中养分的分解，为根系的生长和养分吸收创造良好条件；除草可以避免杂草吸收土壤中的养分和水分，增强金花茶树势。中耕除草可结合进行，除草以除早、除净为原则。中耕除草次数可根据实际情况而定，一般每年5～6次。

5. 病虫害及其防治

金花茶的病害主要有炭疽病、赤叶斑病、藻斑病、白绢病、煤烟病、根腐病等；虫害主要有天牛、假眼小绿叶蝉、茶蚜、茶二叉蚜、茶枝小蠹、根粉蚧、吹绵蚧、矢尖盾蚧、木蠹蛾、卷叶蛾、茶小卷叶蛾、茶长卷蛾、柑橘潜叶蛾、斜纹夜蛾、同型巴蜗牛、茶黄硬蓟马、瓢虫、茶翅蝽、象鼻虫、茶尺蠖等。病虫害的防治方法见表8-3。

表8-3　金花茶病虫害防治方法

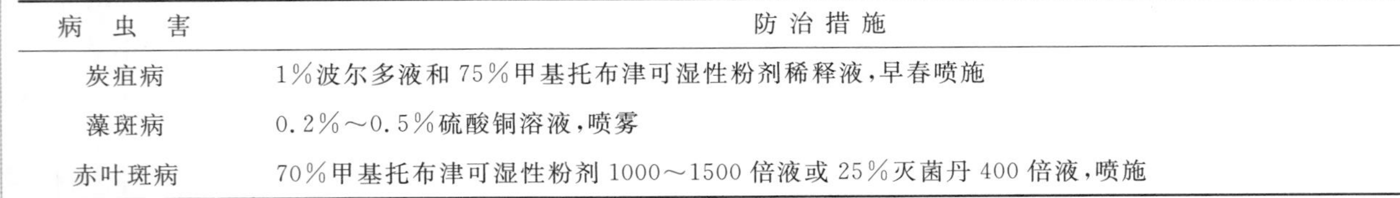

病　虫　害	防治措施
炭疽病	1%波尔多液和75%甲基托布津可湿性粉剂稀释液，早春喷施
藻斑病	0.2%～0.5%硫酸铜溶液，喷雾
赤叶斑病	70%甲基托布津可湿性粉剂1000～1500倍液或25%灭菌丹400倍液，喷施

病虫害	防治措施
煤烟病	①0.3 波美度的石硫合剂，每隔 3 天喷一次 ②50%甲基托布津可湿性粉剂 500 倍液，每隔 7～10 天喷一次
白绢病	用石灰消毒土壤。采用多菌灵、菌毒清、代森锰锌等杀菌剂进行防治
溃疡病	可喷施波尔多液阻止其蔓延
茶蚜	①50%磷胺乳剂 2000 倍液，喷洒 ②0.5 kg 烟筋，0.25 kg 生石灰，加水 10～15 kg，过滤去渣，喷雾防治
介壳虫	松脂合剂(松香∶烧碱∶水＝3∶2∶10)10～20 倍液，涂布虫害枝干
茶籽象鼻虫	土施敌百虫粉剂
木蠹蛾	50%辛硫磷乳油 500 倍液，制成毒棉、毒泥塞入虫孔中
柑橘潜叶蛾	10%二氯苯醚菊酯 2000～3000 倍液，或 2.5%溴氰菊酯 2500 倍液，每隔 7～10 天喷施，连续喷 3～4次
茶黄硬蓟马	0.3%印楝素乳油 500 倍液或 1.5%除虫菊素 800 倍液，喷施
同型巴蜗牛	8%灭蜗灵颗粒剂，撒施
茶长卷蛾	①用白僵菌感染；②幼虫期用敌百虫、杀螟松和杀灭菊醋防治
瓢虫	在幼虫分散前喷施 50%辛硫磷乳油 1000 倍液，注意喷叶背面
茶尺蠖	2.5%鱼藤酮乳油 300～500 倍液，10%溴虫腈悬浮剂 3000～5000 倍液，叶面喷雾
茶小卷叶蛾	①喷施白僵菌或敌敌畏防治 ②3.2%甲维盐微乳剂 1500～2000 倍液或 80%敌敌畏乳油 1000 倍液，喷洒
假眼小绿叶蝉	0.5%印楝素乳油 1000 倍液，或 70%艾美乐水分散剂 15000 倍液，喷施
茶枝小蠹	90%杀螟丹 1000～1500 倍液喷洒树干和枝叶，并向蛀道内注射 80%敌敌畏乳油 100 倍液杀灭害虫
斜纹夜蛾	5%甲维盐微乳剂 800～1000 倍液，20%灭幼脲 500～1000 倍液，喷施
茶翅蝽	采用硫丹、灭多威、噻虫嗪和联苯菊酯进行防治

四、开发利用

1. 观赏价值

金花茶属于国家一级保护植物。在观赏山茶中缺少黄花品种，而山茶属中其他植物的花也都缺少如此鲜丽的黄色种或变种。任何没有黄色基因的品种，就开不出黄色的花朵，因此，金花茶就成为培育黄色观赏山茶最理想的种质资源，在山茶风靡世界而独缺黄花品种的今天，唯一能作为黄色亲本的金花茶，就显得格外珍贵。金花茶的发现不仅扩大了山茶的家族成员，也增加了园林中的娇客。现在仅广西发现的已有 23 个种和变种。其中有的是小乔木，有的是灌木，花的颜色深浅、直径大小不一，花期也因种而异。近年发现的夏花金花茶，与其他种特别不同，6—8 月为盛花期，其余时间也有零星开放的，故也称四季金花茶。

2. 医疗保健

金花茶在民间一直被用于提神醒脑、清肝火、解热毒、养元气。《广西民族药简编》《中国壮药学》《药用植物辞典》等均有金花茶的药理记载。将金花茶的嫩叶泡茶作饮料，能调节血脂、血糖、胆固醇，增强机体免疫力，改善因高血压引起的各种不适。此外，金花茶还具有抗菌消炎、清热解毒、利尿消肿、增强肾脏活力、防止动脉硬化等作用。

3. 其他

金花茶除供观赏外，花的浸提液也可作食用染料，花粉可制作花粉食品。在产地，金花茶叶子常被人们用以代茶，并治疗高血压、腹泻等疾病。金花茶的种子可榨油供食用或工业用，其木材坚实，纹理细

致，可作为雕刻、细木工等用材。

金花茶植株对二氧化硫有很强的抗性，对硫化氢、氯气也有明显的抗性，适合种植于有害气体污染的工业区，可起到保护环境、净化空气的作用。

金花茶含有多种对人体有重要保健作用的微量元素，氨基酸、维生素以及茶多酚、茶多糖、黄酮类、皂苷类等化合物，十分适宜制茶。同时它还是壮族民间的一种传统中草药。近年来的动物学实验研究表明，金花茶叶的水浸出物具有降血糖、降血脂、抑制肿瘤生长、提高机体免疫力等多种生理功能，是一种十分优良的功能性食品原料。

由于金花茶具有很高的观赏和药用价值，因此任意采伐现象严重，除保护区外，许多产区的金花茶已濒临灭绝，个别种类已绝迹。如武鸣金花茶、淡黄金花茶等，现仅极少量存于南宁金花茶基因库中。因此，保护金花茶资源刻不容缓。

金雀花

第十五节　金　雀　花

一、概述

金雀花（*Caragana chinensis* Turcz. ex Maxim.）又名锦鸡儿、金孔雀、金鹊花，属豆科蝶形花亚科锦鸡儿属落叶小灌木。广泛分布于华东、华南、西南及华北丘陵、山区的向阳坡地。生于山坡向阳处、山谷、路旁灌丛中。人们常采其花作蔬菜食用，可烹制出多种菜肴，它是一种具有较好开发前景的野生食用花卉资源。3—5 月，于金雀花花期采花食用，将金雀花洗净与笋丝爆炒，或与腊肉、火腿、鲜肉爆炒，或与肉片、豆腐一起煮成三鲜汤。金雀花还可以经加工后出口。中医学认为金雀花性平，味甘，可健脾补胃，滋阴润燥，祛风活血，舒筋活络。经常食用可使人耳聪目明，容光焕发。金雀花是一种集医疗、保健、观赏、饲料为一体，极具开发前景的野生花卉。近年来，随着人们对天然食品的追求和农民经济意识的提高以及农业产业结构的调整，金雀花已从采摘野生资源向人工栽培转变。

二、生物学特性

1. 形态特征

灌木，高 1～2 m，树皮深褐色；小枝有棱，无毛。托叶三角形，硬化成针刺，长 5～7 mm；叶轴脱落或硬化成针刺，针刺长 7～25 mm；小叶 2 对，羽状，有时假掌状，上部 1 对常较下部的大，厚革质或硬纸质，倒卵形或长圆状倒卵形，长 1～3.5 cm，宽 5～15 cm，先端圆形或微缺，具刺尖或无刺尖，基部楔形或宽楔形，上面深绿色，下面淡绿色。花单生，花梗长约 1 cm，中部有关节；花萼钟状，长 12～14 mm，宽 6～9 mm，基部偏斜；花冠黄色，常带红色，长 2.8～3 cm，旗瓣狭倒卵形，具短瓣柄，翼瓣稍长于旗瓣，瓣柄与瓣片近等长，耳短小，龙骨瓣宽钝；子房无毛。荚果圆筒状，长 3～3.5 cm，宽约 5 mm。花期 4—5 月，果期 7 月。

2. 生态习性

金雀花根系发达，对土壤要求不严，在轻度盐碱土中能正常生长，具根瘤，抗旱耐瘠，能在山石缝隙处生长，萌芽力、萌蘖力均强，能自然播种繁殖。在深厚、肥沃、湿润的沙壤土中生长更佳。金雀花性喜光，也较耐阴，耐寒性强，在－50 ℃的低温环境下可安全越冬，忌积水，长期积水易造成苗木死亡。

三、栽培技术

金雀花为野生植物，耐旱、耐瘠，具有广泛的适应性，可在田坎边坡、房前屋后栽植，是坡耕地、梯田、边坡、地坎植物篱的首选树种。作坡耕地植物篱种植时，要保证一定的间距，一般株距 20 cm，可提前封行，尽早发挥植物篱作用，提高金雀花前期产量；也可净植栽培，是农村种植业结构调整，增加农民经济

NOTE

收入的有效手段。金雀花抗逆性强，易栽培，一般每公顷定植 15000～30000 株，一年后可产鲜花 300～450 kg，3 年后进入盛花期，可产鲜花 3000～6000 kg。

1. 繁殖方法

金雀花根系相当发达，可采用扦插繁殖、分株繁殖或组织培养等方式进行种苗繁殖。

(1) 扦插繁殖。

①枝条的选取及其处理：每年的 4—5 月选取生长势强、枝条粗壮、无病虫害，茎粗 0.4～1 cm，1 年生或 2 年生枝条(结合整形修剪)，按 45°角斜剪成长 10～15 cm 的小段，用农膜或蜡封顶，然后按 1 年生或 2 年生枝条分开，按每捆 100 支枝条扎成捆。用 0.1 g 生根粉兑水 15 kg，1 年生枝条浸泡 20～30 min，2 年生枝条浸泡 30～40 min。

②扦插床及营养土的准备：床高 8～12 cm，宽 120 cm，基质(营养土)为黑细沙或沙质肥土，扦插前用无污染清水泼浇，再用 50%多菌灵可湿性粉剂 1000 倍液喷洒消毒。

③扦插：按行距 10～15 cm，株距 5 cm 进行扦插，扦插时入土深度 6～7 cm，露出土面 3～4 个叶腋。扦插方法：先按 10～15 cm 的行距挖好深 4～5 cm 的小沟，然后将枝条按 5 cm 的株距，以 10°～15°角斜放在小沟中，第 2 沟的基质(营养土)覆盖第 1 沟的枝条，依次进行，覆盖时要压实。为了便于移栽，提高成活率，也可用袋径 10 cm，袋高 15～20 cm 的营养袋扦插繁殖，注意营养袋之间要排列紧密，便于水分管理。扦插后覆盖一层稻草或其他覆盖物遮阴，加强水分管理，避免出现旱情。

(2) 分株繁殖：利用 2 年生或 3 年生金雀花植株地表的侧根、支根有潜伏芽，能在适宜的环境条件下抽生嫩枝条，长成新植株的特点，挖取有潜伏芽的根系，分切成 10～15 cm 长的根段，用 0.1 g 生根粉加水 15～19 kg 浸泡根部 20 min，培育于苗床或直接栽于种植沟；也可采用三分之一或二分之一分株的方式移栽。带土移栽，金雀花成活率可为 95%以上，最佳移栽期在每年的雨季(6—7 月)，这种方法简便易行、省工、植株成活率高。其前提条件是目前有相当的栽培数量，能提供种苗来源。

(3) 组织培养：有相应的基础设施、设备条件的单位和个人，可采用茎尖分生组织或嫩茎组织培养，繁育种苗。组织培养是目前大批量生产种苗的快捷方法。

2. 整地开沟

(1) 平地：按沟行距 100～150 cm 开挖定植沟，沟深 60 cm，沟宽 60 cm。

(2) 山坡地：按 100～120 cm 开挖成小台地，再沿小台地中线开挖成定植沟，沟深 50 cm，沟宽 50 cm。

(3) 田坎边坡(植物篱，水土保持)：按沟行距 70～80 cm，沟深 30 cm，沟宽 15 cm 开挖定植沟。

将沟内的泥土放置于沟口边暴晒 30～45 天，在沟中施入土杂肥，每施一层土杂肥或农肥回填一层土，直至与沟埂高相差 5～7 cm，顺沟心理出 15～20 cm 的定植小沟备用。

3. 定植及定植密度

水源条件好的地区可在 12 月上旬至翌年 1 月下旬开始定植，没有灌溉条件的地区可在雨季来临前 15～20 天定植。平地株距 30～60 cm，保证栽植密度为每公顷 15000～30000 株；山坡地株距 20～40 cm，保证栽植密度为每公顷 22500～45000 株；田坎边坡株距 20～30 cm，保证栽植密度为每公顷 47550～62400 株；以确保前期产量。定植以后要加强水分管理，避免过干或过湿，栽植 10 天以内要采取遮阴措施，以提高成活率。

4. 田间管理

(1) 灌水：雨季 30～40 天无自然降雨过程，或出现旱象，应及时补灌，以保证金雀花生长发育需要，冬、春季应灌水 2～3 次，特别是立春以后，须每 20 天左右灌水 1 次，以保证正常开花，同时可提高花蕾数量、质量和单花重量。

(2) 中耕除草：定植第一年要注重除草，除草宜采用中耕松土除草与旱地化学除草相结合的技术措施。每年夏、秋季应中耕 3～4 次，以促进金雀花正常生长发育。金雀花行间采用定向喷雾，喷嘴上安装喷药防护罩，并尽量压低喷头，以避免药液散喷于金雀花植株上造成危害(注意风大时不宜喷药)。配兑药液时可加入少量的洗衣粉或柴油，以增加药液在杂草上的黏着度，耐雨水冲刷，从而提高田地间的除

NOTE

草效果。

(3) 施肥:金雀花虽然耐瘠,但要促使其较快生长,获得较高产量和效益,必须通过追施肥料,为金雀花的生长发育创造良好的肥力条件。因此,要在每年的冬、春季或4—5月采花后,每公顷追施土杂肥22.5～30 t或优质农肥15000～22500 kg,普通过磷酸钙600～750 kg,硫酸钾150～300 kg,所追施的各种肥料中,农肥应与各种化肥充分混合拌匀,结合中耕松土,在金雀花行间距金雀花植株根部两边20～25 cm处开沟施入,然后覆土盖严。

采用分株繁殖育苗或分株移栽的金雀花母株地块,要在采挖分株后30天左右,根系伤口愈合时,每公顷用尿素75～150 kg兑清水浇施,或每株金雀花浇施人畜粪尿500～800 g,以促进金雀花迅速恢复,进入正常的生长发育,恢复树势。

(4) 修剪和整形:为保证金雀花产量和方便采摘,定植第二年春季开始,应及时进行修剪和整形。一是要保持植株高度在1.5～1.8 m,以方便摘花;二是修剪过密的枝条(主要是根部抽生的枝条)及部分春梢(春季发生枝),保留秋梢作第二年的花枝;三是通过整理枝条,保证枝梢(树冠)呈松散状态,增加金雀花树冠受光面,以促进通风透光,获得高产。修剪和整形时间一般在每年的冬季和初春。

(5) 寄生树花的防治:金雀花树花是一种寄生于其树茎、枝条上的有害植物,一般多见于3年生以上的老熟树茎和枝条,严重影响金雀花生长,影响金雀花质量和产量。树花的防治方法:一是于每年的冬、春季,每公顷用石硫合剂750～1125 kg喷雾于生有树花的金雀花植株茎干上;二是剪除寄生有树花的树茎和枝条,集中烧毁。

(6) 病虫害防治:金雀花病虫害较少,开花采收期间要尽量避免使用农药,尽可能地用物理、生物等无公害防治方法。

①红蜘蛛:5—6月是其发生和发展阶段。植株发芽前喷施3～5波美度石硫合剂,消灭越冬成螨。4月底、5月初喷施0.3～0.5波美度石硫合剂防治。5—7月喷施阿维菌素乳油5000倍液。

②蚜虫:主要为害叶片、花蕾和嫩梢。每年4月中旬至5月下旬是其大量发生期。用吡虫啉可湿性粉剂3000～5000倍液或50%抗蚜威可湿性粉剂1500倍液喷雾。

③煤烟病:通风不良的条件下,常发生在枝条与叶片,可用多菌灵可湿性粉剂800倍液或百菌清可湿性粉剂1000倍液喷雾防治。

5. 适时采摘上市

当花蕾花瓣稍为张开,花瓣呈淡黄色时,及时采摘,分级、包装、保鲜、上市。

四、营养与加工利用

金雀花根又称锦鸡儿根、阳雀心根、土黄芪、野黄芪等,含生物碱、黄酮苷类、琥珀酸、酚类物质和树脂等化合物。金雀花性辛、平,有活血通脉、调经、清肺益脾、补肾益气、祛风除湿等功效,主治高血压、气短、心悸、浮肿、虚损劳热、咳嗽、带下、血崩、关节痛风、跌打损伤等。金雀花在民间可用作滋补强壮药,因此有的地区称之为土黄芪或直接充作黄芪用。金雀花的花不含生物碱,黄酮类含量高,具有治贫血、咳嗽等功效,其余功效基本同根部。民间用于治疗头昏眩晕。

金雀花的蛋白质含量是常用花卉类蔬菜黄花菜的2.9倍,脂肪和灰分含量低于黄花菜。金雀花的蛋白质、脂肪和糖含量高于一般豆类蔬菜;铁、锌、硒、维生素C含量高于多数蔬菜;金雀花含有17种氨基酸,其中人体必需氨基酸有7种。金雀花的花可作蔬菜食用,可烹制多种菜肴,风味独特,色香味俱佳。

金雀花叶色鲜绿,花红黄色,在园林中可植于岩石旁、小路边,或作绿篱用,亦可制作盆景或切花,制作盆景的历史悠久。金雀花具有广泛的适应性和很强的抗逆性,是荒漠、荒漠草原地区优良的防沙固沙植物。

金雀花枝叶繁茂,产量高,营养丰富,适口性好,也是家畜的优良饲用灌木,绵羊、山羊及骆驼均爱采食其幼嫩的枝叶。

金雀花也是很好的蜜源植物。

NOTE

【思考题】

1. 简述菊花的繁殖方法。
2. 影响菊花嫁接成活的因素有哪些?
3. 百合的主要食用部位是什么?有何药用价值与保健功能?
4. 芦荟的开发利用价值有哪些?
5. 简述芍药的加工步骤。
6. 简述茉莉花的采收标准。
7. 黄花菜最适宜的采收标准是什么?
8. 如何选择铁皮石斛栽培基质?
9. 简述栀子黄化病发生的原因及其防治方法。
10. 简述金银花的整形修剪方法。
11. 简述金花茶的开发利用价值。
12. 金雀花树花是什么?如何防治?

【参考文献】

[1] 马锋旺,周连霞.菊花栽培新技术[M].西安:西北农林科技大学出版社,2005.
[2] 薛琴芬,孙大文,孔维兴,等.菊花栽培技术及其病虫害的防治[J].农技服务,2009,26(4):66-67.
[3] 张慧.菊花栽培技术及采收加工[J].安徽农学通报,2015,21(18):66-67.
[4] 何成平,陶伟林,周娜,等.重庆地区观赏食用百合关键栽培技术[J].南方农业,2016,10(25):53-55.
[5] 李瑞琦,徐靓,吴翠,等.百合采收、加工、分级、包装与贮藏标准操作规程优化研究[J].中国药业,2019,28(14):1-3.
[6] 袁昌齐.芦荟的开发利用和芦荟产业[J].中药研究与信息,2000,2(10):47-48.
[7] 朱永莹.芦荟及其栽培技术[J].热带农业科学,2005,25(2):31-35.
[8] 龙冰雁,申明达,廖高文.芦荟栽培新技术[J].农业开发与装备,2019(12):166,140.
[9] 聂凌鸿.芦荟的开发利用[J].食品研究与开发,2006,27(2):144-148.
[10] 贺欢,王卫成,汤玲,等.兰州地区油用芍药栽培技术[J].甘肃农业科技,2019(12):89-92.
[11] 刘仲华.茉莉花茶产业概况与创新发展[J].中国茶叶,2021,43(3):1-5.
[12] 冉悦.论我国古代的茉莉花文化[J].内蒙古农业大学学报(社会科学版),2012,14(6):321-323.
[13] 中国科学院中国植物志编辑委员会.中国植物志[M].北京:科学出版社,2004.
[14] 张文双.万寿菊栽培技术[J].中国园艺文摘,2015(12):162,167.
[15] 孙凤兰,吕作君.万寿菊高产高效栽培技术[J].安徽农学通报,2008,14(19):238,219.
[16] 郭耀东,牛仙,任嘉瑜.万寿菊资源综合开发利用研究进展[J].商洛学院学报,2019,33(2):18-23.
[17] 邹晖,林江波,李海明,等.铁皮石斛人工栽培技术[J].福建农业科技,2016(5):38-40.
[18] 付祖科,别士平,李先良,等.荆门铁皮石斛设施栽培技术初探[J].现代园艺,2014(3):43-44.
[19] 宋喜梅,李国平,何衍彪,等.铁皮石斛人工栽培主要病虫害防治[J].安徽农业科学,2012,40(32):15697-15698,15714.
[20] 郑毅,陶开战,张仁华,等.铁皮石斛植物资源开发利用的研究进展[J].上海农业科技,2017(2):8-9,11.
[21] 李泽生,李桂琳,白燕冰,等.铁皮石斛仿野生栽培技术规程[J].中国热带农业,2017(5):

NOTE

62-67.
[22] 周淑荣，董昕瑜，郭文场，等.凤仙花的栽培要点及病虫害防治[J].特种经济动植物，2015，18(11)：33-36.
[23] 谌红叶，朱亚.凤仙透骨草栽培与利用研究[J].安徽农学通报，2020，26(8)：20-22.
[24] 张桂英，马海丽，鲜雯，等.凤仙花综合利用研究进展及开发前景[J].甘肃科技纵横，2020，49(10)：24-27.
[25] 杜晓云.药食兼用蒲公英高产高效栽培技术[J].现代农业，2020(2)：64-65.
[26] 陈梦妮，王慧，李永山，等.药食同源蒲公英的栽培技术及其应用研究进展[J].山西农业科学，2020，48(12)：2007-2011.
[27] 梁芳，施永祜，黄志亮.特种蔬菜霸王花的种植加工技术[J].长江蔬菜，2016(3)：24-25.
[28] 游国均，洪俐.湖南道地药材栀子规范化栽培的研究[J].时珍国医国药，2007，18(12)：3145-3146.
[29] 税珺，刘新华，陈润强，等.黄栀子果实开发利用价值概述[J].现代农业科技，2016(13)：121-122.
[30] 吴镇坤，张亚楠，王雅英，等.栀子综合开发与利用研究进展[J].亚太传统医药，2017，13(24)：64-66.
[31] 武剑宏.栀子的栽培与利用[J].内蒙古林业调查设计，2018，41(1)：21-22.
[32] 潘媛，李隆云，王钰，等.我国主要栀子栽培资源分布与综合利用调查[J].天然产物研究与开发，2019，31(10)：1823-1830.
[33] 沈植国，刘云宏，王玮娜，等.金银花栽培关键技术[J].河南林业科技，2019，39(4)：48-51.
[34] 李洪升.金银花及其丰产栽培技术[J].现代园艺，2021，44(13)：70-72.
[35] 赵宏.药用植物金银花的采收与加工技术[J].现代农业，2011(11)：22.
[36] 牛红霞.连翘优质丰产栽培管理技术[J].林业科技通讯，2016(5)：64-67.
[37] 黄鹏.连翘开发利用前景及规范化栽培技术[J].北方园艺，2009(3)：195-197.
[38] 唐健民，史艳财，廖玉琼，等.金花茶茶花的营养成分分析[J].广西植物，2017，37(9)：1176-1181.
[39] 穆瑞禄.金花茶的生物学特性以及快速繁育技术[J].广东茶业，2012(5)：27-29.
[40] 陈俏蓉，刘付月清，林思诚，等.金花茶的引种及栽培技术要点[J].南方农业，2018，12(20)：48-49.
[41] 吴儒华，潘子来，潘子平.金花茶栽培技术与管理措施[J].科技信息(学术版)，2008(14)：231-232.
[42] 张武君，刘保财，赵云青，等.金花茶种苗繁育与栽培管理研究进展[J].热带农业科学，2018，38(6)：42-48.
[43] 李洪文，尹艳琼，周晓波，等.云南特有野生蔬菜金雀花丰产栽培技术[J].中国野生植物资源，2008，27(4)：63-64，67.
[44] 张小玲，薛庆中，金川.金雀花营养成分分析[J].园艺学报，2004，31(4)：504.
[45] 罗小青.药用锦鸡儿栽培技术[J].福建农业，2012(5)：1，16.

NOTE

第九章　香料花卉栽培

第一节　薄　　荷

薄荷

一、概述

薄荷为唇形科(Lamiaceae)薄荷属(*Mentha*)多年生草本植物。原产于日本、朝鲜和中国东北各省。世界上分布较多的国家有俄罗斯、日本、英国、美国等,朝鲜、法国、德国、巴西也有栽培。在我国分布较广,主要分布于长江以南的浙江、江苏、湖南、四川、广东,云南、福建、河北、河南也有分布,以江苏太仓出产的薄荷最佳,称为苏薄荷,目前以安徽、湖北、山东和四川为主产地。

薄荷嫩茎叶为食用部分,营养丰富,每 100 g 鲜茎叶含蛋白质 8 g,糖 10 g,还含有钙、磷、铁、多种维生素和微量元素。嫩茎叶可作为清凉调料,清凉风味来源于薄荷油,茎叶含有薄荷油 1%,其中主要成分薄荷醇占 70%～90%,薄荷酮占 10%～20%,此外还有薄荷霜、樟脑萜、柠檬萜等。薄荷进行熬油、提炼后,可入药。薄荷在日常生活中也可用于制作口香糖、薄荷含片、糕点或作为牙膏、香皂的添加剂。

薄荷油具有十分重要的经济价值,在世界香料行业占据重要地位。近年来,随着全球薄荷油产品需求的增加,价格的上涨,世界薄荷油主产国美国和印度薄荷产业发展出现新的变化,我国已由薄荷油主产国转变为世界主要的薄荷油消费国。这些变化为我国薄荷产业的重新崛起带来新的契机。

薄荷是全球重要的香料作物之一,薄荷属植物包含 19 个种和 13 个变种。目前广泛栽培的薄荷品种有亚洲薄荷(*M. canadensis*)、胡椒薄荷(*M.* × *piperita*)、留兰香(*M. spicata*)和苏格兰留兰香(*M.* × *gracilis*)。历史上,印度、巴西和中国曾是亚洲薄荷主要栽培国,现在印度亚洲薄荷油产量已占全球亚洲薄荷油总产量的 80%以上,亚洲薄荷在巴西几乎绝迹,我国尚保留少量的亚洲薄荷种植面积。胡椒薄荷、留兰香和苏格兰留兰香主要栽培于美国、英国和法国,其中美国是全球胡椒薄荷油和留兰香油产量较大的国家之一。

二、生物学特性

1. 形态特征

薄荷高 30～100 cm,具水平匍匐根状茎,茎下部数节具纤细的根。茎直立,具四沟槽,多分枝,有时单一,上部被倒向的微柔毛,下部仅沿棱上具微柔毛。叶对生,长圆状披针形至长圆形,长 3～5 cm,宽 2～3 cm,先端急尖或锐尖,基部楔形至近圆形,边缘在基部以上疏生粗大牙齿状锯齿,两面常沿脉密生微柔毛,其余部分近无毛。轮伞花序腋生,秋季开紫色、淡红色或白色花朵,花冠唇形,喉部以下被微柔毛。小坚果卵形。

2. 生态习性

薄荷适应性很强,在海拔 2100 m 以下的地区均能生长,在阳光充足,海拔 300～1000 m 的地区均可栽培。薄荷对土壤要求不高,在黏土、壤土、沙土上均可生长,一般土壤 pH 以 6.5～7.5 为宜。薄荷喜

NOTE

温和湿润环境，根茎种植后日平均气温 6 ℃时即可出苗，地上部分能耐 30 ℃以上高温，5—6 月生长最快，适宜生长温度为 20～30 ℃。当气温降至 0 ℃以下时，地上部分萎缩干枯，停止生长。根比较耐寒，－30 ℃仍能越冬，生长初期和中期需水量大，现蕾期、花期需要给予足够的光照。光照不充足、连阴雨天，薄荷油和薄荷脑含量均较低。

薄荷根入地 30 cm 深，多数集中在 15 cm 左右土层中。薄荷 7 月下旬至 8 月上旬开花，现蕾至开花 10～15 天，开花至种子成熟 20 天。

三、栽培技术

1. 品种选择

薄荷不但容易栽培，而且品种很多，生产上分原种和杂交种两大类。原种中常见的有薄荷（薄荷脑含量最高的种类）、田野薄荷、留兰香（又称绿薄荷，茎叶灰绿色，其挥发油中不含薄荷脑，无清凉感，但留兰香油含量高，香味浓，是原种中最常用的品种）、欧薄荷、水薄荷、圆叶薄荷（苹果薄荷）、唇萼薄荷（毒性强）、科西嘉薄荷和柠檬留兰香。杂交种中常见的有辣薄荷（又称胡椒薄荷，茎叶紫绿色，薄荷气味明显，清凉芳香，是杂交种中最常用的品种，被广泛用于制作咖啡、泡茶及烹调）、苏格兰薄荷（又称姜薄荷，可提炼精油、泡茶或作为口香糖原料）、圆叶留兰香等；传统上用作中药的是凉味较重的中国薄荷。因此，生产上可以根据需要进行品种选择。

2. 选地与整地

薄荷对土壤要求不高，虽然一般土壤均可栽培，但栽培薄荷最好选择地势平坦、排灌良好，阳光充足、疏松肥沃、前 3 年内未种过薄荷的沙壤土。薄荷是宿根性植物，吸肥力较强，长期连作易造成减产、品质差、病虫害严重，一般产地栽培 2～3 年后进行换茬。选好地后，秋季按常规深翻，结合深翻施入基肥，施用有机肥 30000～45000 kg/hm^2，或第 2 年解冻后结合耙地施入 15000～22500 kg/hm^2 沤肥或厩肥，耙细耢平，然后做畦。畦宽 100～120 cm，畦间距离为 30～45 cm，高 15～20 cm。

3. 繁殖方式

薄荷常用的繁殖方式有种子繁殖、扦插繁殖、根茎繁殖、秧苗繁殖，种子繁殖和扦插繁殖所形成的幼苗生长比较缓慢，而且容易发生变异，成苗后植株萃取精油的品质比较差。因此，生产上多不采用种子繁殖或扦插繁殖。

（1）种子繁殖：薄荷种子比较小，出芽率低，种子繁殖时要求育苗床土壤疏松透气，3—4 月或 9—10 月，将薄荷种子进行撒播，覆土 1～2 cm，覆盖稻草，播后浇水，14～21 天即可出苗。

（2）扦插繁殖：3—10 月扦插，以 4 月进行最佳，将母株的地上茎分节切断进行扦插即可。

（3）根茎繁殖：3 月下旬至 4 月上旬或 10 月下旬至 11 月上旬，按行距 25～30 cm，横向开沟，沟深 10 cm，再从留种地里挖起根茎，选择色白、健壮以及节间较短的新根茎，切成长 10 cm 左右的小段作为繁殖材料，然后按株距 15 cm 栽入沟内，覆细土耙平、压实即可。

（4）秧苗繁殖：留种地要选择在植株生长良好，品种纯一，无病虫害的生产地块。当年秋季收割后，进行中耕、除草、追肥。翌年 4—5 月，当苗长到高约 15 cm 时进行移栽。以株行距 15 cm×20 cm 挖穴，每穴栽秧苗 2 株。栽后盖土压紧，再施入稀薄人畜粪水进行定根。为了提高产叶量和薄荷油、薄荷脑的含量，移栽在清明前进行最好，不宜推迟到 6 月后，否则产量就很低。

4. 田间管理

（1）中耕除草：根茎繁殖的薄荷，当苗高约 9 cm 时，或栽植的幼苗成活后，要进行第一次中耕除草，以后在植株封垄前进行第二次中耕，这两次都要浅耕。7 月第一次收获后，应及时进行第三次中耕，可略深些，并除去部分根茎，使其不致过密；9 月进行第四次中耕，只除草；10 月第二次收获后，进行第五次中耕，要除去部分根茎。薄荷栽培 2～3 年后，需换地另栽。第二、第三年春季，苗高 12～18 cm 时，结合除草，除去过密幼苗，每隔 10 cm 留苗一株。其后中耕除草与第一年做法相同。

（2）摘心：是否摘心应因地制宜。摘心以摘掉顶端两对幼叶为宜。一般宜在 5 月晴天中午进行，此时伤口易于愈合，摘心后应及时追肥，以促进新芽萌发。一般密度较大的单种薄荷以不摘心为好，而密

NOTE

度稀时或套种薄荷长势较弱时需摘心，以促进侧枝生长，增加密度。

（3）排水灌溉：多雨季节应及时清理排水沟，排出积水，以免影响植株正常生长；天气干旱时，应及时灌溉，灌水时必须防止田间积水，夏季以早晨或夜间灌溉为宜，通常灌水与追肥结合进行。

（4）追肥：薄荷茎叶1年要收割2次，土壤中养分消耗较多。在施足底肥的基础上，需适时适量多次追肥，试验表明薄荷的茎叶产量和薄荷脑的含量取决于氮素营养状态，地下根茎的生长发育与钾的供应量有关系，所以追肥以氮肥为主，并施磷、钾肥。在生育期追肥应结合中耕除草进行。第一次在2月苗高5～10 cm时施粪水11250 kg/hm^2；第二次在苗高约20 cm时施粪水22500 kg/hm^{2}或硫酸铵150～225 kg/hm^2，深耕于行间沟内，施后覆土促进植株生长；第三次在头刀收割后，施人粪尿22500 kg/hm^2，饼肥750 kg/hm^2，以利割后早发苗；第四次在9月上旬苗高20～30 cm时，施人粪尿15000 kg/hm^{2}或硫酸铵150 kg/hm^2。如秋、冬季不挖根，继续生长1～2年可在收割后结合中耕，深6～10 cm，施厩肥或堆肥30000～37500 kg/hm^2，作为冬肥，以促进第二年提早出苗，生长健壮。

5. 病虫害防治

薄荷病虫害主要有锈病、斑枯病、小地老虎和银纹夜蛾等。

（1）锈病：是由一种薄荷柄锈菌（*Puccinia menthae* Pers.）引起的病害。5—10月发生，多雨时容易发病。开始时，在叶背面有橙黄色的、粉状的夏孢子堆。后期发生冬孢子堆（黑褐色，粉状），严重时叶片枯死、脱落。

防治方法：用120倍波尔多液喷雾，收获前20天停止喷药。

（2）斑枯病：又称薄荷白星病，是由一种真菌（*Septoria menthicola* Sacc. et Let.）引起的病害。5—10月发生于叶片。初时叶两面产生近圆形病斑，很小，呈暗绿色；以后病斑扩大，近圆形，直径0.2～0.4 cm，或呈不规则形，呈暗褐色。老病斑内部褪成灰白色，呈白星状，上生黑色小点，有时病斑周围仍有暗褐色带。严重时叶片枯死、脱落。

防治方法：用65%代森锌可湿性粉剂500～600倍液（80%代森锌可湿性粉剂800倍液）或者120倍波尔多液喷雾，收获前20天停止喷药。

（3）小地老虎：春季小地老虎幼虫会咬食薄荷幼苗，造成缺苗、断苗。

防治方法：①每667 m^{2}用2.5%敌百虫粉剂2 kg，拌细土15 kg，撒于植株周围，结合中耕，使粉剂混入土内，可起到保苗作用。②每667 m^{2}用90%晶体敌百虫0.1 kg与炒香的菜籽饼（或棉籽饼）5 kg做成毒饵，撒在田间诱杀。③清晨人工捕捉幼虫。

（4）银纹夜蛾：幼虫食害薄荷叶片，造成孔洞或缺刻。5—10月都易受侵害，以6月初至头刀收获为害最重。

防治方法：用90%晶体敌百虫1000倍液喷杀。

（5）斜纹夜蛾：幼虫8—10月食害薄荷叶片。防治方法同银纹夜蛾。

6. 采收与晾晒

薄荷收获期是否适当和产量有密切关系。一年可收获2次。第一次在7月，不晚于大暑，第二次在10月。薄荷中的薄荷油和薄荷脑在日照充足时含量高（连续晴天，叶片肥厚，边反卷下垂，叶面有蓝光，发出特有的强烈香气，此时，薄荷油、薄荷脑含量最高），连续阴雨天含量低。选晴天于上午10时至下午3时采收。用镰刀齐地割下茎叶，地下落叶也可用于提取薄荷油或薄荷脑或者立刻集中摊放阴干，无阴干条件也可暴晒。每隔2～3 h翻动一次，晒2天后，扎成小束，扎时束内各株满叶部位对齐。扎好后用铡刀在叶下3 cm处切断，切去下端无叶的梗，摆成扇形，继续晒干。忌雨淋和夜露，晚上和夜间移到室内摊开，防止变质。数量少时，晒七八成干，捆成小把，悬挂阴干，折干率达25%。薄荷外加篾席包装储运，放阴凉干燥处，防受潮、发霉。

四、加工与利用

1. 薄荷油

一般精油的提取方法有水蒸气蒸馏法、挥发性溶剂提取法、压榨法及超临界二氧化碳萃取法等。针

NOTE

对不同的精油及条件可采用不同的方法，对于薄荷而言，水蒸气蒸馏法更适合，该方法比较简单，不需要昂贵的设备，产地加工可用土制加工设备。将薄荷茎叶等原料铺放在一个多孔的网筛上，网筛的下方应位于冷凝液水平面之上，再用直接蒸汽蒸馏，馏出液经分离得到薄荷油，而馏出的水可用间接蒸汽加热复蒸(回流蒸馏)进行附加处理以提高收率。据报道，新鲜薄荷含薄荷油 0.8%～1%，干的茎叶含 1.3%～2%。薄荷油是一种淡黄色、稍遇冷就凝固的流动性液体，有强烈的薄荷香气和清凉的微苦味。

薄荷油组成成分：α-蒎烯、柠檬烯、甲基戊基甲醇、薄荷脑、百里香酚、D-薄荷脑、薄荷酮、乙酸薄荷酯、胡椒酮、胡薄荷酮、异戊酸、己酸、石竹烯、异戊醛等。因品种和产地不同，薄荷油的成分也会有所不同。

2. 薄荷脑

将薄荷油先冷却至 14 ℃，然后至 10 ℃，最后至 −5 ℃，就可以分离出薄荷脑。每个阶段都要分离出结晶薄荷脑。

结晶出薄荷脑后的油称为脱脑薄荷油，脱脑薄荷油对强酸和强碱均不稳定，易溶于苯甲酸苄酯、邻苯二甲酸二乙酯和植物油中；不溶于甘油，微溶于丙二醇和矿物油。脱脑薄荷油可用于口腔保护剂的加香以及药剂、酒类、糖果和其他制品中。

3. 薄荷的应用

(1) 药用。薄荷含薄荷脑，是一种常用中药材，全草可入药，性辛、凉，气香，入肺、肝经，有疏散风热、清热解表、祛风消肿、利咽止痛之功效，常用于风热感冒、头痛、目赤疼痛、咽喉肿痛、麻疹透发不畅等。此外，可促进血液循环或用于治疗各种伤口的发炎疼痛。薄荷入药方式：一是薄荷干叶或全草用于中草药煎剂或中成药方剂；二是薄荷脑晶体用于中成药或西药配方；三是薄荷素油或精油用于中西药配方。民间常用的几种薄荷的实用便方如下：①薄荷 5 g、菊花 15 g，水煎，日服 2 次，适用于偏头痛；②鲜薄荷叶两片，揉烂成团，在双侧迎香、合谷穴揉擦 30 s，每日 3 次，可以预防感冒。

(2) 食用。主要食用部位为茎叶，可用于菜肴和甜点的调味，可泡茶，也可生吃或榨汁服用。常用的方法如下。菜用：嫩茎、叶营养丰富，含蛋白质及多种维生素和微量元素，可生食、凉拌或炒菜。佐料：作为香料、糖果、糕点、酱汁、腌制食品的配料。饮料：可消暑止渴，预防口腔溃疡，长期饮用具有保健作用。薄荷茶：可消除胀气，缓解胃痉挛及恶心感和食欲不振，改善睡眠，刺激脑部思考，清除杂念及加强记忆力。

(3) 工业用。薄荷里提取的薄荷油，被广泛地应用于各类化妆品、口香糖、巧克力、牙膏、香皂、酒、烟草和其他用品中，清凉油、薄荷含片、八卦丹中也加入了薄荷油。

天竺葵

第二节 天 竺 葵

一、概述

天竺葵(*Pelargonium hortorum* Bailey)属牻牛儿苗科天竺葵属多年生宿根草本植物，别称洋绣球、石蜡红、驱蚊草、洋葵等，原产于非洲南部，世界各地均有栽培。茎粗壮多汁，基部稍木质化，表面密被细柔毛，全株有特殊气味。其花色艳丽、花期长、产花量大、适应性强，具有较高的观赏价值。园林中主要用于盆栽观赏，可作室内盆栽，也可盆栽后用于花坛、庭院布置，在插花和干花制作中也是很好的材料。某些天竺葵还能有效清除空气中的苯、甲苯等有害物质，释放特殊香气，具有驱蚊作用，可以提取精油入药或作为香料，可作为一种理想的天然色素原料。

天竺葵精油含量较高，是一种极好的情绪平衡剂，能很快消除疲劳，具有抗氧化和延缓衰老的作用。对扁桃体炎、咳嗽、肌肉痉挛均有很好的治疗效果，对癌症患者也有一定的帮助。天竺葵精油有很高的安全性和很好的皮肤耐药性。除此之外，它还可作为玫瑰油的代用品，是全球香料工业重要的精油之

NOTE

一。天竺葵常用于玫瑰、风信子、香石竹等香精配方中，可作为香水、香皂、化妆品及食品等的添加剂，是出口创汇的重要经济作物。

天竺葵属植物已经超过 250 种，我国引入栽培的有 7 种：天竺葵（*P. hortorum*）、马蹄纹天竺葵（*P. zonale*）、盾叶天竺葵（*P. peltatum*）、家天竺葵（*P. domesticum*）、香叶天竺葵（*P. graveolens*）、麝香天竺葵（*P. odoratissimum*）、菊叶天竺葵（*P. radula*）。余树勋将常用的天竺葵属栽培种分为 4 个杂种群：室外天竺葵杂种群、室内天竺葵杂种群、盾叶天竺葵类群和香叶天竺葵杂种群。

二、生物学特性

1. 形态特征

天竺葵为多年生草本植物，高 30～60 cm。茎直立，基部木质化，上部肉质，多分枝或不分枝，具明显的节，密被短柔毛，具浓烈鱼腥味。叶互生；托叶宽三角形或卵形，长 7～15 mm，被柔毛和腺毛；叶柄长 3～10 cm，被细柔毛和腺毛；叶片圆形或肾形，茎部心形，直径 3～7 cm，边缘波状浅裂，具圆形齿，两面被透明短柔毛，表面叶缘以内有暗红色马蹄形环纹。伞形花序腋生，具多花，总花梗长于叶，被短柔毛；总苞片数枚，宽卵形；花梗长 3～4 cm，被柔毛和腺毛。芽期下垂，花期直立；萼片狭披针形，长 8～10 mm，外面密被腺毛和长柔毛，花瓣红色、橙红色、粉红色或白色，宽倒卵形，长 12～15 mm，宽 6～8 mm，先端圆形，基部具短爪，下面 3 枚通常较大；子房密被短柔毛。蒴果长约 3 cm，被柔毛。花期 5—7 月，果期 6—9 月。

2. 生态习性

天竺葵喜冬暖夏凉，冬季室内每天保持 10～15 ℃，夜间温度控制在 8 ℃以上，即能正常开花，但最适温度为 15～20 ℃。天竺葵喜燥恶湿，冬季不宜浇水过多，要见干见湿。土湿则茎质柔嫩，不利花枝的萌生和开放；长期过湿会引起植株徒长，花枝着生部位上移，叶片渐黄而脱落。

天竺葵生长期需要充足的阳光，因此冬季必须把它放在向阳处。光照不足，茎叶徒长，花梗细软，花序发育不良；弱光下的花蕾往往花开不畅，提前枯萎。天竺葵不喜大肥，肥料过多会使天竺葵生长过旺，不利开花。

三、栽培技术

1. 繁殖方法

天竺葵常用繁殖方法为播种繁殖和扦插繁殖。

(1) 播种繁殖：春、秋季均可进行，以春季室内盆播为好。发芽适温为 20～25 ℃。天竺葵种子不大，播后覆土不宜过深，2～5 天即可发芽。秋播，第二年夏季能开花。经播种繁殖的实生苗，可选育出优良的中间型品种。

(2) 扦插繁殖：除 6—7 月植株处于半休眠状态不可扦插外，其他时间均可扦插，以春、秋季为宜，夏季高温，插条易发黑腐烂。选用插条长 10 cm，以顶部最好，生长势旺，生根快。剪取插条后，让切口干燥数日，形成薄膜后再插于沙床或膨胀珍珠岩和泥炭土的混合基质中，注意勿伤插条茎皮，否则伤口易腐烂。插后放于半阴处，保持室温 13～18 ℃，扦插后 14～21 天生根，根长 3～4 cm 时可盆栽。扦插过程中用 0.01%吲哚乙酸浸泡插条基部 2 s，可提高扦插成活率和生根率。一般扦插苗培育 6 个月开花，即 1 月扦插，6 月开花；10 月扦插，翌年 2—3 月开花。

2. 苗期管理

(1) 温度：保持介质温度 21～25 ℃，5～10 天可出苗，温度过高易使种子产生热休眠而影响发芽，而过低的温度则阻碍幼苗的成长和发育，在整个育苗期，介质温度应不低于 18 ℃。介质 pH 保持在 6.0～7.0之间，天竺葵生长最适 pH 为 6.2～6.5。

(2) 光照：幼苗发芽后，宜迅速接受光照以防徒长；可于育苗期保持每天光照时间 16～18 h，为期 4 周，光照强度 3200～5400 lx；天竺葵被称为“光的积累者”，积累的光照强度越多，生长和开花越快。

(3) 肥料：穴盘直播时，可于子叶完全平展后，追施“叶绿精”1000 倍液，每周 1 次，至定植前可将浓

NOTE

度提高为800倍液；使用其他肥料时，若有效氯浓度超过1 μL/L，可能为害子叶，同时应注意避免使用含氯过高的自来水。

(4) 水分：保持介质在中等湿度状态，并且在两次浇水之间介质应保持干燥状态，同时空气湿度也保持较低以减少病害发生。

3. 栽培管理

(1) 移植：育苗盘条播育苗者，使幼苗子叶完全平展时可假植于70孔穴盘之中；约20天后，幼苗真叶长至4～5片时可定植上盆。定植后立即在幼苗根部浇灌甲基托布津可湿性粉剂1000倍液作为"定根水"，预防根腐病的发生。

(2) 温度：天竺葵喜凉爽的生育环境，怕高温。生长适温为5～25 ℃，春季最适宜生长。秋、冬季栽培时，夜温不宜低于5 ℃，因此在北方种植天竺葵时需要以温室或大棚进行保护，否则容易受冻害；南方夏季天气炎热，天竺葵生长处于半休眠状态，开花不良，在此期间需进行适度降温至30 ℃以下，使其安全越夏。

(3) 光照：保持生长环境全日照状态，使其良好生长并尽早开花。利用天竺葵开花需要积累一定光照的特点，可以通过调整光照来调节其花期，也可根据实际生长状况进行调整。

(4) 水分：天竺葵不耐水湿，要求栽培介质通气性良好，否则根茎比例容易失调。介质含水量过多容易导致由真菌引起的根腐病及灰霉病；但栽培介质也不宜过于干燥，否则会使根系周围积累盐类并造成烧灼，常使植株下部叶子转成带红色至黄色。天竺葵具柔毛，施肥、浇水时应避免叶片沾染肥水，或施肥后以清水洗净叶面并使其干燥。

(5) 肥料：定植后7天即可再施肥，肥料可选用"叶绿精"800倍液或15-20-20(含氯级)复合肥600倍液，每7～10天施肥一次。植株生长过程中应施用以钾、硝酸钙及磷为主要成分的肥料。天竺葵对氨基酸很敏感，施用这类肥料不宜超过10 mg/kg，但在温暖地区，光线较强，可能需要施以20-10-20的复合肥以使叶片伸展和着色良好。

(6) 摘心：目前天竺葵子一代(F_1)系列品种，如"精英""卧猫""Red205"等分枝性相当强，栽培过程中不摘心也可以使株型丰满美丽，但"夏雨"(盾叶天竺葵)较多应用于吊篮栽培或地栽，由于它是蔓性品种，应适度摘心促进侧枝生长，使开花更加繁茂，株型更加美丽。

4. 病虫害及其防治

(1) 叶斑病：叶片病害发生初期，叶背出现水渍状小斑，以后逐渐扩大为暗褐色或赤褐色圆形或不规则形的病斑，严重时叶片大部分死亡。插条受害不能生根，并由基部向上慢慢腐烂，叶枯萎，呈多角形坏死。

防治方法：植株间要通风透光，避免湿度过高。不在病株上选取插条，摘除所有病叶、病枝，避免带菌土壤污染叶片。花盆和种植台、工具等用10%漂白粉溶液浸洗消毒，土壤用2%福尔马林消毒，或另换新土。采用无病种苗。发病前后可喷洒1%波尔多液或72%农用链霉素可溶性粉剂2000倍液，或用50%多菌灵可湿性粉剂1000倍液全株喷施，连续数次，交替使用，效果显著。

(2) 灰霉病：主要为害叶片及花。该病在花瓣上发生时为褪色斑点，不规则，初有稀疏灰霉，天气晴好或干燥时灰霉萎缩，潮湿时再次滋生，花朵变为暗红色至黑褐色。

防治方法：注意栽培场所通风透光，湿度不宜过高。发病初期以50%扑海因1000倍液或28%灰霉克800～1000倍液全株喷施。

(3) 褐斑病：多在叶片上发生，病斑为浅褐色或灰白色至红褐色，具暗褐色边缘。叶背病斑略凸，斑外缘黄晕明显，病斑常相互融合成较大的枯死斑，最终两面生出灰黑色霉状物。

防治方法：保持栽培场所通风透光，植株休眠期应控制肥水，不宜施用过量。发病初期使用75%甲基托布津可湿性粉剂800～1000倍液或50%多菌灵可湿性粉剂800倍液或25%苯菌灵可湿性粉剂1000倍液，全株喷施，每隔10天喷施1次，连续防治2～3次。

(4) 黑斑病：此病多见于植株下部老叶，但上部叶片也易受侵害。

防治方法：用75%百菌清可湿性粉剂500～800倍液，或50%甲基托布津可湿性粉剂800～1000倍

液，或 45%代森铵水剂 600～800 倍液，每隔 7～10 天喷 1 次，连续多次。交替使用，效果较好。

(5) 黑胫病：在插枝和成株上均有发生，插枝受害更严重，自茎基部开始腐烂，向上发展，引起死亡。成株发病后变为黑色，并向上扩展，叶片脱落，以致整株枯萎死亡。

防治方法：扦插时须剪取健壮株上的枝条，扦插于无病原菌的苗床。移栽时须另换新的地段或更换盆土，以防传染病害。发病初期可用 70%敌克松可湿性粉剂 1500～2000 倍液或 72%农用链霉素可溶性粉剂 2000 倍液全株喷施。

(6) 蚜虫：常集中在嫩芽、嫩叶、嫩枝上刺吸汁液，可用速扑杀乳油 1000～1200 倍液全株喷洒。

(7) 蓟马：以成虫或若虫寄生在植物上吸食幼芽、嫩叶、花和幼果。嫩叶被取食后卷曲，芽梢和花受害后凋谢，发病初期可用 40%氧化乐果乳油 400～500 倍液喷杀。

(8) 红蜘蛛：多在叶片背面刺吸叶汁，常造成叶片变色甚至卷曲，可用 0.01%三氯杀螨醇溶液喷杀。

(9) 粉虱：吸食植物汁液，导致叶片褪色、卷曲、萎缩，可用 0.01%敌杀死溶液喷杀。注意平时应加强肥水管理，并做好病虫害防治工作。

四、开发利用

(1) 绿化与美化：天竺葵花团锦簇，让人赏心悦目，室内盆栽可点缀阳台、窗台和案头；露地栽植可装饰岩石园、花坛。天竺葵品种众多，花色有十几种纯色和多种复色及镶嵌色；花有单瓣、半重瓣、重瓣；株型有紧凑型、旺盛型和中等型。天竺葵丰富的花色、形态可以满足多种室内装饰及露天花坛配置的需求。另外与其他花卉不同的是，天竺葵还拥有较多的垂吊品种，垂吊天竺葵以其飘逸俊秀的枝叶、艳丽的色泽，成为阳台花槽、悬挂吊篮、组合盆栽、矮墙短篱等美化种植的优秀材料，起到柔和视线、增加层次感的作用。

(2) 天竺葵精油：天竺葵精油无色或呈淡绿色，气味甜，有点像玫瑰，也常被用于制造女性香水。天竺葵精油中含有香茅醇、甲酸香茅酯、松烯、牻牛儿醇、松油醇、柠檬醛、薄荷酮和多种微量矿物元素。

其主要功能在于调肤，天竺葵提取液中的有效成分与天然有机脂具有很强的亲和性。天竺葵精油几乎适合各种皮肤状况，具有止痛、抗菌、增强细胞防御功能、除臭、止血等功效；在泡脚的热水中滴入几滴天竺葵精油，可以达到活血通络的目的，还能达到去除脚气脚臭的效果。天竺葵精油适用于所有皮肤，有深层净化和收敛效果，可平衡皮脂分泌；促进皮肤细胞新生，修复疤痕，特别适用于油性肌肤和痘痘性肌肤，对痘痘、痘印及黑头都有很好的缓解和消除效果。天竺葵精油能促进血液循环，使苍白的皮肤变得红润有活力；可能对湿疹、灼伤、带状疱疹、癣及冻疮有益。

天竺葵精油具有净化黏膜组织的功能，能减轻胃肠不适；具有利尿的特性，可帮助肝、肾排毒。

天竺葵精油能够有效地杀死口腔和咽喉的细菌，因此，在咽喉痛、咽喉发炎和牙龈感染时，可以加入漱喉液和漱口水中。

天竺葵精油能平抚焦虑、沮丧，还能调节情绪，纾解压力；改善经前症候群、更年期问题。

第三节 薰 衣 草

薰衣草

一、概述

薰衣草为唇形科(Labiatae)薰衣草属(*Lavandula*)多年生常绿草本植物，是名贵的天然香料植物，素有“香料之王”的称号。原产于地中海沿岸、欧洲各地和大洋洲列岛，花色多呈蓝紫色，偶有白色。我国新疆伊犁是中国薰衣草之乡，与日本北海道、法国普罗旺斯并称薰衣草的三大产地。

自古以来，薰衣草因其高雅的芳香与医疗功效而为人所爱，薰衣草的英文名“lavender”源自拉丁文“lavare”，意即“洗”，罗马人喜欢在洗澡水中加入薰衣草的鲜花或干花。到了 12 世纪，薰衣草成为极受

重视的植物，13—14 世纪，在欧洲修道院的园圃中已有栽种。1568 年，Hertfordshire 地区开始较大面积种植薰衣草，1823 年后薰衣草用途转至商用。18 世纪时，Yardley 香水公司在 Mitcham 栽种薰衣草，用薰衣草制造肥皂及香水，而精油业者也以薰衣草命名城镇或街道；而法国的普罗旺斯，尤其是格拉斯附近的山区也以遍野的薰衣草闻名。以前，薰衣草都用于混合蒸馏精油，直到 1760 年，人们才按各种薰衣草的特性，开始分门别类提取精油。

薰衣草，无论是鲜花或干花，其药用历史已有数千年。它是一种很重要的、用作弛缓剂的草药，中世纪时，多用于缓解头部疾患和不适。草药师约翰·帕金森形容它是一种"对各种头脑疼痛症特别有效"的药物。

薰衣草栽培历史悠久，种类繁多。薰衣草属共有 28 种，用于提取精油的薰衣草主要分为 3 种(类)：①薰衣草(狭叶薰衣草，*Lavandula angustifolia*)，叶片较细，花穗较短；品质最佳，多被用来制造高级香水及香料。在法国普罗旺斯，薰衣草又分为 2 个品种，即 English Lavender 和 French Lavender，它们并不是根据产地命名的，如生长在法国普罗旺斯的薰衣草恰恰就是 English Lavender，其耐寒性较强。②长穗薰衣草(宽叶薰衣草，*Lavandula latifolia*)，叶片较宽，花茎及花穗较长；可用于提取精油。③杂种薰衣草，是以上两种的杂交种，现被大量栽培，在各薰衣草商业种植地分布较多。一般是因为它产量高，或质量好。除了专门提炼精油的薰衣草品种之外，还有一些品种可作为切花或花坛之用，较常见的有绿薰衣草(*Lavandula viridis*)、羽叶薰衣草(*Lavandula pinnata*)、齿叶薰衣草(*Lavandula dentata*)、蕨叶薰衣草(*Lavandula multifida*)等。"薰衣草夫人"，全美花卉品种选育奖获奖品种，适合盆栽，也适合一年生栽培，秋季播种，翌年春季即开出繁茂芳香的花朵。蒙斯特薰衣草，每年 6—8 月开淡蓝色花，叶片灰绿色，有花边，带香味。花期比"薰衣草夫人"晚，整齐度也不如"薰衣草夫人"。

薰衣草精油可在薰衣草产地开花盛期采收鲜花，用水蒸气蒸馏法获得。通常 100 kg 鲜花可得 0.5 kg精油。精油呈黄色、淡黄色或黄绿色；草香调，优雅清澈，有淡淡的清新花香，具有前中后味的变化；挥发速度较快。薰衣草精油的化学成分为龙脑、牻牛儿醇、乙酸薰衣草酯、芳樟醇、柠檬烯、丁香油烃、香豆素、松油萜等。不同品种和产地的薰衣草其精油成分不同。

二、生物学特性

1. 形态特征

薰衣草为唇形科多年生常绿半木质灌木，耐寒。叶暗绿色，丛生或对生，条状披针形，长 3～6 cm，宽约 0.6 cm，被茸毛。幼枝草质，成枝半木质化，枝较细。当年株高 40～55 cm，每株簇生 20～40 个枝条，后几年株高 60 cm 以上，每株簇生 50 多个枝条，多者可达几百个。穗状花序长 10 cm 左右，轮伞状排列，每轮 6～10 朵，花冠唇形圆筒状，花萼长 0.8～1 cm，花冠长 1.5 cm 左右，花冠有紫蓝色、粉色、白色，花期 5—10 月。花后结种，10—11 月种熟，种子黑色，长圆形，长约 0.25 cm，坚硬，种皮上有革质亮光，当年产的新种发芽率高。

2. 生态习性

薰衣草喜温暖、干燥、光照充足的环境，宜在通风良好、排水性能好、土层深厚的沙壤土中生长，适宜于微碱性或中性的土质；怕高温酷暑，怕涝，长期受涝根烂即死。最佳的生长及开花温度为 15～30 ℃，在 5～35 ℃均可生长，长期高于 38 ℃，顶部茎叶枯黄。北方冬季长期在 0 ℃以下即开始休眠，休眠时成苗逐步可耐－25～－20 ℃的低温。

三、栽培技术

1. 品种选择

在生产中大都选用狭叶薰衣草。如薰衣草夫人、蓝花 74-262 和白花 DP-05 等，这些植株生长势和抗逆性均较强，产花量、出油率均较高，而且品质优良。

NOTE

2. 育苗

(1) 播种育苗:长江流域于11—12月,在温室、大棚内做畦育苗。首先做好宽1.2～1.5 m的苗畦,用耙子将畦耙平耙细,浇透水以待撒种。播种前将种子用350 mg/L赤霉素乙醇溶液(乙醇浓度为20%)浸泡6 h。浸泡好的种子沥干水分,与细沙混合后均匀撒到苗畦上,覆土0.2 cm,上面覆盖塑料薄膜。待刚刚看到出苗时揭开塑料薄膜。之后正常管理,待出现7片叶时摘心,之后移入育苗钵中培养、壮苗,直至翌年3月上旬栽入大田。温室内温度要保持在10～28 ℃,适时通风。

(2) 扦插育苗:于11月上旬,选择发育健壮旺盛的良种植株,选取节距短、粗壮的半木质枝条,于顶端8～10 cm处截取插穗。插穗的切口应接近茎节处,力求平滑,勿使韧皮部破裂。扦插方法采用地膜扦插,整地做畦。浇透水后覆膜,将插穗蘸过生根剂后立即扦插,以后视天气与苗的长势酌情灌水。扦插深度5～8 cm,株距2～3 cm,行距20～25 cm。注意提高地温,促进根系发育,勤修剪延伸枝,及时摘除花穗,促进分枝,待长出长1 cm须根后移入育苗钵中培养、壮苗,直至翌年3月中下旬栽入大田。扦插育苗也要在温室、大棚内进行,其间温度要保持在10～28 ℃,适时通风。

3. 地块选择

选择光照充足、土质疏松、通气良好、排水性能好、土层深、微沙性的土地,土壤呈微碱性或中性。

4. 整地

翻地前施磷酸氢二铵15 kg、尿素10 kg作底肥。有条件的配施农家肥作底肥,一般每667 m^2施用2～3 t猪粪或1～2 t鸡粪即可。深翻土地25～27 cm,起垄,垄距55 cm,垄向以能顺利排水为准则。

5. 定植

定植时间选择在初春或秋季为好,一般以3月中下旬或9月底至10月初为好。选择植株粗壮、根系发达无损的大苗栽植。栽前须通风适应外界环境10天以上。垄上栽植,株距为50 cm。栽植时要按刨坑—坐水—入苗—覆土的程序进行,之后应视成活情况及时补栽。

6. 田间管理

(1) 肥水管理:土壤养分直接影响苗木的生长情况,生产过程中要根据土壤状况及时补充植物所需的肥水。主要分为底肥、花前肥水、花后肥水及越冬肥水。底肥于改土整地时深施。

①花前肥水。2月中下旬天气回暖,植物开始生长,薰衣草5—6月开花,2—4月是影响其花期和生育量的关键时期,因而肥水需跟上。3月施复合肥225 kg/hm^2。从萌动到开花前,需水量最多,这个时期缺水将严重影响生长发育和花量,一般春季多雨,无需灌溉。

②花后肥水。花后肥水是影响植株顺利越夏的重要因素。花后急需营养元素补充植株在开花期所消耗的养分,同时磷肥和钾肥可提高植株的抗逆境能力,帮助植株顺利越夏。此期补充肥料主要以磷肥、钾肥为主,施磷肥225 kg/hm^2、钾肥225 kg/hm^2。此期水分管理以排水为主,夏季高温高湿及根部积水是导致薰衣草植株死亡的重要原因,特别是降雨前后要及时清沟,以利于排水。

③越冬肥水。越冬前,要秋施基肥,以有机肥和氮、磷、钾肥为主。一般在11月施基肥,早施基肥可促进根系的二次生长,有利于植株越冬储备,施有机肥15～30 t/hm^2、氮肥375 kg/hm^2、磷肥375 kg/hm^2、钾肥750～1500 kg/hm^2。采用沟施或穴施方式。越冬期植株处于休眠状态,此期无需过多的水分。长江流域地区冬季温暖湿润,可满足薰衣草的生长要求。

(2) 中耕除草:中耕除草不仅可以消灭杂草,同时还可保持土壤湿度,使土壤疏松,增强透气性,促进根系发达,增强吸收能力,促使植株旺盛生长。根据灌溉和杂草生长情况,适时进行中耕除草,要做到花前无杂草,全年中耕除草5～6次。采用化学除草剂时,可根据田间杂草种类选择相应的除草剂,但要注意避免药液喷在薰衣草植株上。刚栽植的小苗,不建议使用除草剂。

(3) 整形修剪:在薰衣草整个生长过程中,要进行2次整形修剪,以便保持其优良株型及保证植株通风透光。

①夏剪。在花后(6月中下旬),即将进入雨季时,可对植株进行修剪。以轻剪为主,主要是剪除过密枝、病枝、植株残花等,保证植株高度一致、通风透光,有利于顺利越夏。

②冬剪。在越冬前(11月中旬),结合冬季小苗扦插进行。薰衣草经过夏天长时间的高温多雨天气

NOTE

后会产生一些病枝、枯死枝、下垂枝等，冬剪主要是剪除病枝、枯死枝、下垂枝，并结合整形，以轻度至中度修剪为主，使单株呈圆球状，修剪时不要剪至木质化部分，以防影响植株越冬能力及重修剪导致来年萌发率不高。

长江中下游地区种植薰衣草关键在于越夏，高温高湿天气易造成薰衣草发生病害而死亡，夏天及时通过修剪、遮阴、清沟、药剂防治等栽培措施进行通风、降温、除湿。此外，冬、春季宜通过培肥地力、整形修剪、中耕除草等栽培措施，提高植株的抗病性。

7. 病虫害防治

（1）病害防治：薰衣草怕高温高湿天气，夏季雨水过多，极易导致病害产生，常见病害有根腐病、枯萎病、白绢病。

防治方法：①选用抗病品种；②施用腐熟的有机肥，均衡施用氮、磷、钾肥；③高垄深沟种植，增强通风透光，夏季适当遮阴，雨后及时排水；④及时剪除病枝，清除重病株，并用杀菌剂灌根，每隔 10～15 天施用 1 次，连续施用 2～3 次。

（2）虫害防治：薰衣草虫害较少，常见有蚜虫及地下害虫蛴螬。蚜虫常发生于 4 月下旬及 5 月中上旬，应提前进行药剂防治，可喷施吡虫啉 1～2 次，每次间隔 7～10 天。蛴螬常为害根部，常用氯氰菊酯进行灌根防治。

8. 采收

在盛花期，即花穗的小花 70%开放时进行收割。多年生薰衣草头茬花一般在 6 月下旬至 7 月中旬收割，二茬花在 9 月下旬至 10 月上旬收割。收割时严格执行采收标准，在花序的最低花轮以下 5 cm 处割取，应少带花梗，不带青叶、老枝、杂草等。收割应选择晴天上午 10 时以后，有露水或阴天时不宜收割。

四、开发利用

1. 观赏价值

薰衣草种类繁多，叶形花色优美，高贵典雅，枝叶秀丽密集，生长力强，耐修剪，因此，薰衣草的观赏价值日益受到人们的关注，它可以用来建立独特的薰衣草芳香植物园，做到绿化、美化、彩化、香化一体，也可用于园林广场、私家花园，或装饰花境、花带、花丛等园林绿地，装饰效果独特。

2. 天然香料

随着社会经济的发展和生活水平的不断提高，人们对天然香料的需求也不断增长。薰衣草作为世界第一的香料作物，其精油在市场上一直处于供不应求的状态。薰衣草以其独特的香味，广泛应用于化妆品和美容护理产品中，已经开发了香水、护肤产品、洗发水等系列产品，现已广泛应用于心理治疗和芳香疗法中。

薰衣草精油花香清韵、清香带甜，有清爽之感。这种香气具有提神、使人镇静的作用。薰衣草精油可用于洗浴、按摩、熏香等，它可以缓解人体的多种不适。在芳香疗法中，薰衣草精油最重要的作用是帮助情绪不稳定的人（包括歇斯底里、精神抑郁或情绪剧烈波动者）减轻症状。

3. 药用价值

（1）镇静催眠、抗惊厥：薰衣草精油用于芳香疗法有很多好处，有研究报道薰衣草精油芳香疗法可以改善睡眠障碍、情绪障碍、躯体化障碍等，且无不良反应。据悉，法国薰衣草可用于治疗多种中枢神经系统疾病，同时吸入薰衣草精油蒸气具有抗惊厥作用。另有报道，薰衣草精油能缓解重度痴呆患者的躁狂行为。

（2）解痉、镇痛作用：豚鼠回肠、大鼠子宫体外实验证实薰衣草具有解痉作用，其解痉作用不是通过肾上腺素能受体和胆碱能受体发挥作用，而是通过提高细胞内环磷酸腺苷的水平来工作。植物化学和民族植物学数据库数据显示，薰衣草精油含有 1，8-桉油精、龙脑、香豆素和柠檬烯，这些物质具有镇痛、麻醉、维持肌肉松弛和安定等作用。

NOTE

（3）其他药用价值：有研究表明，薰衣草可缓解头痛、眩晕、低血压症状，降低血清胆固醇水平，治疗心脑血管功能不全；还有报道表明，含有薰衣草提取物的化妆品具有降解脂肪的潜力。薰衣草挥发油和花或全草的提取物添加到食品或饮料中可作为免疫增强剂。此外，薰衣草还具有利尿、降血压、钙通道阻滞作用，并具有很好的驱蚊和除螨效果。

4. 其他应用

薰衣草的抑菌作用，不仅在医学领域取得了很好的效果，而且在食品、农业抗菌活性方面也越来越受到关注。薰衣草精油主要成分为芳樟醇，它可以抑制微生物的活性，可用于新鲜水果和蔬菜，作为一种新型绿色食品防腐剂。由于采摘后的薰衣草花不易变色、变形，香味浓郁、持续时间长，因此其常被作为理想的切花材料；它还可以晾干，放在壁橱、浴室、汽车等空间，具有增香效果；若将干花放在枕头上，还有助于改善睡眠。在食品工业中，以薰衣草为原料生产的产品，深受人们喜爱，如薰衣草果酱、薰衣草蜂蜜、薰衣草香醋等，它们不仅能增进食欲，而且还具有保健功能。

香荚兰

第四节 香 荚 兰

一、概述

香荚兰(*Vanilla planifolia* Andr.)属兰科名贵的多年生热带攀缘性藤本香料植物，又名香草兰、香果兰、香子兰、香草等，原产于墨西哥和中美洲热带雨林。香荚兰鲜豆荚含有 250 多种芳香族香气成分，经加工后主要用作食品工业的配香原料，以制作冰激凌、巧克力、糖果、蛋糕、软饮料等；也可应用于化妆品制造业，制造高级香水；同时可作药用，作芳香型神经系统兴奋剂和补肾药。现已成为受消费者喜欢的天然食用香料之一，其昂贵程度在国际香料市场上仅次于藏红花，有“食品香料皇后”的美誉。

香荚兰是劳动密集型农产品。香荚兰种植 3 年后才会开花结果。开花期，花朵只有短短的 6 h 时间可以授粉，而且必须通过人工辅助才能成功授粉。授粉后孕育出的豆荚还必须在藤蔓上停留 9 个月才能采收。鲜豆荚没有什么香味，需要经过杀青、发酵、烘干、陈化等加工过程，才会发出浓郁香气。11 月收获的鲜豆荚，要到翌年 5 月才能完成加工过程，形成成品上市。正因如此，香荚兰成了非常昂贵的香料。在美国，几乎半数的香荚兰都用来制作冰激凌，其余多半用于软性饮料和巧克力。

香荚兰广泛分布于热带和亚热带地区，主要分布于南北纬 25°以内，海拔 700 m 以下的地带。印度尼西亚和马达加斯加是全球最大的香荚兰生产国。世界市场上流通的香荚兰豆产品有：香荚兰豆、香荚兰提取物、香荚兰豆香料油、香荚兰豆油树脂、香荚兰豆纯粉、香荚兰豆混合物、香荚兰豆烹调油等。目前世界上广为栽培的香荚兰主要有 3 个品种：墨西哥香荚兰、塔希堤香荚兰和大花香荚兰。其中，墨西哥香荚兰是主要栽品种，占 90%以上，主产国有马达加斯加、墨西哥、印度尼西亚、印度等。塔希堤香荚兰主要种植在留尼汪岛，而大花香荚兰种植在西印度群岛。

二、生物学特性

1. 形态特征

香荚兰是攀缘植物，长可达数米。茎稍肥厚或肉质，每节生 1 枚叶和 1 条气生根。叶大，肉质，具短柄，有时退化为鳞片状。总状花序生于叶腋，具数花至多花；花通常较大，扭转，常在子房与花被之间具 1 离层；萼片与花瓣相似，离生，展开；唇瓣下部边缘常与蕊柱边缘合生，有时合生部分几达整个蕊柱长度，因而唇瓣常呈喇叭状，前部不合生部分常扩大，有时 3 裂；唇盘上一般有种种附属物，无距；蕊柱长，纤细；花药生于蕊柱顶端，俯倾；花粉团 2 或 4 个，粒粉质或十分松散，不具花粉团柄或黏盘；蕊喙通常较宽阔，位于花药下方。果实为荚果状蒴果，长 10～25 cm，直径 0.5～1.5 cm，基部细，呈弧状，肉质，不开裂或开裂。种子具厚的外种皮，常呈黑色，细小，略呈圆形，每条果荚有几百到几万粒种子。

NOTE

2. 生态习性

香荚兰适合生长于富含腐殖质、疏松、排水良好的微酸性(pH 6.0～6.5)土壤中。热带湿润气候，年降雨量 1500～3500 mm(要求 9 个月雨季,3 个月旱季),空气湿度一般在 75%以上,海拔 1500 m 以下地区都适宜香荚兰生长。生长适温为 21～32 ℃,日照时数 2473～2564 h,营养生长期荫蔽度为 60%～70%,投产期荫蔽度为 50%。香荚兰在中国南方热带地区全年都可以生长,但冬季生长较慢。在荫棚栽培时,不同荫蔽度对茎蔓生长也有影响,适宜香荚兰生长的荫蔽度为 50%～70%,不同季节根据香荚兰不同的生长期对荫蔽度进行调整。香荚兰根系分布浅,对干旱、寒冷等不良条件的抵抗力较弱,易染病,因此,创造适宜根系生长的环境条件,对速生高产、延长寿命有重要作用。

三、栽培技术

1. 育苗技术

香荚兰种子细小,生长繁殖慢,技术要求高,因此除了杂交育种采用种子繁殖外,生产上一般采用无性繁殖。

(1) 育苗地选择:育苗地应选择背风向阳、保暖良好、富含腐殖质的疏松土壤。也可以采用沙床育苗方法,但切忌在黏土或阴湿地育苗。

(2) 苗床消毒:育苗地在育苗前,每 1000 kg 床土用 50%多菌灵可湿性粉剂 25～30 g。处理时,把多菌灵配成水溶液喷洒在床土上,拌匀后用塑料薄膜严密覆盖,经 2～3 天即可杀死床土中的枯萎病等多种病害的病原菌。

(3) 苗床整理:育苗前将畦整成宽 1 m,高 0.12～0.15 m 的苗床。由于繁殖苗扦插密度较大,扦插后生长期的植株会无规则地相互穿插在一起,因此苗床不宜过宽。过宽既不便于起苗,也不利于操作管理。

(4) 育苗时间:苗期的生长速度以温度和湿度为主导因素,除冬春低温季节外,其余月份均可扦插育苗,不过以 3 月下旬至 4 月上旬为好。清明至谷雨期间温度高、湿度大,栽植后气温逐渐上升,利于发根长芽,如果肥水管理得当,茎蔓生长迅速,一般秋季就能剪苗定植,而且来年定植时剪苗也多。秋季育苗,气温高,生长快,但生长季节比春季短,来年定植剪苗少。小面积种植或少量引种试种无须专门育苗,可结合修剪或从生长健壮的母株上,剪取一定长度的茎蔓直接种植。

(5) 插穗的选择和处理:选用健壮无病的母株剪成或切成长 40～60 cm、有 4 个节以上的茎蔓,修剪枯死的气生根和埋入土层一段的叶片(1～2 个叶片)后,即可植入苗床,或者把剪成的茎蔓置于阴凉处,经过 24～32 h 后再植入苗床。

(6) 扦插方法:繁殖苗依其原来的自然状态,平行铺展于备好的苗床上。繁殖苗基部按"U"字形浅埋入土 1～2 cm 深(沙床入土 2～3 cm 深),基部入土部分占苗长的 1/5～1/4。茎基端不埋入土中,让其露出地面,以避免病原菌从切口侵入或切口积水腐烂。

2. 苗床管理

(1) 喷水:繁殖苗扦插后及时喷水极为重要。因为香荚兰是浅根系植物,而且扦插时均以浅埋入土,如不及时喷水,扦插苗将因失水过多、时间过长而枯萎。扦插后应早晚各喷水一次,喷水量和次数要根据当天的气温和土壤湿度而定,但切忌积水而导致植株霉烂。喷水时应控制水量和冲力,要求喷出的水雾均匀(冲力过大易冲散表土和碰伤嫩茎、嫩叶)。低温期间植株处于休眠状态,不宜喷水。必要时,也要在午后水温比较高时进行喷水,以避免嫩叶冷害。

(2) 松土与施肥:由于经常喷水,土壤易板结,因此需经常松土、拔除杂草。松土须小心,以免伤及根系。繁殖苗长出新根后,拔除杂草,每 15～20 天可用稀薄的腐熟人粪尿浇施一次,以促进植株生长。

(3) 遮阴:育苗工作同样要注意和重视荫蔽度的调节和做好遮阴工作。此时的透光度一般控制在 30%～40%。

3. 园地选择与规划

NOTE

(1) 气候条件:最冷月平均气温和年平均气温都在 19 ℃以上时适宜香荚兰生长,月平均气温低于

20 ℃时香荚兰生长缓慢，持续5天日平均气温低于15 ℃茎蔓生长停止；绝对低温6.7 ℃～10.8 ℃持续9天，嫩蔓出现轻微冷害。香荚兰茎蔓生长期相对湿度为80%～90%时可正常生长，低于75%则生长缓慢，高于90%则易感病。

(2) 土壤条件：香荚兰宜栽植于土层深厚，质地疏松，土壤pH为6.0～7.0，物理性状良好，有机质含量丰富(1.5%～2.5%)的沙壤土、沙砾土、黑色石灰土或沉积土。重砂土、重黏土及低洼易涝地不宜种植香荚兰。

(3) 立地条件：香荚兰园地宜选择在靠近水源，排水良好，有良好防风屏障的缓坡地或平地，土壤和气候等条件应适合香荚兰生长。

4. 园地规划

香荚兰园地选择好后应进行规划，内容包括防护林、道路系统、排灌系统、堆肥点等。

(1) 小区与防护林。

①小区面积：根据香荚兰的生长特点、荫蔽系统的抗风性、病虫害防治和管理，不宜连片种植，小区面积以0.2 hm^2左右为宜。

②防护林设置：海南台风较多，在空旷地建立香荚兰种植园，建议每2 hm^2设较宽的周边防风林(主林带)，林带宽6～9 m；每0.5 hm^2设隔离防风林(副林带)，林带宽4～5 m，可设计成“田”字形，既可以减少风害损失，又可以使种植园形成一个静风多湿的优良小环境。防护林树种可选马占相思、木麻黄、竹柏、小叶桉或刚果12号桉等，防护林种植株行距为1 m×(1.5～2) m，防护林一般离香荚兰4～5 m。香荚兰种植园与四周荒山陡坡、林地及农田交界处应设隔离沟。

(2) 排灌系统：香荚兰园地既需充足的水分供应，又要求遇暴雨时能迅速将积水排出。因此，建园时宜建立节水灌溉系统，同时应科学规划排水系统，园内除设主排水系统外，每一小区还应设置排水沟与主排水沟相通，保证雨季排水畅通。

(3) 道路系统：根据香荚兰园地规模、地形和地貌等条件，设置合理的道路系统，包括主干道、支道、步行道和地头小道。大中型种植园以加工厂总部为中心，各区、片、块有道路相通，规模较小的种植园设支道、步行道和地头小道即可。

(4) 堆肥点：香荚兰有机肥堆沤点应修建在主干道旁边，远离居民点，场地的大小取决于香荚兰园地面积。

5. 整地与定植

(1) 垦地：香荚兰定植前1个月应对园地进行全垦，深度30 cm左右。园地中的树根、杂草、石头等要清理干净。香荚兰种植园的开垦应注意水土保持，根据不同坡度和地形，选择适宜的时期、方法和施工技术进行开垦。平地和坡度10°以下的缓坡地等高开垦；坡度10°以上的园地不宜搭人工荫棚种植香荚兰。

(2) 建立荫蔽系统：香荚兰属热带攀缘半阴性植物，喜朝夕阳光、斜光，但忌强光烈日和寒风，因而需要科学设置支柱攀缘并要求适度荫蔽，适宜香荚兰生长发育的荫蔽度为60%～70%。营养生长期以70%为宜，生殖期以60%为宜。

①活荫蔽树系统：因树皮具有保湿能力，可保证香荚兰气生根生长良好，因此，应选择天然次生林或人工种植速生、耐修剪、根系深、粗生、分枝低矮，且病虫害不与香荚兰相互侵染的常绿树种作为活支柱，以控制活支柱的树冠来调节园内荫蔽度。可采用的荫蔽树种有木麻黄、麻疯树、甜荚树、番石榴、银合欢、刺桐、龙血树等。国外以甜荚树、麻疯树作为活荫蔽树，效果很好。

②人工荫棚系统：人工荫棚栽培香荚兰，可用石柱、水泥柱或木柱等作攀缘材料；香荚兰园棚架系统高度以2 m为宜。攀缘柱露地1.4～1.6 m，攀缘柱间距及行距为1.2 m×1.8 m，3.6 m×3.6 m处为棚架支柱(高柱)；棚架支柱规格为(12～15) cm×(10～12) cm×(260～280) cm (宽×窄×高)，入土深度为60～80 cm；攀缘柱规格为(10～12) cm×(8～10) cm×(160～180) cm，入土深度为40 cm。每隔几行(最好隔1行)架设镀锌水管支撑棚架，同时也可作喷灌设备，余下的行可用钢筋或铁线代替。遮光网(荫蔽度60%～70%)走向与水管走向(即香荚兰行向)一致，并固定于棚架顶部，垂直行的遮光网上部

再架设钢筋或铁线以增强抗风性能。

(3) 起畦、施基肥与投放覆盖物。

①起畦：建好荫棚系统后，即可起畦，先将种植地全垦耙碎、除净杂草和杂物，并用石灰粉进行土壤消毒处理。畦面呈龟背形，走向与攀缘柱的行向一致，畦面宽 80 cm，高 15～20 cm，攀缘柱在畦的中央。

②施基肥：将腐熟的有机肥均匀地薄洒于整理好的畦面(7500 kg/hm^2，厚 4～5 cm)，并与 10 cm 厚的土层混匀。

③投放覆盖物：每 2 条攀缘柱间投放腐熟的椰糠 3 kg(或用干杂草、枯枝落叶等替代)，并摊匀准备定植。

(4) 定植。

①定植苗的选择：从苗床中选用或剪取生长健壮的无病藤蔓作定植苗。起苗时需小心，避免折断嫩茎和新根；也可直接从生长健壮的母株上剪取未开花的长 80 cm 以上的藤蔓作定植苗。一般情况下，定植苗越长、越粗，开花结果越早，因此栽培上提倡尽可能选用长蔓(100 cm 以上)定植，但定植苗的最终长度要根据所能提供的种蔓数量和定植面积而定。用作定植的藤蔓要求去掉基部 1～2 个节上的叶片，并用 1%波尔多液浸泡后，置于阴凉处饿苗 1～2 天方可定植。

②定植时间：在温度较高的季节定植有利于香荚兰生根发芽，海南地区适宜定植香荚兰的时间为 4—5 月和 9—10 月。在海南春季干旱缺水的地区秋季定植较好。云南西双版纳地区则以 5—6 月定植为宜。

③定植密度：合理密植有利于提高单位面积产量，香荚兰适宜的株行距为 1.2 m×1.8 m 双苗定植(即每条柱的两边各植 1 株)，也可采用 1.2 m×1.6 m 或 1.2 m×2.0 m 的株行距。

④定植方法：从苗床中取的种苗要及时运输和定植，以免根系(特别是根毛)干死，影响成活率。定植时要尽量用覆盖物将新根盖住，以便定植后能尽快恢复生长。定植后每隔 2～3 天浇 1 次水，保持土壤湿润，成活后浇水次数可逐渐减少。

6. 田间管理

(1) 查苗补苗：定植后 30 天内要全面检查种苗成活情况，进行查苗补苗(一般每 4 天 1 次)，发现病蔓及时处理或补苗，保证全部种苗成活。

(2) 施肥：香荚兰种植园以施有机肥为主，尽量少施化学肥料，禁止单纯施用化学肥料和矿物源肥料。

①有机肥：1～3 龄香荚兰每年施腐熟有机肥 2～3 次(一般每次施 5000～7000 kg/hm^2)，成龄香荚兰每年施有机肥 3～4 次；香荚兰是典型的喜钙作物，因此根据土壤情况在有机肥堆沤过程中加入适量的熟石灰，不仅可促进香荚兰茎蔓生长，提高单位面积产量，还可提高抗病能力。

②根外追肥：香荚兰种植园一般根外追肥 2～3 次/月。1 龄香荚兰喷施或淋施 0.5%复合肥和 0.5%尿素 1～2 次/月，2～3 龄香荚兰为 2～3 次/月；成龄香荚兰 4—6 月果荚生长期喷施 0.5%复合肥和0.5%氯化钾或硫酸钾 1～2 次/月，10—12 月花芽分化前期喷施 0.5%复合肥和 1%过磷酸钙浸出液 1～2 次/月，并喷施 2～3 次 0.5%磷酸二氢钾，1—3 月和 7—9 月为香荚兰营养生长期，可根据苗蔓生长情况喷施或淋施 0.5%复合肥和 0.5%尿素 1～2 次/月。

(3) 除草、覆盖与整理畦面。

①除草：香荚兰园内杂草一般用手拔除，需用锄头、铁锹等除草工具时，应避免伤害根系(一般 1～2 次/月)。

②覆盖：香荚兰根系分布浅，主要集中在 0～5 cm 的土层中，对干旱、寒冷等不利条件的抵抗力较弱，采用椰糠、干杂草或经过初步分解的枯枝落叶等进行根际覆盖，可有效改善根系的生长环境。幼龄香荚兰每季度增添覆盖物 1 次，使畦面终年保持 3～4 cm 的覆盖厚度，而成龄香荚兰则在每年花芽分化期后(1 月底或 2 月初)和末花期后(5 月底或 6 月初)各进行一次全园覆盖。

③整理畦面：大雨过后或多次浇水之后，香荚兰园畦面边缘由于水的冲刷而塌陷，应及时修整，保持畦面的完整(一般 1～2 次/年)。

NOTE

（4）引蔓与修剪。

①引蔓：香荚兰定植后新抽生的茎蔓应及时用软绳将其轻轻固定在攀缘柱上，当茎蔓长到一定长度（1～1.5 m）时，将其拉成圈吊在横架上或缠绕于铁线上，使其呈环状生长。

②修剪：每年 11 月底或 12 月初对成龄香荚兰进行全面修剪，修剪掉前两年已开花结荚的老蔓及弱病蔓，同时摘去茎蔓顶端 4～5 个茎蔓节，长度为 40～50 cm（可用于育苗），并将去顶后 30～45 天内的萌芽及时全面抹除，控制其营养生长，促进花芽分化。

（5）加固：海南台风频繁，每年台风季节到来之前都应全面检查荫棚系统，及时修补加固。台风后要及时修补受损遮光网，加固松动的支柱和棚架系统。云南西双版纳种植区在季风过后也要及时加固荫棚系统。

（6）浇水与排水。

①浇水：干旱季节，土壤水分不足，往往会影响香荚兰的正常生长和幼荚发育，严重时导致叶片萎蔫变黄、茎蔓皱缩、落荚等，甚至枯死。因此，干旱季节应及时浇水（喷灌或滴灌）。浇水一般在傍晚（18 时以后）或夜间土温不高时进行。

②排水：在雨季到来之前，认真检修香荚兰园内及四周的排水系统，将主排水沟与区间小排水沟进行清理疏通。大雨过后，逐园检查，及时排出园中积水。

（7）荫蔽树的修剪和防护林的管理。

①荫蔽树的修剪：根据香荚兰不同生长期和不同季节对荫蔽度的要求不同，对荫蔽树进行适当修剪，将荫蔽树高度控制在 1.5～2 m，保持荫蔽树在 1.2～1.5 m 高处的分枝有 2～3 条，作为香荚兰的攀缘枝。

②防护林的管理：及时修剪延伸到香荚兰棚架上的防护林枝条，避免台风到来时损坏荫棚系统。同时在防护林边缘挖条深 80～100 cm，宽 30～40 cm 的隔离沟，避免其庞大的根系与香荚兰争夺水肥。

（8）土壤管理：定期监测香荚兰园土壤肥力水平和重金属元素含量，一般每 2 年检测 1 次，根据检测结果有针对性地采取土壤改良措施。

（9）人工授粉与控制落荚。

①人工授粉：香荚兰花的结构特殊，无法进行虫媒授粉，必须进行人工授粉。香荚兰一般在 3 月中下旬开花，5 月上旬结束。小花完全开放时间为上午 6—9 时，随着气温的升高，11 时以后花被开始收拢，逐渐闭合。香荚兰最佳授粉时间为上午 6—10 时，一般不宜超过 12 时，阴（雨）天小花开放会延迟，可适当延长授粉时间。左手中指和无名指夹住花的中下部，右手持授粉用具轻轻挑起唇瓣（蕊喙），再用左手拇指和食指夹住的另一个授粉用具或直接用左手拇指将花粉囊压向柱头，轻轻挤压一下即可。

②控制落荚：香荚兰果荚在生长发育期具有严重的生理落荚现象，必须采取措施才能提高其产量。一般采取综合技术措施加以控制。

农业措施：根据香荚兰植株的长势和株龄，早期摘除过多的花序及已有足数幼荚的花序轴顶端花蕾。适时疏花，合理留荚，一般单株单条结荚蔓保留 8～12 个花序，每个花序留荚 8～10 条；5 月上旬修剪结穗上方抽生的侧蔓，5 月中旬进行全面摘顶。

化学方法：加强各项田间管理，并结合根外追肥在幼荚发育期（末花期）定期喷施含硼（B）、锌（Zn）、锰（Mn）等微量元素的植物生长调节剂。

7. 主要病虫害防治

按照“预防为主、综合防治”的原则，以农业措施防治为基础，科学开展化学防治，参照执行 GB/T 8321 中农药合理使用准则和规定，实现病虫害的有效控制，并对环境和产品无不良影响。

（1）镰刀菌根（茎）腐病。

①农业措施：香荚兰新植区要严格检疫，选用无病种苗；加强田间管理，施足腐熟的基肥，不偏施氮肥；及时适度灌溉，雨后及时排出田间积水；保持适度荫蔽，严格控制单株结荚量；田间劳作时尽量避免人为造成植株伤口；及时检查并清除病死株，重病茎蔓、叶片或果荚及时剪除并涂药保护切口，清除的植株病体及时带到园外较远地带集中烧毁。

NOTE

②药物防治：根系初染病的植株，用 50%多菌灵可湿性粉剂 800 倍液或 70%甲基托布津可湿性粉剂 1000 倍液淋灌病株及四周土壤 2～3 次(1 次/月)；茎蔓、叶片或果荚初染病时，及时用小刀切除染病部分，后用多菌灵可湿性粉剂涂擦伤口，同时用 50%多菌灵可湿性粉剂 1000 倍液或 70%甲基托布津可湿性粉剂 1000～1500 倍液喷施周围的茎蔓、叶片和果荚。

(2) 细菌性软腐病。

①农业措施：香荚兰新植区要严格检疫，选用无病健壮的种苗；加强管理，多施有机肥，提高抗病能力；田间管理过程中尽量减少机械损伤，避免人为产生伤口；及时检查并清除病死植株，切除病蔓、病叶，及时带到园外较远地带集中烧毁。

②药物防治：雨季到来之前全面喷施一次 0.5%～1%波尔多液；将病蔓、病叶处理后及时喷施 500 万单位农用链霉素 800～1000 倍液，47%加瑞农可湿性粉剂 800 倍液，77%氢氧化铜可湿性粉剂 500～800 倍液或 64%杀毒矾可湿性粉剂 500 倍液防治。每周检查处理 1 次，连续 2～3 次。

(3) 炭疽病。

①农业措施：加强田间管理，施足基肥；避免过度荫蔽，保持通风透气，雨后及时排出积水，尽量避免人为碰伤；及时清除(最好选晴天)重病株的病蔓、病叶、病果，并带出园外集中烧毁，减少侵染源。

②药物防治：初发病时剪除病叶、病果，带出园外烧毁，并喷施 50%多菌灵可湿性粉剂 1000 倍液或 75%百菌清可湿性粉剂 800 倍液或 0.5%～1%波尔多液，每 7 天 1 次，连续 2～3 次。

(4) 疫病。

①农业措施：选用无病健壮种苗，按园地规划以 0.2 hm^2 为一小区种植，避免大面积连片种植；施足基肥，及时适度灌溉，雨后及时排出积水；避免过度荫蔽，保持通风透气，尽量避免人为碰伤；及时清除病死株，切除重病茎蔓、病叶和染病果荚，并涂药保护切口，将清除的植株病体带出园外集中烧毁。于清除病株的土壤撒施生石灰粉或淋灌 77%氢氧化铜可湿性粉剂 500～800 倍液消毒。

②药物防治：根系初染病的植株，用 25%甲霜·锰锌可湿性粉剂 200 倍液或 4%三乙膦酸铝可湿性粉剂 200 倍液或 64%杀毒矾可湿性粉剂 500 倍液淋灌病株根颈部及四周土壤，每月 1 次，共 2～3 次；茎蔓叶片或果荚初染病时及时用小刀切除染病部分，随即用 1%波尔多液或 64%杀毒矾可湿性粉剂或 4%三乙膦酸铝可湿性粉剂稀释液喷施周围的茎蔓、叶片和果荚。

四、采收与加工

1. 采收

(1) 采收时间：海南香荚兰种植区 10 月下旬至 11 月上旬鲜荚开始成熟，采收时间一般持续 2 个月左右(即 11 月初至翌年 1 月初)。云南西双版纳种植区的采收时间为 11 月底至翌年 2 月底，有的年份 3 月上旬才可采收完(林下种植)。

(2) 采收依据：香荚兰从开花授粉到果荚成熟需 8 个月左右。当鲜荚从深绿色转为浅绿色，略微晕黄或果荚末端 0.2～0.5 cm 处略见微黄时为最佳采收时期，一般每周采收 1～2 次。

2. 初加工

采收后的香荚兰鲜荚在 24 h 内进行以下四道基本工序即成为成品香荚兰豆。

(1) 杀青：终止豆荚的生命活动，促使酶反应发生，即将成熟果荚用清水洗净后置于 63～65 ℃的热水中浸泡 2～3 min 或置于 95 ℃的热水中浸烫 10 s。

(2) 提高温度，加速酶反应发生，迅速干燥，以防有害发酵产生：将杀青后的果荚迅速滤干水分，趁热用棉毯包裹放入 35～40 ℃的恒温箱中发酵。当果荚由绿色变成深褐色至黑褐色，表面有许多均匀的纵皱，并充分软化时可结束发酵，发酵时间一般为 20 天左右。

(3) 缓慢干燥以产生各种芳香成分：将发酵好的果荚晾于竹架上通风阴干，2 个月左右果荚变为深巧克力色，稍硬，充分纵皱缩小，含水量约 35%时，即可结束干燥。

NOTE

(4) 包装储存：将干燥好的果荚分级，40～50 条捆绑成一捆，置于密封容器内，让其继续生香，一般储存 3 个月后便可出售。

3. 深度加工

从香荚兰豆中提取香气成分有多种方法。最初是将香荚兰豆与白砂糖一起研磨，制成一种叫香草糖的产品，欧美地区沿用至今。在市场上，常见的香荚兰豆深加工产品主要包括香荚兰豆浸剂、香荚兰豆酊(提取物)、香荚兰豆净油、香荚兰豆油树脂、香荚兰豆纯粉等，其制备方法简述如下。

(1) 香荚兰豆浸剂：先用溶剂冲洗香荚兰豆，以溶解豆荚表面析出的天然香兰素，然后将豆荚切成1～2 cm长的小段。在乙醇含量为50%～60%的溶剂中加入含水量为35%的切段豆荚，在冷浸渍器中进行经常性的人工搅拌，存放1～3个月后慢慢排出浸出液并加以过滤，即得到香荚兰豆浸剂。

(2) 香荚兰豆酊(提取物)：将历时3个月的香荚兰豆浸剂再通过渗滤法制备香荚兰豆酊。用渗滤法实际上只能得到4倍浓度的提取物，要想得到更高浓度的提取物，必须除去一部分或全部溶剂，最终可将浓度提高到20倍左右，但高浓度提取物在浓缩过程中会造成挥发性香气成分的损失并在口味上产生细微的差异。使用不同的溶剂，所得到的提取物的香气有所不同。改变乙醇浓度或选用其他溶剂，可以达到不同的效果。香荚兰豆生产技术涉及多种科学领域，目前生物技术已成为热点，通过对香荚兰种植、生长、发酵过程的生化研究，并采用组织培养、基因筛选等方法，可以使香荚兰豆中香气成分含量得到显著提高，抗病虫害能力大大增强，名贵的香荚兰豆可以为大众所消费。

(3) 香荚兰豆净油：香荚兰豆净油的提取方法如下。先将切碎的豆荚用碳氢化合物或氯化碳氢化合物溶剂除去树脂物质，然后用乙醇或丙酮提取，也可先用热苯提取，然后用乙醇冲洗油树脂以获得芳香成分，也就是从黏稠的深褐色油脂中得到净油。

(4) 香荚兰豆油树脂：香荚兰豆油树脂的制备主要包括切碎豆荚、用溶剂提取、在真空条件下蒸馏回收溶剂等过程。

(5) 香荚兰豆纯粉：常规方法是将30%以上的糖与香荚兰豆荚混合磨碎，研磨时必须避免过热，以免挥发。为防止结块，要在已磨碎的混合物中加入抗结块剂铝钙硅酸盐。可以先将香荚兰豆切段，然后通过冷冻干燥制成香荚兰豆纯粉。

香荚兰豆的超临界CO_2萃取工艺：对于香荚兰豆香气成分的提取分离，一直以来，通常采用水蒸气蒸馏法和有机溶剂萃取法，用这些传统方法所萃取的香味物质，由于受热风味成分往往会氧化、聚合、水解而变质变味，难以完全保留特征香气。超临界CO_2萃取(supercritical carbon dioxide extraction，SCDE)技术具有密度高、黏度低、扩散系数和介电常数大且无毒、廉价易得等特点，应用于香荚兰豆的香气成分萃取，与传统方法相比，更说明其具有萃取速度快、获得率高、质量好、工艺过程简便、安全可靠等特点，特别适合于易挥发和热敏性香料的萃取。这种技术可以保留香荚兰豆的全部香气成分，得到的香气更圆熟、更天然，而且通过改变操作条件，可分离出香荚兰豆精油，可用于高档化妆品。

第五节 玫　　瑰

玫瑰

一、概述

玫瑰(*Rosa rugosa* Thunb.)是蔷薇科蔷薇属植物，原产于我国，栽培历史悠久，早在汉朝就有文字记载。玫瑰花色艳丽，香气怡人，深受人们喜爱，更被作为爱情的象征。玫瑰具有活血化瘀、消肿止痛、美容养颜等功效；同时也是世界驰名的香料，是熏茶、酿酒、饮食和医药的配料。上海、广州、苏州、成都、杭州等地蒸馏出的玫瑰精油，可以与法国和保加利亚的产品相媲美。近几年来，玫瑰花茶更是供不应求，产品远销荷兰、韩国等地。当前开发的玫瑰产品主要有玫瑰精油、玫瑰浸膏、玫瑰净油、玫瑰糖等，可用于医药、食品、化妆品等领域，具有广阔的市场前景和很高的创汇价值。随着需求量的剧增，玫瑰花价格也不断攀升。

玫瑰喜生长在光照充足、空气清新、通风良好的地带。我国玫瑰栽种面积很广，广州地处亚热带，阳

光充足、水分充沛，适合玫瑰生长。北京妙峰山、山东平阴、四川眉山等地以栽培重瓣紫红色玫瑰为主。甘肃永登的苦水玫瑰作为当地的特产，种植面积很大，是当地的主要经济支柱产业。

我国玫瑰品种较多，根据花瓣的颜色可以分为紫红色、大红色、粉红色、白色、黄色等。紫红色玫瑰比较普遍，大红色玫瑰和白色玫瑰在河南鄢陵地区有少量栽种，粉红色玫瑰分布于广州黄埔区，黄色玫瑰在江苏扬州地区有少量栽种。根据花瓣数量的多少，可将玫瑰分为重瓣花型、单瓣花型、复瓣花型和蔷薇型。

二、生物学特性

1. 形态特征

玫瑰是蔷薇科蔷薇属的落叶灌木。枝多针刺，奇数羽状复叶，小叶 5～9 片，椭圆形，表面多皱纹，托叶大部和叶柄合生。花瓣倒卵形，重瓣至半重瓣，花单生，数朵聚生，紫红色、粉红色、黄色、白色，芳香，花期 4—5 月。果扁球形，果期 8—9 月。绝大多数玫瑰品种一年只开一次花，只有中国平阴玫瑰中的丰花系列玫瑰等少数几个品种，可一年开多次花。

2. 生态习性

玫瑰适应性极强，可耐旱耐寒，喜通风透光，对土壤有疏松作用，适宜种植在微酸、富含有机质、排水良好的沙壤土中。玫瑰最适栽培温度为 15～26 ℃，其可耐受－15 ℃低温，但在 5 ℃以下时将处于休眠状态。0 ℃时，花瓣和花蕾变黑变硬，夏季持续 30 ℃以上高温时，产量低、品质差。春季通风透气性较好，空气相对湿度较高，适宜玫瑰生长。

三、栽培技术

1. 种植地址的选择

宜选择背风向阳、阳光充足、地势高、排水良好的地区。适宜在土层深厚、土质肥沃、含有机质高，pH 5.5～6.8，土壤结构良好的轻、中壤和沙壤土中种植。

2. 整地

土地经过深耕、平整、暴晒消毒后，每 667 m^2 施腐熟农家肥 800～1000 kg，深翻土地，深度 30～50 cm。开厢行距 2 m，起高 30 cm，顶宽 50 cm，底宽 150 cm，沟宽 50 cm 的垄。规划大小行道、排水沟渠等。

3. 苗木繁殖

苗木繁殖包括分株、压条、扦插、嫁接、组织培养等无性繁殖方法。

(1) 分株法：有半分法和全分法。分株应在玫瑰落叶后进行，长江流域地区应在 10—11 月低温来临前进行较好。注意全分法每株被分开处需有 1～2 条根，并且要带有须根。

(2) 压条法：开花以后 6—7 月即可进行。选择 1～2 年生粗壮的枝条，开沟深 10～15 cm，压条前把枝条弯一下，但不要折断，然后覆土压实。

(3) 扦插法。

①硬枝扦插法：9 月下旬至 10 月上旬进行。选择生长健壮、半木质化、叶芽饱满、无病虫害的枝条，剪成长 15～20 cm 的插条，且每段插条须保留 2～3 个饱满芽，距顶芽 0.5～1 cm 处剪平。扦插深度 8～10 cm。

②嫩枝扦插法：6 月中旬至 9 月中旬进行。选择生长健壮植株上的叶芽饱满尚未萌动的嫩枝，剪成长约 10 cm 的插条，插条上端距顶芽 0.5～1 cm 处剪平，下端距叶芽 0.5 cm 处斜剪。扦插深度 3～4 cm。扦插后，要及时浇水，但不可过多，要进行遮阴。

(4) 嫁接法。

①带木质嵌芽接法：在砧木距地面 4～6 cm 处按 30°～40°斜角切下长 1～2 cm 的盾形切口，选取充实饱满的接芽嵌入砧木切口上，用弹性及宽度适中的白色塑料带自下而上围绕压边绑缚牢固，松紧适度。将接芽嵌入切口时，形成层要尽量大面积对准，做到不露砧木木质部。

NOTE

②“T”字形芽接法：用竖刀在砧木距地面 4～6 cm 的无分枝向阳面横切一刀，宽 5～8 mm，深及木

质部，于切口中部下竖直切一刀，长 1.5～2 cm，使皮层形成“T”字形开口。选择充实饱满的接芽嵌入切口内，接芽放妥后即用塑料带绑缚，绑缚时必须露出接芽。

（5）组织培养法：选取生长健壮的当年生枝条的茎尖和幼茎作外植体，用消毒液处理。在培养基中诱导出愈伤组织后再进行增殖培养，诱导出不定芽后进行壮苗培养。组培幼苗经过炼苗与处理后即可定植。

4. 定植

（1）定植时间：定植在春季和秋季进行。春季在气温回升至 5 ℃以上时进行，一般在 2 月中旬至 5 月中旬；秋季一般在 9 月中旬至 10 月下旬。

（2）定植苗：苗高 30 cm 以上，根系完整，植株健壮。

（3）定植密度：玫瑰定植密度为每 667 $m^2$500～550 株，株行距为(60～65) cm×2 m。

（4）覆膜：土地整理起垄后覆膜，黑薄膜厚 0.04 mm，宽 1 m。覆膜前将垄厢顶部土壤耙碎整平，将黑薄膜平铺于垄厢顶部，两侧用土压实，不留缝隙，定植后第二年 10 月揭膜。

（5）定植方法：选择穴植或开厢种植，种植穴深 30 cm，长 40 cm，宽 40 cm，填土踩实，及时浇水。如果种苗脱水严重，可以于种植前用水浸泡 1 h。

5. 田间管理

（1）中耕除草：每年不少于 3 次，第一次在春季草高 15 cm 前进行，第二次在 5 月中旬采花后进行，第三次在 10 月下旬结合冬前施肥进行。

（2）灌溉与排涝：春季植株萌动前，浇返青水；孕蕾期及花期适时补水；入冬前浇足水；干旱季节及时灌溉；雨季及时排涝，防止积水。

（3）修剪：夏末开花后及时轻剪，剪去纤细的枝条和老枝；秋季落叶后对必要更新枝条进行重剪，剪去过密枝、病虫枝和衰老枝。

（4）施肥。

①基肥：新规划的玫瑰园每 667 m^2 施腐熟农家肥 800～1000 kg，然后深翻、起垄、定植。

②追肥：玫瑰不同生长时期的施肥方法应符合表 8-4 的规定。

表 8-4　玫瑰不同生长时期的施肥方法

生长时期	基本特征	施肥量
萌芽期	萌动发芽生长	每 667 m^2 施尿素 4.5～5 kg
枝叶生长期	开花前	每 667 m^2 追施尿素 5～10 kg，配合增施磷肥
开花期	少数花蕾露红	每 667 m^2 追施尿素 8～10 kg 或碳酸氢铵 20～25 kg；叶面肥可选用磷酸二氢钾，10～15 日后可再喷施 1 次
恢复期	鲜花采收完毕	每 667 m^2 增施配方比为(15∶15∶15)的氮磷钾复合肥 2～6 kg
休眠期	落叶后	每 667 m^2 施有机肥 500～600 kg，在植株旁开沟施入

6. 病虫害防治

（1）主要病虫害：主要病害有黑斑病、白粉病、锈病；主要虫害有玫瑰巾夜蛾、象鼻虫、红蜘蛛、蚜虫等。

（2）防治方法。

①农业防治：及时对病株进行重剪，剪去感病枝叶和花蕾，进行深埋或无害化处理。

②物理防治：采用杀虫灯、蓝板、黄板等方法诱杀害虫。

③生物防治：利用天敌（如赤眼蜂）等防治害虫。

④生态防治：依照玫瑰生长发育特性，营造适宜的生态环境，减少病虫害的发生。

⑤化学防治：使用化学农药时，应符合 GB/T 8321 及相关法律法规的规定。

7. 采收

(1) 采收特征：用于提炼玫瑰精油的玫瑰花，在花朵半开放状态，刚好完全露出花蕊时采收；食品加工用玫瑰花在花朵完全开放时采收；茶饮及药用玫瑰花在有 20%花蕾开放时采收。

(2) 采收时间：用于提炼玫瑰精油的玫瑰花，采收时间为每日上午 5—8 时。食品加工、茶饮及药用玫瑰花达到采收特征时随时采收。

8. 储存

鲜花采收后应及时进行精油提取或食品加工；储存温度为 2～8 ℃，保存时间不超过 6 h。茶饮及药用玫瑰花蕾采摘后及时烘干至含水量≤8%再进行储存。

四、开发利用

1. 美化环境

玫瑰花是适应性很强，生长迅速，耐寒、耐旱的芳香植物，较易于栽培与管理。玫瑰花艳丽多姿，芳香浓烈，花期长，可作为花篱、花境、大型花坛及玫瑰专类园，是城市绿化和园林中形、色、香俱佳的理想花木。

2. 食用价值

由于玫瑰花含有少量的挥发油、槲皮苷、有机酸、胡萝卜素、氨基酸及多种维生素和微量元素及香茅醇、芳樟醇等香味物质，可作糕点、蜜饯等食品的配料，具有为食品提香增色、去腻增鲜的独特效果。玫瑰花可制成玫瑰花酱、玫瑰花酒、玫瑰花茶、玫瑰花饮料、玫瑰酱油。

(1) 玫瑰花酱：将新鲜的玫瑰花瓣用水漂洗，然后将花瓣与白砂糖按一定的比例混合，加热调配、趁热罐装、杀菌，即为成品，具有天然玫瑰花香味，口感和风味均被人们所喜爱。

(2) 玫瑰花酒：将玫瑰花和冰糖各 500 g，一起放入 2000 mL 的白酒中，放置 20 天后即制成玫瑰花酒，有理气解郁、活血畅中的功效。

(3) 玫瑰花茶：由鲜玫瑰花瓣和茶叶窨制而成，玫瑰花中含芳樟醇，在与茶叶窨制的过程中被茶叶充分吸收，从而构成了玫瑰花茶独特的馥郁香气。玫瑰花茶是我国特有的传统花茶之一，由于香气馥郁持久、滋味甜醇鲜美，品质独特，在国际市场上享有盛誉。

(4) 玫瑰花饮料：将新鲜玫瑰花去杂、清洗、浸提、调配、过滤，然后热罐装、杀菌即制成玫瑰花饮料。

(5) 玫瑰酱油：据报道，使用特殊处理过的玫瑰花渣代替部分麸皮作为淀粉质原料，采用低盐固态发酵工艺生产的玫瑰酱油鲜香味美，并具有玫瑰风味。

3. 药用价值

玫瑰花含有胡萝卜素、维生素、矿物质、氨基酸及香味物质，有清热解毒之功效，同时具有理气、活血、调经功能，对肝胃气痛、月经不调、赤白带下和跌打损伤有独特疗效，还可润血止便、敛肤、健脾、镇静安神。

4. 工业应用

玫瑰花有很高的经济价值。一般用来提炼玫瑰精油和色素。玫瑰精油可制造高级香精，用于生产化妆品及香皂等产品。

(1) 玫瑰精油：玫瑰精油是玫瑰花的精华，被称为“液体黄金”，含有 300 多种化学物质，是世界名贵的高级浓缩香精，其价值是黄金的几倍到十几倍。玫瑰精油可舒缓女性痛经，平抚情绪，缓解精神紧张和压力，具有强大的美容和保健功能。玫瑰精油是生产具有高附加值产品的工业原料，被广泛应用于高档化妆品及烟草中，特别是生产香水，世界上大多数名贵香水中都含有玫瑰精油成分。除此之外，其还可用于高级香皂及洗涤液的生产。玫瑰精油的传统提取方法有机械压榨法、水蒸气蒸馏法和溶剂萃取法。近年来发展了超临界 CO_2 萃取法、酶解-水蒸气蒸馏法和分子蒸馏法等。

(2) 玫瑰花色素：玫瑰精油生产过程中残留的废水中含有茶黄素类化合物，这类化合物易溶于水，且色泽鲜艳，是一种优良的、用于食品中的天然食用色素。玫瑰花色素具有良好的热稳定性，其颜色不受食盐、蔗糖的影响，所以在食品工业中被广泛应用。其提取分离工艺一般包括：浓缩废液→过滤→滤

NOTE

液用乙醇纯化→离心分离→回收乙醇→色素液用盐酸酸解→过滤分离，色素沉淀用水冲洗到 pH 3～5→干燥得固体成品。

(3) 饲料添加剂：提取玫瑰精油后剩余的残渣，含粗蛋白 12.4%，粗纤维 21.28%，淀粉和葡萄糖 40.08%，还含有胡萝卜素等多种维生素和各种常量和微量元素，经特殊处理后添加到鸡饲料中，可代替一部分常规饲料。在蛋鸡饲料中添加 6% 的玫瑰花粉，产蛋量可提高 15%。另外，在肉猪饲料中添加 6% 的玫瑰叶粉和 45% 的玫瑰花粉，日增重可提高 20%，饲料消耗量降低 10%～15%。

第六节　白　兰　花

白兰花

一、概述

白兰花(*Michelia alba* DC.)是木兰科含笑属常绿乔木，也被称作“白缅花”和“缅桂花”等，是有名的芳香植物，花期长，香气宜人，是不可多得的多用型植物品种。原产于印度尼西亚、菲律宾等东南亚地区，中国引种已有近百年的历史。目前，广西、广东、云南、福建、四川等地栽培较多。作为观赏花木时，一般采用盆栽的方式，作为加工花茶或者精油等产品时，采用大田栽培的方式。

白兰花作为观赏花卉，植株直立挺拔，并且有整齐美观的分枝。南方一般栽培于庭院，在园林中的应用十分广泛；而在北方则进行盆栽，放置于家中的庭院、厅堂和会议室作为装饰；中小型植株还能摆在客厅和书房中。白兰花因含有芳香性的挥发油、杀菌素和抗氧化剂等物质，制作出的香料对美化环境、净化空气、香化居室有着独特的作用；提取出的香精油，还可以在美容、饮食和医疗等方面发挥相当的功效。白兰花本身香味浓厚，泡制的茶品滋味香醇，色泽鲜润明亮，品相和口感都不错。白兰花整株都可以入药，对慢性支气管炎、前列腺炎和虚劳久咳等疾病都有着不错的治疗效果。

白兰花少见结果，多用嫁接繁殖，用黄兰、含笑、火力楠等为砧木，也可用压条繁殖。同属品种有含笑、黄兰等。含笑花较白兰花小，黄白色，单生于叶腋间，具有香蕉型芳香。黄兰也称黄缅桂，橙黄色，香气甜润似桂花，比白兰花更香浓，花期较白兰花晚一些，可用作白兰花嫁接的砧木。

二、生物学特性

1. 形态特征

白兰花是常绿乔木，高达 17 m，枝广展，呈阔伞形树冠；胸径可达 50 cm；树皮灰色；揉枝叶有芳香；嫩枝及芽密被淡黄白色微柔毛，老时毛渐脱落。叶薄革质，长椭圆形或披针状椭圆形，长 10～27 cm，宽 4～9.5 cm，先端长渐尖或尾状渐尖，基部楔形，上面无毛，下面疏生微柔毛，干时两面网脉均很明显；叶柄长 1.5～2 cm，疏被微柔毛；托叶痕达叶柄中部。花白色，极香；花被片 10 片，披针形，长 3～4 cm，宽 3～5mm；雄蕊的药隔伸出长尖头；雌蕊群被微柔毛，雌蕊群柄长约 4 mm，心皮多数，通常部分不发育，成熟时随着花托的延伸，形成蓇葖疏生的聚合果；蓇葖熟时鲜红色。花期 4—9 月，夏季盛开，通常不结果。

2. 生态习性

白兰花性喜光照，怕高温，不耐寒，生长最适温度为 15～28 ℃，越冬的温度不能低于 10 ℃，5 ℃左右的低温下就会落叶；不耐荫蔽，但能适应半阴环境；喜排水透气，疏松肥沃，而带微酸性(pH 5.5～6.3)沙壤土；喜温暖湿润，不耐干旱和水涝，对二氧化硫、氯气等有毒气体比较敏感，抗性差。

三、栽培技术

1. 育苗技术

白兰花一般采用嫁接育苗的方式。嫁接育苗的时间，从春季到秋季，在整个生长季节都可以进行，

NOTE

一般是在4—7月最好。嫁接多用黄兰实生苗作砧木。黄兰是木兰科含笑属常绿乔木,是玉兰花的一种,嫁接口愈合速度较快,比较适合做白兰花的砧木。砧木苗要选择生长健壮,根系发达,无检疫性病虫害和亲和力较好的黄兰种子进行培育。

(1) 砧木播种:砧木播种一般在每年的9月底或者10月初。黄兰种子捡来后,要将外壳剥去,播种前,要对种子进行处理,使用植物基因活化剂浸泡种子。每2 g兑水2～3 kg。然后将种子浸泡在植物基因活化剂中,每2 g药,可以浸种0.5～1 kg。这样做的目的,一是为了促进根系的生长,提高发苗率;二是为了剔除劣质的种子。经过漂浮筛选,将浮出水面的不充实、不饱满的种子除去。

浸泡3～4天后,待种子发白时,用手轻轻揉搓种子,将种子外层蜡质假种皮除去,露出里面的种子。黑色的是成熟种子,发芽率高,白色的是不成熟种子,发芽率低。培育幼苗的容器一般使用没有网格的播种盘,基质一般就使用河沙,河沙湿度控制在30%～40%。将黄兰种子均匀撒播于播种盘中,然后在种子上再均匀地撒上一层河沙,并用手铺平。因黄兰种子出苗率较低,为了保证种子出苗率,可以尽量多撒种子。播种后,要浇一次水,水一定要浇透。

在培育初期的2～3周内,要在育苗的播种盘上,再盖上一个播种盘,不仅可以防止种子被晒伤,还可以起到保水保湿的作用。一般每2～3天浇一次水。

(2) 幼苗移栽:2～3周后,当大部分幼苗长到8～10 cm,有两片真叶时,就可以移栽到营养钵中,进行培育。营养钵的底部要有透气孔,培养土是由木糠、有机肥和泥土,按照1:3:10的比例配比而成。移栽完成需浇一次定根水,用遮阳网遮盖防晒。每天浇水2～3次,每次浇水都要浇透。幼苗移栽2～3个月后,逐渐开始施肥,一般是施液态肥,液态肥是将沼气水和清水按照1:5的比例混合配置而成。每7～10天用水泵抽取液态肥,喷洒1次。天气炎热时,可以多浇水,每天浇水2～3次,如果天气较凉爽,每天浇水1次。

(3) 嫁接:幼苗移栽后,大约6个月,也就是第二年的6—7月,当幼苗长到30 cm左右时,就可以进行嫁接了。嫁接时,采用靠接的方法,该方法简单且成活率高。选择盆栽1年左右的白兰花母树,母树上的接穗要选择高度在40 cm以上的,较为粗壮的枝条,具体方法如下。首先,要把白兰花母树上需要嫁接的接穗上的叶片拔掉,留最上面的2～3片叶子。其次,从顶端往下数,在第3～4个芽处,侧着切一个切口,切口的切面大概长3～5 cm。然后,取出培育好的黄兰砧木苗,将砧木苗下面的叶子剪掉,从苗木露出土面的部位,向上3 cm左右的地方,切一个相同大小的切口,将两个切口对准,再拿一个竹条将它们绑好,捆绑到一半的时候,要用一片叶子将切口包住,然后再继续用竹条捆绑好。其目的是利于切口的愈合。嫁接好后,要在盆中插一根竹竿,固定在泥土里。最后,用绳子将竹竿和营养体捆绑固定好。

白兰花嫁接苗在培育初期,因为切口处还没有愈合,所以不能喷洒农药,嫁接20天后,要对嫁接苗施一次氮磷钾复合肥,氮磷钾的比例为4:3:3。要施在大盆的白兰花母树中,每株施5～10 g。一般情况下,在嫁接苗培育期,只需施1次肥。还要注意浇水,可以使用滴灌,一般是每天1次,每次5～10 min。当嫁接苗生长两个月后,也就是8—9月,要检查嫁接口,切口处充分愈合,则说明嫁接苗已成活,可以移栽到大盆。

(4) 嫁接苗移栽:移栽时,将白兰花嫁接好的分枝,从母树上剪断,并在接口以上3～5 cm的位置,将黄兰砧木剪掉。然后将嫁接好的白兰花苗,移栽到大的营养钵中,进行培育。移栽的营养钵,通气性要比较好。底土,要使用混有有机肥和过磷酸钙的沙壤土。土、有机肥、过磷酸钙的比例为20:5:4。操作时,先在营养钵中装上一锹底土。然后,将白兰花苗的小营养钵除去,放到大营养钵中,再加土填满,压实。移栽好后,要浇一次定根水,刚移栽的苗木都比较怕晒,要放在遮光率为60%的大棚里进行培育。刚移栽好的苗木根系还比较脆弱,不用施肥,注意浇水即可,一般每天浇水2～3次,一个月后,就可以将苗木移栽到室外进行培育了。

苗木移到室外后就要开始施肥了,一般是施氮、磷、钾比例为4:3:3的复合肥。每15天施1次,每次5～10 g。一般每天浇水2～3次。室外培育4～5个月后,当苗木长到80 cm以上时,就可以出圃进行定植了。

NOTE

不同用途的白兰花,其定植和日常管理的方式也不同。作为观赏花木时,一般是采用盆栽的方式,方便观赏树木的出售或者移动。作为加工花茶或者精油等产品时则采用大田栽培的方式。本书主要介绍大田栽培技术。

2. 大田管理

（1）定植：选择平坦、开阔、面积比较大的地块。定植坑不要挖得太深，一般 20 cm 左右即可，应与苗木根部土块的高度、大小相似。挖好定植坑后，需要在坑底放入 1 kg 左右的有机肥，作为底肥。然后将苗木的营养钵除去，栽种在定植坑内，并回土填好，压实。定植后，浇一次定根水，一定要浇透。使用木棍将苗木支撑固定好，防止倒伏。株距和行距在 3 m 左右。

（2）幼树期管理：定植后 1 年内是幼树期，这个时期，要做好浇水、施肥、除草、修剪等工作。

①施肥、浇水：施肥一般是施复合肥，氮、磷、钾比例为 1∶1∶1。每 5 天施肥 1 次，为了避免伤根，要将肥料施在树根的两侧，一般每株施 20 g 左右。浇水可以适当少浇，一般是每 10 天左右浇水 1 次，但每次要浇足、浇透。

②病虫害防治：这一时期的主要害虫是介壳虫，它们会危害叶片，发现虫害，应立即处理。可喷洒总有效成分含量为 28%的噻嗪·杀扑磷乳油 800～1000 倍液，进行预防。其中，噻嗪酮含量为 20%，杀扑磷含量为 8%。每隔 7 天左右，对全株喷洒 1 遍，能够达到预防介壳虫的效果。

③打顶：加工用的白兰花树，不需要直立的树形，而需要使其横向生长，促进分枝，增加开花数量。在定植后 3 个月左右，当主干枝长到 1 m 以上的时候，要对树冠进行打顶，在距离地面 1 m 的高度打顶，从截口处会长出 2～3 个侧枝，对侧枝继续打顶，从每个侧枝上会继续分出 2～3 个第二侧枝，这样，就会形成一个横向生长的丰产树形。之后，每隔半年，修剪 1 次，将向上生长的、多余的枝条剪掉，促进树形的横向发展。

一般 6 个月左右，白兰花树就会开花，但是花的数量比较少，生长到 1 年的白兰花树，高度在 2 m 左右，此时其进入成树期。

（3）成树期管理：成树期管理的目的是促进早开花，多开花。要在修剪、施肥、浇水、除草、病虫害防治等方面，精心管理。

①修剪：成年树一般是每半年修剪一次，促进发生新枝；树冠内膛的细弱枝、病虫害枝和下垂枝需要剪掉，其余的一律不剪。

②施肥、浇水：这个时期的施肥量可以增加一些，以满足花蕾对养分的大量需求，每株施磷钾复合肥 40～50 g，磷和钾的比例为 3∶5。撒施于每株白兰花树的根部附近，施肥后要注意浇水，其他时候按时浇水即可。一般情况下，每 5～7 天浇水 1 次；6—7 月盛花期时要多浇水，每 2～3 天浇水 1 次，每次浇水都要浇透。

③病虫害防治：在成树期，为了使花开得更加鲜艳、美丽，对于病害和虫害，一般是采用预防的方式。主要是预防炭疽病，可以对白兰花树喷洒 50%多菌灵可湿性粉剂 1000 倍液，或喷洒 70%甲基硫菌灵可湿性粉剂 800 倍液。一般是在每年开花前 2 个月喷洒，每周喷洒 1 次，连喷 4～5 次即可。在采摘前 1 个月要停止施用各种农药。

3. 采收

一般在定植后第二年的 5 月开始采收白兰花。可以连续采收 8～10 年，10 年后，花的数量逐渐减少。而每年的 6—8 月为盛花期。在盛花期，白兰花每天都会开花，采收一般在 6—9 时进行。采收时，用手轻轻地将白兰花从花梗处摘下，注意不要伤到花瓣。要采收花瓣洁白、饱满，花瓣呈微开状的花朵，香气要清雅而浓郁，不要采摘未成熟的花蕾，或前一天已开放的花朵。采下的花朵要放到带网眼的袋子里，保持通风透气，维持花瓣完整性。因为白兰花不易储藏，所以采摘后的花朵，要立即送到交易市场进行销售或者送到加工厂进行加工。

四、加工利用

白兰花精油是当地进行白兰花深加工的主要产品。白兰花精油，是利用水蒸气蒸馏法从白兰花鲜花中提取的精油，出油率为 0.2%～0.25%。这种精油具有平衡皮脂分泌，降血压，镇定及松弛神经的

作用。精油的加工，需要新鲜的白兰花，所以，一般是收购当天采收的花朵，在晚上进行加工。

收购来的白兰花，首先要进行称重，然后将花平铺在地面上，厚度为 3～5 cm，利于散热。晾晒 1 h 左右就可以将花朵装入车内，运送到加工车间。然后将车内的白兰花倒入进料口，进料口是用隔离网分层的，一般每层可以放花 100 kg 左右，如果不分层，花太多可能会被压坏，从而导致出油率降低。当所有的花都倒入进料口后，要使用起重设备将进料口吊到浸提笼上方，将花送入浸提笼中，开始浸提，浸提可以过滤掉白兰花中大部分的杂质，浸提 1 h 左右可以进入复馏环节。该环节的目的是将前一步未处理的杂质去除干净。初浓是进行浓缩，可除去白兰花中 70%～90%的水分，再经过真空浓缩，就可得到白兰花膏，白兰花膏再经过脱蜡，就得到了白兰花精油。

除了白兰花精油外，白兰花还可以与茉莉花等混合加工成花茶。一般是将白兰花、茉莉花、绿茶，按照 1∶40∶50 的比例混合搅拌，让花的香气浸入到绿茶中。然后，将花除去，按照茶叶的加工方式加工成花茶。

第七节　丁　香　花

丁香花

一、概述

丁香花是木樨科(Oleaceae)丁香属(*Syringa*)落叶灌木或小乔木。因花筒细长如钉且香故名，又名丁香、紫丁香。丁香花原产于我国华北地区，在中国已有 1000 多年的栽培历史，是中国的名贵花卉。丁香花色鲜艳，花期长，气味芳香，是提炼芳香油的优质原料。其嫩叶可代茶，具清热止渴、提神明目等功效。同时，它还是优良的耐污染树种、水土保持树种、园林绿化树种、广谱抗菌药原料和盆景材料等。

有人用“一树百枝千万结”形容丁香开花时繁茂的程度，因此丁香花又称“百结”，常被视为爱情与幸福的象征，紫色丁香花代表初恋，白色丁香花代表青春无邪。晚唐著名诗人李商隐在《代赠二首·其一》中用“芭蕉不展丁香结，同向春风各自愁”之句描述对意中人的眷恋之情。在中国云南，丁香花还被称为“爱情之花”“情客”，当地德昂族和傣族的青年男女，每逢“采花节”都会上山采摘丁香花赠予自己的恋人，来表示对爱情的忠贞。近年来，丁香花越来越受到人们的重视和喜爱，在园林绿化中的应用也不断扩展。丁香花被黑龙江省选定为“省花”，被哈尔滨、西宁和呼和浩特选定为“市花”，丁香花还是非洲坦桑尼亚的国花。《中国花经》也将丁香花列为中华重点名花之一。

丁香属植物种类繁多，全世界共有 35 种，不包括自然杂交种，主要分布于欧洲东南部、日本、阿富汗、喜马拉雅地区、朝鲜和中国。我国拥有丁香属 81%的野生种类，是丁香属植物的现代分布中心，素有“丁香之国”之称。我国西南、西北、华北和东北地区是丁香花的主要分布区。我国丁香属植物主要有紫丁香(*S. oblata*)、北京丁香(*S. pekinensis*)、暴马丁香(*S. reticulata* var. *amurensis*)、小叶丁香(*S. microphylla*)、洋丁香(*S. vulgaris*)、关东丁香(*S. velutina*)、白丁香(*S. oblata* var. *alba*)、贺兰山丁香(*S. pinnatifolia*)等。

二、生物学特性

1. 形态特征

丁香花为木樨科丁香属落叶灌木或小乔木。植株高 4～5 m，树皮暗灰色或灰褐色，有沟裂，全株无毛。叶卵圆形或肾形，先端渐尖，基部心形或截形，全缘，革质。花期 4—5 月，花单瓣或重瓣，开于前年生小枝上，顶生或腋生，花端 4 裂，筒状，呈圆锥花序，花冠紫色，清香袭人。果期 9—10 月，蒴果 2 裂，先端尖，种子具翅。

2. 生态习性

丁香属植物喜温暖、湿润及充足的阳光，具有较强的耐寒力。现有栽培种均可在北方露地安全越

冬，并正常生长、开花、结果。丁香花具较强的耐旱性，对土壤要求不严，能耐瘠薄。除强酸性土壤外，丁香花能在各类土壤上正常生长，以土壤疏松的中性土为佳。忌在低洼地种植，积水会引起病害或造成全株死亡。丁香花为阳性树，在阴处或半阴处生长不佳，且开花稀少。其寿命较长，有数百年的古树。

三、栽培技术

1. 苗木繁殖技术

（1）种子繁殖。

①采种及种子处理：丁香花种子细小，果实成熟未开裂前迅速采收，以免散失水分。种子休眠期较长，初冬需用木箱湿沙层积，置于室外背阴地低温处理，于翌年 3 月中旬播种。

②做床：因幼苗期怕水涝，最好做高床条播。选择排水良好、较干燥、土质疏松肥沃的沙壤土，做成长 10 m、宽 1.5 m、高 15～20 cm 的高床，底肥施碳酸氢铵 150～225 kg/hm^2，腐熟有机肥 30～45 t/hm^2，并用硫酸亚铁 150 kg/hm^{2}或退菌特 150～225 kg/hm^{2}进行土壤消毒。

③播种：种子经过催芽有 30%种子裂嘴露白时，于 4 月下旬开始播种，播前床面喷水，第 2 天开浅沟条播，覆沙土 1～1.5 cm 厚，上盖塑料薄膜，增温保湿，15 天左右出土。幼苗生长缓慢，应注意揭膜、松土、除草。结合喷水，少施氮肥，促苗生长。幼苗期不能大水漫灌。

（2）扦插繁殖：可用嫩枝扦插和硬枝扦插。丁香花的硬枝扦插是取 1～2 年生健壮枝条作插穗，直接插入苗床，使其生根发芽而形成新的植株。通常是春季花谢后 1 个月剪取顶枝进行扦插，插穗的长度为 10～15 cm，带有 2～3 对芽节，其中 1 对芽节埋入土中，在 25 ℃条件下，30～40 天生根，当幼根由白变为黄褐色时开始移苗栽植。嫩枝扦插在 7 月进行，选当年生的粗壮枝条，剪成长 15 cm 左右的插条，插入事先准备好的苗床内，并适当遮阴，保持湿润，50 天左右生根。若扦插前用 500 μg/g 吲哚丁酸快速处理插穗，可使扦插生根率达 80%。扦插苗成活后于第 2 年春季移植。

（3）嫁接繁殖。

①芽接法：芽接可于 7—8 月进行，嫁接所用砧木一般为女贞、水蜡树、流苏树、紫丁香等。女贞砧木容易萌芽，应随时剪除，否则数年后仍为女贞而非丁香花。接穗要选用当年生健壮枝条上的饱满叶芽，砧木选用 1～2 年生紫丁香实生苗。嫁接时，接穗上的叶片要剪掉，只留叶柄，然后在芽的上方 1 cm 处横切 1 刀，再从芽的下方 1～1.5 cm 处向上平削，将皮层内的木质部剥掉。在砧木距地面 5～10 cm 处横切 1 刀，再从切口中间向下切长 3 cm 左右的立刀，使之呈"T"字形，然后轻轻地把皮剥开，将接穗插入"T"字口内，接穗与砧木要紧密对合，最后用塑料条捆绑即可。芽接后 2～3 周，如果接穗上的叶柄自然脱落，说明芽已成活，这时可解除塑料条。

②枝接法：一般在早春萌动前进行，接穗长度为 8～10 cm，带 2 对芽节，将接穗下部两边削成斜面。砧木选用 1～2 年生紫丁香实生苗，在离地面 5～10 cm 处切掉顶部，再从砧木的断面上垂直向下劈开 1 条缝，然后将接穗插入。接穗的斜面与砧木要紧密吻合，用塑料条捆绑好。为防止嫁接刀口处失水过多，可用湿润的土埋上，待接穗上的芽萌动后，去掉覆土。也可于秋、冬季采条，经露地埋藏，于翌年春季枝接，接穗当年可长至 50～80 cm，第 2 年萌动前需在枝干离地面 30～40 cm 处短截，促其萌发侧枝。

③靠接法：将丁香花接穗与砧木各削 1 个相同大小的接口，将两者紧密地捆绑在一起。当刀口产生愈伤组织后，接口上方 1 cm 处将砧木顶枝剪掉，接口下方 1 cm 处剪断接穗，使之成为一个新的植株。

（4）压条繁殖：以 2 月进行最好。将根际萌蘖条压入土中，若枝条太粗，可刻伤后再压。压后保持土壤湿润，2～3 个月可生根，当年秋季即可隔离母株，另行栽植。

（5）分株繁殖：一般在早春萌芽前或秋季落叶后进行。将植株根际的萌蘖苗带根挖出，另行栽植，或将整株植株挖出分丛栽植。秋季分株需先假植，于翌年春季移栽。栽前对地上枝条进行适当修剪。

2. 地块选择

丁香花性喜阳光，忌积水，耐寒耐旱，一般无须多浇水。要求选择肥沃、排水良好的沙壤土，切忌栽于低洼阴湿处。如果栽在荫蔽环境中，则枝条细长较弱，花少且花序短小而松散。若种植在瘠薄的土地

上，虽然也能生长，但花少，且长势不佳。因此，宜栽在向阳、肥沃、土层深厚的地方。

3. 栽培管理

(1) 适时移栽：丁香花宜在早春芽萌动前进行移栽，栽植时，需带上土坨，并适当剪去部分枝条，栽植 3～4 年生大苗，应对地上枝干进行强修剪，一般从离地面 30 cm 处截干，翌年即可开出繁茂的花来。株距 2～3 m，还可根据配置要求进行调整。栽植时多选 2～3 年生苗，栽植穴直径 70～80 cm，深 50～60 cm。每穴施充分腐熟的有机肥 1 kg 及骨粉 100～600 g，与土壤充分混合作基肥，基肥上面再盖一层土，然后放苗填土。

(2) 肥水管理：一般不施肥或仅施少量肥，切忌施肥过多，否则会引起徒长，影响花芽形成，使开花减少。但在花后应施用磷、钾肥及氮肥。若施用厩肥或堆肥，需充分腐熟并与土壤拌和均匀，每株施 500 g 左右。一般每年或隔年入冬前施 1 次腐熟的堆肥，即可补足土壤中的养分。栽后灌足水，以后每隔 10 天浇 1 次水，连续浇 3～5 次。每次浇水后都要松土保墒，以提高土温，促进新根迅速长出。以后每年春季，当芽萌动、开花前后需各浇 1 次透水，浇后立即中耕保墒。灌溉可依地区不同而有别，华北地区，4—6 月是丁香生长旺盛并开花的季节，每月要浇 2～3 次透水，7 月以后进入雨季，要注意排水防涝。至 11 月中旬入冬前要灌足过冬水。

(3) 修剪整形：修剪的目的除了调节植株的生长势，防止徒长，还要讲究树体造型，使树姿、花、果相映成趣，并与周围的园林建筑搭配得相得益彰，使景物静中有动，美观协调。修剪一般在春季萌动前进行，主要剪除细弱枝、过密枝、干枯枝及病虫枝，并合理保留好更新枝。每次花谢后应对花枝适当短截，促使腋芽萌发后多形成一些侧枝。病虫枝、干枯枝、人为破坏枝、徒长枝等应用疏剪方法从基部剪去。当植株生长进入中后期时，株丛已长得相当稠密，其中许多老枝逐渐失去再生能力，这时应停止短截，将丛内过密的枝条从基部疏剪掉一部分，为新枝的生长和发育腾出一定的空间，保持丰满株形。花谢后要及时剪掉残花和幼果，以免消耗营养而影响来年开花。对于老龄植株，以更新复壮为主，采取重短截的方法。第一年先剪掉 1/2 的老枝，用保留下来的另一半老枝来维持原有的树形，这样一方面可供人们继续观赏，同时还能为新枝的生长提供同化养分，两年以后再把留下来的另一半老枝剪掉，这样使营养集中于少数腋芽，萌发壮枝。此外，也要疏除细弱枝、病虫枝及枯死枝。

4. 病虫害防治

丁香花主要的病虫害类型有褐斑病、煤烟病、红蜘蛛、青刺蛾、蚜虫、介壳虫等。褐斑病主要危害幼苗、成年树枝条及叶，防控上要求提前对栽植地进行清洁，清理病残植株、脱落的病枯枝等并集中进行无害处理，如深埋或者烧毁等，在病害发生之前或者刚发生时选择 100 倍波尔多液等进行喷雾防治。煤烟病发生的主要传播媒介为蚜虫、粉虱等，要及时将这些害虫消灭，避免其携带的病原菌扩散；发病后选择 100 倍波尔多液等进行防治。红蜘蛛的防治，选择 1.8%阿维菌素乳油 2000 倍液等药剂进行喷施。青刺蛾的防控，可在春季枝条修剪时人工破坏茧壳，在幼虫阶段选择 50%辛硫磷乳油 2000 倍液等药剂进行防治，也可采取人工的方式对幼虫进行捕杀。蚜虫的防治，可选择 10%吡虫啉可湿性粉剂 2500 倍液等进行喷雾。介壳虫的防控，可在春季紫穗槐芽萌发之前，选择 3～5 波美度石硫合剂等进行喷雾，4 月底至 5 月上旬用刷子刷除越冬幼虫，以起到灭杀效果；人工剪除虫害发生严重的枝条并集中烧毁，6 月中旬正处于介壳虫大量孵化期，可选择较低波美度的石硫合剂等进行喷雾。

四、开发利用

1. 医药及食品加工业等方面

丁香属植物是广受欢迎的芳香植物和药用植物，所含多种化学成分亦具较高的生物活性，在抗氧化、抗菌、抗炎、抗癌、杀螨、防腐等方面发挥重要作用。丁香叶味苦，性寒，嫩叶当茶饮，可清热解毒。民间用丁香叶的水煎剂来治疗痢疾、眼疾、胃腹胀痛、哮喘等症。国内有的厂家以丁香叶为主要原料研制生产的新药"广炎灵"为广谱抗菌新药，临床主要用于细菌性痢疾和肠道传染病、扁桃体炎、上呼吸道感染、肝炎等，其疗效显著。据报道，暴马丁香、紫丁香、北京丁香、花叶丁香、辽东丁香对革兰阳性菌和阴性菌均有抑制效果，具有广谱抗菌作用；丁香抗金黄色葡萄球菌的作用与常用的清热解毒、抗菌消炎中

NOTE

药——黄连、紫花地丁等近似甚至效果更好；暴马丁香抗福氏志贺菌和宋氏志贺菌的作用较常用的中药强；有研究表明丁香对大肠杆菌具有较好的抑制作用。丁香水提液对 NO_2^- 有很强的清除作用，清除率达 100%，适宜条件下可抑制其转化为亚硝胺，具有显著抗癌作用；暴马丁香树皮、枝条及叶片中所含桦木酸及其衍生物具抗肿瘤作用。丁香具有明显的杀螨杀虫活性，其中丁香石油醚提取物杀螨活性最为突出。丁香中具有天然防腐物质，在食品添加剂、防腐剂等食品加工业方面具有一定的开发利用价值。丁香花香味浓郁，可提取芳香油，是牙科手术中的麻醉良药。丁香根可作熏香，可提取杀菌剂。

2. 工业和农牧业

有些丁香种，木材纹理致密、坚硬，具芳香气味，有防虫、防潮、保温的功能，是制作高级箱柜及柄把的好原料。暴马丁香的树皮和叶中含单宁，可提取栲胶以供制革工业使用。紫丁香耐平茬，萌蘖力强，生物产量高，火力强，耐燃烧，是一种理想的燃料树种。紫丁香的嫩枝、叶含较高的养分，可在始花、盛花期压青或沤肥。紫丁香嫩枝、叶含粗蛋白 3.19%～4.88%，粗脂肪 2.02%～3.22%，粗纤维 16.2%～21.35%，还具有一定的饲料价值。另外丁香花还是良好的蜜源植物，可用于养蜂业，所产蜂蜜品质优良，是滋补强身的佳品。

3. 观赏绿化植物

丁香花植株秀丽多姿，花序细密，花色淡雅，花香宜人，是优良的园林观赏绿化树种。丁香属植物为假二叉分枝方式，姿态非常优美，新枝萌发的强度大，耐修剪，可塑性强，能根据园林庭院的绿化设计需要，修剪成各种造型，还可用于园艺设计，制作成各种盆景。丁香花对环境的适应能力强，耐寒抗旱，引种移栽后能很快适应新的生长环境，且对土壤肥力要求不高，粗放管理也能生长良好。丁香花的花期长，其中小叶丁香每年 4 月下旬到 5 月底及 9—10 月可开花两次。紫丁香每年开放的时间从 4 月中旬到 5 月中旬，可持续 15～20 天，单株花朵的开花期可持续 12 天。而暴马丁香则继紫丁香、白丁香开败后开始开花，花期从 6 月初持续到 7 月底。可见从 4 月中下旬到 10 月中旬均有不同种类的丁香盛开。另外，丁香花易于繁殖，可进行扦插、嫁接等。所以，丁香花是可以广泛应用于庭院绿化的优良树种。

4. 水土保持树种

一些丁香属植物如紫丁香、白丁香等，根系非常发达，表现在主根明显，侧根发达，须根甚丰。特别是侧根盘根错节，在土中密如蛛网，对土壤起着有力的网络固结作用，是配置沟头防蚀林及地埂、崖边固土的理想树种。如 4 年生紫丁香单株有 4 条直径在 0.8～1.2 cm 的侧根，最长达 1.6 m，根系水平分布 1.45 m，垂直分布 60～80 cm，每公顷拥有根系干重 6.53 t，根系主要分布于 0.4 m 的土层内，大大增强了表层土体抗冲防蚀能力。另外，丁香的枝叶茂密，枯落物多，增大了地表的粗糙度，起到了拦蓄、分散、阻碍地表径流的作用，削弱了地表径流的速度及流量，可有效地保护地面免遭雨滴击溅和径流侵蚀。

迷迭香

第八节　迷　迭　香

一、概述

迷迭香（*Rosmarinus officinalis* L.）为唇形科迷迭香属多年生常绿灌木，原产于欧洲及北非地中海沿岸，主要栽培于法国、意大利和摩洛哥等国家，是世界知名的芳香植物。我国古代把迷迭香作为一种香料，从西域引进并开始种植。生长季节植株会散发浓郁的清甜带松木香的气味，有清心提神的功效；从花和嫩枝提取的芳香油，可杀菌、镇静安神，还能增强记忆力；迷迭香较为强烈的收敛作用，可改善肌肤状态、促进血液循环、刺激毛发再生。在西餐中迷迭香常用作香料。

NOTE

迷迭香是目前公认的具有高抗氧化作用的植物，其抗氧化能力是人工合成抗氧化剂 BHT、BHA 的

2～6 倍，在 240 ℃高温下不易分解，具有极高的稳定性，可广泛应用于食品、医药、香料、日用化工等领域。目前开发迷迭香精油和天然抗氧化剂已成为发达国家农业高新技术开发的重要项目，用于替代人工合成的抗氧化剂。迷迭香在我国长江及以南地区均可生长，河南、云南、广西、贵州、浙江均有大面积种植。在欧洲，迷迭香具有悠久的历史，随着迷迭香精油和抗氧化剂等需求日益增长，其种植面积不断扩大。迷迭香的品种有很多，依外形可分为直立型和匍匐型，市场上最常见的为直立型，因其所需的生长空间较小，采收也方便，经济栽培大多为此种，而匍匐型较易开花。

二、生物学特性

1. 形态特征

迷迭香为多年生灌木，株高 1 m 左右。茎及老枝圆柱形，皮层暗灰色，不规则纵裂，块状剥落。幼枝四棱形，密被白色星状细茸毛。叶常在枝上丛生，具短柄或无柄，叶片线形，长 1.5～3.5 cm，宽 2～5 mm，边缘反卷，灰绿色，革质，干燥后呈针状。花近无梗，对生或聚集在短枝顶端组成总状花序，花冠白色、蓝紫色，冠檐二唇形。花期自秋季至翌年夏季。果实为很小的球形坚果，种子细小，黄褐色。

2. 生态习性

迷迭香耐旱、耐盐碱，但不耐涝，一般在干燥、排水良好、光照充足的地方生长良好；性喜温暖气候，生长适温为 9～30 ℃，10 ℃生长缓慢，20 ℃左右生长旺盛。北方寒冷地区冬季应覆土护根，以利越冬。迷迭香每年有两次生长高峰，以武汉地区为例，2—6 月为第一个生长高峰，夏季进入高温期后，有浅度休眠现象；9 月中旬至 11 月底为第二个生长高峰，12 月至翌年 1 月为半休眠期，生长缓慢，但可正常越冬。

三、栽培技术

1. 繁殖育苗

迷迭香种子发芽率极低且生长缓慢，目前除引进新品种、杂交育种等采用播种育苗外，生产上一般采用扦插繁殖和组织培养繁殖。

(1) 扦插繁殖：扦插多在 9 月至翌年 3 月进行，选取当年生、半木质化的茎作为插穗，从顶端 10～15 cm处剪下，确保每一段有 4 道以上的节，去除枝条下方约 1/2 的叶子，切口用高锰酸钾灭菌消毒，并蘸生根粉液，以促进根系发育。插入苗床后要及时浇透水。扦插最初的半个月内，每天浇 1 次水。浇水时间以早晚最佳，阳光强、气温高时要注意遮阴，浇水次数也要适当增加。15 天后，扦插枝开始生根，生根后可适当减少浇水量。扦插苗生根成活后，可用尿素兑水浇灌，每 10 天可施肥 1 次，3 个月左右，扦插苗即可移栽。

(2) 组织培养繁殖：针对扦插苗生根较慢的情况，在工厂化育苗中发展出用组织培养技术和扦插技术相结合的方法，即先快速培育出大量的迷迭香组培苗，再取组培苗的嫩梢进行扦插育苗，这样可提高生产速度，缩短育苗周期，并有利于保证小苗质量，是适合于大规模工厂化育苗的新技术。

取迷迭香的叶片作为外植体，用蔗糖含量较高的培养基培养，愈伤组织形成效果较好。其中以 MS ＋ 蔗糖 50 g/L ＋ NAA 0.5 mg/L ＋ 6-BA 0.5 mg/L 效果最好，诱导率可达 90％，当愈伤组织再分化形成不定芽时，以 MS ＋ NAA 0.5 mg/L ＋ 6-BA 1.5 mg/L ＋ KT 0.5 mg/L，再分化率可达 50％；不定芽生根时，以 MS ＋ NAA 0.1 mg/L 效果最佳，生根率可达 65％；以 MS ＋ NAA 0.5 mg/L ＋ 6-BA 0.8 mg/L 诱导不定芽增殖时，增殖率可达 300％。

(3) 苗期管理：苗期水分控制在相对湿度为 60％左右，温度控制在 22 ℃左右；每周用高锰酸钾喷于畦面灭菌 1 次；经常除草，保持畦面无杂草；1 个月喷施 1 次叶面肥（主要为生物肥）促进其生长；对早期开花植株进行打顶；有病虫害发生时针对性喷施农药。迷迭香抗病虫害能力强，一般不感病，偶发病害主要有灰霉病和白粉病。灰霉病可用 5％多菌灵烟熏剂或 50％速克灵可湿性粉剂 1500 倍液防治；白粉病选用 20％三唑酮乳油 2000 倍液防治。虫害主要有蚜虫和白粉虱，可采用 5％扑虱蚜可湿性粉剂 2500 倍液和 1.5％阿维菌素乳油 3000 倍液喷施防治。

NOTE

2. 选地和整地

应选择土壤肥沃、有机质含量高、排灌条件良好、通透性好的沙壤土种植。种植前进行深耕、碎土(土块粒径 1 cm 左右),连续晒土 5 天以上。起高畦,畦高 15～20 cm;地块四周开挖排水沟。

3. 定植

起畦后挖穴,穴规格为 10 cm× 10 cm,株行距为 50 cm×50 cm,种植密度为每公顷 45000 株左右。挖好穴后,将基肥(营养基 15000～18000 kg/hm^2＋ 三元复合肥 450 kg/hm^2)施入穴中,盖一层薄土,然后将苗垂直放入穴中,培土,土层要略高出畦面。移栽时最好选择在雨天、阴天和早晚光照不强的时候。移栽后要及时浇足定根水,浇水时苗若有倾倒则要及时扶正。缓苗后主茎长至 15 cm 时可摘心促使其萌发侧枝。第 1 年由于植株生长量小,株行距较宽,因此可与花生、大豆等作物进行套种。

4. 田间管理

(1) 水分管理:浇水是迷迭香种植中最关键,也是最不易掌握的技术。迷迭香怕湿不怕干,在夏季要保持湿润,避免干燥,室外全日照应每天浇水,半日照约 2 天浇水 1 次。在冬季要见干才浇,3～4 天浇水 1 次。迷迭香抗旱能力强,但怕涝,雨天如有积水要及时排出,保证畦面无积水,土壤湿度保持在 60%即可,否则持续潮湿的环境易导致根腐病。

(2) 中耕除草:迷迭香一般每年中耕 2～3 次,第 1 次在 3—4 月,第 2 次在 7—8 月,10—11 月再中耕培土 1 次,以保持土壤疏松、透气、不藏水,每次中耕都应结合除草、施肥及修剪。根据田间情况,及时除草,保持畦内无杂草。

(3) 施肥:同大多数香草植物一样,迷迭香不喜高肥。如需补充养分,宜采用薄肥勤施的原则。在幼苗期可根据土壤条件施一点复合肥。在迷迭香两个生长高峰前期及修剪后应当追施适量的氮肥和磷肥,促进其发芽和开花,追肥遵循少量多次的原则。

(4) 修剪:迷迭香定植 3 个月后需修枝。迷迭香植株因每个叶腋都有小芽出现,这些腋芽都可发育成枝条,长大以后整个植株因枝条横生,使植株通风不良容易遭受病虫危害,因此,定期整枝修剪十分重要。同时,剪枝也利于田间作业。直立型迷迭香容易长高,枝条生长瘦弱,生长量低,当株高 30 cm 左右时要注意打顶,破除其顶端优势。侧芽萌发后再剪 2～3 次,促使植株生长健壮,抗性强,生长量大。患病的枝叶,也要随时修剪,以避免整株感染。剪枝时注意不要剪得过多,每次修剪时不要超过枝条长度的一半,以免影响植株的再生能力。另须注意切口处会分泌黏稠的汁液,修剪时应戴手套,以避免皮肤过敏。摸触后亦应立即洗手,并避免碰到眼睛。

(5) 病虫害防治:迷迭香抗病虫害能力强,一般不感病,偶发病害主要有根腐病和灰霉病。在高湿高温情况下极易发生根腐病,可用 50%多菌灵或甲基托布津药液进行喷洒。灰霉病可用 5%多菌灵烟熏剂或 50%速克灵可湿性粉剂 1500 倍液防治。常见的虫害是蚜虫和白粉虱,可采用 5%扑虱蚜可湿性粉剂 2500 倍液和 1.5%阿维菌素乳油 3000 倍液喷施防治。

预防迷迭香发生病虫害,要注意以下几点:①植株要保持通风和凉爽,为此要剪掉过密和干枯老化的枝叶,并捡拾落在盆土表面的枯枝叶,以免招来病虫害;②日光要充足,病虫害常发于不通风且阳光照不到的阴暗地点;③避免高温高湿的环境。

5. 采收

迷迭香属多年生灌木,1 年种植可多年采收,且 1 年可多次采收。当迷迭香的新梢停止生长,叶片变厚呈深绿色,植株高 80 cm 以上时即可进行采收。迷迭香一次栽植,通常可连续采收 2～3 年,采收主要以花和枝叶为主,可用剪刀或手直接折取。但须注意伤口所流出的汁液会变成黏胶而很难除去,因此采收时须戴手套和穿长袖服装。采收的次数可视植株的生长情况而定,一般每年可采收 3～4 次,每次每 667 m^2 采收 250～350 kg。采收原则为采老枝,留嫩枝。用于提取精油的迷迭香在采收后须尽快送入工厂加工,茎叶越新鲜,精油含量越高。

迷迭香鲜嫩枝叶产品价值高,对质量要求较高,要求保证新鲜、分拣精细。枝条采收回来后要摘除黄叶、破损叶片,0.5kg 为 1 捆,并用皮筋扎好,放入保温泡沫箱中码齐,每箱放 2 袋冰块保鲜,用冷藏车

NOTE

运输。来不及分装的枝条要及时放入冷库中保鲜,避免脱水萎蔫。

四、开发利用

1. 抗氧化剂

目前广泛用于食品中的抗氧化剂大多是化学合成的,如 BHA(丁基羟基茴香醚)、BHT(二丁基羟基甲苯)及 PG(没食子酸丙酯)等,此类化学抗氧化剂有较多的毒副作用,美国、加拿大、日本等一些发达国家已经明令禁止在食品中使用人工合成抗氧化剂。从迷迭香的花和叶片中提取的抗氧化剂具有十分优良的抗氧化性,它的抗氧化性是化学合成品的 2～3 倍,可广泛用于油炸食品、富油食品及各类油脂的保鲜保质。

2. 医药开发

据药理研究证明:迷迭香中含有大量黄酮类、二萜酚类、迷迭香酸等成分,具有解热、镇痛、抗炎、抗氧化、抗血栓和溶解纤维蛋白的活性,是开发解热、镇痛、抗炎、抗肿瘤以及治疗心脑血管疾病等药物的理想原料。欧洲国家已用迷迭香提取物开发出治疗静脉曲张、痔疮、湿疹、牛皮癣和皮肤感染等疾病的药物。此外,迷迭香抗氧化剂能清除人体内自由基,是一种抗衰老药物,可广泛应用于保健药物、保健饮料、口服液等的开发。

3. 日用化工

从迷迭香中分离出的精油(迷迭香精油)是欧洲传统香料,其成分有龙脑、乙酸龙脑酯、樟脑等,具有混合香气;迷迭香精油还具有杀菌、杀虫、消炎等功效,广泛用于香水、沐浴液、化妆品、空气清新剂、驱蚊剂、洗发水等日用化工品。

4. 食品科学

迷迭香可采收用作料理或泡茶。迷迭香花草茶具有有益心脏、消除疼痛及帮助入眠的功效。用于制作茶叶时,其采收时间为迷迭香花期,采收部位为花和茎尖带嫩叶的部分,采收后可晾干直接使用或进行适当加工。迷迭香广泛运用于烹调,新鲜嫩枝叶具强烈芳香,可消除肉类腥味,少数几枝嫩茎叶(不必使用过多以免破坏食物原味)即可制作香烤排骨、烤鸡等,风味极佳。迷迭香的二萜酚类、迷迭香酸等化合物具有很强的抗氧化作用。据研究,迷迭香酸能通过提高抗氧化酶的活性,清除自由基,减少过氧化脂质的生成,从而达到抗衰老和防止运动中枢疲劳的作用。在食品保鲜方面,能阻止肉类加工品颜色的变化,抑制微生物的生长和气味的变化。

5. 香薰保健

迷迭香气味浓郁,放在室内能使空气清新,留香时间长,具有较好的香薰效果。迷迭香新鲜枝条插入花瓶水养观赏可保持 2 周以上,是理想的切花配材。迷迭香具有提神醒脑、增强记忆力等保健功能,可布置在办公室、教室、会议室。大型盆栽可用于装饰酒店、单位的门廊过道,其常绿芳香的特性,深受人们喜爱。

6. 园林绿化

目前国内迷迭香产品主要集中于食品香料与精油,国外的研究则主要集中在抗氧化剂的开发与利用。迷迭香在我国城市园林绿化方面的应用甚少,应用价值有待开发。

迷迭香由于四季常绿,冬季在南方地区可自然越冬,且萌蘖力强,耐修剪,二年生植株灌丛发达,在我国南方可作为常绿材料,用于花坛、绿地片植、丛植、孤植,或作为配材镶边,亦可用作小绿篱或花篱。其在干燥的岩石沙滩上也可以生长,是一种抗性很强的绿化植物,国外多用于花境配材,加之其他园林要素的配合,可以用来营造岩石园或浓郁地中海风情的景观。匍匐型品种,可用吊盆种植或廊架垂吊布置,叶色苍翠,繁花点点,极具异国风情。迷迭香由于耐修剪,易弯曲造型,亦可作为盆景材料,特别是匍匐型叶片浓密,枝条虬曲多姿,自然成型,稍事加工即可成为美丽的盆景。

NOTE

九里香

第九节 九 里 香

一、概述

九里香(*Murraya exotica* L.)属芸香科(Rutaceae)九里香属常绿小乔木。开白色花，散发浓烈的芳香气味，远距离可嗅其香气，故名九里香，别名千里香、满山香、月橘、过山香、七里香等。九里香也是一种中药材，主要产自云南、贵州、湖南、广东、广西、海南、福建、台湾等地。

现代药理研究表明，九里香具有终止妊娠、抗菌消炎、降血糖、抗痉挛及局部麻醉等作用。九里香是胃药"三九胃泰颗粒"的主要原料之一。近年来随着医药市场的不断发展，九里香药材市场货源偏紧，且质量参差不齐，因而大规模实现九里香的规范化人工种植显得尤为必要。

九里香生长在气候温暖、环境湿润的旷地或疏林中。九里香属植物全世界约有 14 种及 2 变种。其中亚洲热带及亚热带地区约有 12 种，我国有 8 种及 1 变种，分别是翼叶九里香(*Murraya alata*)、千里香(*Murraya paniculata*)、九里香(*Murraya exotica*)、兰屿九里香(*Murraya crenulata*)、四数九里香(*Murraya tetramera*)、豆叶九里香(*Murraya euchrestifolia*)、调料九里香(*Murraya koenigii*)、广西九里香(*Murraya kwangsiensis*)、大叶九里香(*Murraya kwangsiensis* var. *macrophylla*)。

二、生物学特性

1. 形态特征

小乔木，高可达 8 m。枝白灰色或淡黄灰色，但当年生枝绿色。叶有小叶 3～7 片，小叶倒卵形或倒卵状椭圆形，两侧常不对称，长 1～6 cm，宽 0.5～3 cm，顶端圆或钝，有时微凹，基部短尖，一侧略偏斜，边全缘，平展；小叶柄甚短。花序通常顶生，或顶生兼腋生，花多朵聚成伞状，为短缩的圆锥状聚伞花序；花白色，芳香；萼片卵形，长约 1.5 mm；花瓣 5 片，长椭圆形，长 10～15 mm，盛花时反折；雄蕊 10 枚，长短不等，比花瓣略短，花丝白色，花药背部有细油点 2 颗；花柱稍较子房纤细，与子房之间无明显界限，均为淡绿色，柱头黄色，粗大。果橙黄色至朱红色，阔卵形或椭圆形，顶部短尖，略歪斜，有时圆球形，长 8～12 mm，横径 6～10 mm，果肉有黏液，种子有短绵毛。花期 4—8 月，也有秋后开花，果期 9—12 月。

2. 生态习性

九里香性喜温暖、湿润的气候环境。最适生长温度为 20～32 ℃，不耐寒。幼苗能耐荫蔽，成年植株要求光照充足，稍耐旱，忌积涝。对土壤要求不严，但以排水良好、疏松、肥沃、酸性至中性的红黄壤为好，低洼地、盐碱地不宜栽种。育苗地宜选疏松肥沃、通透性好且排灌方便的沙壤土，种植地宜选土层深厚、土壤疏松肥沃的地块，但由于九里香较耐贫瘠，一般红壤丘陵也可种植。

三、栽培技术

1. 育苗繁殖

(1) 种子繁殖：选择树势健壮、树冠宽阔丰满、枝条分布均匀、结果枝多且呈簇状的母树采种。11 月，果实陆续成熟，先将母树上的小果、虫伤病果摘除。待充分成熟时，采收饱满、颜色深红的鲜果，连壳晒至半干留种。播种前置于清水中揉搓，去掉果皮以及浮在水面上的杂质和瘪粒，稍晾干后拌细沙以备播种。

每公顷苗地施腐熟猪、牛粪 30000～45000 kg 作基肥，深翻 30 cm，耙细整平，做畦，畦宽 1～1.5 m。播种前在整好的畦面上开行距为 5～6 cm，深 4～5 cm 的浅沟，在底部填上经过加工的土壤，即用干净的土壤(未种过其他作物的素土)加上适量腐熟厩肥混匀的土壤，直至深度为种子直径的 2～3 倍，再按行株距 15 cm×(2～5) cm 落种。落种后同样覆盖上述土壤，覆盖厚度以 1～2 cm 为佳。覆土后用水浇

NOTE

透，气温较低时最好在上面盖上一层稻草。在发芽前需特别注意保持土壤的湿度，可间隔 1～2 天浇水 1 次，具体浇水次数根据育苗时的天气情况而定。出苗后及时揭去盖草，当出现 2～3 片真叶时间苗，保留株距 10～15 cm。

(2) 扦插繁殖：扦插宜在春季或 7—8 月雨季进行，剪取组织充实、中等成熟、表皮灰绿色的 1 年生以上的枝条作插条，当年生的嫩枝条不宜采用。插条长 10～15 cm，具 4～5 节；剪口要求平整，用 500 mg/L ABT 速蘸插条基部 10 s，以促进生根，扦插于苗床内，苗床可撒 1 层清洁河沙，行株距为 12 cm×9 cm，扦插后浇水，保持苗床内土壤湿润。春播苗当年即可定植，秋播者翌年定植。

(3) 压条繁殖：一般在雨季进行，将半老化枝条的一部分经环状剥皮或割伤埋入土中，待其生根发芽，于晚秋或翌年春季削离后即可定植。

(4) 苗期管理：除草工作在杂草发生的初期及早进行，在杂草结实之前必须清除干净。适时适量灌溉，浇水采取地面灌溉为主，灌溉量以浇透为主的原则，让水分能到达根的最底部。苗期的施肥采取勤施薄施的原则，每隔 1～2 个月施肥 1 次。追肥用腐熟的饼肥或粪肥等，须适当稀释后施用；也可以根据植株生长状况等，施用适当的化学肥料，主要以磷肥和农家肥以 1∶3的比例混合施用。

(5) 移栽：每年 1—5 月或初夏时进行。株距 4 m，行距 2 m。穴的大小要足够让苗所带的根充分舒展。在穴的底部放入适量农家肥作基肥，每穴植 1 株。将苗木放入穴中，扶正，填土，土填至一半时，将幼苗轻轻往上提，使根系舒展，随后填土至满穴，用脚踏实，再覆盖松土。

2. 定植

选择地势平坦、土壤肥沃或向阳的丘陵坡地，定植前需整地、做畦和挖定植穴，也可在宅旁、房前屋后栽植成绿篱。

有灌溉条件的地区可在春季进行定植，没有条件的应在雨季进行定植。作为香料植物，为方便采花，宜集中栽培在土壤水肥条件好的地区。以采花为主时，可适当稀植，株行距为 50 cm×50 cm；以收叶为目的并结合绿篱栽培时，可密植，株行距为 25 cm×30 cm。

3. 田间管理

(1) 中耕除草：移植后的九里香，15～25 天即进入正常生长的缓苗期。定植后在 5 月和 10 月天气晴朗的日子对移栽苗进行除草护理，冬季全垦除草并培土 1 次。

(2) 追肥：植株的肥水管理和移植前基本相同。刚移植的植株还较小，施肥仍以勤施薄施为主。随着植株的生长，植株的生理状态发生变化，施肥可以分为施基肥和追肥两种。

施基肥除了在定植时结合移栽进行以外，一般在每年的春、秋季九里香生长发育旺盛的时期施 2 次。施肥时可以根据树的形态和大小，在树冠下开盘穴或条状沟(注意不要弄伤主要侧根)，将肥料埋入。以腐熟的有机肥为主，某些化肥也可作基肥，但要注意不要施得太早和太深，以免利用率不高，同时要掌握其用量。

追肥是为了补充基肥的不足。常用的追肥肥料有化肥、腐熟的饼肥水和人粪尿等。在九里香生长旺盛期，可适当追肥。并要及时观察和分析植株的生长状况，由于缺乏肥料而影响生长时要及时追施相应肥料。如天气比较干旱，追肥时可将化肥溶解稀释在池水里，再进行淋施，确保肥料的利用率。

(3) 修枝整形：以九里香枝叶作为目标产品时，为促使九里香更好分枝生长，提高枝叶产量，应对其植株进行适当的修剪。应选择在移栽后三四个月到一年期间，对植株高 30 cm 以上，分枝少于 4 枝或者是有单枝高度超过 40 cm 者进行统一修剪。修剪时用果枝剪将高于 30 cm 的主枝在 30 cm 处按其圆周平整剪下，让侧枝有充分的营养供给和生长空间，提高枝叶产量。如果发现有虫子蛀蚀的枯死枝叶，应及时剪除，并将剪下的带虫枝叶做焚烧处理。

(4) 病虫害防治：九里香常见病害是白粉病。叶面、叶背上常布满白色粉状物，使叶片失绿、黄化、脱落，在新梢抽生期尤为严重。雨水多、湿度大时，容易发病，并迅速蔓延。

防治方法：在新梢抽生期或刚刚萌动时，对新梢叶喷洒 1 次腈菌唑乳油 1200 倍液，或三唑酮可湿性粉剂 800 倍液，或白粉净 1000 倍液等，均匀喷湿所有的枝叶(以开始有水珠往下滴为宜)。当雨水多、湿度大时，要在晴天及时喷洒 1 次甲基托布津可湿性粉剂 800 倍液。如喷药后 4 h 遇雨，应重新补喷 1

NOTE

次，以提高防治效果。

九里香常见虫害主要有红蜘蛛、枝梢天牛、金龟子、卷叶蛾和蚜虫。

①红蜘蛛：危害叶片，吸附在叶片上刺吸汁液，使植株营养不良，造成叶片失绿、黄化，导致大量落叶。在高温干旱时易发生，要注意检查叶片。

防治方法：发现叶面、叶背上有针头大小的红色小虫爬动时，要连续喷洒20%三氯杀螨醇乳油800倍液或40%乐果乳油800倍液。连续2～3次，效果显著。

②枝梢天牛：危害枝干、枝梢，从表皮层蛀入，形成虫道，使树势衰弱，严重时枝干、枝梢折断，甚至枯死。

防治方法：在九里香生长季节，要注意经常检查枝干、枝梢，发现有虫粪排出时，就要找到虫孔，然后用棉花蘸敌敌畏原液，将虫孔口堵住，使枝梢天牛被闷死在虫道内。在枝梢天牛产卵和孵化季节，一般是在秋季，每隔7～10天在枝干和枝梢上喷洒毒死蜱乳油1000倍液，连续喷施2～3次，可将卵粒和刚孵化的幼虫杀死。

③金龟子：危害叶片，主要是啮食嫩叶，使叶片减少，削弱树势，影响正常生长。

防治方法：在嫩叶生长期间，可以喷洒1次敌百虫800倍液进行防治。在幼虫发生高峰期(6月上旬和7月上中旬)用40%甲基辛硫磷1500～2000倍液灌根，每隔7～10天灌1次，连续浇灌2～3次，可有效防治苗木生长发育期的幼虫，也可减轻来年虫害的危害。

④卷叶蛾：危害嫩叶，使叶片卷曲后枯死，或使生长点萎缩不长，影响叶片正常生长。

防治方法：在嫩叶生长期间，可喷洒1次蚜虱净乳油1500倍液，或安绿宝(高效氯氰菊酯)1500倍液进行防治，直至杀死幼虫为止。

⑤蚜虫：通常集中在嫩芽、嫩叶、嫩枝上刺吸汁液，造成植物受害部位萎缩变形，蚜虫还分泌蜜露污染植株并诱发煤烟病等病害。

防治方法：可用速扑杀乳油400～600倍液，或万灵(灭多威)400～600倍液防治，每隔7～10天1次，连续喷施2～3次，效果显著。

4. 采收

采收枝叶可结合摘心、整形和修剪进行。成林植株每年可采收枝条1～2次。采花则于每天上午10时后采摘将开放的花蕾，量少时可短期储备处理。枝叶和鲜花采收后，要及时提取精油。需短期储存时，一定要摊放在通风的地方。堆放太厚，时间过长，易发热或毒烂，降低精油质量和得油率。九里香采取规范化种植技术时，正常年份每公顷可产九里香干品2700～3000 kg，折干率为40%～47%，比一般栽培增产20%以上。

四、开发利用

九里香全身是宝，可以制作盆景，美化园林；可以制成药材，医病救人；可以防治病虫害；可以制成保健品、食品、调料等。

1. 在园艺园林上的应用

(1) 九里香盆景：九里香株形优美，枝叶秀丽，花香浓郁；四季常青，可塑性强，根耐修剪，是盆景优选树种之一。海南九里香是不可多得的盆栽树种，是海南盆景树种中的名牌。

(2) 九里香园林景观及功能：近年来随着园林绿化水平的不断提高，九里香绿篱已成为园林中常用的植物配置与造景方式，各种自然、半自然和规则的绿篱广泛应用于园林绿化中。另外，九里香能够净化空气，对甲醛污染较为敏感，可用于甲醛污染的监测。

2. 九里香精油

九里香的花、叶、果均含精油，出油率为0.25%，精油可用于制备化妆品、食品、涂料等。

3. 在医药上的应用

九里香，味辛，性温，香味清新迷人，具有止咳化痰、养生润肺之功效，可缓解口干舌燥、胀气、肠胃不适；对于口臭、荨麻疹、十二指肠溃疡、胃寒胃疼有防治功效，能够舒缓肠胃不适，去除口腔异味，并可滋

润皮肤。九里香还具有松弛小肠平滑肌，抗菌消炎，行气止痛，活血散疲的功效。

九里香是胃药、妇科洗液的主要原料之一，是重要的制药原料。它常被用来制作复方九里香浸液、九里香酊、中药冲剂(如三九胃泰)、外伤药膏等。外用则可治牙痛、跌扑肿痛、虫蛇咬伤等。

九里香茎叶煎剂有局部麻醉及表面麻醉的作用。用九里香制成表面麻醉剂，涂于咽喉部黏膜表面，做扁桃体挤切术，麻醉效果良好。

4. 在植保上的创新应用

(1) 九里香总黄酮的提取及杀虫活性：以九里香枝叶为原材料，采用乙醇渗流提取，大孔树脂梯度洗脱分离得到黄酮化合物，操作流程简便，使用设备简单，洗脱剂常见，可以进行工业化生产。所用溶剂可以回收利用，大孔树脂经活化后可以反复使用。所得总黄酮对供试昆虫的毒杀作用与浓度呈正相关，随着浓度增加，毒杀作用增强。

(2) 九里香总黄酮可溶性粉剂：九里香总黄酮具有良好的水溶性，适合加工成可溶性粉剂，该剂型有效成分能迅速分散在水相，且可以与其他水基化剂型任意复配使用；该剂型不用有机溶剂，对环境不产生负面影响。九里香总黄酮可溶性粉剂还可以用于农业害虫防治，属绿色农药范畴，有利于保护环境和生产绿色安全食品。

5. 在食品、保健品上的创新应用

(1) 九里香茶：基于上述九里香特有的药理作用，可通过加工处理，保持九里香原有的特性，制成人们日常生活中的保健饮用茶，即九里香茶。九里香茶可随时冲泡，食用方便，口感良好，易于保存，而且具有清热解毒、避免血糖升高、提高人体免疫力的功效，是良好的养生保健“绿色食品”。

九里香茶的原料选自九里香枝条顶端的芽尖或未成熟嫩叶，通过以下步骤制备而成：

萎凋→杀青→揉捻→炒二青→复捻→摊晾→烘干→包装储存

(2) 抗氧化剂：九里香提取物有很强的抗氧化能力，可作为食品和制药方面的天然抗氧化剂。

(3) 九里香果红素：果红素是一种天然色素，富含对人体十分有益的营养物质，有医疗保健作用。九里香果红素微溶于水，易溶于乙醇等有机溶剂；对光不够稳定，对热稳定；在糖浓度较低的溶液中性质稳定，在淀粉和柠檬酸溶液中，对色素有增色作用，性质稳定。

(4) 九里香调料：用九里香作为调料可以调配火锅调料、参汤、辣椒油等，在制作啤酒烤鸭、药膳羊肚、卤黑仔鸭等菜肴时加入九里香调味，风味更佳。

百里香

第十节　百　里　香

一、概述

百里香为唇形科(Labiatae)百里香属(*Thymus*)植物的统称，为多年生低矮半灌木。因其在花期具有强烈的芳香故名百里香，是世界著名的芳香植物之一。百里香属植物原产于地中海沿岸，全球有300～400种，广泛分布在北非、欧洲和亚洲温带地区，经济栽培以南欧最多。据有关资料记载，我国百里香属植物有17个种和1个变种。部分种类是国际标准化组织(ISO)公布并被世界许多国家承认的香辛料。

百里香最早起源于地中海地区，主要用于园艺观赏，后来逐渐被欧洲人应用于食物的烹制。我国民间记载其主要用作中草药、驱蚊剂及香辛料，我国古代《证类本草》及《嘉祐本草》等药书以及近代众多药用植物类书籍中，都有关于其药用价值的描述。百里香茎叶为西方饮品中珍贵的香辛料，其精油因成分独特一直是芳香油中的精品，在医药、传统日用化工及精细化工等领域应用广泛。由于具有天然的抗菌性和抗氧化性，百里香近年来又成为食品加工业中的人工合成添加剂如保鲜剂、抗氧化剂、稳定剂等的理想替代品。百里香属植物由于突出的耐寒、耐旱、耐瘠薄、抗病虫能力，以及生长快速、花量大、花期长

NOTE

等特性，已成为城市园林绿化中不可多得的优良地被植物；其具有抗逆性、生态多样性及无性繁殖特性，在许多土壤退化严重的生境脆弱地区，可形成自然的优势植物种或单优群体，在荒漠化群落组成及生态演替中发挥着重要的生态功能。因此，百里香属植物在医药、化工、食品工业以及园艺园林应用和退耕还林还草工程等方面，都具有较大利用价值和开发潜力。

百里香属植物在我国分布很广泛，从南到北均有分布。主要生于长江以北的广大干旱半干旱的荒漠草地、河岸及丘陵山区，常自然分布于多石的山地、溪水旁、杂草丛中。尤以黄河以北为多，从东北的兴凯百里香到西藏西南聂拉木、吉隆、普兰一带的线叶百里香以及新疆北部阿勒泰地区的异株百里香等种类，可见其分布广泛。除线叶百里香外，中国百里香属植物主要分布于黄河以北的新疆、甘肃、青海、宁夏、陕西、内蒙古、山西、山东、安徽、河北、辽宁、黑龙江等地的干旱及半干旱山区砾石坡地及草地。《中国植物志》(1997)记载我国百里香属有 11 种，有 9 种为狭域分布种，其中有 3 种仅在新疆有分布，有 5 种仅在内蒙古西北部及黑龙江有分布；仅蒙古百里香（*Thymus mongolicus*）和地椒（*T. quinquecostatus*）分布广泛，且两者有着共同的地理分布区域，主要是山西、河北等。目前的研究发现蒙古百里香主要分布在西北等地，地椒主要以华北地区为分布中心，在山东以及安徽怀远可分布在海拔 300 m 的干旱山坡上。东北等地分布种有长齿百里香（*T. disjunctus*）、短节百里香（*T. mandschuricus*）、黑龙江百里香（*T. amurensis*）、显脉百里香（*T. nervulosus*）、短毛百里香（*T. curtus*）、兴安百里香（*T. dahuricus*）、兴凯百里香（*T. przewalskii*）、斜叶百里香（*T. inaequalis*）等。新疆分布种有异株百里香（*T. marschallianus*）、阿尔泰百里香（*T. altaicus*）、拟百里香（*T. proximus*）、高山百里香（*T. diminutus*）、玫瑰百里香（*T. roseus*）、亚洲百里香（*T. serpyllum*）等。西藏分布种有线叶百里香（*T. linearis*）。

二、生物学特性

1. 形态特征

百里香属植物为多年生小灌木或半灌木，全株有浓郁芳香。根为轴根型，根颈短，主根不发达，侧根发达，且容易交错成网状；叶片细小，对生，背面密布腺点或无腺点；轮伞花序紧密排成头状花序或疏松排成穗状花序；花萼管状钟形或狭钟形，上唇 3 裂，下唇 2 裂；种子极小，无胚乳或少胚乳，发芽率低，种子寿命为 3 年左右。花期 5—9 月。

2. 生态习性

百里香属植物为旱生植物，具有较强的耐旱、耐寒、耐贫瘠、耐盐碱性，宜在温暖、日照丰富、干燥的条件下生长。我国的蒙古百里香、五脉百里香、兴安百里香在海拔较高、土壤贫瘠、地势不平的地方依然生长良好。一般在相对干旱的气候区内分布的百里香种类，更多为灌木状，茎枝直立且木质化，叶纤细，精油含量高，而在相对湿润气候区内分布的种类仅在茎基部木质化，叶片较宽平，精油含量低，这是该属植物在形态上对环境的适应性。

百里香发芽后初期生长较慢，第 2 年的早春开始急速生长，5—7 月开始开花，这时收割后又会长出新的枝条，在 8—9 月第 2 次开花。百里香在冬季有积雪覆盖的条件下仍可安全越冬，具有团粒结构、微碱性的沙性土壤适合百里香生长，湿润地区的百里香生长发育减慢，精油产量降低。百里香最适生长温度为 20～25 ℃。

三、栽培技术

1. 整地

种植地适宜选半阴半阳、向阳的林边空地，或疏林下的丘陵坡地、沟边以及排灌方便而无污染源的旱地、沙壤土、壤土。整地时间为 2—5 月。施厩肥 45000 kg/hm^2、草木灰 15000 kg/hm^2，均匀撒入，深翻 20 cm，然后耙细、整平。

2. 繁殖方法

(1) 种子繁殖：百里香花期 5—9 月，果熟期 9—10 月。种子成熟后采下晒干。4 月中旬做宽 1 m 的

NOTE

平畦，播种期在4月下旬，播前施足基肥。因种子细小，应与细土搅拌均匀后撒播，播种后，覆盖2～3 cm厚的细沙土，轻轻拍实，浇水。畦面覆盖地膜，周围用土压实。气温正常时12～15天出全苗。苗高3～6 cm时去掉地膜，间苗，间苗后7～10天即可移栽定植。

(2) 扦插繁殖：采集健壮无病虫害的茎枝，截成长10～15 cm的插穗，每个插穗有3～5节并带顶芽。插穗下端用生根粉溶液处理后，捞出晾干备用。育苗时间为每年5月中下旬，日平均温度15 ℃以上时进行。

①苗床准备：苗床应选择向阳地，于1—2月深翻晒土，施充分腐熟厩肥45000～50000 kg/hm^{2}作基肥，于苗期前耙细、整平，做成宽1～1.2 m，长4～10 m的平畦。

②扦插方法：将插穗按5 cm×5 cm的株行距以75°～85°的向北夹角，斜插在准备好的苗床上，扦插深度为插穗长度的1/2，插后立即浇水。

③苗期管理：在苗床上搭建50 cm高的荫棚。荫棚常用竹帘，光照强度控制在8000～10000 lx。正常情况下，于晴天8时至17时遮阳。育苗期要保持苗床土壤湿润，浇水宜用喷淋，20～30天即可萌芽长新根，此时可撤去荫棚，以利壮苗。一般长出4～5片叶时，即可移栽定植。

3. 移栽定植

百里香春、夏、秋季均可栽培。每年的谷雨至芒种期间移栽，成活率高。选择阴天或傍晚浇水1次，边起苗边栽种，起苗时切勿伤根，最好带土移栽。栽前施肥、整地，行株距15 cm×10 cm，穴深5 cm，每穴2～3株。天旱时需在穴内先浇透水再栽苗，最后覆土压实。

4. 田间管理

(1) 除草与松土：在育苗期及定植、追肥后应浅度松土，保持土表疏松、湿润，并及时除去杂草。

(2) 追肥：在育苗期用0.5%尿素追肥，用量不宜多，不超过225 kg/hm^2。定植后，随着新芽开始生长，喷30%磷酸二氢钾1000倍液 + 70%尿素150～225 kg/hm^2。植株长大后，剪取茎即可利用，待新芽开始生长时，每7～10天喷1次30%磷酸二氢钾1000倍液+70%尿素。但在夏季气温较高时植株生长衰弱，应停止施肥，否则易导致植株根系腐烂死亡。

(3) 适时修剪：百里香的修剪工作非常重要，若修剪过晚，植株开花，结果后很容易致死；若修剪过早，植株还未完全成熟，利用率低。因此，适期修剪不仅能促使长出茎的长度一致，便于采收，而且还能提高植株的采收数量和质量，但要注意不要为顾及收获量而从基部剪断，至少应在保留4～5片叶的地方剪取，因为枝条基部老化，再生能力差，若从基部剪断很容易导致全株死亡。

(4) 排灌和遮阴：积水易使植株根部腐烂，甚至死亡，因此畦沟要畅通。百里香喜温暖湿润但不要求太多的水分，浇水时应遵循土壤稍干后再浇的原则，切忌一直保持潮湿的状态，否则植株长势差，根部无法伸展。百里香最适生长温度为20～25 ℃，因此在夏季晴天9时至16时须遮阴越夏，以利于百里香的生长。

5. 病虫害的综合防治

百里香病虫害很少。病害主要是根腐病，其防治方法如下：栽培前严格选地，加强田间管理，抗旱排涝，使用充分腐熟的农家肥；移栽时不要伤根，注意排水，发现病株及时拔除，病穴内撒石灰消毒以防蔓延，病害轻者也可用50%多菌灵可湿性粉剂防治。

虫害主要是蚜虫、菜青虫等，影响植株的生长。可用50%避蚜雾可湿性粉剂或抗蚜威可湿性粉剂防治蚜虫；用高效Bt可湿性粉剂800倍液或0.2%阿维虫清乳油3000倍液喷雾防治菜青虫。

6. 采收

百里香没有固定的采收时期，当植株长到一定的密度时即可采收成熟的枝叶。采收前一般不浇水并保持一定的干爽度，以保证芳香浓郁。一般不进行整片收割，而是间疏采摘，用剪刀剪切成熟枝条的下部，保持一定的密度以利于持续生长和长期采收。分株或分簇栽培的植株种植后1个月即可采收嫩梢，剪取长5～10 cm的顶端部分，否则开花结籽后，植株易死亡。

收获的枝条以干净的冷水刷洗1遍，甩掉多余水分即可利用。若要长期保存，切口向下放入塑料袋中，无须密封，放入冰箱冷藏。春播的植株经70～80天可采收嫩梢。入冬前可剪取全部带叶枝梢，干燥

NOTE

储藏。采收后小束包装上市，不要堆放，否则会发热，影响质量。庭院和阳台盆栽的百里香可随摘随用，可持续数年。百里香叶片也可低温迅速风干储存，作为干粉调料或工业品加工使用。

四、营养与加工利用

1. 香料

百里香香气强烈。其精油为清凉带焦干的药草香，留香时间长，主要体现出麝香草酚和香荆芥酚的特征，兼有芳樟醇、松油烯的清香气息。可作为牙膏、牙粉、爽身粉和剃须、沐浴用品等的添加剂，少量用于香皂、洗涤剂中，并常与薄荷油、桉叶油同用于止咳糖浆中。

百里香全株可直接用于水产品、肉类、汤类、饮料、沙司等的调味。叶片可做各式肉类、鱼贝类料理。百里香茎叶可用于肉类烹制及汤类的调味增香，将百里香置于于鸡、鸭、鸽等动物腔内烘烤，会使原料本身的层次感更加丰富，香味更加浓郁。

百里香挥发油中主要有百里香酚、香芹酚、L-芳樟醇等；后来又发现其中含有两种联苯类化合物，即百里香联苯酚Ⅰ和Ⅱ，具有与BHT相当的抗氧化能力。

2. 药用保健

百里香水提取物有很强的抗细菌作用，可抵御与胃溃疡形成有关的幽门螺杆菌的感染；改善消化系统及妇科疾病，促进血液循环，增强免疫力，减轻神经性疼痛；帮助伤口愈合，治疗湿疹，改善肤质；活化脑细胞，提升记忆力及注意力；对治疗头皮屑和抑制脱发十分有效。

百里香有助消化、解酒、防腐、利尿之功效。一般是将新鲜或干燥的枝叶用于料理中，或泡成花草茶饮用，可缓解因宿醉引起的头痛。泡澡时加些枝叶在水中，可提神醒脑。

萃取自叶片与花的百里香精油，常用于医药卫生制品，如漱口药水、漱喉水及杀菌消毒剂等，并可用于制作祛斑膏，能消除雀斑、修复老化肌肤。百里香精油气味怡人且持久，既是补身剂也是激励剂；在过去，还被用作蛇咬伤的解毒剂。百里香还可作为气喘、忧郁、呼吸道感染、慢性咳嗽的药方；对皮炎，皮肤感染与过敏，痛风或风湿引起的肿胀，头痛与坐骨神经痛也有一定的疗效。

3. 防腐杀菌材料

百里香不但可以当作香料，而且还具有防腐杀菌的功能。在食物保存技术不佳的古代，人们会在肉类料理中加入百里香，除使味道鲜美柔和外，还可起到肉类保鲜与防腐杀菌的作用。此外，其还可用于死亡人体的防腐技术中。目前，国外学者对百里香精油在食品工业中的应用做了大量研究，试验证明，百里香精油可作为天然防腐剂、抗氧化剂和杀菌剂，应用于肉制品、新鲜果蔬、奶酪等食品中，也可添加于包装材料中用于食品的保藏。

4. 保健茶

百里香的果实及花制成茶叶，可以缓解呼吸系统疾病，也可用来缓解腹泻的症状，能够帮助消化、消除肠胃胀气并解酒。加蜂蜜可治痉咳、感冒和咽喉痛。咽喉发炎或咳嗽时，喝一杯百里香茶，或者泡浓一些当作天然的漱口水，可以减缓喉部不适。

5. 园林美化

百里香花期长，花朵繁多，植株成簇状生长，并带有香味，可在园林绿化中作地面装饰植物栽培。常作为花境、花坛、岩石园、香料园或向阳处地被植物栽植，是西方最常见的庭园香草植物。还可盆栽放于室内观赏，可净化空气，改善居室环境。

6. 饲料

据测定，百里香开花期主要营养成分的含量分别为粗蛋白12.55%、粗脂肪5.24%、粗纤维26.26%、灰分13.02%、钙1.41%、磷0.10%。结果后相应的营养成分含量分别为10.70%、7.24%、31.09%、13.71%、1.48%、0.15%。百里香作为饲料营养丰富，且受动物喜爱，是一种很有发展前途的饲料植物。

【思考题】

1. 薄荷精油的提取方法有哪些？
2. 简述天竺葵主要病虫害及其防治技术。

3. 简述薰衣草整形修剪技术。
4. 香荚兰如何进行人工授粉与控制落荚?
5. 简述玫瑰的田间管理技术。
6. 简述白兰花的嫁接育苗技术。
7. 丁香花如何进行修剪整形?
8. 迷迭香如何进行采收?
9. 九里香在植保上有何利用价值?
10. 百里香有哪些开发利用价值?

【参考文献】

[1] 陈为民.薄荷栽培及其加工[J].口腔护理用品工业,2011,21(6):45-46.
[2] 柴鑫健.薄荷栽培技术[J].黑龙江农业科学,2012(5):163-164.
[3] 陈小华.薄荷品种资源遗传多样性研究及优异种质评价[D].上海:上海交通大学,2013.
[4] 孟宪粉,张家澜.薄荷优质高产栽培技术[J].种业导刊,2014(11):16-17.
[5] 吴琼峰.薄荷的栽培和利用[J].南方农业,2015,9(33):14-15,17.
[6] 中国科学院中国植物志编辑委员会.中国植物志[M].北京:科学出版社,1998.
[7] 刘玉梅.天竺葵生物学特性及栽培技术研究进展[J].安徽农业科学,2009,37(17):7953-7955.
[8] 张家平,陈少萍.天竺葵栽培及病虫害防治[J].中国花卉园艺,2016(18):34-36.
[9] 王巨媛,翟胜,崔庆新,等.天竺葵花瓣中精油成分分析[J].湖北农业科学,2010,49(5):1196-1197.
[10] 马凤江,杜桂娟,程红波,等.沈阳地区薰衣草栽培管理技术[J].北方园艺,2012(24):85-87.
[11] 肖正春,张卫明,张广伦.薰衣草的开发利用与人类健康[J].中国野生植物资源,2015,34(2):63-66,77.
[12] 程云.南京地区薰衣草栽培管理技术[J].现代农业科技,2017(20):141-142.
[13] 高宇,王丹,彭云,等.薰衣草引种栽培与利用研究进展[J].安徽农学通报,2017,23(19):20-21,30.
[14] 梁淑云,吴刚,杨逢春,等.香荚兰属种质研究与利用现状[J].热带农业科学,2009,29(1):54-58.
[15] 赵国祥,景兰华,陈鸿洁,等.香荚兰产业化无土栽培技术研究[J].热带农业科学,2012,32(10):14-18.
[16] 李春丽,赵娅敏,杨军丽.玫瑰花提取工艺、化学成分及其生物活性研究进展[J].分析测试技术与仪器,2020,26(4):249-257.
[17] 马雪范.玫瑰繁育及栽培管理技术[J].现代农业科技,2018(3):155,158.
[18] 古丽萍.食药用玫瑰标准化栽培技术示范与推广[J].种子科技,2017,35(5):90-91.
[19] 郭辉.青海丁香资源及综合开发利用[J].青海师范大学学报(自然科学版),2003(3):51-54.
[20] 胡小丽,郑晓军,郭二辉,等.河南丁香属植物资源的观赏特性及开发利用研究[J].河南农业大学学报,2009,43(5):560-563.
[21] 马维海,马治德.紫丁香繁殖与栽培技术[J].现代农业科技,2011(2):261-262.
[22] 宁明世.基于文献的丁香属植物研究进展[J].内蒙古林业科技,2020,46(1):37-42.
[23] 刘芳.辽西紫丁香的育苗栽培技术[J].农业与技术,2021,41(8):8141-8143.
[24] 高洁,邓莉兰,张燕平.世界迷迭香种植技术研究进展[J].热带农业科学,2011,31(1):80-85,95.
[25] 谢阳姣,谭军,时显芸,等.迷迭香高产栽培技术[J].作物杂志,2010(2):116-118.
[26] 刘艺,陈少萍.九里香栽培管理[J].中国花卉园艺,2011(20):40-41.

NOTE

[27] 何开家，曹斌，姜平川，等. 九里香(GAP)规范化种植技术[J]. 大众科技，2009(3)：123-124.

[28] 骆焱平. 药用植物九里香研究与利用[M]. 北京：化学工业出版社，2014.

[29] 尹思，梁明霞，屈宇，等. 我国百里香属植物资源研究[J]. 中国野生植物资源，2020，39(10)：78-84.

[30] 杨成俊，董淑炎，周伟庆. 烟台百里香栽培技术研究[J]. 农技服务，2010，27(4)：513，522.

[31] 王有江，孟林，田小霞. 百里香栽培管理[J]. 中国花卉园艺，2014(10)：47-49.

[32] 杜润所，王治国. 包头地区百里香的经济价值及应用开发探索[J]. 内蒙古林业，2009(5)：30-31.

[33] 李玉邯，陈宇飞，杨柳，等. 百里香精油在食品中开发应用的研究进展[J]. 粮食与油脂，2017，30(12)：1-3.

[34] 穆丹，梁英辉. 佳木斯地区百里香的引种栽培及园林应用研究[J]. 安徽农学通报，2013，19(16)：29，32.

NOTE

第十章　特色观赏花卉栽培

观赏凤梨

第一节　观赏凤梨

一、概述

观赏凤梨通常是指凤梨科(Bromeliaceae)用于观赏的一类植物的总称。观赏凤梨原产于中、南美洲的热带、亚热带地区，以附生种类为主，一般附生于树干或石壁上，性喜温暖、潮湿的半遮阴环境。观赏凤梨为多年生草本植物，以观花为主，也有观叶的种类，其中还有不少种类花叶并茂，既可观花又可观叶。观赏凤梨绝大部分来自比利时、荷兰、美国等欧美国家。我国自20世纪80年代中后期开始大量引进观赏凤梨，由于其株型整齐、花型奇特、色彩艳丽，观赏期可达数月，观花观叶俱佳，而且绝大部分种类能耐阴，适合室内长期摆设观赏，深受人们喜爱。观赏凤梨具有独特的观赏特性及价值，因此，其与蝴蝶兰、红掌归属于三大高档花卉系列，是年宵花的主打产品。据统计，2016年国内观赏凤梨种植面积4334.01 hm^2，销售量14374.17万盆，产值达155572.24万元，销售量位居盆栽植物的第3位。随着社会经济的发展以及鲜花消费的时尚化，观赏凤梨作为重要的盆栽花卉类群将获得更大的发展，这将有力推动观赏凤梨的产业化进程。

凤梨科包含58属，约3352种。除热带非洲大陆西岸的 *Pitcairnia feliciana* (A. Chev.) Harms & Mildbr. 外，其余均分布于美洲热带和亚热带地区。在地理分布上，北起美国东南部的弗吉尼亚，经中美洲及加勒比海沿岸，向南延伸至智利及阿根廷中部地区，以巴西的大西洋沿岸森林为多样性分布中心(约1200种)。目前的商品化种类以果子蔓属(*Guzmania*)、丽穗凤梨属(*Vriesea*)、铁兰属(*Tillandsia*)、光萼荷属(*Aechmea*)及彩叶凤梨属(*Neoregelia*)为主。凤梨科植物生态习性多样、适应性强，从低海拔的热带平原至海拔4200 m以上的寒冷高原，从热带雨林至极其干旱的荒漠均有分布。凤梨科植物大多分布较广，其中 *Tillandsia usneoides* L. 纬度分布范围超过8000 km，但也有一些地区特有种，如 *Ochagavia elegans* Phil.、*Tillandsia insularis* Mez 等。凤梨科植物形态差异很大，微型种类如 *Tillandsia bryoides* Griseb. ex Baker，叶长仅6 mm左右，大型种类如 *Puya raimondii* Harms，株高可达9.5 m。

二、生物学特性

1. 形态特征

(1) 根：观赏凤梨的根系多为须根，多数呈黑色，也有部分呈褐色，仅有少部分根系呈绿色，而且长期直接暴露在大自然中。观赏凤梨的根系非常细并且具有较多分支，新生根系顶端根毛茂密，主要功能是固定茎干及发挥相应的吸收作用。新生根系具有非常强的再生功能，在湿润的花盆中能够直接生长；部分气生类型凤梨品种，即便是成熟的植株也不存在根系，其生长发育主要靠从空气中获取的营养及水分。

NOTE

(2) 茎:观赏凤梨茎干的主要功能是支撑叶片及花序,并输送生长发育所需的水分及养分,茎干能够储存营养物质,茎干顶端具有较多的生长激素能够促使植物快速生长发育。茎干可分为地上、地下两部分,多数品种地上部分非常短且小,被叶片包围起来而不易被发现,仅有龙舌凤梨属、铁兰凤梨属的一些种类的地上茎干非常明显。珊瑚凤梨地上茎干呈匍匐状态,茎干顶端的植株替代已经开花死亡后的植株而进行生长发育,地下茎干多是须根,具有较多的分支,呈现出木质化特性,被泥土直接覆盖,仅有一些气生凤梨地下茎干在大自然中暴露成长。

(3) 叶:观赏凤梨子叶多为宽带状,也有线状、针状的,大部分子叶表面为革质或肉质,叶片边缘带有锯齿,部分全缘,子叶表面粗糙,能够从空气中获取生长发育所需的营养成分。大部分观赏凤梨品种子叶结构丰富,不同子叶之间相互交叉成长,在植株基部形成类似莲花状的蓄水杯,也称为叶杯。观赏凤梨成长发育过程中需要的所有养分及水分都由叶杯提供,比根系作用还要突出。有关研究认为,在 10000 m^2 的森林中有 17.5 万株凤梨时,叶杯储水量超过 50000 L,因此在人工培育观赏凤梨过程中,只需要对叶杯进行灌溉施肥即可。

(4) 花:观赏凤梨的花一般是指所有花序,而不单单是一个简单的花朵。观赏凤梨花型结构复杂多样,花色艳丽,花期较长,外形美观,在市场销售中受广大群众喜爱。观赏凤梨的花多呈穗状、复合穗状及圆锥状,大部分被鲜艳的苞叶覆盖,也有部分直接从叶杯中发育出来的花梗,有少数是隐藏在叶杯中开花的头状花序。实际上真正的观赏凤梨的花并不大,一般都隐藏在色彩艳丽的苞片内。大多数都是两性花,也有一些是单性花。有 3 片萼片,3 片花瓣,有些凤梨品种呈分离状态,有些是从基部直接形成管状;雄蕊排成 2 列共有 6 枚,花药呈离生发育,2 室;雌蕊共计 3 枚,合生,花柱细且长,有 3 个柱头,分离生长,子房下位或半下位,3 室,每室都有多个胚珠发育。

(5) 果实:观赏凤梨的果实大部分是浆果和蒴果,也有部分是聚花果,通常附带椭圆形或圆形、长条形的萼片,在成熟期可以有多种颜色,如红色、蓝色、白色等,主要作用是吸引鸟类觅食,进而传播种子。

2. 生态习性

观赏凤梨的生态习性与生长环境关系密切,不同类型观赏凤梨对光照适应程度、温湿度敏感程度、所需营养成分及对栽培基质的反应各异。在观赏凤梨不同品种中,附生品种约占 80%,这些品种基部都会出现莲花状的叶丛即叶杯,主要功能是提供植物正常生长所需要的营养物质和水分。附生型观赏凤梨是最为经典的热带作物,在 1 年内都需要较高的温度才能发育,并且对光照时间、湿度也有一定的要求,这些都是保证其健康发育的关键性因素。

地生型观赏凤梨的子叶绝大多数都是革质,也有些是肉质,其边缘有锯齿,偏好在光照时间较长、温暖湿润的环境中成长;子叶呈肉质的品种能够生存在环境条件差的沙漠地带,叶片边缘或叶尖都有锯齿;还有一些在高原地区生长的地生型观赏凤梨,能够适应高强度的紫外线直接照射和昼夜温差较大的环境,这样的品种株型高大,生长发育成熟后就开 1 次花,然后进行后代繁殖。气生型观赏凤梨的主要产地在拉丁美洲,主要生长在雨水相对不足、云雾天气较多、海拔超过 1500 m 的阳光照射时间较长的区域,植株株型不大,根系不多,子叶上有银色鳞片,能够直接从空气中吸收所需要的水分及养分。而且气生品种和其他凤梨生态习性各异,能和蚂蚁实现共生,是典型的蚂蚁栖息类植物。观赏凤梨是景天酸代谢植物,白天气孔一般呈关闭状态,仅在夜晚才张开换气,吸收 CO_2,释放 O_2,将白天光合作用所累积的营养物质转变成植物发育所需的营养物质,与一般植物所进行的光合作用相反。

三、繁殖方法

观赏凤梨可通过扦插、播种、分株、组织培养等方法繁殖,种子繁殖的凤梨因种苗生长缓慢、长势较弱,一般要栽培 5~10 年才能开花。

1. 扦插繁殖

(1) 吸芽扦插:吸芽扦插的繁殖方法主要用于各属金、银边及金、银心凤梨变种的繁殖。吸芽扦插繁殖通常有两种方法:一是在母株开花后,将长出的吸芽切下用于扦插;二是破坏生长点,促发吸芽。破坏生长点的具体步骤是采用剖心或钻心繁殖法,剖心即将利刃对准生长点刺穿叶筒,纵剖 1~2 刀(剖 2

NOTE

刀时呈“十”字形),切口长度 3～5 cm,1～2 个月后,基部即可长出吸芽,每株可长出吸芽 10 个左右;钻心即用直径为 3 mm 的铁杆,从上至下将凤梨心部钻空,以破坏生长点,1～2 个月后,基部同样可长出吸芽。值得注意的是,无论是采用剖心还是钻心繁殖法,在半个月以内心部严禁进水,否则心部极易腐烂。当吸芽长至 12～15 cm 时即可切下,除去基部 3～4 片小叶,置于阴凉处晾干(约需 2 天),然后扦插于沙床,保持光照强度在 8000～10000 lx,气温 18～28 ℃,根部温度最好控制在 20 ℃左右。1 个月长根,再过 1～2 个月根系长好,此时方可将凤梨移植到直径 9 cm 的花盆中。

(2) 剪茎扦插:在生产实践中,有些观赏凤梨具有下垂茎的现象,对此,可将其下垂茎剪成 1～3 节的茎段,扦插于沙床。

(3) 横切茎扦插:此繁殖方法适用于凤梨属(*Ananas*),将老茎横切成 2～3 cm 厚的切片,切口涂上草木灰阴干 1～2 天后插于沙床。

(4) 果芽扦插:这种繁殖方法适用于凤梨属金、银心变种,当冠芽长到 12～15 cm 时,可切下插入沙床中;1～2 个月后果眼陆续长芽,最多可达 30 个,果芽长至 10～12 cm 时切下,插于沙床。

2. 播种繁殖

宜在无菌条件下播种。采下已成熟而未开裂的果实后,用清水冲洗 15 min,75%乙醇擦洗果皮,再用 10%过氧化氢灭菌 12 min,之后用无菌水冲洗 2～3 次。切开果实,取出种子,将种子播于固体培养基中,培养基选用 1/2 MS + 2%蔗糖 + 1%活性炭。采用此种方法进行播种,1 个月左右即可发芽,发芽率可达 80%。当植株的真叶长到 5 片左右时,可出瓶移植于穴盘中。

3. 分株繁殖

观赏凤梨花凋谢后,基部叶腋处会产生多个吸芽。通常 4—6 月为分株的适宜时期。待吸芽长至 10 cm 左右、有 3～5 片叶时,先将整株从盆中脱出,除去一些盆土,一只手抓住母株,另一只手的拇指与食指紧夹吸芽基部,斜下用力就可把吸芽掰下来。伤口用杀菌剂消毒后稍晾干,扦插于珍珠岩、粗沙组成的混合基质中。保持基质和空气湿润,适当遮阴,1～2 个月后有新根长出时,可转为常规管理。

4. 组织培养

观赏凤梨的组织快繁是以茎顶组织为材料,通过液体培养方式诱导不定芽,每个茎顶组织可获得 6～10个不定芽。将生成的不定芽不断切割增殖,每次增殖速度视品种而异。当组培苗长至 3～5 cm 时,将其移入栽培场进行炼苗,使其逐渐适应外界环境,以提高组培苗移植的成活率。炼苗 1 个月后,以细蛇木屑为栽培介质,将组培苗移入网室栽培。4～6 周后即可长出新根,顺利成活。采用这种培养方法,可获得大量的观赏凤梨种苗。一般早春为观赏凤梨的最佳繁殖季节。

四、栽培技术

1. 栽培基质的选择和处理

(1) 栽培基质的选择:观赏凤梨在栽培的过程中对基质的要求较高,适宜其生长的基质需具备良好的透气性和排水性,稳定的理化性质,偏酸性。在观赏凤梨栽培的过程中应用较多的土壤基质有 3 种:泥炭土、珍珠岩、腐叶土。在观赏凤梨栽培的过程中,除了合理选择土壤基质还需要选择细碎的树皮、椰糠等植物组织。培育过程中土壤基质通常由泥炭土、珍珠岩、腐叶土按 1∶1∶2的体积比混合组成,pH 控制在 5～6。观赏凤梨在不同的生长阶段,对土壤有不同的要求,幼苗生长期适宜颗粒较细的土壤,生长成熟之后适宜颗粒较大的土壤。

(2) 栽培基质的处理:观赏凤梨是一种盆栽花卉,在培育的过程中,第一个重点就是种苗上盆。为保证种苗上盆之后的成活率,在此之前需要对整个操作场地进行清扫和消毒。一般选用甲基托布津可湿性粉剂对观赏凤梨的种植盆和基质进行消毒处理。种植户在收到幼苗之后,应该确保在当日完成上盆种植工作,特殊情况无法完成的,应该对幼苗进行保湿,并将其保存到温度较低、湿度较大的区域,避免阳光直射。

观赏凤梨的幼苗需要种植在种植盆基质的中间位置,适宜种植深度为 2～3 cm,将幼苗放置到合适位置后,在幼苗附近补充基质并压实,确保幼苗牢固地竖立在种植盆中。种植过程中应注意轻拿轻放,

NOTE

避免对幼苗造成损伤,此外不要种植过深,否则基质土壤进入到幼苗的苗心部位,会对植株生长造成不利的影响。种植后及时浇水,保持种植盆中的基质被压紧后能渗出水分。最后用甲基托布津可湿性粉剂 100 倍液进行病菌防治。

2. 栽培环境控制

(1) 温度控制:观赏凤梨在生长过程中对温度的要求较高,其夜间适宜温度为 15～20 ℃,昼间为 21～30 ℃,且昼夜温差应控制在 6 ℃以上,最佳的昼夜温差为 10 ℃。在培育过程中,当温度低于 10 ℃时,应采用专门的设备进行升温作业,避免低温影响甚至损害观赏凤梨的生长;当温度高于 30 ℃时要进行降温作业,避免高温对观赏凤梨造成不利影响。

当温度低于 10 ℃时,观赏凤梨的叶片和花苞会出现色泽消失的状况;当温度超过 35 ℃时,花枝会不同程度枯萎,生长速度也会减缓,影响经济效益。在夏天为有效降低高温对观赏凤梨生长的损害,可采用遮阳网阻挡阳光,避免观赏凤梨遭受阳光直射,此外还可以采取抽风机和湿帘进行降温作业。观赏凤梨生长初期,植株非常幼嫩,对温度格外敏感,要将温度控制在 20～25 ℃,待 3 个月之后,可以适量增大其生长环境的昼夜温差,以提高植株生长速度。

(2) 控制光照条件:观赏凤梨实质上包含了多个品种,不同的品种对光照条件的要求不同,在栽培过程中,要明确观赏凤梨的栽培种类,设置符合其生长需要的光照条件。尽管不同种类的观赏凤梨对光照条件要求存在一定差异,但是在各个生长周期存在一定的相似性。通常幼苗期的光照强度需要维持在 15000 lx 附近,培育 3 个月之后,光照强度保持在 20000～25000 lx,观赏凤梨开花之前应将光照强度增加到 30000～35000 lx。在观赏凤梨生长过程中,应尽可能避免阳光直射,因为较强的阳光照射将直接导致叶片上留下白色的斑点,严重影响观赏凤梨的正常生长。

(3) 湿度控制:观赏凤梨适宜生长的环境湿度为 70%～85%。当观赏凤梨生长的环境湿度低于 50%时,其叶片出现不同程度的卷曲甚至叶尖枯萎。若环境湿度过大,在高温的共同作用下,观赏凤梨的根部会出现缺氧,影响植物对水分和营养物质的吸收,进而减缓生长速度,严重时可能导致其心部腐烂,诱发大量的病虫害。在栽培观赏凤梨的过程中,应该根据其生长情况参照相关的技术标准合理地调整空气湿度。

(4) 通风控制:在观赏凤梨的生长过程中,对其品质影响最大的因素就是通风条件。良好的通风条件可保证观赏凤梨植株形态充盈,花穗长度较长,叶片和花苞的色彩绚丽明亮。但是过度的通风,即空气流动的速度达 4 级以上风速时,也会对其生长造成负面影响,容易造成病原菌的大面积传播。

3. 肥水管理和移植换盆

(1) 水分管理:观赏凤梨是一种适宜在酸性环境中生长的植物,要求浇灌水也具有一定的酸性且不含大量的盐分。观赏凤梨在生长过程中,叶基会抱合进而形成一个叶杯,其中储藏了大部分营养物质,叶片底部通过吸收叶杯中的营养物质保证凤梨的正常生长,因此必须要保证观赏凤梨的叶杯在生长过程中有充足的水分。在浇灌观赏凤梨时,通常直接将水灌入叶杯,再使水分从叶杯中漫出,流入观赏凤梨根部和基质中。灌溉次数与季节有较为密切的联系,在夏季观赏凤梨的生长比较旺盛,对水分的需求量较大,应每隔 2～3 天向叶杯浇 1 次水,每天向叶面喷雾,保证观赏凤梨的叶杯中有充足的水分,叶面处于湿润的状态。进入冬季,观赏凤梨的生长速度减缓,应每隔 1 周向叶杯浇 1 次水,以保证叶杯内有水且基质处于湿润状态。

(2) 肥料管理:观赏凤梨种植过程中采用的施肥方式主要有两种,一是叶面喷肥;二是液肥灌溉。施肥的指导思想是薄肥多施,即单次施加肥料的数量应少,最好每隔 3 天施肥 1 次,主要以氮肥、钾肥、磷肥为主,每 20 kg 水中加入 1 kg 肥料。肥料中所含营养元素的比例会对凤梨的品质产生较大的影响。观赏凤梨对某些微量元素非常敏感,有些会对凤梨生长造成直接负面影响。例如铜会造成观赏凤梨烧顶现象,锌会导致观赏凤梨叶尖部位干枯。观赏凤梨在不同的生长阶段需要的主要营养物质不同,因此在不同的生长阶段应该给其施加富含不同营养元素的肥料。

(3) 移植换盆技术:观赏凤梨在栽培 4 个月之后,最开始的栽培盆已经无法满足其生长需要,为保证其健康生长,需要将其移植到更大的盆子中。换盆时要对观赏凤梨植株进行适当的清理,移植时的种

NOTE

植深度通常为 4～5 cm，在完成换盆之后，需要立刻进行灌溉并确保水分浸透基质，且短时间之内不能对观赏凤梨进行施肥作业，必须等其长出新的根须。完成换盆工作之后，观赏凤梨的生长速度将进一步提升，为保证通风和光照条件需要进行疏盆作业，具体的盆间距需要根据观赏凤梨的生长情况进行调整。

4. 催花技术

在自然环境中观赏凤梨叶片数量超过 30 片，且生长环境适宜时会自动开花。通常情况下其开花的时间为 5—6 月。为保证观赏凤梨四季开花，需要进行催花作业。催花作业的对象是叶片数超过 20 片的观赏凤梨，催花过程中常用的催花剂是饱和乙炔水溶液。人工栽培的观赏凤梨在换盆之后的 8～10 个月，通常就已经由营养生长阶段进入生殖生长阶段，具备了催花的基本条件，在催花之前，首先要施用一段时间的高钾低氮肥料，并在预计催花工作开始前 20 天左右停止施肥。

催花的具体操作：将观赏凤梨叶杯中的积水完全排出。用有喷嘴的导气管将乙炔气体从容器中释放到水中。通常保证乙炔气体在释放时的压强为 0.5 Pa，因为当释压压力过大时水溶液中会逸出电石，这一物质会对观赏凤梨的生长造成较大的负面影响。一般情况下 30 kg 的水溶液需要以 0.5 Pa 的释放压力释放乙炔 25～30 min，此时水溶液达到催花的要求，将水溶液倾倒入观赏凤梨的叶杯中，倒入量保证覆盖整个叶杯即可。在倾倒过程中保证乙炔气体持续地释放到水中，因为乙炔气体在水中极易蒸发，停止向水溶液中注入乙炔会导致水溶液中乙炔浓度过低，无法起到催花的效果。在不同的季节催花的操作技术也存在一定的差别，夏季催花次数一般为 3～4 次，冬季则需要 5～6 次才能够达到催花目的，重复催花的过程中间隔时间通常为 3～4 天。催花工作应尽可能在 20 ℃左右、弱光照的条件下进行。实践经验表明，早晨进行催花作业具有更好的效果。催花操作后短时间内不可以向观赏凤梨浇水，通常间隔 3 天之后进行第 1 次浇水，在催花操作 20 天之后可以施加肥料。正常情况下催花作业之后，观赏凤梨会在 1 个月之后长出花序，并在 2～3 个月后开花。

5. 生理障碍及病虫害防治

观赏凤梨抗性较强，在栽培环境适宜、生长良好的情况下，生理障碍及病虫害很少发生，如果发生可采用以下方法进行防治。

（1）生理障碍。

①叶片狭长。特征：叶片狭长软弱下垂，叶表面无光泽，花穗细短，花色不艳丽，容易倾斜弯曲。原因：过度遮阴，日照不足；施用氮肥过量；过度密植。改善方法：任何时候光照强度应不低于 18000 lx；氮、钾肥施用比例应为 1∶2；各生育期应控制适当密植。

②叶片有棕褐色斑点。特征：全株遍布黄斑或褐斑。原因：喷水过多或介质排水不良，引起水伤；遮阴不足，光照太强；液肥或农药浓度太高。改善方法：每次喷水时间不宜超过 10 min；高温强日照下不宜喷水或喷雾，以免引起烫伤。

③叶尖黄化褐变枯萎。特征：轻微者叶尖约 1 cm 黄褐化，严重者叶尖约 5 cm 以上黄褐化。原因：水质不良，灌溉用水碱性太强，或含高钙钠盐类；过度施肥或液肥喷施浓度过高，致使盐类沉积于叶梢部，造成危害；介质排水不良造成烂根，植株体内水分无法充分供应叶梢末端，造成干尾；天气高温干燥，通风不良。

（2）病害：观赏凤梨是病害很少的植物，主要病害为心腐病和根腐病，都是由真菌侵染而引起。心腐病由 *Phytophthora parasitica* 引起；根腐病由 *Phytophthora cinnamomi* 及 *Pytbium* spp. 引起。

①病征。心腐病：被害植株心部嫩叶组织变软腐烂，呈褐色，与健全部位界限明显，心部用手指轻碰即脱离。根腐病：被害植株根尖黑褐化腐烂，不长侧根，病株难以吸收水分及养分，植株生长势变弱，生长缓慢。

②致病环境：雨季阴雨连绵，高温，高湿，通风不良；介质排水不良或喷水过多；介质 pH 高于 7 或水质含高钙钠盐类；种苗堆积过久，移植后容易引起心腐病；种苗包装后空气通气不良，定植后也容易引起心腐病。

NOTE

③防治方法：避免高温多湿的环境，需排水良好介质，避免含高钙、钠盐的水质；在幼苗期将种苗浸

于 50%氟啶胺悬浮剂 400 倍液，10 min 后取出，阴干再盆植。在生育期以 50%氟啶胺悬浮剂 200 倍液或 75%代森锰锌可湿性粉剂 700 倍液，每半个月灌注心部 1 次，连续施用 3 次。

(3) 虫害：介壳虫是观赏凤梨最为重要的虫害，几乎任何品种的凤梨都会发病，尤其是雨季，病斑为黄褐色斑点。

①为害特征。幼虫首先栖息于基部老叶背面，逐渐往上部幼叶爬移刺吸汁液，致使叶片产生黄褐色斑点，进而枯萎。伤口分泌出蜜汁，引诱蚂蚁等昆虫前来，再次扩大感染。伤口汁液，也常致黑斑病再次发作；病斑面积显著扩大，开花株即失去商品价值。

②防治方法。每月任选速扑杀乳油 1000～1500 倍液，氧化乐果乳油 800～1000 倍液，50%马拉松乳剂 800 倍液等药剂喷施 1 次，喷施部位以叶背为主。

五、应用和前景

几乎每一种观赏凤梨都有其独特的美，不管是从株型、叶片、花序以及果序上均能体现出，可以说观赏凤梨本身就是艺术品，因此其常作为高档礼品盆花，是近年畅销的年宵花，有较大的市场发展前景。它的切花、切果观赏价值高，观赏期长，也有待进一步开发。

在植物园中，可根据栖息地环境特征和植株生长习性，布置热带雨林附生观赏凤梨园景观，将选择好的植株按株型、大小、颜色安排在树枝的不同位置。将观赏凤梨附生于大树上生长，能提高空间利用率，这是观赏凤梨造景的一大优势。以观赏凤梨为主要植材，根据它的株型特点，制作各式盆景和吊篮，将山峦风光、树木花草等聚于一盆之内，呈现一派自然风光。

因为形态多姿，色彩丰富，而且有附生和气生的生长习性，观赏凤梨常被作为制作活植物艺术品的好材料。家庭莳养凤梨可以将同一品种的植株组合在一起，利用重复的手法来展现植物的美感或把不同品种的观赏凤梨混植；可以利用观赏凤梨作瓶景，选择矮小的姬凤梨或小型铁兰，搭配小块火山岩、鹅卵石等装饰物；还可以选用蓝紫铁兰(*Tillandsia ionantha*)或鳞茎铁兰(*Tillandsia bulbosa*)小型气生铁兰品种制作风铃。观赏凤梨将更多地被应用于家庭装饰之中，成为家庭装饰的亮点。

第二节　兰科花卉

兰科花卉

一、概述

兰科是单子叶植物第一大科，全科约有 700 属 20000 种。兰科植物主要分布于热带、亚热带地区，少数种类也见于温带地区。我国目前已知有 171 属，超过 1200 种，且近几年新种兰科植物正不断地被发现。

兰科植物家族以其花色丰富、香味特殊、花型独特、植株形态多变、栽培方式独特等特性，一直以来都是花卉市场的高端花卉，深受人们的喜爱。目前世界上有专门为兰科植物开设的专业展览，如美国兰花协会(AOS)兰展、英国皇家植物园兰花展、东京兰展等。随着兰科植物种植方法、繁育和杂交技术的不断完善，现在进入园艺市场的大部分兰科植物产品都在大众的购买能力范围之内。

我国兰科植物在云南、台湾、海南、广东、广西等地的种类较多。常见兰科植物有石斛兰、春兰、蕙兰、建兰、寒兰、墨兰、蝴蝶兰、杓兰、兜兰等。

二、卡特兰属(*Cattleya*)及其近缘属

卡特兰被誉为“洋兰之王”，其花大形美，色彩丰富，部分品种具有芳香。原产于中南美洲，卡特兰属几乎全属都已经过人工驯化，进入园艺栽培。从 17 世纪欧洲人收集卡特兰开始，经过人工选育，杂交栽培，目前卡特兰无论是在原生种的变化上，还是杂交种的丰富度上，都颇具规模。

NOTE

（一）卡特兰属

1. 特征特性

(1) 紫纹卡特兰(*C. purpurata*)：原产于巴西，附生于沿海大树上。原属于蕾丽兰属，现归于卡特兰属，是卡特兰原生种中最受欢迎的种类，现经过人工选育出现了多个颜色变异的园艺品种。

紫纹卡特兰属单叶型卡特兰，植株高 30～80 cm，具棍棒状假鳞茎；叶片长方形舌状，革质。花从叶片与假鳞茎连接的叶腋处抽出，单支花序 2～6 朵，直径为 15～20 cm，萼片及侧瓣为白色，唇瓣紫红色，花期为 5—6 月。经过多年人工选育，紫纹卡特兰出现了多个颜色变异的品种。比较著名的为唇瓣灰蓝色变异的 *C. purpurata* f. *werkhaeuserii*，唇瓣肉红色变异的 *C. purpurata* f. *carnea*、唇瓣蓝紫色变异的 *C. purpurata* var. *schusteriana* 以及萼片和侧瓣发生颜色变异的 *C. purpurata* f. *sanguinea*、*C. purpurata* f. *flamea* 等。

紫纹卡特兰喜明亮的光照，生长适温为 25～35 ℃，冬季可耐 8～10 ℃的低温。

(2) 马克西马卡特兰(*C. maxima*)：原产于委内瑞拉、秘鲁、厄瓜多尔以及哥伦比亚，垂直分布落差较大，海拔 10～1500 m 均有分布。马克西马卡特兰属单叶型卡特兰，以其特殊纹路的唇瓣而闻名，唇瓣边缘呈波浪状，中间有一条亮黄色的蜜腺，唇瓣布满深色的唇纹。根据其原产地海拔以及植株高度，可分为高地种和低地种两大类。

高地种马克西马卡特兰原产于委内瑞拉、哥伦比亚的山区，生境海拔在 800～1500 m。植株相对矮小，株高 10～20 cm，花色浓艳，以深红、紫红等颜色为主，单支花序具 1～3 朵花。低地种马克西马卡特兰原产于厄瓜多尔等地，生境海拔在 800 m 以下。植株高大挺拔，株高 30～60 cm，花色淡雅，以蓝色、粉色等为主，单支花序是 5～8 朵或更多花。低地种马克西马卡特兰因其色彩丰富，开花量大，一直都是各大兰展的得奖热门。如 *C .maxima* f. *coerulea* ‘Hector’ AM/AOS 是美国兰花协会(AOS)兰展的得奖个体；*C. maxima* f. *semialba* ‘La Pedrena’ SM/JOGA 是东京兰展的得奖个体等。

(3) 金黄卡特兰(*C. dowiana*)：原产于哥伦比亚和哥斯达黎加，属单叶型卡特兰，附生于海拔 300～1000 m 灌丛中，秋季开花。金黄卡特兰的变种(*C. dowiana* var. *aurea*)是哥伦比亚国花。花色亮眼，暗红色带金黄色纹路的巨大唇瓣是金黄卡特兰的重要特征。

(4) 中等卡特兰(*C. intermedia*)：也称英特美地卡特兰，原产于巴西南部，附生于靠近海边的岩石或大树上，因其适应性较好，是目前栽培比较广泛的双叶型卡特兰，其原种中人工选育的园艺变种较多。植株高 15～25 cm，花梗从着生于假鳞茎顶部的对生叶抽出，单支花序 2～6 朵，花萼片及侧瓣白色或粉红色，唇瓣上部呈筒状包裹合蕊柱，白色至粉红色，下部紫红色。通过多年的人工选育，中等卡特兰出现了非常多的颜色或部分花型变异种，如唇瓣蓝色变异的 *C. intermedia* f. *coerulea*，唇瓣上部边缘出现环状颜色变异的 *C. intermedia* f. *orlata*，侧瓣唇瓣化出现插角纹的 *C. intermedia* var. *aquinii* 等。在这些变异种中，最为有名的要数 *C. intermedia* var. *suavissima* ‘Tokyo’，此个体是中等卡特兰唇瓣水晶蓝色变异，曾获世界兰展评分第一名。

(5) 沃克卡特兰(*C. walkeriana*)与高贵卡特兰(*C. nobilior*)：沃克卡特兰也称“走路人”，两者原产于巴西等地，都属于植株矮小型卡特兰，假鳞茎粗短肥壮。沃克卡特兰以其形如大鼻子样的合蕊柱而闻名。

2. 栽培方式

(1) 盆栽方式：一般盆栽卡特兰可以选择的容器有素烧盆、塑料盆、木盆等。根据卡特兰的种类和植株大小选择不同的栽培容器，常用的有素烧盆和塑料盆两种。素烧盆透气性及排水性较好，比较适合根系粗壮的卡特兰，素烧盆加水苔的种植方式是种植卡特兰最常用的种植方式。塑料盆的保水性能比较好，但透气性不佳，因此使用塑料盆栽植卡特兰时，应选用排水性好的基质，如水苔、兰石、树皮、蛇木屑、椰壳粒等。可将兰石、树皮按 1∶1的比例，或兰石、椰壳粒按 1∶1的比例制成混合基质。

(2) 附生栽培方式：卡特兰属于附生植物，因此附生栽培方式是还原卡特兰自然生长状态最佳的方式，同时也是使用卡特兰造景常用的手法。可以作为附生栽培的基质有蛇木板、栓皮栎板、栓皮栎原木段等。

NOTE

3. 栽培方法

(1) 温度要求:卡特兰属原产于南美洲的热带丛林或山地,喜温暖、湿润环境。生长适温为20～30 ℃。在华南地区栽培,大部分品种夏季可耐35 ℃的高温,冬季温度在15 ℃以上时,卡特兰可以进行正常管理,当温度低于15 ℃时需要进行控水栽培。当气温低于10 ℃时,应断水栽培,减少卡特兰的生理活动,保证植株安全越冬。当气温长时间低于5 ℃时,应及时加温防冻伤甚至冻死。

(2) 光照要求:卡特兰是喜光植物,光照对于卡特兰的开花具有较大的影响。在华南地区,除夏季正午需进行50%～60%的遮阳外,其余季节每天需接受6～8 h的阳光直射。

(3) 湿度及水分要求:卡特兰生长季节,应保持空气湿度在60%～80%,若空气湿度过低会导致植株生长不良。在栽培过程中,同时要保证通风良好,通风不良植株容易感染病害。

卡特兰在不同生长发育阶段及季节对于水分的需求不一样,但都需要遵循“见干见湿”的浇水方式。对于小苗,因植株抗旱能力不强,因此需要保证基质的水分,切忌太干。

夏、秋季浇水要在上午太阳未升起前或下午太阳落下时进行,不可在正午浇水,以免水珠残留在叶片表面,造成叶面灼伤。春季长出新芽,浇水时要注意避开叶心部位,否则容易使叶心积水导致植株腐烂。

(4) 肥料要求。

①生长季节施肥:卡特兰的假鳞茎是储存植株营养的部位,因此在新芽生长的季节需要对卡特兰进行系统的施肥,以保证新芽健壮。一般兰科植物多施用无机肥,有机肥因腐熟不完全以及带有较多的病原菌,因此不建议使用。由于卡特兰根系吸收肥料有限,因此一般将缓释肥作为基肥,叶面肥作为追肥。

施肥时要注意肥料的成分配比,在植株新芽生长季节,即春、夏季以氮肥为主,少施磷肥;假鳞茎膨大季节,即秋季以磷、钾肥为主,少施氮肥,促进植株根系生长及春季开花品种花芽的分化;冬季休眠期,则停止施肥。

②花期施肥:卡特兰因花直径大,开花量多,因此一次开花耗费的植株营养较多,在开花及花后应及时喷施以磷、钾肥为主的叶面肥,以保证植株养分的供应。

4. 繁殖方法

(1) 有性繁殖:卡特兰种子在自然栽培状态下,萌发率极低,因此目前人工栽培卡特兰的有性繁殖以无菌播种为主。可用的培养基有MS培养基、1/2MS培养基、KC培养基等。

(2) 无性繁殖:除了应用组培技术进行繁殖外,卡特兰的繁殖还有分株繁殖法。

分株繁殖是成年卡特兰植株繁殖的主要方法之一,一般以3～4个成年假鳞茎为一个繁殖组。用消毒后的剪刀自基部将匍匐茎剪断,由于伤口较大,因此需要对伤口进行杀菌剂涂抹及晾干处理。分株的同时可进行根系的修剪,剪除老旧根系,自基部留5～8 cm即可。新分株的植株,待伤口晾干后即可种植。

5. 病虫害及其防治

(1) 病害及其防治。

①细菌性软腐病:细菌性软腐病是卡特兰最常见的病害,多发生于高温、高湿、通风不良的环境。一旦发病,植株迅速感染,剪开感染部位可以闻到酸败腐臭的气味。细菌性软腐病目前无特效药治疗,一旦发现有感染的部分要及时清除,并涂抹保护性杀菌剂如代森锰锌等,以免感染部位进一步扩大。处理过带菌伤口的工具需及时消毒,以免细菌传播。本病平时以预防为主,要注意保持种植环境的通风及防雨,多雨季节定期喷施保护性杀菌剂。

②日灼病:此病属于生理性病害,当光线过强或叶面有积水时容易发生此病。表现为叶片上出现淡黄色斑块,有别于其他病害,日灼病的病斑无水渍状现象。日灼病影响植株观赏性,因此在栽培过程中要注意浇水的时间,夏季正午须及时遮光。

(2) 虫害及其防治。

①介壳虫:介壳虫为同翅目蚧科有刺吸式口器的害虫。卡特兰的假鳞茎含水量较高,新芽及花芽带有蜜露,易吸引介壳虫群集。介壳虫对植株伤害极大,容易造成植株失去养分、黄化,感染病害,导致植

株死亡。介壳虫通常寄生在卡特兰叶片背部、叶鞘里和假鳞茎上，尤以叶背阴暗处和叶鞘里较多。夏季高温高湿、通风不良极易造成介壳虫的产生和虫害的暴发。当发现少量介壳虫时，可用毛刷将虫体刷去。当虫害大面积发生时需要采用药剂来防治。一般可喷施内吸性和渗透性强的药剂，如乐果乳油、矿物乳油类杀虫剂等。

②红蜘蛛：红蜘蛛是常见的危害性较大的害虫。红蜘蛛多集中在卡特兰植株的叶背，导致叶片出现褪绿的麻点，严重时叶片变成灰绿色，并布满白色斑点。高温低湿的环境易引起红蜘蛛虫害的暴发。提高环境湿度不仅有利于防止红蜘蛛虫害的暴发，又可使卡特兰生长良好。当虫害发生时，可用阿维菌素类杀虫剂对虫害进行控制。

③蓟马：蓟马属缨翅目，是一种靠吸食植物汁液维生的昆虫，蓟马对卡特兰的危害主要在花朵上，被蓟马侵害的卡特兰花朵出现黑斑而脱落，严重影响商品的品质。蓟马的防治以物理防治为主，可利用蓟马趋蓝色的习性放置蓝色粘板，诱杀成虫。

（二）蕾莉亚兰属(*Laelia*)

蕾莉亚兰属是卡特兰属的近缘属，原产于南美洲的热带、亚热带地区，绝大多数种类来自墨西哥。本属种类不多，约25种，具有代表性的种类如下。

二侧蕾莉亚兰(*L. anceps*)：原产于墨西哥，附生于阳光充足的岩石上，假鳞茎卵形，稍扁；叶卵状披针形，生于茎端，革质；每支花序有花2～5朵，侧瓣白色或紫红色，唇瓣深紫红色，喉部有一黄斑。

金黄蕾莉亚兰(*L. flava*)：原产于巴西，附生于海拔1200 m的岩石上，植株高达50 cm，茎短，圆柱状，假鳞茎长于基部，紫色；叶狭披针形；单叶，革质，叶面暗绿色，叶背紫色；花序有花5～9朵，花全为金黄色，唇瓣边缘具波状褶皱。

红晕蕾莉亚兰(*L. rubescens*)：原产于墨西哥至危地马拉一带，海拔落差大，0～1000 m均有分布，假鳞茎扁卵形，花粉红色。

（三）白拉索兰属(*Brassavola*)

本属约有15种，原产于墨西哥、巴西的热带地区。植株特点为具有厚肉质的棒状条形叶片，假鳞茎较短，花为星状花，大部分种类具有迷人的香味。代表性种类如下。

夜夫人(*B. modosa*)：原产于墨西哥到巴拿马等地的海岸丛林中，花白色，夜晚有浓烈的芳香。

僧帽白拉索兰(*B. cucullata*)：因其开花形似绽放的烟火，因此也称“烟火白拉索兰”，原产于墨西哥、洪都拉斯等地。

三、石斛属(*Dendrobium*)

石斛属是一类花、形、色俱佳的观赏“洋兰”，是兰科的第二大属，近几年来开始热销。虽然是“洋兰”，但我国却是石斛的世界分布中心之一，我国华南、西南地区有许多原生种。与“国兰”重于玩赏不同，我国对于石斛的利用，多在其药用方面，《神农本草经》《本草纲目》等中药典籍均有其药用价值的记载，铁皮石斛更被列为“中华九大仙草”之首。石斛具有益胃生津、滋阴清热的功效，是保健佳品。通过现代科技手段，对石斛提取物进行的试验更证明了石斛的药用保健价值。

石斛属花色丰富，有红、黄、白、粉、紫等，就连花卉中比较少见的蓝色和绿色都能在石斛属中找到。国外的兰花业者已经驯化培育了许多石斛，随着国外“洋兰”文化与众多栽培种石斛的引进，石斛不仅仅在其药用价值上发挥作用，同时它的美丽也被更多的花卉爱好者所了解。

目前发现的原生种石斛约有1000种，它们大多生长于热带、亚热带的高山、丛林等高湿、温暖、阳光充足的环境中。

1. 生物学特征

石斛种类繁多，形态各异，在园艺市场上按照其自然花期可分为两大类：春石斛和秋石斛。

(1) 春石斛：泛指在春天开花的石斛种类，花期为每年的2—6月，目前通过人工的花期调控，可提早到1—2月开花。其为兰科石斛属多年生附生草本植物，目前在市场上常见的春石斛多为杂交种，它的亲本大多为原产于我国的石斛(*D. nobile*)，最先由英国引入欧洲大陆栽培，并进行改良和育种。第二

次世界大战后，日本大力发展春石斛产业，用春石斛与其他品种的石斛杂交，培育出许多园艺品种。以下是原产于我国及周边国家和地区、常见的、可作为亲本使用的原生种春石斛。

①矩唇石斛（*D. linawianum*）：别名樱石斛，多年生附生草本；茎丛生，上部稍扁而稍弯曲上升，高10～30 cm，圆锥形；叶革质，长圆形；总状花序生于具叶和无叶茎上，花色艳。花2～4朵，直径3～4 cm，蜡质，花瓣粉红色；唇瓣倒卵状矩圆形，先端圆形，唇瓣基部有2块深红色斑，先端粉红色；花期3—4月。矩唇石斛开花性极佳，开花量大，茎干2/3的节间芽都可分化为花芽，是非常优良的育种亲本。

②黄喉石斛（*D. signatum*）：原产于越南、缅甸、泰国等地。多年生附生草本；茎丛生，直立，粗壮，稍扁圆柱形；叶革质，长圆形；总状花序生于具叶和无叶茎上，花1～4朵，直径6～7 cm，蜡质，花瓣白色或淡黄色；唇瓣倒卵状矩圆形，先端圆形，唇瓣基部有1黄色、淡黄色或近黑色斑块；花期3—6月。植株与石斛非常相像，但花朵非常素雅。

③扭瓣石斛（*D. tortile*）：原产于越南、泰国等地。多年生草本；茎丛生，直立，稍扁圆柱形；叶革质，叶鞘基部有红色斑点；总状花序生于具叶和无叶茎上，花1～4朵，直径6～7 cm，蜡质，花瓣白色、淡黄色或粉色，唇瓣卷曲成筒状，先端张开，略尖；唇瓣基部两侧有多条红色或深红色条纹；花期3—6月。植株与石斛十分相似。

④兜唇石斛（*D. aphyllum*）：原产于中国、越南、缅甸、老挝、泰国等。多年生草本，茎倒垂，丛生，肉质，细圆柱形；叶革质，披针形，先端渐尖；总状花序互生于节间，常具1～3朵花，花具香气，花瓣粉红色，先端渐尖；唇瓣开展，白色，先端具流苏；花期3—4月。

⑤铁皮石斛（*D. officinale*）：多年生附生草本，茎直立或倒垂，丛生，圆柱形，长9～35 cm，粗2～4 mm；叶纸质，长圆状披针形；叶鞘常有紫斑；总状花序从当年落了叶的老茎上部发出，花2～3朵，淡绿色或淡黄色，花瓣长圆状披针形，先端锐尖；唇瓣卵状披针形，基部具1个胼胝体，唇瓣中部以上具1个紫红色斑，花有清香；花期3—6月。铁皮石斛是我国传统的名贵药材，唐代医学典籍《道藏》更是把铁皮石斛列为"中华九大仙草"之首，其花、茎、叶均可入药。

⑥ 喇叭唇石斛（*D. lituiflorum*）：多年生附生草本；茎下垂，丛生，圆柱形；叶纸质，狭长圆形；总状花序从落了叶的老茎上部发出，每节具1～2朵花，花淡紫色，膜质，花大，开展，花瓣狭长圆形；唇瓣宽倒卵形而呈喇叭状，唇瓣中心与喉部有一深紫色斑块。花期4—5月。

⑦ 黄贝壳石斛（*D. polyanthum*）：原产于越南，多年生附生草本，丛生；茎直立或下垂，厚肉质，粗壮，圆柱形，通常长25～40 cm，掉叶后的茎干通常呈红色；叶纸质，披针形或卵状披针形，花通常从落了叶的老茎上部的节上发出，花梗着生的茎节处凹下，每节着生1朵，花瓣粉红色或淡紫红色，狭长圆形；唇瓣宽倒卵形而呈喇叭状，边缘具短柔毛，唇瓣中心具一明亮的黄色斑块，占唇瓣1/2以上；花期3月。黄贝壳石斛植株与报春石斛极为相像，无花时不易区分。

⑧ 白贝壳石斛（*D. cretaceum*）：原产于印度，多年生附生草本，丛生；茎直立或下垂，厚肉质，粗壮，圆柱形，通常长15～25 cm；叶纸质，披针形或卵状披针形；花通常从落了叶的老茎上部的节上发出，花梗着生的茎节处凹下，花1朵，白色，花瓣狭长圆形；唇瓣宽倒卵形而呈喇叭状，边缘具短细齿，唇瓣基部有紫红色条纹；花期5—6月。白贝壳石斛植株与报春石斛、黄贝壳石斛都极为相像，无花时不易区分。

(2) 秋石斛：泛指石斛属中秋天开花品种。目前市场上常见的秋石斛均为杂交种，其亲本为蝴蝶石斛（*D. bigibbum*）或羚石斛（*D. antennatum*），其后代大多承接了亲本的特点，呈现出缤纷的蝴蝶状或小羚羊状。

秋石斛也同样为附生兰，青翠的叶片互生于芦苇状的假鳞茎两侧，持续数年不脱落，在秋天可见花序从假鳞茎顶部节上抽出，鲜艳夺目，开花时间长达2个月，具有秉性刚强，样和可亲的气质，因此又有"父亲节之花"的美誉。

秋石斛性喜高温、湿润、阳光充足的环境。无论是蝴蝶形或羚角形的秋石斛，它们的假球茎均呈圆筒形，丛生，高可达70 cm，呈肉质实心，基部由灰色、褐色叶鞘包被，其上茎节明显，上部的茎节处着生数对船形叶片，叶长10～18 cm。花茎则由顶部叶腋抽出，长60 cm，每支花序可着花4～18朵或更多，

花色繁多。花朵直径一般为5～7 cm，生长在最外面的3枚是萼片，上萼片椭圆形，先端钝；下萼片2枚，较宽或与上萼片同，先端常有尖突，最有趣的乃是它的基部，常向后延伸而形成一个像人类下巴的形状，在兰科术语中称之为"颏"。秋石斛的唇瓣为花中最大的部分，呈阔卵圆形，先端圆钝，有时亦有微凹的情况；唇瓣则为全缘，有不明显3裂，基部卷曲以保护蕊柱，先端则略作扩展状，花期多为每年的7—12月。

2. 栽培方式

石斛可选择盆栽、附生栽培等方式。基质的选择是栽培石斛成败的关键，宜选择透气透水的材料。栽培基质对石斛不仅起到支持的作用，而且可以给石斛提供生长发育所适宜的条件及营养成分，固体栽培基质的理化性质对于生长在其中的石斛具有很大影响。栽培基质除用于支持、固定植株外，更重要的是起"中转站"的作用，使来自营养液的成分及水分得以中转，植物根系从中按需选择吸收。不同特性的基质会影响石斛的生长以及水分与施肥管理。影响石斛生长的主要物理因素有基质的吸水性、排水性、再吸湿力及其表面水分散失特性等。

兰石、树皮的透气性佳，但持水性差，容易造成植株干旱，造成基质氮缺乏；水苔的透气性良好，持水性强，但容易烂根；珍珠岩加泥炭土透气性佳，持水性良好；椰壳透气性佳，但持水性差。因此，比较以上基质的特性，使用水苔和珍珠岩加泥炭土栽培石斛较适宜。

3. 栽培方法

(1) 光照要求：石斛是一类喜光的植物，大多数石斛可耐一定的阳光直射，特别是春、秋季的直射阳光，有利于石斛良好生长。夏季正午时分，需要对石斛进行一定的遮光，满足石斛不被太阳直晒，但又有明亮的光线即可。

(2) 水分要求：石斛的水分供给对石斛的生长来说非常关键，应视基质的湿润程度决定是否浇水。春季是石斛的生长季节，温度高于15 ℃时可隔天浇水1次；夏季气温较高，水分蒸发量较大，可在早晚各浇水1次；秋季天气比较干燥，可在晚上浇水1次；冬季气温偏低，浇水的次数要减少，需等基质干透后才能浇水，当气温低于15 ℃时停止浇水。

(3) 肥料要求：石斛在栽培过程中要薄肥勤施，以无机肥为主，切忌使用有机肥。一般可以用缓释肥作为常备的肥料，撒于基质表面即可。在生长季节可用叶面肥对石斛进行追肥，春、夏季每隔1周施用尿素1000倍液作为植株快速生长的补给肥料；秋季为了促进来年开花则改施磷酸二氢钾1000倍液，每隔1周1次；冬季停止供肥。

4. 繁殖方法

(1) 有性繁殖：石斛种子细小，无胚乳，黄色，成熟时呈粉末状，数量庞大，每个种荚约有几万到十几万粒种子，可通过风及水流等进行传播。石斛种子无胚乳，处于原胚阶段，在自然条件下需要与真菌共生才能够萌发，萌发条件相对严格，因此石斛种子在自然条件下的萌发率极低。

种子萌发时先长出细小的原球茎，原球茎分化出根和假鳞茎，在自然界从种子播种到开花至少需要3年。

(2) 无性繁殖：石斛的无性繁殖有两种方式。第一种是从假鳞茎基部萌发出分蘖芽，每根假鳞茎基部有2～3个隐芽。每年3—4月，气温高于20 ℃时，新芽从上一年芽基部萌发，在野外一般1个假鳞茎萌发1个新芽，在肥水充足的年份，有时会萌发出2个新芽。第二种是从假鳞茎节间萌发出高位芽进行繁殖。

5. 病虫害及其防治

(1) 病害及其防治。

①软腐病：软腐病是石斛的主要病害之一。在高温、高湿、通风不良的环境中，石斛容易发生软腐病，发病部位多为新芽、植株基部等。

新芽发病多从顶端开始向下蔓延。初期，新芽顶端叶片出现水渍状坏死，同时伴有特殊的酸臭味。随后，病原菌随着水流向下迅速侵染，假鳞茎呈黄色软腐状，有褐色液体流出。若不及时切去感染部位，病害可侵染整株，导致植株死亡。

NOTE

植株基部发病初期不易察觉，此时根系开始坏死，水分及养分吸收受阻，植株上部叶片掉落，基部芽点坏死，无新芽萌出，病原菌沿着维管束向上蔓延直至感染整株，导致植株死亡。

新芽顶端积水和机械伤是造成石斛感染软腐病的主要原因。因此，在石斛的种植过程中，尽量避免新芽积水以及机械伤的产生。分株繁殖时要注意消毒工具、晾干伤口，并在伤口处涂抹代森锰锌可湿性粉剂。栽培过程中要注意保持通风、避雨，并且定期喷施保护性杀菌剂防止病害的发生。如发现病株应及时处理，以免感染整株或其他健康植株。

②日灼病：石斛在野外常附生于裸露的石壁或高大的树干上，生长过程中需要较强的光线，但阳光直射时间过长也会造成植株叶片的灼伤。日灼病多发于盛夏及初秋，发生日灼病的叶片会出现浅黄色至灰白色的坏死斑块，后期坏死斑块部位表皮失水变薄略微下陷。日灼病属于生理性病害，只需在日照强烈的正午及盛夏季节对植株进行稍微遮光处理即可。

(2) 虫害及其防治。

①介壳虫：石斛的假鳞茎含水量较高，易吸引介壳虫群集。介壳虫对植株伤害极大，容易造成植株失去养分，黄化，感染病害，导致植株死亡。介壳虫通常寄生在石斛的叶片背部、叶鞘里和假鳞茎上，尤以叶背阴暗处和叶鞘里较多。夏季高温、高湿、通风不良极易造成介壳虫的产生和虫害的暴发。当发现少量介壳虫时，可用毛刷将虫体刷去。当虫害大面积发生时需要采用药剂来防治。一般可喷施内吸性和渗透性强的药剂，如乐果乳油、矿物乳油类杀虫剂等。

②红蜘蛛：红蜘蛛是常见的危害性较广的害虫。红蜘蛛多集中在石斛植株的叶背，导致叶片出现褪绿的麻点，严重时叶片变成灰绿色，呈纸质，焦枯脱落。高温低湿的环境易引起红蜘蛛的暴发。提高环境湿度不仅有利于防止红蜘蛛的暴发，又可使石斛生长良好。当虫害发生时，可用阿维菌素类杀虫剂对虫害进行控制。

③蓟马：蓟马是一种靠吸食植物汁液维生的昆虫，蓟马主要危害石斛的花朵，被蓟马侵害的石斛花朵会出现黑斑而脱落，影响商品的品质。蓟马的防治以物理防治为主，可利用蓟马趋蓝色的习性放置蓝色粘板，诱杀成虫。

四、蝴蝶兰属(*Phalaenopsis*)

蝴蝶兰是蝴蝶兰属植物的统称，原产于泰国、菲律宾、马来西亚、印度尼西亚、中国。蝴蝶兰生于热带、亚热带的雨林地区，为附生兰，素有"洋兰王后"之称，原生种有 70 余种，杂交种众多，是目前年宵花市场的主流花卉之一。

1. 生物学特征

蝴蝶兰茎很短，常被叶鞘所包。叶片稍肉质，常 3～4 枚或更多，椭圆形、长圆形或镰刀状长圆形。花序侧生于茎的基部，长 20～50 cm，花色丰富，有紫红色、黄色、白色等。自然花期为 4—6 月，也可通过人工调控，使蝴蝶兰全年有花供应。

迄今已发表的蝴蝶兰原生种有 70 多个，大多数产于潮湿的亚洲地区，自然分布于缅甸、印度洋各岛、马来半岛、南洋群岛、菲律宾以及中国台湾等低纬度热带海岛。台东的武森永一带森林及绿岛所产的蝴蝶兰较著名，但由于森林砍伐与采集过度，资源明显减少。

白花蝴蝶兰(*Phal. amabilis*)和台湾蝴蝶兰(*Phal. aphrodite*)是现代蝴蝶兰产业的奠基石，大花类型的蝴蝶兰杂交品系均与这两个物种有关。

2. 栽培方式

蝴蝶兰属于附生性植物，可选择盆栽、附生栽培等方式。栽培基质有水苔、兰石、树皮，附生栽培可选择蛇木板、栓皮栎板等。

3. 栽培方法

(1) 温度要求：蝴蝶兰原产自热带雨林地区，因此在高温高湿的环境下生长最适宜。生长期的温度不能低于 15 ℃，最好能将温度保持在 16～30 ℃。在秋末冬春之交和冬季气温低时应采取有效的增温措施，但不能将植株直接与暖气接触或距离太近。夏季温度高于 32 ℃时，蝴蝶兰也会进入半休眠状态，

需进行适当的降温以减轻持续高温带来的不利影响。

蝴蝶兰还需要流动的新鲜空气来保证正常生长，所以要确保栽培环境通风良好。

(2) 湿度和水分要求：蝴蝶兰在通风、空气湿度保持在60%～80%的环境中才能够健康生长。浇水要"见干见湿"，盆土表层干燥时再将水浇透，水温要接近于室温。若室内空气比较干燥，可采用向叶面喷雾的措施，让叶面保持潮湿，但须注意花期时不能将水喷到花朵上。

蝴蝶兰新根生长期需大量浇水，花后休眠期应少量浇水。春、秋季每天下午5:00左右浇一次水即可；夏季为生长旺期，每天上午9:00与下午5:00各浇一次水；冬季植株需水极少，每隔1周浇一次水，浇水时间为上午10:00前。有寒潮时要停止浇水，保持盆土干燥，寒潮后再继续正常浇水。

(3) 光照要求：蝴蝶兰适宜在半荫蔽的环境中生长，受散射光照射，不要被阳光直射。在花期时，适度光照会促进蝴蝶兰开花。

(4) 养分要求：全年都应对蝴蝶兰进行施肥，只有出现长期低温天气时才可停止施肥。施肥应选择在下午浇水后进行，多次施肥后，还需用大量水进行洗盆或洗株，防止肥料残留的无机盐类对根部造成损害。冬季是蝴蝶兰花芽的分化期，停肥易使下次开花较少甚至无花。春、夏季是其生长期，每隔7～10天施稀薄液肥一次，注意有花蕾时不能施肥，否则会导致花蕾掉落。在花期后可适当追施氮肥与钾肥。秋、冬季是花茎生长期，此期施用稀薄的磷肥，每隔2～3周施一次即可。

4. 繁殖方法

蝴蝶兰属单轴型兰花，种苗繁殖主要采用组织培养、无菌播种繁殖和花梗催芽繁殖等方法。

花梗催芽繁殖通常用于少量繁殖或家庭繁殖，操作简单，但相对成苗率较低。当花凋落后，留14个节间，多余的花梗用剪刀剪去，然后将花梗上部13节的节间苞片用利刃切除，将吲哚丁酸或生根粉均匀涂抹在裸露的节间，将处理过的兰株置于半阴处，温度保持在25～28 ℃。2～3周后即可见芽体出叶，3个月左右可产生3～4叶带根的小植株，即可切下上盆栽植。

5. 病虫害及其防治

注意防治软腐病、疫病及红蜘蛛、蚜虫等病虫害。防治方法参考石斛。

6. 观赏特点

蝴蝶兰的原意为"好似蝴蝶般的兰花"。它能吸收空气中的养分而生存，归入气生兰范畴，是热带兰花中的一个大族。中国台湾地区原生种白花蝴蝶兰闻名世界。东南亚如菲律宾、印度尼西亚、马来西亚各地有五六十种原生种蝴蝶兰。蝴蝶兰色彩多样，有纯白色、粉红色，黄花着斑、黄花着线等。育种家们将各地搜罗到的珍贵原生种进行人工交配，改良出各种花色、花型的品种。

五、兜兰属(*Paphiopedilum*)

兜兰在我国民间又称拖鞋兰、仙履兰，一直到近代才由学术界启用兜兰一名。兜兰为多年生常绿草本植物，是兰科中最原始的类群，是世界上栽培最早和最普及的洋兰。

1. 生物学特征

兜兰是地生兰，并无假鳞茎。茎甚短，叶片大多基生，带形或长圆状披针形，绿色或带有红褐色斑纹。其株形娟秀，花形奇特，唇瓣呈口袋形；背萼极发达，有各种艳丽的花纹；两片侧萼合生在一起；花色丰富。

全世界约有65种，主要分布于太平洋岛屿，亚洲南部的印度、缅甸、印度尼西亚至几内亚等国的热带地区。中国兜兰属植物资源丰富，约有18种，主产于广西、云南、广东、贵州等地，大部分种类分布范围狭窄，生境特殊，具有一定区域性。

兜兰属分为两个亚属，即宽瓣亚属和兜兰亚属，宽瓣亚属的代表有原产于我国的杏黄兜兰(*Paph. armeniacum*)、硬叶兜兰(*Paph. micranthum*)、巨瓣兜兰(*Paph. bellatulum*)等；兜兰亚属的代表有原产于我国和东南亚地区的长瓣兜兰(*Paph. dianthum*)、飘带兜兰(*Paph. parishi*)、卷萼兜兰(*Paph. appletonianum*)、国王兜兰(*Paph. rothschildianum*)、皇后兜兰(*Paph. sanderianum*)等。

(1) 杏黄兜兰：宽瓣亚属的代表，原产于我国云南，是兜兰中目前已知唯一的一种杏黄色的种类，是

NOTE

黄色兜兰的育种亲本，属于国家一级保护植物。1979 年由我国植物学家张敖罗初次采集，1982 年经陈心启、刘方媛定名并发表。

叶全部基生；数枚至多枚，叶片带形，革质。花葶从叶丛中长出，花苞片卵状；子房顶端常收狭成喙状；花大而艳丽，有种种光泽；中萼直立，花粉粉质或带黏性，退化雄蕊扁平；柱头肥厚，下弯，柱头面有乳突，果实为蒴果。2—4 月开花。杏黄兜兰花大色雅，含苞时呈青绿色，初开为绿黄色，全开时为杏黄色，花期长达 50 天。

杏黄兜兰一经发现，便在国际园艺界引起轰动，罕见的杏黄色填补了兜兰中黄色花系的空白，具有较高的观赏价值。杏黄兜兰与硬叶兜兰一起合称“金童玉女”，多次在世界级兰花展中获得金奖，曾经在国际兰花市场上以每株 8000 美元的高价售卖，以致滥挖滥采和走私猖獗。加上生态环境破坏、产地范围小、原生种群小等原因，杏黄兜兰已处于灭绝边缘，被列为国家一级保护植物，具有“兰花大熊猫”之称。2010 年 12 月 1 日起杏黄兜兰被列入世界自然保护联盟濒危物种红色名录（IVCN）濒危（EN）等级物种。

（2）皇后兜兰：兜兰亚属的代表，原产于印度尼西亚加里曼丹岛和马来西亚砂拉越州的山地丛林中，是兜兰属中比较罕见的种类。叶 4～6 枚，狭矩圆形，长 30～45 cm，宽 4.5～5.3 cm。叶绿色，革质。花葶从叶丛中长出，长达 60 cm，着花 2～5 朵，花朵直径约 7 cm，红褐色。背萼白色饰以紫红色脉纹，上萼片咖啡色。花瓣细长下垂、扭转，长 30～60 cm，紫褐色；唇兜浅黄绿色带咖啡色斑块，兜状，花瓣较厚，春、夏季开花。

皇后兜兰以其可长达 1 m 的侧瓣而闻名，犹如小姑娘长长的辫子，极为珍贵。国际上目前以皇后兜兰作为育种亲本，选育出的优秀后代有皇后兜兰和国王兜兰杂交的后代 *Paph.* ‘Prince Edward of York’；皇后兜兰和菲律宾兜兰（*Paph. philippinense*）杂交的后代 *Paph.* ‘Michael Koopowitz’等。我国台湾地区是目前世界上兜兰育种技术较高的地区之一。

2. 栽培方式

兜兰一般以盆栽为宜，可以选用的栽培基质有兰石和树皮（1∶1），或用腐叶土 2 份、泥炭土或腐熟的粗锯末 1 份配制培养土。上盆时，盆底要先垫一层木炭或碎砖瓦颗粒，垫层的厚度宜为盆深的 1/3 左右。这样可保持良好的透气性，又有较好的吸水、排水性，可满足植株根系生长的要求。

3. 栽培方法

（1）光照要求：兜兰属阴性植物，栽培时，需有配套的遮阴设施，不同生长期其对光线的要求不完全一样。因此，管理上比较复杂。早春以半阴为最好，盛夏早晚见光，中午前后遮阴，冬季需充足阳光，而雨雪天还需增加人工光照。春、秋季的遮光率为 50%，夏季遮光率要达到 60%～70%，并防止暴晒。

（2）温度和水分要求：兜兰对水分和温度的变化适应性较差，要求有充足的水分供应和较高的环境湿度。生长期要经常保持盆土湿润，在盆土七成干时就应浇透水。在天气干燥和炎热的夏季，要经常向植株及周围喷水，以降温增湿。梅雨、秋雨季节要适当控水，注意通风，以调节温度和湿度。注意叶片不能积水时间太长，否则会造成烂叶。同时，较高的空气湿度易引起真菌病害。因此，应特别注意生长环境湿度的调节。空气干燥，叶片易变黄皱缩，枯萎脱落，直接影响开花。兜兰没有假鳞茎，抗干旱能力较差。

原产于东南亚地区的兜兰在华南地区栽培时，冬季需要进行保温处理，以免冬季低温冻伤植株。

（3）施肥要求：生长期 3—6 月和 9—11 月要定期施肥，通常半个月一次，一般采用叶面肥或缓释肥，叶面肥浓度控制在 1%左右。施肥后，叶片呈现嫩绿色，可继续施肥。如叶片变黄，表明根部生长不佳，应停止施肥，否则会发生烂根现象。施肥后要及时用清水喷淋叶面。

4. 繁殖方法

（1）有性繁殖：兜兰因种子十分细小，且胚发育不完全，常规方法播种发芽比较困难。只能在无菌条件下于试管中用培养基进行胚的培养，发芽后在试管中经 2～3 次分苗、移植，幼苗长至 3 cm 高时，移出试管，栽植在盆中。从播种至开花需 4～5 年。

NOTE

（2）分株繁殖：5 个以上叶丛的兜兰都可以分株，盆栽每 2～3 年可分株 1 次。分株在花后短暂的休眠期进行，长江流域地区以4—5月为宜，可结合换盆进行。将母株从盆内倒出，轻轻地将根部附着的培养土去掉，注意不要损伤嫩根和新芽，再用两手各执一部分将植株拉开，或用刀将连接处切断，每株丛不要少于3株，然后分别栽种，选用2～3株苗上盆，盆土用肥沃的腐叶土，pH 6.0～6.5，盆栽后放于阴湿的场所，以利根部恢复。

5. 病虫害及其防治

兜兰在室内过冬时应放在通风处，不然会出现介壳虫危害。一旦发现虫害，可人工以软刷轻轻刷除，再用清水冲洗干净，然后用乐果、敌百虫、速扑杀等药剂防治。

6. 观赏特点

兜兰适合于盆栽观赏，是极好的高档室内盆栽观花植物。其花期长，短的3～4周，长的5～8周，如是一干多花的品种则开花时间更长。有耸立在两个花瓣上，呈拖鞋形的大唇，还有一个背生的萼片，颜色从黄、绿、褐到紫都有，而且常有脉络或条纹。兜兰在兰花中与众不同，是花展中最引人注目的花卉。兜兰因品种不同，开放的季节也不同，多数种类冬春开花，也有夏秋开花的品种，因而如果栽培得当，一年四季均可赏花，是室内培育的最佳品种。

多肉植物

第三节　多肉植物

一、概述

多肉植物，也称多浆植物。此类植物因科、属繁多，形态迥异，为了便于研究，分为狭义、广义两大类：广义的多肉植物包括仙人掌类植物，狭义的则不包括仙人掌类植物。就是说，我们可以把仙人掌类植物称为多肉植物，而不能将仙人掌科以外的各种多肉植物称为仙人掌类植物。狭义和广义两大类最重要的区别是有无刺座，所有仙人掌类都具有“刺座”这一基本特征，刺由此长出。另就微观而言，刺座上的维管束直通茎的髓部；而其他多肉植物如大戟科、夹竹桃科和部分萝藦科植物等虽相当一部分也有刺，但它不是从刺座上长出的，确切地说，这些刺隶属表皮的一部分。

多肉植物亦具标准植物的形态，即有根、茎、叶等器官。它们中的大部分生长在干旱或一年中有一段时间干旱的地区，仅靠体内的水分维持生命，经长期自然选择，它们的营养器官的某一部分——根或叶或茎（少数种类兼有两个部分）具有发达的薄壁组织用于储存水分，在外形上显得肥厚多汁。植株形态更加多姿多彩，有球形、圆筒形、棱柱形、塔形、鞭形、线形、节肢形等；在生理上有异于普通植物，大多为景天酸代谢（crassulacean acid metabolism，CAM）植物：在晚上较凉爽潮湿时气孔开放，吸收二氧化碳，并通过β-羧化作用合成苹果酸；白天高温时气孔关闭，不吸收二氧化碳，靠分解苹果酸放出二氧化碳参与卡尔文循环，这种代谢形式能使它们避免在干热时开放气孔而散失水分，从而在极端恶劣的环境下生存下来。多肉植物为适应生境，一般都有夏眠或冬眠的习性。

多肉植物广泛分布于世界各地，尤以美洲和非洲居多且均为高等植物，多达万余种，隶属几十个科。常用于栽培的多肉植物包括仙人掌科、番杏科、大戟科、景天科、百合科、萝藦科、龙舌兰科和菊科等，而凤梨科、鸭跖草科、夹竹桃科、马齿苋科、葡萄科中也有一些习见种。近年来，福桂树科、刺戟木科、葫芦科、桑科、辣木科、薯蓣科、梧桐科、木棉科和橄榄科等中的一些多肉植物不断被我国引进，但现阶段还很珍贵，在栽培技术上，有待专业工作者和广大的爱好者去探索、研究和提高。

人类对仙人掌类植物的真正认识，要追溯至哥伦布发现新大陆的时期。他的船队从美洲将一些仙人掌类植物带入欧洲，引起了极大的轰动。直至1753年，Cactus（仙人掌）一词首次出现，由瑞典著名植物学家林奈（Carolus Linnaeus）提出。后来欧美国家的许多学者进行不断的探索研究，1836年，英国著名学者林德利（J. Lindley）在植物分类系统中首次设立仙人掌科（Cactaceae）这一单位。

NOTE

而多肉植物（succulent）一词则系瑞典植物学家琼·鲍汉（Jean Bauhin）在1619年首先提出。然而，人类的祖先对多肉植物的利用却远早于这个时期，据美国著名学者诺布尔报道，印第安人将一些仙人掌和龙舌兰植物用作生活资源的历史至少有9000年。总之，国外对仙人掌与多肉植物有很长的研究历史。欧美及日本等国对多肉植物的研究起步早，在形态分类、观赏、食用、药用、环境保护等方面都有很深的研究。科学无国界，我国对这类植物的认识和研究，主要借鉴于日本，因两国文化相近，民间往来频繁，信息交流易于接受。因此，这类植物的中文名大多采用日本的汉字名。

二、生物学特性

1. 形态特征

多肉植物具有以下几方面的特征。

（1）株形千姿百态、变化多端：主要有三大类型，即茎多肉植物、叶多肉植物、茎干状多肉植物。

①茎多肉植物：主要表现在仙人掌科、萝藦科和大戟科植物上，它们的储水器官主要是茎。膨大的茎有球形、圆筒形、柱形、鞭形、线形、节肢形等，此外，还有变异型，如缀化与石化，变得更加奇特的鸡冠形和山峦形。

②叶多肉植物：主要表现在景天科、百合科、龙舌兰科和番杏科植物上，它们的储水器官主要是叶。叶的排列通常呈莲座状（但也有例外），形态大小不一。有的茎短而贴近地表，有的茎长而顶端具莲座状叶盘，如莲花掌和芦荟类、番杏科中的相当一部分种类则有点特别，它们的叶呈高度肉质化，对生叶像金元宝，有的又酷似卵石。

③茎干状多肉植物：涉及很多科，草本、木本都有，它们的储水器官常在茎基部膨大，形状有球形、半球形、圆盘形、塔形、古瓶形和纺锤形等。

（2）附属物多姿多彩、功能齐全：附属物是指这些植物的刺、毛、树皮和残留的花梗等。刺主要生在仙人掌科、刺戟木科、夹竹桃科、大戟科、福桂树科多肉植物的茎上。尤其是仙人掌科植物的刺，其形状、色彩变化无穷，魅力四射。多肉植物的刺不仅具有观赏性，更重要的是对植物本身能起保护作用；毛主要着生于仙人掌类的茎和景天科植物叶面、叶缘上，这些植物多半生长在高海拔地区，另外，马齿苋科一些种的叶腋上也有毛。龙舌兰科中的泷之白丝、乱雪的叶缘纤维卷毛犹如人工撕裂般，非常引人注目。仙人掌科花座球属、圆盘玉属植物球体顶端形成高矮不一的花座，是毛与刺的混合物；一些名贵的多肉植物的茎干外附有木栓质和纸质的树皮，如龟甲龙、芬芳橄榄、葡萄瓮等，极具特色；残留的花梗在大戟科和景天科的一些种中不难看到，如法利达、红彩阁、万物相等，独具观赏性。

（3）花果色泽艳丽、妩媚多姿：仙人掌类的花特别艳丽，有的花大色美，有的花瓣具有耀眼的金属光泽，令人过目难忘，花期多半短暂，更蒙上一层神秘的色彩。其他科多肉植物的花形态结构变化多，有菊花形、星形、蝶形、烟斗形、花篮形、叉形等，部分多肉植物的果实不仅色彩鲜艳，而且还能当水果食用，火龙果、猴面包树等就是其中的典型代表。

2. 生理特点

多肉植物的生理特点主要表现在生理代谢、形态结构等方面。总的来说是干旱环境造就的，完全是自然选择的结果。据文献记载，多肉植物与普通植物相比有以下不同。

（1）生理代谢作用不同。许多种类为景天酸代谢（CAM），即白天气孔关闭减少蒸腾，待夜间气温凉爽时气孔开放，吸收CO_2并存于体内供白天光合作用之需。

（2）表皮角质层厚、气孔数少，而且凹陷，可有效地阻止水分的散失。有研究表明，一株玉米每天失水3～4 L，而一株树状大仙人掌仅失水25 mL。

（3）体内的化学物质浓度较高。当植株受伤时，常会流出白色乳汁或无色黏液，这是一种多糖物质，能有效地促进伤口结痂愈合，不致水分过多散失。

（4）根部渗透压较低。这就意味着这类植物不太耐肥，实践中施肥不宜过多，否则根部水分向外渗透易导致植物肥害。

（5）忍受失水的能力强。许多仙人掌类失水60%不致受害，而普通植物失水仅2%即发生萎蔫而难以恢复。

3. 生态习性

多肉植物对生态环境的要求必须以原产地的气候、土壤条件为主要参考依据。由于种类繁多,原产地的气候、土壤条件十分多样,因而它们对生态因子的要求也是有差异的,归纳起来主要有以下几大因子。

(1) 温度:除少数种类外,大部分仙人掌类植物都不是热带植物。笼统地认为这类植物是温室花卉,尤其是冬季生长需要较高温度的看法是片面的。其实,一些原产于北美的种类非常耐寒,冬季只要保持土壤干燥,维持 2～5 ℃都不会受害。那么,为什么要在温室内栽培呢?要采取哪些保护措施呢?由于原产地降水量不多,这类植物适应干旱环境,一般 18～20 ℃时开始生长,生长最适温度为 20～30 ℃,昼夜温差大,对植物生长有利。夏季持续高温,植株进入休眠(夏眠),待春、秋季温度适宜时又开始正常生长。因此,在夏季应特别注意对栽培场所采取适当的遮阴降温与通风措施。

(2) 光照:一般认为,仙人掌类植物大多对光照的要求较高,而其他科的多肉植物则因种类不同而异。美国植物学家安德森(E. F. Anderson)指出,仙人掌类植物维持生长的最低光照强度为 2500 lx,适合光照强度在 10000 lx 以上,一般以 13000～15000 lx 为宜。

不同种类或同一种类的不同时期对光照强度的要求也不尽相同,差异较大。如星球属中星点多的粉般若比碧琉璃鸾凤玉更喜强光,大龄球比幼龄球需强光,栽培实践中比较好的办法是进行分类分棚管理。随季节变化,做出相应的处理,即盛夏适当遮阴,阴雨天或凉爽季节及时脱网,最佳办法是设置活动网。

(3) 水分:栽培仙人掌类植物,浇水是一门学问。要掌握不同种类植物的生长、生理特性等,附生类型需水量比陆生类型要多;春、秋季(生长期)需水量比冬、夏季(休眠期)要多;幼苗阶段比成苗阶段的需水量多。

(4) 空气:棚内空气经常保持新鲜流通,不仅对植株生长有利,而且还可减少病虫害,特别是红蜘蛛和介壳虫。有条件的温室最好设置排气扇。

(5) 基质:总的要求是疏松透气、排水、保肥性好,含一定量的腐殖质,颗粒适中,呈中性略偏碱性。栽培中常用的材料有粗沙、腐殖土、泥炭土、园土、基肥(由骨粉、贝壳粉、磷肥、饼肥等混合沤制而成)、谷壳灰、蜂窝煤渣等,常见配方有粗沙 5 份、腐殖土 3 份、谷壳灰 1 份、基肥 1 份,一般种类栽培效果都很好。

三、繁殖方法

1. 有性繁殖

有性繁殖是多肉植物栽培中的一个重要环节,主要指播种繁殖。通过播种繁殖,我们可以利用较少的资金获得较多的种质资源;另外,它还是专业化、规模化生产的重要手段。播种繁殖是一项技术性要求较高的工作,实践中必须认真对待。

从国外引进的种子要求新鲜(当年种)、完整、品种纯正。为提高播种发芽率和防止病虫害,播种前应对种子进行严格消毒,可用 1%甲醛浸泡 5～10 min,沥干后用清水漂洗干净,自然晒干(或风干)待播。若种子量少,也可以用乙醇消毒。

(1) 播种前材料的准备及处理。

①播种用具:可选用长 55 cm、宽 35 cm、高 11 cm 的泡沫盆,播种前钻 8～10 个直径约 1 cm 的孔,有利于透气和渗水。由于泡沫盆价廉又轻巧,便于搬动,少量播种或规模生产都很适用。

②基质配方:一般以泥炭土、山皮土、谷壳灰、中细沙按 4∶4∶1∶1的比例,另加适量的石灰和钙镁磷肥混匀配成,之后装盆(每盆土深 8 cm 左右)压平待播。

③消毒:药液由 1%甲醛和敌敌畏(或乐果)1500 倍液配合而成。视播种季节可另加适量的高锰酸钾(防止长青苔)。将盛好播种土的泡沫盆放入药液中浸泡数分钟(以表层土见湿润为止),浸泡后的泡沫盆用薄膜密封 12 h,揭开通气 1～2 天即可播种。

NOTE

(2) 播种育苗。

①播种密度：视品种及其发芽率而定。播种前应做好发芽试验，根据发芽率来决定播种密度。不同品种播种密度不同，同一品种因发芽率差异亦应有所不同。一般每个泡沫盆内播种粒数为500～1200粒。可根据种子的千粒重来决定播种密度：种子千粒重在1～1.5 g的种类，播种密度可控制在500～700粒，如般若(*Astrophytum ornatum*)、鸾凤玉(*Astrophytum myriostigma*)、星球(*Astrophytum asterias*)、白头翁柱(*Cephalocereus senilis*)等；千粒重在0.6～0.9 g的种类，如巨鹫玉(*Ferocactus horridus*)、赤凤(*Ferocactus stainesii*)、金琥(*Echinocactus grusonii*)和层云(*Melocactus amoenus*)等，播种密度可控制在800～1000粒；千粒重小(0.1～0.5 g)、种子细的种类，如黄雪光(*Notocactus graessneri*)、雪光(*Notocactus haselbergii*)、高砂(*Mammillaria bocasana*)、玉翁(*Mammillaria hahniana*)、新天地(*Gymnocalycium saglionis*)等，可播种1000～1200粒，播种时力求均匀一致，可采用反复多次撒播的方法，籽粒太小的可掺适量的细沙。

②播种适期：据实践得知，福建中南部地区利用温室大棚一年四季均可播种，但播种适期为晚春至仲秋，播种期适温为25 ℃左右，但多数种类需高温“破胸”(即露白，35 ℃左右)，适温齐苗(20 ℃左右)。总之，昼夜温差大对其发芽出苗有利。有些种类如裸萼球属的新天地和云类等，在较低的气温下也可正常发芽。因此，播种发芽需较高气温的种类如金琥等，播种期可安排在初夏至仲秋；反之，适应较低气温下发芽的种类如层云、翠云(*Melocactus violaceus*)等，可在早春或初冬的晴暖天气播种。

(3) 出苗管理。

①肥水管理：将播种后的泡沫盆置于水中浸泡24～30 h，并盖上薄膜保温保湿，促进发芽，齐苗后，揭去薄膜，这时应注意盆土不宜过湿，否则小苗易患病害和滋生青苔。一些种子细小的种类，如黄雪光、雪光、金冠(*Notocactus schumannianus*)、拉乌球(*Mammillaria lauii*)等，出苗前期切勿用喷头喷水，以免造成小苗根未扎稳而被冲刷，导致小苗夭折。出苗后50～60天，渐渐让盆土保持较干状态，追施稀薄人粪尿，仙人掌幼苗一般无明显休眠期，原则上应薄肥勤施，促进幼苗速生快长。

②光温调节：多肉植物的许多种类喜欢充足的光照和较高的温度，光温条件好，出苗快(7～10天)，根据这一特点，若在春季播种，播种至出苗阶段，可采用强光照处理，温室不设遮光网，促使小拱棚内温度迅速上升，利于齐苗和培育壮苗。强光照还可减少因春季阴雨天气导致盆土滋生青苔的不良状况。齐苗后30～40天移入遮光率60%的温棚内培养，随着小苗的生长，光照强度也应由弱到强。

③病虫害防治。

猝倒病：病原菌为尖镰孢菌(*Fusarium oxysporum*)，常危害刚出土幼苗，来势猛，损失大，导致大批幼苗死亡。在清除死苗时可发现盆土和死苗表面密布白色菌丝，小苗呈水渍状。防治方法：除播种时注意对种子、盆具和盆土严格消毒外，出苗后应加强通风透光炼苗，药物防治可用多菌灵或甲基托布津拌干细沙撒布盆苗表面。

夜蛾类：夜蛾类幼虫夏、秋季较多，专门啃食幼苗生长点，造成自然破顶。预防方法：除喷广谱性杀虫剂外，可在早晚进行人工捕杀。

根粉蚧：危害幼苗根部，造成小苗失去光泽，严重者球体萎缩死亡。可在追施人粪尿时加入呋喃丹浸出液或乐果乳油进行浇灌防治。

(4) 分苗移栽：一般在播种出苗后150～180天(小苗球茎0.5～1 cm)进行分苗移栽。分苗移栽应掌握以下几点：分苗前7～10天应控制浇水，拔苗后适量修根，移植于新盆中，种植密度视品种而定，长势快且球状的种类(如金琥、王冠龙等)株行距为4 cm×4 cm或5 cm×5 cm；柱状的种类如老乐柱(*Espostoa lanata*)、金刺白毛顶(*Pilosocereus chrysacanthus*)、黄大文字(*Trichocereus spachianus*)、龙神木(*Myrtillocactus geometrizans*)等株行距为3 cm×3 cm或3 cm×4 cm。培养土可参照播种用土，在此基础上适量添加钙镁磷肥和长效肥，土壤含水量应适中稍偏干(以手握紧，松开后可自然散开为度)，利于移栽后小苗根部伤口愈合，并促发新根。

移栽小苗时，可先用打孔器(或粗铁线等)按种植株行距在盆土上扎孔，然后将小苗根系植入(约1 cm深)，并用手指将基部的土壤轻轻压实，让土壤与根系充分接触，移植后的盆苗放入适度遮阴处10～

NOTE

15天，并在此期间喷一次药，预防小苗基腐病。待苗封行（长满盆）后，便可移栽下地，或者上盆继续培养成大苗。

2. 无性繁殖

无性繁殖是多肉植物栽培中最简单易行也最常用的一种繁殖方法。归纳起来主要有四种，即扦插法、分株法、嫁接法和压条法。

（1）扦插法：多肉植物用于扦插的营养器官很多，包括植物的茎、叶、根、不定芽和走茎等，实践中可以根据不同的植物种类做相应的处理，总的要求是不破坏株型。

①茎插法：茎插在仙人掌类植物中应用较多，如子球分离、嫁接球落地等。在一些多肉植物种类中也很常用，如刺戟木科、西番莲科、橄榄科、大戟科等，茎插时，除做好伤口的处理外（如涂硫黄粉），天气和季节也很重要，直接关系到扦插的成败。茎插最好选在气温较高季节的晴天进行，这样有利于切口愈合与生根。

茎插法对于那些容易获取种子或茎干膨大的种类，一般不宜提倡。因为扦插苗的观赏寿命毕竟不如实生苗长，再者，也难以获得理想的茎干膨大型植株。

②叶插法：在景天科植株中最常用，几乎大部分的属均可采用。景天科植物的叶插法应掌握两个要点：一是叶片的掰取一定要完整（尤其是石莲花属 *Echeveria*），即保护好叶基，有利于芽的发生。二是叶插宜在冬季进行，让小苗充分生长，有利于度夏。

龙舌兰科虎尾兰属植物的叶也能扦插，但小苗的斑锦性状难以保留；阿福花科十二卷属的一些种可以叶插或根插；仙人掌科仙人掌属（*Opuntia*）的茎平摆很容易得到小植株。不论茎插还是叶插，扦插的基质很关键，介质必须洁净，颗粒不宜过细，水分干湿适中。有经验者常采用素沙，待新芽和根长出后，另行移入培养土中继续培育。

（2）分株法：就是将一些大丛的植株分开，单独培养成新的植株，此法广泛应用于多肉植物的繁殖。如仙人掌科南国玉属的英冠玉、金晃等常易长成群生株，只要将子球掰开稍稍晾干即可种植。一些龙舌兰科和芦荟植物利用翻盆换土，将母体基部较大的吸芽取下单独上盆，很快能长成与母株一样的小植株。

（3）嫁接法：在无性繁殖中是一项技术性较强的方法。嫁接法具有生长快、开花早、栽培管理简化等优点，因此常被爱好者和生产者所采用。应用较广泛的当数仙人掌科、大戟科植物。嫁接能否成功，影响因素很多，与砧木、天气、季节和接穗的生长状况等关系密切。植物种类不同，嫁接要求也有所区别，总的要求是砧木和接穗亲和力强，便于操作，温湿度适宜等。如我国南方嫁接仙人掌，砧木选用三角柱（*Hylocereus undatus*），而北方则选用短毛丸（*Echinopsis eyriesii*）、短毛麒麟（*Pereskiopsis velutina*）等。三角柱与大多数的仙人掌种类亲和力强，嫁接成活率高，操作简便，非常适合规模化生产，缺点是不耐寒、易老化。短毛丸与短毛麒麟虽较耐寒，但观赏性与操作性却稍逊于三角柱。嫁接仙人掌类植物除选用三角柱、短毛丸、短毛麒麟外，龙神木、卧龙柱等也很适合。

在规模化生产过程中，产品规格化是一个突出问题，即砧木的选用很讲究，要求长短与粗细尽量做到一致，以便提高商品价值和观赏性，尤其是彩球类品种如绯牡丹，它的美是靠砧木衬托出来的，假如砧木粗大，那嫁接出来的绯牡丹就不具观赏性。一般色彩球类（如常见的红、白、黄各色种类）的嫁接，砧木要求粗细均匀，高度以 12～14 cm 为宜。这样的产品不论是盆栽观赏还是在展览温室作色块布景都非常合适。近年来，在福建龙海仙人掌王国，有些多肉植物嫁接时选用天轮柱作为砧木，效果较好，与以往传统的砧木三角柱相比，其后劲更足，长势更旺，观赏寿命更长些，值得尝试推广。不足之处是砧木稍偏粗大。

大量嫁接生产时，采用温室处理的办法值得推广。具体做法是将嫁接好的植株用塑料框装好置于密闭的温室中，温室的大小视生产规模而定。一般以 8～10 m^2 为宜，温室内安装加热器和抽湿器。温度保持在 30～35 ℃，存放时间 5～6 天，经处理后能使嫁接成活率大大提高，还可减少因不利天气所造成的损失。

NOTE

大戟科多肉植物的嫁接，适合用作砧木的有巴西龙骨（*Euphorbia* spp.）、霸王鞭（*E. neriifolia*）和墨麒麟（*E. canariensis*）等。

不论是仙人掌科植物还是其他科多肉植物的嫁接，一般都采用平接法或劈接法，但平接法更为常用。

(4) 压条法：压条法繁殖操作简单，只要将植物体中的一部分压入土中一段时间，便可在植株的茎上长出根来。此法特别适合一些藤蔓型生长的多肉植物。如将萝藦科心叶球兰(*Hoya kerrii* 'Variegate')、葫芦科笑布袋(*Ibervillea sonorae*)的藤蔓埋入土壤中，很快便能长出新根扎入土中，然后将茎切断即可培养成一个新植株。

四、栽培技术

1. 掌握特性

多肉植物种类多、分布广，由于原产地和引种栽培地各种自然环境因素相差太大，因此栽培是有一定难度的。要栽培好这类植物，首先要了解该类植物原产地的生境特点，原产地的生境特点基本上决定了这类植物的习性和栽培要求。实践中有"广布种和特有种"之说，然后根据其习性，创造栽培环境并给予适当的养护措施，如弄清楚该类植物是"夏型种"还是"冬型种"，一般来说，夏型种比冬型种栽培要容易些。

2. 基质配制

我国幅员辽阔，各地使用的基质不一。总的要求是疏松透气、排水良好并具有一定的保水保肥能力。根据大面积规模生产和众多实践经验来看，选用泥炭土或优质泥炭土加粗沙作基本材料，然后混入适量的氮、磷、钾和其他微量元素，有条件的还可加入微量的骨粉或充分腐熟的饼肥渣，通过该配方制成的培养土较适于各类多肉植物的生长。当然，个别珍稀种类，可采用特殊的栽培基质(如某些进口基质)。

3. 翻盆换土

翻盆换土工作一般在春、秋季进行较为合适，还可通过判断植物是否停止休眠，在休眠结束快复苏前进行也是适宜的。结合翻盆要对植物修根，除少数木本植物和根系较弱的草本植物外，其他都要重剪，如一些球类和用三角柱嫁接的植株。剪去老根后稍晾数天，再用先前准备好的湿润的培养土栽植，上盆后注意不要急于浇水，要适当遮阴或放置于通风阴凉处，同时注意植物未充分发育之前，切勿轻易追施肥料。

4. 施肥适当

施肥总的原则是"宁淡勿浓"，必要时可结合浇水进行，做法是让盆土充分干透，然后配制液肥浇施。施肥宜选在植物生长旺盛期或现蕾开花期进行。对于那些生长不良者、植株损伤者以及长期展览摆放后的植株一律不宜施肥。

5. 浇水得宜

浇水要按植物的生长规律进行。不论是冬眠还是夏眠的种类，处在休眠期时都要控制或停止浇水。实践中我们可以遵循以下原则：小苗比大苗多；嫁接苗比自根苗多；附生类型比陆生类型多；叶多而薄的比叶少而厚的多；现蕾开花期比花谢落果后多。

6. 降温保温

据调查，多肉植物在盛夏与严寒季节损坏率较高，故防暑抗寒工作尤为重要。夏季高温(高于 35 ℃以上)对一些处在休眠期的种类生长不利，须降温处理。除加强通风、涂白玻璃和拉盖遮阳网外，还可采取其他措施，如将盆栽植物搁置于流动水槽和沙床中，有条件者可建造凉棚，或凉棚与水槽、沙床同时结合，降温效果会更好。冬季气温下降，低于 7 ℃时，必须进行保温。在此之前，秋季加强肥水管理，培育健壮个体。翻盆换土和移植工作务必在 10 月中上旬之前完成，促使植物充分生长以提高抗寒能力；最有效的办法是严格控制土壤水分，保持盆土干燥。春季气候回暖后不要急于浇水，宜逐步炼苗待适应后方可进行。

7. 整形修剪

整形修剪是针对那些茎干型的多肉植物，如夹竹桃科、木棉科、葡萄科、马齿苋科、西番莲科、橄榄科

等。整形修剪不仅能塑造植物形态，还可增加繁殖材料。近年来，块根、块茎型多肉植物深受爱好者的青睐，除植物本身所具的特点外，某些必要的人为干预即适当的整形修剪对植物的造型还是很有利的。如厦门园林植物园中有一株木棉科多肉植物，通过多年整形修剪、蓄茎留枝成为形神俱佳的"龟纹木棉"标本株。

8. 病虫害防治

病虫害防治应以防为主。尤其是对那些外来引种或是刚购进的种类。培养土严格消毒也能起到较好的预防效果。施药时要选用广谱性的杀菌剂或杀虫剂，注意一种药不宜长期使用，避免产生抗药性。对一些药物敏感的，如大戟科和景天科的部分植物，要防止产生药害而造成损失。

五、多肉植物的合栽

1. 合栽方法

多肉植物的合栽通常有以下几种方法。

(1) 在同一容器内栽植多株同一种类的多肉植物：将形态比较端正一致的植物种类合栽在同一容器内，给人端庄整齐的感觉；也可将同一容器分成若干均等的间隔，并在不同的间隔内种植种类不同但叶形变化不大的植物，而在同一间隔内种植相同的植物，这样可获得整齐且富有变化的视觉效果。

(2) 在同一容器内栽植多种多肉植物：这种合栽由于植株的不同，其形态、质感、色彩等都不一样。因而能给人富有变化的感觉。

2. 合栽原则

在同一容器内栽植多种多肉植物，切不可随心所欲，随意为之。只有遵循合栽的原则种植，才能取得理想的效果。多肉植物的合栽原则如下。

(1) 要有丰富的色彩变化：多肉植物合栽时，应尽可能选择色彩有明显对比的种类，以取得色彩多变、亮丽的效果。合栽的多肉植物色彩差异较小而缺少变化时，可将色彩有对比的饰品点缀其中，如此也能取得一定的观赏效果。

(2) 要有形态上的变化：多肉植物合栽时，应尽可能选择株形和叶形有差异的种类，以示形态的多样性。相同或相似的植物合栽会显得单调。

(3) 要注意构图上的均衡：合栽时，可将构图的重心置于合栽的中心部位，以取得均衡稳定的效果；也可将构图的重心稍偏于合栽的一侧，以取得均衡并富有动势的效果。但重心不宜过于偏离中心，否则会产生不均衡的结果。

(4) 要有合适的间距，疏密有致：多肉植物合栽，特别是生长较迅速的种类合栽时，既要考虑种植时的观赏效果，同时还必须留有适当的间距，以利于种植后植株正常生长。但间距要适当，不要留空太多，以免构图松散和不统一，影响观赏效果。

合栽的多肉植物之间要虚实相生，疏密有致。主题部分可适当密些，其余部分则可适当稀些。忌间距统一、简单呆板。

(5) 要有相同或相似的生态习性：多肉植物因各自的生境不同，形成了各不相同的生态习性。如果将生态习性差异很大的不同种类合栽，很难使其俱盛俱荣，甚至造成部分品种生长不良而死亡。因此，合栽的多肉植物必须要有相同或相似的生态习性。

3. 合栽步骤

(1) 容器选择：合栽多肉植物的容器不宜过大过深，否则养护时浇水容易过湿，不利于植株的成活与生长；容器的色彩不宜花哨，以免喧宾夺主，影响主体观赏性。可用于多肉植物合栽的容器很多，市场现有的容器形式多样、款式新颖、生动有趣，很适合多肉植物的合栽；有些日常用品甚至废旧物品，也可用于多肉植物合栽；用枯木栽植多肉植物，不但具有别样的情趣，而且更显生态、自然。

(2)基质选用：用于合栽多肉植物的基质，应选择含适量腐殖质、疏松透气和排水良好的中性沙壤土，虎尾兰属、千里光属、十二卷属植物要求微碱性基质，天女属植物则喜碱性基质。多肉植物的栽培基质，一般可用腐殖土 2 份、泥炭土 1 份、粗沙 2 份、珍珠岩 1 份配制；也可用泥炭土、园土、粗沙、珍珠岩各

NOTE

1份配制。

(3) 多肉植物选择:多肉植物合栽,一是选择生态习性相近的种类,以保证植株成活和生长良好。二是根据容器大小、高低、色彩和款式,选择主体和配植植物的种类,并决定植物的高度、体量、形态、色彩和数量。选择的植物的形态和体量要与容器相适应,植株的色彩要和容器有对比。

(4) 植物种植:多肉植物合栽,应先种植主体植物,然后根据构图的需要逐一种植配植植物。种植时应注意植株之间的呼应关系和形态、色彩的变化,并保持适宜的间距。盆边可适当留下少许空间,但不宜过空,空处盖上一层白色小石子,不但可防止浇水时泥水溅起污染叶面,还可以提高观赏性。也可在空处种植一些叶片细小的植物,以防盆土裸露影响观赏性。如果在盆边种植一些枝叶垂挂的植物,则可使合栽更丰满、更富有动势。理想的多肉植物合栽,应主次有别、形态各异、色彩丰富、和谐统一。

(5) 饰物置放:植物种植完毕,可在适当位置点缀饰物。饰物的造型应生动而富有趣味,与多肉植物互相映衬。如在叶盘呈莲座状的植株中间点缀佛像,可让人联想到佛祖在莲座上打坐的形象。注意:点缀饰物不宜多,也不要面面俱到;点缀饰物可适当夸张,但不宜过大。盆外点缀饰物,也能起到增加趣味的作用。

六、多肉植物的观赏特性

多肉植物的观赏特性如下。

1. 美妙别致的株形

多肉植物外形上肥厚多汁,形态奇特别致。如五十铃玉(*Fenestraria rhopalophylla* subsp. *aurantiaca*),叶肉质,棍棒状,叶片密集成丛,几乎垂直向上生长;子持莲华(*Orostachys boehmeri*),叶腋间向四周放射状长出许多小株,犹如天女散花;纪之川(*Crassula* 'Moonglow'),叶片排列十分整齐,整个植株犹如一座座小的方塔;松鼠尾(*Sedum morganianum*),叶片紧密排列于茎上,像一条条松鼠的尾巴;卷绢(*Sempervium tectorum*),叶片顶部的白色短丝毛相互联结,如同织成的蛛丝网等。

2. 奇异有趣的根茎

(1) 具有形状奇特的茎干和膨大的茎根部:如非洲霸王树(*Pachypodium lamerei*),圆柱形茎干十分粗壮,且上面密生长长的硬刺,仿佛是古代兵器"狼牙棒";白桦麒麟(*Euphorbia mammillaris* 'Variegata'),肉质茎上残留的花梗似刺,别致有趣;人参大戟(*Monadenium montanum* var. *rubellum*),茎基部膨大如薯,是块茎状多肉植物的代表性种类。

(2) 茎部有美丽的斑锦变异:有些多肉植物的茎部有美丽的斑锦变异,出现红、黄、白、紫、橙等鲜艳颜色,色彩十分丰富。如彩春峰(*Euphorbia lactea* f. *cristata* 'Albavariegata'),茎部具暗紫红、乳白、淡黄等色;白桦麒麟,茎色白中嵌绿,如同白桦树的树皮。

(3) 茎部呈现奇特有趣的"缀化":有些多肉植物由于分生组织细胞的反常发育,使茎部出现畸形扁化,这种状况通常被称为"缀化",其形状十分奇特。如特玉莲(*Echeveria runyonii* 'Topsy Turvy')的茎缀化后呈扇形,麒麟掌(*Euphorbia neriifolia* var. *cristata*)的茎缀化后形如鸡冠,十分有趣。

3. 丰富多彩的叶片

(1) 奇特而有趣的叶片:有些多肉植物具有奇特而有趣的叶片,如快刀乱麻(*Rhombophyllum nelii*),叶片先端开裂,极似一把把正在打开的剪刀;月兔耳(*Kalanchoe tomentosa*),长长的叶片密布茸毛,犹如兔子的耳朵;熊童子(*Cotyledon tomentosa*),毛茸茸的叶片酷似小熊的脚掌等。有些多肉植物的叶片还有特殊的结构——"疣",如条纹十二卷(*Haworthia fasciata*)的叶片上具横条状白色的疣状突起,天女(*Titanopsis calcarea*)的淡蓝绿色叶片上着生淡红色或淡白色小疣等,颇有特点。

(2) 美丽的叶色:很多多肉植物还具有美丽的叶色,如黑王子(*Echeveria* 'Black Prince')、黑法师(*Aeonium arboreum* 'Zwartkop')的叶色为黑紫色;玉露(*Haworthia cooperi* var. *pilifera*)在烈日下暴晒时肉质叶呈淡紫色;火祭(*Crassula capitella* 'Campfire')在冷凉而阳光充足时,叶缘红色或叶片的大部分变成红色,如同燃烧的熊熊火焰;吉娃莲(*Echeveria chihuahuaensis*)碧绿的叶盘上被浓厚的白粉,而在叶尖和叶缘呈红色,鲜艳而美丽;丸叶红司(*Echeveria nodulosa* 'Maruba')的叶背、叶缘和叶面

NOTE

均有红褐色的线条或斑纹，叶色十分鲜丽。

(3) 叶片顶部具有透明的“窗”：有趣的是，在寿（*Haworthia* spp.）和截形十二卷（*Haworthia truncata*）等多肉植物的叶片顶部还具有透明的“窗”，“窗”上分布着不同形状的花纹，使整个植株精巧雅致，犹如碧玉雕刻的工艺品。

(4) 有美丽的斑锦变异：有些多肉植物的叶片有美丽的斑锦变异，呈现美丽的斑块和条纹。如熊童子、玉露的叶片上有白色或黄色斑纹；火祭叶缘有白色斑纹；金边虎尾兰叶缘呈金黄色等。

4. 鲜艳绚丽的花朵

有些多肉植物不但形态有趣奇特，还能开出鲜艳美丽的花朵。如红提灯（*Kalanchoe porphyrocalyx*）在开花时节，植株上开满一朵朵小花，酷似一盏盏红艳艳的小提灯，十分美丽可人；照波（*Bergeranthus multiceps*）在夏季开出金黄色花朵，明亮而壮观；神刀（*Crassula perfoliata* var. *minor*）在春天开出硕大的红色花序，鲜艳醒目，具有很高的观赏价值。

七、多肉植物的经济价值

多肉植物的应用历史悠久。尽管从考古学上获得的记录很贫乏，但还是有一些证据说明原始社会人们与多肉植物的关系。在巴西东北部皮奥伊州（Piaui）Serra de Capivara 地区发现的 12000 年前的洞穴岩画，描绘了一种仙人掌科植物——*Tacinga inamoena*；在秘鲁海拔 4200 m 的安第斯山区的一个洞穴里发现成堆的鹰翁（*Austrocylindropuntia floccose*）种子；南非发现一处岩画上有好望角芦荟（*Aloe ferox*）和润肺草属（*Brachystelma*）、白皮玉属（*Raphionacme*）多肉植物的图像，这些植物都可食用。秘鲁 Chavin de Huantar 寺庙的石雕中神手握圆柱状的仙人掌，据考证是多闻柱（*Echinopsis pachanoi*），距今 3300 多年。墨西哥城民族宫有一幅壁画展示 Aztec 时期，人们利用大叶龙舌兰（*Agave salmiana*）榨取汁液发酵制成龙舌兰酒。总之，随着社会的发展与进步，多肉植物在很大程度上，与其他经济植物一样，与人类的活动息息相关，密不可分。归纳起来，它们有以下几方面的经济价值。

1. 园林应用，美化环境

仙人掌与多肉植物的形态千姿百态。有各种令人想不到的奇特形状，引人入胜，让世界各地的爱好者流连于这个多姿多彩的世界。仙人掌类植物的观赏重点在于它的形态、刺、棱、花和果的部分；而其他多肉植物的观赏重点在于叶、茎、花的部分。玲珑可爱的景天科、粗犷的大戟科、雅致的百合科、多花而小巧可爱的萝藦科、叶片如针呈放射状排列的龙舌兰科、叶片极度肉质化的番杏科都是栽培者的最爱。

它们被广泛应用于居室美化、阳台庭院或屋顶绿化点缀、园林景观布置等，不论盆栽或地栽、单一种类种植或多种混植，皆能创造不同的乐趣和美妙的景观效果。各式花盆、玻璃杯、贝壳、咖啡杯和随手可得的杯盘都是配植多肉植物的最佳搭档，是室内美化装饰的首选。多肉植物不必经常浇水，具有超强的耐旱能力，是阳台庭院或屋顶绿化点缀的最佳植物。应用多肉植物作为园林景观布置，有浓郁的异国风情。

2. 清新空气，有益健康

仙人掌与多肉植物中有相当一部分种类的代谢方式与一般植物不同。它们多采用景天酸代谢（CAM）方式，晚上较凉爽潮湿时气孔开放，吸收 CO_2 并通过羧化作用合成苹果酸和其他有机酸储藏在大液泡内，白天高温时气孔关闭，在温度、光、酶的共同作用下将有机酸脱羧，放出 CO_2 供光合作用使用。国外曾有科学家做过这样的实验：在密闭的房间内放一些多肉植物，测得的 CO_2 浓度比先前低得多。多肉植物的这一生理特性在家庭养花中有重大的现实意义，一般家庭对居室摆放的植物有所顾忌，担心植物晚上放出的 CO_2 对人体有害，但这类植物因代谢方式不同不存在此种情况，因此，多肉植物有“空气过滤器”的美称。

3. 风味独特，营养丰富

仙人掌与多肉植物除具观赏价值外，许多种类还是人类和其他动物的食物来源，如球形仙人掌的肉质茎可制作沙拉或蜜饯，番杏科多肉植物生石花的肉质茎可以腌制泡菜，薯蓣科多肉植物是非洲生物的主要淀粉食物来源，墨西哥名酒龙舌兰酒由龙舌兰的茎发酵制成。总之，多肉植物的食用范围非常广泛。

在蒙昧时代，仙人掌的果实对北美印第安人的生存起着重要的作用。直至 20 世纪初，美国专家还写道：北美一些印第安部落，每年有两个月是靠食用巨人柱的果实来度过青黄不接的时日。即使人类的历史进入高度文明的今天，一些多肉植物的果实，因其鲜艳的外观、美妙的口感仍然非常诱人，如猴面包树的果实像一个巨大的鸡蛋，奶白色的果肉似奶油酱；鲜红艳丽的火龙果含有丰富的胡萝卜素、钙、铁、磷等矿物质和维生素，营养价值极高。这些果实不仅人类可以食用，很多动物也喜欢吃。这对维持荒漠地区的生态平衡有重大的意义，而有些种类也借此扩大了种群的繁衍。

4. 保健和医药

多肉植物中药用价值最高的是芦荟，它被视为治病强身的“灵丹妙药”，引起世界上许多国家的关注。据《南非药用植物》介绍：南非土著将好望角芦荟（*Aloe ferox*）作为药物治疗人类和家畜的疾病已有很长的历史，他们将这种芦荟的叶和根用水煮沸后作为缓泻剂治疗便秘，也用于治疗湿疹、结膜炎、高血压。全世界约有 300 种芦荟，作为药物使用的有好望角芦荟、木立芦荟（*A. arborescens*）、大宫人芦荟（*A. greatheadii*）、库拉索芦荟（*A. vera*）、中华芦荟（*A. vera* var. *chinensis*）等。现代医药证明，芦荟含有芦荟素和芦荟大黄素等药用成分，有促进胃肠蠕动和吸收水分与平衡电解质的功能，同时它还含有大量的糖蛋白和多种聚糖，能促进纤维细胞生长，增强免疫力，因而它不仅能作为缓泻剂，也能消炎治外伤。

除芦荟外，还有相当一部分多肉植物，如仙人掌科、景天科、大戟科等的一些种类也具有药用价值，在民间被当作医药广泛应用。

仙人掌科：乌羽玉（*Lophophora williamsii*）体内含有一种迷幻剂，是麻醉药的主要成分；仙人掌（*Opuntia dillenii*）可行气活血、清热散瘀；量天尺（*Hylocereus undatus*）的花和瘦肉炖汤，不仅是美味佳肴，而且清凉降火；中美洲原产的大花蛇鞭柱（*Selenicereus grandiflorus*）含强心成分。

景天科：垂盆草（*Sedum sarmentosum*）可清利湿热；灯笼草（又名落地生根，*Kalanchoe pinnata*）可消肿解毒、凉血止血。

大戟科：虎刺梅（*Euphorbia milii*）、火殃勒（*Euphorbia antiquorum*）有清热化瘀、排脓解毒的功效。

龙舌兰科：有些龙舌兰的叶含有类固醇（steroid），可提取皂苷配基（sapogenin）和龙舌兰皂苷配基（hecogenin）。使用较多的种类为龙舌兰属的剑麻（*Agave sisalana*）、灰叶剑麻（*A. fourcroydes*）和章鱼龙舌兰（*A. vilmoriniana*）等。

5. 护肤美容

有文献报道，芦荟可用于护肤美容是由于芦荟原汁中具有多糖、蒽醌、维生素、活性酶和几十种对人体有用的微量元素。因此，将芦荟原汁添加于化妆品中，或用鲜叶涂于面部等处，有增白保湿，防止皮肤色素沉着，浸润软化皮肤，护发止痒，消炎止痛，防臭，改善粉刺、雀斑、老年斑、皮肤粗糙等功效。

鲜芦荟汁可用于美发：每天坚持用鲜芦荟汁涂抹头发，头发会变得柔软、乌黑发亮，还可去除头皮屑，防止脱发。用芦荟胶梳理头发，可随心所欲地变换造型，比“发胶”效果好，因为它无异味、无毒、无副作用。

6. 其他用途

在多肉植物原产地，一些土著人还利用多肉植物进行渔猎、染色、建筑、造船、编篱笆等。

①大戟科植株的白色乳汁大多有毒，有的甚至有剧毒，因此，被原住民用于毒鱼或作为毒箭材料，知名度最高的要数矢毒麒麟（*Euphorbia virosa*），他们用凝干的浆涂在箭头上射杀野兽；津巴布韦林波波河流域，当地人用琉璃塔（*Euphorbia cooperi*）的汁液毒鱼；南非的班图人用冲天阁（*Euphorbia ingens*）毒鱼，先用石头包上冲天阁干草浸透，再将其扔入池塘，十几分钟后鱼浮于水面且有呼吸；纳米比亚原住民喜欢用二歧芦荟（*Aloe dichotoma*）的主干作箭筒，当地称这种芦荟为箭筒树。

②染料的使用可追溯到 2400 年前。墨西哥 Aztec 国王的黄袍是用胭脂虫染的，该染料称为 Royal Red。而胭脂虫主要寄生在一些仙人掌属植物的茎上。当时生产力低下，为了获得染料，统治者硬性规定百姓交这种虫就像交税一样。这种染料在欧洲也显得很神秘，价格很高，18 世纪一位德国学者用显微镜研究胭脂虫后才破解了这个秘密，然后人们在加那利群岛大量生产胭脂虫。虽然这种染料已被价

NOTE

廉的合成染料代替，但在食品、饮料、化妆品上还有应用。美洲土著妇女将 *Opuntia schumannii* 和 *Opuntia phaeacantha* 的果实压碎后直接涂脸，*Ferocactus emoryi* 的中刺也被作为化妆品。

③龙舌兰属的剑麻（*Agave sisalana*）是传统的纤维植物，灰叶剑麻（*A. fourcroydes*）也作为纤维植物栽培。

④死掉的巨人柱因其维管束坚硬，是良好的建筑材料。木棉科的纺锤树，其木材比重仅为 0.12，是造船的好材料。巴西原住民曾用它做独木船。

⑤多种带刺的仙人掌和大戟科多肉植物被密植作为篱笆，如白云阁（*Stenocereus marginatus*）、近卫柱（*Stetsonia coryne*）、将军柱（*Austrocylindropuntia subulata*）、壶花柱（*Eulychnia* spp.）等。

红掌

第四节　红　　掌

一、概述

红掌（*Anthurium andraeanum* Linden）又名花烛、火鹤花、安祖花、灯台花等，为天南星科（Araceae）花烛属（*Anthurium*）的多年生常绿草本植物，原产于中、南美洲的热带雨林中，属热带花卉。19 世纪中叶引种到欧洲，20 世纪中期品种得到改良，我国自 20 世纪 80 年代引种栽培。红掌花序独特，佛焰苞色彩艳丽有光泽，花梗韧性好，花姿奇特，观赏价值高，花期长，在适宜条件下终年开花不断，并且瓶插寿命可达一个月。红掌为目前较为珍贵的花叶兼用的观赏植物，现已成为世界名贵切花。在全球花卉销量排行中，红掌可以排进前三。

目前中国市场的商业品种大都由国外专业公司选育，其中荷兰是世界上最大的红掌生产及贸易基地，全部采用现代化电脑环控（温度、遮光、二氧化碳浓度等）的玻璃温室栽培。而国内栽培面积相对较小，主要以设施栽培为主，通过高密度种植来提高单位面积产量。

二、生物学特性

1. 形态特征

多年生常绿草本花卉，直立，株高 50～80 cm，茎极短。叶颜色鲜绿，呈心形，长 30～40 cm，宽 10～12 cm。花梗长约 50 cm，高于叶片。佛焰苞蜡质，阔心形，长 10～20 cm，宽 8～10 cm，表面波皱，有光泽，红色、橙红色或白色。肉穗花序圆柱形，直立挺拔，黄色，长约 6 cm。花两性，小坚果内有种子 2～4 粒，粉红色。环境适宜则可终年开花。

红掌主要变种如下：可爱花烛（*A. andraeanum* var. *amoenum*），又名白灯台花，佛焰苞粉红色，肉穗花序白色，先端黄色；克氏花烛（*A. andraeanum* var. *closoniae*），又名白尖灯台花，佛焰苞大，心形，先端白色，中央淡红色；大苞花烛（*A. andraeanum* var. *grandiflorum*），又名大苞灯台花，佛焰苞大；粉绿花烛（*A. andraeanum* var. *rhodochlorum*），又名巨花花烛，株高达 1 m，佛焰苞粉红色，中央为绿色，肉穗花序初开为黄色，后变为白色；莱氏花烛（*A. andraeanum* var. *lebaubyanum*），又名绿心灯台花，佛焰苞宽大，红色；光泽花烛（*A. andraeanum* var. *lucens*），佛焰苞血红色；单胚花烛（*A. andraeanum* var. *monarchicum*），又名黄白灯台花，佛焰苞血红色，肉穗花序黄色带白色。

常见品种如下：①高山，佛焰苞白色，佛焰花序粉红色；②粉安廷克，佛焰苞和花序均为鲜粉红色；③亚利桑那，佛焰苞鲜红色，花序黄色；④小调，佛焰苞小，红色，叶片深绿色；⑤安托洛尔，佛焰苞深粉红色；⑥皇石，佛焰苞红色，叶深绿色；⑦红星，佛焰苞红色；⑧糖果，佛焰苞橙红色；⑨红美，佛焰苞红色，叶片红色，耐低温。

NOTE

2. 生态习性

喜温暖多湿气候及排水良好的土壤，不耐寒，怕强光暴晒。适合生长温度为日温 25～28 ℃，夜温 20 ℃。能够耐受的最高温度为 35 ℃，最低温度为 14 ℃，18 ℃以下停止生长，低于 13 ℃则易受冻害。

三、栽培技术

1. 繁殖方法

红掌一般采用播种、分株、扦插和组织培养方法繁殖。

（1）播种繁殖：红掌自然受粉不良，如需采种应进行人工授粉，待种子成熟后，随采随播。为避免果皮、果肉腐烂发霉而影响种子的发芽率，播种前应去除果皮，洗去果肉。用纯沙催芽法播种，将种子点播在干净的河沙中，株距约 1 cm，播种深度为 0.4～0.7 cm，播种后遮阴保湿，保持地温 25 ℃，约 3 周可发芽。待长出 5～6 片叶时，移栽到育苗盆中。栽培基质要求有良好的保水性与排水性，保肥力强，支撑能力强。推荐使用珍珠岩：椰糠/泥炭土＝1∶2的基质配方，小块颗粒直径必须为 2～5 cm。理想的基质环境 pH 保持在 5.5～6.0，可溶性盐浓度（EC 值）保持在 0.8～1.0 mS/ cm 之间。

（2）分株繁殖：可将成年红掌植株根茎部蘖芽进行分割。对于大型母株可先将分株部分切伤，用湿苔藓包裹，等发根后分切。对生长较弱的母株，可先将老茎上的叶片摘除，然后用轻基质埋没保湿，操作时注意保护好休眠芽，保持地温 25～35 ℃，待新根和新叶萌发后分切。

（3）扦插繁殖：将较老的红掌枝条剪下，去掉叶片，每 1～2 节为一个插穗，直立或平卧插在河沙或珍珠岩中，温度保持在 25～35 ℃，30 天左右可长出根和新芽。然后上盆种植，种植时需要有 75%遮光率的遮阳网，以防止过强的光照。采用双株种植优于单株种植，注意将植株心部的生长点露出基质的水平面，同时应尽量避免植株沾染基质。上盆时先在盆下部填充 4～5 cm 厚的颗粒状的碎石等物，作排水层，然后添加培养土（2～3 cm），同时将植株正放于盆中央，使根系充分展开，最后填充培养土距盆面 2～3 cm 即可，但应露出植株中心的生长点及基部的小叶。种植后必须及时喷施杀菌剂，防止病害发生。

（4）组织培养：组织培养是目前红掌规模化生产应用的主要繁殖方法。20 世纪 70 年代末，荷兰开始用组织培养法繁殖红掌。至今，欧美国家基本都采用组织培养技术大量繁殖红掌种苗。以红掌叶片、芽、叶柄为外植体，经消毒后接种在添加 6-BA 1mg/L 的 MS 培养基上，形成愈伤组织，再转移到添加 6-BA 3mg/L 的 MS 培养基上，成苗率可达 65%。从试验结果来看液体培养基比固体培养基好，更利于生根。

2. 上盆与换盆

（1）上盆：一般来说，选择透光率低的花盆，如外侧为红色里侧为黑色的双色花盆透光率极低，是栽植红掌的理想花盆。花盆的大小规格应根据种植计划来选择。当穴盘苗株高达 8 cm 时，需要移栽入 80 mm×80 mm 塑料盆中，上盆移栽时应根据苗的大小对苗进行再次分级。在经过消毒的花盆底部装入少许基质，将 2 株大小同级的种苗扶立在花盆中央，四周填充基质，用手轻轻压实基质，确保种苗生长点露出基质，填充的基质高度与花盆下环线持平。经过上盆进入小苗阶段，该阶段生长期通常为2～3 个月。

（2）换盆。第 1 次换盆：当小苗种植 2～3 个月后，肉质根系已很饱满、粗壮，它会沿花盆内壁绕住介质表面，此时需换盆，要移栽入 120 mm×100 mm 塑料盆中，换盆方法与上盆方法相同。经过第 1 次换盆进入中苗阶段，该阶段生长期通常为 2～3 个月。第 2 次换盆：当中苗株高达 20 cm 时，需要移栽入 160 mm×140 mm 塑料盆中，大花品种移栽入 170 mm× 150 mm 塑料盆中，换盆方法与上盆方法相同。经过第 2 次换盆进入大苗阶段，该阶段生长期通常为 3～4 个月。之后进入成品花阶段，开始留花，该阶段生长期通常为 4～5 个月。

3. 栽培管理

（1）温湿度管理：红掌生长最适温度为白天晴天 20～28 ℃，阴天 18～20 ℃，夜间 18 ℃以上。极限

NOTE

温度为 14 ℃和 35 ℃。相对湿度要求白天晴天大于 50%，阴天 70%～80%，晚上低于 90%。一般情况下，温度低于 14 ℃，就会发生冷害，温度高于 35 ℃时，会造成花芽败育或畸变。目前常用的方法是通过通风设备来降低室内温度，也可通过喷雾系统来降低温度，这样既可增加湿度又可以保持植株干燥，同时还能减少病害的侵染机会。在冬季，温室中气温低于 17 ℃时，可使用暖气管道进行加温，防止植株冻害，使其安全越冬。

(2) 光照管理：影响红掌产量的最重要的因素是光照。红掌适合的最佳光照强度为 15000～25000 lx。如果光照不足，光合作用减弱会使同化产物减少；当光照过强时，植株生长缓慢，发育不良，一些品种色泽暗淡，更严重时可能出现叶片变色、灼伤或焦枯现象。可通过遮阳网来调节光照，依据不同生长阶段对光照的要求，进行有效调整。营养生长阶段红掌对光照要求较高，可适当加光，以促进生长；开花期间红掌对光照要求低，可适当遮光，以防止发育不良，色泽暗淡，影响观赏。

(3) 肥水管理：红掌对盐分较为敏感，规模化生产应使用经过处理的纯净水进行定期灌溉，使水质达到其生长的基本要求，降低盐分在基质中的积累，且基质的 pH 需控制在 5.5～6.5。夏季可 2 天浇一次水，气温高时每天浇水；秋季一般 4～7 天浇一次水，供水量一般为夏季每周 20 L 左右，冬季每周 7 L 左右；人工浇水一定要均匀。红掌通常采用根部施肥，因为红掌的叶片表面有一层蜡质，不能很好地吸收肥料，且根部施肥还可以保持叶片和花朵的干净整洁，所以对红掌进行根部施肥比叶面追肥效果要好。依据不同的基质、季节和植株的生长发育时期定期定量施用液肥。施肥时间因气候环境而异，一般情况下，在 8:00—17:00 施用；冬季或初春在 9:00—16:00 进行。秋季一般以 3～4 天为一个施肥周期，如气温高，可视盆内基质干湿程度每隔 2～3 天施肥一次。

(4) 病虫害防治：病虫害防治是红掌切花生产中非常重要的一环。红掌常见病害有疫病、炭疽病、根腐病等；虫害有蚜虫、蓟马、红蜘蛛、蛞蝓等。应以预防为主，综合防治。其中搞好化学防治之外的工作非常重要，应做好以下几个方面：①加强温室的温度控制，搞好环境卫生，避免生产区人员、作业工具的流动等。②加强温室的管理，经常通风，及时清理病叶和病株。非生产人员严禁出入，如要进入必须按要求进行消毒。③生产过程严格遵守操作规范，避免交叉感染。杀虫剂和杀菌剂一般在早上或傍晚喷施。细菌病主要有细菌性疫病和枯萎病，主要采用 1.5%农用链霉素防治。真菌病害主要有炭疽病、根腐病等，可采用 80%代森锰锌、50%甲基托布津可湿性粉剂 800 倍液加 75%百菌清可湿性粉剂 800 倍液、50%克菌丹等进行防治。每隔 7～10 天用药一次，共 2～3 次。蓟马、红蜘蛛等虫害，可用 20%绿威乳油等防治。

(5) 整形修剪：盆栽红掌的整形修剪主要是对老叶的修剪。叶片过密会造成相互遮盖而影响切花产量及质量。一般每株保留 3～4 片完全成叶，不同品种间有所差异，一般大叶或水平叶较多的品种留叶较少。对叶的修剪要灵活，有时还要考虑植株生长情况和密度及天气情况。

(6) 切花的采收与分级。

①采收。当肉穗花 2/3～3/4 变色且看到雄蕊时可以采收，采收时在满足切花长的基础上，保留 3 cm的花茎，以防后期烂茎。采收后红掌切花应及时放入 18～20 ℃冷库保存以去掉田间热，并用保鲜液浸泡处理。

②分级。合格的红掌切花应佛焰苞无畸形、完整，颜色鲜亮，光洁，无杂色斑点。根据佛焰苞横径宽度的大小可分为 3 级，14 cm 及以上的为 1 级，9～13 cm 的为 2 级，小于 9 cm 的为 3 级。

四、园林应用

红掌花色鲜艳，株型奇特，具观叶及观花的两重观赏性，能够调节室内空气湿度，吸收有害气体，改善室内空气质量，陶冶情操，放松心情。其逐渐成为绿植中小盆栽的替代品，被广泛用于室内装饰及酒店、办公楼、会议等租摆业务中。红掌亦是优质的切花材料。

第五节 铁 线 莲

一、概述

铁线莲属(*Clematis* L.)植物隶属于毛茛科(Ranunculaceae),是一种观赏价值高,具有多种抗逆性的藤本植物,分布于世界各地,该属植物共355种,我国约有147种。目前,国际铁线莲协会将铁线莲属植物分为9个类群,即常绿群、阿尔卑斯铁线莲群、山铁线莲群、大花栽培品种群、重瓣和复瓣群、夏季开花大花品种群、晚花栽培品种群、南欧铁线莲群、其他晚花原种群。这也是现在通用的铁线莲属品种分类标准。铁线莲属植物花型新颖别致,变化大,独具风采;铁线莲花期较长,适应性强,园艺用途广泛,在欧美庭园绿化应用甚多,常用于墙篱、凉亭、拱门、花架、花柱等,也用作地被、花卉、切花、盆花、垂吊装饰,被称为"攀缘植物皇后",在国际观赏园艺中占有重要地位。

我国铁线莲属植物种质资源丰富,约占世界铁线莲属的41%,是铁线莲属重要的分布中心,也是铁线莲属众多园艺品种主要亲本的原产地。我国铁线莲属植物广泛分布于各省份,其中以云南省分布最多,是我国铁线莲属植物分布中心,共有铁线莲属植物59种24变种,其中中国特有的56种(变种)。另外,陕西秦岭的铁线莲属植物有18种4变种,多为直立灌木或草本,且几乎所有种类均具有较高的观赏价值。北京地区野生铁线莲属植物共11种,其中棉团铁线莲(*C. hexapetala*)、槭叶铁线莲(*C. acerifolia*)、黄花铁线莲(*C. intricata*)、芹叶铁线莲(*C. aethusifolia*)、太行铁线莲(*C. kirilowii*)、半钟铁线莲(*C. ochotensis*)和长瓣铁线莲(*C. macropetala*)均具较高的观赏价值。河南铁线莲属植物资源也很丰富,共有24种1亚种及10变种。浙江省共有铁线莲属植物22种9变种,其中舟柄铁线莲(*C. dilatata*)、毛叶铁线莲(*C. lanuginosa*)、浙江山木通(*C. chekiangensis*)、天台铁线莲(*C. patens* var. *tientaiensis*)为浙江特有种。

国内野生铁线莲利用率很低,仅对极少数种进行了引种驯化研究,在一定程度上制约了国内铁线莲属植物育种进程。国外铁线莲育种者中以爱沙尼亚的园艺师Uno Kivistik最为著名,其从1974年开始引种,1978年进行杂交试验,目前已种植6000多个栽培种,选育出140多个用于推广的新品种。

二、生物学特性

1. 形态特征

多年生木质或草质藤本,或为直立灌木或草本。叶对生,或与花簇生,偶尔茎下部叶互生,三出复叶至二回羽状复叶或二回三出复叶,少数为单叶;叶片或小叶片全缘、有锯齿或分裂;叶柄存在,有时基部扩大而连合。花两性,稀单性;聚伞花序或为总状、圆锥状聚伞花序,有时花单生或1至数朵与叶簇生;萼片4,或6~8,直立成钟状、管状,或开展,花蕾时常镊合状排列。雄蕊多数,心皮多数。瘦果,宿存花柱伸长呈羽毛状,或不伸长而呈喙状。铁线莲现有品种丰富,花有白、粉红、红、紫、蓝、紫蓝和黄等多种颜色;花型亦有小型、中型、大花类群以及铃铛种类。花期从早春到晚秋(也有少数冬天开花的品种),果期夏季。

2. 生态习性

铁线莲喜冷凉气候,喜光,稍耐阴,但光照不足会影响其开花;喜肥沃、排水良好的壤土,忌积水。生长的最适温度为夜间15~17 ℃,白天21~25 ℃。夏季温度高于35 ℃时,铁线莲叶片发黄甚至落叶。冬季温度降至5 ℃以下时,铁线莲将进入休眠期。

三、栽培技术

1. 繁殖方法

铁线莲通常采用扦插繁殖或压条繁殖。

（1）扦插繁殖：可在每年7—8月进行扦插，扦插时基质以山沙为佳，选取当年生半木质化茎段为插穗，留一片叶片，可用NAA或IBA处理插条，以提高生根率及移栽成活率。扦插期间需保持湿度80%以上，温度18～25 ℃及5000～10000 lx的光照强度。

①扦插池建造：扦插池应选择在地势平坦、空旷，附近有水源，能接通电源的地方。扦插池可根据所处地段进行建造，一般为长20 m、宽1.5 m的长方形，扦插床之间留50 cm左右的步道。砌床深30 cm，内宽120 cm，用带孔的水泥砖（洞孔为内外走向）砌底层，然后加砌约15 cm高的红砖。在扦插池的中心位置安装水管，且每隔100 cm左右装喷头，并使之与池外抽水泵出水管相接。池内底层先铺碎砖块或鹅卵石，再铺1层粗沙（厚约8 cm），最上面铺1层泥炭土＋蛭石（比例为1∶1，厚约5 cm）作为扦插基质。在扦插池外近水源处可设置自动喷雾系统。

②扦插育苗。

扦插时间：一般在6月至7月上旬（夏插）或9月下旬至10月中旬（秋插）进行，此时铁线莲枝条处于半木质化时期。

插穗选择与处理：在阴天或晴天的早晨采集无病虫害、生长旺盛的半木质化枝条或一二年生硬枝。采集的插穗注意保湿，最好随采随插。当天采的插穗必须当天插完。选择无病虫害、健壮、芽饱满、粗细基本一致的枝条，剪成带1个节（2个芽）、长5 cm左右的插条，下切口距芽3～4 cm，上切口距芽1～2 cm。要求剪刀锋利，切口平滑，同时将叶片剪切成2～4个半片，剪好后先在多菌灵可湿性粉剂500倍液中浸泡10 min，清水冲洗后，立即浸入浓度为1000 mg/L的吲哚丁酸溶液中，速蘸几秒后待插。基质为泥炭土＋蛭石（比例为1∶1）。为避免病虫害发生，可将多菌灵可湿性粉剂拌入基质中。

扦插：以3 cm×3 cm的株行距在扦插池内进行扦插。每穴插1株；扦插深度一般为插穗的1/2～2/3，插后压紧插穗周边基质。

③插后管理：嫩枝扦插后立即启动喷雾装置，前20天每天喷雾3次，喷雾时间为10 min。20天以后，每天喷雾2次，每次25～30 min；50天以后，逐渐延长喷雾间隔时间。插后每10天喷施1次恶霉灵及根宝的800倍混合液，防止插穗腐烂，扦插60天后开始移栽。

（2）压条繁殖：将当年生或一年生的枝条上的节点埋入基质（沙∶泥炭土＝1∶1）中，12个月内即可生根，且生根的部分可被分离种植。

2. 栽植养护

（1）选苗：铁线莲的根为肉质根，因此选苗时应选择根系较多、无病虫害的植株。每年的11月到翌年3月，可购买实生苗，此时为铁线莲的休眠期。若想快速形成景观效果，建议购买3年以上的苗木，虽然价格较高，但植株生长较为强健，成活率高。

（2）栽植：铁线莲属植物既可盆栽美化阳台，也可地栽爬满庭院。因此需了解盆栽、地栽两种方式的栽植要点。

①盆栽。盆栽铁线莲不受季节的影响，任何时期均可。花盆的选择也没有要求，只要底部透水透气，种植土疏松透气、保水保肥即可。

②地栽。一般在早春和秋季栽植。地栽前先平整场地，除去建筑垃圾，可拌入一些有机肥等增加土壤肥力。如购买的是裸根苗建议先盆栽，待根系与土壤成团后再移栽，利于苗木成活。若购买的是带介质的容器苗，可将其充分浸水后再栽植。种植穴应比容器苗大3～4倍，在穴底垫5 cm厚的碎石块，利于排水。底肥可用饼肥、农家肥等，利于铁线莲开花。

（3）浇水：铁线莲喜水忌涝，浇水一般遵循见干见湿的原则。冬天是铁线莲属植物的休眠期，生长缓慢，可少浇水；夏天炎热，植物生长旺盛，可视土壤情况浇水，每天可浇一次水。

（4）施肥：铁线莲喜土壤肥沃，生长过程中需肥量大，肥力大小决定开花多少。施肥主要分3个时期。生长期需要大量肥料，施用有机肥和化肥，每株可施用有机肥0.2 kg和0.01 kg氮磷钾复合肥。开花前期以氮磷钾复合肥为主，辅以有机肥，每次每株可施0.02 kg复合肥以及0.1 kg有机肥，15天左右追施1次；开花后期主要施用有机肥及氮磷钾复合肥根外追肥，或施用速效磷钾肥。

NOTE

施肥时，可以开穴施，也可以环施。扒掉花盆的一些表土，堆上厚厚的一层饼肥或有机肥。不可离根部太近，防止出现烧苗现象。春季，铁线莲进入活动期，可施氮肥促进植株的营养生长。秋季可以用干净的液肥浇灌土壤或喷施叶面，每月 2～3 次即可。夏天高温期停止施肥。

（5）修剪：在我国，铁线莲的最佳修剪时期是晚冬，此时铁线莲进入休眠期。修剪前，应先了解品种特性，确定适合它的修剪方式。修剪时，应保留切口下方外形饱满的芽，这些都有利于铁线莲的生长和开花。修剪方式主要有以下 3 种类型。

①一类修剪。可在花后剪去残花，或早春去除老枝。主要针对花期较早，花着生于老枝上的种类，如长瓣型、蒙大拿系列的铁线莲。

②二类修剪，又称弱剪。根据盆栽或攀爬网架的情况确定植株保留的长度，一般为 0.8～1.5 m。一般老枝开花，如"蒙大拿杰出"或早花大花组的铁线莲都需要弱剪。

③三类修剪，又称强剪。花期较晚，在当季新枝上开花的种类，采用三类修剪的修剪方式。这个系列的铁线莲是最具生命力的品种，植株基部每年会冒出新枝，可将植株修剪至离地表 5～10 cm 处。如晚花大花型、意大利型、佛罗里达型、得克萨斯型、单叶型、华丽杂交型。

（6）病虫害防治。

①枯萎病：在夏季铁线莲花期，枯萎病的危害较为普遍，病原菌主要为球壳孢目壳二孢属真菌（*Ascochyta clematidina*）或茎点霉属真菌（*Phoma clematidina*）。发病时植株的一部分突然枯萎酷似极度缺水造成的症状，病情严重时植株的地上部分全部干枯萎蔫，受害植株必须清除烧毁。当发现植株出现枯萎症状时才用药已为时过晚，因此，应以预防为主。植株发病时，可用 60%多菌灵可湿性粉剂 1000 倍液或 50%百菌清可湿性粉剂 800 倍液浇灌土壤直到不再发病。早期重修剪使植株有较好的株型，也可预防枯萎病的发生。

②蚜虫：春夏之交，铁线莲的幼嫩枝叶和花芽极易受桃蚜（*Myzus persicae*）的危害。严重时植株幼嫩部分密被蚜虫，枝叶表面覆盖一层蚜虫分泌的蜜露，影响植株光合作用，使植株顶端幼枝生长受阻。当发现有少量蚜虫时就应防治，用 50%辛硫磷乳油 1000 倍液或 50%灭蚜松乳油 1000 倍液，每 7 天喷一次效果较好。

③潜叶蝇：潜叶蝇（*Phytomyza atricornis*）幼虫蛀食叶片，叶片表面先出现灰白色斑点，进而形成灰白色蛇形虫道，最终导致叶片枯萎，严重影响植株生长。发现虫道时要及时用 40%氧化乐果乳油 1000 倍液浇灌土壤及喷洒叶片或在根际周围埋施 15%涕灭威颗粒剂，每周 2～3 次，同时摘去有虫道的叶片集中烧毁。

除上述病虫害外，红蜘蛛、粉虱、白粉病对铁线莲也能造成不同程度危害。除枯萎病外，其余几种病虫害均可通过改善通风光照条件进行抑制。防治的关键在于准确掌握一年中病害的发生规律和害虫的生活史，提前施药，从而达到较好的预防效果。此外，须合理进行修剪和肥水管理，以提高植株抗病虫害的能力。

四、园林应用

1. 垂直绿化

铁线莲属植物通常具有良好的攀附性，是优良的垂直绿化材料，可用于廊架、篱垣、立柱等。应用于廊架时，应选择生长旺盛、枝叶茂密且花大色艳的种类，如重瓣铁线莲（*C. florida* var. *plena*）、美花铁线莲（*C. potaninii*）、太行铁线莲（*C. kirilowii*）、转子莲（*C. patens*）、铁线莲（*C. florida*）、山木通（*C. finetiana*）、大花威灵仙（*C. courtoisii*）、西伯利亚铁线莲（*C. sibirica*）等；应用于矮墙、篱笆等处的绿化时，应选择花色艳丽、花朵大的种类，如大花威灵仙、大花绣球藤（*C. montana* var. *grandiflora*）、毛叶铁线莲、重瓣铁线莲、转子莲等，还可以与蔷薇搭配，营造出别样的景观效果；应用于立柱时，应考虑立柱所处的环境条件，选择攀缘能力强、适应性强、抗污染的植物种类，如绣球藤（*C. montana*）、铁线莲、毛蕊铁线莲（*C. lasiandra*）、单叶铁线莲（*C. henryi*）、芹叶铁线莲、女萎（*C. apiifolia*）、山木通、太行铁线莲等，并适当加以牵引保证观赏效果；应用于悬挂装饰时，应选择茎枝柔软和垂坠的类型，如芹叶铁线莲、尾叶铁线莲（*C. urophylla*）、圆锥铁线莲（*C. terniflora*）、曲柄铁线莲（*C. repens*）、小木通（*C. armandii*）、山

木通等；应用于植物造型时，可选择易于管理维护的种类，如舟柄铁线莲（*C. dilatata*）、皱叶铁线莲（*C. uncinata var. coriacea*）、毛柱铁线莲（*C. meyeniana*）、厚叶铁线莲（*C. crassifolia*）、小木通、山木通等。

2. 地被绿化

铁线莲属植物中有些种类适应性很强，既能适应干旱寒冷，又能适应阴湿环境，可用作地被植物。其中，可用于河滩、溪地丰富园林景观的种类有大花威灵仙、大叶铁线莲（*C. heracleifolia*）、柱果铁线莲（*C. uncinata*）、钝齿铁线莲（*C. apiifolia* var. *obtusidentata*）、单叶铁线莲（*C. henryi*）等；可用于干旱寒冷地区及岩石园丰富景观多样性的种类有黄花铁线莲（*C. intricata*）、曲柄铁线莲、灌木铁线莲（*C. fruticosa*）、棉团铁线莲（*C. hexapetala*）、大瓣铁线莲（*C. macropetala*）等。

3. 盆栽观赏

铁线莲属植物花朵艳丽，观赏价值高，只要栽培管理得当，一些矮质藤本也适宜做盆栽观赏。可选择一些花期长的矮质种类来装饰阳台和窗台，如单叶铁线莲、尾叶铁线莲、山木通、短柱铁线莲（*C. cadmia*）、大叶铁线莲等。

4. 其他

藤本铁线莲亦是垂吊式和环式花环的好材料。如芹叶铁线莲、西伯利亚铁线莲、长瓣铁线莲、重瓣铁线莲、美花铁线莲等，可用于新娘捧花、礼仪花环及环状门饰。

风信子

第六节　风　信　子

一、概述

风信子（*Hyacinthus orientalis* L.）又名五色水仙、洋水仙，属风信子科风信子属多年生草本植物。原产于欧洲南部、地中海东岸至小亚细亚一带。自然花期在3—4月，有白、黄、红、粉红、蓝、紫、雪青等花色，并伴有浓郁的香味。其花色鲜艳，花序端庄，株形雅致，在光洁鲜嫩的绿叶衬托下，恬静典雅，是早春开花的著名球根花卉之一，也是重要的盆花种类。在欧洲从18世纪开始已经广泛栽培风信子，而我国起步较晚，直到20世纪50年代以后，才逐步开展风信子的栽培与研究。

风信子种下有3个变种，原产地在法国南部、瑞士及意大利，具体如下。

浅白风信子（*H. orientalis* var. *albulus*）：鳞茎外皮堇色；叶细直立，有纵沟；小花略下垂，花被片长椭圆形；一个鳞茎中可抽出多个花茎。

大筒浅白风信子（*H. orientalis* var. *praecox*）：外观与浅白风信子相似，只是花筒部分膨大，且生长健壮。

普罗文斯风信子（*H. orientalis* var. *provincialis*）：叶浓绿，有较深的纵沟，花茎上小花数少，且小，排列疏松，花筒基部膨大，裂片舌状。

风信子属还有以下几个具有观赏价值的品种。

罗马风信子（*H. romanus* L.）：多为变异的杂种，每株能生2～3个花葶，但植株生长势弱，花亦小。

天蓝风信子（*H. azureus* Baker）：花葶高10～20 cm，总状花序小，花朵密，20～40朵，花蓝色，花冠筒长约1.5 cm，略下倾。原产于小亚细亚。

西班牙风信子（*H. amethystimus* L.）：花朵小型，钟状，着生在细弱的花梗上，春季开放，淡蓝色至深蓝色。叶片线形，具槽，亮绿色。原产于比利牛斯山脉的山坡草地。适合以袖珍式的植物种植在岩石园或高台花坛中。

风信子园艺上的栽培品种很多，有2000多个，性状较为一致，通常按颜色分类，有白色系、浅蓝色系、深蓝色系、紫色系、粉色系、红色系、黄色系、橙色系等。

NOTE

二、生物学特性

1. 形态特征

风信子鳞茎球形或卵形，直径可为 6 cm 以上，有膜质外皮，外皮呈黑紫色、红色、淡黄色或白色。株高 20～50 cm，基生叶 4～8 枚，叶片近肉质，宽线形至线状披针形，先端钝圆，长 15～30 cm，宽 2～2.5 cm，绿色，有光泽。花茎自叶丛抽出，高 15～45 cm，中空，花茎上无叶。小花在顶端排成总状花序，有 6～20 朵。花被漏斗形或钟形，长约 2.5 cm，横向下垂，开花时合瓣、六裂、伸展或反卷。雄蕊 6 枚，着生于筒部或花被喉部。雌蕊 1 枚，子房 3 室，柱头不裂。果实为蒴果，钝圆三角形，果实成熟后背裂；种子黑色，每个果实里面有 8～12 粒。自然花期 3—4 月。

2. 生态习性

风信子原产于欧洲南部，喜凉爽、湿润和阳光充足环境。鳞茎有夏季休眠习性，秋冬生根，早春萌发新芽，3 月开花，6 月上旬植株枯萎。风信子生长过程中，鳞茎在 2～6 ℃低温时根系生长最好。芽萌动适温为 5～10 ℃，叶片生长适温为 10～12 ℃，现蕾开花期以 15～18 ℃最有利。鳞茎的储藏温度为 20～28 ℃，最适温度为 25 ℃，最利于花芽分化。

三、繁殖方法

以分球繁殖为主，育种时用种子繁殖。

1. 种子繁殖

可于蒴果成熟后，立即脱出种子进行播种；也可将采收的种子沙藏至 9 月再进行播种，覆土厚度大约 1 cm，浇足水后置于半阴处，待其发芽出土后逐步增加光照并追施薄肥；翌年夏季进入休眠后挖出小鳞茎，储藏于干燥凉爽处越夏，于秋凉后再重新栽种，需要 4～5 年才能培育成可开花的种鳞茎。此法主要用于培育新品种。

2. 分球繁殖

风信子主要采用分球繁殖。可将生长在母球下面的子球分离另行栽植，培育 2～3 年后即可开花。罗马风信子的大鳞茎能发生 2～3 个子鳞茎，子球 3～4 年开花。但风信子的自然分球率低，种球种植一年后，可分生 2～3 个小球。

为了增加风信子小球的繁殖系数，可用人工方法促使其多萌生子球。人工方法是通过对母鳞茎的刻伤处理，促进愈伤组织产生不定芽，增加生成量。于夏季休眠期人工刻伤母球，即母球采收后 1 个月左右进行。以 6 月为宜，此时高温，伤口易于愈合，子球生成多。为防止伤口感染，刻伤之前，预先将鳞茎浸在 0.1%升汞中消毒 30 min，取出洗净，待晾干后即可进行刻伤。刻伤后，将草木灰撒抹到伤口上。待伤口干燥后将子球平铺在湿苔上，静置于温度 20～30 ℃的温室中，5～8 天后愈伤组织形成，取出储藏于干燥的库房内，直至秋季栽种(宜切面向下浅栽)。

四、栽培管理

1. 种球生产

(1) 栽培场地选择：宜选土层深厚、富含有机质、排水通畅的中性或微碱性沙壤土。作为种球生产宜选阳光充足，背风向阳，空气湿润，冬无严寒，春季少风，夏无酷暑、雨少、凉爽地区的缓坡地，利于根系生长以及延长生长期。

(2) 种植：一般在 10 月上旬至 11 月中旬种植。栽种之前，应对土壤进行消毒，喷施代森锌或代森铵。然后将土壤深翻至 30 cm 左右，施足基肥，基肥可用腐叶土、骨粉等。选择周径 15 cm 左右的鳞茎，球间距 13～18 cm，深 7～10 cm，因土质而异。栽种完立即浇一次透水。

(3) 常规管理：冬季严寒地区应防冻害，入冬后，畦面上覆草，或者盖一层有机肥保温、保湿。翌年 2—3 月新芽出土，3 月下旬至 4 月上中旬抽序开花。在现蕾前后各施一次液体速效磷、钾肥。开花时摘除花朵，保留花茎，方便营养“回流”，但要注意防止引起伤口腐烂。6 月中下旬，地上部分枯萎，及时将

NOTE

鳞茎挖起，放通风处晾干，去杂分级储藏。栽培地，忌连作。轮作需隔 5 年以上。

(4) 鳞茎分级：目前我国进口的商品风信子种球主要用于促成栽培，周径有 16 cm 和 18 cm 两种规格。可适用于元旦、春节供应的促成栽培，一般盆栽，瓶养或花坛、镶边等园林应用。

(5) 鳞茎储藏：起球后阴凉处放置若干天，储藏期间需特别注意通风换气。风信子植株叶片枯黄后，鳞茎进入休眠期，应及时将鳞茎挖起。如挖起过早，则鳞茎生长不充实；过迟常因雨季土壤太湿，鳞茎不易充分晾干而不耐储藏；将鳞茎单层摊放浅筛中，以利通风干燥；如有空调设备，可将采收的鳞茎置于 30 ℃下两周，后降至 25 ℃ 3 周，再置于 13 ℃条件下储藏，以利花芽分化；及时检查剔除病球，以防传染。

2. 盆花促成栽培

(1) 促成前的准备：在荷兰，促成开花的季节自 12 月至 4 月。风信子从花芽分化到开花也需要经过暖—冷—暖的过程。在低温中诱导花茎伸长，最后升温促成开花。因此商品球有两种：一种称特殊处理球，专供早花促成栽培用；另一种为常规球，供一般露地栽培和晚花促成栽培。商品开花球在夏季凉爽的地区于 6 月中旬收获鳞茎后，置于 30 ℃ 2 周，25.5 ℃ 3 周，然后置于23 ℃直到花芽达到外轮花被原基形成期，再转入 17 ℃储藏到 9 月栽种期。为了专门生产早花促成栽培用球，荷兰在有加热管道的土壤中生产特级球，这项技术促进了球根成熟与花芽分化，收获后无须进行特殊处理。我国和日本一些地区 6 月气温已高，起球后只需储藏在普通仓库就可以促进花芽分化，也不必做加温处理。

(2) 盆栽土壤的准备：盆栽风信子需用排水良好的复合基质。可将泥炭土和大颗粒珍珠岩或粗沙各 50%混匀后使用。风信子对土壤的 pH 要求为 6～7，若土壤 pH 过低，可在土壤中加入碳酸钙。盆底必须有口以便排水。

(3) 种植：将种球稍用力插入基质中，在距离种球顶部 1/3 处加粗河沙，球顶部 1/3 露出土层，即覆土后露出鳞茎顶部 1 cm，以利种球生长发育。种植密度依盆的尺寸和种球的规格而定，但每平方米不要超过 200 个种球。直径 10 cm 的盆每盆 1 球，直径 13 cm 的盆每盆 2 球，直径 15 cm 的盆每盆 3 球。盆栽风信子种球的周径需在 16 cm 以上。值得注意的是，由于生根时反作用力的结果，风信子会被顶出土壤，在种植季节末期需要在这方面做更多的工作，可在种球顶部压一层粗沙(至少 3 cm 厚)或盖一层泡沫塑料，也可用架子压住种球顶部。3～4 周后种球生根充分，必须将盖在上面的架子移开，以免影响发芽。

(4) 生根室的管理：将风信子栽入盆后，将其移入生根室内进行生根，生根需要 8～10 周。一般情况下，生根室的温度保持在 9 ℃，种植土壤保持湿润，室内空气湿度在 95%左右，若空气湿度偏低，可在地面泼水以提高相对湿度。不同品种，低温处理时间不同。

(5) 温室期的管理：在完成了生根需要的冷处理后，可将风信子移入温室，适宜温度为 17～25 ℃，生长时间为 3 周左右，但国内的日光温室一般温度较低，温室生长期可能会延长至 30 天左右。温室内空气湿度不应低于 80%，土壤保持湿润，晴天上午浇灌。如有条件，24 h 补光，以防止畸形、苍白的弱花。同郁金香一样，风信子可在种球生根后就开始销售，因为此时花穗出土，只要在温度合适的室内即可生长、开花，但应注意适当浇水。风信子在生长过程中无须再施肥。种植后，浇水应适度，过湿的盆栽土会降低生根环境的质量，同时也容易引发腐霉菌侵染；还要注意增施磷钾肥，约 120 天后可开花。

(6) 促成盆花风信子栽培。早花促成：在荷兰，于 12 月中旬至 2 月初开花的风信子鳞茎收获后，需用高温特殊处理。上盆后置生根室，保持 9 ℃直到根系充分生长，将温度降至 5 ℃，待芽长高至 5 cm 左右，即可送温室促成开花。低温周期为 10～16 周，如此时尚未到达预定开始促成期，可暂时降温至 0.5～2 ℃保存。预期 12 月中旬至 2 月初开花，可于 12 月初至 1 月中旬将鳞茎移入温室，促成温度为 22 ℃，经 10～14 天，然后降至 7 ℃，总促成天数为 14～20 天。

中花促成：预计 2 月上旬至 3 月中旬开花，种球无须特殊处理。6 月末至 7 月初起球后用常规方法储藏在 25.5 ℃库房中，10 月下旬至 11 月中旬上盆，室外生根，经历低温天数 13～17 周，于 1 月中旬至 3 月初移入温室促成开花，温度保持在 15～16 ℃，经 11～14 天即可开花。

NOTE

晚花促成：预定花期 3 月中旬至 4 月中旬，所用鳞茎与中花促成相同，历经低温期 18～22 周。于 3

月初至 4 月初相继促成，温度保持在 15～16 ℃，经 9～10 天即可开花。

不同的品种适用于不同的促成开花。当盆花花序达到绿蕾期即可转入 0～2 ℃冷库中暂存，确保空气流通，在此条件下可储藏 2～3 周，等待运输、销售。

3. 水培

水培的风信子植株叶片肥厚，鲜绿美观，白色的肉质根粗壮。将风信子培养在一个特制的像葫芦般的玻璃瓶里，在上段可以观赏到它的花序，在下段可以看到它粗壮的白根。这种花、根并茂的情景，除了水仙外，其他花草中是难以见到的。

选择广口细颈的透明玻璃瓶，瓶口略微小于鳞茎直径，这样鳞茎可以固定在瓶口。供水培的鳞茎必须大而充实。10—11 月往瓶内注满水，将鳞茎置于瓶口，如果鳞茎周围有空隙，用棉花塞紧，注意鳞茎基部应刚好接触到水面。此外，可加入少许木炭以帮助消毒和防腐。出芽前置于 2～6 ℃黑暗的环境处，约 1 个月时间，发出白根，开始出芽。此时要把瓶移至阳光充足处，起初每天的光照时间为 1～2 h，之后再逐步增至 7～8 h。同时将室温保持在 7～10 ℃，每隔 3～4 天换水一次。注意要保持水质清洁，自来水应先放置 1 天后再用，以使其中的氯气散逸。风信子一般不加营养液也能正常开花。若加入营养液，浓度以通用型营养液的 1/4～1/2 为宜。当长至 5～6 叶即可现蕾，此时温度控制在 18 ℃左右，15 天后可开花。开花后放半阴处，可以延长观花期。水培比一般盆栽可提早 5～10 天开花。

4. 园林栽培

风信子植株低矮整齐，花期早，花色有红、蓝、白、粉等，鲜艳明亮，具有浓厚的春天气息；并有单瓣和重瓣品种，具浓香，因此适宜园林栽培。选用中、小型鳞茎于 10—11 月种植，当晚间温度下降到 5～9 ℃时开始生根，种植间距 15 cm，种植深度 10～20 cm。栽培后可用草覆盖。庭院栽培可 2～3 年起球更换 1 次。花后摘除残花防止结实，种植地若有适当遮阴可延长花期。

5. 病虫害及其防治方法

主要病害有细菌性黄腐病、细菌性白腐病、菌核病等。储藏期间有青霉病。主要虫害有线虫，宜及时拔除病株，采取种球消毒、土壤消毒、通风换气等措施。

(1) 细菌性黄腐病：病原为黄单胞杆菌(*Xanthomonas hyacinthi*)，可随雨水、空气和农事操作传播。此病从风信子开花期至收获期均可能发生。主要危害叶片，叶片染病初期在叶尖处产生狭长的水渍状蛋黄色病斑，后向下扩展成褐色坏死条斑；花梗染病，有水浸状褐色斑，并伴有皱缩枯萎；鳞茎染病，鳞片上产生黄色条斑，中心部也变黄软腐；横切叶、花梗及鳞茎病部维管束溢出淡黄色菌脓；从染病鳞茎上长出的叶片、花梗变软下垂，易拔出。发病适温 25～30 ℃，高温多湿条件下，容易染病。

防治方法：用福尔马林进行土壤消毒；选用无伤口的鳞茎栽种，可以减少病害的发生；发病初期剪去病部，喷洒 27%碱式硫酸铜悬浮剂 600 倍液，或 70%农用硫酸链霉素可溶性粉剂 3500 倍液；销毁病株，减少传染源。

(2) 细菌性白腐病：于春季开花前后发病。受害部位最初表现为暗绿色斑点，以后软化呈水渍状，全株腐烂。

防治方法：同细菌性黄腐病。

(3) 根腐病。病原为镰孢菌。被害风信子植株矮化，不能正常开花，大部分根腐烂，芽基部叶片也腐烂。

防治方法：土壤消毒，剔除轻度受损部位；用苯菌灵液浸蘸，11.4 L 水中加 50%粉剂 31 g。

(4) 软腐病：病原为欧氏杆菌(*Erwinia caratovora*)。这种细菌多为寄生性，主要侵染受冻或水分过多的组织。当温度太高或土壤太湿时，另一种侵染形式是感染那些早熟根或小籽球剥落处的伤口。“Delft Blue”和“Carnegie”是极易受感染的栽培品种。花不正常，未开放而提前脱落；花梗基部腐烂；被侵染的芽先变白后发黏，具恶臭味；种球变软，种球组织透明并伴有白色或黄色斑点。这些感染种球会散发难闻的气味。严重感染的种球不再发芽，而感染不严重时，叶片基部会形成一些湿的、暗绿色区域。发病初期植株生长受阻，然后萎蔫直至死亡。

防治方法：促成栽培中通风好，避免水分过多以及温度过高；摘除并销毁病芽；加强管理，使风信子

NOTE

植株发育良好，增强抗性。

(5) 灰霉病：病原为风信子葡萄孢菌(*Botrytis hyacinth*)。病叶叶尖变色，皱缩，腐烂，覆有灰霉层，在冷湿天气，花也腐烂。

防治方法：避免潮湿天气操作；定期喷药；销毁病株。

(6) 青霉病：病原为不同的青霉菌如 *Penicillium verrucosum* 等。最初的症状在种植之前就能看见。根尖受真菌感染部分干枯；切开根基部时，可以看见其周围组织呈浅褐色；小子球的脱落处也能看见同样颜色的组织。储藏和后续的种植过程中种球均会继续腐烂。被感染种球的芽较短，种球本身根很少或是根本没有根，植株很容易倒伏。这种真菌侵染也发生在种球的受伤部位，受侵染的部位有白色或蓝绿色的真菌生长。其下组织变褐色而松软，但这种侵染并不会延伸到根盘，而且对开花质量也没有不良影响。主要发生在低温(17 ℃以下)高湿(湿度大于 70%)的储藏室中。

防治方法：防止芽早熟或根的形成。到货后要立即种植；储藏室要保持规定的恒定温度并使空气流通，在整个储藏期间要保持湿度在 70%以下。

(7) 锈病：病原为单孢锈菌(*Uromyces musoari* var. *hyacinthi*)。危害叶片，产生深褐色冬孢子堆。必要时喷洒铜素杀菌剂。

(8) 腐朽菌核病：病原为球茎核盘菌(*Sclerotinia bulborum*)。病菌从鳞茎侵入感染叶片，受害部位产生浅蓝色霉点，表面有小型黑色菌核；芽内部变色腐烂，可见菌丝与菌核，菌核在土中过冬。

防治方法：栽种前，对种球进行严格的杀菌消毒；也可喷五氯硝基苯，然后覆土；发病初期，喷洒 50%苯菌灵可湿性粉剂 2000 倍液，或 50%乙烯菌核利可湿性粉剂 1000 倍液，每 10 天 1 次，连续 3～4 次；污染的土壤应用热力灭菌。

(9) 褐腐病：主要危害叶片，在叶缘、叶尖和叶面均会产生半圆形至纺锤形或椭圆形褐色病斑，有时能融合成不规则的大斑；病斑周围失绿变黄，严重时从叶尖向下沿叶缘枯焦，造成全株枯萎。

防治方法：及时清除越夏病残体，集中烧毁；发病初期，喷洒 50%福美双可湿性粉剂 600 倍液，或 50%多硫悬浮剂 800 倍液，或 27%铜高尚悬浮剂 600 倍液，每 10 天 1 次，连续 2～3 次。

(10) 花叶病：病原为风信子花叶病毒、虎眼万年青花叶病毒(Ornithogalum mosaic virus)。主要是通过马铃薯蚜虫、汁液传播。被侵染的植株叶片形成蓝绿色条纹、斑块，伴花朵减少和萎缩。

防治方法：拔除病株，建立无病留种地；喷施杀虫剂如 50%溴氰·马拉松 1000 倍液、50%氧化乐果乳油 15000 倍液，杀死蚜虫。

(11) 根虱：此害虫生活于受损伤的或有病害的鳞茎或表皮内，吸食汁液，使植株生长缓慢。根虱一年之中可发生十余次。

防治方法：将鳞茎在石灰硫黄合剂中洗涤或用二硫化碳气体熏蒸，每 1000 m^3 用二硫化碳 1100～1900 g，或在稀薄的生石灰水中浸泡 10 min。

五、园林应用

1. 园林花境和庭院

风信子在黄河以南最适宜作毛毡花坛栽植或布置林缘、草坪、小径，或与郁金香、水仙、葡萄风信子等配置，栽植成优美的春景。还可用变种罗马风信子等矮小植株的种球点缀岩石缝隙，装饰成秀丽的自然景观。

2. 园林地被

风信子因其植株矮小，开放时间长，可连续种植 1 年以上而不需要起掘，是良好的林下地被花卉。

3. 其他园林应用

因风信子多为较耐阴的多年生花卉，可广泛应用于高架桥下、阴坡地、大树下等光线较弱的地方，具有良好的表现效果。此外，风信子可以像中国水仙一样进行水养促成栽培，将其养在一个像葫芦一般的玻璃瓶中，上面可以观赏到风信子的花簇，下面可以看到风信子粗壮的白根。这种花与根并茂的情景，造就了极高的观赏价值，因此，将水培风信子摆放于室内茶几、桌脚也别具一番风味。

火炬花

第七节 火 炬 花

一、概述

火炬花(*Kniphofia uvaria* (L.) Oken)又名火把莲、剑叶兰,为百合科火把莲属植物,原产于非洲东部与南部。该属植物约有75种,目前栽培品种多数为园艺杂交种。火把莲属(*Kniphofia* Moench)是植物分类学家Conrad Moench于1794年为纪念德国药学教授J. H. Kniphof而命名的。

在火炬花的原种中,火炬花是引种最早、栽培最普遍、最有代表性的一个品种。该品种的花序通常是上部花为红色,下部花为黄色,整个花序犹如燃烧的火把。欧洲在1707年已有该品种的相关文字记载,日本于1890年由欧洲引入。我国火炬花栽培开始于20世纪80年代,该品种现在已有许多变种与种间杂交种,花色更有红、橙、黄、绿与多种双色的变化。在国内通常将*K. uvaria*作为火炬花,将*K. hybrida*作为杂种火炬花。

我国近年除引进不少火炬花的园艺栽培种外,还引进了一些原种。如植株较矮、花橙黄色,别名三棱剑兰的小花火炬花(*K. triangularis*),株高130 cm,叶宽4 cm,长120 cm;花淡红色至黄色,花序呈圆球形的卢氏火炬花(*K. rooperi*),株高30~60 cm,叶长30~60 cm,宽0.9 cm;花橘红色的马氏火炬花(*K. macowanii*),株高120~150 cm,叶长40~50 cm,宽2 cm;花黄色带红晕的丛生火炬花(*K. tuckii*)等。但目前国内对栽培品种的定名还比较混乱,一般统称为火炬花。

二、生物学特性

1. 形态特征

火炬花为多年生草本植物,叶丛生,草质,剑形,多数宽2~2.5 cm,长60~90 cm。通常在叶片中部或中上部开始向下弯曲下垂,很少直立。叶片的基部常内折,抱合成假茎。当叶片横向折断并拉伸时,会出现丝状物。花茎通常高100~140 cm,矮生品种高40~60 cm,为密穗状总状花序,花序长20~30 cm,由百余朵筒状小花组成;花冠橘红色,小花自下而上逐渐开放,使花序呈火炬形。蒴果长椭圆形,种子棕黑色,呈不规则三角形。花期6—10月,果期9月。

2. 生态习性

火炬花生长强健、耐寒,有的品种能耐短期的−20 ℃低温,华北地区冬季地上部分枯萎,地下部分可以露地越冬。长江流域可作常绿植物栽培,在−5 ℃条件下,上部叶片会出现干冻状况。火炬花喜温暖与阳光充足环境,对土壤要求不严,但以腐殖质丰富、排水良好的壤土为宜,忌雨涝积水。

三、栽培技术

1. 繁殖方法

火炬花通常采用播种与分株两种繁殖方式。种子播种的繁殖系数高,短期内可以获得大量种苗,但后代容易发生变异,需要2年以上生长时间才会开花。分株繁殖能够保持品种性状,使栽培群体生长表现一致性,当年即可开花,缺点是繁殖系数较低。

(1) 播种繁殖:火炬花种子播种后在20~25 ℃条件下,14~20天幼苗即可出土。播种期需掌握以下3个时段。

①7月种子收获后及时播种。有利于争得4~5个月的生长期,以大苗越冬,增加第2年开花植株的比例。但7月播种会遇夏季高温,对幼苗生长与管理带来一些问题,因此,必须搭荫棚降温。

②8月下旬至9月上旬播种。种子收获后晒干、扬净,在干燥阴凉条件下保存。立秋后播种,如在越冬前能加塑膜小拱棚保护,对幼苗发育更有利,翌年开花植株比例会有很大提高。

NOTE

③3—4 月播种(翌年春播)。一般当年不会开花,适合北方冬季较寒冷、小苗不易露地越冬地区采用。

播种苗的定植期因播种时间而异,一般秋播苗宜在春季 3—4 月定植,春播苗宜在秋季 9—10 月定植。

(2) 分株繁殖:火炬花分株通常在春、秋季进行。分株前先将母株的叶剪去 1/2 左右,以便栽种。栽植穴每丛分栽时要保持 2～4 支分蘖,每个分蘖要留好根系与 2 年生的根茎。栽植行株距为(40～50) cm×(40～50) cm,株型小的品种可相应缩短。种植深度以根茎部位埋入地下 5 cm 左右为宜。由于根茎生长有逐年上升的现象,栽植不宜过浅。栽后每 3 年左右需分植 1 次。分植有利于防止株丛衰老,恢复群体长势,保持优美的整体景观。

2. 栽培管理

火炬花种植后的第二、三年,争取在春季新叶萌发前,加施 1 次有机肥与磷钾肥作为基肥,在冬季不枯叶地区,早春可适当刈除部分老叶后施肥。当新叶萌发,叶片封行后,叶丛茂密,再施肥就比较困难。5—6月开花后,除留种植株外,应剪除花茎,以减少植株养分消耗与影响景观。越夏时对叶片中上部下弯部分做适当疏剪,使株丛透风透光,防止郁闭度过高,引起叶片腐烂。花后高温高湿,有些品种还会诱发软腐病,要注意通风、排水,并选择抗病品种。

在冬季气温达−5 ℃时,叶片上部会稍有干冻,可在开春后剪除受冻叶片。在冬季气温低于−10 ℃的地区,晚秋切勿割叶以防引起伤流,影响植株耐寒能力。越冬前应在植株根茎部位培土或进行地面覆盖,以防冻害。

病害的防治:火炬花最常见的病害就是锈病,锈病通常发生在火炬花的叶子上。防治方法:首先要加强火炬花花丛的管理,合理进行规划种植,注意种植间距,对火炬花的花茎进行适当修剪,确保火炬花花丛的通风性和透光性;其次是杜绝病源的出现,及时处理落叶和凋谢的花朵。此外,在锈病发病初期用药剂喷洒进行防治,一般可选用石灰硫黄合剂等。

四、园林应用

火炬花的花形、花色犹如燃烧的火把,点缀于翠叶丛中,具有独特的园林风韵。在园林绿化布局中常用于路旁、街心花园、成片绿地中,成行成片种植;也有在庭院、花境中作背景栽植或作点缀丛植。一些大型花品种,花枝可用于切花。通常在花序完全着色,下部小花初开时切取花枝,切花根据花枝长度分为 50 cm、60 cm、70 cm3 级;储运温度调控在 2～4 ℃,切花水养期有 5～7 天。家庭栽培可用于庭院丛植或盆栽,盆栽宜用口径 22 cm 以上的大盆,并选择矮化品种。

姜荷花

第八节　姜　荷　花

一、概述

姜荷花(*Curcuma alismatifolia* Gagnep.)属姜科姜黄属多年生草本植物,原产于泰国清迈一带,因其苞片酷似荷花而得名。姜荷花作为一种新型的热带球根花卉,具有花型独特,花色艳丽,花期长,瓶插寿命长,插花后的水清澈、无异味等特点,是目前国际上十分流行的切花和盆栽观赏花卉,深受人们的喜爱。姜荷花在花卉王国荷兰是一种稀有高档的花卉品种,被誉为“热带郁金香”。因其为热带球根花卉,对生长环境如温度、湿度等要求颇高,故在我国并不多见,只在热带地区及少数温带地区有种植,故其具有广阔的市场前景。姜荷花作为切花生产,每亩(667 m^2)可种植 10000～17000 个种球,每个种球可以生长出 3～5 支花,种植后 80 天左右便开始收获,花期长达 4 个月,整个生育期亩产花可达到 80000 支。

NOTE

姜荷花的花期可以覆盖中秋节、国庆节等重大节日。目前，姜荷花在广东、福建、河南、辽宁等地已经取得了骄人的成绩。姜荷花品种有清迈粉、清迈红、清迈白、清迈雪、蓝月亮、荷兰红、宝石、彩虹等，在国内主要用作切花生产，以苞片粉红色的“清迈粉”为主。

二、生物学特性

1. 形态特征

人工栽培的姜荷花植株高 0.5～0.8 m，根茎粗壮，直立；每棵植株着生 3～5 片叶，大多数叶片贴着根部而着生，叶子呈长椭圆形，顶端逐渐变尖，中脉为紫红色，其叶片长约 30 cm，宽约 5 cm，花梗从众多叶片的中间长出，并且花梗要高出叶面，使花朵突出于整个植株的最高处，颇有一番“鹤立鸡群”的意境。姜荷花的花序为穗状花序，花梗上端有 7～9 片半圆状绿色苞片，呈蜂窝状排列。在苞片内还含有紫白色的小花，小花为唇状花冠，有 3 片外花瓣及 3 片内花瓣，其中一枚内花瓣为紫色唇瓣，唇瓣中央漏斗状的部位为黄色。小花的姿态温婉儒雅，貌似一朵小小的莲花，着实为植株增色不少。绿色苞片的上面着生 9～12 片阔卵形粉红色苞片，这些粉红色的苞片似花冠，是主要观赏部位。目前栽培品种的粉红色苞片尖端带有绿色的斑点，但是对观赏性没有丝毫影响。

2. 生态习性

由于姜荷花原产于亚洲热带地区，因此，它们性喜温暖湿润的环境，不耐寒，稍能耐旱，生长旺盛期需要充足的阳光。栽培土壤要求疏松肥沃，保水持肥性好，pH 为 5.5～6.0。它的生长适温为 13～35 ℃，最适温度为 8～30 ℃。在我国的南北各地均可进行栽培，但是在长江以北，尤其是在东北地区需温室栽培。

姜荷花跟其他的花卉植物有所不同，每个种球可以陆续发出 5 个芽。也就是说，一个种球在整个生长期可以陆续分批长出 5 棵苗，每棵苗都可以发育成一棵植株。随着植株的生长发育，营养球会逐渐分解为种球输送营养，而种球也会逐渐分解，并生长成植株的根须。每棵植株只能生长出一枝切花，只能采收一次。当采收完成后，植株的根部又开始孕育新一代的种球。

三、栽培技术

1. 繁殖技术

在实际生产中，通常采用分球繁殖的方式来进行繁殖。具体的操作方法如下。

(1) 种球的选择：选择好的种球是培养出优良姜荷花的关键。姜荷花的种球像一串铃铛，一个完整而健康的种球，最上面的叫作“球茎”，挂在球茎下面的几个小球叫作“储藏根”，在实际生产中，花农们都把它们叫作“营养球”。顾名思义，营养球是促使姜荷花种球发育的重要因素，一般情况下，每个球茎带 3～5 个营养球，不带营养球的球茎最好不要用来繁殖。因为，营养球的多少会影响萌芽的速度以及萌芽后植株初期的生长情况。总之，球茎所带的营养球越多，萌芽也就越快，开花就会比较早，产量也会提高。此外，球茎越大，种植后开花也越早，切花的产量也会越高。因此，在选择种球时，一定要挑选带 3 个以上营养球的种球，还要注意种球的直径必须在 1.5 cm 以上。

(2) 种球消毒：种植前，要对种球进行消毒。可以选用代森锌，将其调配成 600 倍的稀释液，然后，再将挑选好的种球放到调配好的消毒溶液中，浸泡 1 h 左右即可。种球捞出后，无须晾干，可以直接进行种植。

(3) 种植时间选择：在我国的长江以南地区，种植时间通常会选择在 2 月底至 4 月初；而在北方地区，种植时间应该选择在 4 月中旬至 5 月下旬。

(4) 选地整地：姜荷花对生长环境的要求不高，对土壤的适应性非常强。一般情况下，大多数的土壤都可以种植姜荷花。但是，为了照顾种球的采收，应尽量选择土质深厚、排水良好且不缺水的沙壤土。有条件的地方，可以将种植地选择在城市的近郊。这样，既便于鲜切花的销售，也便于消费者自己选购。

在整地时要添加大量有机物当作基肥，将土壤的 pH 调整至 5.5～6.0。整地后，要将土壤做成畦块，畦宽 80 cm，畦高 30 cm，畦与畦之间的距离要保持在 60 cm 左右，在实际生产中，人们把这段距离称

NOTE

为“作业道”。做好畦之后，要在畦面上撒复合肥作为基肥，以每亩 35 kg 为佳。肥料撒完后，用镐将肥料和土壤搅拌在一起，使肥土充分混合。之后，还要在畦面上开沟。通常，每畦可以种两行，所以在畦面上开两道沟，沟深 6 cm 左右，沟与沟之间的距离保持在 25 cm 左右即可。

(5) 种植方法：将处理好的种球直接放入挖好的沟内，最好将营养球埋在土壤下层，以便营养球与土壤充分接触。通常，种球与种球之间的距离要保持 7～12 cm；营养球随着球茎顺其自然地放置即可。通常，每亩可种种球 15000 个左右，播种完成后，用两侧的土壤将种球完全覆盖即可。之后将畦面整平，还要覆盖一层稻草，覆盖稻草的目的是保温。除温度外，水分也是影响姜荷花种球萌芽的重要因素。因此，种植后至萌芽前，必须供应充足的水分，以维持土壤的湿度，否则会延迟萌芽，也会造成植株生长缓慢，延迟开花，降低切花及种球的产量。在稻草覆盖完成后，向作业道内灌水，同时，将覆盖在畦面上的稻草用水打湿，以便水分自然地渗入畦内，以增加畦面的湿度。当作业道内灌入水的深度达到畦面高度的 1/3 处时，就可以停止灌水。大约 30 天以后，就可以收获第一代苗。

2. 开花前的管理

姜荷花从第一次出苗到第一次开花，大约需要两个月的时间。需要注意的是，在这一时期，也同时会有第二代、第三代苗萌发，它们就像兄弟姐妹一样，陆续地诞生长大，因此，一定要对它们进行精心呵护，为它们创造出一个温和舒适的生长环境。

(1) 肥水管理：姜荷花在苗期需要大量的水分和肥料来满足自身生长的需要，每隔 10 天要浇一次水，通常采用地面漫灌的方式。打开进水沟后，让水流到作业道内即可。每次的浇水量要达到畦面高度的 1/3。在浇水的同时，可以追施一次地面肥。肥料可以选用可溶性复合肥，将肥料直接撒到畦面上即可。通常，每亩需肥量在 30 kg 左右。肥料撒完后，将作业道内的水浇到畦面上，将畦面浇透，这样可以起到加速肥料溶解的作用。

为了让姜荷花小苗茁壮地成长，还要追施叶面肥。叶面肥可以选用水溶性花肥，以每 5 g 肥料兑 3 kg 左右水为标准，调配好以后就可以进行喷洒了。为了便于叶片的充分吸收，最好选用小眼喷头的喷雾器进行喷洒，时间最好选择在下午 4:00—6:00，以将叶片完全喷洒一遍为标准。通常，每隔 5 天进行一次即可。

(2) 除草：在这一时期，畦面上的稻草还没有完全腐烂，这对阻止杂草丛生起到了一定的作用。但是总会有一些生命力旺盛的杂草冲破层层阻碍，与姜荷花争夺营养，因此，要及时将杂草除掉，为姜荷花小苗提供一个清新、舒适的生长环境。

(3) 病虫害防治：在苗期，姜荷花容易受到蛾类及蚜虫的侵袭，对此主要以预防为主，可以选用代森锌进行喷洒。时间可以选择在下午 4:00 以后，通常每隔 5 天喷洒一次即可。

苗期容易出现的病害主要是赤斑病，主要由干旱所致。

症状表现：染病叶片呈现出枯黄色的斑点，并慢慢地转变成灰褐色，严重的会导致整片叶子枯萎。

防治方法：可以选用疫菌净 800～1000 倍液进行喷雾治疗。一般每隔 5 天喷洒一次，连续 2～3 次即可。这里要特别注意的是，即使叶片没有染病，也要坚持每隔 15 天喷洒一次，这样可以起到预防的作用，以确保植株健康生长。

3. 花期的管理

当姜荷花植株生长出 3 片完整的叶片时，植株就会绽现出花蕾，这时也就进入了花期的管理阶段。

(1) 培土：为了保证植株的正常生长，要经常进行培土，即用锄头将作业道内的土壤堆积到畦面的两侧，以加强畦面的牢固性。通常，每隔 15 天培土一次。

(2) 水分管理：在这一时期，浇水的工作尤为重要。通常有地面漫灌和叶面喷水两种方法。地面漫灌就是让水直接流入作业道内，一般情况下，每隔 5 天就要进行一次。要注意的是，当作业道内的水位达到畦面高度的 2/3 时，要及时地将水完全排出，不能积存于作业道内，这种浇水方式被人们称为“跑马水”，即让水流从作业道内跑一遍即可，不能停留。因为，积水很容易使花朵受到细菌感染，使鲜切花质量下降。

在炎热的中午，植株的叶片会有收缩内卷的现象，这是它们抵抗炎热的自救方法。这时，最好进行一次叶面喷水，将水分直接喷洒到叶片及花朵上。喷水时，手移动的速度要尽量慢一点。

NOTE

(3) 追肥:在实际生产中,通常会采用畦面施肥和叶面施肥两种方法。畦面施肥的方法如下:在切花之前以及切花初期,将水溶性复合肥直接撒到畦面上,注意尽量避开两边的小苗,不要让复合肥直接接触到植株,以免对植株尤其是小苗造成"烧伤现象",肥料撒到畦面后让其自然溶解即可。到了切花盛期,要在地面漫灌过程中,水分还没有排出的时候,进行畦面施肥。首先,用作业道内的水将畦面浇湿,当畦面完全湿透以后,再将复合肥均匀地撒到湿润的畦面上,通常每亩用量控制在 40 kg 左右即可。这样,可以加速肥料溶解,以满足切花盛期植株的营养需求。

另外,还要追施叶面肥。叶面肥可以选用水溶性花肥,以每 5 g 肥料兑 3 kg 水为标准进行喷洒,用小眼喷头均匀地喷洒到植株的叶面上。时间最好选择在下午 4:00—6:00,因为这时的叶片处于完全伸展的状态,是它们一天中吸收性能最好的时机。喷施肥料时,以将叶片完全喷洒一遍为标准,通常每隔 7 天喷施一次即可。

(4) 除草:姜荷花在孕育花朵的时期,需要一个非常清净的生长环境。杂草过多,不仅会夺走养分,影响姜荷花的生长,还会成为害虫的栖息地。因此,一定要勤锄杂草。

(5) 病虫害防治:在这一时期,除了要继续按照开花前病虫害的管理工作进行外,还要注意病虫害现象。食心虫、叶枯病、炭疽病是重点预防对象。

①叶枯病。

表现症状:植株的叶片出现黄色病斑,病斑会逐渐变成灰黄色,形状不定,严重的会使植株萎缩干枯。

防治方法:可以用甲基托布津可湿性粉剂 800 倍液进行喷洒防治,时间最好选择在上午 8:00—10:00,或者下午的 4:00—6:00,通常每隔 3 天喷洒一次,连续 3 次即可痊愈。

②炭疽病。

表现症状:叶片上出现褐色的小斑点,或者叶片的边缘出现黄斑,导致叶片逐渐干枯脱落。

防治方法:可以用氧化乐果乳油 800 倍液进行喷洒防治,一般每隔 3 天喷洒一次,连续 3 次即可痊愈。

③食心虫:食心虫是专门吃花朵苞片的一种害虫,专门在漂亮的花朵上咬出一个个小洞口。对于这种害虫,可以喷洒氯氰菊酯 600 倍液,喷洒时间最好选择在傍晚 5:00—6:00 害虫出没的时候,通常每隔 2 天喷洒一次,连续 3 次即可将害虫除尽。

4. 采收鲜花

正确的采收和运输方法是保证姜荷花市场价值的重要环节。姜荷花切花采收的最佳时间是当有 3～5片苞片展开时,此时采下它们会保持采收时的状态,不会再继续盛开。这是姜荷花最美的时候。当然,采收时间还取决于消费者的特殊要求。姜荷花切花品质的优劣与植株含水量的多少有着密切的关系,因此,一般在清晨采收,以早上 5:00—7:00 为最佳,此时切花含水量较高。

还要注意的是,为增加母株保留的叶片数量,提高切花及种球的产量,切花采收时只需要带 1～2 片叶即可。通常,每个种球可以孕育出 5 枝左右的切花,而且种球孕育出的每棵植株只能采收一次。采收时,先轻轻地将外层的叶片拨开,只留取 1～2 片叶子附贴在茎干上,然后从根部将其剪下即可。一般从第一代切花采收开始,几乎每天都要进行切花采收,这个盛产期会持续 4 个月之久,亩产量可以达到 80000 枝。切花采收后,应该及时将它们插到水里吸水,大约 30 min 后,它们便能吸足水分,此时便可进行运输和出售。如果是 1 h 左右的短途运输,运送过程中鲜花可以不带水;如果是较长时间的远距离运输,在运送过程中鲜花是需要带水的,可以将鲜花放在水桶或装水的容器中,这样,才能保证鲜花的质量。按照以上方法,姜荷花瓶插寿命可达 15 天。

5. 采收种球

由于五代苗的老化枯萎有先有后,参差不齐,因此种球的采收应该选择在整个切花采收结束以后。当整个生长期的切花采收接近尾声时,叶片就会自然地老化枯萎,这一过程也是新一代种球发育膨大的过程。其间不需要做任何管理,让种球自然成长发育并让它们在土壤中自然越冬是最好的选择,等到第二年开春播种之前,将所有的新种球统一挖出,再按照挑选种球、处理种球的方法进行新一轮的栽培即可。

NOTE

四、园林应用

姜荷花作为一种新型的花卉种类，在园林应用方面有着十分明显的优势：①花大色艳、花型独特，既可观花，又可赏叶；②一般夏、秋季天气炎热的时候开花，正好可以弥补此时其他花卉资源相对较少的空缺；③花期长，姜荷花自然花期一般在3个月左右，郁金类品种的花期更长；④生长快，姜荷花一般在种植后100天左右开花，也可先行人工催芽，再定植园地，可显著缩短露地种植时间；⑤种球不易退化，与其他球根花卉（如百合、郁金香）不同，种球没有发生退化现象，可以反复利用；⑥栽培容易、管理简便，繁殖、栽培大多没有特殊要求，掌握好栽培季节和方法，对其进行必要的肥水管理即可正常生长和开花，病虫害也相对较少。

具体而言，可以在以下几个方面应用：①切花和盆花。姜荷花本身即是国际上流行的一种切花材料。②姜荷花各品种都适用于花坛、花境背景或者成片种植，如种在光照较弱的地方，可适当施点矮化剂以缩短并加粗花茎，增加抗倒伏能力。③星点或条形布置。在地被与灌木的接合部有一定的遮阴，可适当种植对光照要求稍弱的品种。也可以随机撒播在林地的荒草地里，待花开放后，整个林地都是星星点点自然分布的姜荷花，观赏效果十分理想。④坡地种植。部分能先花后叶原产于国内的种类，可以在自然状态下正常越冬，可用于坡地种植，平时用来绿化观叶，冬季苗枯，来年可以看到花茎先于叶片直接从地面抽出来，效果也非常好。

由于姜荷花来源于热带地区，在我国，除南部沿海的省份外，种球在大部分地区都不能自然越冬。在华东地区种球一般在11、12月采收储藏，来年4、5月即可埋在土里种植，在园林应用中，可将种球埋在草地或草花下面，待苗长到十几厘米高时除去败落的草花即可；也可以在花卉生产基地先行培育植株，在开花前将幼苗移植布置花境。此外还可以先种于盆中，待到开花时连盆一起搬来布置花境，满足各种节庆活动需要，花盆以长条形较为理想。

花菱草

第九节　花　菱　草

一、概述

花菱草（*Eschscholzia californica* Chamisso）为罂粟科多年生草本植物，别名加州罂粟、金英花、人参花等，耐寒力较强，常作一二年生栽培，原产于美国加利福尼亚州，花色鲜艳夺目，是良好的花群、花丛、花境及盆栽材料。

二、生物学特性

1. 形态特征

多年生草本植物，常作一年生栽培。无毛，植株带蓝灰色。茎直立，高30～60 cm，明显具纵肋，分枝多，开展，呈二歧状。基生叶数枚，长10～30 cm，叶柄长，叶片灰绿色，多回三出羽状细裂，裂片形状多变；茎生叶与基生叶同，但较小，具短柄。花单生于茎和分枝顶端；花瓣4，三角状扇形，长2.5～3 cm，黄色，基部具橙黄色斑点；雄蕊多数；花柱短，柱头4。蒴果狭长圆柱形；种子球形。花期4—8月，果期6—9月。

2. 生态习性

花菱草耐寒，喜日光充足，好干燥凉爽环境，不耐湿热，炎热的夏季处于半休眠状态，常枯死，秋后可重新萌发。属肉质直根系，不耐移植，尤其大苗移栽成活率极低。对土壤肥力要求不严，即使在贫瘠的土壤中也能良好生长，宜种植在疏松肥沃、排水良好、土层深厚的沙壤土中。花菱草开花有其特性，花朵

NOTE

在阳光下开放，光线强时花瓣平展，光线暗时则渐呈半开半闭状。

三、栽培技术

1. 选地

符合植物生长标准的地块均可栽培花菱草，但首选中性、弱碱性沙壤土。

2. 育苗与定植

花菱草为直根系，宜直播。冬季土壤不结冻的地区，如华中、华南地区可行秋播，撒播或条播于畦内，行距 20 cm，翌年春天即可发芽、生长、开花。我国北方地区可于早春在室内或设有风障的苗床内育苗，在 15～20 ℃条件下，7 天即可发芽，于真叶开展前及时起苗上盆，每 2～3 株移植于 1 个盆内，分苗时应注意防止伤根，否则幼苗多不易成活。无霜后，约 4 月中下旬即可脱盆带土定植，定植地宜用腐熟的堆肥作基肥，5 月末即可开花，也可在土地结冻前直播，加风障保护，幼苗翌春出土，但生长及开花状况均不如初冬播种者。

3. 肥水管理

间苗或定植后，应适当施肥，但施肥量宜少不宜多，一般每隔半个月追施薄肥 1 次，直到 3 月停止。花菱草幼苗对强烈的阳光抵抗力较弱，下雨之后，根部容易腐烂，最好在下雨之后进行遮阴，并经常注意株间的通风。在花菱草生长旺盛期及开花期，要适当灌溉，并施用 1～2 次液肥，每隔 10～15 天施用腐熟堆肥 1 次。幼苗生长期应偏重氮肥，而孕蕾及开花期要增施磷钾肥，适当减少氮肥用量。花菱草为肉质根系，不耐湿涝，春夏雨水过多季节，容易在根颈部发黑霉烂，因此，3 月中下旬在花菱草根部撒些草木灰可预防根部腐烂，此外，还应及时排涝，加强通风，否则易造成花菱草根基腐烂。盆栽的植株，在夏季应转移到通风敞亮的环境养护，减少浇水量，保持盆土湿润即可。

4. 中耕除草

1 年中要中耕除草数次，特别是苗期除草，要尽量除尽杂草，以利于根系的伸展。每年越冬前、早春返青前都要集中松土、除草。

5. 病虫害防治

花菱草较少发生病虫害，忌连作。在高温、高湿的条件下，或施肥过多，都可能导致病虫害的发生。生长期间若遇到白粉虱危害，可用万灵防治，发现病株时，可用普克因防治。除此以外，还要将病株拔除进行烧毁或深埋处理，同时注意田间卫生。

6. 采收种子

花菱草果实是蒴果，花后约 30 天即可成熟，会自动开裂弹出种子，种子球形或略呈椭圆形。为防止种子飞散，可于果实显出黄色时，在清晨湿度较大时进行采收。晒干后，脱去果壳，储藏备用。

7. 越冬管理

露地栽培的花菱草不必进行防寒，因为其本身对寒冷的抵抗力较强。但盆栽花菱草须在冬季连盆埋于泥土中过冬，于翌年 3 月掘出，勿伤其主根。

四、园林应用

花菱草花色鲜艳、花朵显示度高、一次着花数量大、株体较高，可以花群、花丛、花境等自然式布景的方式群植，栽植于草地、林缘、建筑物周围或广场一角，对过于生硬的线条和规整的人工环境起到软化和调和作用，金光灿灿的花朵可塑造欣欣向荣的景象。

花菱草抗性强，株体高，可应用于道路两侧、草坪边缘、广场公园交通岛上带状区域的背景或分界线位置，与低矮的花坛材料相配合，既能起到遮挡、分割作用，又给人亮丽、层次、动态的感受。花菱草亦可作切花或盆栽观赏。

NOTE

金钱树

第十节　金　钱　树

一、概述

金钱树（*Zamioculcas zamiifolia* Engl.）属天南星科雪铁芋属多年生常绿草本植物，原产于热带非洲东部，是国际上新发掘的一种热带观叶佳品。目前它的名称有很多，在国外有海芋蕨、书签棕、翡翠绿等，在美国则被简单地称为“ZZ”；引入中国后则被称为泽米叶天南星、扎米莲、美铁芋、雪铁芋、龙风木、金币树等，又因其从地下块茎抽出一张张大型羽状复叶，像一串串铜钱而被人们习惯地称为金钱树。金钱树株型美观，小叶椭圆形，肉质肥厚，富有光泽，适合室内栽培，观赏价值高，适宜在不同光照强度下生长，耐阴性强，有“耐阴王”之称。金钱树作为一种独特的优良观叶植物，受到国内外的重视。

二、生物学特性

1. 形态特征

金钱树为多年生常绿草本植物，株高 50～80 cm，地下有肥大的块茎，地上部分无主茎，羽状复叶自块茎顶端抽生，每个叶轴有对生或近似对生的小叶 6～10 对，小叶长 8～10 cm，宽 5～6 cm，椭圆形，肉质肥厚，具短小叶柄，墨绿色，富有光泽。佛焰苞绿色，呈船形，肉穗花序较短。

2. 生态习性

金钱树性喜暖热略干、半阴及年均气温变化小的环境，较耐干旱，忌强光暴晒，怕积水，畏寒冷，生长适温为 20～30 ℃。气温低于 5 ℃将导致植株寒害的发生。气温超过 32 ℃，植株光合速率大幅度降低，生长慢。要求土壤疏松肥沃、排水良好、富含有机质、呈酸性至微酸性。萌芽力强，剪去粗大的羽状复叶后，其块茎顶端会很快抽出新叶。

三、栽培技术

1. 繁殖方法

金钱树常用分株繁殖和叶插繁殖。

(1) 分株繁殖：分株繁殖可于 4 月气温为 18 ℃以上时进行，将较大的金钱树植株脱盆，抖去大部分宿土，从块茎间薄弱处掰开，并在创口上涂抹硫黄粉或草木灰后重新上盆栽种。但栽种时注意分株不能埋得太深，以块茎顶端埋土 1.5～2 cm 为宜。另外，根据金钱树块茎上带有潜伏芽的特点，可将硕大的单个块茎分切成带有 2～3 个潜伏芽的小芽块，小芽块创口稍干后埋于稍湿润的细沙中，待其长成独立的植株后再上盆栽种。

(2) 叶插繁殖：叶插繁殖可选择健壮、浓绿、肥大的成熟复叶作为扦插材料。如以带一段叶轴的材料作插穗，则容易形成较大的块茎，扦插效果更佳。通常情况下将单张叶片扦插于河沙与蛭石掺拌的混合基质中培养 10～14 天，叶片基部可形成带根的小球状茎，再经 2～3 个月培育即可长成小植株，但成苗率不高。若用叶轴或带叶片的叶轴作插穗，可用细沙作扦插基质，或用泥炭土、珍珠岩、河沙(3∶1∶1)制成的混合基质进行扦插，入土深度为穗长的 1/3～1/2，插后喷透水并置于荫蔽处培养，培养温度为 25～27 ℃，每天叶面喷雾 1～2 次。为减少喷雾的次数，也可采用蒙罩塑料薄膜的方法进行保湿，插后 1 个月即可生根，3 个月后出苗率可为 85%以上。此外，若用 NAA 100 mg/L 浸泡处理插穗的下切口，可明显提高出芽率和插穗生根数。

2. 栽培管理

(1) 基质要求：栽培基质多由泥炭土、粗沙或冲洗过的煤渣与少量菜园土混合而成。由于金钱树原产地的特殊气候条件使其具有较强的耐旱性，因此对栽培基质的基本要求是通透性良好，营造透气滤水

NOTE

良好的根部环境。生长季节应及时观察并根据其生长情况来决定是否换盆换土，梅雨季节发现盆内有积水现象要及时翻盆换土。

(2) 温度控制：金钱树的生长适温为 20～32 ℃，无论是盆栽还是地栽都要求年均温度变化小，生产性栽培最好在可控温的大棚内进行。夏季当气温为 35 ℃以上时，植株生长欠佳，应通过加盖黑网遮光和对周边环境喷水等措施进行降温，创造温度适宜且比较干爽的生长环境。冬季棚室温度最好能维持在 10 ℃以上，室温低于 5 ℃易导致寒害。秋末冬初当气温降到 8 ℃以下时，应及时将金钱树移放到光线充足的室内，越冬期间温度应保持在 8～10 ℃。

(3) 光照管理：金钱树喜光但又较耐阴，应创造一个阳光较好但又有一定程度荫蔽的生长环境；忌强光直射，特别应避开春末夏初久雨初晴及夏季正午前后的烈日暴晒，以免新抽嫩叶被灼伤。

生产性栽培的金钱树，自春末至 9 月期间均应将植株移至遮光 50%～70%的大棚内，但注意棚室不能过分阴暗，否则新抽嫩叶生长细长，叶色变黄，小叶间距稀疏，影响株型的紧凑优美；冬季则应补充光照。阳台上的盆栽金钱树，在夏季正午前后 5～6 h 应移放于光线充足的窗前，不能放于过分阴暗的角落，否则会引起叶色发黄。而室内养护的盆栽金钱树，应摆放在光线明亮但能避开强光直射的地方，保持盆土微湿偏干，并每月追施 0.1%磷酸二氢钾和 0.2%尿素混合液 1 次，这样可使植株保持良好的株形，新抽的羽状复叶不出现趋光性。

(4) 水分管理：金钱树栽培应掌握“见干浇水，间干间湿”的水分管理原则，冬季每隔 15 天浇水 1 次，春、秋季每隔 7 天浇水 1 次，夏季每隔 3 天浇水 1 次。浇水时注意水分不可过多，以免造成烂根、烂球，影响植株正常生长甚至引起死亡。在室内养护的金钱树，当室温为 33 ℃以上时，应每天喷水 1 次。大棚生产性栽培的金钱树，因具有较强的耐旱性，则以保持盆土微湿偏干为宜，冬季则需对叶面和四周环境进行喷水，使空气相对湿度保持在 50%以上。9 月以后应减少浇水，或以喷水代替浇水，以利于新抽嫩叶平安过冬。此外，冬季应特别注意盆土不能过分潮湿，以偏干为好，否则低温条件下盆土过湿更容易导致植株根系腐烂，甚至全株死亡。

(5) 肥料管理：金钱树比较喜肥，除在移植前于栽培基质中加入适量沤制过的饼肥或多元缓释复合肥外，生长期间可每月浇施 1 次稀薄饼肥水或 0.2%尿素与 0.1%磷酸二氢钾的混合液。9 月以后，为使金钱树植株能平安越冬，应停施氮肥，但连续追施 0.3%磷酸二氢钾 2～3 次，以促使幼嫩叶轴和新抽叶片硬化充实。当气温降到 15 ℃以下，应停止追肥，以免造成低温条件下的肥害伤根。

(6) 病虫害及其他灾害的防治。

①褐斑病：该病在高温高湿、通风不良的条件下易发生，且多发生于叶片上，病斑呈近圆形，灰褐色至黄褐色，边缘颜色略深。当发现少量受害叶片时要及时摘除销毁，发病初期可用 50%多菌灵可湿性粉剂 600 倍液或 40%百菌清悬浮液 500 倍液喷洒叶片，每隔 10 天喷 1 次，连续喷 3～4 次。

②介壳虫：在通风不良、光照欠佳的条件下叶片易受介壳虫的刺吸危害。如家庭少量种养的金钱树，可用透明胶带粘去虫体，也可用湿布抹去活虫体。生产性栽培时，可在若虫孵化盛期喷洒 20%扑虱灵可湿性粉剂 1000 倍液或速扑杀 1000 倍液，每隔 7～10 天喷 1 次，连续喷 3 次。

③寒害：在冬季气温低于 5 ℃且盆土较潮湿的情况下，容易导致嫩叶受寒害而倒状，严重时会引起块茎腐烂，很难恢复生机。生产性栽培的金钱树，越冬期间的棚室温度都应维持在 10 ℃以上，并保持盆土稍干燥。如少量盆栽，可于寒冬夜晚套罩双层塑料袋，待次日温度回升后再揭除套袋。

④灼伤：盆栽金钱树在炎热的夏季或久雨初晴后或长时间放在室内刚移至室外进行恢复性养护时，如受阳光直射容易造成叶片被灼伤，致使叶片部分失绿泛白，坏死部分后期变褐发黑。入夏后应及时将植株移放到半阴的环境中，春末夏初久雨初晴时应及早进行遮阴。

四、园林应用

由于金钱树不同于其他天南星科植物而具有极耐阴和耐旱的特点，以及独特的外观而具有很高的观赏价值。金钱树通过块茎生长，前期生长缓慢，可作小、中盆栽观赏；后期会形成大型复叶，培养成大型植株，可作单株大盆或组盆应用；其叶片形状美观，颜色翠绿，十分诱人，而且能在低光下良好生长并

保持优美外观。由于这一重要性状，其成为优良的室内观叶植物，也可作布景、点缀等园林应用。

【思考题】

1. 如何使观赏凤梨四季开花？其催花技术有哪些？
2. 简述石斛兰对环境因子的要求。
3. 多肉植物一般有哪些生理特点？多肉植物的栽培管理措施有哪些？
4. 风信子的繁殖方法有哪些？
5. 火炬花的栽培管理措施有哪些？
6. 如何对姜荷花鲜花和种球进行采收？
7. 简述花菱草的栽培技术。
8. 如何对金钱树进行肥水管理？
9. 铁线莲有哪些观赏价值？在园林中的应用有哪些？
10. 红掌常见病虫害有哪些？如何进行防治？

【参考文献】

[1] 陈立人，汪成忠，顾国海，等. 观赏凤梨玻璃温室标准化生产技术[J]. 现代园艺，2014(7)：42-44.

[2] 王建会. 观赏凤梨生物学特征及栽培技术应用[J]. 现代园艺，2018(5)：25-26.

[3] 张智，王炜勇，张飞，等. 观赏凤梨种质资源及遗传育种研究进展[J]. 植物遗传资源学报，2019，20(3)：508-520.

[4] 徐厚刚，郑萍，郑坤，等. 观赏凤梨温室栽培及催花技术[J]. 现代园艺，2020(6)：18-19.

[5] 王雁，陈振皇，郑宝强，等. 卡特兰[M]. 北京：中国林业出版社，2012.

[6] 王雁，李振坚，彭红明. 石斛兰——资源·生产·应用[M]. 北京：中国林业出版社，2007.

[7] 赖碧丹. 特色花卉栽培[M]. 北京：中国农业大学出版社，2019.

[8] 王成聪. 仙人掌与多肉植物大全[M]. 武汉：华中科技大学出版社，2011.

[9] 张鲁归. 多肉植物栽培与欣赏[M]. 上海：上海科学技术出版社，2015.

[10] 连翠飞，贺为国，郝东旭，等. 红掌生长特性及苗期无土栽培技术要点浅析[J]. 南方农业，2020，14(9)：50-51.

[11] 白晓琦，单会霖，苏庆，等. 盆栽红掌的标准化生产技术[J]. 现代农业科技，2014(17)：177-178.

[12] 高世吉，刘旭富. 温室盆栽红掌切花生产技术[J]. 农业与技术，2017，37(23)：135-136.

[13] 张晖，闫蕊洁，魏勇，等. 切花红掌的无土栽培技术要点[J]. 农业工程技术，2017，37(10)：23-25.

[14] 王有菊. 红掌的生长习性及种植技术[J]. 农业科技与信息，2016(28)：135，137.

[15] 包满珠. 花卉学[M]. 3版. 北京：中国农业出版社，2011.

[16] 高婷. 花烛的栽培与管理[J]. 吉林蔬菜，2011(5)：104.

[17] 吴锦娣，王舒藜，焦雪辉，等. 安祖花鲜切花标准化生产[J]. 农业工程技术，2010(8)：46-49.

[18] 中国科学院中国植物志编辑委员会. 中国植物志[M]. 北京：科学出版社，1980.

[19] 王江勇，乔谦，张杰，等. 铁线莲属植物研究进展与园林应用[J]. 山东农业大学学报(自然科学版)，2020，51(2)：217-221.

[20] 陶炫妍，夏婷婷，韩哲远，等. 铁线莲栽培品种观赏特性分析[J]. 现代园艺，2020，43(1)：68-70.

[21] 刘立波，杨慧，王锦. 铁线莲属植物适生性研究[J]. 北方园艺，2010(1)：144-146.

[22] 曹冰. 铁线莲属植物的研究现状及园林应用[J]. 中国林副特产，2021(2)：37-39.

[23] 牟豪杰，汪一婷，吕永平，等. 铁线莲的盆栽技术[J]. 浙江农业科学，2007(5)：524-525.

[24] 王磊，贾君，蒋为民，等. 铁线莲扦插育苗技术标准[J]. 现代农业科技，2015(21)：163.
[25] 熊瑜. 风信子栽培与花期调节研究[D]. 上海：上海交通大学，2007.
[26] 杜艳荣，吴正龙，张芳玮. 豫北地区风信子养护及应用[J]. 现代园艺，2015(8)：41.
[27] 朱晓国. 浅谈火炬花的繁殖与应用[J]. 中国园艺文摘，2016，32(5)：165-166.
[28] 王璐珺. 火炬花的种植技巧及在园林景观中的应用[J]. 农村实用技术，2020(4)：178-179.
[29] 中央电视台《农广天地》栏目. 常见观赏花卉植物栽培[M]. 上海：上海科学技术文献出版社，2009.
[30] 何雪娇，余智城，郑少缘. 姜荷花的研究进展[J]. 福建热作科技，2014，39(3)：63-66.
[31] 丁华侨，刘建新，邹清成. 姜荷属花卉资源及园林应用分析[J]. 农业科技与信息(现代园林)，2014，11(8)：85-88.
[32] 王霄飞，陈鑫峰，王小军. 花菱草的生物学特性和栽培技术[J]. 现代园艺，2015(7)：49.
[33] 张君艳. 黄盏花菱草的栽培与园林应用[J]. 林业科技通讯，2016(7)：48-49.
[34] 钱仁卷，王碧青，廖飞雄，等. 金钱树及其研究进展[J]. 中国农学通报，2006，22(4)：317-320.
[35] 张宇燕. 金钱树的繁殖方法及栽培管理技术[J]. 广东农业科学，2007(3)：81-82.
[36] 陈少萍，刘华敏. 金钱树的繁殖与栽培[J]. 中国花卉园艺，2008(4)：22-24.

NOTE